AF613822

TRAITÉ PRATIQUE
D'ANALYSE CHIMIQUE
ET DE
RECHERCHES TOXICOLOGIQUES

Essais au chalumeau. — Analyse spectrale. — Réactions des métaux et des métalloïdes
Recherche systématique et séparation des corps simples (y compris les éléments rares)
et des principaux acides organiques.
Recherche chimico-légale des poisons minéraux et poisons organiques. Ptomaïnes et leucomaïnes.
Réactions et propriétés caractéristiques de la plupart des alcaloïdes
Analyse chimique des eaux potables, des argiles, fers, fontes et aciers
Examen micrographique et analyse bactériologique des eaux, etc.

PAR

G. GUÉRIN

PROFESSEUR AGRÉGÉ A LA FACULTÉ DE MÉDECINE DE NANCY
DIRECTEUR DU LABORATOIRE DES CLINIQUES

Conserver la couverture

PARIS
GEORGES CARRÉ, ÉDITEUR
58, RUE SAINT-ANDRÉ-DES-ARTS, 58

1893

TRAITÉ PRATIQUE

D'ANALYSE CHIMIQUE

ET DE

RECHERCHES TOXICOLOGIQUES

TOURS. — IMPRIMERIE DESLIS FRÈRES

TRAITÉ PRATIQUE
D'ANALYSE CHIMIQUE
ET DE
RECHERCHES TOXICOLOGIQUES

Essais au chalumeau. — Analyse spectrale. — Réactions des métaux et des métalloïdes
Recherche systématique et séparation des corps simples (y compris les éléments rares)
et des principaux acides organiques.
Recherche chimico-légale des poisons minéraux et poisons organiques. Ptomaïnes et leucomaïnes.
Réactions et propriétés caractéristiques de la plupart des alcaloïdes
Analyse chimique des eaux potables, des argiles, fers, fontes et aciers
Examen micrographique et analyse bactériologique des eaux, etc.

PAR

G. GUÉRIN
Professeur agrégé a la Faculté de médecine de Nancy
Directeur du laboratoire des cliniques

PARIS
GEORGES CARRÉ, ÉDITEUR
58, rue Saint-André-des-Arts

1893

AVANT-PROPOS

Personne ne doute aujourd'hui qu'une connaissance approfondie de la chimie, en jetant des lumières positives sur l'étude des phénomènes de la vie, fournit aux sciences médicales un appui efficace, un moyen actif d'investigation et de progrès, et que, bien loin de les rendre plus laborieuses et plus longues, elle les facilite au contraire en leur apportant le charme d'une extraordinaire simplicité.

Quant aux services qu'elle est appelée à rendre chaque jour aux industriels, aux experts, aux pharmaciens, aux hygiénistes, aux agronomes et aux minéralogistes, il serait superflu de les énumérer ici ; et il suffit pour les comprendre de voir l'ardeur et le soin avec lesquels elle est cultivée dans les laboratoires de nos diverses écoles et facultés.

L'analyse chimique, qui constitue l'une des parties les plus importantes de la chimie générale, a pour objet, comme on le sait, la recherche et la détermination de corps quelconques, qu'ils soient simples ou composés. Elle n'a acquis tout son développement que pour les corps inorganiques ; mais elle n'en est pas moins, avec le nombre de bonnes méthodes que l'on possède pour la détermination des corps organiques, le fondement de l'édifice sur lequel repose la chimie biologique ; et ce sont ses applications à la médecine légale qui ont créé de toutes pièces la toxicologie, cette partie des sciences médicales qui offre une garantie si puissante à la morale publique et à la société.

Toute recherche chimique a pour point de départ une étude préliminaire qui relève de l'analyse qualitative. Celle-ci, qui nécessite la connaissance préalable des corps élémentaires et de leurs principaux composés, ainsi que celle des principes fondamentaux et des théories de la chimie, présente un intérêt supérieur qui grandit chaque jour ; elle exige de la part de celui qui veut l'entreprendre une grande persévérance, une scrupuleuse attention, ainsi qu'une certaine dextérité manuelle, beaucoup d'ordre et de propreté.

Si l'on se pénètre bien de ces principes, et si l'on a acquis les connaissances scientifiques nécessaires, on peut se mettre résolument à l'œuvre : les difficultés du début disparaîtront bientôt, et l'on ne tardera pas à éprouver ces satisfactions véritables qui sont la récompense légitime de tout travail consciencieux et bien fait.

En publiant cet ouvrage, fruit des nombreuses années que j'ai pu consacrer aux travaux du laboratoire, et en l'offrant aux étudiants pour qui je l'ai écrit, mon seul désir a été de faciliter leurs études. Mon ambition sera largement satisfaite si je puis atteindre le but que je me propose, et je serai bien récompensé de mon labeur si j'ai réussi à inspirer à quelques-uns d'entre eux le goût de l'analyse chimique, qui a pour moi tant d'attraits !

Nancy, le 5 novembre 1892

G. Guérin.

PREMIÈRE PARTIE

ESSAIS PRÉLIMINAIRES PAR VOIE SÈCHE

Lorsqu'on veut procéder à l'analyse qualitative d'une substance de composition simple ou complexe, on cherche tout d'abord à recueillir, au moyen de quelques opérations préliminaires, des indications générales sur la nature de la substance donnée et sur ses constituants les plus essentiels, indications qui pourront être d'une grande utilité pour les recherches ultérieures.

Ce genre de recherches, connu sous le nom d'analyse par voie sèche, a surtout pour but d'établir la nature du corps, par la manière dont il se comporte à une haute température; la substance doit donc être employée à l'état sec.

Lorsqu'on a affaire à des dissolutions, on en évapore une petite portion, et l'on emploie le résidu pour l'essai préliminaire, lequel consiste essentiellement dans l'exécution des opérations suivantes.

I. — Essais dans les tubes de verre

A. — *On introduit un petit fragment de la substance, de la grosseur d'une lentille, dans un tube de verre (d'environ 5 millimètres de diamètre et 8 à 10 centimètres de long) fermé à un bout (fig. 1), et l'on chauffe, d'abord doucement et ensuite jusqu'au rouge, l'extrémité du tube, en le tenant incliné à 45 degrés.*

Différents phénomènes peuvent se produire : les substances organiques se décomposent, en dégageant des vapeurs d'une odeur empyreumatique caractéristique, et noircissent en abandonnant un résidu de charbon que l'on peut brûler en continuant l'action de la chaleur : la partie inorganique reste sous forme de cendre. La plupart des combinaisons perdent de l'eau par la chaleur. Cette eau se condense sous forme de gouttelettes contre les parois froides du tube. On en essaye la réaction, qui peut être alcaline, surtout quand la matière contient des sels ammoniacaux, ou acide, quand elle dégage des acides volatils parmi les produits de sa décomposition, comme c'est le cas surtout pour les azotates ou les sulfates des métaux lourds. Enfin, elle peut être de l'eau d'hydratation ou de cristallisation. Quoi qu'il en soit, il est nécessaire d'absorber l'eau dégagée avec un petit rouleau de papier à filtre, pour qu'elle ne nuise pas à l'observation des autres dépôts qui pourraient se former.

FIG. 1.

1° Il se forme un sublimé :

a. Si le sublimé est blanc, il peut être formé de :

Chlorure mercureux . . .	Hg^2Cl^2
Chlorure mercurique . . .	$HgCl^2$
Chlorure d'ammonium . .	AzH^4Cl
Anhydride arsénieux . . .	As^2O^3
Oxyde d'antimoine	Sb^2O^3

Le Chlorure mercureux se volatilise sans fondre, et noircit au contact de l'hydrate de potasse.

Le Chlorure mercurique fond avant de se volatiliser, et il devient rouge jaunâtre au contact de l'hydrate de potasse.

Le Chlorure d'ammonium traité par l'hydrate de potasse dégage du gaz ammoniac qui bleuit le papier rouge de tournesol humide, et noircit un papier imprégné d'azotate mercureux.

L'Anhydride arsénieux se volatilise lorsqu'on le chauffe, sans fondre préalablement (cristaux octaédriques brillants).

L'Oxyde d'antimoine fond avant de se volatiliser (aiguilles blanches et brillantes).

b. Si le sublimé est jaune, il peut être formé de :

Iodure mercurique . .	HgI^2
Soufre.	S
Sulfure d'arsenic . . .	As^2S^3

Le Soufre peut provenir de la volatilisation de celui que la substance contenait à l'état libre, ou être dégagé des polysulfures ou des thiosulfates. Pour reconnaître le soufre, de plus, certains arséniures, antimoniures et autres, il est préférable d'opérer le grillage dans un tube ouvert aux deux bouts et légèrement recourbé (*fig.* 2). On place l'essai en *e*, et l'on chauffe. Le courant d'air qui se produit dans le tube facilite beaucoup l'oxydation de la matière[1].

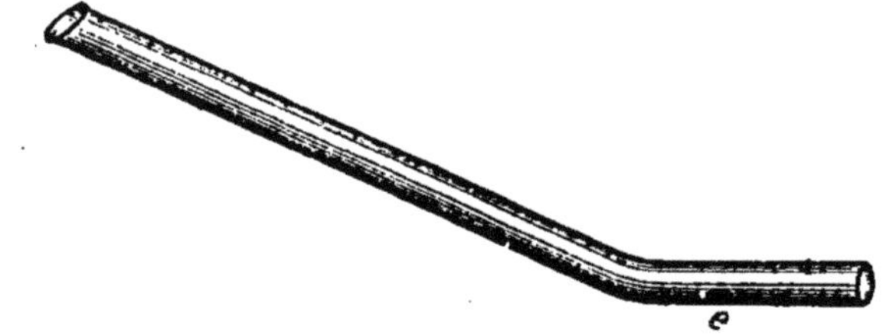

Fig. 2.

Le Sulfure d'arsenic émane d'une masse fondue orange. Il se dissout lorsqu'on le touche avec une solution de carbonate d'ammonium.

L'Iodure mercurique devient rouge lorsqu'on le frotte avec une baguette de verre.

c. Si le sublimé est noir, à éclat métallique, il peut être formé de :

Mercure	Hg
Arsenic.	As
Sulfure mercurique . .	HgS
Sélénium.	Se
Tellure.	Te
Cadmium	Cd

Le Mercure se laisse réunir en petits globules visibles à la loupe.

L'Arsenic a laissé percevoir une odeur alliacée (provient de quelques arséniures métalliques fusibles).

Le Sulfure mercurique est rouge sur les bords de son périmètre et des solutions de continuité qu'il peut présenter. Il devient rouge par le frottement.

Le Sélénium devient rouge par le frottement, et répand une odeur de raifort pourri, lorsqu'on le chauffe à l'air.

Le Tellure se prend en masse par le refroidissement.

[1] Le soufre se transforme alors en SO^2, et tous les éléments capables de donner des produits d'oxydation volatils donnent des sublimés.

Le Cadmium devient jaune brun en se transformant en oxyde, lorsqu'on le chauffe au contact de l'air.

2° Il se dégage un gaz incolore

L'Oxygène rallume une allumette présentant encore un point en ignition (peut provenir de la décomposition des chlorates, bromates, iodates ; de quelques azotates, ainsi que du peroxyde de manganèse et du bioxyde de plomb).

Le Gaz carbonique blanchit un tube mouillé d'eau de baryte (est l'indice de la présence d'un carbonate métallique proprement dit).

L'Anhydride sulfureux, reconnaissable à son odeur piquante, provient de la décomposition par la chaleur des sulfates ou sulfites des métaux lourds.

L'Acide sulfhydrique, dont l'odeur est caractéristique et qui noircit un papier humecté d'acétate de plomb, émane des sulfhydrates.

Le Gaz ammoniac se reconnaît à son odeur, et à ce qu'il bleuit le papier rouge de tournesol humide (décèle la présence des sels ammoniacaux dont l'acide est fixe).

L'Oxyde de carbone brûle avec une flamme bleue (est fourni par les oxalates ou les formiates).

Le Cyanogène brûle avec une flamme rouge violacé, et exhale une odeur d'amandes amères (se dégage de quelques cyanures et ferrocyanures).

L'Hydrogène phosphoré, d'odeur alliacée et fétide, provient de la décomposition des phosphites et des hypophosphites.

B. — *On mélange une petite portion de l'échantillon avec un peu de bisulfate de potassium, et l'on chauffe dans le tube d'essai sec.*

Un dégagement de vapeurs rutilantes est produit par les azotates. Les bromures et les iodures donnent des vapeurs de brome ou d'iode, brunes ou violettes. Avec les chlorures, il se dégage de l'acide chlorhydrique facile à reconnaître en plaçant une goutte d'azotate d'argent sur la paroi froide du tube, qui blanchit immédiatement. Les fluorures donnent de l'acide fluorhydrique qui corrode le verre. Pour bien constater ce phénomène, il faut laver le tube, puis le sécher. Les acétates donnent de l'acide acétique facile à reconnaître à son odeur.

II. — Essais au chalumeau

C. — *On choisit un morceau de charbon de bois sec et sonore, exempt de fissures (fig. 3), et, après y avoir pratiqué une petite cavité au moyen d'une*

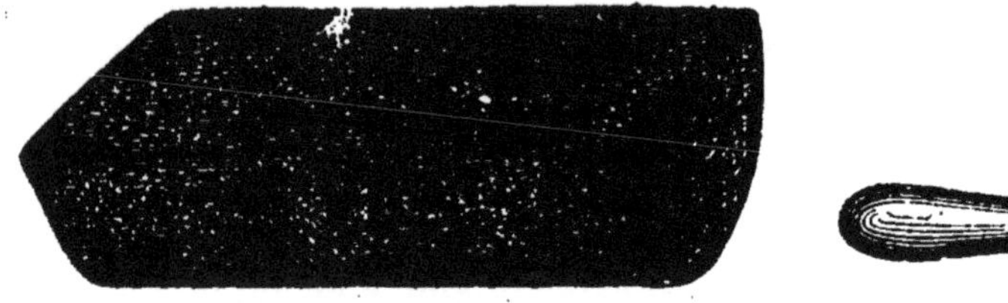

Fig. 3.

Fig. 4.

fraise (fig. 4), on y place un fragment de la substance à essayer; on applique d'abord la flamme oxydante (fig. 5), ce qui permet surtout de reconnaître

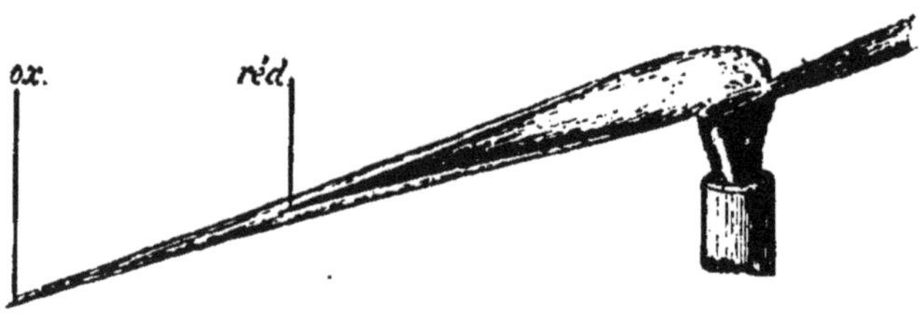

Fig. 5.

l'action d'une haute température sur le corps à analyser. Si la matière décrépite, on la pulvérise préalablement. On ajoute une gouttelette d'eau aux substances que l'insufflation tendrait à entraîner.

1° L'essai *fuse*, c'est-à-dire détermine la combustion active du charbon. La substance peut contenir :

- Azotates
- Chlorates
- Bromates
- Iodates

2° Un résidu blanc infusible reste sur le charbon après le chauffage. Il peut être dû aux corps suivants :

Terres alcalines et leurs sels.
Alumine.
Oxyde de zinc.
Oxyde d'étain.

Si le résidu au lieu d'être blanc est de couleur verte, il est produit par de l'oxyde de chrome Cr^2O^3; une masse brune ou noire indique qu'elle peut être formée d'oxyde de manganèse Mn^3O^4 ou d'oxyde de fer Fe^3O^4. Dans ce dernier cas, elle est attirable à l'aimant.

Si le résidu obtenu est blanc, on l'humecte d'une goutte d'azotate de cobalt et on le chauffe fortement jusqu'au rouge.

L'Oxyde de Zinc donne une masse verte.

L'Oxyde d'Etain une masse vert-bleu.

L'Alumine une masse d'un bleu intense.

La Magnésie et l'acide Tantalique une masse rose.

La Silice [1] une masse bleue.

L'Oxyde d'Antimoine une masse vert-bleu sale.

La Glucine, l'acide Niobique, la Chaux, la Baryte et la Strontiane prennent une coloration grise.

La Zircone donne une masse violette.

Les Phosphates, les Borates et les Silicates alcalins donnent naissance à une masse fondue bleue semblable à du verre.

Remarque. — Ces colorations ne se produisent nettement qu'avec les substances qui ne sont pas souillées par des impuretés et surtout par de l'oxyde de fer.

D. — *On mélange un échantillon de la substance primitive avec du carbonate de sodium et un peu de cyanure de potassium [2] secs, et l'on chauffe sur le charbon dans la flamme réductrice du chalumeau* (*voy. fig.* 5).

Dans ces conditions, les composés contenant du soufre ou de l'acide sulfurique donnent des masses fondues jaunes, rouges ou brunes,

[1] La masse bleue fournie par l'alumine se distingue de celle de la silice en ce qu'elle paraît violette à la lumière artificielle. De plus, la silice se colore en brun foncé quand on emploie trop d'azotate de cobalt.

[2] On n'ajoute pas de cyanure de potassium aux corps qui fusent, pour éviter les explosions.

lesquelles, déposées sur une plaque d'argent polie et humectée avec de l'eau, produisent des taches noires de sulfure d'argent.

Les métaux lourds sont séparés de leurs combinaisons (sont réduits) et donnent soit des grains métalliques, avec ou sans *auréole d'oxyde*, soit simplement une auréole sans grain métallique (*fig.* 6).

Fig. 6.

Fig. 7.

Pour reconnaître la présence des métaux, on détache au besoin le résidu du charbon, on broie légèrement la masse dans un mortier d'agate (*fig.* 7), sous un filet d'eau pour entraîner par l'irrigation le fondant et le charbon. En broyant ensuite plus fort, on peut reconnaître si le bouton métallique est cassant ou ductile.

1° Il se produit un bouton de métal fondu sans auréole.

On peut avoir affaire à l'un des métaux suivants :

Grains métalliques malléables	Or, paillettes jaunes et brillantes, insolubles dans l'acide azotique. Argent, paillettes blanches donnant avec l'acide azotique une solution qui précipite en blanc par l'acide chlorhydrique. Cuivre, paillettes rouges, solubles dans l'acide azotique que l'ammoniaque colore alors en bleu. Étain, paillettes blanches que l'acide azotique transforme en acide méta-stannique blanc insoluble.

2° Il se produit un bouton de métal fondu avec auréole ;

Plomb, grain métallique malléable avec auréole jaune.
Bismuth, grain métallique cassant avec auréole jaune.
Antimoine, grain métallique cassant avec auréole blanche.

3° Il se produit une auréole sans bouton métallique ;

Zinc, auréole jaune à chaud ; blanche, à froid.
Cadmium, auréole de couleur rouge-brun.

4° Il se produit une poudre métallique infusible.

Platine, non oxydable et non magnétique.	
Fer. Cobalt. Nickel. Manganèse.	Oxydables et magnétiques.

Fig. 8.

E. — *A l'anneau formé à l'extrémité d'un mince fil de platine soudé par fusion dans un étroit tube de verre (fig. 8), on fixe une perle de borax* [1], *en le plongeant dans la poudre de ce fondant, et en le soumettant à l'action de la chaleur, puis, touchant un échantillon de la substance pulvérisée avec cette perle, on fait en sorte qu'une petite parcelle y demeure adhérente, et l'on chauffe successivement au feu d'oxydation et au feu de réduction, jusqu'à ce que la perle paraisse homogène et n'offre plus de stries ou de bulles de gaz. On observe alors la couleur que prend la perle, tant à chaud qu'à froid, et sous l'influence des deux flammes.*

Avec le sel de phosphore [2] *on procède ensuite comme il vient d'être dit pour le borax.*

Les deux tableaux ci-contre contiennent les indications que peuvent fournir les perles obtenues sur la nature des composés métalliques.

F. — *On forme sur le fil de platine une perle avec le borax et la matière à essayer; lorsque la perle soumise au feu de réduction est devenue très limpide, on l'additionne d'un peu de polysulfure de sodium desséché et pulvérisé, et l'on fond de nouveau la perle au feu de réduction (Ferdinand Jean).*

Si la matière essayée peut donner un sulfacide, il se formera un sulfosel soluble, et on aura une perle limpide; dans le cas contraire, une perle opaque.

Ainsi le Fer, le Plomb, le Bismuth, le Nickel, le Cobalt, le Cuivre, le Thallium, l'Argent, le Cuivre, l'Uranium, etc., fondus avec une perle de borax, additionnés de sulfure de sodium, donneront une perle noire ou brune opaque.

[1] $Na^2B^4O^7$.
[2] $PO^4HNaAzH^4$.

Le Zinc, une perle blanche opaque ;

Le Cadmium, une perle opaque rouge écarlate à chaud, et d'un beau jaune à froid ;

Le Manganèse, une perle marron sale ;

Le Platine et l'Or, une perle limpide couleur acajou ;

L'Étain, une perle limpide colorée en jaune brun clair ;

Le Chrome, une perle verte ;

L'Antimoine et l'Arsenic, des perles incolores limpides ;

Le Vanadium et l'Iridium, des perles limpides rouge sang.

REMARQUE. — Pour réussir ces réactions, il faut avoir soin d'employer un petit excès de sulfure, et de maintenir la perle dans la flamme de réduction (Ferdinand Jean).

III. — ESSAI AVEC LE CARBONATE DE SODIUM ET L'AZOTATE DE POTASSIUM

On fond un échantillon de la substance dans une cuiller de platine (fig. 9) avec un mélange de carbonate de sodium et d'azotate de potassium.

Si la masse fondue est vert-bleu, et si la couleur verte de la solution aqueuse devient rapidement pourpre au contact de l'air, on a affaire à du Manganèse.

FIG. 9.

Si la masse fondue est jaune d'or et communique cette couleur à l'eau dans laquelle on la dissout, cela indique la présence du Chrome.

IV. — COLORATIONS DE LA FLAMME

Pour observer les diverses colorations que communiquent à la flamme certains éléments dont on peut ainsi découvrir la présence, on humecte avec un peu d'acide sulfurique ou chlorhydrique une petite prise d'essai de la substance pulvérisée que l'on fait adhérer à l'extrémité d'un mince fil de platine recourbé en forme de crochet aplati au moyen de quelques légers coups de marteau (*fig.* 10), et on la chauffe dans le bord inférieur *o* (*fig.* 11) d'un brûleur de Bunsen muni de sa cheminée de tôle *c* et dont la virole *v* est ouverte.

Nota. — Quand on soupçonne la présence des métaux aisément réductibles qui s'allieraient au platine, on emploie un brin d'amiante inséré dans un petit tube effilé (*fig.* 12).

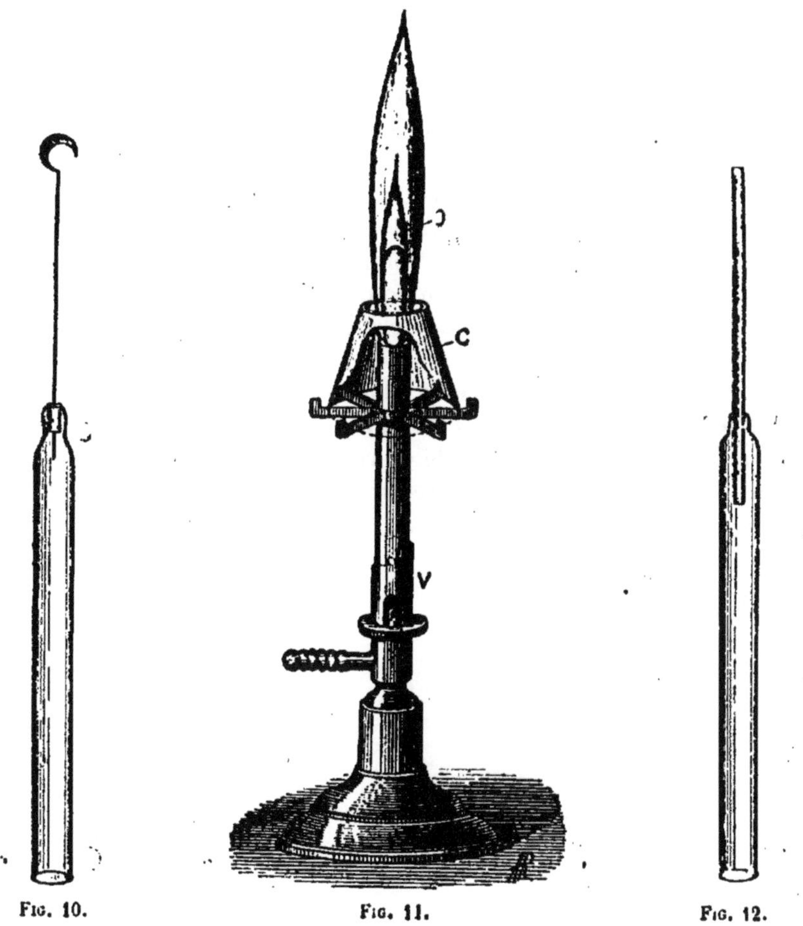

Fig. 10. Fig. 11. Fig. 12.

Coloration jaune : devenant invisible quand on regarde à travers un verre bleu et faisant apparaître incolore un cristal de chromate neutre de potassium $Cr^2O^7K^2$: combinaisons du sodium, même en très petite quantité.

Coloration rouge orange : paraissant vert-jaune lorsqu'on l'observe à travers un verre vert ; bleu-gris, lorsqu'elle est vue par un verre bleu : combinaisons du calcium.

Coloration rouge : violette, vue par un verre bleu, disparaissant quand on la regarde par un verre vert : combinaisons du strontium et du lithium. La flamme du strontium est rouge écarlate, celle du lithium rouge carmin (sont plus faciles à distinguer à l'aide du spectroscope). La présence des sels de sodium et même ceux du potassium, en grande quantité, masquent la coloration du lithium qui redevient visible vue à travers un verre bleu.

Coloration violette : masquée par la couleur de la soude ; redevenant visible, dans ce cas, à travers un verre bleu : combinaisons du potassium, du rubidium et du cæsium.

Coloration vert jaunâtre : bleue par un verre vert : combinaisons du baryum. Les sels de thallium donnent une coloration verte. Certains composés de cuivre, surtout l'iodure, colorent la flamme en un beau vert émeraude. L'acide phosphorique donne une coloration d'un vert livide très pâle. L'acide borique, une coloration vert d'herbe bien marquée.

Coloration bleue bordée de pourpre : bichlorure de cuivre (devient verte après avoir humecté avec de l'acide azotique). Le bromure de cuivre colore la flamme en bleu bordé de vert. Les composés de l'arsenic, de l'antimoine, du sélénium, du tellure et du plomb donnent à la flamme des teintes bleuâtres très pâles.

DEUXIÈME PARTIE

ANALYSE PAR VOIE HUMIDE. — RECHERCHE DES BASES ET DES ACIDES

DISSOLUTION ET DÉSAGRÉGATION

On commence par pulvériser finement la matière à analyser ; cette opération préliminaire est surtout indispensable lorsqu'on a affaire à des corps qui sont difficilement attaqués par les dissolvants ; on l'exécute dans un mortier en agate, et si la substance est très dure, on commence la pulvérisation dans le mortier d'Abich. Celui-ci (*fig.* 13) se compose de trois pièces : un tas cylindrique en acier A, portant un évidement circulaire au centre ; un anneau en acier B s'emboîtant dans l'évidement du tas, et un pilon également en acier C, entrant dans l'anneau à frottement doux. Si c'est un métal ou un alliage qu'on ne peut pulvériser, on le lime.

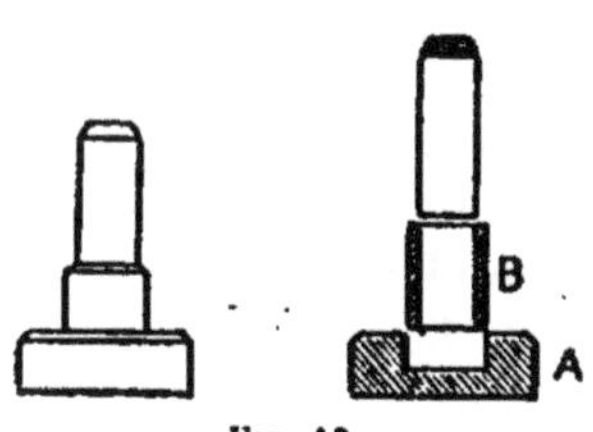

Fig. 13.

La substance ayant été, par l'une ou l'autre de ces opérations, amenée à un état de division suffisant, on en essaye les réactions avec deux petits carrés de papier de tournesol, l'un rouge et l'autre bleu ; on place ces papiers sur une plaque de verre ou sur un verre de montre, on les humecte de deux gouttes d'eau, et l'on y ajoute la poudre à essayer. On observe avec une grande précision, en regardant de l'autre côté du verre, la plus faible apparence de réaction.

On procède ensuite à sa dissolution en suivant la méthode indiquée en I et II.

I. — Sels, oxydes et sulfures métalliques divers.

A. On introduit une petite quantité de la substance à essayer dans un ballon de verre, on ajoute de l'eau, et l'on chauffe.

Pour les corps difficilement solubles, on observe s'il se dissout quelque chose, en évaporant une goutte de liquide filtré sur une lame de platine bien polie, sur laquelle il doit rester un résidu sensible; s'il y en a un, on laisse reposer la liqueur qui reste dans le ballon, on décante dans un verre à expérience, et l'on ajoute une nouvelle quantité d'eau au résidu, pour voir si par un nouveau traitement tout se dissout. Le traitement ultérieur de la dissolution se fait comme nous l'indiquerons bientôt, et celui de la partie qui ne s'est pas dissoute d'après B.

B. Si la substance est *complètement* ou *partiellement* insoluble, on chauffe le résidu avec un peu d'**acide chlorhydrique concentré.** On observe alors s'il se dégage des gaz, dont souvent l'odeur permet déjà de reconnaître la nature. Si l'acide chlorhydrique est sans action, ou occasionne un trouble dans la liqueur, on le remplace par de l'acide azotique, ou enfin, si ce dernier ne produit pas l'effet désiré, on emploie de l'eau régale (qui est un mélange des deux acides précédents). Lorsque la dissolution de la totalité de la substance, ou seulement d'une partie est achevée, on évapore à une douce chaleur pour chasser l'excès d'acide, on étend avec de l'eau, et l'on filtre. Le liquide filtré est traité comme il sera dit à l'article : **Examen des dissolutions,** et le résidu retenu par le filtre, d'après C.

C. Si la substance n'est soluble ni dans l'eau ni dans les acides, ou si une portion reste non dissoute, le résidu insoluble se compose ordinairement de *sulfates* de *baryum*, de *strontium*, de *calcium*, de *plomb*, de *ferrocyanures*, *ferricyanures* et *nitrocyanures métalliques*, de *chlorure*, *bromure* et *iodure* d'*argent*, de *chlorure* de *plomb*, de *fluorure* de *calcium*, de *fluosilicate* de *baryum*, de *silice* et de *silicates divers*, ainsi que d'*oxyde* de *chrome*, d'*oxyde* d'*antimoine*, d'*oxyde* d'*étain*, d'*acides molybdique* et *tungstique* (*ayant été préalablement calcinés*). On les désagrège en les faisant bouillir avec une solution concentrée de carbonate de sodium, on filtre, on lave le résidu plusieurs fois avec de l'eau, on le dissout dans l'acide chlorhydrique, et dans la solution acide on recherche les bases. L'acide doit être recherché dans le liquide alcalin.

D. Si la substance a résisté aux traitements indiqués en A, B et C, il est probable qu'on aura affaire à des combinaisons du fluor. Le corps à analyser réduit en poudre fine est alors chauffé dans un creuset de platine avec de l'acide sulfurique concentré, jusqu'à ce qu'il ne se dégage plus de vapeurs d'acide fluorhydrique ; on dissout ensuite dans l'eau et l'acide chlorhydrique le résidu qui se compose de sulfates, ou bien on le désagrège en le faisant bouillir avec du carbonate de sodium, comme il est indiqué en C.

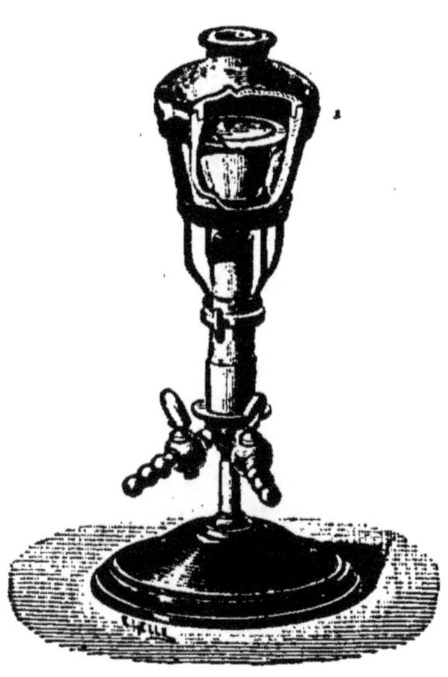

FIG. 14. — Four de Krichel et Adnet.

E. Si enfin, les dissolvants mentionnés, ainsi que le carbonate de sodium et l'acide sulfurique concentré sont sans action sensible sur la combinaison, on mélange une partie du composé réduit en poudre fine avec quatre fois son poids d'un mélange d'azotate de potassium et de carbonate de sodium, et l'on fond le tout dans un creuset de platine à une très haute température en employant avec avantage le four de la figure 14. On laisse refroidir la masse fondue, puis on la fait bouillir avec de l'eau.

Le résidu insoluble dans l'eau est dissous dans l'acide chlorhydrique, et les bases sont recherchées dans la solution obtenue. Dans le cas particulier où l'on aurait affaire à du fer chromé Cr^2O^3Fe, on mélange ce minéral très finement pulvérisé avec dix à douze fois son poids de bisulfate de potassium et l'on chauffe, d'abord au rouge faible, pendant quelque temps, puis au rouge vif, afin de décomposer complètement le bisulfate de potassium. La masse refroidie est broyée, puis chauffée jusqu'à fusion tranquille avec le mélange d'azotate de potassium et de carbonate de sodium, et la masse obtenue traitée après refroidissement, comme nous venons de l'indiquer.

II. — Métaux, alliages et leurs combinaisons sulfurées

Pour opérer la dissolution de ces corps, on emploie l'acide azotique concentré ou l'eau régale. La solution est ensuite évaporée doucement pour volatiliser la plus grande partie de l'acide libre, étendue d'eau et filtrée.

Quelques métaux ainsi que leurs sulfures ne sont pas dissous par l'acide azotique, mais seulement transformés en oxydes blancs insolubles. C'est ce qui se produit avec l'**antimoine** et l'**étain**. Si, à côté des deux métaux nommés, il se trouve de l'arsenic, une grande partie de ce corps reste aussi dans le résidu. Il se forme dans ce cas des arséniates insolubles qui ne sont pas décomposés par l'acide azotique. S'il se produit un précipité blanc, lorsqu'on ajoute de l'eau, il est dû à la présence du **bismuth**, ou bien, si le métal a été dissous dans l'eau régale, le précipité peut aussi être formé par du **chlorure d'antimoine basique.**

Quelques sulfures métalliques peuvent donner un dépôt de soufre quand on les traite par l'acide azotique. Le sulfure de plomb donne aussi un résidu blanc, principalement formé de sulfate de plomb. On jette sur filtre ce résidu, on le lave et on l'arrose avec de l'ammoniaque et un peu de sulfure d'ammonium : l'antimoine, l'étain et l'arsenic, s'il y en a, entrent en dissolution à l'état de sulfosels, tandis que les sulfures des autres métaux demeurent insolubles. On les fait dissoudre à une douce chaleur avec de l'acide azotique dilué de trois à quatre fois son volume d'eau.

EXAMEN DES DISSOLUTIONS

RECHERCHE DES MÉTAUX

La dissolution étant obtenue, on en fait trois parts : l'une pour la recherche des bases ou métaux, l'autre pour la recherche des acides, la troisième pour servir de réserve.

Pour séparer les différents métaux les uns des autres, on emploie successivement : 1° l'**acide chlorhydrique** ; 2° l'**hydrogène sulfuré** ; 3° le **sulfure d'ammonium** ; 4° le **carbonate d'ammonium**, et 5° le **phosphate de sodium.**

Avec ces réactifs, les métaux peuvent être classés en sept groupes.

Métaux précipitables de leurs dissolutions par l'acide chlorhydrique

GROUPE I

Chlorures de :	Argent	blanc	complètement précipitables.
	Mercurosum	blanc	
	Plomb	blanc	incomplètement précipitables.
	Thallium	blanc	

Métaux précipitables par l'hydrogène sulfuré dans une liqueur légèrement acide

GROUPE II

SULFURES SOLUBLES DANS LE SULFURE D'AMMONIUM OU DE SODIUM

Antimoine	orangé.
Arsenic	jaune.
Étain	jaune ou brun.
Or	brun-noir.
Platine	
Iridium	
Molybdène	
Tungstène	
Vanadium	
Tellure	
Sélénium	jaune-rougeâtre

GROUPE III

SULFURES INSOLUBLES DANS LE SULFURE D'AMMONIUM OU DE SODIUM

Plomb	noir.
Argent	
Mercure	
Cuivre	
Bismuth	
Cadmium	jaune.
Palladium	brun-noir.
Rhodium	
Osmium	
Ruthénium	
Thallium	

Métaux précipités par le sulfure d'ammonium dans une liqueur neutre ou légèrement alcaline

GROUPE IV

A L'ÉTAT DE SULFURES

Nickel	noir.
Cobalt	noir.
Fer	noir.
Zinc	blanc.
Gallium	blanc.
Manganèse	saumon.
Uranium	brun-noir.
Thallium	noir.
Indium	jaune.

A L'ÉTAT D'OXYDES

Aluminium	blanc sale.
Chrome	vert.
Glucinium	blancs.
Tantale	
Niobium	
Pélopium	
Cérium	
Yttrium	
Zirconium	
Didyme	
Titane	
Thorium	
Erbium	
Lanthane	

Sont encore précipités : les phosphates, oxalates, borates et fluorures métalliques, ainsi que ceux de : magnésium, baryum, strontium, calcium, aluminium.

Métaux précipités en blanc par le carbonate d'ammonium dans une liqueur débarrassée de tous les métaux proprement dits

GROUPE V

Baryum.
Strontium. } à l'état de carbonates.
Calcium.

Est précipité par le phosphate d'ammonium :

GROUPE VI

Magnésium (à l'état de phosphate ammoniaco-magnésien).

Métaux non précipités par ces réactifs

GROUPE VII

Potassium.
Sodium.
Lithium.
Césium.
Rubidium.
Ammonium.

Remarque. — Nous supposons dans ce qui suit que la plupart des corps puissent se trouver simultanément en solution. Aussi une réaction appliquée à la recherche d'un corps est-elle négative, la même liqueur ne cesse généralement pas d'être utilisée aux recherches subséquentes.

Si un précipité a été produit par l'un des réactifs nommés, il faut toujours s'assurer qu'une nouvelle addition de réactif ne fait plus naître de trouble dans la liqueur éclaircie.

RECHERCHE SYSTÉMATIQUE

Groupe I

1° *On verse dans la liqueur à analyser quelques gouttes d'acide chlorhydrique. Cet acide peut précipiter : du* **chlorure** *de* **plomb,** *d'***argent,** *de* **mercurosum** *et de* **thallium.**

Plomb. — On ajoute une quantité plus considérable de réactif, de manière à précipiter complètement. On isole le précipité par le filtre; on le traite par l'eau bouillante, et dans la liqueur filtrée on décèle le plomb par l'acide sulfurique et le chromate de potassium. Le premier de ces réactifs produit un précipité blanc de sulfate de plomb, et le second un précipité jaune de chromate soluble dans la potasse.

Thallium. — Si cette liqueur filtrée, qu'elle ait précipité ou non par l'acide sulfurique et le chromate de potassium, donne un précipité jaune par l'iodure de potassium, cela indique qu'elle contient du thallium (on contrôlerait au spectroscope).

Mercurosum. — S'il reste un résidu, on l'arrose d'ammoniaque, il devient noir s'il contient du chlorure mercureux que l'ammoniaque transforme en amido-chlorure $Hg^2AzH^2Cl^2$.

Argent. — On filtre, on sursature par l'acide azotique le filtratum ammoniacal, qui abandonne un précipité blanc de chlorure d'argent, s'il y a lieu.

Remarque. — Lorsqu'on traite la liqueur primitive par l'acide chlorhydrique, on peut également obtenir un précipité blanc dans les solutions contenant : *borates, silicates, hyposulfites, composés sulfurés, composés* d'*antimoine, molybdates* et *tungstates*, etc. Si le précipité blanc obtenu, amené à l'ébullition avec un grand excès d'acide, ne se dissout pas, mais passe au jaune citron, on ajoute un fragment de zinc à une portion du mélange acide ; il se produira une matière insoluble colorée en bleu intense dans le cas de **tungstates.** Si le précipité blanc obtenu se redissout, à chaud (40°), dans un grand excès d'acide, et qu'une lame d'étain placée dans cette solution détermine un précipité bleu qui reste en suspension dans la liqueur et la colore en bleu intense, on aura affaire à des **molybdates.**

GROUPE II

2° *On chauffe la liqueur acidulée d'où l'on a isolé tout l'argent, une partie du plomb et du thallium, et peut-être une partie du mercure, en même temps qu'on la fait traverser, durant quelques minutes, par un courant d'anhydride sulfureux (pour ne pas s'exposer à laisser de l'acide arsénique ou de l'oxyde d'étain). On chasse l'anhydride sulfureux par un courant d'air ou mieux de CO^2, et on fait passer rapidement dans le liquide chaud (75° à 80°) un courant de gaz sulfhydrique jusqu'à sursaturation. On secoue de temps en temps le ballon contenant la liqueur, afin de s'assurer si le gaz sulfhydrique est toujours absorbé.*

On recueille sur filtre tout le précipité de sulfures [1] produit par l'acide sulfhydrique ; on le lave à l'eau distillée, puis, après avoir crevé le filtre avec une baguette de verre, on fait tomber tout le précipité dans un petit matras au moyen de la fiole à jet (pissette) (*fig.* 15) ; on ajoute un peu de sulfure d'ammonium polysulfuré [2], et l'on chauffe quelque temps à une douce chaleur. On décante le liquide sur un filtre, on fait digérer de nouveau le résidu avec du sulfure d'ammonium très dilué, on filtre.

Fig. 15.

Le résidu insoluble qui renferme les sulfures du groupe III est bien lavé et conservé pour une recherche dont nous nous occuperons tout à l'heure (voir groupe III). Quant au soluté qui contient à l'état de sulfosels les métaux du groupe II, on l'étend

[1] Si le précipité est blanc et ne disparaît pas avec un excès d'acide chlorhydrique, il est dû à du soufre, et cela permet de supposer la présence du peroxyde de fer.

En présence des acides sulfureux, azoteux, chloreux, iodique, bromique, chlorique et du chlore libre, il se dépose également du soufre. Il en est de même avec les peroxydes et perchlorures de manganèse et de cobalt. Avec l'acide vanadique, il se produit une coloration bleue intense du liquide.

[2] Si la liqueur renfermait du cuivre, ce que l'on reconnaîtrait en faisant tomber une goutte sur une lame de fer polie, il faudrait, au lieu de sulfure d'ammonium qui dissout un peu le sulfure de cuivre, employer un soluté de sulfure de sodium, et y faire bouillir le précipité de sulfures. Toutefois il ne faut utiliser le sulfure de sodium que si la dissolution est exempte de sels mercuriques, parce que le bisulfure de mercure est soluble dans le sulfure de sodium. On s'assure de la présence des sels mercuriques, en traitant par le chlorure d'étain une petite portion de la liqueur acidulée par l'acide chlorhydrique ; on obtient dans ce cas un précipité blanc de chlorure mercureux.

d'eau, on l'acidule d'un léger excès d'acide chlorhydrique, on chauffe un peu, on filtre le précipité formé qui représente les sulfures du groupe II ; on le lave soigneusement, et on le traite à une douce chaleur par une solution à 20 0/0 de sesquicarbonate d'ammonium. Le sulfure d'arsenic entre en dissolution, les autres sulfures restent dans le résidu.

Arsenic. — On traite par un léger excès d'acide chlorhydrique la solution de sulfure d'arsenic dans le carbonate d'ammonium, afin de l'isoler, on le lave et on le caractérise : 1° soit en le dissolvant dans quelques gouttes d'ammoniaque, ajoutant du cyanure de potassium à la solution, évaporant à siccité, en présence d'un peu de carbonate de sodium, introduisant le résidu dans un étroit tube de verre fermé à un bout et chauffant au rouge, ce qui doit donner *un sublimé miroitant d'arsenic ;* 2° soit en le chauffant avec un peu d'acide azotique, dans une capsule de porcelaine, évaporant à siccité, et caractérisant l'acide arsénique produit, à l'aide de l'azotate d'argent ammoniacal, qui donne *une tache rouge-brique d'arséniate d'argent*[1].

On chauffe avec de l'acide chlorhydrique concentré les sulfures d'où l'on a extrait le sulfure d'arsenic par le carbonate d'ammonium, et qui ont été préalablement bien lavés. Les sulfures d'antimoine et d'étain se dissolvent, et les sulfures d'or et de platine restent indissous.

Antimoine. — Pour rechercher l'antimoine et le distinguer de l'étain, on ajoute sur la lame de platine un morceau de zinc à une partie de la solution, les deux métaux se réduisent, et l'antimoine métallique naissant forme sur la lame de platine un enduit noir : 1° on lave cet enduit avec précaution, au moyen de l'acide chlorhydrique, qui ne le dissout pas, puis on le touche d'abord avec de l'acide azotique, et ensuite avec une goutte d'ammoniaque et une goutte de sulfure d'ammonium, il se produira *une tache jaune orangé de sulfure d'antimoine ;* 2° on touche, avec une goutte d'acide azotique, l'enduit noir de la lame de platine préalablement lavé comme nous venons de le dire à l'acide chlorhydrique, et on évapore avec précaution tout l'acide azotique, puis on humecte, avec de l'azotate d'argent bien neutre, le résidu blanc et on souffle sur lui de l'ammoniac : il se produit *une tache noire d'antimoniate de sous-oxyde d'argent.*

[1] Pour reconnaître à quel degré d'oxydation se trouvait l'arsenic, on traite la liqueur primitive d'abord par un mélange de sulfate de magnésie, de chlorure d'ammonium et d'ammoniaque, lequel précipitera l'acide arsénique sous forme d'arséniate ammoniaco-magnésien, puis le liquide filtré, par l'hydrogène sulfuré, qui ne précipite que les solutions arsénieuses, dans le cas où les deux genres de composés existeraient simultanément.

Etain. — Pour constater l'étain, la partie restante de la solution est réduite par le zinc dans un tube à essai. Les métaux précipités sont séparés par décantation de la liqueur surnageante, lavés et dissous à chaud, dans l'acide chlorhydrique concentré. Cette solution sert à rechercher l'étain : 1° par le chlorure mercurique, qui donne un précipité blanc de *chlorure mercureux ;* 2° par le chlorure d'or, qui donne un précipité de *pourpre de Cassius ;* 3° par le mélange de perchlorure de fer et de ferricyanure de potassium, qui donne instantanément du *bleu de Prusse*[1].

Or et platine. — Pour rechercher l'or et le platine, on dissout dans l'eau régale les sulfures insolubles dans l'acide chlorhydrique, on chasse l'excès d'acide par évaporation, on reprend par l'eau additionnée d'acide chlorhydrique.

On reconnaît l'or à un *précipité brun violacé*, constitué par une poudre métallique très fine, qui prend naissance, lorsqu'on chauffe la liqueur avec de l'acide oxalique ou du sulfate ferreux.

Le platine se reconnait en versant dans la liqueur pas trop étendue un peu de solution de chlorure d'ammonium, évaporant presque à sec et arrosant avec de l'alcool concentré; celui-ci laisse un *précipité jaune cristallin* de chloroplatinate d'ammonium, qui, soumis à la calcination, donne du platine métallique noir.

RECHERCHE DES ÉLÉMENTS RARES DE CE GROUPE

Ainsi que l'indique le tableau de la page 16, *la solution des sulfures solubles dans le sulfure d'ammonium peut comprendre encore les sulfures de :* **Iridium, Molybdène, Sélénium, Tellure, Tungstène et Vanadium.**

a. Pour découvrir l'*Iridium*, on dissout une partie des sulfures dans l'eau régale, on concentre par évaporation, on traite par le chlorure d'ammonium et l'alcool fort, qui précipite le platine et l'iridium sous forme de chloroplatinate d'ammonium jaune, et de chlorure d'iridium et d'ammonium rouge-noir.

On isole le précipité par le filtre, on le lave à l'alcool étendu, et on le soumet à la calcination.

Il en résulte du platine et de l'iridium métalliques. On traite par l'eau régale étendue, le platine seul se dissout, l'iridium reste comme résidu.

b. Pour rechercher le *Molybdène*, on fait dissoudre, à chaud, une autre

[1] Pour découvrir à quel degré d'oxydation se trouvait l'étain, il suffit de traiter la solution originelle par le chlorure mercurique, lequel ne donnera qu'avec le chlorure stanneux seul un précipité blanc ou gris.

portion du précipité de sulfures dans l'acide azotique, on évapore à sec une partie de la dissolution, on traite le résidu par l'acide chlorhydrique, et l'on filtre; la partie insoluble sera traitée comme il sera dit en *d*. Au liquide filtré, on ajoute du sulfocyanate de potassium et un fragment de zinc : *coloration rouge carmin*, due au sulfocyanate de molybdène soluble dans l'éther avec lequel on l'agite.

c. Le traitement par l'acide azotique a transformé le sulfure de *Tellure* en acide tellureux, et le sulfure de *Sélénium* en acide sélénieux. On fait bouillir la dissolution azotique, qui laisse déposer l'acide tellureux sous forme cristalline. Dans la solution privée d'acide azotique, par évaporation, on précipite le *Sélénium* par l'anhydride sulfureux (précipité rouge ; gris, à chaud). Pour séparer complètement le sélénium du tellure, on fond, avec du cyanure de potassium, l'acide tellureux et le sélénium obtenus par ces traitements. Il se forme ainsi du telluro-sélénio-cyanate de potassium ; on épuise par l'eau, et l'on fait passer un courant d'air dans la solution, lequel précipite tout le tellure. La liqueur filtrée, additionnée d'acide chlorhydrique, abandonne le sélénium après une ébullition prolongée.

d. Pour caractériser le *Tungstène*, on fait fondre, avec du carbonate de sodium, dans un creuset de platine, le résidu obtenu en *b*, provenant du traitement d'une partie des sulfures par l'acide azotique bouillant, lequel avait dissous le molybdène, le sélénium et le tellure. Le tungstate de sodium obtenu est repris par l'eau, et la solution donne, avec le protochlorure d'étain, un précipité jaune, devenant bleu par l'addition d'acide chlorhydrique, sous l'influence de la chaleur.

e. Pour déceler le *Vanadium*, on chauffe une autre partie des sulfures avec de l'acide azotique, et l'on évapore à siccité. On reprend par l'ammoniaque le résidu qui renferme l'acide vanadique, et l'on filtre. Cette solution ammoniacale additionnée de chlorure d'ammonium solide laisse déposer un précipité blanc de vanadate d'ammonium.

GROUPE III

3° *Après avoir lavé avec soin ce précipité de sulfures, on le place dans une capsule de porcelaine, et on le fait bouillir avec de l'acide azotique, sans grand excès, en remuant avec une baguette de verre.*

S'il reste un résidu insoluble de couleur noirâtre, il est probablement constitué par du bisulfure de mercure [1].

Mercure. — Pour s'en assurer, on le dissout dans l'eau régale ; on

[1] Il importe de savoir que le sulfure de platine ne se dissolvant que très difficilement dans le sulfure d'ammonium peut se trouver avec le bisulfure du mercure dans le résidu insoluble dans l'acide azotique, et que l'on doit toujours le rechercher en même temps que le mercure.

filtre pour séparer le soufre; on essaye quelques gouttes de la liqueur sur une lame de cuivre polie, qui se recouvre d'un enduit blanchâtre devenant brillant quand on le frotte avec une étoffe de laine.

Dans une autre portion de la liqueur, on verse de la soude caustique jusqu'à production de précipité, qu'on redissout dans le moins possible d'acide chlorhydrique; puis on ajoute, avec précaution, de l'iodure de potassium (soluté à 10 0/0) : *précipité rouge d'iodure mercurique.*

A la dissolution azotique on ajoute du carbonate de sodium ou de potassium, tant qu'il se forme un précipité; puis on verse un excès de soluté concentré de cyanure de potassium, et l'on chauffe.

Plomb et bismuth. — Le plomb et le bismuth sont complètement précipités à l'état de carbonates; on lave ce précipité, et on le traite par l'acide sulfurique dilué, qui précipite le plomb sous forme de sulfate (dont on constate la nature en le faisant dissoudre dans un mélange de chromate de potassium et de potasse en excès, d'où l'acide acétique précipite du chromate de plomb, de couleur jaune), et le liquide filtré, d'où l'on vient de séparer le sulfate de plomb, sert à caractériser le bismuth : 1° par la solution alcaline de protochlorure d'étain, qui noircit immédiatement, en donnant un précipité noir de sous-oxyde de bismuth; 2° par la solution de chromate de potassium, qui produit un précipité jaune orangé de chromate de bismuth, insoluble dans la potasse; 3° en additionnant une autre partie du liquide d'un peu de chlorure de sodium, et diluant d'un grand excès d'eau, qui détermine la précipitation de l'oxychlorure de bismuth blanc.

Cuivre et cadmium. — Quant au cuivre et au cadmium, ils restent dissous sous forme de cyanures doubles de cuivre ou de cadmium et de potassium. On traite tout le liquide par un excès d'acide chlorhydrique, on chauffe et on sursature par du carbonate de sodium, puis on ajoute un excès de carbonate d'ammonium.

Le cuivre reste dissous, avec une couleur bleue, et la liqueur ammoniacale acidulée d'acide chlorhydrique donne un précipité brun marron, au contact du ferrocyanure de potassium.

Le cadmium a été précipité sous forme de carbonate, on l'isole par le filtre, on le lave et on le caractérise, après l'avoir dissous dans l'acide chlorhydrique étendu, par le sulfure d'ammonium, qui donne un précipité jaune de sulfure.

RECHERCHE DES ÉLÉMENTS RARES DE CE GROUPE

Ainsi que l'indique le tableau de la page 16, les sulfures précipités par l'hydrogène sulfuré et qui sont insolubles dans le sulfure d'ammonium peuvent comprendre, en outre, les sulfures de : **Thallium**[1], **Ruthénium, Osmium, Palladium et Rhodium.**

a. On épuise ce précipité de sulfures par de l'acide sulfurique dilué, qui dissout le sulfure de *Thallium*. On s'assure de la présence de ce métal, en traitant une partie de la solution sulfurique par l'iodure de potassium, qui produit un précipité jaune d'iodure thalleux, insoluble dans un excès de réactif. L'autre partie additionnée d'acide chlorhydrique et d'alcool donne un précipité blanc de chlorure. On contrôle au spectroscope chacun des précipités obtenus.

On fond une partie des sulfures qui ont été lavés à l'acide sulfurique dilué et desséchés, avec un mélange de chlorate et d'hydrate de potasse, et l'on épuise par l'eau la masse fondue. On obtient une dissolution et un résidu insoluble. La partie insoluble sera examinée comme il est dit en *c*.

b. Quant à la solution qui contient l'osmiate et le ruthéniate de potassium, on la neutralise exactement par l'acide azotique, et l'on obtient un précipité noir d'oxyde de ruthénium. Pour caractériser ce précipité, on le dissout dans l'acide chlorhydrique, ce qui donne une solution jaune orangé. Si l'on traite cette solution par un courant d'acide sulfhydrique, jusqu'à coloration noire, et si l'on filtre, le liquide filtré devient bleu clair.

c. On ajoute un plus grand excès d'acide azotique à la liqueur d'où l'on a précipité l'oxyde de ruthénium, et on la soumet à la distillation : des vapeurs très vénéneuses d'*anhydride osmique* se condensent, sous forme liquide ou cristalline. On le caractérise : 1° par son odeur forte et pénétrante, qui rappelle celle du chlore et du raifort ; 2° en le réduisant, au moyen de l'hydrogène, à l'état d'osmium métallique répandant la même odeur, surtout quand on le chauffe ; 3° par le sulfite de sodium, qui colore en bleu foncé la solution d'anhydride osmique, laquelle abandonne, peu à peu, du sulfite osmieux bleu-noir.

d. Le résidu insoluble dans l'eau, obtenu en fondant les sulfures avec le chlorate et l'hydrate de potasse, est soumis à la calcination dans un courant d'hydrogène : le *Palladium* et le *Rhodium* se réduisent à l'état métallique. En chauffant avec l'eau régale, le palladium seul se dissout. On évapore cette solution presque à siccité, et le résidu repris par un peu d'eau distillée est divisé en deux parties. On traite l'une par l'iodure de potassium qui donne un précipité brun-noir d'iodure palladeux, l'autre partie, additionnée de cyanure de mercure, laisse précipiter du cyanure palladeux blanc-jaunâtre.

[1] Ce métal ne peut se trouver dans ce groupe que si la précipitation par l'hydrogène sulfuré a été effectuée dans une liqueur alcaline ou acidifiée par l'acide acétique.

e. Quant au *Rhodium*, obtenu à l'état métallique, par réduction à l'aide de l'hydrogène, et que l'eau régale a séparé du palladium, on le mélange avec dix à douze fois son poids de bisulfate de potassium, et on le fond, dans un creuset de platine, à une très haute température. On broie le résidu et on le fait bouillir avec de l'acide chlorhydrique. Il se forme du sesquichlorure de rhodium, qui colore la liqueur en rouge-rosé. Additionnée de potasse caustique, elle ne tarde pas à virer au jaune, en abandonnant un précipité de même couleur, qui devient brun-noir sous l'influence de l'ébullition avec un excès de potasse.

GROUPE IV

4° A la liqueur acide d'où l'on a séparé les métaux qui se précipitent par l'hydrogène sulfuré on ajoute de l'ammoniaque et du sulfure d'ammonium, on chauffe tout doucement, on jette sur filtre et on lave avec de l'eau bouillie.

Le précipité qui se produit comprend tous les métaux du groupe IV. On fait digérer à froid le précipité avec de l'acide chlorhydrique dilué de son volume d'eau. S'il reste un résidu, il peut y avoir du nickel et du cobalt.

Cobalt et nickel. — On rassemble ce résidu sur un filtre, et on le lave rapidement, puis on le fait tomber, à l'aide de la pissette, dans une capsule de porcelaine, et on le dissout, à chaud, dans l'eau régale. Cette solution est divisée en deux parties. On sursature l'une d'elles par la potasse caustique et l'on ajoute du cyanure de potassium pour redissoudre les oxydes précipités. On fait digérer *à froid* avec du brome en excès ; le sesquioxyde de nickel *est complètement précipité seul et sans mélange d'oxyde de cobalt*, on l'isole par le filtre, on le lave et on l'identifie. La liqueur filtrée qui retient le cobalt est acidifiée par l'acide chlorhydrique et bouillie pendant quelques minutes. On laisse refroidir, on sursature par la potasse caustique, on ajoute de l'hypochlorite de sodium et l'on porte à l'ébullition : tout le cobalt se précipite maintenant sous forme d'oxyde noir-brun, mais il ne faut pas craindre d'ajouter encore de la potasse et de l'hypochlorite de sodium pour que la précipitation soit absolument complète. On recueille sur un filtre le précipité, on le lave à l'eau bouillante et on constate qu'on a bien affaire à de l'oxyde de cobalt.

La deuxième partie est évaporée complètement, le résidu repris par quelques gouttes d'eau est traité par un léger excès de potasse, et le précipité qui se produit redissous dans un excès d'acide acétique concentré. A ce liquide on ajoute une solution concentrée d'azotite de potassium : il prend une coloration jaune et abandonne, par un repos prolongé, un précipité jaune d'azotite cobaltico-potassique. On filtre le précipité et on recherche le nickel dans le liquide filtré, en l'additionnant d'un excès de lessive de potasse ou de soude, qui donne lieu à un précipité d'hydrate de protoxyde de nickel vert-pomme.

On reprécipite, de nouveau, par addition d'ammoniaque et de sulfure d'ammonium, les sulfures qui s'étaient dissous dans l'acide chlorhydrique, en laissant comme résidu le nickel et le cobalt; on chauffe comme la première fois, on jette sur filtre et on lave rapidement. Le précipité que l'on fait tomber dans une capsule de porcelaine est traité, à froid, par un excès de lessive de soude. *L'alumine, le phosphate d'aluminium, l'oxyde de chrome et une petite quantité de sulfure de fer se dissolvent;* les sulfures de zinc, de manganèse, d'uranium restent indissous, ainsi que les phosphates, oxalates, borates, fluorures métalliques et alcalino-terreux.

Chrome. — On filtre la solution alcaline et on la soumet à une ébullition prolongée : l'oxyde de chrome se précipite entraînant avec lui la faible portion de sulfure de fer que retenait la solution. On ajoute de l'oxyde puce de plomb et une lessive assez concentrée de potasse caustique à ce précipité qu'il est superflu de laver, on fait bouillir le mélange pendant quelque temps, puis on filtre et on lave le résidu à l'eau bouillante. Dans le cas du chrome, la liqueur filtrée est colorée en beau jaune, car l'oxyde de chrome, en présence du bioxyde de plomb et de la potasse caustique, se transforme en chromate de plomb, qui reste en solution dans la liqueur alcaline. Il suffit alors d'ajouter à celle-ci un léger excès d'acide acétique pour en précipiter du chromate de plomb jaune.

Aluminium et phosphate d'aluminium. — On neutralise, après refroidissement, par l'acide acétique, la solution alcaline qui a abandonné l'oxyde de chrome souillé d'oxyde de fer, et l'on ajoute de l'acétate de soude en excès. Le *phosphate d'aluminium* se sépare à l'état de précipité blanc volumineux. La liqueur filtrée est alors mélangée d'un excès de phosphate d'ammonium, qui précipite toute l'*alumine* que pouvait retenir encore la solution.

Pour caractériser l'acide *phosphorique* du précipité de phosphate d'aluminium obtenu en premier lieu, on fait dissoudre ce précipité dans l'acide azotique, on ajoute un excès de solution azotique de molybdate d'ammonium, et l'on chauffe à 40 degrés environ. Un précipité jaune cristallin de phosphate ammoniaco-molybdique sera l'indice de la présence de l'acide phosphorique.

Uranium. — Les sulfures métalliques, ainsi que les phosphates, borates, silicates et fluorures alcalino-terreux, insolubles dans la lessive de soude, sont maintenant soumis à l'ébullition, dans une capsule de porcelaine, avec de l'acide chlorhydrique étendu. Lorsque tout l'hydrogène sulfuré a été chassé, on ajoute un peu d'acide azotique pour peroxyder le fer, on fait bouillir de nouveau, on sursature par l'ammoniaque le liquide refroidi et on épuise le précipité par le carbonate d'ammonium, qui ne dissout que l'oxyde d'uranium. On filtre le liquide ammoniacal, on l'acidule d'acide chlorhydrique, et l'on y verse du cyanure ferroso-potassique. Un précipité rouge-brun accuse la présence de l'uranium.

Fer. — On fait redissoudre à nouveau, dans de l'acide chlorhydrique étendu, le précipité privé d'uranium par le carbonate d'ammonium, et, dans une faible portion de la dissolution obtenue, on recherche le fer [1] en ajoutant du ferro-cyanure de potassium. Il se forme un précipité bleu, si ce corps est présent.

Au reste de la dissolution qui peut renfermer de l'acide phosphorique on ajoute, si l'on n'a pas trouvé de fer, un peu de perchlorure de fer, on neutralise incomplètement par le carbonate de sodium, on additionne d'acétate de sodium en excès, et on soumet à une ébullition continue, dans une capsule de porcelaine. Il se sépare de l'acétate basique et du phosphate de fer [2].

Zinc. — Dans la liqueur filtrée incolore, on fait passer un courant d'acide sulfhydrique, qui précipite du sulfure de zinc blanc [3].

Manganèse. — On isole le précipité par le filtre, on précipite le manganèse par l'ammoniaque et le sulfure d'ammonium, on fait bouillir et on filtre. On recueille la liqueur filtrée, qui sera ajoutée à celle d'où l'on a séparé tous les métaux du groupe IV, et examinée comme nous le disons plus loin pour la recherche des métaux du groupe V. Pour caractériser le manganèse dans le précipité obtenu, on en introduit une partie dans un tube à essai fermé par un bout, on le fait dissoudre dans un excès d'acide azotique dilué, et l'on chauffe jusqu'à disparition

[1] Lorsque la solution originelle renferme le fer à l'état de ferro-cyanure, ce métal n'est pas précipité par le sulfure d'ammonium. On ne le trouve alors que dans le liquide contenant les alcalis (VIIe groupe), en détruisant le ferro-cyanure par la calcination, et en redissolvant, dans l'acide chlorhydrique, la partie du résidu insoluble dans l'eau.

[2] On recherchera l'acide phosphorique dans ce précipité en le faisant dissoudre dans l'acide azotique et en traitant par le réactif molybdique.

[3] On s'assure qu'on a bien affaire à du zinc, en dissolvant le sulfure dans l'acide chlorhydrique dilué, et traitant par le ferri-cyanure de potassium. Un précipité jaune de ferri-cyanure de zinc confirme la présence de ce métal.

complète de l'hydrogène sulfuré. On ajoute alors de l'oxyde puce de plomb, on fait bouillir de nouveau, puis on ajoute de l'eau et on laisse déposer. Par là, le manganèse se transforme en azotate de sesquioxyde, qui communique à la liqueur une belle couleur violet-pourpre.

L'autre partie du précipité où l'on a recherché le manganèse doit servir maintenant à la recherche des *acides oxalique, borique* et du *fluor*. A cet effet, on en dissout une partie dans un léger excès d'acide acétique, et on traite la solution par un soluté saturé de sulfate de calcium. Un précipité blanc pulvérulent d'oxalate de calcium révèlera la présence de *l'acide oxalique*. Pour découvrir l'*acide borique*, on dissout une autre portion du précipité dans l'acide chlorhydrique, et l'on évapore à sec ; le résidu, repris par quelques gouttes d'eau distillée, rougira le papier de curcuma, surtout après avoir été chauffé à 100 degrés ; ce même papier, humecté ensuite avec de la soude très diluée, prendra une coloration variable du bleu-noir au vert. Si on ajoute à ce résidu de l'alcool méthylique, le liquide alcoolique enflammé brûlera avec une flamme bordée de vert.

Pour rechercher le *fluor*, on introduit ce qui reste du précipité dans un creuset de platine recouvert d'un couvercle percé d'un petit trou ; on place sur ce couvercle un verre de montre, et, après avoir arrosé le résidu d'acide sulfurique, on chauffe : le verre est dépoli juste à l'endroit qui recouvre l'ouverture. Il faut, pour bien observer le phénomène, laver le verre de montre, et puis le bien sécher.

Remarque. — On réunira au liquide qui doit servir à la recherche des métaux des groupes V et VI celui qui vient de servir à découvrir l'acide borique.

RECHERCHE DES ÉLÉMENTS RARES DE CE GROUPE

Les métaux précipités d'une liqueur neutre ou légèrement alcaline, par le sulfure d'ammonium, peuvent comprendre encore, ainsi que l'indique le tableau de la page 16, les sulfures de Thallium *et d'*Indium, *et les hydroxydes de :* Titane, Tantale, Niobium, Glucinium, Cérium, Lanthane, Didyme, Zirconium, Yttrium, Erbium, Thorium. *Voici comment s'effectue leur séparation :*

a. — On traite par l'acide sulfurique dilué une partie de ce précipité de sulfures, et on y ajoute un excès d'iodure de potassium. Le précipité produit par ce réactif est lavé et soumis à l'examen spectroscopique, après avoir été humecté d'acide chlorhydrique. La raie verte du *Thallium* révèlera la présence de ce métal.

b. — On fond, dans un creuset de platine, une autre partie du précipité obtenu et qui a été préalablement desséché, avec dix à douze fois son poids de sulfate acide de potassium. La masse, après refroidissement, est épuisée, à différentes reprises, par l'eau froide. On obtient ainsi un résidu insoluble et une solution.

Le résidu insoluble renferme les acides *niobique et tantalique*, ainsi que les oxydes de chrome et de fer.

c. — On fond ce résidu avec un mélange, à parties égales, de chlorate de potassium et de soude caustique, et, après refroidissement, on épuise la masse fondue avec une lessive étendue de soude caustique, qui sépare les chromates alcalins. On lave à l'eau distillée, pour enlever l'excès de soude caustique, et on traite, à plusieurs reprises, par une solution très étendue de carbonate de sodium, qui ne dissout que le *niobate de sodium*, et laisse le *tantalate*. On caractérise le *Niobium*, en acidifiant la solution alcaline du niobate par un grand excès d'acide chlorhydrique, et ajoutant un fragment de zinc. On obtient une liqueur bleue, qui vire au brun.

Le *Tantale* se caractérise de la même manière : le tantalate, traité par l'acide chlorhydrique et le zinc, fournit une liqueur bleue, qui passe au rouge et devient incolore.

d. — On dirige un courant d'hydrogène sulfuré dans la solution obtenue en épuisant par l'eau la masse fondue avec le sulfate acide de potassium; puis on la fait bouillir après l'avoir étendue d'eau, et on la fait traverser par un courant de gaz carbonique. De l'acide *titanique* se sépare. On y contrôle la présence du *Titane :* 1° en en faisant dissoudre une partie dans l'acide chlorhydrique, en présence du zinc; il se forme un liquide violet qui devient incolore. Lorsqu'on y ajoute de l'ammoniaque, il se précipite de l'hydrate violacé de sesquioxyde de titane; 2° on fond l'autre partie dans un petit tube de verre, avec du sulfate acide de potassium, on humecte d'eau la masse fondue, et l'on y ajoute une goutte d'une solution de tannin à 5 0/0, il se produit une coloration jaune orangé (Vartha).

e. — On ajoute un peu d'acide azotique au liquide filtré d'où l'on a isolé l'acide titanique, on le concentre par évaporation, et on l'additionne d'ammoniaque. On lave soigneusement à l'eau distillée le précipité qui s'est produit, on le fait redissoudre dans l'acide chlorhydrique, et on le précipite de nouveau par l'ammoniaque.

Ce précipité contient le *Glucinium*, l'*Indium*, avec le fer, le chrome, l'urane et les métaux terreux. Le cobalt, le nickel, le manganèse et le zinc restent en solution.

On recueille ce précipité sur un filtre, on le lave, puis on le fait dissoudre dans l'acide chlorhydrique, et on traite la dissolution par une lessive concentrée de potasse. On reprécipite ainsi l'*Indium* avec le fer, l'urane et les métaux terreux, dont les oxydes sont insolubles dans la potasse; tandis que le *Glucinium* reste dans la solution, avec l'aluminium et le chrome.

On étend d'eau la dissolution alcaline, et on la soumet à une ébullition prolongée. Les oxydes de *glucinium* et de chrome s'insolubilisent ; on les recueille, on les dessèche, puis on les fond avec du carbonate de sodium et de l'azotate de potassium. On épuise la masse fondue par l'eau, qui élimine les chromates, on lave le résidu, on le dissout dans l'acide chlorhydrique, et on ajoute un excès de carbonate d'ammonium, qui sépare l'aluminium; on filtre et on fait bouillir : un précipité blanc d'oxyde de *glucinium* se produira.

f. — Le précipité contenant l'Indium, etc., est dissous dans l'acide chlorhydrique, dont on chasse l'excès par l'évaporation; on ajoute un excès de sulfate de potassium en poudre, on laisse reposer pendant quelque temps; et on recueille, pour les examiner séparément, les sulfates doubles des métaux terreux qui se sont précipités, et le liquide filtré.

Au liquide filtré on ajoute, à froid, du carbonate d'ammonium, qui précipite le fer qu'on sépare par le filtre; on porte le liquide à l'ébullition, et tout l'*Indium* se précipite à l'état d'hydrate blanc. On le caractérise en faisant dissoudre cet hydrate dans l'acide chlorhydrique, ajoutant de l'acétate de sodium, et traitant par l'acide sulfhydrique, qui précipite du sulfure d'indium jaune. Ce sulfure redissous dans l'acide chlorhydrique faible est examiné directement au spectroscope.

g. — Le précipité obtenu en *f* contient les sulfates doubles de potassium et de *Zirconium*, *Cérium*, *Lanthane*, *Didyme*, *Erbium*, *Yttrium*. On le lave avec une solution saturée de sulfate de potassium, et on le traite par l'acide chlorhydrique étendu, le sulfate de *zirconium* seul reste indissous.

h. — On neutralise la solution chlorhydrique par le carbonate de sodium, on ajoute de l'acétate et de l'hypochlorite de sodium, en excès, et l'on porte à l'ébullition : un précipité jaune de peroxyde de *cérium* est l'indice de la présence de ce métal.

i. — La liqueur débarrassée du peroxyde de cérium par le filtre est additionnée d'oxalate d'ammonium, qui précipite à l'état d'oxalates tous les métaux qu'elle peut retenir. On recueille ce précipité d'oxalates, on le lave, on le dessèche et on le calcine pour le transformer en oxydes que l'on dissout dans l'acide azotique dilué, Le soluté azotique est évaporé à sec, puis calciné jusqu'à fusion (400° à 500°). La masse refroidie est épuisée par l'eau, qui ne dissout que l'azotate de *lanthane*.

j. — On fait redissoudre dans l'acide azotique le résidu calciné d'où l'on a séparé le lanthane, et qui peut renfermer le *Didyme*, l'*Erbium* et l'*Yttrium*, on évapore et l'on chauffe jusqu'à dégagement de vapeurs rutilantes. On ajoute de l'eau en maintenant l'ébullition, jusqu'à ce que la liqueur paraisse claire, et on laisse refroidir. Il se dépose alors des cristaux d'azotate basique d'*erbium*. On décante le liquide que l'on soumet à l'examen spectroscopique pour y rechercher le *Didyme*, qui présente un spectre d'absorption caractéristique, et enfin l'*Yttrium*.

GROUPE V

5° *La liqueur débarrassée des métaux des quatre premiers groupes est acidifiée par l'acide chlorhydrique, soumise à une ébullition prolongée, et enfin filtrée. Le liquide filtré est précipité par le carbonate d'ammonium, en léger excès, puis bouilli pendant quelque temps encore pour décomposer le carbonate acide d'ammonium formé, ainsi que les carbonates terreux qui se trouvent dans la dissolution, sous forme de bi carbonates. On filtre et on réserve le filtrat, pour rechercher les métaux du groupe suivant.*

Baryum. — Le précipité de carbonate de baryum, de carbonate de strontium et de carbonate de calcium, ainsi obtenu, est lavé avec soin, dissous dans l'acide acétique très dilué (non en excès notable), et additionné, goutte à goutte, de bichromate de potassium.

Un précipité jaune de chromate de Baryum décèle la présence de ce métal.

Strontium. — La liqueur filtrée est fortement étendue d'eau, et soumise à l'action de la chaleur, après avoir été additionnée d'un peu d'acide sulfurique étendu.

Un précipité blanc de sulfate de Strontium décèle la présence de ce métal. Il n'apparaît qu'après un certain repos, en présence de faibles proportions de ce métal, et eu égard à la température à laquelle on a porté le liquide. On doit toujours essayer le précipité humecté d'acide chlorhydrique, et porté sur le fil de platine, dans la flamme non éclairante du brûleur de Bunsen : *coloration rouge-écarlate.*

Calcium. — Au liquide filtré on ajoute de l'ammoniaque, jusqu'à réaction alcaline, puis de l'oxalate d'ammonium.

Un précipité blanc d'oxalate de calcium, insoluble dans l'acide acétique dilué, révèlera la présence du Calcium.

GROUPE VI

6° *Une partie de la liqueur séparée des carbonates alcalino-terreux, par filtration, est traitée par le phosphate de sodium, et agitée fortement.*

Magnésium. — En présence du magnésium, il se forme un précipité blanc, cristallin, de phosphate ammoniaco-magnésien. Une autre portion de ce même liquide est traitée par l'hypoïodite de sodium [1], qui doit donner un précipité rouge-brun d'hypoïodite de Magnésium (Schlagdenhauffen).

[1] Cet hypoïodite de sodium se prépare toujours extemporanément en projetant, dans une solution de soude caustique à 2 0/0, de l'iode pulvérisé, jusqu'à ce que le liquide ait acquis une belle coloration jaune.

GROUPE VII

7° *On évapore à siccité la partie de la liqueur séparée des carbonates alcalino-terreux, par filtration, qu'on n'a pas traitée par le phosphate de Sodium, et l'on calcine faiblement, pour détruire les sels ammoniacaux. On dissout le résidu dans l'eau, on ajoute de l'eau de baryte, jusqu'à ce qu'il ne se forme plus de précipité. On chauffe ensuite à l'ébullition, et on filtre pour séparer la magnésie, qui peut être mélangée avec du sulfate et du phosphate de baryum. Du liquide filtré bouillant, on précipite l'excès de baryte, par le carbonate d'ammonium et un peu d'ammoniaque, on filtre, on évapore à sec le liquide filtré, et l'on chauffe le résidu au rouge pour volatiliser les sels ammoniacaux. Le résidu contient les métaux alcalins, à l'état de carbonates, que l'on transforme en chlorures par évaporation avec l'acide chlorhydrique.*

Lithium. — Une petite portion du résidu est portée sur le fil de platine, dans la flamme non éclairante. On la soumet aussi à l'examen spectroscopique. La coloration rouge-carmin de la flamme et le spectre de cette flamme décèleront facilement le Lithium. On peut, du reste, précipiter ce métal par le phosphate de sodium à l'ébullition, en opérant sur une partie du résidu dissous dans un peu d'eau. Il se produira un précipité blanc et lourd de phosphate de lithium $P^2O^8Li^3$.

Potassium. — Une autre portion du résidu est acidulée d'acide chlorhydrique, additionnée d'alcool, et traitée par le chlorure de platine en solution alcoolique.

Un précipité jaune cristallin, décèlera le Potassium. Toutefois il convient de rappeler que le *cæsium* et le *rubidium* peuvent donner des chloroplatinates, comme le potassium. L'analyse spectrale les fera facilement reconnaître.

Sodium. — La liqueur alcoolique d'où l'on a séparé le chloroplatinate de potassium, par le filtre, est évaporée à sec, le résidu est calciné dans un creuset de platine, et ensuite épuisé avec de l'eau. La solution aqueuse évaporée laisse des cubes de chlorure de Sodium.

Ammonium. — Pour rechercher l'Ammonium, on verse sur la substance primitive solide ou liquide un excès de soude. L'odeur qui se dégage, le nuage blanc qui se forme quand on approche une baguette de verre humectée d'acide acétique, le bleuissement du papier rouge de tournesol humide révèlent l'Ammonium.

On recherchera aussi ce métal, si le milieu s'y prête, à l'aide du réactif de Nessler, qui produira un précipité rouge-brun, même avec des traces de sels ammoniacaux.

RECHERCHE DES ACIDES

OBSERVATIONS PRÉLIMINAIRES ET GROUPEMENT

Cette recherche devra être faite après celle des métaux. Les essais préliminaires auront déjà indiqué si l'on a affaire à des substances organiques. La première chose à faire est d'examiner quels sont les acides qui, avec les métaux déjà trouvés, peuvent former des composés solubles ou insolubles dans l'eau ou les acides, et on en tient compte dans les recherches ultérieures[1].

Le résultat des réactions à effectuer étant troublé par la présence de plusieurs oxydes métalliques (ceux des métaux lourds principalement), il est utile d'éliminer ces métaux, et d'effectuer la recherche des acides après les avoir combinés à la soude. Pour obtenir ce double résultat, il suffit généralement de faire bouillir la solution du sel avec une solution de carbonate de sodium pur, ou de fondre le sel avec du carbonate de sodium solide. L'extrait aqueux contient les acides en majeure partie combinés à la soude. Naturellement, la fusion avec le carbonate de sodium ne peut pas être employée pour la recherche des acides organiques, parce que ceux-ci seraient décomposés.

On neutralise la dissolution avec de l'acide acétique, dont on ajoute un très léger excès, avant de procéder à la recherche des acides.

Les réactifs généraux que nous employons pour grouper les acides sont : le *chlorure de baryum* et *l'azotate d'argent*, pour les acides minéraux ; le *chlorure de calcium* et le *perchlorure de fer*, pour les acides organiques. Dans la recherche des métaux, les réactifs généraux servent à séparer réellement les différents groupes de métaux ; avec les acides, ils ne sont surtout utilisés que pour s'assurer simplement de l'absence ou de la présence des acides appartenant aux différents groupes.

[1] Lorsque dans la recherche des métaux on a trouvé de l'arsenic, on en détermine le degré d'oxydation en versant dans la solution originelle une goutte d'azotate d'argent ammoniacal. Le précipité est jaune : *acide arsénieux ;* il est rouge-brique : *acide arsénique*. On essaye également, pour bien s'assurer de la présence de l'acide arsénieux, l'action du sulfate de cuivre, qui donnera un précipité de vert de Scheele. Si l'on a trouvé du chrome, en cherchant les métaux, la couleur de la solution primitive indique si ce métal y est à l'état d'oxyde de chrome ou d'acide chromique. La solution des sels à base d'oxyde de chrome est verte ou violette, celle des chromates est rouge ou jaune. La liqueur jaune ou rouge donnera, avec l'azotate d'argent, un précipité rouge foncé, soluble dans les acides et dans l'ammoniaque ; avec l'acétate de plomb, un précipité jaune, soluble dans la potasse. Chauffée avec de l'acide chlorhydrique et de l'alcool, elle devient verte, le chrome passant à l'état de chlorure.

ACIDES MINÉRAUX

SONT PRÉCIPITÉS D'UN SOLUTÉ NEUTRE PAR LE CHLORURE DE BARYUM

	Précipités.	
Acide sulfurique	blanc, insoluble dans l'acide chlorhydrique.	
Acide sulfureux.	blanc	solubles dans l'acide chlorhydrique.
Acide phosphorique . . .	blanc	
Acide arsénique	blanc	
Acide arsénieux	blanc	
Acide chromique	jaune	
Acide borique.	blanc	
Acide carbonique.	blanc, soluble (av. efferv.) dans l'acide chlorhydrique	
Acide silicique	blanc soluble dans l'acide chlorhydrique concentré.	
Acide hydrofluosilicique .	blanc transparent	difficilement solubles dans l'acide chlorhydrique étendu.
Acide pyrophosphorique .	blanc	
Acide métaphosphorique.	blanc	
Acide fluorhydrique . . .	blanc	

SONT PRÉCIPITÉS D'UN SOLUTÉ NEUTRE PAR L'AZOTATE D'ARGENT

	Précipités.	
Acide chlorhydrique . . .	blanc	insolubles dans l'acide azotique.
Acide bromhydrique . . .	blanc	
Acide iodhydrique	jaunâtre	
Acide cyanhydrique . . .	blanc	
Acide ferrocyanhydrique.	blanc	
Acide ferricyanhydrique .	orange	
Acide sulfocyanique . . .	blanc	
Acide nitroprussique . . .	couleur chair	
Acide chloreux	blanc	solubles dans beaucoup d'eau.
Acide azoteux.	blanc	
Acide bromique.	blanc	insolubles dans l'acide azotique.
Acide iodique.	blanc	
Acide périodique	brun, soluble dans l'acide azotique.	
Acide carbonique.	blanc, soluble (avec efferv.) dans l'acide azotique.	
Acide sulfureux.	blanc, soluble dans l'acide azotique, devient noir par ébullition.	
Acide trithionique	blanc, devenant rapidement noir.	
Acide tétrathionique . . .	jaune, devenant immédiatement noir par ébullition	
Acide pentathionique. . .	jaune, devenant promptement brun.	
Acide hyposulfureux . . .	blanc, noircissant promptement.	
Acide sulfhydrique. . . .	noir, insoluble dans l'acide azotique étendu.	
Acide phosphorique . . .	jaune	solubles dans l'acide azotique.
Acide pyrophosphorique.	blanc	
Acide métaphosphorique.	blanc	
Acide phosphoreux. . . .	blanc	noircissant promptement.
Acide hypophosphoreux .	blanc	
Acide arsénieux.	jaune	solubles dans l'acide azotique.
Acide arsénique.	brun-rouge	
Acide chromique	rouge-brun	
Acide borique.	blanc	

NE SONT PAS PRÉCIPITÉS PAR CES RÉACTIFS

Acide azotique.
Acide chlorique.
Acide perchlorique.
Acide hyposulfurique.

RECHERCHE SYSTÉMATIQUE

En employant simplement les réactifs mentionnés, on peut reconnaître quelques acides avec certitude. Dans le cas contraire, on procède à une recherche plus précise, d'après les indications suivantes :

SELS INCOLORES

PREMIER ESSAI. — On verse dans une partie de la dissolution saline[1] de l'acide sulfurique étendu de son volume d'eau et froid, et on observe :

		Acides
Une effervescence plus ou moins manifeste et un dégagement	de vapeurs nitreuses	azoteux.
	d'un gaz incolore à odeur piquante et troublant l'eau de chaux	carbonique.
	d'un gaz vert jaunâtre ayant l'odeur du chlore	hypochloreux.
	de gaz sulfureux sans dépôt de soufre .	sulfureux.
	de gaz sulfureux avec dépôt de soufre .	hyposulfureux.
	de gaz sulfhydrique sans dépôt de soufre.	monosulfures.
	de gaz sulfhydrique avec dépôt de soufre.	polysulfures.
Il n'y a pas d'effervescence il se forme un précipité.	blanc et gélatineux, insoluble dans un excès d'acide sulfurique. . .	silicates.
	blanc et gélatineux, soluble dans un excès d'acide sulfurique . .	aluminates.
	blanc devenant vert par l'addition du zinc.	molybdates.
	blanc jaunâtre, devenant bleu sous l'influence du zinc	tungstates.

DEUXIÈME ESSAI. — A une portion de la liqueur on ajoute du chlorure de baryum, puis, si elle reste limpide, un léger excès d'ammoniaque. S'il se forme un précipité, on le recueille et on le lave, on ajoute à une partie de ce précipité un léger excès d'acide chlorhydrique.

[1] Naturellement, on doit employer ici la solution primitive ou la substance elle-même.

a. Le précipité se dissout dans l'acide chlorhydrique ; ce précipité se dissout aussi dans l'acide acétique ; sa solution donne un précipité cristallin, avec la mixture magnésienne ; fortement acidifiée avec de l'acide azotique, elle donne aussi, lorsqu'on la chauffe à 40°, un précipité jaune avec le réactif molybdique . . . . Acide phosphorique.

b. Si le liquide filtré d'où l'on a séparé le phosphate ammoniaco-magnésien donne, après avoir été légèrement acidifié par l'acide acétique, un précipité blanc avec l'azotate d'argent, et s'il précipite aussi la solution d'albumine. . . . . Acide métaphosphorique.

S'il ne précipite que l'azotate d'argent, mais non l'albumine, et s'il donne, avec une solution concentrée de chlorure cobaltihéxaminique (chlorure lutéo-cobaltique), un précipité jaune rougeâtre pâle, en paillettes brillantes (C. Braun) . . . . Acide pyrophosphorique.

c. Le précipité est soluble dans l'acide chlorhydrique et dans l'acide acétique ; il ne donne rien avec la mixture magnésienne ou le réactif molybdique, et ne précipite pas l'acétate de plomb acidulé d'acide acétique, mais la solution du précipité réduit, à chaud, le chlorure mercurique (précipité gris ou noir) et l'azotate d'argent en solution ammoniacale (précipité noir) ; elle décolore le permanganate de potassium et la solution d'iode dans l'iodure de potassium, et précipite du palladium réduit noir, lorsqu'on la fait bouillir dans un tube avec une petite quantité de chlorure double de palladium et de sodium ; enfin, lorsqu'on l'introduit dans un tube à essai avec de l'acide sulfurique et du zinc, elle dégage de l'hydrogène phosphoré reconnaissable à son odeur et à ce qu'il noircit le papier humecté d'azotate d'argent. Acide hypophosphoreux.

d. Le précipité est soluble dans l'acide chlorhydrique et dans l'acide acétique; sa solution dans l'acide acétique ne donne rien avec la mixture magnésienne ou le réactif molybdique, mais précipite la solution acétique d'acétate de plomb. La solution du précipité n'a qu'un lent pouvoir décolorant sur le permanganate, et ne décolore le soluté d'iode, dans l'iodure de potassium, qu'après addition d'un excès de soude, elle donne aussi de l'hydrogène phosphoré, avec le zinc et l'acide sulfurique. . . . . Acide phosphoreux.

e. Le précipité est soluble dans l'acide chlorhydrique, mais ne se dissout pas dans l'acide acétique. Chauffé avec de l'acide sulfurique concentré, il dégage un mélange d'oxyde de carbone et de gaz carbonique . . . Acide oxalique.

Le précipité est complètement insoluble dans l'acide sulfurique en excès, et ne donne lieu à aucun dégagement gazeux . . . . Acide sulfurique.

Troisième essai. — On évapore une petite partie de la solution saline, et l'on projette, sur des charbons ardents, le résidu sec de l'évaporation ou une petite quantité de la substance pulvérisée, si elle est solide.

A. — *Il se produit une déflagration* (le sel fuse)

On introduit dans un tube à essai un peu de la liqueur, et on y verse de l'acide sulfureux en solution. S'il se produit une coloration, on y ajoute un peu de chloroforme et l'on agite doucement :

		Acides
Le chloroforme se colore en	jaune	bromique.
	violet	iodique.

Si l'addition d'acide sulfureux n'a produit aucune coloration, on place dans un autre tube à essai le résidu de l'évaporation d'une partie de la dissolution saline, ou un fragment de la substance solide, on l'arrose avec de l'acide sulfurique concentré :

		Acides
Il y a dégagement de gaz	chlore	chloreux.
	oxyde de chlore détonant. .	chlorique.
	vapeur à odeur nitreuse. . .	azoteux.

Il n'y a pas de dégagement de gaz, ou bien il n'apparaît que des vapeurs blanches. On ajoute un peu d'eau et de la limure de cuivre.

	Acides
Il se produit des vapeurs rutilantes.	azotique.
Il ne se produit rien, la solution saline ne précipite ni le chlorure de baryum ni l'azotate d'argent	perchlorique.

B. — *Il ne se produit pas de déflagration*

On évapore à sec une plus grande quantité de la dissolution, on introduit, dans un tube à essai muni d'un tube à dégagement deux fois recourbé à angle droit (*fig.* 16), le résidu de l'évaporation, ou une partie de la substance, si elle est solide, et on traite par l'acide sulfurique concentré. Il se produit un dégagement de gaz, à froid ou à chaud :

		Acides
fumant et incolore	corrodant le verre	fluorhydrique.
	ne corrodant pas le verre et précipitant en blanc l'azotate d'argent. . . .	chlorhydrique.

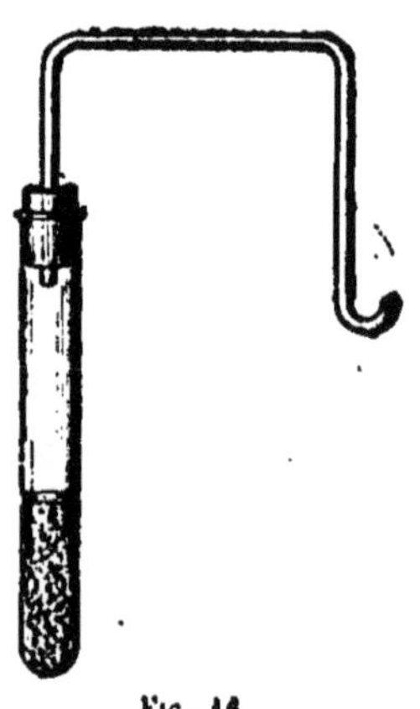

FIG. 16.

Si le gaz est fumant et coloré, on ajoute à une portion de la solution originelle de l'eau chlorée et du chloroforme; on agite doucement:

		Acides
Le chloroforme se colore en	jaune.	bromhydrique.
	violet.	iodhydrique.

Le gaz qui se dégage n'est pas fumant; il est incombustible, son odeur est sulfureuse.

		Acides
Il ne se dégage qu'à chaud.		hyposulfurique.
Il se dégage à froid	avec dépôt de soufre	hyposulfureux.
	sans dépôt de soufre	sulfureux.

Le gaz qui se dégage n'est pas fumant, mais il est combustible:

		Acides
Il exhale une odeur	*d'œufs pourris*, et dépose sur les parois du tube où on l'enflamme un enduit jaune	sulfhydrique.
	de choux pourris, et dépose sur les parois du tube où on l'enflamme un enduit orangé.	sélénhydrique.
	de raves pourries, et dépose sur les parois du tube où on l'enflamme un enduit noir.	tellurhydrique.
	d'amandes amères, flamme violacée. On reçoit dans un tube à essai contenant de l'eau distillée le gaz qui se dégage, on neutralise avec un peu de potasse le liquide qui a reçu le gaz, on ajoute du sulfate ferroso-ferrique, et enfin un léger excès d'acide chlorhydrique: apparition d'un précipité de bleu de Prusse	cyanhydrique.

Nota. — Le dégagement d'acide cyanhydrique peut être dû à des cyanures, des sulfo-cyanates, des nitro-prussiates, des ferro-cyanures. Pour reconnaître son origine, on essaye une partie de la solution par l'azotate d'argent:

	Acides
Il se produit un précipité *brun-rouge*, insoluble dans l'acide azotique; le sulfate ferreux y détermine un précipité bleu.	ferricyanhydrique.
Il se produit un précipité *couleur chair*, insoluble dans l'acide azotique; avec le sulfure de potassium et de sodium, il se produit une coloration pourpre violacé.	nitroprussique.

Le précipité produit par l'azotate d'argent est *blanc;* on l'introduit, dans un tube à essai, avec de l'acide chlorhydrique et un morceau de zinc. Il se dégage de l'hydrogène sulfuré; la solution originelle acidifiée par l'acide azotique donne, avec le perchlorure de fer, une coloration rouge de sang.	sulfocyanique.
Il se dégage de l'acide cyanhydrique; la solution originelle précipite en bleu le perchlorure de fer et en brun le sulfate de cuivre.	ferrocyanhydrique.

Il ne se dégage aucun gaz ; on ajoute à la dissolution saline de l'acide azotique, et, s'il se produit un précipité, on ajoute de l'hydrogène sulfuré :

			Acides
Il y a coloration :	orange	Le précipité par l'acide azotique est blanc.	antimonique.
		Le précipité par l'acide azotique est jaunâtre	antimonieux.
	jaune	On traite la dissolution saline par l'acide sulfurique et le zinc, dans une petite éprouvette munie d'un tube à boule effilé (*fig.* 17), on enflamme le gaz qui se dégage, et on écrase, jusqu'en son milieu, la flamme avec une soucoupe de porcelaine. Il ne se dégage que de l'hydrogène	stannique.
		Il se dégage de l'hydrogène arsénié produisant sur la soucoupe des taches noires miroitantes	arsénieux.

Fig. 17.

Il se produit un précipité avec l'acide azotique, mais l'hydrogène sulfuré que l'on ajoute au mélange ne lui communique aucune coloration. On traite alors une partie de la dissolution saline, dans un tube à essai, par du chlorure stanneux liquide :

		Acides
Il y a, à froid, coloration :	Bleu foncé	molybdique.
	Jaune.	tungstique.
Rien à froid, mais à chaud, coloration rose-pourpre .		titanique.
Il n'y a aucune coloration, ni à froid ni à chaud ; le précipité produit par l'acide azotique était gélatineux. .		silicique.

Il ne se produit aucun précipité avec l'acide azotique. La solution originelle précipite en blanc le chlorure de baryum et l'azotate d'argent ; les précipités obtenus sont solubles, le premier, dans l'acide chlorhydrique ou l'acide azotique, le second dans l'acide azotique. On mélange le résidu de l'évaporation de la solution ou un peu de la substance, si elle est solide, avec du fluorure de calcium pulvérisé et on l'introduit, avec un excès d'acide sulfurique, dans un tube à essai fermé par un bouchon à deux trous (*fig.* 18). On fait arriver, près de la surface du mélange, un courant de gaz d'éclairage que l'on allume à sa sortie, non pas directement au bout d'un tube effilé, mais à l'extrémité d'un autre tube plus large, maintenu au-dessus du premier, de façon à produire une flamme non éclairante. Lorsqu'on chauffe le tube, la flamme se colore vivement en vert [1] et donne au spectroscope des bandes caractéristiques, s'il y a . . . . Acide borique.

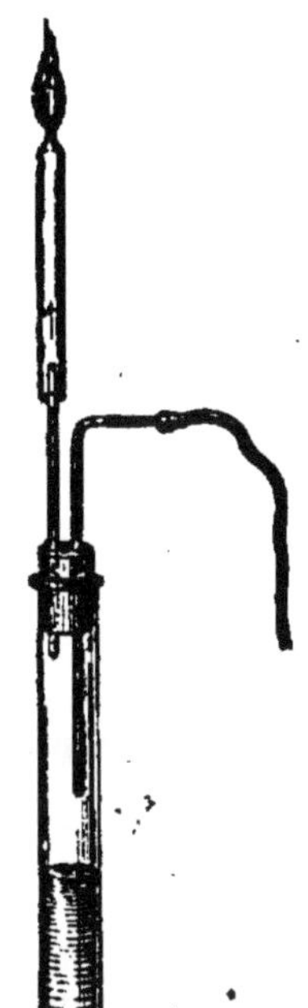

Fig. 18.

SELS COLORÉS

On ajoute à la dissolution du sel de l'acide sulfureux en solution et on observe :

a. Une décoloration instantanée.	La solution primitive étant verte, elle devient rouge, lorsqu'on l'additionne d'acide chlorhydrique, et si l'on chauffe le mélange, il y a dégagement de chlore, et la liqueur passe au brun, puis au rose.	Acides manganique.
	La solution primitive étant de couleur violet-pourpre.	permanganique.

b. Il ne se produit pas de décoloration, mais simplement un changement de couleur. On mélange le résidu de l'évaporation d'une partie de la solution saline, ou une certaine quantité du sel solide, avec du chlorure de sodium fondu et pulvérisé. On introduit le mélange dans une petite cornue de verre tubulée, dont le col rodé à l'émeri est relié à un récipient à boule contenant de l'eau distillée (*fig.* 19); on l'arrose avec de l'acide sulfurique concentré et l'on chauffe :

Fig. 19.

[1] G. Salet, *Agenda du chimiste.*

		Acides
	Il se dégage des vapeurs rouge-brun foncé, qui communiquent leur couleur à l'eau distillée. Si l'on sature ce liquide par l'ammoniaque, il devient jaune et donne toutes les réactions des chromates.	chromique.
	Il ne se dégage rien, la solution du sel bleuit le décocté de noix de galle et donne un précipité blanc lorsqu'on y fait dissoudre du chlorure d'ammonium solide	vanadique.
c. Il ne se produit ni décoloration ni changement de couleur.	La solution colorée en jaune plus ou moins foncé ne précipite pas le chlorure de baryum, mais donne avec l'azotate d'argent un précipité blanc, insoluble dans l'acide azotique. Le perchlorure de fer y détermine un précipité bleu, et le sulfate de cuivre un précipité brun. . .	ferrocyanhydrique.
	Elle donne avec l'azotate d'argent un précipité orangé, insoluble dans l'acide azotique. Le perchlorure de fer n'y produit pas de précipité bleu, mais le sulfate ferreux en donne un, et le sulfate de cuivre la précipite en vert-jaunâtre.	ferricyanhydrique.
	Elle donne avec l'azotate d'argent un précipité couleur chair, insoluble dans l'acide azotique. Avec les sulfures alcalins, il se produit une coloration pourpre-violacé, fugace	nitroprussique.

ACIDES ORGANIQUES

OBSERVATIONS PRÉLIMINAIRES ET GROUPEMENT

On effectue cette recherche après celle des acides minéraux. Si les acides organiques sont combinés aux métaux alcalins, leur solution aqueuse peut être employée directement à l'analyse ; s'ils sont combinés aux autres métaux, on les transforme en sels alcalins neutres de la façon suivante : on soumet la substance liquide ou solide à une ébullition prolongée avec du carbonate de sodium, on filtre, on acidule faiblement par l'acide chlorhydrique, on neutralise par l'ammoniaque, et on ajoute quelques gouttes de sulfure d'ammonium, pour précipiter l'alumine et l'oxyde de chrome, que l'on isole par le filtre. Le liquide filtré acidulé faiblement par l'acide chlorhydrique est bouilli, jusqu'à disparition de toute trace d'hydrogène sulfuré, filtré de nouveau, et neutralisé, enfin, par l'ammoniaque.

Si l'on jugeait nécessaire de procéder à l'étude des acides organiques à l'état libre, on traiterait leur solution saline par un grand excès d'acide phosphorique sirupeux, et, après avoir introduit le liquide dans une cornue de verre, on le soumettrait à une distillation. Les acides organiques volatils, solides ou liquides, passent dans le récipient. Ceux qui ne sont pas volatils sont restés dans la cornue avec l'excès d'acide phosphorique. Pour les extraire de ce milieu, on agite le liquide acide, à plusieurs reprises, avec de l'éther; on décante l'éther chaque fois, puis on le soumet à l'évaporation. Le résidu de l'évaporation contient tous les acides organiques non volatils, solides ou liquides.

SONT PRÉCIPITÉS D'UN SOLUTÉ NEUTRE PAR LE CHLORURE DE CALCIUM

Acide oxalique, blanc, insoluble dans l'acide acétique.

Acide tartrique, blanc.	solubles dans l'acide acétique.
Acide paratartrique, blanc.	
Acide citrique, blanc, n'apparaissant qu'à chaud, dans les solutions peu concentrées.	
Acide malique blanc / Acide succinique, blanc. — ne se forment que par addition d'un grand excès d'alcool.	

SONT PRÉCIPITÉS D'UN SOLUTÉ NEUTRE PAR LE PERCHLORURE DE FER

Acide succinique, couleur cannelle.
Acide benzoïque, couleur chair.
Acide tannique / Acide gallique — noir-bleuâtre.
Acide cinnamique, jaune.

ACIDES DONT LES SELS ALCALINS NEUTRES NE PRÉCIPITENT PAS A FROID LE PERCHLORURE DE FER

Acide acétique. / Acide formique. — coloration rouge foncé ne se produisant pas avec les acides libres, mais seulement après leur neutralisation presque complète.
Acide lactique, pas de coloration.
Acide butyrique. / Acide propionique. / Acide valérianique — le précipité qui se forme d'abord se redissout dans un excès de perchlorure de fer.
Acide pyrogallique, coloration rouge.
Acide méconique, coloration rouge-sang.
Acide salicylique, coloration violette.

RECHERCHE SYSTÉMATIQUE

On traite une partie de la solution primitive[1] par l'ammoniaque, jusqu'à réaction faiblement alcaline, on ajoute un peu de chlorure d'ammonium et l'on y verse du chlorure de calcium en léger excès, on agite fortement, puis on abandonne au repos pendant quinze à vingt minutes : précipitation d'*oxalate*, de *tartrate* et de *paratartrate* de *calcium*. Si le précipité n'est pas immédiat, cela exclut la présence de l'acide oxalique. Un repos d'au moins un quart d'heure est nécessaire pour la précipitation complète du tartrate de calcium.

Acide tartrique. — On jette sur filtre le précipité qui s'est produit, on le lave avec un peu d'eau distillée, puis on l'épuise avec de l'ammoniaque que l'on fait repasser plusieurs fois sur le précipité. Le liquide ammoniacal, introduit dans un tube à essai, est additionné d'un fragment d'azotate d'argent cristallisé, et chauffé lentement : formation, sur les parois du tube, d'un miroir argentique, dans le cas où le précipité contenait du tartrate de calcium.

D'autre part, une partie de la solution primitive, concentrée au besoin, additionnée d'acétate de potassium et d'acide acétique, fournit un précipité blanc, cristallin, de tartrate acide de potassium, par agitation prolongée.

Acide paratartrique. — Le précipité, qui a été épuisé par l'ammoniaque, l'est maintenant par une lessive de potasse ou de soude, qui dissout le paratartrate de calcium. Cette solution alcaline, soumise à l'ébullition, abandonne tout le paratartrate sous forme de précipité blanc.

La solution originelle présente, d'ailleurs, les mêmes réactions qu'avec l'acide tartrique ; seulement, le précipité produit par le chlorure de calcium est immédiat et ne se dissout pas, comme le tartrate de calcium, dans le chlorure d'ammonium.

Acide oxalique. — En vue de caractériser l'acide oxalique, on acidule d'acide acétique une autre partie de la solution originelle, qu'on traite par le chlorure de calcium. On doit obtenir un précipité blanc d'oxalate de calcium.

Acide citrique. — A la liqueur qui s'est écoulée du précipité mixte d'oxalate, tartrate et paratartrate de calcium, ou à celle dans laquelle

[1] Si l'on effectue la recherche sur la solution dépouillée des métaux des quatre premiers groupes, par les procédés que nous venons de décrire, on la traite directement par le chlorure de calcium.

le chlorure de calcium n'a pas produit de précipité, on ajoute environ trois volumes d'alcool, et on agite : le *citrate*, le *malate* et le *succinate* de *calcium* se précipitent. On jette sur filtre le précipité, on le lave avec un peu d'alcool dilué de son volume d'eau, et on le dissout directement sur le filtre avec de l'acide chlorhydrique étendu. A cette solution chlorhydrique on ajoute un léger excès d'ammoniaque, et on chauffe quelque temps à l'ébullition : un précipité lourd, blanc, de citrate de calcium apparaîtra.

Acide malique. — On filtre bouillant la solution chlorhydrique additionnée d'ammoniaque, d'où s'est séparé le citrate de calcium ; on laisse refroidir, et on reprécipite de nouveau, par addition de trois volumes d'alcool, le malate et le succinate de calcium. On recueille le précipité sur un filtre, on le lave avec un peu d'alcool, on le dessèche complètement, et on le dissout, dans une petite capsule de porcelaine, avec de l'acide azotique concentré que l'on évapore à siccité au bain-marie. L'acide malique se transforme en acide oxalique, en dégageant du gaz carbonique, tandis que l'acide succinique demeure inaltéré. On reprend le résidu par du carbonate de sodium dissous et bouillant, on sursature légèrement par l'acide acétique et on ajoute, à une moitié de la liqueur, une solution saturée de sulfate de calcium : un précipité blanc, d'oxalate de calcium, révèlera la présence de l'acide malique.

Acide succinique. — A l'autre moitié on ajoute du perchlorure de fer : un précipité brun-cannelle sera dû à la présence de l'acide succinique.

Acide benzoïque. — On soumet à l'ébullition, jusqu'à disparition complète de l'alcool, le liquide dans lequel l'addition d'alcool n'a pas produit de précipité, ou celui qui a découlé du précipité double de malate et de succinate de calcium. On le laisse refroidir, on le neutralise exactement par l'acide chlorhydrique, puis on y verse du perchlorure de fer : un précipté floconneux brun-clair de benzoate de fer décèlera l'acide benzoïque.

Pour plus ample caractère, on filtre ce précipité, on le lave, puis on le traite par un peu d'acide chlorhydrique faible : il abandonne son acide benzoïque, sous l'aspect d'une poudre blanche peu soluble.

Acide formique. — Pour découvrir l'acide formique, on chauffe, avec du chlorure mercurique, un petite quantité de la solution originelle : il se formera un précipité blanc de chlorure mercureux.

Une autre portion de la solution originelle sera additionnée d'azotate d'argent, puis filtrée (s'il se produisait un précipité), et le liquide filtré, chauffé à l'ébullition, abandonnera un dépôt noir d'argent métallique.

Acide acétique. — On chauffe une partie de la substance primitive à l'état solide, ou le résidu de l'évaporation d'une partie de la solution originelle, dans un petit tube de verre, avec de l'acide sulfurique et de l'alcool : il se développera l'odeur pénétrante caractéristique de l'éther acétique.

Acide propionique. — Si la solution originelle traitée par le perchlorure de fer se colore en rouge, à froid, et abandonne, à chaud, un précipité rouge-brun, mais ne répond pas aux réactions qui ont permis de déceler les acides formique et acétique (ou bien si l'on a affaire à un mélange d'acétate, de formiate et de propionate alcalins), si, d'autre part, le résidu de l'évaporation d'une petite quantité de la solution originelle, mélangé avec de l'acide arsénieux et chauffé dans un tube à essai bien sec, laisse dégager l'odeur alliacée, fétide, du cacodyle, on devra rechercher la présence des acides propionique, butyrique et valérianique. A cet effet, une partie de la dissolution sera distillée avec de l'acide phosphorique sirupeux, comme nous l'avons indiqué page 44, et le produit de la distillation sera évaporé à siccité en présence d'un excès de litharge en poudre impalpable. La masse refroidie sera lixiviée par de l'eau distillée froide, qui dissoudra le propionate basique de plomb et laissera non dissous le formiate et l'acétate basique qui se sont formés en même temps. Cette dissolution de propionate basique de plomb laisse déposer tout le propionate, lorsqu'on la fait bouillir.

On caractérise les acides butyrique et valérianique : 1° par leur odeur ; 2° leur point d'ébullition, lequel est de 154 degrés pour le premier, et de 165 degrés pour le second.

Remarque. — Quant aux autres acides organiques, on les caractérise soit dans la solution originelle, soit, après les avoir isolés à l'état libre (comme il est dit page 42), à l'aide des réactions indiquées à leur rang dans la troisième partie.

TROISIÈME PARTIE

CARACTÈRES DISTINCTIFS DES DIFFÉRENTS CORPS

RÉACTIONS DES MÉTAUX ET DES MÉTALLOIDES
(BASES ET ACIDES)

Lorsqu'on aura reconnu l'existence de tels ou tels métaux, tels ou tels métalloïdes, en pratiquant l'analyse qualitative d'après les méthodes que nous avons décrites, il sera absolument indispensable de constater, sur la substance primitive, les propriétés des corps que l'on croit avoir découverts.

C'est pour atteindre ce résultat que nous donnons les caractères les plus importants que présentent les bases et les acides.

I. — MÉTAUX

Aluminium

Les sels d'aluminium sont incolores, sauf le chromate. Ils sont pour la plupart solubles dans l'eau. Leur réaction est acide, et leur saveur à la fois astringente, douceâtre et amère. Ils sont décomposables à une température plus ou moins élevée et ne précipitent par aucun acide.

Hydrogène sulfuré. — Rien.

Sulfure d'ammonium et autres sulfures alcalins. — Précipité blanc, volumineux, d'hydrate d'alumine, accompagné de la mise en liberté d'hydrogène sulfuré, qui se dégage avec effervescence dans les solutions concentrées. Cet hydrate est soluble dans la potasse.

Potasse et soude. — Précipité blanc, volumineux, d'alumine hydratée, soluble, à froid et à chaud, dans un excès de réactif, se séparant complètement, si l'on ajoute un excès d'un sel ammoniacal.

Ammoniaque. — Précipité d'hydrate, presque insoluble dans un excès de réactif.

Carbonates alcalins. — Précipité d'hydrate, insoluble dans un excès de réactif et s'accompagnant, dans les solutions concentrées, d'une effervescence de gaz carbonique.

Phosphate de sodium. — Précipité de phosphate, soluble dans les acides et dans la soude et la potasse.

Sulfate de potassium. — Précipité cristallin d'alun, à moins que les solutions ne soient trop étendues.

Ferrocyanure de potassium. — Précipité blanc, qui ne se forme pas immédiatement.

Ferricyanure de potassium. — Rien.

Albumine. — Précipité blanc, insoluble dans un excès d'albumine, soluble dans un excès de sels d'aluminium.

Les combinaisons d'alumine chauffées sur le charbon, au chalumeau, après avoir été humectées d'azotate de cobalt, donnent une masse non fondue, bleu de ciel foncé.

Ammonium

Les sels ammoniacaux sont neutres au tournesol et incolores, lorsque l'acide correspondant n'est pas coloré. Ils sont tantôt sublimables, tantôt décomposables par la chaleur. Les hypobromites et hypochlorites alcalins les décomposent. Leur saveur est salée et piquante.

Hydrogène sulfuré, *sulfure d'ammonium*, *carbonates alcalins.* — Rien.

Potasse et soude. — A chaud, dégagement d'ammoniac reconnaissable à l'odeur, aux vapeurs blanches qu'il produit à l'approche d'une baguette de verre humectée d'acide acétique, et à ce qu'il bleuit le papier rouge de tournesol humide.

Chlorure de platine. — Précipité jaune clair de chlorure de platine et d'ammonium $(AzH^4)^2 PtCl^6$, très peu soluble dans l'eau.

L'addition d'alcool hâte le dépôt. Ce chlorure double donne du platine pur à la calcination.

Sulfate d'aluminium. — Précipité cristallin d'alun ne se formant que dans les solutions concentrées.

Acide tartrique. — Précipité cristallin de tartrate acide d'ammonium, ne se formant que dans les solutions concentrées.

Pour découvrir de très petites quantités d'ammoniaque, on verse dans la liqueur quelques gouttes de chlorure mercurique, puis du carbonate de potassium ou de sodium, il se produit un précipité blanc ou une opalescence, par suite de la formation d'une combinaison amidée du sel de mercure avec de l'oxyde mercurique :

$$2AzH^3 + 4HgCl^2 + 3CO^3K^2 = 2(AzH^2HgCl) + 2HgO + 6KCl + H^2O + 3CO^2$$

Avec le réactif de Nessler, on obtient, dans les liquides ne renfermant même que des traces de sels ammoniacaux, une coloration brun-rouge due à la formation d'iodhydrargyrammonium insoluble :

$$2(HgI^2KI) + 3KOH + AzH^3 = (AzHg^2I + H^2O) + 5KI + 2H^2O.$$

Antimoine

I. — Sels antimonieux

Les sels neutres solubles rougissent le tournesol. La plupart sont décomposés au rouge ; les sels haloïdes se volatilisent facilement sans se décomposer. L'addition d'eau rend laiteuses les solutions des sels antimonieux, mais l'acide chlorhydrique fait disparaître le trouble, et l'acide tartrique empêche dans tous les cas cette décomposition. Tous les sels d'antimoine sont plus ou moins vénéneux, la plupart sont émétiques.

Hydrogène sulfuré. — Précipité jaune-rougeâtre ou coloration si la liqueur est très étendue.

Sulfure d'ammonium. — Précipité jaune-rougeâtre, soluble dans un excès de réactif, surtout s'il est polysulfuré.

Potasse, soude, ammoniaque et carbonates alcalins. — Précipité blanc, volumineux, d'oxyde hydraté, soluble dans un excès de potasse ou de soude, insoluble dans l'ammoniaque.

Ferrocyanure de potassium. — Précipité blanc insoluble dans l'acide chlorhydrique.

Tannin. — Précipité blanc.

Une lame de zinc, de fer ou d'étain, étant plongée dans la solution d'un composé d'antimoine, se recouvre d'un enduit noir d'antimoine, réduit. Une dissolution d'un sel d'antimoine quelconque ne contenant pas d'acide azotique, placée sur une lame de platine avec un morceau de zinc et un peu d'acide chlorhydrique libre, forme sur la lame une tache noire adhérente d'antimoine métallique, insoluble dans l'acide chlorhydrique, soluble dans l'acide azotique. Tous les composés d'antimoine donnent au chalumeau, sur le charbon, avec du carbonate de sodium, des grains métalliques cassants, avec une auréole blanche qui se déplace facilement sous l'action du dard. La flamme prend, par intervalles, une coloration d'un vert livide, et il se dégage beaucoup de fumée, pendant l'opération.

II. — Sels antimoniques

a. — Solution chlorhydrique d'acide antimonique

Potasse, soude, ammoniaque et carbonates alcalins. — Précipité blanc volumineux d'oxyde hydraté, soluble dans un excès de potasse et de soude, insoluble dans l'ammoniaque.

Azotate d'argent. — Précipité gris d'antimoniate et d'oxyde d'argent, soluble dans l'ammoniaque.

Les sels antimoniques ne décolorent pas le permanganate de potassium, et présentent, d'ailleurs, la plupart des autres réactions des sels antimonieux.

b. — Antimoniates

Acide chlorhydrique. — Précipité blanc d'oxyde hydraté, soluble dans un excès de réactif.

Acides azotique et sulfurique. — Précipité blanc d'oxyde hydraté, insoluble à froid, soluble à chaud.

Acide carbonique. — Trouble.

Hydrogène sulfuré. — Précipité jaune-rougeâtre, si la solution ne contient pas d'alcali libre.

Azotate d'argent. — Même précipité qu'avec les sels antimoniques.

Argent

Sels la plupart incolores lorsque l'acide correspondant n'est pas coloré, d'une saveur métallique très désagréable. Ils sont fixes et ne se décomposent qu'au rouge. Les sels solubles neutres sont sans action sur le papier de tournesol ; beaucoup se réduisent à la lumière. Ils sont très toxiques.

Hydrogène sulfuré et sulfures alcalins. — Précipité noir de sulfure, insoluble dans un excès de réactif et dans les acides peu concentrés, soluble dans l'acide azotique bouillant.

Potasse et soude. — Précipité brun-jaunâtre d'oxyde d'argent, insoluble dans un excès de réactif, soluble dans l'ammoniaque.

Ammoniaque. — Versée en petite quantité dans les solutions neutres, donne un précipité brun clair d'oxyde, soluble dans un excès de réactif.

Carbonates de potassium et de sodium. — Précipité jaune pâle de carbonate d'argent, insoluble dans un excès de réactif, soluble dans l'ammoniaque.

Ferrocyanure de potassium. — Précipité blanc.

Ferricyanure de potassium. — Précipité rouge-brun.

Acide chlorhydrique et chlorures. — Précipité blanc, caillebotté, devenant violet, puis noir, à la lumière, insoluble dans l'acide azotique, soluble dans l'ammoniaque, ainsi que dans les hyposulfites et cyanures alcalins.

Phosphate de sodium. — Précipité jaune, soluble dans l'ammoniaque et dans l'acide azotique.

Pyrophosphate de sodium. — Précipité blanc.

Chromate de potassium. — Précipité rouge-brun, soluble dans l'ammoniaque et dans l'acide azotique.

Iodure de potassium. — Précipité jaunâtre, très peu soluble dans l'ammoniaque, insoluble dans l'acide azotique.

Tannin. — Pas de précipité.

Une lame de fer, de cuivre ou de zinc se recouvre d'un dépôt noir de ce métal. Le mercure précipite l'argent de ses solutions, sous forme d'amalgame cristallisant facilement. Chauffés au chalumeau, sur le charbon, avec le carbonate de sodium, tous les composés d'argent donnent des grains métalliques malléables, sans auréole.

Arsenic

I. — Arsénites

Hydrogène sulfuré. — Précipité jaune de sulfure, soluble dans les sulfures et carbonates alcalins, la potasse, la soude et l'ammoniaque, insoluble dans l'acide chlorhydrique.

Sulfure d'ammonium. — Rien.

Acide chlorhydrique. — Précipité blanc d'acide arsénieux, soluble dans un excès de réactif.

Azotate d'argent. — Précipité jaune-serin d'arsénite d'argent, soluble dans l'ammoniaque, l'acide azotique et l'acide acétique. La solution ammoniacale de ce précipité additionnée de potasse donne, à chaud, un miroir argentique.

Sulfate de cuivre. — Précipité vert clair d'arsénite de cuivre (vert de Scheele), soluble dans la potasse et l'ammoniaque en donnant une liqueur bleue.

II. — Arséniates

Hydrogène sulfuré. — Précipité jaune de sulfure qui ne se forme que dans les liqueurs acides et n'apparaît rapidement que lorsqu'on les chauffe. Il présente les mêmes caractères que le précédent.

Sulfure d'ammonium. — Rien.

Azotate d'argent. — Précipité rouge-brique d'arséniate d'argent, soluble dans l'ammoniaque et l'acide azotique.

Sulfate de cuivre. — Précipité bleu-verdâtre d'arséniate de cuivre.

Sulfate de magnésium additionné de chlorure d'ammonium et d'ammoniaque. — Précipité blanc, cristallin, d'arséniate ammoniaco-magnésien.

Molybdate d'ammonium additionné d'un excès d'acide azotique. — Précipité jaune, cristallin, d'arséniate ammoniaco-molybdique, ne se formant bien que lorsqu'on chauffe la liqueur à 95 degrés.

Acétate d'uranium. — Précipité jaune d'arséniate d'uranium, soluble dans l'acide acétique.

Si l'on introduit un composé arsenical quelconque, bien sec, dans un petit tube à essai dont le bout fermé est renflé en boule, après l'avoir mélangé avec six à huit fois son poids d'un mélange, à parties égales, et bien desséché, de cyanure de potassium et de carbonate de sodium, et si l'on chauffe fortement la boule qui ne doit être qu'à moitié remplie, il se forme un peu au dessus un miroir d'arsenic.

Tout composé arsenical introduit dans un petit appareil à hydrogène, avec du zinc, de l'eau et de l'acide sulfurique étendu, dégage de l'hydrogène arsénié dont la flamme forme des taches noirâtres d'arsenic sur une soucoupe de porcelaine avec laquelle on l'écrase. Ces taches arsenicales se distinguent des taches d'antimoine, qui se formeraient dans les mêmes conditions, si l'on introduisait un composé d'antimoine dans l'appareil, aux caractères suivants : l'hypochlorite de sodium dissout les taches d'arsenic et ne dissout pas les taches d'antimoine. L'acide azotique dissout l'arsenic en le transformant en acide arsénique ; si l'on évapore à siccité la solution, et qu'on touche le résidu avec une goutte d'azotate d'argent ammoniacal, on obtient un précipité rouge-brique d'arséniate d'argent, l'acide azotique transforme au contraire l'antimoine en acide méta-antimonique insoluble, sans action sur l'azotate d'argent.

Baryum

Sels incolores quand l'acide correspondant n'est pas coloré. Plusieurs sont insolubles dans l'eau, mais tous, à l'exception du sulfate, se dissolvent dans les acides chlorhydrique et azotique étendus. Ils sont tous toxiques, à l'exception du sulfate, et colorent la flamme de l'alcool en jaune-verdâtre. L'aspect de cette flamme est caractéristique.

Hydrogène sulfuré et sulfure d'ammonium. — Rien.

Potasse et soude. — En liqueur concentrée, précipité blanc, cristallin, d'hydrate.

Ammoniaque. — Rien.

Carbonates alcalins. — Précipité blanc de carbonate, insoluble dans un excès de réactif.

Ferrocyanure et ferricyanure de potassium. — Rien.

Acide sulfurique et sulfates. — Précipité blanc, insoluble dans les acides.

Acide hydrofluosilicique. — Précipité blanc, cristallin, presque insoluble dans les acides. La chaleur favorise sa formation.

Chromate et bichromate de potassium. — Précipité jaune, soluble dans l'acide chlorhydrique.

Bismuth

Les sels de bismuth possèdent une réaction acide, ils sont fixes, décomposés pour la plupart au rouge. Incolores lorsque l'acide correspondant n'est pas coloré, les solutions de bismuth sont décomposables par l'eau en donnant un sous-sel, jusqu'à ce qu'elles aient atteint un degré d'acidité déterminé. Les sels solubles sont toxiques, ceux qui sont insolubles le sont beaucoup moins; tous s'absorbent plus ou moins, puisque le bismuth se retrouve dans le lait.

Hydrogène sulfuré et sulfure d'ammonium. — Précipité noir, insoluble dans les sulfures alcalins et les acides dilués, soluble dans l'acide azotique bouillant.

Potasse, soude, ammoniaque. — Précipité blanc d'oxyde hydraté, insoluble dans un excès de réactif ; à l'ébullition, il devient jaune et dense, en se déshydratant.

Carbonates alcalins. — Précipité blanc de carbonate, insoluble dans un excès de réactif.

Ferrocyanure de potassium. — Précipité blanc, insoluble dans l'acide chlorhydrique.

Ferricyanure de potassium. — Précipité jaune, insoluble dans l'acide chlorhydrique.

Phosphate de sodium. — Précipité blanc, peu soluble dans les acides, surtout lorsqu'il a été obtenu à chaud.

Iodure de potassium. — Précipité brun, soluble dans un excès de réactif.

Chromate et bichromate de potassium. — Précipité jaune, soluble dans l'acide azotique, insoluble dans la potasse.

Chlorures alcalins et un grand excès d'eau. — Précipité blanc d'oxychlorure, presque insoluble.

Chlorure stanneux, en solution dans un excès de potasse. — Précipité noir intense de protoxyde de bismuth.

Tannin. — Précipité jaune-orangé.

Le zinc, le cuivre, l'étain donnent un dépôt noir de bismuth métallique.

Tous les composés du bismuth chauffés au chalumeau, sur le charbon, avec un mélange, à parties égales, d'iodure de potassium et de soufre, donnent un enduit écarlate d'iodure de bismuth (Kobel). Avec le carbonate de sodium, on obtient des grains métalliques cassants, avec une auréole jaune.

Cadmium

Sels incolores, lorsque l'acide correspondant n'est pas coloré. Ils sont toxiques, la plupart sont solubles, ont une saveur métallique désagréable, rougissent le tournesol, à l'état neutre, et se décomposent au rouge.

Hydrogène sulfuré et sulfure d'ammonium. — Précipité jaune vif, insoluble dans les sulfures alcalins et les acides étendus, soluble dans l'acide azotique bouillant.

Potasse et soude. — Précipité blanc d'oxyde hydraté, insoluble dans un excès de réactif.

Ammoniaque. — Même précipité, soluble dans un excès du précipitant.

Carbonates alcalins. — Précipité blanc de carbonate, insoluble dans un excès de réactif, soluble dans le cyanure de potassium [1].

Ferrocyanure de potassium. — Précipité blanc, légèrement jaunâtre, soluble dans l'acide chlorhydrique.

Ferricyanure de potassium. — Précipité jaune, soluble dans l'acide chlorhydrique.

Sulfocyanate de potassium. — Rien, même après addition d'acide sulfureux (différence avec le cuivre).

Acide oxalique. — Précipité blanc d'oxalate, soluble dans l'ammoniaque.

Tannin. — Rien.

Albumine. — Précipité blanc, soluble dans un excès des solutions de cadmium.

Le zinc métallique précipite le cadmium de ses dissolutions, sous la forme de lamelles grises brillantes.

Les composés du cadmium chauffés, au chalumeau, sur le charbon, avec le carbonate de sodium, donnent un enduit jaune-brun, sans formation de grains métalliques.

Calcium

Les sels de calcium sont incolores, ils colorent en jaune-rougeâtre la flamme de l'alcool et donnent dans le spectre trois lignes caractéristiques : orange, verte et bleu indigo.

Hydrogène sulfuré et sulfure d'ammonium. — Rien.

Potasse et soude. — Précipité blanc d'oxyde hydraté, insoluble dans un excès de réactif, soluble dans un grand excès d'eau pure.

Ammoniaque. — Rien.

Carbonates alcalins. — Précipité blanc de carbonate, insoluble dans un excès de réactif.

Ferrocyanure et ferricyanure de potassium. — Rien.

Oxalate d'ammonium. — Précipité blanc pulvérulent, insoluble dans les acides acétique et oxalique, soluble dans l'acide chlorhydrique.

Acide sulfurique et sulfates. — Précipité blanc de sulfate, soluble dans l'acide chlorhydrique, ne se formant pas dans les solutions très étendues.

[1] Le carbonate d'ammonium donne aussi un précipité de carbonate insoluble dans un excès de réactif (différence avec le zinc et moyen de séparer ces deux métaux).

Phosphates alcalins additionnés d'ammoniaque. — Précipité blanc de phosphate tricalcique, soluble dans les acides.

Acide hydrofluosilicique. — Rien.

Chromate et bichromate de potassium. — Rien.

Albumine. — Rien.

Cérium

Le cérium donne deux séries de sels : les sels céreux, à base de protoxyde CeO, et les sels céroso-cériques, à base d'oxyde Ce^3O^4. Les premiers sont incolores, un grand nombre d'entre eux sont insolubles ou peu solubles. Ceux qui sont solubles ont une saveur sucrée et très astringente, sans arrière-goût métallique. Les seconds sont jaunes ou rouges ; les solutions sont jaunes, l'acide sulfureux les décolore en les ramenant à un degré inférieur d'oxydation.

Les sels de cérium solubles ne paraissent pas avoir beaucoup d'activité toxique ; d'après Rabuteau, cette faible action serait liée à la difficulté d'absorption que présentent ces composés, dont l'action coagulante est énergique, et, d'autre part, à la rapidité de leur élimination, lorsqu'ils ont réussi à pénétrer dans l'organisme. Simpson (d'Edimbourg), le premier, et, depuis, de nombreux thérapeutistes ont employé l'oxalate de cérium dans les vomissements incoercibles de la grossesse, la dyspepsie, la gastrodynie, le pyrosis, et dans certains cas d'épilepsie. Les doses ont pu être portées, sans accidents, jusqu'à 50, 60 centigrammes, répétées deux ou trois fois par jour.

I. — Sels céreux

Hydrogène sulfuré. — Rien.

Sulfure d'ammonium. — Précipité blanchâtre d'oxyde hydraté, accompagné d'un dégagement d'hydrogène sulfuré.

Potasse et soude. — Précipité blanc gélatineux d'oxyde hydraté, insoluble dans un excès de réactif et jaunissant lentement à l'air en se peroxydant.

Ammoniaque. — Précipité blanc de sel basique, insoluble dans un excès de réactif. L'acide tartrique n'empêche pas la précipitation (différence avec l'yttrium).

Carbonates alcalins et carbonate d'ammonium. — Précipité blanc de carbonate, très peu soluble dans un excès de réactif.

Ferrocyanure de potassium. — Précipité blanc.

Ferricyanure de potassium. — Rien.

Acide oxalique. — Précipité blanc d'oxalate, insoluble dans un excès de réactif, difficilement soluble dans l'acide chlorhydrique.

Sulfate de potassium. — Précipité blanc et cristallin, très peu soluble dans l'eau, et n'apparaissant qu'après agitation prolongée, dans les solutions un peu étendues.

Hypochlorites alcalins. — Précipité jaune clair de bioxyde de cérium hydraté.

Carbonate de baryum. — Précipite incomplètement, à froid, mais complètement à l'ébullition.

Tannin. — Précipité blanc, dans les solutions neutres.

Albumine. — Précipité blanc, soluble dans un excès de sel de cérium et dans un excès d'albumine.

II. — Sels céroso-cériques

Hydrogène sulfuré. — Précipité blanc, laiteux, de soufre, et réduction de la liqueur à l'état de protosel.

Sulfure d'ammonium. — Précipité jaunâtre d'oxyde hydraté, accompagné d'un dégagement d'hydrogène sulfuré.

Potasse, soude, ammoniaque. — Précipité jaune d'oxyde hydraté.

Carbonates alcalins et carbonate d'ammonium. — Précipité blanc de carbonate, très peu soluble dans un excès de réactif.

Ferrocyanure et ferricyanure de potassium. — Précipité jaune.

Acide oxalique. — Précipité jaune au début, devenant blanc peu à peu.

Sulfate de potassium. — Précipité blanc, cristallin, insoluble dans un excès de réactif, décomposé par l'eau.

Carbonate de baryum. — Précipite complètement, mais lentement, à froid, tout l'oxyde céroso-cérique de ses sels.

Les composés du cérium donnent, avec le borax et le sel de phosphore, à la flamme d'oxydation, une perle rouge, à chaud, qui pâlit beaucoup par le refroidissement. Dans la flamme réductrice, les perles sont incolores. Leur flamme n'offre pas de spectre d'émission.

Césium

Ce métal assez abondamment répandu dans la nature, mais toujours en très petites quantités, accompagne presque constamment le rubidium, le lithium et aussi le potassium. On le rencontre dans un grand nombre de variétés de lépidolites, dans la triphylline, la pétalite, les mélaphyres, la carnalite de Stassfurt, le mica de Zinnwald, etc. (Kirchoff et Bunsen, Grandeau, Blacke, O. Allen, O. Erdmann, H. Laspeyres). On le trouve aussi dans un grand nombre d'eaux minérales, telles que celles de Bourbonne-les-Bains et de Vichy (Grandeau), de Durckheim (Kirchoff et Bunsen), d'Ems (Wartha, etc. etc.). Le césium métallique est d'un blanc d'argent et mou; il fond à 27 degrés et décompose l'eau comme le font le potassium et le rubidium. On l'obtient en soumettant à l'électrolyse le cyanure double de césium et de baryum (Setterberg). Son hydrate CsOH, le seul connu, possède les mêmes propriétés que les hydrates de potassium et de rubidium, et se prépare par un procédé analogue. Les sels de césium sont solubles et incolores, et sans action sur les réactifs colorés. Ils colorent en violet-rougeâtre la flamme du brûleur de Bunsen. Le carbonate neutre CO^3Cs^2 est, comme celui de rubidium, caustique, déliquescent, très alcalin, mais il est soluble dans l'alcool absolu (différence avec le rubidium).

Hydrogène sulfuré et sulfure d'ammonium. — Rien.

Potasse, soude, ammoniaque, carbonates alcalins. — Rien.

Ferrocyanure et Ferricyanure de potassium. — Rien.

Acide tartrique. — Précipité blanc, cristallin, de tartrate acide de césium $C^4H^5CsO^6$, soluble dans beaucoup d'eau.

Chlorure de platine. — Précipité cristallin, jaune clair, de chloroplatinate Cs^2PtCl^6.

Acide hydrofluosilicique. — Précipité opalin d'hydrofluosilicate.

Acide perchlorique. — Précipité blanc, grenu, de perchlorate.

Acide picrique. — Précipité jaune, cristallin, de picrate, soluble dans beaucoup d'eau.

Le spectre du césium est surtout caractérisé par deux lignes bleues situées vers le 106e et le 109e degré de l'échelle spectroscopique (la raie D du sodium étant au 50e). D'autres raies moins importantes existent dans les régions orangée, jaune et verte du spectre.

Chrome

I. — Sels chromeux

Les sels chromeux sont difficiles à obtenir. On ne connaît guère que l'acétate et le chlorure. Ils sont tous très altérables à l'air, absorbent, comme le sulfate ferreux, le bioxyde d'azote en se colorant en brun. Ce sont des réducteurs énergiques détruisant le chlorure d'or, avec dégagement d'hydrogène et précipitation d'or métallique.

Sulfure d'ammonium. — Précipité noir de sulfure.

Potasse et soude. — Précipité brun de Cr^3O^4, H^2O, avec dégagement d'hydrogène.

Ammoniaque. — Précipité blanc-verdâtre.

Carbonates alcalins. — Précipité brun, se transformant rapidement en hydrate de sesquioxyde en dégageant de l'hydrogène.

Phosphate de sodium. — Précipité bleu, soluble dans les acides dilués.

II. — Sels chromiques

Ces sels, dont la plupart sont solubles dans l'eau, sont d'un vert-émeraude et incristallisables lorsqu'on les a portés à l'ébullition, ou de couleur améthyste et cristallisables lorsqu'ils ont été préparés à froid. Ils colorent en rouge la lumière transmise ; leur saveur est douceâtre et astringente et leur réaction acide. Ils sont toxiques à des degrés divers, ainsi, d'ailleurs, que tous les composés du chrome.

Hydrogène sulfuré. — Rien.

Sulfure d'ammonium. — Précipité verdâtre de sesquioxyde hydraté, accompagné d'un dégagement sulfhydrique.

Potasse et soude. — Précipité vert-bleu d'hydrate, soluble dans un excès de réactif en donnant des liqueurs d'un beau vert. Le sesquioxyde de chrome se précipite complètement de cette liqueur, par ébullition prolongée ou par addition d'un sel ammoniacal.

Ammoniaque. — Précipité verdâtre d'hydrate, presque insoluble dans un excès de réactif.

Carbonates alcalins. — Précipité vert clair d'hydrate, soluble dans un excès de réactif, accompagné d'un dégagement de gaz carbonique.

Ferrocyanure et Ferricyanure de potassium. — Rien.

Oxyde puce de plomb. — Chauffé, avec un sel de chrome et un grand excès de potasse, donne une liqueur colorée en jaune par le chromate de plomb formé, lequel se précipite en présence d'un léger excès d'acide acétique.

Acide oxalique. — Rien.

Tannin et albumine. — Rien.

III. — Chromates

Hydrogène sulfuré. — Transforme les chromates en sels de chrome, avec dépôt de soufre, lorsque la liqueur est acide.

Sulfure d'ammonium. — Précipité vert-gris brunâtre de chromate d'oxyde de chrome devenant vert à l'ébullition en se transformant en hydrate.

Acide chlorhydrique. — Les décompose, à chaud, avec dégagement de chlore, en donnant une liqueur : 1° rouge ; 2° orange ; 3° brune, et enfin verte présentant les réactions des sels chromiques.

Acide sulfureux. — Coloration verte.

Acétate de plomb. — Précipité jaune de chromate, soluble dans la potasse, insoluble dans l'acide acétique.

Chlorure de baryum. — Précipité jaune clair de chromate, soluble dans les acides chlorhydrique et azotique.

Azotate d'argent. — Précipité rouge de chromate, soluble dans l'ammoniaque et les acides étendus.

Azotate mercureux. — Précipité rouge-brique.

Eau oxygénée. — Coloration bleu foncé, très fugace, soluble dans l'éther.

Les composés du chrome, fondus au chalumeau avec le borax ou le sel de phosphore donnent, dans les deux flammes, des perles limpides d'un vert-jaune faible, qui passe au vert-émeraude par l[e r]efroidissement.

Cobalt

Les sels anhydres sont bleus, roses ou lilas. Hydratés, ils sont rouges. Leurs solutions sont roses fleur de pêcher ou rouge-grenat, à moins qu'elles ne soient très acides ou très concentrées, auxquels cas elles peuvent être bleues. Tous ces sels ont une saveur astringente et faiblement métallique, et rougissent le tournesol. Ils ne sont que peu toxiques.

Hydrogène sulfuré. — Rien. Si l'acide est très faible ou en présence d'un excès d'acétate de sodium : précipité noir de sulfure.

Sulfure d'ammonium. — Précipité noir de sulfure, insoluble dans un excès de réactif, très difficilement soluble dans l'acide chlorhydrique.

Potasse et soude. — Précipité bleu d'oxyde hydraté, qui devient vert sale à l'air et rose-rouge par l'ébullition ; il est insoluble dans un excès de réactif.

Ammoniaque. — Précipité bleu d'oxyde hydraté, soluble en une liqueur brun-rougeâtre dans un grand excès de réactif.

Carbonates alcalins. — Précipité rose-rouge, soluble dans le carbonate d'ammonium.

Ferrocyanure de potassium. — Précipité vert, insoluble dans l'acide chlorhydrique.

Ferrocyanure de potassium. — Précipité rouge foncé, insoluble dans l'acide chlorhydrique.

Phosphate de sodium. — Précipité bleu-violet de phosphate.

Azotite de potassium. — Si la liqueur est fortement acidifiée d'acide acétique, précipité jaune, cristallin, d'azotite cobaltico-potassique.

Acide oxalique. — Précipité rose-rouge d'oxalate, insoluble dans un excès de réactif, soluble dans l'ammoniaque.

Zinc métallique. — Ne précipite pas les sels de cobalt.

Tannin et albumine. — Rien.

Les solutions des sels de cobalt, additionnées de potasse ou de soude, puis traitées par de l'eau bromée en excès, ou par de l'hypochlorite de sodium, et enfin chauffées, abandonnent à l'ébullition un précipité noir de sesquioxyde de cobalt. Une solution d'un sel de cobalt, traitée par la potasse ou la soude, puis par le cyanure de potassium jusqu'à redissolution du précipité d'abord formé, et enfin additionnée de brome en excès, ne donne aucun précipité *à froid* (différence avec les sels de nickel, et excellent moyen de les séparer des sels de cobalt).

Tous les composés du cobalt, chauffés au chalumeau avec le borax, donnent dans les deux flammes une perle limpide bleu foncé.

Une perle de borax contenant à la fois du nickel et du cobalt, et qui paraît plus ou moins jaunâtre et opaque, devient bleue après addition d'une petite quantité d'étain pur (papier d'étain très mince), l'oxyde de nickel étant réduit, tandis que celui de cobalt ne l'est pas.

Cuivre

I. — Sels cuivreux

Les sels cuivreux sont incolores. Ils sont insolubles ou peu solubles dans l'eau ; certains, comme le chlorure cuivreux, se dissolvent dans l'acide chlorhydrique.

Hydrogène sulfuré et sulfures alcalins. — Précipité noir de sulfure, insoluble dans un excès de réactif et dans les acides peu concentrés.

Potasse et soude. — Précipité jaune-brunâtre d'oxyde hydraté.

Ammoniaque. — Liqueur incolore qui bleuit à l'air.

Carbonate de potassium. — Précipité jaune d'hydrate cuivreux.

II. — Sels cuivriques

Les sels cuivriques sont le plus souvent blancs, quand ils sont anhydres; bleus ou bleu-verdâtre, quand ils sont hydratés et neutres; verts, quand ils sont basiques. Les solutions sont toujours bleues, lorsqu'elles sont étendues. Ils ont une réaction acide, une saveur métallique et nauséeuse, et colorent en vert la flamme de l'alcool. Quelques sels de cuivre, notamment le sulfate, sont émétiques ; ils sont peu toxiques, ceux qui paraissent le plus dangereux sont les sels obtenus par les dissolutions d'oxyde de cuivre dans les corps gras.

Hydrogène sulfuré. — Précipité noir de sulfure, insoluble dans les acides peu concentrés et le sulfure de sodium, soluble dans le cyanure de potassium.

Sulfure d'ammonium. — Précipité noir de sulfure, légèrement soluble dans un excès de réactif.

Potasse et soude. — Précipité bleu volumineux d'oxyde hydraté, devenant noir par l'ébullition en se déshydratant.

Ammoniaque. — Précipité verdâtre de sel basique, très soluble, en bleu céleste, dans un excès de réactif.

Carbonates de potassium et de sodium. — Précipité bleu-vert de carbonate basique, soluble dans l'ammoniaque, accompagné d'un dégagement de gaz carbonique.

Ferrocyanure de potassium. — Précipité rouge-brun, insoluble dans l'acide chlorhydrique. Coloration rouge, seulement dans les liqueurs très étendues.

Ferricyanure de potassium. — Précipité jaune-verdâtre, insoluble dans l'acide chlorhydrique.

Iodure de potassium. — Précipité blanc d'iodure cuivreux, soluble dans un excès de réactif ; la liqueur surnageante est colorée en brun par l'iode libre.

Tannin. — Précipité gris.

Albumine. — Précipité bleuâtre.

Zinc métallique. — Dépôt brun foncé de cuivre métallique pulvérulent.

Lame de fer polie. — Dépôt rouge de cuivre métallique.

Tous les composés du cuivre, solubles ou insolubles, additionnés d'acide chlorhydrique et placés sur une lame de platine, avec un morceau de zinc, laissent sur la lame une tache de cuivre métallique.

Chauffés avec le borax, au chalumeau, à la flamme oxydante, ils donnent une perle verte à chaud, et bleue à froid. A la flamme réductrice, la perle est incolore à chaud, rouge et opaque à froid. Sur le charbon, avec le carbonate de sodium, on obtient des grains métalliques malléables et de couleur rouge.

Didyme

Le didyme se rencontre constamment associé au cérium et au lanthane, dans quelques minéraux, notamment la lanthanite, la cérite, etc. A l'état métallique, il est blanc, avec une teinte jaunâtre, très oxydable, et brûle avec un vif éclat, lorsqu'il est introduit dans une flamme. Il donne avec l'oxygène un protoxyde, de formule Di^2O^3, qui est blanc-bleuâtre lorsqu'il est anhydre, gélatineux et semblable à l'alumine, à l'état hydraté. Il se transforme en suroxyde brun foncé, quand on le calcine faiblement, après l'avoir humecté avec l'acide azotique, et il se convertit de nouveau en protoxyde, par une forte calcination. Mis en contact avec l'eau, il forme peu à peu un hydrate $Di^2O^6H^6$, qui est sans action sur les réactifs colorés, attire rapidement le gaz carbonique, et se dissout dans la solution bouillante de chlorure d'ammonium. Cet hydrate s'unit facilement aux acides en donnant des sels, dont la plupart sont solubles et colorés en rose comme le sulfate, ou présentent une teinte violacée comme l'azotate en solution concentrée. Leur saveur est astringente et douceâtre.

Hydrogène sulfuré. — Rien.

Sulfure d'ammonium. — Précipité blanc d'oxyde hydraté, insoluble dans un excès de réactif, accompagné d'un dégagement d'acide sulfhydrique.

Potasse, soude. — Précipité blanc d'oxyde hydraté, insoluble dans un excès de réactif.

Ammoniaque. — Précipité blanc de sel basique, insoluble dans un excès de réactif.

Carbonates alcalins et carbonate d'ammonium. — Précipité blanc de carbonate de didyme, complètement insoluble dans un excès de ces réactifs.

Acide oxalique. — Précipité blanc d'oxalate, insoluble dans un excès de réactif.

Sulfates de potassium, de sodium et d'ammonium. — Précipités blancs immédiats de sulfates doubles, dans les solutions un peu concentrées, et ne se produisant qu'après quelque temps, dans les solutions étendues.

Carbonate de baryum. — Précipite lentement, mais complètement à froid, l'oxyde de didyme de ses sels.

Chauffés au chalumeau, avec le borax et le sel de phosphore, les composés du didyme donnent, dans la flamme oxydante, des perles d'un violet-améthyste foncé; la couleur disparaît dans la flamme de réduction et n'a plus qu'une teinte rosée [1].

Les sels de didyme offrent au spectroscope des bandes d'absorption caractéristiques. Il suffit de regarder directement, à travers un spectroscope, un composé renfermant du didyme, pour apercevoir dans le spectre des raies noires.

Voici quelle est la position des principales de ces raies (la raie D du sodium étant située au 50ᵉ degré de l'échelle spectroscopique, A de Frauenhofer au 18ᵉ et F au 89ᵉ) : $\alpha = 49 - 56$, $\beta = 71 - 75$, $\delta = 27 - 31$, $\gamma = 91 - 93$, $\beta' = 76 - 80$.

Les autres occupent les divisions 21 — 23, 30 — 31, 41 — 42, 68 — 69, 96, 98 — 101, 114 — 119 (Bunsen). Voir aussi page 209.

Erbium

Ce métal n'est pas encore connu à l'état de pureté. Il forme avec l'oxygène un oxyde ErO, l'erbine, qui est coloré en rose. L'hydrate est blanc, semblable à l'alumine et attire le gaz carbonique de l'air. Il se dissout dans les acides en donnant des sels qui ont une couleur rouge.

Hydrogène sulfuré. — Rien.

Sulfure d'ammonium. — Précipité blanc d'oxyde hydraté, accompagné d'un dégagement d'acide sulfhydrique.

Potasse, soude, ammoniaque. — Précipité blanc d'oxyde hydraté, insoluble dans un excès de réactif.

Carbonates alcalins. — Précipité blanc de carbonate, insoluble dans un excès de réactif.

Acide oxalique. — Précipité blanc d'oxalate, insoluble dans un excès de réactif.

Sulfate de potassium. — Précipité blanc de sulfate double, moins

[1] Les combinaisons du didyme, intimement mélangées avec du carbonate de sodium, se colorent en grisâtre au chalumeau, et non en vert, comme celles du manganèse avec lesquelles on pourrait les confondre.

soluble à chaud qu'à froid, et assez soluble dans la solution saturée de sulfate de potassium.

Carbonate de baryum. — Ne précipite qu'incomplètement l'erbine de ses sels, soit à chaud, soit à froid.

Les composés de l'erbium fondent avec le borax ou le sel de phosphore en perles incolores à chaud et à froid.

Son spectre présente trois raies d'absorption principales (voir page 209).

Étain

I. — Sels stanneux

Ces sels ont une réaction acide ; ils sont décomposables par l'eau et exhalent une odeur de poisson, lorsqu'on les frotte avec les doigts. Tous les sels d'étain sont vénéneux.

Hydrogène sulfuré et sulfure d'ammonium. — Précipité brun foncé de sulfure, insoluble dans les acides peu concentrés, soluble dans le sulfure d'ammonium polysulfuré, ainsi que dans la potasse et la soude.

Potasse et soude. — Précipité blanc d'oxyde hydraté, soluble dans un excès de réactif. Si la liqueur est concentrée et chaude, ces alcalis précipitent de l'oxyde stanneux noir.

Ammoniaque. — Précipité blanc d'oxyde hydraté, insoluble dans un excès de réactif. Il se transforme, par l'ébullition, en oxyde stanneux brun-olive.

Carbonates alcalins. — Précipité blanc, d'oxyde hydraté, insoluble dans un excès de réactif, accompagné d'un dégagement de gaz carbonique.

Ferrocyanure de potassium. — Précipité blanc gélatineux, insoluble dans l'acide chlorhydrique.

Ferricyanure de potassium. — Précipité blanc, soluble dans l'acide chlorhydrique.

Acide oxalique. — Précipité blanc d'oxalate.

Chlorure mercurique. — Précipité blanc de chlorure mercureux. A chaud, le précipité devient gris (mercure métallique).

Iodure de potassium. — Précipité jaune-rougeâtre d'iodure stannoso-potassique $(SnI^2, KI)^2 + 3H^2O$, en aiguilles soyeuses.

Chlorure d'or. — Coloration pourpre dans les solutions très étendues ;

précipité brun de pourpre de Cassius, dans les solutions peu diluées ou additionnées d'acide azotique.

Tannin. — Précipité jaune-brun.

Zinc et plomb. — Dépôt spongieux d'étain métallique.

II. — Sels stanniques

Sauf le chlorure et l'iodure stanniques, les autres sels stanniques peuvent être considérés comme des stannates.

Hydrogène sulfuré et sulfure d'ammonium. — Précipité jaune de sulfure stannique, n'apparaissant immédiatement qu'à chaud, insoluble dans les acides peu concentrés, soluble dans le sulfure d'ammonium, la potasse et la soude, mais difficilement soluble dans l'ammoniaque.

Potasse et soude. — Précipité blanc d'oxyde hydraté, soluble dans un excès de réactif et dans les acides.

Ammoniaque. — Précipité blanc d'oxyde hydraté, peu soluble dans un excès de réactif.

Carbonates alcalins. — Précipité blanc d'oxyde hydraté, peu soluble dans un excès de réactif, accompagné d'un dégagement de gaz carbonique.

Ferrocyanure de potassium — Précipité blanc gélatineux.

Ferricyanure de potassium. — Rien.

Chlorure d'or. — Rien.

Chlorure mercurique. — Rien.

Iodure de potassium. — Rien.

Tannin. — Précipité blanc, gélatineux, lent à se former.

Zinc et plomb. — Dépôt spongieux d'étain métallique.

Chauffés au chalumeau, sur le charbon, avec du cyanure de potassium, tous les sels d'étain donnent aisément des grains métalliques malléables, sans auréole. Lorsqu'on introduit une trace d'un composé d'étain dans une perle de borax, légèrement colorée en bleu par du bioxyde de cuivre, et qu'on chauffe la perle dans la partie inférieure réductrice de la flamme d'un brûleur de Bunsen, la perle se colore en rouge-rubis, par suite de la facile réduction du bioxyde de cuivre en protoxyde, en présence de l'étain.

Fer

I. — Sels ferreux

Ces sels sont blancs à l'état anhydre, d'un vert pâle à l'état hydraté. Ils rougissent le tournesol. Les solutions aqueuses sont presque incolores lorsqu'elles sont étendues, et vertes lorsqu'elles sont concentrées. Leur saveur est d'abord douceâtre, puis astringente. Les sels ferreux, surtout lorsqu'ils sont en solutions aqueuses, se convertissent en sels ferriques au contact de l'air ou de divers composés pouvant facilement céder de l'oxygène, tels que l'acide azotique, les hypochlorites, etc.

Hydrogène sulfuré. — Rien.

Sulfures alcalins. — Précipité noir de sulfure, légèrement soluble dans un excès de sulfure d'ammonium, soluble dans les acides chlorhydrique et acétique.

Potasse et soude. — Précipité blanc-verdâtre d'oxyde hydraté, insoluble dans un excès de réactif et devenant rapidement vert, puis brun, en se peroxydant.

Ammoniaque. — Précipité blanc-verdâtre d'oxyde hydraté, incomplètement soluble dans un excès de réactif. Le précipité ne se forme pas en présence d'un excès de chlorure d'ammonium.

Carbonates alcalins. — Précipité blanc de carbonate verdissant à l'air.

Ferrocyanure de potassium. — Précipité blanc bleuissant à l'air.

Ferricyanure de potassium. — Précipité bleu foncé, insoluble dans l'acide chlorhydrique (bleu de Turnbull).

Acide oxalique. — Précipité jaune d'oxalate, lent à se former, soluble dans l'acide chlorhydrique.

Chlorure d'or. — Dépôt brun d'or réduit.

Permanganate de potassium. — Décoloration instantanée du réactif.

Tannin. — Rien, la solution devient d'un bleu-noirâtre à l'air.

Albumine. — Rien.

Chauffés sur le charbon, avec le carbonate de sodium, tous les sels de fer donnent une masse grise magnétique. Avec le borax, on obtient une perle rouge foncé ou jaune à la flamme oxydante, devenant vert-bouteille à la flamme réductrice, surtout lorsqu'on ajoute du chlorure stanneux.

II. — Sels ferriques

Les sels ferriques forment des dissolutions jaunes, brunes ou rouges. Leur saveur est fortement astringente, leur réaction acide. La plupart sont incristallisables.

Hydrogène sulfuré. — Précipité blanc laiteux de soufre, et réduction à l'état de sel ferreux.

Sulfure d'ammonium. — Précipité noir de sulfure ferreux accompagné de soufre libre.

Potasse, soude et ammoniaque. — Précipité rouge-brun volumineux d'oxyde hydraté, insoluble dans un excès de réactif.

Carbonates alcalins. — Précipité rouge-brun d'oxyde hydraté, insoluble dans un excès de réactif, accompagné d'un dégagement de gaz carbonique.

Ferrocyanure de potassium. — Précipité de bleu de Prusse, insoluble dans l'acide chlorhydrique, soluble dans l'acide oxalique et dans le sulfate de sodium en solutions concentrées.

Ferricyanure de potassium. — Pas de précipité; coloration brune.

Sulfocyanate de potassium. — Coloration rouge-sang intense, même dans les solutions très étendues, surtout lorsqu'elles sont acidifiées par les acides chlorhydrique ou azotique.

Succinate d'ammonium. — Précipité brun-cannelle de succinate ferrique, très soluble dans les acides.

Acide oxalique. — Pas de précipité. La liqueur devient rouge.

Tannin. — Précipité noir-bleuâtre.

Albumine. — Précipité brun-rouge.

Gallium

Le gallium se rencontre en très petites quantités dans un grand nombre de blendes. Il est blanc d'argent avec reflets rosés, lorsqu'il est fondu, et gris avec reflets bleu-verdâtre, à l'état solide, assez dur, cristallin et cassant. Il s'aplatit cependant sous le marteau et, lorsqu'il est en feuilles minces, possède une certaine flexibilité. Il fond à 30°,15 et se maintient en surfusion avec une extrême facilité. Il est peu volatil, même à la température du rouge-blanc, et a de grandes tendances à cristalliser (octaèdres). Il ne décompose pas l'eau, ne s'oxyde pas à froid. L'acide azotique ne l'attaque qu'à chaud, avec dégagement de vapeurs rutilantes. L'acide chlorhydrique le dissout facilement, avec dégagement d'hydrogène. La potasse et l'ammoniaque le dissolvent lentement en dégageant de l'hydrogène. Il forme avec l'oxygène deux oxydes : un protoxyde, qui n'a pas été analysé, et un sesquioxyde Ga^2O^3, qui est blanc ainsi que son hydrate. A ces oxydes correspondent les chlorures $GaCl^2$ et Ga^2Cl^6. Les sels galliques ou de peroxyde de gallium sont incolores, lorsque l'acide correspondant n'est pas coloré, ils se décomposent lorsqu'on les calcine. Le sulfate, en s'unissant au sulfate d'ammonium, donne un alun ; ce sulfate et cet alun laissent déposer un sel basique à l'ébullition.

Hydrogène sulfuré. — Rien, dans les solutions acidifiées par l'acide chlorhydrique, mais précipité blanc de sulfure de gallium dans les solutions contenant de l'acide acétique libre avec de l'acétate d'ammonium.

Sulfure d'ammonium. — Précipité blanc de sulfure de gallium, insoluble dans un excès de réactif, soluble dans les acides minéraux. L'acide tartrique empêche la précipitation.

Potasse, soude, ammoniaque. — Précipité blanc, floconneux, d'oxyde hydraté, soluble dans un excès de réactif.

Carbonate d'ammonium. — Précipité blanc de carbonate, notablement soluble dans un excès de réactif.

Ferrocyanure de potassium. — Précipité blanc, surtout en liqueur acidifiée par l'acide chlorhydrique.

Ferricyanure de potassium. — Rien (différence avec le zinc).

Carbonate de baryum. — Précipite complètement à froid l'oxyde de gallium de ses sels.

Les composés du gallium ne colorent pas la flamme du brûleur de Bunsen. Le spectre de l'étincelle présente deux raies violettes situées entre les raies G et H (voir Lecoq de Boisbaudran, *Analyse spectrale*).

Glucinium

Le glucinium existe dans un assez grand nombre de minéraux et, notamment, dans l'euclase, l'émeraude, la gadolinite, la phénacite, le cymophane, etc. Son extraction est en tout semblable à celle de l'aluminium, avec lequel il a les plus grandes analogies. Il donne, avec l'oxygène, un oxyde Gl^2O^3, la glucine, dont l'hydrate fraîchement précipité, maintenu longtemps en ébullition avec du chlorure d'ammonium, se dissout à l'état de chlorure de glucinium, avec dégagement d'ammoniaque (différence avec l'aluminium).

Les sels de glucinium sont incolores, lorsque l'acide correspondant n'est pas coloré ; ils ne forment pas d'aluns comme les sels d'aluminium ; ceux qui sont solubles rougissent le tournesol et possèdent une saveur astringente et sucrée.

La toxicité des sels de glucinium est faible et peut être comparée, d'après Rabuteau (*Eléments de toxicologie*), à celle des sels de potassium. Son élimination de l'organisme paraît être assez lente.

Hydrogène sulfuré. — Rien.

Sulfure d'ammonium. — Précipité blanc d'oxyde de glucinium hydraté, accompagné d'un dégagement d'acide sulfhydrique.

Potasse, soude, ammoniaque. — Précipité blanc, floconneux, d'oxyde de glucinium hydraté $Gl^2O^6H^6$, insoluble dans l'ammoniaque, soluble dans la potasse ou la soude, d'où le chlorure d'ammonium le précipite.

Carbonates alcalins et carbonate d'ammonium. — Précipité blanc de carbonate de glucinium, soluble dans un grand excès de réactif et surtout de carbonate d'ammonium.

Ferrocyanure et ferricyanure de potassium. — Rien.

Phosphate d'ammonium. — Précipité volumineux de phosphate double, un peu visqueux à froid et se produisant bien à l'ébullition en devenant cristallin (surtout si l'on fait bouillir la liqueur après avoir redissous le précipité formé à froid dans l'acide chlorhydrique et neutralisé ensuite avec de l'ammoniaque). Cette réaction peut servir à rechercher de petites quantités de glucine, en présence de beaucoup d'alumine ; mais il est nécessaire d'éliminer préalablement la majeure partie de l'alumine à l'état d'alun.

Acide oxalique. — Rien (différence avec le thorium, le Zirconium et l'Yttrium).

Carbonate de baryum. — Ne précipite pas à froid, mais précipite complètement à l'ébullition.

Au chalumeau, avec le borax et le sel de phosphore, les composés du glucinium donnent des perles limpides, qui deviennent opaques lorsqu'on les sature ou qu'on les chauffe par intermittence.

Chauffés au chalumeau sur le charbon, ces mêmes composés laissent un résidu, lequel, humecté après refroidissement avec une goutte d'azotate de cobalt et chauffé de nouveau, devient grisâtre.

Indium

Les sels d'indium sont incolores, difficilement cristallisables et solubles dans l'eau pour la plupart. Leur saveur est métallique et désagréable, et leur toxicité se rapproche de celle du zinc et du cadmium. Introduits dans la flamme d'un bec de Bunsen, ils lui communiquent une coloration violet-bleu un peu pâle. Le spectre de cette flamme est caractérisé par deux raies brillantes : l'une, la plus intense, qui se trouve au-delà de la raie F de Frauenhofer, vers le 111e degré de l'échelle spectroscopique (la raie D du sodium étant située au 50e degré), est d'un bleu indigo; l'autre, beaucoup moins intense, est violette et située vers le 148e degré.

Hydrogène sulfuré. — Précipité jaune de sulfure, dans les solutions neutres ou acidifiées par un acide organique.

Sulfure d'ammonium. — Précipité jaune de sulfure, insoluble à froid dans un excès de réactif, partiellement soluble à chaud en devenant blanc.

Potasse, soude; ammoniaque. — Précipité blanc d'oxyde d'indium hydraté, insoluble dans l'ammoniaque, soluble momentanément dans la potasse d'où il se reprécipite promptement.

Carbonates alcalins. — Précipité blanc de carbonate d'indium, insoluble dans un excès de réactif.

Ferrocyanure de potassium. — Précipité blanc.

Ferricyanure et sulfocyanate de potassium. — Rien.

Phosphate de sodium. — Précipité blanc volumineux de phosphate basique.

Oxalate d'ammonium. — Précipité blanc cristallin d'oxalate.

Carbonate de baryum. — Précipite complètement à froid les sels d'indium.

Chromate de potassium. — Précipité jaune de chromate.

Zinc ou cadmium métalliques. — Dépôt d'indium métallique, en lamelles blanches, brillantes.

Chauffés au chalumeau, sur le charbon, avec le carbonate de sodium, les composés de l'indium donnent des grains métalliques malléables et une auréole brune à chaud, jaune paille à froid. Les perles de borax et de sel de phosphore sont incolores.

Iridium

Ce métal se rencontre constamment dans la mine de platine. Il se trouve le plus souvent allié à l'osmium, à l'état d'osmiure d'iridium, en grains ou en paillettes brillantes, mais on le trouve aussi à l'état natif en grains cubiques, qui renferment néanmoins une petite quantité de platine et d'autres métaux voisins. Il est semblable au platine, mais il est cassant et ne fond qu'à la flamme du mélange d'oxygène et d'hydrogène. L'iridium compact résiste à l'action de tous les acides, même de l'eau régale (différence avec l'or et le platine); obtenu par réduction ou allié à beaucoup de platine, il devient soluble dans l'eau régale en se transformant en tétrachlorure $IrCl^4$. Mélangé avec le chlorure de sodium et chauffé au rouge dans le chlore, il se convertit également en tétrachlorure. Les alcalis fixes et l'azotate de potassium l'oxydent sous l'influence de la chaleur.

Le sulfate acide de potassium en fusion l'oxyde également, mais ne le dissout pas (différence avec le rhodium).

On admet l'existence de quatre oxydes de ce métal, mais les seuls qui soient bien définis sont : le sesquioxyde Ir^2O^3 et le bioxyde IrO^2. Clauss a signalé l'existence d'un anhydride iridique IrO^3, qui n'existe qu'à l'état de combinaison (iridate de potassium) et se produit lorsqu'on chauffe pendant longtemps l'iridium avec l'azotate de potassium.

Les dissolutions des sels d'iridium sont diversement colorées; elles sont rouges ou rouge-brun foncé (perchlorure d'iridium et ses composés), ou vertes lorsqu'elles contiennent du sesquichlorure.

Hydrogène sulfuré. — Décolore d'abord les dissolutions de perchlorure en les ramenant à l'état de protochlorure avec dépôt laiteux de soufre, puis, avec le temps, il se précipite du sulfure d'iridium brun.

Sulfure d'ammonium. — Précipité brun de sulfure d'iridium, soluble dans un excès de réactif.

Potasse. — Fait virer au vert la couleur foncée des solutions, en même temps qu'il se forme un faible précipité de chlorure double brun-noir. Si l'on chauffe la solution alcalinisée, après avoir isolé le précipité, elle se colore d'abord en rouge, puis, avec le temps, en bleu-clair; en évaporant à siccité et en traitant par l'eau, il reste un précipité bleu insoluble d'oxyde d'iridium, et le liquide est incolore.

Ammoniaque. — Décolore immédiatement les dissolutions, lorsqu'elle est ajoutée en excès, et produit un faible précipité brun de chlorure double. Cette solution ammoniacale exposée à l'air, puis soumise à une longue ébullition, se colore en bleu, et, après évaporation de l'ammoniaque, abandonne un précipité bleu.

Carbonate de potassium. — Précipité rouge-brun, qui disparaît ensuite, tandis que la liqueur se colore en bleu au contact de l'air. En évaporant à siccité et reprenant par l'eau, il reste un précipité bleu.

Carbonate d'ammonium. — Précipité jaune, cristallin, de chlorure iridico-ammonique; en solution étendue, il ne se produit pas de précipité, puis la liqueur se décolore et ne prend pas ultérieurement de teinte bleue.

Ferrocyanure de potassium. — Décoloration instantanée.

Ferricyanure de potassium. — Rien.

Acide sulfureux, acide oxalique. — Décolorent complètement les solutions d'iridium.

Chlorure stanneux. — Précipité brun clair.

Sulfate ferreux. — Décolore les dissolutions sans produire de précipité.

Azotate mercureux. — Précipité jaunâtre.

Cyanure mercurique. — Rien (différence avec le palladium).

Phosphate de sodium. — A l'ébullition, donne une liqueur bleue et un précipité bleu.

Borax. — Décolore à chaud ; la liqueur se colore en bleu ensuite, sans donner de précipité.

Carbonate de baryum. — Rien à froid; à chaud, il donne une dissolution verdâtre et le carbonate de baryum en excès se colore en bleu.

Albumine. — Le perchlorure d'iridium précipite l'albumine. Le chlorure double d'iridium et de potassium ne la précipite pas.

Zinc. — Précipité noir d'iridium (précipite incomplètement).

Chauffés au chalumeau, sur le fil de platine, avec de la soude, dans la flamme oxydante, les composés de l'iridium donnent une poudre métallique grisâtre, sans éclat et non ductile.

Lanthane

Ce métal accompagne généralement le cérium et le didyme dans la cérite, la gadolinite, l'euxénite, la monazite, etc. Il se présente sous l'aspect d'une masse d'un gris de plomb, qui se ternit à l'air et est susceptible de prendre l'éclat métallique par le frottement. On l'obtient en réduisant son chlorure au moyen du potassium. Ses propriétés chimiques ont beaucoup d'analogie avec celles du cérium. Il forme avec l'oxygène un seul oxyde La^2O^3, qui est blanc et ne change pas quand on le chauffe au rouge au contact de l'air (différence avec l'oxyde de cérium). Mis en contact avec l'eau, il se convertit, peu à peu, en oxyde hydraté $La^2O^6H^6$, lequel est blanc et gélatineux comme la magnésie, lorsqu'il a été obtenu en traitant un sel de lanthane par un alcali. L'oxyde anhydre et l'oxyde hydraté bleuissent le papier rouge de tournesol humide. L'oxyde hydraté se dissout lentement dans les sels ammoniacaux et en déplace l'ammoniaque. Les sels de lanthane sont incolores, lorsque l'acide correspondant n'est pas coloré; leur saveur est légèrement styptique et douceâtre. Ils ont une grande tendance à former des sels basiques insolubles, par exemple par l'addition d'ammoniaque aux sels neutres.

D'après Rabuteau (Société de biologie, 1877), les sels de lanthane sont très vénéneux, ils agissent sur le système musculaire dont ils abolissent la contractilité. Leur action est plus lente, mais aussi plus énergique que celle des sels de cérium.

Hydrogène sulfuré. — Rien.

Sulfure d'ammonium. — Précipité blanc, gélatineux d'oxyde, de lanthane hydraté, accompagné d'un dégagement d'acide sulfhydrique.

Potasse, soude. — Précipité blanc, gélatineux, d'oxyde de lanthane hydraté, insoluble dans un excès de réactif et ne brunissant pas à l'air.

Ammoniaque. — Précipité blanc laiteux de sel basique traversant les filtres avec beaucoup de facilité.

Carbonates alcalins et carbonate d'ammonium. — Précipité blanc, insoluble dans un excès de réactif (différence avec le cérium).

Oxalate d'ammonium. — Précipité blanc d'oxalate.

Phosphate de sodium. — Précipité blanc de phosphate basique.

Sulfate de potassium. — Précipité blanc immédiat, même lorsque les solutions sont étendues.

Carbonate de baryum. — Précipite complètement à froid les solutions salines de l'oxyde de lanthane.

La solution acétique d'oxyde de lanthane donne avec l'ammoniaque un précipité mucilagineux, lequel, après plusieurs lavages, bleuit par l'iode à la manière de l'amidon (différence avec tous les autres oxydes terreux) (Damour); les acides et les alcalis libres détruisent cette coloration. L'oxyde de lanthane précipité par l'ammoniaque de sa dissolution dans les autres acides n'acquiert pas cette coloration.

Chauffés au chalumeau avec le borax ou le sel de phosphore, les composés du lanthane donnent dans les deux flammes des perles incolores à chaud et à froid.

Lithium

Sels incolores et déliquescents pour la plupart. Ils colorent en rouge-carmin la flamme de l'alcool et celle du chalumeau ; la couleur produite par le sodium masque celle du lithium ; il faut, dans ce cas, observer la coloration de la flamme à travers un verre bleu ; on fera de même, en présence de beaucoup de sels de potassium.

Le spectre du lithium présente une ligne rouge carmin entre les raies B et C de Frauenhofer, et une ligne jaune voisine de celle du sodium, mais située à gauche de cette dernière, vers le 31e degré de l'échelle spectroscopique, celle du sodium étant située vers le 50e degré.

Si l'on introduit un sel de lithium humecté d'acide chlorhydrique dans la flamme de l'hydrogène, il se produit, en outre, une raie bleu mat, visible vers le 105e degré.

Le chlorure de lithium est soluble dans l'alcool anhydre. Les composés du lithium sont peu toxiques et ne seraient dangereux que s'ils étaient absorbés en quantités relativement considérables.

Hydrogène sulfuré, sulfure d'ammonium. — Rien.

Potasse, soude, ammoniaque. — Rien.

Carbonates alcalins. — Précipité blanc de carbonate, soluble dans un grand excès d'eau.

Ferrocyanure et ferricyanure de potassium. — Rien.

Acide oxalique et acide tartrique. — Rien.

Phosphate de sodium. — Précipité blanc de phosphate devenant lourd et se formant rapidement à chaud. Le précipité est soluble dans l'acide chlorhydrique.

Acide hydrofluosilicique. — Précipité blanc, soluble dans l'acide chlorhydrique.

Chlorure de platine, sulfate d'aluminium, tannin et albumine. — Rien.

Magnésium

Ces sels sont pour la plupart incolores et solubles dans l'eau. Ceux qui sont solubles ont une saveur amère et désagréable. Ils sont sans action sur le tournesol, quelques-uns se décomposent par la simple évaporation de leurs dissolutions, tous les autres sont décomposés au rouge faible, sauf le sulfate de magnésium, qui n'est décomposable qu'au rouge vif.

Hydrogène sulfuré et sulfure d'ammonium. — Rien.

Potasse et soude. — Précipité blanc volumineux d'oxyde hydraté, insoluble dans un excès de réactif, soluble dans le chlorure d'ammonium.

Ammoniaque. — Précipité blanc volumineux d'oxyde hydraté. La précipitation est toujours incomplète et elle ne se produit pas en présence des sels ammoniacaux.

Carbonates alcalins. — Précipité volumineux de carbonate basique, complètement insoluble à chaud, soluble dans le chlorure d'ammonium.

Les bicarbonates ne précipitent pas les sels de magnésium.

Carbonate d'ammonium. — Rien.

Ferrocyanure et ferricyanure de potassium. — Rien.

Acide oxalique. — Rien.

Acide hydrofluosilicique, chromate de potassium. — Rien.

Tannin et albumine. — Rien.

Phosphate de sodium additionné d'ammoniaque. — Précipité blanc cristallin de phosphate ammoniaco-magnésien $Mg(AzH^4)(PhO^4) + 12aq$.

Si la liqueur est très étendue, le précipité ne se forme qu'avec le temps ou par le frottement.

Hypoïodite de sodium. — (Préparé en faisant dissoudre, au moment du besoin, de l'iode pulvérisé dans une solution de soude à 2 0/0 jusqu'à ce que la liqueur soit fortement colorée en jaune.) Précipité brun-rouge, volumineux. Si les liqueurs sont très étendues, coloration rougeâtre. La présence de la chaux, de la baryte et de la strontiane ne gêne pas cette réaction (Schlagdenhauffen).

Les composés du magnésium chauffés au chalumeau, sur le charbon, après avoir été humectés d'azotate de cobalt, donnent une masse non fondue de couleur rose.

Manganèse

I. — Sels manganeux

Les sels de manganèse sont généralement colorés en rose pâle. Ils sont sans action sur le tournesol et décomposables au rouge, sauf le sulfate, qui ne se décompose qu'à une température plus élevée. Ceux qui sont solubles ont une saveur métallique et astringente.

Hydrogène sulfuré. — Rien.

Sulfure d'ammonium. — Précipité couleur de chair de sulfure de manganèse, insoluble dans un excès de réactif, très soluble dans les acides, même dans l'acide acétique.

Potasse et soude. — Précipité blanc d'oxyde hydraté devenant rapidement brun à l'air, insoluble dans un excès de réactif. Incomplètement précipité en présence des sels ammoniacaux.

Ammoniaque. — Précipité blanc d'oxyde hydraté. Précipitation incomplète et nulle en présence des sels ammoniacaux.

Carbonates alcalins. — Précipité blanc de carbonate de manganèse brunissant lentement à l'air.

Ferrocyanure de potassium. — Précipité blanc-rosé, soluble dans les acides.

Ferricyanure de potassium. — Précipité brun, insoluble dans les acides.

Phosphate de sodium. — Précipité blanc de phosphate, insoluble dans l'ammoniaque et dans les sels ammoniacaux, qui s'opposent à sa précipitation (différence avec les sels de zinc et moyen de séparer le manganèse de ce métal).

Carbonate de baryum. — Rien à froid, excepté avec le sulfate. A chaud, précipitation.

Cyanure de potassium. — Précipité rose, soluble dans un excès de réactif en donnant une liqueur brune.

Acide oxalique. — Précipité blanc cristallin dans les liqueurs peu étendues.

Oxyde puce de plomb. — Additionné d'acide azotique et chauffé : coloration rouge-pourpre, due à la formation d'acide permanganique (la liqueur ne doit pas contenir de chlore).

Tannin et albumine. — Rien.

II. — Sels manganiques

Ces sels, très instables, sont tous fortement colorés en brun ou en vert ; les réducteurs, la chaleur, l'eau elle-même les décomposent.

Hydrogène sulfuré. — Précipité blanc laiteux de soufre, et réduction à l'état de sel manganeux.

Sulfure d'ammonium. — Précipité de sulfure manganeux, couleur de chair.

Potasse, soude, ammoniaque. — Précipité brun foncé, volumineux, d'oxyde hydraté, insoluble dans un excès de réactif.

Carbonates alcalins. — Précipité brun d'oxyde hydraté, accompagné d'un dégagement de gaz carbonique.

Ferrocyanure de potassium. — Précipité gris-verdâtre.

Ferricyanure de potassium. — Précipité brun.

Carbonate de baryum. — Précipitation complète à froid.

Acide chlorhydrique. — A chaud, dégagement de chlore.

III. — Manganates

Sels donnant des solutions colorées en vert. Les acides, même dilués, les colorent en rouge en les transformant en permanganates, la liqueur rouge redevient verte sous l'action d'un alcali (caméléon minéral).

Hydrogène sulfuré et sulfure d'ammonium. — Précipité couleur saumon de sulfure manganeux mêlé de soufre.

Potasse, soude, ammoniaque, carbonates alcalins. — Rien.

Acide sulfureux. — Décoloration instantanée.

Sulfate ferreux. — Décoloration instantanée, si la liqueur est acidifiée.

Acide chlorhydrique. — Coloration rouge et, à chaud, dégagement de chlore, et la liqueur passe au brun, puis au rose (chlorure manganeux).

IV. — Permanganates

Sels rouge-brun foncé donnant des dissolutions rouge-cramoisi ou rouge-pourpre très intense. Ils verdissent avec les alcalis et leurs carbonates, en donnant des manganates.

Hydrogène sulfuré et sulfure d'ammonium. — Précipité couleur saumon de sulfure manganeux mêlé de soufre.

Ammoniaque. — Précipite en brun et décolore.

Acides azotique et sulfurique. — Rien. A chaud et en solutions concentrées, dégagement d'oxygène.

Acide chlorhydrique. — Coloration rouge. A chaud, dégagement de chlore et coloration de la solution en rose pâle (chlorure manganeux).

Acide sulfureux. — Décoloration instantanée.

Sulfate ferreux. — Si la solution est acide, décoloration instantanée ; si la liqueur est neutre, décoloration et précipité brun.

Tous les composés du manganèse donnent, avec le borax, et, mieux, avec le sel de phosphore, à la flamme oxydante, une perle limpide rouge-violet, à chaud, et rouge-améthyste, à froid. Dans la flamme réductrice la perle se décolore, surtout après addition de chlorure stanneux. Fondus dans une cuiller de platine avec un mélange, à parties égales, d'azotate et de carbonate de potassium, ils produisent du manganate de potassium vert, qui donne une dissolution verte, laquelle devient rouge sous l'influence des acides étendus.

Mercure

Les sels de mercure sont généralement incolores lorsque l'acide correspondant n'est pas coloré ; il faut excepter toutefois le protoïodure, qui est vert-jaunâtre, le biiodure qui est rouge, le turbith minéral et le turbith nitreux, qui sont jaunes. Tous sont volatilisables ou décomposables au rouge. Ils ont une réaction acide au tournesol, sont très toxiques et possèdent une saveur métallique très désagréable. L'azotate mercureux sous l'influence d'un excès d'eau se décompose en un sel acide soluble et en un sel basique insoluble, jaune pâle (turbith nitreux). Quelques sels mercuriques, tels que le sulfate, se décomposent aussi sous l'influence de l'eau en sels acides solubles et sels basiques insolubles de couleur jaune.

I. — Sels mercureux

Hydrogène sulfuré et sulfure d'ammonium. — Précipité noir de sulfure mercurique mêlé de mercure métallique, insoluble dans le sulfure d'ammonium et l'acide chlorhydrique. L'acide azotique lui enlève son mercure libre, et le sulfure de sodium additionné de soude, le bisulfure noir.

Potasse, soude, ammoniaque. — Précipité noir d'oxyde mercureux, insoluble dans un excès de réactif (celui qui est produit par l'ammoniaque est un sel basique amidé).

Carbonates de potassium et de sodium. — Précipité jaunâtre, qui noircit par l'ébullition.

Carbonate d'ammonium. — Précipité gris-noirâtre devenant noir par un excès de réactif.

Ferrocyanure de potassium. — Précipité blanc.

Ferricyanure de potassium. — Précipité rouge-brun, qui blanchit au bout d'un certain temps.

Iodure de potassium. — Précipité vert-jaunâtre d'iodure mercureux, lequel, en présence d'un excès de réactif, se dédouble en mercure métallique pulvérulent et en iodure mercurique qui se dissout.

Chlorure stanneux. — Précipité blanc devenant bientôt gris (mélange de chlorure mercureux et de mercure métallique).

Acide chlorhydrique et chlorures solubles. — Précipité blanc de chlorure mercureux, insoluble dans l'eau et les acides étendus; l'ammoniaque le colore en noir.

Chromate de potassium. — Précipité rouge.

Tannin. — Précipité jaune.

Albumine. — Précipité blanc.

II. — Sels mercuriques

Hydrogène sulfuré et sulfure d'ammonium. — Précipité noir de sulfure mercurique, très légèrement soluble dans le sulfure d'ammonium, insoluble dans l'acide azotique même bouillant, soluble dans l'eau régale.

Potasse et soude. — Précipité jaune d'oxyde mercurique, insoluble dans un excès de réactif; avec un alcali non en excès, il se produit d'abord un précipité rouge-brun, plus ou moins foncé, de sous-sel.

Ammoniaque et carbonate d'ammonium. — Précipité blanc d'oxyde ou de carbonate ammoniaco-mercuriques, solubles dans un grand excès de réactif.

Carbonates de potassium et de sodium. — Précipité rouge-brun, insoluble dans un excès de réactif.

Ferrocyanure de potassium. — Précipité blanc, qui se convertit à l'air en cyanure de mercure et en bleu de Prusse.

Chlorure stanneux. — Précipité blanc de chlorure stanneux, devenant gris avec un excès de réactif.

Iodure de potassium. — Précipité rouge vif d'iodure mercurique, très soluble dans un excès de réactif.

Chromate de potassium. — Précipité jaune-rouge.

Tannin. — Pas de précipité.

Albumine. — Précipité blanc.

Tous les sels de mercure solubles, déposés sur une lame de cuivre bien décapée, laissent une tache de mercure métallique, laquelle, lavée et frottée doucement avec un chiffon de laine, paraît d'un beau blanc brillant d'argent et disparaît quand on chauffe la lame.

Molybdène

MOLYBDATES

Les molybdates alcalins et celui de magnésium sont incolores et solubles dans l'eau. Les autres molybdates métalliques sont ou incolores ou colorés en jaune, et, de plus, généralement insolubles. Bien que l'acide molybdique, proprement dit, soit inconnu, on en admet néanmoins l'existence et on lui assigne la formule H^2MbO^4, pouvant former, comme l'acide sulfurique, des molybdates neutres et des molybdates acides.

Quant aux sels de molybdène oxygénés, ils sont peu connus et très instables, sauf quelques sels à acides organiques.

La toxicité des sels de molybdène est variable et ne paraît pas très grande. Les sels de molybdène oxygénés seuls seraient doués de propriétés vénéneuses, les molybdates n'étant que peu ou pas toxiques.

Hydrogène sulfuré. — Précipité brun de sulfure de molybdène, soluble dans le sulfure d'ammonium et se formant mieux à chaud. Si l'on opère en solution acide et peu concentrée, le liquide se colore d'abord en bleu-vert avant la précipitation.

Sulfure d'ammonium. — Coloration de la liqueur en jaune et en rouge foncé, à chaud.

Potasse, soude, ammoniaque, carbonates alcalins. — Rien.

Ferrocyanure de potassium. — Précipité brun, soluble dans l'ammoniaque.

Chlorures de baryum et de calcium. — Précipités blancs, solubles dans les acides.

Azotate d'argent. — Précipité blanc, soluble dans l'ammoniaque et dans l'acide azotique.

Phosphates alcalins. — Les molybdates additionnés d'un peu d'ammoniaque, puis d'un grand excès d'acide azotique donnent, avec une très petite quantité de phosphate, et à la température de 40 degrés [1], un précipité jaune cristallin de phosphate ammoniaco-molybdique $(AzH^4)^3PhO^4 + (MoO^3)^{11} + 4H^2O$, soluble dans l'ammoniaque.

Chlorure stanneux. — Précipité vert-bleuâtre, soluble en bleu dans les acides.

Sulfate ferreux. — Coloration bleue dans les solutions acides. Un excès de réactif donne un précipité brun et une liqueur brune.

Acides chlorhydrique, azotique ou sulfurique. — Précipité blanc d'anhydride molybdique MbO^3, soluble dans un excès d'acide (différence avec les tungstates).

Tannin. — Précipité vert.

Zinc ou étain. — Les solutions acides se colorent en bleu, puis en vert et enfin en brun.

Chauffés au chalumeau, sur le fil de platine, les composés du molybdène colorent la flamme en vert jaunâtre. La perle de borax est incolore au feu d'oxydation et d'un bleu pâle pour une teneur plus considérable en molybdène; elle est de couleur sombre au feu de réduction. Avec le sel de phosphore, à la flamme d'oxydation, on obtient une perle jaune-verdâtre, à chaud, et presque incolore à froid; dans la flamme de réduction, la perle devient verte, comme pour le chrome.

[1] Le précipité se forme aussi à froid, mais il n'est pas immédiat lorsqu'il n'y a que des traces de phosphates.

Nickel

Ces sels sont jaunes quand ils sont anhydres et verts à l'état hydraté. Leurs solutions sont d'un beau vert clair; elles rougissent le tournesol et possèdent une saveur, d'abord douceâtre, puis acerbe et métallique.

Les sels de nickel sont peu ou pas toxiques (expériences de M. Riche).

Hydrogène sulfuré. — Pas de précipité dans les solutions acides. Précipité noir de sulfure, dans les sels de nickel à acide organique et dans les autres sels de ce métal, en présence d'un acétate alcalin en excès.

Sulfure d'ammonium. — Précipité noir de sulfure hydraté, insoluble dans un excès de réactif, difficilement soluble dans l'acide chlorhydrique, même concentré.

Potasse, soude. — Précipité vert clair d'oxyde hydraté, insoluble dans un excès de réactif.

Ammoniaque. — Coloration bleue. Si l'on ajoute l'ammoniaque goutte à goutte, il se produit d'abord un trouble verdâtre, qu'un excès de réactif fait disparaître en produisant une solution bleue. La potasse précipite de l'oxyde hydraté de cette solution.

Carbonates alcalins. — Précipité vert de carbonate basique, insoluble dans un excès de réactif.

Carbonate d'ammonium. — Précipité vert de carbonate basique, insoluble dans un excès de réactif en donnant une liqueur d'un bleu-verdâtre.

Ferrocyanure de potassium. — Précipité blanc-verdâtre, insoluble dans l'acide chlorhydrique.

Ferricyanure de potassium. — Précipité jaune-brun, insoluble dans l'acide chlorhydrique.

Acide oxalique. — Précipité vert clair d'oxalate, insoluble dans un excès de réactif, soluble dans l'ammoniaque.

Cyanure de potassium. — Précipité vert-jaunâtre de cyanure de nickel, soluble dans un excès de réactif d'où le reprécipitent les acides chlorhydrique et sulfurique. Ce précipité est difficilement soluble dans les acides en excès.

Albumine, tannin. — Rien.

Les solutions de sels de nickel additionnées de potasse ou de soude, puis traitées par de l'eau bromée en excès ou par l'hypochlorite de sodium, abandonnent à l'ébullition tout le nickel, sous forme de précipité noir de sesquioxyde. Une solution d'un sel de nickel additionnée de potasse ou de soude, puis de cyanure de potassium jusqu'à redissolution du précipité d'abord formé, et, enfin, d'un excès de brome, abandonne complètement à *froid* tout le nickel sous forme de précipité noir de sesquioxyde (différence avec le cobalt et excellent moyen de séparer le nickel du cobalt).

Chauffés au chalumeau, sur le charbon, avec le carbonate de sodium, les sels de nickel donnent une poudre métallique grise et magnétique. Au feu d'oxydation, la perle de borax est limpide, de couleur jaune-brun, incolore à froid. Au feu de réduction, la perle est opaque, colorée en gris par du nickel métallique.

Niobium

Ce métal se rencontre dans quelques minéraux très rares, tels que la niobite, la fergusonite, la samarskite, la tyrite, le pyrochlore et l'euxénite. Roscoë l'a obtenu à l'état pur en faisant passer dans un tube de verre chauffé au rouge des vapeurs de penta-chlorure de niobium mélangées d'hydrogène, en ayant soin d'exclure toute trace d'air et d'humidité. Il se présente sous forme d'une croûte brillante, fragile, d'un gris d'acier; il brûle lorsqu'on le calcine à l'air et se transforme en anhydride niobique, après avoir d'abord donné un oxyde inférieur bleu. Il se dissout dans l'acide sulfurique concentré, mais est insoluble dans l'acide chlorhydrique et l'eau régale; la fusion avec le bisulfate ou le carbonate de potassium, ou encore l'ébullition avec la potasse, le transforment en acide niobique. Il forme trois oxydes, un protoxyde NbO, un bioxyde NbO^2 et l'anhydride niobique Nb^2O^5 auquel correspondent plusieurs hydrates.

Cet anhydride se dissout dans les acides et s'unit avec les bases. Dans les dissolutions acides d'acide niobique, l'ammoniaque ou le sulfure d'ammonium donnent un précipité d'acide niobique hydraté, soluble dans l'acide fluorhydrique. Le zinc ou l'étain, plongés dans les dissolutions chlorhydrique ou sulfurique d'acide niobique, les colorent en bleu, souvent en brun. Cette réaction ne se produit pas en présence d'un fluorure alcalin (différence avec l'acide tantalique).

NIOBATES

Les niobates alcalins sont seuls solubles et colorent le curcuma en brun. Les niobates insolubles sont attaqués très difficilement par les acides lorsqu'ils ont été calcinés, ils sont tous décomposés par la fusion avec le sulfate acide de potassium.

Hydrogène sulfuré et sulfure d'ammonium. — Pas de précipité.

Tannin. — Dans les solutions additionnées d'acides chlorhydrique ou sulfurique, précipité orangé.

Ferrocyanure de potassium. — Pas de précipité si la liqueur est neutre ; précipité brun si elle est un peu acide.

Chlorures de baryum et de calcium. — Précipités blancs, insolubles dans l'eau et dans les sels ammoniacaux.

Azotate d'argent. — Précipité blanc-jaunâtre se dissolvant un peu à l'ébullition.

Cyanure de potassium. — Précipité blanc presque immédiat.

Acide cyanhydrique. — Précipité blanc immédiat (différence avec les tantalates).

Azotate mercureux. — Précipité jaune-verdâtre.

Chlorure d'ammonium. — Précipité incomplet et lent d'acide niobique.

Infusé de noix de galle. — Précipité rouge-orangé foncé, volumineux, dans les solutions additionnées d'acides chlorhydrique ou sulfurique. La présence de l'acide tartrique s'oppose à la précipitation.

Zinc métallique. — Donne une coloration bleue qui devient peu à peu brune, dans les solutions acidulées d'acide chlorhydrique.

Les acides arsénique, oxalique, tartrique et citrique ne précipitent pas la solution des niobates alcalins.

Les niobates secs, chauffés avec de l'acide concentré, se dissolvent et la solution n'est pas troublée par l'eau, mais l'ammoniaque en précipite l'acide niobique.

L'acide niobique, blanc à froid, est jaune à chaud, ce qui le distingue de l'acide tantalique. Au chalumeau, avec le borax, il donne, au feu oxydant, un verre d'un blanc d'émail ; au feu réducteur, sur le charbon, il fournit un verre opaque d'un blanc-grisâtre. Avec le sel de phosphore, il donne un verre incolore au feu oxydant ; au feu réducteur, la perle est bleue, s'il y a beaucoup d'acide niobique ; violette ou brune, à mesure que la proportion d'acide est moins grande ; elle est d'un rouge de sang après addition de sulfate de fer.

Chauffé avec l'azotate de cobalt, il se colore en vert clair.

Or

Les sels d'or forment des dissolutions colorées en jaune et qui rougissent le tournesol. Ils sont très instables, se détruisent sous l'influence de la chaleur, se réduisent facilement sous l'influence des substances organiques et forment sur la peau des taches roses ou violettes, qui sont dues à un dépôt d'or métallique infiniment divisé. Tous les sels d'or sont très toxiques.

Hydrogène sulfuré. — Précipité brun-noir de sulfure, insoluble dans les acides chlorhydrique et azotique, soluble dans l'eau régale et dans le sulfure d'ammonium polysulfuré.

Sulfure d'ammonium. — Précipité brun-noir, soluble dans un excès de réactif.

Potasse et soude. — Précipité jaune-rouge de sesquioxyde d'or, soluble dans un excès de réactif.

Ammoniaque et carbonate d'ammonium. — Précipité jaune-rougeâtre d'or fulminant, insoluble dans un excès de réactif. Avec le carbonate, il y a dégagement de gaz carbonique.

Carbonates alcalins. — Rien à froid; à chaud, précipité brun de sesquioxyde hydraté.

Ferrocyanure de potassium. — Coloration ou précipité vert-émeraude,

Ferricyanure de potassium. — Rien.

Acide oxalique, sulfate ferreux, azotate mercureux. — Précipité noir d'or réduit.

Iodure de potassium. — Précipité jaune d'iodure aureux et coloration jaune-brun de la liqueur par mise en liberté d'iode.

Chlorure stanneux, avec quelques gouttes d'acide azotique. — Précipité rouge-brun de pourpre de Cassius.

Zinc métallique. — Précipitation d'or métallique en poudre brune.

Albumine. — Précipité insoluble dans un excès de sel d'or.

Au chalumeau, sur le charbon avec le carbonate de sodium, les sels d'or donnent des grains métalliques jaunes et malléables.

Osmium

L'osmium forme quatre séries de sels : 1° des sels osmieux; 2° des sels osmiques; 3° des osmites; 4° des osmiates.

Les oxydes de l'osmium connus sont au nombre de cinq : le protoxyde OsO, le sesquioxyde Os^2O^3, le bioxyde OsO^2, l'anhydride osmieux OsO^3, et l'anhydride osmique OsO^4. Tous ces oxydes sont facilement réduits par l'hydrogène à l'état métallique.

Une petite quantité d'osmium introduite dans la flamme d'un brûleur de Bunsen lui communique un vif éclat, en même temps qu'il se produit de l'anhydride osmique volatil, dont l'odeur forte, qui rappelle celle du chlore et de l'ammoniaque, est caractéristique. Cet anhydride osmique en dissolution dans l'eau constitue un acide faible qui ne rougit pas le tournesol et ne décompose pas les carbonates. Il forme avec les alcalis des sels incristallisables que l'ébullition décompose en partie en laissant dégager l'anhydride. Il est solide et cristallin, en prismes incolores, brillants, fusibles vers 40 degrés, très solubles dans l'eau, dans l'alcool et dans l'éther. La solution aqueuse laisse dégager de l'anhydride. Les vapeurs de ce corps sont extrêmement délétères, elles produisent sur les yeux une sensation de chaleur, et, si l'action en est prolongée, elles déterminent une conjonctivite avec douleurs extrêmement vives. L'acide osmique produit également une inflammation des fosses nasales. Les chimistes qui traitent l'osmiure d'iridium pour en retirer soit l'acide osmique, soit l'iridium, ou qui traitent la mine de platine en s'exposant aux vapeurs de cet acide, éprouvent des accès d'asthme et voient des ulcères, des éruptions squameuses couvrir leur face, leurs mains, leurs avant-bras, et parfois le corps tout entier. La pénétration de ces mêmes vapeurs dans l'organisme peut amener une albuminurie liée à une dégénérescence graisseuse des reins, une pneumonie grave à marche serpigineuse, dont la terminaison est rapidement fatale (Raymond, *Comptes rendus de la Société de Biologie*, 1874, p. 251). Son meilleur antidote, d'après Clauss, est l'hydrogène sulfuré.

Les solutions d'acide osmique sont employées dans les laboratoires d'histologie, principalement dans l'étude du tissu adipeux, du système nerveux et des épithéliums. Les cellules de ces divers tissus se colorent en noir par suite de la réduction de l'acide osmique. Cette réduction se produit aussi avec la plupart des matières organiques et avec le fer, le zinc, l'étain, le cuivre, etc. Quoique les vapeurs d'acide osmique soient très toxiques, les injections hypodermiques de cet acide ne sont pas mortelles, ce qui s'explique par la facilité de sa réduction. Quant à la toxicité de ses sels, elle n'a pas été étudiée.

L'acide osmique décolore l'indigo, précipite l'iode de la solution d'iodure de potassium, transforme l'alcool en aldéhyde et en acide acétique.

La plupart des sels d'osmium, ainsi que les osmites et osmiates, sont colorés, et cela diversement ; ainsi le chlorure osmieux $OsCl^2$ est coloré en noir-bleu ; le chlorure osmique $OsCl^4$, en rouge. Les dissolutions de ces chlorures sont colorées : la première, en bleu ; la seconde, en jaune.

Tous les composés de l'osmium, traités par l'acide azotique bouillant, dégagent l'odeur caractéristique de l'anhydride osmique.

Les seuls sels d'osmium bien caractérisés sont les sulfites osmieux, et les osmites qui se forment par la réduction de l'anhydride en présence des alcalis sont les mieux étudiés. Les réactions suivantes se rapportent : 1° aux chlorosmites (de formule Os^2Cl^6, 6MCl); 2° aux chlorosmiates (de formule $OsCl^4$, 2MCl).

I. — Chlorosmites

Hydrogène sulfuré. — Précipité de sulfure noir-brun qui ne se dépose qu'en présence d'un acide puissant libre, insoluble dans le sulfure d'ammonium.

Potasse, soude, ammoniaque et carbonates alcalins. — Précipité rouge-brun de sesquioxyde d'osmium, soluble dans l'ammoniaque, incomplètement soluble dans la potasse, d'où la chaleur le reprécipite.

Azotate d'argent. — Précipité gris-brun soluble dans l'ammoniaque.

Tannin. — Colore la solution en bleu par suite de la formation du chlorure $OsCl^2$.

II. — Chlorure osmique et chlorosmiates

Hydrogène sulfuré. — Précipité noir-brun, insoluble dans le sulfure d'ammonium et dans les acides.

Potasse, soude, ammoniaque. — Précipité noir ou brun, soluble à l'ébullition.

Azotate d'argent. — Précipité vert-olive.

Chlorure stanneux. — Précipité brun, soluble dans l'acide chlorhydrique en donnant une liqueur brune.

Iodure de potassium. — Colore la solution en rouge-pourpre foncé.

Tannin. — A chaud, coloration bleue.

Zinc métallique. — Dépôt noir métallique.

Palladium

Le palladium forme deux séries de sels : les sels palladeux et les sels palladiques. Nous ne nous occuperons que des premiers ; le chlorure palladique, le seul représentant bien connu des sels palladiques, se décomposant par la chaleur en chlore libre et chlorure palladeux.

Tous les sels de palladium sont colorés en rouge-brun plus ou moins foncé ; leur saveur est astringente ; ils donnent des dissolutions rouge-brun, quand elles sont concentrées, et jaunes quand elles sont étendues. Ils se décomposent au rouge en abandonnant du palladium métallique.

Les substances organiques les réduisent avec la plus grande facilité. Leurs effets sur l'organisme sont en tout comparables à ceux que produisent les sels d'or et de platine.

Hydrogène sulfuré et sulfure d'ammonium. — Précipité noir de sulfure, insoluble dans le sulfure d'ammonium, soluble dans l'acide chlorhydrique bouillant et dans l'eau régale.

Potasse et soude. — Précipité brun volumineux de sel basique, soluble dans un excès de réactif.

Ammoniaque. — Précipité couleur de chair de chlorure double de palladium et d'ammonium, soluble dans un grand excès de réactif (l'azotate de palladium ne donne pas de précipité, et la solution se décolore avec un excès d'ammoniaque).

Carbonates alcalins. — Précipité brun d'oxyde de palladium hydraté, soluble dans un grand excès de réactif et accompagné d'un dégagement de gaz carbonique.

Iodure de potassium. — Précipité noir d'iodure palladeux, presque insoluble dans un excès de réactif.

Cyanure de mercure. — Précipité blanc-jaunâtre, gélatineux, de cyanure palladeux, soluble dans l'acide chlorhydrique et surtout dans l'ammoniaque. Cette réaction est caractéristique.

Oxalate d'ammonium. — Précipité jaune-brun.

Phosphate de sodium. — Précipité brun.

Chlorure stanneux. — Précipité noir, soluble dans l'acide chlorhydrique en donnant une liqueur verte.

Sulfate ferreux, hypophosphites alcalins. — Réduction à l'état de palladium métallique noir qui se dépose.

Zinc métallique. — Dépôt noir de palladium métallique.

Platine

Les sels de platine donnent des dissolutions jaune-rouge qui ont une réaction acide. Ils sont décomposés par la chaleur et se réduisent sous l'influence des matières organiques, mais moins facilement que les sels d'or. Ils sont, comme ces derniers, très toxiques.

Hydrogène sulfuré. — Précipité brun-noir de sulfure, insoluble dans les acides chlorhydrique et azotique, soluble dans l'eau régale et le sulfure d'ammonium polysulfuré.

Sulfure d'ammonium. — Précipité brun-noir de sulfure, soluble dans un excès de réactif.

Potasse, soude, ammoniaque. — Précipités jaunes de chlorures doubles, solubles dans un excès de réactif, s'il s'agit du chlorure de platine. Lorsqu'on opère sur un oxysel, précipité jaune-brun, insoluble dans un excès de réactif.

Carbonate de potassium et carbonate d'ammonium. — Précipités jaunes, insolubles dans un excès de réactif. Avec le chlorure de platine, ces précipités sont des chloroplatinates.

Carbonate de sodium. — Rien, à froid. A chaud, précipité brun, insoluble dans un excès de réactif.

Chlorure de potassium. — Précipité jaune cristallin de chloroplatinate. L'addition d'alcool hâte sa formation.

Chlorure d'ammonium. — Précipité jaune cristallin de chloroplatinate. L'addition d'alcool hâte sa formation.

Chlorure stanneux. — Coloration brune (chlorure platineux).

Sulfate ferreux. — Rien, à froid. Par ébullition prolongée, précipité de platine réduit.

Iodure de potassium. — Coloration brun-rouge, puis précipité brun.

Tannin. — Rien.

Albumine. — Précipité jaune-brun, soluble dans un excès de sel platinique.

Zinc métallique. — Précipité de platine métallique en poudre noire.

Les combinaisons du platine chauffées avec de la soude, à la flamme oxydante du chalumeau, dans une spirale de platine, donnent une masse grise spongieuse, laquelle, détachée et broyée dans un mortier d'agate, donne des paillettes ductiles, blanc d'argent, insolubles dans les acides azotique et chlorhydrique, solubles dans l'eau régale.

Remarque. — Dans certains composés du platine, tels que les plato-nitrites et les plato-iodo-nitrites, le platine n'est pas précipité par l'hydrogène sulfuré, le sulfure d'ammonium, etc.

Plomb

Les sels de plomb sont fixes et incolores lorsque l'acide correspondant n'est pas coloré (toutefois, l'iodure est jaune et le sulfure est noir). Les sels solubles rougissent le tournesol ; leur saveur est sucrée, puis styptique. Parmi les sels insolubles, quelques-uns, le carbonate de plomb, par exemple, ne se décomposent pas au rouge. Le chlorure de plomb se volatilise partiellement, lorsqu'on le chauffe au rouge, en laissant de l'oxychlorure de plomb.

Tous les composés plombiques, même ceux qui sont insolubles dans l'eau, comme le carbonate de plomb, sont très vénéneux, lorsqu'ils peuvent être absorbés et pénétrer peu à peu au sein de l'organisme.

Hydrogène sulfuré et sulfure d'ammonium. — Précipité noir de sulfure, insoluble dans les acides étendus et le sulfure d'ammonium.

Potasse et soude. — Précipité blanc d'oxyde hydraté, soluble dans un excès de réactif.

Ammoniaque. — Précipité blanc d'oxyde hydraté, insoluble dans un excès de réactif.

Carbonates alcalins et carbonate d'ammonium. — Précipité blanc de carbonate, insoluble dans un excès de réactif.

Ferrocyanure de potassium. — Précipité blanc.

Ferricyanure de potassium. — Rien.

Acide chlorhydrique. — Précipité blanc cristallin de chlorure de plomb, insoluble dans l'ammoniaque, soluble dans l'eau bouillante. Si la liqueur est étendue, rien.

Acide sulfurique et sulfates. — Précipité blanc de sulfate, soluble dans la potasse, le tartrate d'ammonium et l'hyposulfite de sodium.

Acide oxalique. — Précipité blanc d'oxalate, insoluble dans un excès de réactif, soluble dans l'acide azotique, dans la potasse et dans les sels ammoniacaux.

Chromate de potassium. — Précipité jaune de chromate, soluble dans la potasse et la soude, peu soluble dans l'acide azotique étendu.

Iodure de potassium. — Précipité jaune d'iodure, soluble dans un excès de réactif ainsi que dans la potasse.

Phosphate de sodium. — Précipité blanc de phosphate basique, insoluble dans l'acide acétique, soluble dans l'acide azotique et la potasse.

Zinc métallique. — Précipitation de plomb métallique gris-noirâtre.

Au chalumeau, sur le charbon, avec du carbonate de sodium, les composés plombiques donnent des grains métalliques malléables avec une auréole jaune.

Potassium

Ces sels sont incolores, lorsque l'acide correspondant n'est pas coloré. Ils sont pour la plupart très solubles et résistent à l'action de la chaleur. Les sels neutres, à acides énergiques, sont sans action sur le tournesol. Ils communiquent à la flamme du brûleur de Bunsen une coloration violette, qui est masquée par la présence du sodium et redevient visible à travers un verre bleu. Le spectre de leur flamme présente deux raies : l'une qui est rouge et correspond à la ligne A du spectre solaire ; l'autre qui est bleue et se trouve située à droite dans le voisinage de la raie H, vers le 153° degré de l'échelle spectroscopique (la raie D étant située au 50°). A haute dose, les sels de potassium agissent comme des poisons musculaires qui dépriment les mouvements volontaires et les mouvements cardiaques.

Hydrogène sulfuré, sulfure d'ammonium, potasse, soude, ammoniaque, carbonates alcalins et carbonate d'ammonium. — Rien.

Chlorure platinique. — Précipité jaune cristallin de chloroplatinate, insoluble dans l'alcool éthéré.

Acide tartrique. — Précipité grenu de tartrate acide de potassium, soluble dans beaucoup d'eau ainsi que dans les acides minéraux et la potasse.

Acide picrique. — Précipité jaune cristallin, insoluble dans l'alcool.

Acide hydrofluosilicique. — Précipité gélatineux, opalin, à peine visible.

Acide perchlorique. — Précipité blanc cristallin de perchlorate, insoluble dans l'alcool.

Sulfate d'aluminium. — Dépôt cristallin d'alun ne se formant que dans les liqueurs peu étendues.

Rhodium

Le rhodium se rencontre en petites quantités dans l'osmiure d'iridium; on l'extrait des résidus de la mine de platine. Il est un peu moins blanc que l'argent, très ductile, très malléable et presque aussi difficilement fusible à la flamme oxyhydrique que l'iridium. Il résiste à l'action des acides, même à celle de l'eau régale, à moins qu'il ne soit allié au platine, au cuivre, au zinc, etc., mais il n'est pas attaqué, s'il est uni à l'or ou à l'argent. L'azotate de potassium et la potasse en fusion le convertissent en bioxyde. Le sulfate acide de potassium ou l'acide phosphorique hydraté, tous deux en fusion, le dissolvent à l'état de sel de sesquioxyde. Le rhodium donne avec l'oxygène quatre oxydes : 1° le protoxyde RhO, qui est gris foncé et que l'on obtient en chauffant au rouge le sesquioxyde; 2° le sesquioxyde anhydre Rh^2O^3, masse grise à reflets irisés, obtenue par la calcination de l'azotate de rhodium ; à cet anhydride correspondent les hydrates $Rh^2O^3, 3H^2O$ — $Rh^2O^3, 5HO^2$, qui sont jaunes et se produisent en décomposant par la potasse le chlorure double de rhodium et de sodium; 3° le bioxyde RhO^2, qui est brun foncé et qui se forme lorsqu'on calcine le rhodium avec un mélange de potasse et d'azotate de potassium; à cet oxyde correspond un hydrate $RhO^2, 2H^2O$, qui est vert; 4° le trioxyde de rhodium

RhO^3, qui est acide et existe à l'état de sel potassique, lorsqu'on traite par le chlore une solution d'hydrate de sesquioxyde dans la potasse. On connaît un chlorure $RhCl^2$ et un sesquichlorure Rh^2Cl^6. Ce dernier est rouge-brun et soluble dans l'eau, dans l'alcool et dans l'éther, lorsqu'il est hydraté ; insoluble lorsqu'il est anhydre. Les sels oxygénés du rhodium se préparent par la dissolution du sesquioxyde de rhodium dans les acides. Ils sont solubles dans l'eau et forment des dissolutions d'un rouge-rosé tirant sur le jaune. Ces sels se comportent comme le chlorure de rhodium Rh^2Cl^6, au moins lorsqu'on les a fait bouillir avec de l'acide chlorhydrique.

Hydrogène sulfuré. — Précipité brun de sulfure de rhodium apparaissant après action prolongée du réactif. Il se dissout dans l'acide azotique bouillant.

Sulfure d'ammonium. — Précipité brun de sulfure, insoluble dans un excès de réactif.

Potasse. — Produit un précipité jaune d'hydrate $Rh^2O^3, 5H^2O$; lorsque le réactif est en léger excès seulement, un grand excès de potasse le redissout. Si l'on fait bouillir la solution alcaline jaune, il se précipite de l'hydrate $Rh^2O^3, 3H^2O$, brun-noir. Dans la dissolution du sesquichlorure, la potasse ne produit rien, mais en ajoutant de l'alcool l'hydrate brun-noir $Rh^2O^3, 3H^2O$ ne tarde pas à se déposer (Clauss).

Ammoniaque. — Coloration jaune d'abord, puis précipité jaune citron, soluble dans l'acide chlorhydrique.

Carbonate de potassium. — Précipité jaune foncé d'hydrate de rhodium, se formant après quelque temps.

Ferrocyanure et ferricyanure de potassium. — Rien.

Cyanure mercurique. — Rien.

Borax. — Précipité renfermant tout le rhodium.

Iodure de potassium. — Coloration brune et, après quelque temps, précipité d'hydrate. A l'ébullition, le précipité se forme de suite.

Chlorure stanneux. — Coloration brune et précipité jaune-brun dans les solutions concentrées ; les solutions étendues ne donnent qu'une coloration jaune (Fischer).

Azotate mercureux, azotate d'argent, azotate de plomb. — Donnent dans les solutions de sesquichlorure de rhodium des précipités roses de chlorures doubles. Ces réactions sont caractéristiques (Clauss).

Azotite de potassium. — Lorsqu'on chauffe à l'ébullition le sesquichlorure de rhodium avec ce réactif, il devient jaune et laisse déposer une poudre jaune-orangé, très soluble dans l'acide chlorhydrique, tandis qu'une autre partie du rhodium se convertit en sel jaune soluble dans l'eau et précipitable par l'alcool.

Zinc métallique. — Précipité noir de rhodium.

Chauffés au chalumeau, sur le fil de platine, avec de la soude, les composés du rhodium donnent le métal, insoluble dans l'eau régale, soluble dans le sulfate acide de potassium en fusion.

Rubidium

Le rubidium se rencontre surtout dans les roches lithineuses, telles que la triphylline, la pétalite, la lépidolithe; il est extrêmement répandu dans la nature, mais partout en très petites quantités. Il accompagne presque constamment le potassium, le lithium et aussi le césium. C'est ainsi que Grandeau a signalé sa présence dans les cendres d'un certain nombre de végétaux, et notamment, de la betterave; il a constaté aussi son existence dans les feuilles de tabac, le tartre du vin, le thé, le café, le coca, et enfin dans les eaux de Bourbonne-les-Bains et de Vichy (Grandeau, *Leçons sur le rubidium et le césium*, Société chimique de Paris, 26 février 1863). Ce métal est blanc d'argent, légèrement jaunâtre; il est mou comme le potassium, fusible à 38°,5, et se résout en vapeurs bleues lorsqu'on le chauffe au rouge. Il se ternit à l'air quand on le coupe, décompose l'eau à froid en enflammant l'hydrogène qui provient de cette décomposition. Sa préparation est en tout semblable à celle du potassium. Son hydrate, RbOH, est caustique comme la potasse et se dissout comme celle-ci dans l'eau et l'alcool; il est grisâtre, poreux, fusible au-dessous du rouge et volatilisable à une très haute température. Exposé à l'air il se liquéfie et se transforme peu à peu en carbonate et bicarbonate. Les sels de rubidium colorent la flamme non éclairante du brûleur de Bunsen en violet-rougeâtre, ils sont incolores et sans action sur les réactifs colorés. Le carbonate de rubidium est déliquescent, caustique et possède une réaction fortement alcaline; il est presque insoluble dans l'alcool absolu (différence avec le césium).

D'après Grandeau, ces sels ne seraient pas vénéneux et leur toxicité serait comparable à celle des sels de potassium. Rabuteau a confirmé ces affirmations (Rabuteau, Société de Biologie, 1868).

Hydrogène sulfuré et sulfure d'ammonium. — Rien.

Potasse, soude, ammoniaque, carbonates alcalins. — Rien.

Ferrocyanure et ferricyanure de potassium. — Rien.

Chlorure de platine. — Précipité jaune de chloroplatinate de rubidium Rb^2PtCl^6.

Acide tartrique. — Précipité blanc cristallin de tartrate, acide de rubidium $C^4H^5RbO^6$, soluble dans beaucoup d'eau.

Acide hydrofluosilicique. — Précipité transparent d'hydrofluosilicate.

Acide perchlorique. — Précipité blanc grenu de perchlorate.

Acide picrique. — Précipité jaune cristallin de picrate, soluble dans beaucoup d'eau.

Dans le spectre de la flamme du rubidium, on remarque surtout deux belles lignes d'un bleu indigo, situées vers le 135e degré de l'échelle spectroscopique (la raie D du sodium étant au 50e), et, en outre, en tête du spectre rouge, deux raies moins vives, vers le 15e et le 16e degré. D'autres lignes moins caractéristiques se montrent encore, notamment deux dans l'orangé, deux dans la région du jaune et, enfin, six dans la partie verte du spectre.

Ruthénium

On extrait ce métal ordinairement de l'osmiure d'iridium en lames, qui est plus riche que les autres résidus du traitement de la mine de platine. Il est blanc-grisâtre, cassant, dur, difficilement fusible à la flamme oxyhydrique, à peine attaquable à l'eau régale, et ne l'est pas du tout par le sulfate acide de potassium en fusion. Il donne avec l'oxygène cinq oxydes : 1° le protoxyde RuO, que l'on obtient en calcinant le sesquichlorure de ruthénium avec le carbonate de sodium ; 2° le sesquioxyde Ru^2O^3, noir-bleu, qui se produit lorsqu'on chauffe le ruthénium au rouge à l'air, et qui est insoluble dans les acides ; à cet oxyde correspond un hydrate $Ru^2O^3, 3H^2O$ brun-noirâtre et soluble dans les acides, on obtient cet hydrate en décomposant le sesquichlorure de ruthénium par un alcali ou un carbonate alcalin ; 3° le bioxyde RuO^2, qui est gris foncé et s'obtient par la décomposition ignée du sulfate de ruthénium ; 4° l'anhydride ruthénique RuO^3, inconnu à l'état de liberté et qui existe dans le ruthéniate de potassium Ru^4K^2, lequel se prépare en fondant le métal avec l'azotate de potassium, la potasse ou le chlorate de potassium ; ce sel fondu est noir-vert, ses dissolutions sont jaunes, elles donnent avec les acides un précipité d'oxyde noir qui se dissout dans l'acide chlorhydrique en une solution jaune-orangé ; celle-ci se décompose à l'ébullition en acide chlorhydrique et oxyde noir ; 5° l'anhydride perruthénique RuO^4, qui correspond à l'acide osmique, est volatil même à la température ordinaire et décomposable à la lumière ; on le prépare en chauffant au rouge dans un creuset d'argent un mélange de trois parties de ruthénium, de huit parties d'azotate de potassium, et de vingt-quatre parties de potasse caustique, dissolvant dans l'eau et distillant dans un courant de chlore.

I. — Sesquichlorure de ruthénium [1]

Hydrogène sulfuré. — Après action prolongée, coloration bleu clair de la solution, en même temps qu'il se produit un faible précipité brun de sulfure.

Sulfure d'ammonium. — Précipité brun-noirâtre de sulfure, insoluble dans un excès de réactif.

Potasse. — Précipité brun-noir d'hydrate de sesquioxyde, insoluble dans un excès de réactif.

Ammoniaque. — Précipité brun-noir d'hydrate de sesquioxyde, soluble dans un grand excès de réactif, avec une couleur brun-verdâtre.

Carbonates alcalins et carbonate d'ammonium. — Précipité brun-noir d'hydrate de sesquixoyde.

Ferrocyanure de potassium. — D'abord décoloration de la liqueur, qui se colore ensuite en bleu.

Ferricyanure de potassium. — Coloration rouge-brun.

Sulfocyanate de potassium. — Coloration rouge-brun à froid, violette à chaud.

Acide sulfureux, acide formique. — Décoloration de la liqueur sans précipitation.

Chlorures d'ammonium et de potassium. — Dans les solutions peu étendues, précipités cristallins, bruns, de chlorures doubles.

Iodure de potassium. — Après quelque temps, à chaud, précipité noir de sesqui-iodure de ruthénium (A. Rose).

Azotate mercureux. — Précipité rose et coloration brune de la liqueur.

Acétate de plomb. — Précipité brun foncé et coloration rose de la liqueur.

Azotite de potassium. — Coloration jaune-orangé et formation d'un sel double soluble dans l'eau et dans l'alcool, et dont la dissolution alcaline, additionnée d'un peu de sulfure d'ammonium, devient rouge cramoisi. Un excès de sulfhydrate précipite le ruthénium à l'état de sulfure brun.

[1] Ces réactions se rapportent au produit pur et sont plus ou moins modifiées par la présence d'autres métaux de la série du platine.

Zinc métallique. — D'abord coloration bleu d'azur, puis, plus tard, décoloration et précipitation de ruthénium métallique noir.

II. — Tétrachlorure de ruthénium

Hydrogène sulfuré. — Précipité noir de bisulfure apparaissant à chaud et lentement.

Sulfure d'ammonium. — Précipité noir de bisulfure, insoluble dans un excès de réactif.

Potasse. — Pas de précipité ni de changement de couleur (différence avec le rhodium).

Ammoniaque. — Précipité brun formé par une combinaison ammoniacale.

Ferrocyanure de potassium. — Coloration brune.

Sulfocyanate de potassium. — A chaud, coloration bleue.

Iodure de potassium. — Pas de précipité, coloration brune après quelque temps.

Chlorure stanneux. — Précipité jaune.

Azotate d'argent. — Précipité rouge.

Azotate mercureux. — Précipité jaune.

Acétate de plomb. — Rien.

Tannin. — Coloration brune.

III. — Sels de ruthénium

Les deux sels décrits jusqu'à présent sont : le sulfate ruthénique $(SO^4)^2Ru$, correspondant au tétrachlorure, et le sulfite double de ruthénium et de potassium $(SO^3)^2RuK^2$, correspondant au bichlorure (*Dictionnaire de chimie* de Wurtz, p. 1381). Le sulfate, traité par un alcali, donne un précipité brun-jaunâtre d'hydrate ruthénique $RuO^2, 5H^2O$. La solution n'est pas bleuie pas l'hydrogène sulfuré.

L'acide sulfureux n'exerce à froid que peu d'action sur le chlororuthénite de potassium $Ru^2Cl^{10}K^4$; mais, si l'on chauffe ce dernier avec le sulfite acide de potassium, la solution devient d'un rouge plus foncé et il se dépose un précipité pulvérulent de couleur jaune Isabelle. La solution en fournit une nouvelle portion par l'évaporation ; cette solution est orange. Si l'on répète fréquemment la dissolution et l'évaporation de ce sel, on obtient finalement un précipité presque blanc, dont la composition correspond aux sulfites doubles des autres métaux du platine $S^2O^5Ru, 3SO^3K^2$ (*Dictionnaire de chimie* de Wurtz, *ibid.*).

Sodium

Ces sels sont incolores, lorsque l'acide correspondant n'est pas coloré ; ils résistent à la chaleur rouge, sont presque tous solubles dans l'eau et cristallisables, sans action sur le papier de tournesol, pour les uns, bleuissant le papier rouge, pour les autres, tels que les carbonate, borate. phosphate, sulfure, etc. Beaucoup sont efflorescents ; tous communiquent à la flamme du brûleur de Bunsen une coloration jaune, qui fait paraître incolore un cristal de bichromate de potassium et noirs les objets de couleur bleue qu'elle éclaire. En la regardant à travers un verre vert, cette flamme est jaune-orangé (Mertz), et une bande de papier frottée avec du biiodure de mercure semble blanche avec une pointe de jaune pâle (Bunsen). Ces réactions se produisent même en présence des sels du potassium, du calcium ou du lithium.

Le spectre des sels de sodium présente une belle raie jaune qui coïncide avec la ligne D de Frauenhofer.

Hydrogène sulfuré, *sulfure d'ammonium*, *potasse*, *ammoniaque*, *carbonates alcalins et carbonate d'ammonium*. — Rien.

Chlorure de platine, *acide tartrique*, *acide perchlorique*, *sulfate d'aluminium*. — Rien.

Acide hydrofluosilicique. — Précipité gélatineux dans les liqueurs peu étendues.

Pyroantimoniate de potassium (*biméta-antimoniate de potassium*). — Précipité blanc et cristallin de pyroantimoniate de sodium :

$$Sb^2O^7K^2H^2 + SO^4Na^2 + 6H^2O = SO^4K^2 + Sb^2O^7Na^2H^2 + 6H^2O$$

La liqueur doit être neutre ou légèrement alcaline et ne contenir que des sels alcalins pour que l'essai soit concluant.

En liqueur acide, le réactif seul donnerait un précipité d'acide pyroantimonique $Sb^2O^7H^4$. On peut ainsi reconnaître 1/300e de soude (Frémy).

Hyperiodate basique de potassium. — Précipité blanc d'hyperiodate de sodium, très peu soluble dans l'eau froide.

Strontium

Ces sels sont incolores lorsque l'acide correspondant n'est pas coloré.

Ils ne sont pas déliquescents et fixes, sans action sur les réactifs colorés. Le chlorure est soluble dans l'alcool anhydre ; l'azotate est soluble dans l'alcool aqueux. Dissous dans l'alcool, ils communiquent à ce dissolvant la propriété de brûler avec une belle flamme cramoisie. Ils colorent en rouge écarlate intense la flamme du brûleur de Bunsen ou celle du chalumeau (les sels insolubles doivent être exposés d'abord dans la zone réductrice, puis humectés d'acide chlorhydrique, avant d'être examinés dans la flamme extérieure. La coloration disparaît quand on la regarde par un verre vert. Vue à travers un verre bleu, elle paraît pourpre ou rose (ce qui la distingue de celle du calcium, qui paraît verdâtre dans ces conditions, mais non de celle du lithium).

Au spectroscope, on obtient plusieurs lignes rouges situées à gauche entre les 30e et 40e degrés de l'échelle spectroscopique (la raie D du sodium étant au 50e), une ligne orangée vers le 46e degré, et une ligne bleue vers le 105e degré. Les sels de strontium ne sont pas vénéneux (expériences de M. Laborde).

Hydrogène sulfuré et sulfure d'ammonium. — Rien.

Potasse et soude. — Précipité blanc cristallin d'hydrate dans les solutions peu étendues.

Ammoniaque. — Rien.

Carbonates alcalins et carbonate d'ammonium. — Précipité blanc de carbonate, insoluble dans un excès de réactif.

Oxalate d'ammonium. — Précipité blanc pulvérulent d'oxalate, soluble dans l'acide chlorhydrique, difficilement soluble dans l'acide acétique.

Phosphate de sodium. — Précipité blanc de phosphate basique, soluble dans les acides.

Acide sulfurique et sulfates. — Précipité blanc ne se dissolvant que dans quatre mille parties d'eau, assez soluble dans l'acide chlorhydrique, complètement décomposé à l'ébullition par les carbonates alcalins. La solution saturée de sulfate calcique ne précipite les sels de strontium qu'au bout de quelque temps.

Bichromate de potassium. — Rien.

Acide hydrofluosilicique. — Rien.

Tantale

Ce métal se présente sous forme de poudre noire prenant l'éclat métallique sous le brunissoir et conduisant bien l'électricité. Cette poudre brûle à l'air lorsqu'on la chauffe, avec un vif éclat, en se transformant en anhydride tantalique. Elle est inattaquable par les acides sulfurique, chlorhydrique, azotique et par l'eau régale. L'acide fluorhydrique la dissout surtout lorsqu'il est additionné d'acide azotique. Le sulfate acide de potassium l'attaque, lorsqu'on la maintient longtemps à une haute température avec ce sel en fusion. Son chlorure, $TaCl^5$, est volatil et s'obtient lorsqu'on la traite, à chaud, par un courant de chlore.

Le tantale donne avec l'oxygène deux oxydes : 1° le bioxyde de tantale TaO^2 (anhydride tantaleux), qui est obtenu lorsqu'on calcine fortement l'anhydride tantalique dans un creuset brasqué ; c'est une poudre grisâtre encore imparfaitement étudiée ; 2° le pentoxyde de tantale Ta^2O^5 (anhydride tantalique), qui est une poudre blanche devenant jaunâtre à chaud (différence avec l'anhydride titanique). Cet anhydride donne naissance, d'après Berzélius ainsi que Marignac, à deux hydrates de composition différente. Ces hydrates, ou acide tantalique, forment des sels avec quelques acides, mais ils s'unissent mieux aux bases pour former des tantalates. C'est ainsi qu'ils se dissolvent dans les alcalis caustiques. Suivant les auteurs précités, les deux modifications de l'acide tantalique correspondraient, l'une à la formule TaO^3H, et l'autre, à la formule $Ta^6O^{19}H^8$. Les sels alcalins du premier groupe sont insolubles dans l'eau, les autres sont solubles et cristallisables.

Les effets des composés du tantale sur l'organisme n'ont fait l'objet d'aucune étude.

Tantalates

Hydrogène sulfuré et sulfures alcalins. — Rien.

Acides azotique ou chlorhydrique. — Précipité insoluble dans la potasse, soluble dans un excès d'acide en donnant une dissolution opaline que l'acide sulfurique ne précipite qu'incomplètement et que l'acide phosphorique précipite en donnant une combinaison phosphotantalique.

Acides oxalique ou acétique. — Précipité d'acide tantalique qui se redissout à l'ébullition dans un excès d'acide oxalique. Les acides tartrique et citrique ne donnent pas de précipité.

Ferrocyanure de potassium. — Précipité jaune floconneux, insoluble dans l'acide chlorhydrique et qui ne se forme qu'après addition d'acide tartrique à la liqueur.

Azotate d'argent. — Précipité bleu, qui noircit lorsqu'on le chauffe à l'ébullition.

Azotite mercureux. — Précipité jaune-verdâtre.

Sels ammoniacaux. — Donnent des précipités blancs formés par un sel ammoniacal acide (Hesse).

Tannin. — Précipité jaune-brun n'apparaissant qu'après addition d'un acide (tartrique ou acétique).

Zinc. — Rien.

Chauffés au chalumeau, sur le charbon, avec le carbonate de sodium, les composés du tantale fondent et passent dans les pores sans être réduits. Avec le borax, dans les deux flammes, on obtient des perles incolores ; avec le sel de phosphore, dans les deux flammes, on obtient des perles jaunâtres à chaud, incolores à froid, ne devenant pas rouge sang par addition de sulfate de fer (différence avec les acides titanique et tungstique).

Terbium

Ce métal est encore inconnu à l'état libre; il donne avec l'oxygène un oxyde, Th^2O^3, la terbine, d'une couleur jaune-orange très foncée. Il se dissout dans les acides en formant des sels incolores, sans spectre d'absorption. Le formiate est peu soluble, ainsi que le sulfate double de terbium et de potassium.

Thallium

Ces sels sont incolores lorsque l'acide correspondant n'est pas coloré (toutefois, l'iodure est jaune et le sulfure est noir), sans action sur le tournesol lorsque l'acide est énergique. La plupart sont solubles, même le carbonate, lequel possède une réaction fortement alcaline. Ils colorent en vert intense la flamme du brûleur de Bunsen; le spectre de cette flamme présente une raie unique d'un beau vert, située entre les lignes D et E, vers le 68ᵉ degré de l'échelle spectroscopique (la raie D du sodium étant au 50ᵉ). Les sels de thallium sont tous extrêmement toxiques (Grandeau, Lamy, Paulet).

I. — Sels thalleux

Hydrogène sulfuré. — Précipité noir de sulfure ne se produisant que dans les solutions alcalines ou ne renfermant que de l'acide acétique libre. Précipitation nulle ou incomplète dans les solutions neutres, et nulle dans les solutions acides. Ce sulfure est insoluble dans le sulfure d'ammonium.

Sulfure d'ammonium. — Précipité noir de sulfure, insoluble dans un excès de réactif, soluble dans les acides.

Potasse, soude, ammoniaque. — Rien.

Carbonates alcalins. — Rien. Dans les solutions très concentrées : précipité blanc de carbonate.

Acide chlorhydrique et chlorures solubles. — Précipité blanc volumineux, caillebotté, peu soluble à froid, soluble dans l'eau bouillante.

Oxalate d'ammonium. — Précipité blanc d'oxalate dans les solutions neutres pas trop étendues. Ce précipité se dissout dans l'acide oxalique et les acides minéraux.

Iodure de potassium. — Précipité jaune d'iodure thalleux, insoluble dans l'eau et dans un excès de réactif (différence avec le plomb).

Chromate de potassium. — Précipité jaune de chromate, insoluble dans l'eau et dans un excès de réactif, soluble à chaud dans les acides.

Bromure de potassium. — Précipité blanc volumineux de bromure, peu soluble dans l'eau froide, soluble dans l'eau bouillante.

Sulfocyanate de potassium. — Précipité blanc cristallin de sulfocyanate, soluble dans l'eau bouillante.

Permanganate de potassium. — Décoloration du réactif et formation de sels thalliques.

Cyanure de potassium, ferrocyanure et ferricyanure de potassium. — Rien.

Zinc métallique. — Précipitation de thallium sous forme de lamelles brillantes très oxydables rendant l'eau alcaline lorsqu'on les lave.

II. — Sels thalliques

Ces sels sont très instables et se décomposent sous l'influence de la chaleur en dégageant de l'oxygène. Ils ne sont solubles qu'à la faveur d'un excès d'acide, et l'eau en excès les dissout instantanément en oxyde thallique hydraté brun et acides libres.

Hydrogène sulfuré. — Dépôt blanc laiteux de soufre et réduction à l'état de sel thalleux.

Potasse, soude, ammoniaque. — Précipité brun gélatineux d'oxyde hydraté. Avec l'ammoniaque, la précipitation n'est complète qu'à chaud, et est complètement empêchée par la présence de l'acide tartrique.

Carbonates alcalins. — Précipité brun gélatineux d'oxyde hydraté, accompagné d'un dégagement de gaz carbonique.

Ferrocyanure de potassium. — Précipité jaune devenant vert à chaud.

Ferricyanure de potassium. — Précipité jaune-verdâtre.

Acide oxalique. — Précipité blanc.

Iodure de potassium. — Précipité noir (mélange d'iode libre et d'iodure thalleux).

Acide phosphorique. — Précipité blanc gélatineux, insoluble dans un excès d'acide.

Acide arsénique. — Précipité jaune gélatineux, insoluble dans un excès d'acide.

Chlorure de platine, additionné d'acide chlorhydrique. — Précipité jaune de chloroplatinate Tl^2PtCl^6, insoluble.

Chromate de potassium. — Rien.

Thorium

Ce métal se trouve dans la thorite (silicate de thorium), la monacite, l'orangite, le pyrochlore (tantalate de thorium), etc. Il a été obtenu par la réduction du chlorure double de thorium et de potassium à l'aide du sodium. Il se présente sous l'aspect d'une poudre d'un gris de plomb foncé, composé de cubo-octaèdres réguliers, qui prend un éclat métallique par le frottement. Il ne s'altère pas dans l'air à la température ordinaire, et ne s'oxyde pas dans l'eau. Il brûle vivement dans l'air au-dessous du rouge en se convertissant en thorine anhydre Th^2O^3. L'acide azotique n'a qu'une faible action sur le thorium, mais ce métal se dissout facilement dans l'acide chlorhydrique et dans l'eau régale. Les alcalis n'ont aucune action sur lui. L'oxyde de thorium anhydre est blanc, insoluble dans l'eau et dans les acides, excepté dans l'acide sulfurique. On l'obtient par la calcination du sulfate de thorium. La thorine anhydre est la plus lourde de toutes les bases, elle a pour densité : 9,402. En décomposant les sels de thorium par les alcalis, on obtient l'oxyde hydraté, $Th^2O^6H^6$, blanc, gélatineux, insoluble dans l'eau et dans les alcalis, soluble dans les carbonates alcalins et dans les acides.

Les sels de thorium sont incolores et doués d'une saveur astringente. On ignore les effets qu'ils peuvent produire sur l'organisme.

Hydrogène sulfuré. — Rien.

Sulfure d'ammonium. — Précipité blanc d'oxyde hydraté, accompagné d'un dégagement d'hydrogène sulfuré.

Potasse, soude, ammoniaque. — Précipité blanc d'oxyde hydraté, insoluble dans un excès de réactif.

Carbonates alcalins et carbonate d'ammonium. — Précipité blanc de carbonate basique, soluble dans un excès de réactif.

Acide fluorhydrique. — Précipité blanc de fluorure, insoluble dans un excès de réactif.

Sulfate de potassium. — Précipité blanc cristallin, complètement insoluble dans une solution saturée de sulfate de potassium.

Carbonate de baryum. — Précipite complètement l'oxyde de thorium de ses sels.

Au chalumeau, avec le borax et le sel de phosphore, on obtient dans les deux flammes des perles incolores à chaud, et blanchâtres après refroidissement.

Titane

Le titane donne avec l'oxygène trois oxydes, qui sont : le bioxyde TiO^2, ou anhydride titanique ; le trioxyde Ti^2O^3 ou sesquioxyde, et le protoxyde ou oxyde intermédiaire Ti^3O^6. Le plus important de ces oxydes, l'anhydrique titanique, est une poudre blanche devenant jaune ou brune lorsqu'elle est fortement chauffée. Cet anhydride est infusible, insoluble dans l'eau, et se combine, à chaud, avec le chlore en donnant un chlorure $TiCl^4$, qui est liquide, incolore, très volatil et dégage à l'air d'abondantes fumées. Il se dissout dans l'acide fluorhydrique et l'acide sulfurique. Fondu avec le sulfate acide de potassium, il donne une masse transparente, laquelle, humectée d'eau et traitée par le tannin, se colore en jaune orangé (Wartha). S'il y a du fer, on ajoute une goutte d'acide acétique avant de traiter par le tannin.

Les titanates se préparent en fondant l'oxyde titanique hydraté avec les alcalis ou les carbonates alcalins ; ils sont pour la plupart insolubles dans l'eau, solubles dans l'acide chlorhydrique concentré, décomposables par l'acide étendu et bouillant. La composition d'un grand nombre de titanates est représentée par les formules TiO^4M^4 et TiO^3M^2 ; M représentant un métal monoatomique. Ces sels correspondent aux hydrates $Ti(OH)^4$ et $Ti(OH)^2$.

Les combinaisons du titane donnent, avec le borax, à la flamme oxydante, une perle incolore à chaud et à froid ; à la flamme réductrice, la perle est jaune et devient quelquefois violacée après une longue insufflation, lorsque le titane est engagé dans certaines combinaisons. Avec le sel de phosphore, à la flamme oxydante, la perle est jaune à chaud, incolore à froid ; à la flamme réductrice, la perle est jaune à chaud, grisâtre à froid (la perle transparente, reportée dans la flamme oxydante, se trouble en se chargeant de cristaux microscopiques d'anatase). Si l'on ajoute un peu de sulfate ferreux, la perle obtenue à la flamme réductrice est rouge sang.

Aucun travail n'a encore été fait sur la toxicité des composés du titane.

SELS DE L'ACIDE TITANIQUE

L'acide titanique hydraté est soluble dans les acides chlorhydrique et sulfurique en donnant des sels d'acide titanique. Les combinaisons ainsi formées sont très instables et se décomposent à l'ébullition.

Voici quelles sont leurs réactions :

Hydrogène sulfuré. — Rien.

Sulfure d'ammonium. — Précipité blanc d'oxyde titanique hydraté, accompagné d'un dégagement d'hydrogène sulfuré.

Potasse, soude, ammoniaque. — Précipité blanc volumineux d'oxyde titanique hydraté, soluble dans un excès de potasse.

Ferrocyanure de potassium. — Précipité volumineux rouge-brun, soluble dans un excès de réactif.

Phosphate de sodium. — Précipité blanc de phosphate titanique.

Eau oxygénée. — Colore les solutions d'acide titanique en jaune-orangé ; l'éther agité avec la liqueur ne se colore pas.

Acide hydrosulfureux. (Réactif obtenu en faisant réagir les rognures de zinc sur la solution d'acide sulfureux.) — Donne, avec les solutions d'acide titanique, une coloration rouge; l'éther agité avec le liquide s'empare de la matière colorante (R. Frésénius).

Tannin. — Précipité rouge-brun, ou coloration jaune-orangé.

Zinc, étain, fer. — Colorent les solutions en bleu et y déterminent ensuite un précipité violet (sesquioxyde).

Tungstène

Le tungstène ne forme des sels à oxacides qu'avec les acides organiques ; le plus connu est l'acétate de tungstène. Le chlorure et le sulfure de tungstène sont les deux sels non oxygénés principaux.

Les sels de tungstène, l'acétate, par exemple, ont une activité toxique redoutable, mais il n'en est pas de même des tungstates en général, qui paraissent dépourvus de propriétés vénéneuses, au moins à la dose de quelques grammes.

TUNGSTATES

Hydrogène sulfuré. — Pas de précipité dans les liqueurs acides, mais coloration bleue se formant lentement. En solution neutre ou alcaline, coloration jaune par suite de la formation du sulfotungstate, et précipité brun de sulfure TuS^3 par addition d'acide.

Sulfure d'ammonium. — Rien, dans les solutions des tungstates alcalins ; l'addition d'acide détermine la précipitation du sulfure brun, soluble dans le sulfure d'ammonium.

Acides azotique, chlorhydrique, sulfurique. — Précipité blanc d'hydrate d'oxyde tungstique TuO^4H^2, devenant jaune par l'ébullition en se transformant en anhydride TuO ; il est insoluble dans un excès d'acide (différence avec les molybdates), soluble dans l'ammoniaque.

Ferrocyanure de potassium additionné d'un acide. — Coloration rouge-brun, puis précipité brun après quelque temps.

Acétate de plomb, azotate d'argent, azotate mercureux, chlorure de baryum, chlorure de calcium. — Précipités blancs.

Acide phosphorique. — Précipité blanc, soluble dans un excès de réactif.

Chlorure stanneux. — Précipité jaune ; si on ajoute de l'acide chlorhydrique et qu'on chauffe, le précipité devient d'un beau bleu.

Sulfate ferreux. — Précipité brun que les acides ne font pas devenir bleu, même à chaud.

Tannin. — Précipité brun en solution acide.

Zinc métallique. — Les tungstates, additionnés d'acide chlorhydrique ou mieux d'acide phosphorique, se colorent en bleu en présence du zinc.

Chauffés au chalumeau avec du borax ou du sel de phosphore, à la flamme d'oxydation, les composés du tungstène donnent une perle incolore. A la flamme de réduction, on obtient, avec le borax, une perle incolore ou jaune, suivant la teneur en tungstène ; avec le sel de phosphore, la perle est d'un beau bleu ; elle est rouge, s'il y a du fer, mais devient bleue par l'addition de papier d'étain.

Uranium

L'uranium forme deux séries de sels : les sels uraneux et les sels uraniques. La première série contient les sels d'uranium proprement dits, tels que le chlorure UCl^2, le bromure UBr^2 ; la deuxième, les sels d'urane ou d'uranyle, tels que le chlorure UOCl, l'azotate $UOAzO^3$, correspondant, l'un, au chlorure d'antimonyle SbOCl, l'autre, à l'azotate de bismuthyle $BiOAzO^3$.

Les sels uraneux sont verts, les sels uraniques sont jaunes. Ils possèdent une saveur amère, et beaucoup présentent un dichroïsme remarquable. Les dissolutions aqueuses vertes des sels uraneux s'oxydent à l'air en se transformant en sels de sesquioxyde.

Tous les composés de l'uranium sont vénéneux, même à des doses inférieures à 1 gramme (Lecomte, Rabuteau).

I. — Sels uraneux

Hydrogène sulfuré. — Pas de précipité dans les solutions neutres.

Sulfure d'ammonium. — Précipité brun-noir de sulfure dans les liqueurs neutres, soluble dans les acides, même l'acide acétique.

Potasse, soude, ammoniaque. — Précipité brun-noir d'oxyde uraneux hydraté devenant jaune au contact de l'air en se peroxydant.

Carbonate de potassium, ou de sodium, ou d'ammonium. — Précipité vert, accompagné d'un dégagement de gaz carbonique, soluble dans un excès de réactif, surtout le carbonate d'ammonium.

Ferrocyanure de potassium. — Précipité brun clair.

Phosphate de sodium. — Précipité vert gélatineux.

Acide oxalique. — Précipité blanc-verdâtre d'oxalate uraneux.

II. — Sels uraniques

Hydrogène sulfuré. — Rien.

Sulfure d'ammonium. — A froid, précipité brun de sulfure, soluble dans les acides, même dans l'acide acétique. A chaud, précipité noir, mélange de soufre et d'oxyde uraneux. Ces deux précipités sont insolubles dans le sulfure d'ammonium polysulfuré.

Potasse, soude, ammoniaque. — Précipité jaune de sesquioxyde hydraté, insoluble dans un excès de ces réactifs.

Carbonates alcalins et carbonate d'ammonium. — Précipité jaune, soluble dans un excès de ces réactifs.

Ferrocyanure de potassium. — Précipité rouge-brun, insoluble dans l'acide azotique et dans l'acide chlorhydrique.

Ferricyanure de potassium. — Rien.

Phosphate de sodium. — Précipité jaune de phosphate d'uranyle, soluble dans les acides minéraux, insoluble dans l'acide acétique.

Acide oxalique. — Précipité jaune d'oxalate, soluble dans les acides minéraux, insoluble dans un excès de réactif et dans l'acide acétique.

Cyanure de potassium. — Précipité jaune de cyanure, incomplètement soluble dans un excès de réactif.

Tannin. — Précipité brun foncé.

Carbonate de baryum. — Précipite complètement, même à froid, l'oxyde uranique (différence essentielle avec le cobalt, le nickel, le manganèse et le zinc, et moyen de séparer l'uranium de ces métaux).

Zinc métallique. — Ne donne pas d'uranium métallique, mais, après quelque temps, un précipité jaune d'oxyde.

Chauffés au chalumeau, sur le charbon, les composés d'uranium ne sont pas réduits à l'état métallique. Le borax et le sel de phosphore donnent, dans la flamme oxydante, une perle jaune devenant vert-jaunâtre par le refroidissement ; dans la flamme réductrice, une perle verte, qui devient plus foncée par le refroidissement.

Vanadium

Le vanadium forme avec l'oxygène divers oxydes, qui correspondent aux oxydes de l'azote ; seul, le protoxyde de vanadium V^2O n'est pas connu d'une façon bien certaine. C'est cet oxyde que l'on obtient en faisant passer un courant d'hydrogène sur l'anhydride vanadique chauffé au rouge.

Les autres sont : l'anhydride vanadeux V^2O^3 ou sesquioxyde, auquel correspondent les vanadites; le bioxyde V^2O^2 ou vanadyle, ou anhydride hypovanadeux ; le tétroxyde V^2O^4 ou anhydride hypovanadique; le peroxyde V^2O^5 ou anhydride vanadique. Le bioxyde V^2O^2 est une poudre grise à éclat métallique, insoluble dans l'eau, soluble dans les acides dilués avec dégagement d'hydrogène.

Le dissolution formée est bleue, et décolore, en les réduisant, les matières organiques colorantes. L'anhydride vanadeux V^2O^3 est une poudre noire insoluble, que le contact de l'air transforme lentement en bioxyde.

Le tétroxyde V^2O^4 est bleu foncé ainsi que ses dissolutions qui rougissent fortement le tournesol ; elles renferment des sels hypovanadiques, dont quelques-uns sont cristallisables. Le pentoxyde V^2O^5 est une poudre jaune plus ou moins rougeâtre, sans saveur, qui rougit le papier de tournesol humide ; elle se dissout dans environ mille fois son poids d'eau, en donnant une solution jaune. C'est lui qui se produit lors de la combustion du vanadium dans l'oxygène ; on l'obtient facilement, soit par la déshydratation de l'acide vanadique, soit en calcinant le vanadate d'ammonium.

L'acide vanadique VO^4H^3 s'obtient en décomposant un vanadate par l'acide azotique. Il se présente sous la forme d'un précipité rouge-brun, peu soluble dans l'eau. Cet acide est tribasique et donne des sels isomorphes avec ceux de l'acide phosphorique PO^4H^3 et de l'acide arsénique AsO^4H^3 ; c'est-à-dire des ortho, pyro et métavanadates.

Les vanadates sont pour la plupart solubles dans l'eau et colorés en jaune ou en rouge-orangé ; les autres sont incolores.

Les vanadates alcalins s'obtiennent en traitant par un alcali et un azotate l'acide vanadique ou son anhydride. Le vanadate d'ammonium préparé par double décomposition, en traitant par le chlorure d'ammonium une solution de vanadate de potassium, donne des solutions qui sont incolores lorsqu'elles sont froides et présentant une coloration jaune lorsqu'elles sont chaudes. Les métavanadates sont les sels les plus stables de la série ; ainsi les orthosels solubles dans l'eau se transforment spontanément, d'abord en pyro, puis en métavanadates, lorsqu'on abandonne à elles-mêmes leurs dissolutions. Un simple courant de gaz carbonique dirigé dans une solution d'un pyrovanadate alcalin suffit pour le transformer en métavanadate.

D'après John Priestley (*British med. Journ.*, septembre 1876) et Gamgée (*Revue des sciences médicales*, 1877, t. IX, p. 512), les sels de vanadium sont très vénéneux, ils amènent la paralysie du mouvement, parfois des convulsions locales ou généralisées, et l'arrêt plus ou moins rapide du cœur suivant les doses absorbées. Ils paraissent jouir aussi de propriétés antiputrides très énergiques, et s'opposent au développement des bactéries, des champignons et des ferments.

I. — Solutions de V^2O^4

Cet oxyde forme en s'unissant aux acides des sels hypovanadiques, et en s'unissant aux bases des hypovanadates.

a. — *Sels hypovanadiques*

Secs, ces sels sont bruns ou verts; ils forment des dissolutions bleues dont la saveur est astringente et métallique.

Hydrogène sulfuré. — Rien.

Sulfure d'ammonium. — Précipité noir de sulfure, soluble dans un excès de réactif en donnant une solution pourpre.

Potasse, soude et carbonates alcalins. — Précipité blanc-grisâtre d'oxyde vanadeux hydraté, qui brunit à l'air sec, insoluble dans un excès d'alcali.

Ammoniaque. — Précipité brun, insoluble dans un excès de réactif, soluble dans beaucoup d'eau.

Ferrocyanure de potassium. — Précipité jaune serin, verdissant à l'air, insoluble dans l'acide chlorhydrique.

Tannin. — Précipité noir-bleu.

b. — *Hypovanadates*

Ces sels donnent des dissolutions brunes, qui deviennent bleues, par l'addition d'un acide en se transformant en sels hypovanadiques. Les sels alcalins seuls sont solubles.

Hydrogène sulfuré. — Pas de précipité, mais coloration de la liqueur en pourpre intense. Cette solution qui renferme un sulfhypovanadate donne, avec les acides, un précipité brun d'oxysulfure de vanadium.

II. — Solutions de V^2O^5

Cet oxyde forme avec les acides des sels vanadiques, et donne avec les bases des vanadates.

a. — *Sels vanadiques*

Dans ces sels, le vanadyle y joue le rôle de radical trivalent; on a donc : $VOCl^3$, trichlorure; $VO(AzO^3)^3$, azotate; $(VO)^2(SO^4)^3$, sulfate, etc. Les solutions sont jaunes ou rouges et se décolorent partiellement par l'évaporation.

Potasse et soude. — Précipité soluble dans un excès d'alcali.

Hydrogène sulfuré et agents réducteurs, tels que : acide sulfureux, acide oxalique, etc. — Réduisent les solutions vanadiques acides en produisant les sels hypovanadiques correspondants bleus.

b. — Vanadates

Nous avons dit que ces sels se transformaient spontanément en métavanadates.

Les vanadates alcalins donnent un précipité d'anhydride par l'acide azotique.

Leurs solutions rougissent avec les autres acides forts.

Hydrogène sulfuré. — Précipité brun-rouge de sulfure mélangé d'oxyde vanadique hydraté. Si la solution est acide, elle se colore en bleu et donne un dépôt laiteux de soufre.

Sulfure d'ammonium. — Pas de précipité, coloration rouge-pourpre. Les acides précipitent de cette dissolution du sulfure brun, et la liqueur se colore en bleu.

Acétate de plomb, azotate d'argent, chlorure de baryum. — Précipités jaune-orangé.

Eau oxygénée. — Si l'on agite une solution acidulée d'un vanadate avec de l'eau oxygénée, la liqueur se colore en rouge, et si l'on ajoute de l'éther et qu'on agite, l'éther ne se colore pas.

Chlorhydrate d'aniline. — Précipité ou coloration noire intense due à la formation du noir-d'aniline.

Tannin. — Précipité noir bleu, soluble dans les acides.

Chauffés au chalumeau, sur le charbon, avec le carbonate de sodium, les composés du vanadium fondent et passent dans le charbon.

Avec le borax ou le sel de phosphore on obtient, au feu oxydant, des perles incolores ou jaunes s'il y a beaucoup de vanadium. Au feu réducteur, les perles sont brunâtres à chaud et d'un beau vert émeraude à froid.

Si l'on forme une perle par fusion avec de la soude, celle-ci est jaune, et lorsqu'on la fait dissoudre dans l'acide acétique dilué elle donne avec l'azotate d'argent un précipité jaune (Bunsen).

Ytterbium

Ce métal n'a pas encore été isolé. Il donne avec l'oxygène un oxyde Yb^2O^3, l'ytterbine, qui se présente sous forme de poudre blanche, infusible. L'hydrate d'ytterbium $Yb^2O^6H^6$ est un précipité blanc volumineux et transparent, qui attire le gaz carbonique de l'air ; il se dissout dans les acides en formant des dissolutions incolores, sans spectre d'absorption dans la partie visible du spectre.

Les sels ont une saveur douceâtre et astringente et donnent un précipité d'oxyde hydraté avec les alcalis. Le spectre de l'étincelle fournit un grand nombre (72) de raies, presque toutes les mêmes.

L'acide oxalique détermine dans les sels d'ytterbium un précipité blanc, insoluble dans un excès de réactif.

Le sulfate de potassium donne un précipité blanc de sulfate double, soluble dans la solution saturée de sulfate de potassium.

Yttrium

Ce métal se rencontre en petite quantité dans l'orthite, la gadolinite, l'ythotantalite. Il se présente sous l'aspect d'une poudre noire, laquelle ne s'oxyde pas à l'air, à la température ordinaire, mais, à une température élevée, elle brûle avec une vive incandescence. Il donne avec l'oxygène un oxyde, Yt^2O^3, l'yttria, blanc, infusible et non volatil. C'est une base salifiable puissante, qui déplace l'ammoniaque des sels ammoniacaux.

L'hydrate d'yttrium, $Yt^2O^6H^6$, est un précipité blanc gélatineux, aisément soluble dans les acides et qui attire le gaz carbonique de l'air en donnant des carbonates neutres. Le chlorure d'yttrium est déliquescent et n'est pas volatil. Les sels d'yttrium et leurs dissolutions sont incolores ; ils possèdent une réaction acide et une saveur douceâtre et styptique.

Hydrogène sulfuré. — Rien.

Sulfure d'ammonium. — Précipité blanc d'oxyde hydraté accompagné d'un dégagement d'hydrogène sulfuré.

Potasse, soude, ammoniaque. — Précipité blanc d'oxyde hydraté, insoluble dans un excès de réactif.

Carbonates alcalins et carbonate d'ammonium. — Précipité blanc volumineux, soluble dans un grand excès de réactif concentré.

Ferrocyanure de potassium. — Précipité blanc.

Acide oxalique. — Précipité blanc, insoluble dans un excès de réactif.

Acide fluorhydrique. — Précipité blanc, gélatineux, insoluble dans un excès de réactif.

Les sulfates de potassium et de sodium ne précipitent pas les solutions, même concentrées ; le sulfate double d'yttrium étant soluble dans l'eau et la potasse.

Carbonate de baryum. — Précipite, mais incomplètement, même à chaud, l'oxyde d'yttrium de ses sels.

Au chalumeau, avec le borax et le sel de phosphore, les composés de l'yttrium donnent dans les deux flammes des perles incolores à chaud comme à froid.

Les sels d'yttrium ne possèdent aucun spectre d'absorption.

Zinc

Les sels de zinc sont incolores, lorsque l'acide correspondant n'est pas coloré. Ceux qui sont solubles rougissent le tournesol, et leur saveur est fortement styptique. Ils sont facilement décomposables par la chaleur, sauf le sulfate qui n'est décomposable qu'au rouge vif. Le chlorure de zinc se volatilise au rouge. Les sels de zinc solubles sont tous toxiques à des doses variables ; quelques-uns, comme le chlorure, sont caustiques et d'autres, le sulfate par exemple, sont fortement émétiques.

Hydrogène sulfuré. — Précipité blanc de sulfure, soluble dans les acides minéraux, insoluble dans l'acide acétique et dans le sulfure d'ammonium. Ne se produit pas dans les sels à acides forts.

Sulfure d'ammonium. — Précipité blanc de sulfure, insoluble dans un excès de réactif et dans l'acide acétique, soluble dans les acides minéraux.

Potasse, soude, ammoniaque. — Précipité blanc gélatineux d'oxyde hydraté, soluble dans un excès de réactif et dans les sels ammoniacaux.

Carbonate de potassium ou de sodium. — Précipité blanc de carbonate basique insoluble dans un excès de réactif. Le carbonate d'ammonium donne un précipité soluble dans un excès de réactif (différence avec le cadmium et moyen de séparer ces deux métaux).

Ferrocyanure de potassium. — Précipité blanc gélatineux, insoluble dans l'acide chlorhydrique.

Ferricyanure de potassium. — Précipité jaune-brun, soluble dans l'acide chlorhydrique et dans l'ammoniaque.

Phosphate de sodium. — Précipité blanc de phosphate basique, soluble dans la potasse, la soude et l'ammoniaque. Les sels ammoniacaux empêchent la précipitation (différence avec le manganèse et moyen de séparer le zinc de ce métal).

Cyanure de potassium. — Précipité blanc de cyanure, soluble dans un excès de réactif.

Acide oxalique. — Précipité blanc cristallin, soluble dans les acides minéraux.

Chromate et bichromate de potassium. — Précipité jaune de chromate de zinc, dans les solutions pas trop étendues.

Carbonate de baryum. — A froid, pas de précipité, excepté avec le sulfate. A chaud, précipitation lente.

Tannin. — Rien.

Albumine. — Précipité blanc, soluble dans un excès de sels de zinc.

Chauffés au chalumeau, sur le charbon, avec le carbonate de sodium, les composés du zinc donnent une auréole non volatile, jaune à chaud, et blanche à froid. Si l'on humecte cette auréole avec de l'azotate de cobalt et qu'on chauffe fortement, elle devient verte. Avec le borax et le sel de phosphore on obtient dans les deux flammes une perle jaune à chaud, incolore à froid.

Zirconium

Sels incolores, lorsque l'acide correspondant n'est pas coloré. Ceux qui sont solubles rougissent le tournesol ; leur saveur est astringente et non métallique. Ils sont moins solubles à la température de l'ébullition qu'à froid ; chauffés, ils se décomposent lorsque leur acide est volatil. Un papier de curcuma plongé dans une solution d'un sel de zirconium acidulée d'acide chlorhydrique, puis séché, se colore en rouge-brun.

La toxicité de ces sels n'a pas été établie.

Hydrogène sulfuré. — Rien.

Sulfure d'ammonium. — Précipité blanc d'oxyde de zirconium, insoluble dans un excès de réactif et dans les alcalis, accompagné d'un dégagement d'hydrogène sulfuré.

Potasse, soude, ammoniaque. — Précipité blanc d'oxyde de zirconium, insoluble dans un excès de réactif, soluble dans les acides étendus, si la précipitation a lieu à froid, insoluble si elle a lieu à chaud (différence avec le glucinium et l'aluminium, qui donnent des précipités solubles dans un excès de potasse, et avec le thorium qui précipite par la potasse et la soude, mais ne précipite pas par l'ammoniaque). L'acide tartrique empêche la précipitation.

Carbonates alcalins et carbonate d'ammonium. — Précipité blanc de carbonate basique, soluble dans un grand excès de réactif.

Ferrocyanure de potassium. — Précipité jaune foncé, très soluble dans les acides.

Ferricyanure de potassium. — Précipité vert foncé.

Acide oxalique. — Précipité blanc volumineux d'oxalate, soluble dans un grand excès de réactif, ainsi que dans l'acide chlorhydrique. La solution dans un excès de réactif est entièrement précipitée par l'ammoniaque (différence avec le zinc), mais non par le carbonate d'ammonium (Hermann). Cette réaction permet de séparer le titane du zirconium.

Phosphate de sodium. — Précipité blanc de phosphate de zirconium.

Hyposulfite de sodium. — Précipité blanc (différence avec l'yttrium et le didyme).

Sulfate de potassium en solution saturée. — Précipité blanc de sulfate basique, insoluble dans un excès de réactif, soluble dans l'acide chlorhydrique étendu, lorsqu'il n'a pas été porté à l'ébullition.

Tartrates alcalins. — Précipité blanc, soluble dans la potasse et la soude.

Tannin. — Précipité blanc-jaunâtre dans les solutions neutres.

Les composés du zirconium donnent au chalumeau, avec le borax et le sel de phosphore, des perles incolores. Si, après les avoir calcinés sur le charbon, on humecte le résidu refroidi avec une goutte d'azotate de cobalt et qu'on chauffe fortement, on obtient une masse de coloration violette.

II. — MÉTALLOIDES

Azote

I. — AZOTATES

Sels solubles dans l'eau et décomposables au rouge. Les azotates alcalins dégagent d'abord de l'oxygène, puis de l'azote ; ils déflagrent sur le charbon rouge, en laissant un résidu alcalin qui, dissous dans un peu d'eau, brunit le papier de curcuma et ramène au bleu le papier rouge de tournesol.

1° Les azotates, chauffés dans un tube à essai avec du bisulfate de potassium ou de l'acide sulfurique concentré et un peu de tournure de cuivre, dégagent des vapeurs orangées d'hypoazotide, qui bleuissent le papier de gaïac, ainsi que le papier amidonné imprégné d'iodure de potassium ;

2° Si l'on introduit dans un verre à pied du sulfate ferreux concassé et qu'on l'arrose d'acide sulfurique concentré, puis qu'on ajoute une goutte de la solution d'un azotate, il se produit une coloration rose ou pourpre ;

3° Si l'on acidifie une solution d'azotate avec de l'acide sulfurique, puis qu'on l'additionne de quelques gouttes de sulfate d'indigo, et qu'on chauffe, la liqueur se décolore ;

4° Si l'on mélange un azotate solide avec du cyanure de potassium, et qu'on chauffe sur une lame de platine, il se produit une vive déflagration suivie d'une explosion ;

5° Lorsqu'on ajoute une très petite quantité d'azotate (par exemple, le résidu de l'évaporation d'une eau potable) à une dissolution de : une partie de phénol pur dans dix à douze parties d'acide sulfurique concentré, il se produit un dérivé nitrophénique (ac. picrique), et, lorsqu'on reprend par un peu d'eau distillée et qu'on sursature par l'ammoniaque, on obtient une coloration jaune due au nitrophénate d'ammonium formé. Cette réaction est très sensible (H. Sprengel) ;

6° Une dissolution de brucine dans l'acide sulfurique concentré se colore en rouge intense, au contact de traces d'azotates ; les chlorates se comportent de même ;

7° Si l'on fait bouillir une substance dans laquelle on recherche les azotates (par exemple, les eaux, les engrais, les terres arables, etc.) avec de la potasse, jusqu'à ce que toute l'ammoniaque qu'elle contient soit expulsée, ce que l'on reconnaît facilement à l'aide d'une bande de papier imprégnée d'une solution d'hématoxyline (ce papier doit rester incolore), puis que l'on ajoute de la limure de zinc, on remarque immédiatement un dégagement d'ammoniaque, et la bande de papier se colore aussitôt, si la substance renferme de l'acide azotique (E. Schulze).

Voir, page 119, la recherche des azotates, en présence des azotites, chlorates et perchlorates.

II. — Azotites

1° Avec l'acide sulfurique étendu, les azotites solides ou en solution pas trop étendue dégagent du bioxyde d'azote, qui devient rutilant au contact de l'air ;

2° Si l'on traite par l'hydrogène sulfuré une solution d'une azotite aciduléе par l'acide chlorhydrique, on obtient un dépôt laiteux de soufre, en même temps qu'il se forme de l'ammoniaque, dont on peut reconnaître la présence à l'aide du réactif de Nessler ;

3° Si l'on ajoute quelques gouttes d'empois d'amidon contenant de l'iodure de potassium exempt d'iodate (et mieux de l'iodure de cadmium ou de zinc), à la solution d'un azotite acidulée par de l'acide acétique, celle-ci se colore en bleu intense (Kœmmerer, *Zeitsch. analyt. Chem.*, t. XII, p. 377);

4° Si l'on traite une solution d'un azotite par une solution de sulfate ferreux acidulée, la liqueur se colore en brun, par suite de la dissolution du bioxyde d'azote dans le sulfate ferreux;

5° Une solution d'acide azoteux ou d'un azotite acidulée par l'acide acétique, traitée par le sulfocyanate de potassium, reste incolore, mais, si l'on y verse encore de l'acide azotique, il se produit une couleur rouge foncé, qui disparaît si l'on ajoute un peu d'alcool ou si l'on chauffe quelque temps (différence avec le sulfocyanate ferrique). En agitant avec du sulfure de carbone, celui-ci prend presque toute la substance colorante. Comme on le voit, cette réaction n'est produite que par l'hypoazotide, et non par l'acide azoteux, ce qui permet de les distinguer l'un de l'autre (Frésénius);

6° Si l'on ajoute à un azotite alcalin une dissolution de cyanure de potassium, puis un peu d'une solution neutre de chlorure de cobalt et d'acide acétique, la liqueur se colore en rose-orangé, par suite de la production de nitrocyanocobaltate de potassium (C.-D. Braun);

7° L'acide pyrogallique colore en brun les dissolutions des azotites acidulées avec l'acide sulfurique (Schœbein);

8° L'azotate d'argent produit, dans les solutions d'azotites, un précipité blanc, soluble dans beaucoup d'eau, surtout à chaud;

9° Si l'on ajoute quelques parcelles d'azotite (par exemple le résidu de l'évaporation d'une eau potable), à 2 ou 3 centimètres cubes d'un réactif composé de : phénol pur, trois parties; acide acétique cristallisable, trente-sept parties, il se forme de l'acide nitrophénique, et, si l'on reprend par un peu d'eau distillée, puis qu'on sursature par l'ammoniaque, il se produit une coloration jaune due au nitrophénate d'ammonium formé. Le réactif *acétophénique* n'agit pas sur les azotates et peut servir à déceler les azotites en présence de ces sels (Grandval et Lajoux, *Journal de pharmacie et de chimie*, t. XIII, 1885);

10° S'il s'agit de déceler des traces infinitésimales d'acide azoteux, on peut le faire à l'aide du réactif, dont voici la préparation : 1° on dissout 0 gr. 5 d'acide sulfanilique dans 150 centimètres cubes d'acide acétique étendu; 2° on fait bouillir 0 gr. 10 d'α-naphtylamine solide avec 20 centimètres cubes d'eau, on sépare la solution incolore du résidu qui est d'un bleu violet, et l'on y ajoute 150 grammes d'acide acétique étendu; enfin, on mélange ces deux solutions. Au liquide que l'on soupçonne contenir l'acide azoteux (environ 20 centimètres cubes) on ajoute quelques centimètres cubes du réactif, et l'on chauffe à 70-80 degrés; si la liqueur renferme un millionième d'acide azoteux, la coloration rouge apparaît déjà au bout d'une minute; avec des quantités relativement grandes d'acide azoteux, par exemple un millième, on n'obtient qu'une solution jaune, si l'on n'emploie pas une solution plus concentrée de naphtylamine. Le réactif précité doit être conservé à l'abri de l'air, qui renferme souvent assez d'acide azoteux pour le teinter en rouge. Si ce fait se produit, il suffit de l'agiter avec de la poudre de zinc et de filtrer, pour l'obtenir incolore et apte à être employé aussitôt (Griess, Ilosvay, Lunge). Voir, page 119, la recherche des azotites en présence des azotates, chlorates et perchlorates.

Bore

BORATES

Chlorure de baryum. — Précipité blanc, soluble dans l'acide chlorhydrique et dans le chlorure d'ammonium.

Acétate de plomb. — Précipité blanc, insoluble dans l'ammoniaque.

Azotate d'argent. — Précipité blanc dans les solutions concentrées, légèrement jaunâtre dans les solutions étendues, soluble dans l'acide azotique et dans l'ammoniaque. Si les liqueurs sont très étendues, le précipité est formé d'oxyde d'argent brun-gris (H. Rose).

Papier de curcuma. — Trempé dans une solution d'un borate légèrement acidulée par l'acide chlorhydrique étendu, brunit par la dessiccation.

Alcool. — Les borates, mêlés d'acide sulfurique concentré, ou l'acide borique libre, colorent en vert la flamme de l'alcool. Le spectre de cette flamme est caractérisé par quatre lignes brillantes, presque également distantes les unes des autres. La première, visible dans la région vert-jaune, est située vers le 61e degré (la raie D du sodium étant au 50e) ; la deuxième, vert clair, est située vers le 78e ; la troisième, vert-bleu clair, vers le 90e, et la quatrième, très faiblement bleue, occupe à peu près le 110e degré de l'échelle spectroscopique.

Pour rechercher le bore dans une substance quelconque, on la broie avec du fluosilicate d'ammonium, et on chauffe le mélange dans un petit tube : il se forme un sublimé, qui renferme la majeure partie du bore à l'état de fluoborate d'ammonium. Ce sublimé colore la flamme en vert intense et brunit le curcuma, après avoir été chauffé avec une goutte d'acide chlorhydrique (Stolba, *Bull. Soc. chim.*, t. XIV, p. 43).

Voir aussi, page 40 et figure 18, le dispositif recommandé pour cette recherche.

Brome

I. — Bromates

Les bromates sont solubles, sauf ceux d'argent, de plomb et de mercurosum. Ils déflagrent sur le charbon rouge et détonent sous l'influence de la chaleur ou de la percussion, lorsqu'ils sont mélangés à du charbon ou à du soufre. Ils sont décomposables par la chaleur et dégagent de l'oxygène en laissant un résidu de bromure (bromates alcalins, d'argent ou de mercure), ou bien ils perdent du brome et de l'oxygène et laissent un résidu d'oxyde (bromate de zinc).

Acétate de plomb. — Précipité blanc de bromate dans les liqueurs peu étendues.

Azotate d'argent. — Précipité blanc-jaunâtre de bromate, insoluble dans l'acide azotique peu concentré, soluble dans l'ammoniaque.

Azotate mercureux. — Précipité blanc-jaunâtre de bromate, insoluble dans l'acide azotique froid.

Acide sulfurique concentré. — A chaud, dégagement d'oxygène et de vapeurs de brome orangées. A froid, l'acide sulfurique dilué, versé dans la solution d'un bromate, la colore en jaune, en mettant du brome en liberté. Si l'on agite la liqueur avec du chloroforme, celui-ci s'empare de tout le brome, en se colorant en jaune-orangé, et la liqueur se décolore.

II. — Bromures

Acétate de plomb. — Précipité blanc de bromure, soluble dans un grand excès d'eau.

Azotate d'argent. — Précipité blanc-jaunâtre de bromure, insoluble dans l'acide azotique, beaucoup moins soluble dans l'ammoniaque que le chlorure et devenant gris à la lumière.

Azotate de palladium. — Précipité brun-rouge de bromure palladeux, ne se formant qu'avec le temps dans les liqueurs étendues (le chlorure de palladium ne précipite pas les bromures).

Eau chlorée. — Coloration jaune ou orangée, que le chloroforme enlève aux liquides avec lesquels on l'agite, en s'emparant du brome mis en liberté.

Acide sulfurique et peroxyde de manganèse. — A chaud, dégagement de vapeurs orangées de brome.

Si l'on mélange une substance, dans laquelle on recherche les bromures, avec une demi-partie de sulfate d'ammonium et 1/10 d'oxyde de cuivre et qu'on place ce mélange dans la flamme de l'hydrogène, le spectre du bromure de cuivre offre des raies correspondant aux divisions 105 et 109, et de la lumière, aux divisions 85, 88,5 et 92 (Mitscherlich, *Poggend. Ann.*, t. CXXV, p. 629).

Une perle de sel de phosphore, saturée d'oxyde de cuivre et chauffée à la flamme réductrice du chalumeau, avec une substance renfermant du brome, donne un dard bleu bordé de vert; avec les chlorures, la flamme est bleue bordée de pourpre, et avec les iodures elle est vert émeraude. Voir, page 120, la séparation des bromures, chlorures et iodures.

Chlore

I. — Chlorates

Sels solubles et généralement incolores, décomposables par la chaleur en dégageant de l'oxygène et laissant pour résidu un chlorure. Ils déflagrent sur le charbon rouge, et, lorsqu'ils sont mélangés avec des matières organiques, du soufre, du sulfure d'antimoine, etc., ils détonent violemment quand on les chauffe ou qu'on les percute. La percussion seule suffit quelquefois à faire détoner les chlorates purs. Mêlés au cyanure de potassium et chauffés sur une lame de platine, même en petites quantités, les chlorates produisent une vivre déflagration. Le chlorate de potassium, traité par l'acide azotique, donne de l'oxygène, du chlore, de l'azotate et du perchlorate de potassium; avec l'acide chlorhydrique, il donne du chlore et de l'hypochloride.

Azotate d'argent ou chlorure de baryum. — Rien.

Sulfate d'indigo. — N'est pas décoloré, mais, si l'on ajoute un peu d'acide sulfurique dilué et, peu à peu, du sulfite de sodium, la décoloration a lieu aussitôt, parce que l'acide sulfureux réduisant l'acide chlorique le ramène à l'état de chlore ou de composés chlorés, qui décolorent instantanément l'indigo.

Acide chlorhydrique. — A froid, ou en liqueur étendue, rien.

A chaud, ou en liqueur pas trop étendue, dégagement de chlore et d'hypochloride de couleur jaune-verdâtre.

Acide sulfurique. — Quelques parcelles d'un chlorate, introduites dans de l'acide sulfurique concentré que l'on a étalé sur une soucoupe de porcelaine, dégagent du peroxyde de chlore jaune foncé (hypochloride), qui colore l'acide sulfurique et se décompose avec explosion si l'on chauffe.

Une dissolution de brucine dans l'acide sulfurique concentré se colore en rouge avec une goutte de la solution d'un chlorate, comme le fait la solution des azotates (Luck).

II. — PERCHLORATES

Sels généralement incolores et très solubles dans l'eau, sauf le perchlorate de potassium, qui l'est peu. Ils sont solubles dans l'alcool, à l'exception du sel potassique. Ils déflagrent sur le charbon rouge, dégagent de l'oxygène en se décomposant par la chaleur, et laissent comme résidu un chlorure.

Chlorure de baryum ou azotate d'argent. — Rien.

Sels de potassium. — En solution un peu concentrée, précipité cristallin de perchlorate de potassium.

Sulfate d'indigo. — N'est pas décoloré, même après addition de sulfite de sodium dans la solution acidulée par l'acide sulfurique (différence avec les chlorates).

Acide sulfurique concentré. — Les perchlorates, introduits dans l'acide sulfurique concentré, ne sont pas décomposés à froid (par conséquent, ne colorent pas l'acide), et difficilement si l'on chauffe.

L'acide azotique, l'acide chlorhydrique et l'acide sulfureux sont sans action sur les solutions aqueuses d'acide perchlorique ou des perchlorates (différence avec tous les autres acides du chlore).

Analyse d'un mélange d'azotate, d'azotite, de chlorate et de perchlorate

a. — Recherche des azotites

PREMIER ESSAI. — A une partie de la liqueur acidulée par de l'acide acétique on ajoute quelques gouttes d'empois d'amidon contenant de l'iodure de zinc ou de cadmium, ou de l'iodure de potassium exempt d'iodate : une coloration bleue révèlera la présence des azotites.

DEUXIÈME ESSAI. — On évapore, jusqu'à siccité, dans une capsule de porcelaine, quelques centimètres cubes de la solution primitive. On traite le résidu refroidi par 2 ou 3 centimètres cubes d'un mélange de : phénol pur, une partie, acide acétique cristallisable, dix parties ;

on étend de 4 à 5 centimètres cubes d'eau distillée, on sursature par l'ammoniaque, et s'il s'est produit une coloration jaune, cela indique la présence des azotites.

b. — Recherche des azotates

Une autre partie de la liqueur est additionnée de chlorure d'ammonium solide, et soumise à l'ébullition pendant quelque temps. Les azotites se convertissent, par là, en azotite d'ammonium que la chaleur décompose : $AzO^2AzH^4 = 2H^2O + 2Az$. On essaye, de temps en temps, sur une petite partie du liquide refroidi et acidulé d'acide acétique si la réaction bleue se produit encore par addition de l'empois d'amidon ioduré; lorsqu'elle cesse de se produire, on recherche la présence des azotates, en traitant par le mélange de : phénol, une partie ; acide sulfurique, dix parties; le résidu de l'évaporation de la liqueur privée d'azotites. On reprend par quelques centimètres cubes d'eau distillée, en sursature par l'ammoniaque, et l'on voit apparaître la coloration jaune du nitrophénate d'ammonium formé, s'il y avait des azotates.

c. — Recherche des chlorates et perchlorates

On ajoute de la potasse caustique et de la limure de zinc à une autre portion de la liqueur primitive, et on la soumet à l'ébullition, jusqu'à disparition complète de l'ammoniaque formée aux dépens des azotates : $AzO^3K + 7KOH + H^2O + 4Zn = 4ZnO, K^2O + 3H^2O + AzH^3$.

Dans une partie de ce liquide refroidi et filtré, qui peut renfermer encore des chlorates et des perchlorates, que ce traitement n'a pas détruits, on ajoute de l'acide sulfurique dilué, jusqu'à sursaturation, on colore avec quelques gouttes de sulfate d'indigo, et, lorsqu'on ajoute peu à peu du sulfite de sodium, la liqueur se décolore, s'il y a des chlorates.

A ce qui reste de ce même liquide on ajoute un excès d'acide chlorhydrique et l'on chauffe jusqu'à cessation de tout dégagement de chlore, c'est-à-dire jusqu'à destruction complète des chlorates. On concentre le liquide, qui ne tarde pas à abandonner un précipité blanc de perchlorate de potassium, si de l'acide perchlorique se trouvait présent. On s'assurera que ce précipité est bien du perchlorate, en le faisant déflagrer sur un charbon ardent.

Nota. — On peut aussi reconnaître un chlorate et un azotate mélangés, de la façon suivante : on traite la solution, dans un tube à essai, par la tournure de cuivre et l'acide sulfurique. Le chlorate est d'abord décomposé; il se dégage de l'hypochloride, et la liqueur est verte; puis, au gaz hypochlorique succède l'hypoazotide, et à la solution verte succède la coloration bleue caractéristique de l'azotate.

Si la liqueur contenait aussi un chlorure, il faudrait l'éliminer, par une addition suffisante de sulfate d'argent et filtration, avant d'ajouter le cuivre et l'acide sulfurique.

III. — Chlorites

Ces sels sont, pour la plupart, incolores et solubles dans l'eau. Ils sont doués de propriétés oxydantes très énergiques, et leurs dissolutions se décomposent facilement en donnant un chlorure et un chlorate.

Le gaz carbonique chasse l'acide chloreux des chlorites et les décompose.

Chlorure de baryum. — Rien.

Azotate d'argent. — Précipité blanc, soluble dans beaucoup d'eau.

Azotate de plomb. — Précipité blanc dans les solutions peu étendues. Ce précipité desséché de chlorite de plomb fait explosion après quelque temps lorsqu'on le chauffe à 100 degrés. Lorsqu'on le mélange avec du soufre ou un sulfure métallique, il s'enflamme par le frottement, et même spontanément, en grandes masses, avec explosion.

Permanganate de potassium. — Est décomposé instantanément, en donnant un précipité brun de peroxyde.

Sulfate d'indigo. — Est décoloré aussitôt, même en présence de l'acide arsénieux.

Sulfate ferreux. — Ce réactif, versé en dissolution étendue et faiblement acide dans une solution étendue d'un chlorite, communique à la liqueur une teinte améthyste fugace, qui fait bientôt place à la coloration jaune des sels ferriques (Lanssen). Dans les solutions peu étendues et non acidifiées, le sulfate ferreux produit un précipité brun de peroxyde de fer.

IV. — Hypochlorites

Sels généralement solubles dans l'eau, se décomposant facilement, même à la température ordinaire, en perdant peu à peu de l'oxygène et en laissant un résidu de chlorure et de chlorate. Par l'ébullition, ils se convertissent rapidement en chlorure et chlorate.

Ils décolorent facilement les couleurs végétales, plus rapidement en présence d'un acide libre. Les acides, même faibles, dégagent de l'acide hypochloreux des hypochlorites purs, de formule ClOM; avec l'acide chlorhydrique, il ne se dégage que du chlore, parce que l'excès d'acide, réagissant sur l'acide hypochloreux mis en liberté, le décompose : $HCl + ClOH = H^2O + Cl^2$.

Chlorure de baryum. — Rien.

Azotate d'argent. — Précipité blanc d'hypochlorite, se dédoublant rapidement en chlorure et chlorate.

Azotate de plomb. — Précipité d'abord blanc, puis jaune, rouge et brun (PbO^2).

Sulfate manganeux. — Précipité brun de peroxyde de manganèse hydraté.

Acide chlorhydrique. — Dégagement de chlore, même en solution étendue.

Acide azotique, acide sulfurique. — Dégagement d'acide hypochloreux, quand on les verse dilués dans les solutions d'hypochlorites purs (ClOM). Avec les hypochlorites du commerce, ou chlorures décolorants, l'acide azotique dilué donne de l'acide hypochloreux, mais l'acide sulfurique donne du chlore, comme l'acide chlorhydrique et les autres acides.

Permanganate de potassium. — N'est pas altéré.

Sulfate d'indigo. — Est décoloré lentement par les dissolutions alcalines, rapidement, après addition d'un acide. Si l'on ajoute de l'acide arsénieux à la liqueur d'indigo, la décoloration ne se produit que lorsque tout l'acide arsénieux est passé à l'état d'acide arsénique.

V. — Chlorures

Acétate de plomb. — Précipité blanc de chlorure de plomb, soluble dans beaucoup d'eau, et se reprécipitant à l'état cristallin de sa solution dans l'eau bouillante.

Azotate d'argent. — Précipité blanc, caillebotté, de chlorure d'argent, devenant violacé à la lumière. Il est insoluble dans l'acide azotique étendu, très soluble dans l'ammoniaque, le cyanure de potassium et l'hyposulfite de sodium.

Azotate mercureux. — Précipité blanc, de chlorure mercureux, insoluble dans l'acide azotique, noircissant au contact de l'ammoniaque en donnant un dérivé amidé.

Sels de thallium (sels thalleux). — Précipité blanc de chlorure, soluble dans l'eau bouillante.

Peroxyde de manganèse et acide sulfurique. — Par chaleur, dégagement de chlore.

Bichromate de potassium et acide sulfurique concentré. — Chauffés, dans une petite cornue tubulée avec un chlorure absolument sec, dégagent de l'anhydride chlorochromique rouge-brun foncé :

$$Cr^2O^7K^2 + 3SO^4H^2 + 4KCl = 2CrO^2Cl^2 + 3SO^4K^2 + 3H^2O,$$

lequel, reçu dans de l'eau distillée qu'on neutralise avec de l'ammoniaque, donne du chlorure et du chromate d'ammonium :

$$CrO^2Cl^2 + 4AzH^3 + 2H^2O = CrO^4(AzH^4)^2 + 2AzH^4Cl$$

(le liquide est alors coloré en jaune et présente les réactions des chlorures et des chromates).

Une perle de sel de phosphore, saturée d'oxyde de cuivre et chauffée à la flamme réductrice du chalumeau, avec une substance contenant un chlorure, donne un dard bleu bordé de pourpre. Voir, page 120, la séparation des chlorures, bromures et iodures.

Cyanogène

I. — Cyanures

Les cyanures alcalins s'obtiennent d'une façon générale lorsqu'on calcine les matières organiques azotées avec des alcalis caustiques. Les cyanures des métaux lourds se préparent par double décomposition, en précipitant les dissolutions salines de ces métaux par le cyanure de potassium. Les cyanures alcalins et terreux sont solubles dans l'eau ; les solutions exhalent l'odeur de l'acide cyanhydrique. Ils sont indécomposables par la chaleur, hors du contact de l'air, mais se convertissent en cyanates, lorsqu'on opère la calcination en présence de l'oxygène.

Les cyanures métalliques proprement dits sont insolubles dans l'eau, sauf le cyanure de mercure, lequel est aussi soluble dans l'alcool, ainsi que les cyanures alcalins et quelques cyanures doubles. Ils se décomposent au rouge en laissant un métal ou un carbure métallique, ou un mélange contenant du paracyanogène.

Les cyanures d'argent, de mercure et quelques autres dégagent, lorsqu'on les chauffe, du cyanogène gazeux. Les cyanures sont facilement décomposés par les acides, même par le gaz carbonique, en dégageant de l'acide cyanhydrique. Chauffés en présence de l'eau, tous les cyanures se décomposent en donnant des composés divers. Ce sont des réducteurs énergiques, et, lorsqu'on les fond avec des oxydes métalliques, ils passent à l'état de cyanates en réduisant l'oxyde à l'état de métal.

Ils détonent par la percussion, lorsqu'ils sont mélangés avec des chlorates, et font explosion si on les chauffe après les avoir mélangés aux azotates. Les cyanures métalliques ont une grande tendance à s'unir entre eux pour donner naissance soit à des sels doubles, soit à des composés, tels que : les ferrocyanures, les cobalticyanures, etc. etc. ; c'est pour cette raison que la plupart des cyanures métalliques se dissolvent dans le cyanure de potassium. Les cyanures peuvent aussi contracter des combinaisons avec les iodures, les bromures, les chlorures métalliques, les azotates et les chromates.

Les cyanures alcalins sont incolores et très solubles dans l'eau ; leur réaction est toujours fortement alcaline. Les autres sont incolores ou diversement colorés et pour la plupart insolubles.

Le cyanure mercurique échappe en général aux réactions que nous allons décrire ; pour mettre en évidence la présence de l'acide cyanhydrique dans ce composé, il faut traiter préalablement sa dissolution par l'acide sulfhydrique ou le sulfure d'ammonium pour précipiter le métal, qui contient maintenant le cyanogène à l'état de sulfocyanate.

D'une façon générale, lorsqu'on a à rechercher le cyanogène dans les composés insolubles (cyanures, ferrocyanures, ferricyanures et nitroprussiates métalliques), on les mélange avec de l'hyposulfite de sodium, et on les fond doucement dans un tube à essai. Le résidu refroidi, traité par l'eau acidulée d'acide chlorhydrique et filtré, se colore en rouge intense au contact du perchlorure de fer, par suite de la formation de sulfocyanate ferrique.

Azotate d'argent. — Précipité blanc caillebotté de cyanure, soluble dans un excès de réactif, dans l'ammoniaque et dans l'hyposulfite de sodium, insoluble dans l'acide azotique étendu ; ce précipité dégage au rouge du cyanogène brûlant avec une flamme pourpre, et laisse un résidu d'argent métallique et de paracyanure d'argent.

Sel ferroso-ferrique. — Versé dans la solution d'un cyanure, produit un précipité vert sale, mélange de bleu de Prusse et d'oxyde ferroso-ferrique. En ajoutant de l'acide chlorhydrique, ce dernier se dissout et laisse le bleu de Prusse. Si l'on opère sur une liqueur neutre ou acide, il est nécessaire d'alcaliniser le milieu avec un peu de potasse avant d'y verser le sulfate ferroso-ferrique.

Acide picrique. — Versé dans la solution d'un cyanure alcalin, ou dans une solution d'acide cyanhydrique alcalinisée par la potasse, puis chauffé à l'ébullition, produit une coloration rouge due à la formation du picrocyamiate de potassium :

$C^6H^3(AzO^2)^3O + 3CAzK + 2H^2O = C^8H^4KAz^5O^6 + CO^3K^2 + AzH^3$.

Sulfure d'ammonium. — Quelques gouttes, versées dans la solution d'un cyanure, produisent lorsqu'on évapore au bain-marie, de manière à chasser l'excès de réactif, du sulfocyanate d'ammonium, qu'on met en évidence en ajoutant de l'acide chlorhydrique dilué et une goutte de perchlorure de fer (coloration rouge sang).

Sulfate de cuivre et teinture de gaïac. — Si l'on additionne de la teinture de résine de gaïac récente d'une solution alcoolique de sulfate de cuivre (de façon que le mélange reste bien limpide), puis qu'on y ajoute une goutte de la solution d'un cyanure acidulée avec de l'acide chlorhydrique, ou d'acide cyanhydrique en solution, il se produit une coloration bleue intense, mais fugace.

II. — Ferricyanures

Azotate d'argent. — Précipité orange de ferricyanure d'argent, insoluble dans l'acide azotique, soluble dans l'ammoniaque et dans le cyanure de potassium.

Sulfate ferreux. — Précipité bleu (de Turnbull) Fe^5Cy^{12}, insoluble dans l'acide chlorhydrique.

Perchlorure de fer. — Pas de précipité, coloration brune.

Sulfate de cuivre. — Précipité vert-jaunâtre de ferricyanure de cuivre, insoluble dans l'acide chlorhydrique.

Acide sulfurique. — A chaud, avec l'acide concentré, dégagement d'oxyde de carbone ; avec l'acide étendu, dégagement d'acide cyanhydrique.

III. — Ferrocyanures

Azotate d'argent. — Précipité blanc de ferrocyanure, insoluble dans l'acide azotique et dans l'ammoniaque, soluble dans le cyanure de potassium.

Sels ferreux. — Précipité blanc bleuissant rapidement à l'air.

Perchlorure de fer. — Précipité de bleu de Prusse Fe^7Cy^{18}, insoluble dans l'acide chlorhydrique.

Sulfate de cuivre. — Précipité rouge-brun de ferrocyanure, insoluble dans l'acide chlorhydrique.

Acide sulfurique. — Comme pour les ferricyanures.

IV. — Nitroferricyanures (nitroprussiates)

Azotate d'argent. — Précipité couleur chair de nitroferricyanure $Fe^2Cy^{10}(AzO)^2Ag^4$, insoluble dans l'acide azotique.

Azotate de cobalt. — Précipité couleur saumon de nitroferricyanure $Fe^2Cy^{10}(AzO)^2Co$, insoluble dans l'acide chlorhydrique et dans l'acide azotique.

Sulfures alcalins. — Coloration pourpre-violacé disparaissant peu à peu.

V. — Sulfocyanates

Azotate d'argent. — Précipité blanc de sulfocyanate CAzSAg, insoluble dans l'acide azotique froid, soluble dans l'ammoniaque et dans un excès de sulfocyanate de potassium.

Perchlorure de fer. — Coloration rouge de sang ($Fe^2(CAzS)^6$), laquelle passe dans l'éther avec lequel on l'agite, et que l'acide chlorhydrique ne fait pas disparaître (différence avec acides acétique, formique, butyrique, propionique).

La solution rouge se détruit sous l'influence de la chaleur, ainsi qu'en présence des acides arsénique, phosphorique, iodique, oxalique, et de l'acétate de sodium. Dans ce dernier cas, l'addition d'acide fait reparaître la coloration (différence avec les acides méconique et acétique). Le chlorure d'or détruit aussi la coloration, ce qui n'a pas lieu pour l'acide méconique.

Sulfate de cuivre et acide sulfureux mélangés. — Précipité blanc de sulfocyanate cuivreux, insoluble dans les acides, soluble dans l'ammoniaque.

Acide molybdique dissous dans l'acide chlorhydrique. — Coloration rouge que l'éther enlève au liquide.

Zinc et acide chlorhydrique. — Dégagement d'hydrogène sulfuré.

Sulfocarbonates

L'anhydride sulfocarbonique CS^2 (sulfure de carbone), en se dissolvant dans les solutions des sulfures alcalins, donne naissance à des sulfocarbonates correspondant aux carbonates métalliques.

Lorsqu'on traite les solutions aqueuses des sulfocarbonates alcalins par l'acide chlorhydrique étendu, on obtient un liquide oléagineux, jaune-rougeâtre, insoluble dans l'eau, très acide au tournesol et de saveur piquante, c'est l'acide sulfocarbonique :

$$CS^3K^2 + 2HCl = CS^3H^2 + 2\,KCl.$$

Il est très instable et passe spontanément à l'état d'anhydride sulfocarbonique et d'acide sulfhydrique. Il expulse l'anhydride carbonique des carbonates, en donnant des sulfocarbonates :

$$CO^3K^2 + CS^3H^2 = CS^3K^2 + CO^2 + H^2O.$$

Si l'on verse une solution ammoniacale d'oxyde de nickel dans la solution très étendue des sulfocarbonates normaux, on obtient une coloration groseille ; dans les sulfocarbonates sulfurés, une coloration jaune.

Fluor

FLUORURES

Azotate d'argent. — Rien.

Chlorure de baryum. — Précipité blanc volumineux de fluorure, soluble dans une grande quantité d'acide chlorhydrique. L'ammoniaque ne le précipite que très lentement de la solution.

Chlorure de calcium. — Précipité gélatineux et transparent, difficile à apercevoir. La chaleur ou l'addition d'ammoniaque provoque la séparation du précipité.

A. — Un fluorure à l'état solide, soluble ou insoluble, placé dans un tube à essai, arrosé d'acide sulfurique concentré, puis chauffé, dégage un gaz (HFl) fumant à l'air, d'odeur pénétrante, corrodant le verre.

B. — Si l'on mêle un composé contenant du fluor avec de l'anhydride silicique (sable), et qu'après l'avoir introduit dans un tube à essai on l'arrose d'acide sulfurique concentré et que l'on chauffe doucement, il se dégage du fluorure de silicium :

$$2CaFl^2 + SiO^2 + 2SO^4H^2 = SiFl^4 + 2SO^4Ca + 2H^2O,$$

et lorsqu'on introduit une baguette de verre mouillée d'eau dans l'atmosphère du tube, elle se recouvre d'une pellicule blanche de silice : $3SiFl^4 + 4H^2O = SiO^4H^4 + 2\,SiFl^6H^2$.

Remarque. — Si l'on avait à effectuer la recherche du fluor dans les silicates indécomposables par l'acide sulfurique, il serait indispensable de transformer la substance inattaquable en combinaison décomposable par l'acide sulfurique, avant de l'essayer par les réactions A et B. A cet effet, on les fond dans un creuset de platine avec quatre à cinq parties de carbonate de potassium sodé. Le résidu, repris par l'eau, est acidifié légèrement par de l'acide chlorhydrique froid pour précipiter la silice; on sursature par l'ammoniaque, on fait bouillir pour isoler la silice, et on traite le liquide chaud par le chlorure de calcium, puis on abandonne au repos, pendant quelque temps, pour que le fluorure de calcium se dépose complètement. On recueille le précipité de fluorure sur un filtre, on le dessèche, et on le soumet aux essais indiqués.

Iode

I. — Iodates

Les iodates alcalins sont incolores et solubles, ceux de baryum et d'argent sont insolubles, les autres sont généralement peu solubles. Ces sels déflagrent sur le charbon rouge et forment des mélanges explosifs avec les matières combustibles. Ils sont décomposables au rouge, soit en oxygène et en iodures, soit en iode, oxygène et oxydes métalliques. Les agents réducteurs les décomposent en donnant de l'iodure correspondant ou de l'iode libre.

Acides sulfurique ou azotique. — Rien.

Acide chlorhydrique. — A chaud, dégagement de chlore.

Azotate d'argent. — Précipité blanc cristallin d'iodate, très peu soluble dans l'acide azotique, soluble dans l'ammoniaque.

Chlorure de baryum. — Précipité blanc d'iodate, soluble dans l'acide azotique.

Acide sulfureux. — Dans les solutions d'iodates acidulées par l'acide sulfurique, produit de l'iode libre, reconnaissable à sa réaction bleue sur l'empois d'amidon. Un excès de réactif décolore la liqueur, qui contient alors de l'acide iodhydrique.

Acide sulfhydrique. — Agit de même que l'acide sulfureux, mais produit, en outre, un précipité laiteux de soufre.

II. — Iodures

Azotate d'argent. — Précipité blanc-jaunâtre d'iodure, insoluble dans l'acide azotique étendu et très peu dans l'ammoniaque qui le blanchit, soluble dans le cyanure de potassium et l'hyposulfite de sodium.

Acétate de plomb. — Précipité jaune d'iodure, très peu soluble à froid.

Chlorure mercurique. — Précipité rouge d'iodure mercurique, soluble dans l'iodure de potassium.

Sels de thallium. — Précipité jaune d'iodure, insoluble dans l'eau bouillante.

Sels de palladium (azotate ou chlorure palladeux). — Précipité brun-noir d'iodure palladeux, très peu soluble dans les acides.

Sulfate de cuivre. — Précipité blanc-grisâtre, d'iodure cuivreux, et coloration de la liqueur en brun (iode libre).

Perchlorure de fer. — Mise en liberté d'iode.

Acide azotique chargé de vapeurs nitreuses. — Décompose les iodures, avec mise en liberté d'iode.

Eau chlorée. — Formation d'iode libre reconnaissable, soit avec l'empois d'amidon, qui se colore en bleu, soit par l'agitation avec du chloroforme ou du sulfure de carbone, lesquels s'emparent de l'iode en se colorant en violet. Un excès d'eau chlorée décolore la liqueur en formant du chlorure d'iode.

Acide sulfurique, avec peroxyde de manganèse ou chromate de potassium. — Chauffés dans un tube à essai avec un iodure dégagent des vapeurs violettes d'iode.

Une perle de sel de phosphore saturée d'oxyde de cuivre et chauffée à la flamme réductrice du chalumeau, avec une substance contenant un iodure, donne un dard coloré en vert intense.

Analyse d'un mélange d'iodures, de bromures et de chlorures

Première méthode. — Dans la dissolution des sels, placée dans un long tube à essai, on verse un peu d'eau chlorée, on ajoute quelques gouttes de chloroforme et on agite : le chloroforme se colore en violet. s'il y a de l'iode : $2KI + 2Cl = 2I + 2KCl$. En ajoutant ensuite davantage d'eau chlorée, l'iode passe à l'état de pentachlorure que l'eau transforme en acide iodique incolore :

$$2I + 10Cl + 6H^2O = 2IO^3H + 10HCl$$

Une nouvelle addition d'eau chlorée décompose le bromure :

$$2Kbr + 2Cl = 2Br + 2KCl,$$

et le brome mis en liberté se dissout dans le chloroforme en le colorant en brun.

Deuxième méthode. — On traite la dissolution par un léger excès de chlorure mercurique, on filtre, pour isoler le précipité rouge d'iodure mercurique, et dans la liqueur filtrée on ajoute de l'eau chlorée, puis un peu de chloroforme et on agite : la coloration brune du chloroforme indiquera la présence du brome.

Troisième méthode. — On verse dans la dissolution du sulfate de cuivre, et on y fait passer du gaz sulfureux (le tout à froid) ; tout l'iode de l'iodure se précipite sous forme d'iodure cuivreux, blanc-grisâtre :

$$2SO^4Cu + 2Ki + SO^2 + 2H^2O = Cu^2I^2 + SO^4H^2 + 2SO^4KH.$$

On filtre, on ajoute un excès d'eau chlorée et un peu de chloroforme et on agite : le chloroforme se colore en brun, s'il y a du brome provenant d'un bromure (Personne).

Pour découvrir les chlorures, on mêle la substance primitive bien desséchée, ou le résidu de l'évaporation à sec d'une partie de la dissolution, avec du bichromate de potassium, on l'introduit dans une petite cornue tubulée (v. page 40, fig. 19), on l'arrose avec de l'acide sulfurique concentré et l'on reçoit dans de l'eau distillée les vapeurs qui se dégagent. On neutralise par l'ammoniaque les produits de la distillation dans l'eau distillée, et, s'il y avait des chlorures dans le mélange, il se sera dégagé des vapeurs chlorochromiques que l'ammoniaque aura transformées en chromate et chlorure d'ammonium (voir page 123), le liquide sera coloré en jaune, et, après sursaturation par l'acide acétique, précipitera en jaune clair le chlorure de baryum.

S'il n'y avait dans la substance que des bromures et des iodures, il se produirait des vapeurs colorées de brome et d'iode, lesquelles, reçues dans l'eau distillée et saturées par l'ammoniaque, donnent un liquide incolore, qui ne précipitera pas en jaune le chlorure de baryum acidulé d'acide acétique.

Phosphore

I. — Hypophosphites

Chlorure de baryum, chlorure de calcium, acétate de plomb. — Pas de précipité (différence avec les phosphites).

Azotate d'argent. — Précipité blanc d'hypophosphite noircissant rapidement, surtout sous l'action de la chaleur (argent métallique).

Chlorure mercurique. — Avec un excès de réactif, il se forme lentement à froid, rapidement à chaud, un précipité blanc de chlorure mercureux (si l'hypophosphite est en excès par rapport au réactif, c'est un dépôt gris de mercure métallique qui se forme).

Acide sulfurique. — Chauffé avec les hypophosphites, dégage de l'anhydride sulfureux avec précipité de soufre.

Permanganate de potassium. — Est décoloré presque immédiatement avec dépôt brun d'oxyde.

Zinc et acide sulfurique. — Dégagement d'hydrogène phosphoré, qui noircit le papier humecté d'azotate d'argent et brûle avec une flamme verte.

L'acide hypophosphoreux libre se distingue nettement de l'acide phosphoreux par la réaction suivante : lorsqu'on le chauffe à 60 degrés avec une solution de sulfate de cuivre, il donne un précipité rouge d'hydrure de cuivre Cu^2H^2, soluble dans l'acide chlorhydrique avec dégagement d'hydrogène (Wurtz) ; si l'on chauffe trop fort, c'est un dépôt brun de cuivre métallique qui se produit (voir à l'article Phosphates la réaction commune à tous les composés du phosphore).

II. — Phosphites

Chlorure de baryum, chlorure de calcium. — Précipités blancs de phosphites, ne se produisant pas dans les liqueurs très étendues, solubles dans l'acide acétique.

Acétate de plomb. — Précipité blanc de phosphite, insoluble dans l'acide acétique.

Azotate d'argent ammoniacal. — Précipité noir d'argent métallique, se produisant lentement à froid, rapidement à chaud.

Chlorure mercurique. — Précipité blanc de chlorure mercureux, se produisant lentement à froid, rapidement à chaud.

Permanganate de potassium. — Est réduit avec dépôt d'oxyde brun.

La réduction est beaucoup moins rapide qu'avec les hypophosphites.

Zinc et acide sulfurique. — Dégagement d'hydrogène phosphoré, qui noircit le papier humecté d'azotate d'argent et brûle avec une flamme verte (voir à l'article Phosphates la réaction commune à tous les composés du phosphore).

III. — Phosphates ordinaires (orthophosphates)

Azotate d'argent. — Précipité jaune clair de phosphate PO^4Ag^3, soluble dans l'acide azotique et dans l'ammoniaque. Après la précipitation, la liqueur devient acide, si elle était neutre avant.

Chlorure de baryum. — Précipité blanc de phosphate, soluble dans l'acide chlorhydrique et dans l'acide azotique.

Chlorure de calcium. — Précipité blanc de phosphate, soluble dans les acides, même l'acide acétique, assez soluble dans le chlorure d'ammonium (la solution saturée de sulfate de calcium donne le même précipité).

Sulfate de magnésium, additionné de chlorure d'ammonium et d'ammoniaque. — Précipité blanc cristallin de phosphate ammoniaco-magnésien : $MgAzH^4PO^4 + 12$ aq., très soluble dans les acides, ne se formant bien dans les liqueurs très étendues qu'après agitation prolongée.

Molybdate d'ammonium, dissous dans un grand excès d'acide azotique. — Précipité jaune cristallin de phosphate ammoniaco-molybdique $(AzH^4)^3 PO^4 + (MoO^3)^{11} + 4H^2O$, ne se formant bien qu'à 40 degrés pour des traces de phosphates, très soluble dans l'ammoniaque [1].

Azotate acide de bismuth (solution d'azotate neutre dans l'acide azotique faible). — Précipité blanc et lourd de phosphate, insoluble dans l'acide azotique étendu, surtout lorsqu'il a été obtenu à chaud.

Perchlorure de fer. — Précipité jaunâtre de phosphate, soluble dans l'acide chlorhydrique, insoluble dans l'acide acétique.

L'acide phosphorique libre ne coagule pas l'albumine et ne précipite pas les sels de baryum ou d'argent.

Remarque. — Tous les composés du phosphore, introduits à l'état sec dans un petit tube à essai, et calcinés en présence d'un morceau de sodium ou de fragments de ruban de magnésium, donnent du phos-

[1] L'acide arsénique et les arséniates précipitent aussi ce réactif en jaune, mais le précipité n'apparaît qu'à la température de l'ébullition.

phure correspondant, lequel dégage au contact de l'eau l'odeur caractéristique de l'hydrogène phosphoré et noircit la lame d'argent humide.

IV. — Pyrophosphates

Azotate d'argent. — Précipité blanc de pyrophosphate $P^2O^7Ag^4$, soluble dans l'acide azotique et l'ammoniaque.

Chlorure de baryum. — Précipité blanc de pyrophosphate, soluble dans l'acide chlorhydrique,

Sulfate de magnésium. — Précipité blanc de pyrophosphate, soluble dans un excès de réactif. L'ammoniaque ne le reprécipite pas de cette dissolution.

Chlorure lutéo-cobaltique. — Précipité de paillettes brillantes jaune-rougeâtre pâle.

L'acide pyrophosphorique libre ne coagule pas l'albumine, et ne précipite pas les sels de baryum ou d'argent.

V. — Métaphosphates

Azotate d'argent. — Précipité blanc de métaphosphate $P^2O^6Ag^2$, soluble dans l'acide azotique et dans l'ammoniaque.

Chlorure de baryum. — Précipité blanc de métaphosphate, soluble dans l'acide chlorhydrique.

Sulfate de magnésium, seul ou additionné d'ammoniaque et de chlorure d'ammonium. — Rien.

Chlorure lutéo-cobaltique. — Rien.

L'acide métaphosphorique libre coagule l'albumine, et précipite en blanc les sels de baryum ou d'argent.

Analyse d'un mélange de phosphates, pyrophosphates et métaphosphates

Phosphates. — A une portion de la liqueur on ajoute un excès de mixture magnésienne et on agite vigoureusement (en se servant comme agitateur du canon d'une plume d'oie ébarbée), on filtre le précipité de phosphate ammoniaco-magnésien et on le lave sur le filtre, d'abord avec quelques centimètres cubes de mixture magnésienne, qui sont réunis au liquide d'où l'on a isolé le précipité, puis à l'eau ammoniacale, que l'on rejette. On s'assure que ce précipité est bien du phosphate ammoniaco-magnésien : 1° en constatant sa forme cristalline ; 2° en le faisant dissoudre dans de l'acide azotique faible et le traitant, après ébulition par un excès de réactif molybdique, qui donnera un précipité jaune de phosphate ammoniaco-molybdique, que l'acide azotique ne devra pas redissoudre.

PYROPHOSPHATES. — La liqueur qui s'est écoulée du précipité de phosphate ammoniaco-magnésien est soumise à l'ébullition : un précipité blanc contenant la majeure partie du pyrophosphate de magnésium se formera. Pour s'assurer que ce précipité est bien du pyrophosphate, on le recueille sur filtre, on le lave à l'eau distillée, et, après l'avoir dissous dans l'acide azotique, on le fait bouillir quelque temps pour le transformer en acide phosphorique, que le réactif molybdique précipitera alors en jaune. Une autre portion de cette même liqueur additionnée de chlorure lutéo-cobaltique donnera le précipité jaune-rougeâtre cristallin des pyrophosphates.

MÉTAPHOSPHATES. — Une autre partie de la liqueur primitive sera fortement acidulée d'acide acétique et additionnée d'une solution d'albumine, laquelle donnera un précipité blanc, s'il y a des métaphosphates.

Sélénium

I. — SÉLÉNIURES

Les séléniures, traités dans un tube à essai par de l'acide sulfurique, dégagent de l'acide sélénhydrique H^2Se, à odeur de choux pourri, qui brûle en donnant de l'eau et un dépôt rouge-orangé de sélénium, lequel se dépose sur les parois du tube où on l'enflamme. Ceux des métaux alcalins, ou les séléniures des autres métaux transformés en séléniure de sodium, par fusion avec du carbonate de sodium sur le charbon au feu réducteur, noircissent la lame d'argent humide sur laquelle on les dépose.

II. — SÉLÉNITES

Hydrogène sulfuré. — Donne, dans les dissolutions de l'acide sélénieux ou des sélénites, un précipité jaune à froid, jaune-rouge à chaud, de sulfure de sélénium (mélange de sélénium et de soufre), soluble dans le sulfure d'ammonium.

Chlorure de baryum. — Précipité blanc de sélénite de baryum, soluble dans l'acide azotique et dans l'acide chlorhydrique.

Acide sulfureux. — Donne, dans les dissolutions des sélénites acidifiées par l'acide chlorhydrique, un précipité rouge de sélénium, qui est gris quand on opère à chaud.

Chlorure stanneux. — Précipité rouge de sélénium.

Cuivre métallique. — Noircit immédiatement au contact des dissolutions chaudes acidifiées par l'acide chlorhydrique des sélénites; si on laisse quelque temps le liquide sur le cuivre, il est coloré en rouge clair par le sélénium mis en liberté (Reinsch).

III. — Séléniates

Acide chlorhydrique. — Chauffé à l'ébullition avec les séléniates donne un dégagement de chlore et de l'acide sélénieux : $H^2SeO^4 + 2HCl = H^2SeO^3 + Cl^2 + H^2O$. La liqueur colorée avec du sulfate d'indigo se décolore sous l'influence du chlore mis en liberté.

Acétate de plomb. — Précipité blanc de séléniate, soluble dans l'acide azotique concentré.

Azotate de baryum ou de strontium. — Précipité blanc de séléniate, presque insoluble dans l'acide azotique.

Tous les composés du sélénium, chauffés au feu de réduction, perdent le sélénium, qui colore légèrement la flamme en bleu d'azur. Ils dégagent avec le carbonate de sodium, sur le charbon au feu de réduction, l'odeur caractéristique du raifort. Ils s'y transforment en séléniure de sodium, qui noircit la lame d'argent humide.

Toutes les substances qui contiennent du sélénium, chauffées avec du chlorure d'ammonium dans un petit tube de verre fermé par un bout, donnent un dépôt rouge sur les parois froides du tube. Il se forme dans cette réaction des combinaisons ammoniacales de sélénium, lesquelles se décomposent par la chaleur en eau, en azote et en sélénium. Celui-ci se volatilise avec l'excès de chlorure d'ammonium et le colore en rouge.

Silicium

1° Les silicates alcalins ou les autres silicates insolubles transformés en silicates alcalins par fusion avec quatre à cinq parties d'un mélange, à parties égales, de carbonate de potassium et de sodium donnent, par les acides, un précipité gélatineux de silice hydratée, qui est presque insoluble, et s'insolubilise complètement si l'on évapore à sec;

2° Si l'on mélange un silicate finement pulvérisé (ou de la silice) avec le double de spath fluor (fluorure de calcium), et qu'après avoir introduit le mélange dans un creuset de platine on l'arrose avec de l'acide sulfurique concentré, puis que l'on chauffe doucement, il se dégage du fluorure de silicium, et, si l'on approche de la surface du mélange un fil de platine, dont l'extrémité roulée en spirale retient une goutte d'eau, on voit bientôt cette goutte se recouvrir d'une pellicule de silice, provenant de la décomposition du fluorure de silicium au contact de l'eau : $2CaFl^2 + SiO^2 + 2SO^4H^2 = SiFl^4 + 2SO^4Ca + 2H^2O$; et $3SiFl^4 + 4H^2O = SiO^4H^4 + 2SiFl^6H^2$.

Soufre

I. — Sulfures[1]

Acides. — Dégagement d'hydrogène sulfuré, reconnaissable à son odeur ou à la coloration noire qu'il produit sur le papier humecté d'acétate de plomb.

Nitroprussiate de sodium. — Coloration violet-pourpre intense, ne se produisant pas avec l'acide sulfhydrique.

Lame d'argent. — Une goutte déposée sur la lame produit une tache noire.

1° Tous les sulfures métalliques insolubles et tous les composés qui contiennent du soufre libre ou non oxydé, fondus dans une cuiller de platine avec de l'hydrate de potasse, donnent du sulfure alcalin, dont la dissolution aqueuse possède les caractères et les réactions que nous venons d'indiquer ;

2° Pour déceler l'existence de traces de sulfures solubles en présence d'alcalis libres ou carbonatés, on verse dans le liquide quelques gouttes d'une solution alcaline d'oxyde de plomb (préparée en traitant une solution d'acétate de plomb par un excès de lessive de soude et filtrant) : il se produira un précipité noir de sulfure, ou encore une coloration brune appréciable, alors que le nitroprussiate de sodium n'accusera plus rien.

Distinction des polysulfures, monosulfures et sulfhydrates de sulfures

Les polysulfures sont facilement reconnaissables par le dégagement d'hydrogène sulfuré et le dépôt laiteux de soufre qu'ils donnent au contact des acides : $Na^2S^2 + 2HCl = H^2S + S + 2NaCl$.

[1] Pour les caractères des sulfures, voir les différents métaux.

Les monosulfures et les sulfhydrates de sulfures se décomposent au contact des acides, avec dégagement d'hydrogène sulfuré, sans dépôt de soufre : $Na^2S + 2HCl = H^2S + 2NaCl$, et $2NaHS + 2HCl = 2H^2S + 2NaCl$.

Le sulfate de manganèse produit, dans les monosulfures, un précipité de sulfure manganeux sans dégagement d'hydrogène sulfuré : $SO^4Mn + Na^2S = MnS + SO^4Na^2$. Dans les sulfhydrates de sulfures, il y a également précipitation de sulfure manganeux, mais aussi dégagement d'hydrogène sulfuré : $SO^4Mn + 2NaHS = MnS + H^2S + SO^4Na^2$.

Le carbonate de cadmium donne, avec les monosulfures, un précipité de sulfure de cadmium, sans aucun dégagement gazeux : $CO^3Cd + Na^2S = CdS + CO^3Na^2$. Avec les sulfhydrates de sulfures, il y a de plus dégagement d'anhydride carbonique : $2CO^3Cd + 2NaHS = 2CdS + CO^3Na^2 + H^2O + CO^2$.

Lorsqu'on chauffe une dissolution de chloral avec un monosulfure, il se produit une coloration rouge intense avec un dépôt de soufre et d'un composé brun complexe (C. Baudrimont). Avec les sulfhydrates de sulfures, il ne se produit qu'un précipité de soufre, sans coloration. Mais cette coloration se produit aussi avec les polysulfures (quoique moins intense) et d'autres composés sulfurés, notamment avec les hyposulfites et les sels de la série thionique.

II. — Hydrosulfites

Ces sels très instables, découverts par M. Schutzenberger, se produisent lorsqu'on fait agir, à froid, le zinc réduit en copeaux sur une solution de sulfite acide de sodium d'une densité égale à 35 degrés Baumé; l'hydrogène naissant, qui se produit dans ces conditions, réduit une partie de l'acide sulfureux, lui enlève un atome d'oxygène et le transforme en hydrosulfite de sodium : $3SO^3NaH + Zn = SO^3Zn + SO^3Na^2 + H^2O + SO^2NaH$. La formule du bisulfite de sodium étant SO^3NaH, celle de l'hydrosulfite est SO^2NaH. L'acide hydrosulfureux SO^2H^2, auquel certains auteurs attribuent la formule $S^2O^4H^2$, n'a pu être isolé. Il se décompose spontanément en donnant de l'acide thiosulfurique, qui se dédouble ultérieurement : $2SO^2H^2 = S^2O^3H^2 + H^2O = SO^3H^2 + S$.

Air ou oxygène. — Les hydrosulfites absorbent énergiquement l'oxygène de l'air en se transformant en sulfites acides.

Sulfate d'indigo. — Est décoloré instantanément; la coloration reparaît par agitation à l'air.

Acides. — Coloration jaune.

Azotate d'argent. — A froid, dépôt gris-noirâtre d'argent métallique.

Sulfate de cuivre ammoniacal. — A froid, précipité jaune-rouge d'hydrure cuivreux ou d'un mélange d'hydrure et de cuivre, si le réactif est en excès.

III. — Hyposulfites (thiosulfates)

Acides. — A froid, après quelque temps, plus rapidement à chaud, précipitation de soufre et dégagement d'anhydride sulfureux à odeur piquante.

Azotate d'argent. — Précipité blanc d'hyposulfite, soluble dans un excès de solution d'hyposulfite. Ce précipité, à froid lentement, de suite à chaud, devient noir en se transformant en sulfure d'argent.

Chlorure de baryum. — Précipité blanc, soluble dans beaucoup d'eau, décomposable par l'acide chlorhydrique.

Chlorure mercurique. — Précipité blanc devenant rapidement noir à chaud (sulfure); à froid, si le réactif est en excès, le précipité reste blanc.

Perchlorure de fer. — Coloration violet-rouge qui disparaît peu à peu, le sel ferrique se réduisant à l'état de sel ferreux.

Acide chromique, permanganate de potassium. — Sont réduits.

Iodure d'amidon, solution d'iode. — Sont décolorés.

Zinc et acide chlorhydrique. — Dégagement d'acide sulfhydrique (voir la remarque à l'article Sulfites).

Sels de la série thionique

A. *Dithionates.* — Ces sels, de formule $S^2O^6M^2$, sont solubles dans l'eau et décomposables par la chaleur en sulfates et anhydride sulfureux, sans dépôt de soufre. Les acides, surtout à chaud, donnent rapidement naissance à la même réaction, avec production d'acide sulfurique libre. L'amalgame de sodium les convertit en sulfites : $S^2O^6Na^2 + 2Na = 2SO^3Na^2$. Les sels de baryum et de plomb ne les précipitent pas.

B. *Trithionates.* — Ces sels qui correspondent à l'acide $S^3O^6H^2$ sont solubles et peu stables; ils donnent, sous l'influence de la chaleur seule ou par l'addition d'un acide, des sulfates et de l'anhydride sulfureux avec dépôt de soufre. Les trithionates alcalins donnent à l'ébullition, avec le sulfate de cuivre, un précipité noir de sulfure et de l'acide sulfurique. Cette réaction ne se produit pas en présence d'un sulfite. Le monosulfure de potassium les transforme en hyposulfites, sans dépôt de soufre : $S^3O^6K^2 + K^2S = 2S^2O^3K^2$. Par une longue ébullition avec une solution de potasse, les trithionates se convertissent en sulfites et en hyposulfites.

Azotate d'argent. — Précipité blanc devenant jaune, brun et noir, par un contact prolongé avec la lumière.

Azotate mercureux. — Précipité noir devenant bientôt blanc et qui ne change pas de couleur à l'ébullition. En présence d'un grand excès de trithionate, le précipité reste noir.

Chlorure mercurique. — Précipité blanc à froid, devenant rapidement noir à l'ébullition (sulfure) ou lentement avec le temps.

Acide chromique, permanganate de potassium. — Transforment les trithionates en sulfates, en se réduisant.

C. *Tétrathionates.* — Sels correspondant à l'acide $S^4O^6H^2$. Ils sont solubles dans l'eau et insolubles dans l'alcool. Quoique assez instables, ils le sont moins que les trithionates et les pentathionates. Le monosulfure de potassium, à l'ébullition, les dédouble en hyposulfites et soufre libre : $S^4O^6K^2 + K^2S = 2SO^3K^2 + S$.

Azotate d'argent. — Précipité jaune, devenant brun et noir, surtout à chaud (sulfure mêlé de soufre). La liqueur contient alors de l'acide sulfurique.

Sulfate de cuivre. — Précipité brun (sulfure mêlé de soufre) après ébullition prolongée.

Azotate mercureux. — Précipité jaune à froid, devenant noir à l'ébullition.

Chlorure mercurique. — Précipité jaunâtre de sulfure mêlé de soufre.

En solution ammoniacale, les tétrathionates ne sont précipités ni par l'azotate d'argent ammonical, ni par la solution ammoniacale de cyanure de mercure, ce qui les distingue des pentathionates (Kessler).

D. *Pentathionates.* — Sels correspondant à l'acide $S^5O^6H^2$. Ce sont les plus instables de la série. Ils se décomposent lorsqu'on concentre leurs solutions. Conservés à la température ordinaire, ils donnent du soufre et de l'acide tétrathionique. En solution étendue, ils ne sont pas détruits par l'acide chlorhydrique dilué. Par ébullition avec la potasse, ils se convertissent en hyposulfites. Les réactions sont les mêmes que celles des tétrathionates. Mais, l'acide pentathionique, mêlé rapidement avec un excès d'ammoniaque, donne, avec l'azotate d'argent ammoniacal, un précipité brun, qui devient bientôt noir.

IV. — Sulfites

Acides. — Dégagement d'anhydride sulfureux, sans dépôt de soufre.

Acide chromique, permanganate de potassium. — Sont réduits.

Chlorure mercurique. — Précipité blanc ne noircissant pas.

Chlorure de baryum. — Précipité blanc, très peu soluble dans l'eau, soluble dans l'acide chlorhydrique.

Perchlorure de fer. — Pas de coloration autre que celle du réactif, lequel se décolore peu à peu, le sel ferrique passant à l'état de sel ferreux.

Zinc et acide chlorhydrique. — Dégagement d'hydrogène sulfuré.

Nitroprussiate de sodium. — La solution des sulfites aciduléе par l'acide acétique, additionnée de nitroprussiate de sodium, puis d'une quantité un peu plus grande de sulfate de zinc, donne un précipité ou une coloration rouge-pourpre (différence avec les hyposulfites).

Remarque. — Pour découvrir des traces de sulfites ou d'hyposulfites dans une solution ou une liqueur quelconque, on l'introduit dans un flacon à deux tubulures, dont l'une est fermée par un bouchon qui reçoit un tube plongeant jusqu'au fond du flacon ; l'autre bouchon est traversé par un tube d'issue, qui ne pénètre pas profondément à l'intérieur et qui se recourbe deux fois à l'extérieur à angle droit et plonge dans une éprouvette contenant une solution de chlorure de baryum saturée de brome. La liqueur étant fortement acidifiée par l'acide chlorhydrique, on la fait traverser par un courant d'air ou de gaz carbonique ; l'anhydride sulfureux provenant des sulfites ou hyposulfites, entraîné par le courant d'air, se rend dans le chlorure de baryum saturé de brome et donne naissance à un précipité blanc de sulfate de baryum :

$$SO^2 + 2Br + 2H^2O + BaCl^2 = SO^4Ba + 2HCl + 2HBr.$$

Pour déceler les sulfites et les hyposulfites en présence des sulfures solubles, on traite la solution par un léger excès de sulfate de zinc, on filtre pour séparer le sulfure de zinc formé ; dans une partie de la liqueur on recherche les hyposulfites par la réaction des acides et par celle du perchlorure de fer ; dans l'autre, on recherche les sulfites par le nitroprussiate de sodium, que l'on ajoute directement, après avoir acidifié avec de l'acide acétique.

V. — Sulfates

Chlorure de baryum. — Précipité blanc, pulvérulent et lourd de sulfate, insoluble dans les acides.

Acétate de plomb. — Précipité blanc de sulfate, insoluble dans l'acide azotique étendu, soluble dans l'acide concentré et bouillant. Il se dissout aussi dans le tartrate d'ammonium.

Zinc et acide chlorhydrique. — Rien.

Chauffés au chalumeau, sur le charbon, avec de la soude, à la flamme réductrice, les sulfates se convertissent en sulfure de sodium. Le résidu détaché du charbon noircit la lame d'argent humide, et le charbon dans lequel la masse fondue a pénétré dégage de l'hydrogène sulfuré, lorsqu'on l'humecte d'un peu d'acide.

Si l'on évapore une solution contenant de l'acide sulfurique libre, en présence d'un peu de sucre de canne, elle ne tarde pas à noircir.

Tellure

I. — Tellurures

Les tellurures, traités dans un tube à essai par de l'acide sulfurique, dégagent de l'acide tellurhydrique H^2Te, à odeur de raves pourries, brûlant en donnant de l'eau et un dépôt noir de tellure, qui se dépose sur les parois du tube où on l'enflamme. Ceux des métaux alcalins, ou les tellurures des autres métaux transformés en tellurure de sodium, par fusion avec du carbonate de sodium, sur le charbon, au feu réducteur, noircissent la lame d'argent humide sur laquelle on les dépose.

II. — Tellurites

Hydrogène sulfuré. — Donne, dans les dissolutions des tellurites ou d'acide tellureux, un précipité brun de sulfure, soluble dans le sulfure d'ammonium et dans les alcalis.

Chlorure de baryum. — Précipité blanc de tellurite, soluble dans l'acide azotique ou l'acide chlorhydrique.

Acide sulfureux, chlorure stanneux. — Donnent dans les dissolutions des tellurites un précipité noir de tellure métalloïdique.

Zinc métallique. — Dépôt noir de tellure.

III. — Tellurates

Acide chlorhydrique. — Chauffé à l'ébullition avec les tellurates, donne un dégagement de chlore et de l'acide tellureux, qui peut précipiter par l'eau en blanc : $H^2TeO^4 + 2HCl = H^2TeO^3 + Cl^2 + H^2O$.

La liqueur colorée par du sulfate d'indigo se décolore sous l'influence du chlore mis en liberté.

Chlorure de baryum. — Précipité blanc de tellurate, soluble dans l'acide azotique ou l'acide chlorhydrique.

Lorsqu'on grille, dans le tube ouvert, les tellurures naturels, ils donnent de l'anhydride tellureux blanc qui se sublime.

L'acide tellureux donne, avec le borax ou le sel de phosphore, dans les deux flammes, des perles incolores. Si on le fond avec du carbonate de sodium et de la poudre de charbon, dans le tube fermé, et qu'on le traite, après refroidissement, par quelques gouttes d'eau distillée, on obtient une dissolution rouge pourpre de tellurure de sodium ; la dissolution du séléniure de sodium est d'un rouge de sang.

Tous les composés du tellure, chauffés sur le charbon, à la flamme réductrice, se réduisent en donnant du tellure qui se volatilise, s'oxyde et forme autour de l'essai une auréole blanche, orangée sur les bords, d'anhydride tellureux. Ce caractère pourrait faire confondre le tellure avec l'antimoine, le bismuth ou le sélénium, mais l'odeur permettra de distinguer le sélénium ; de plus, en dirigeant le dard réducteur sur l'auréole du tellure, celle-ci disparaît en colorant la flamme en vert-bleuâtre, tandis que l'antimoine aurait donné dans les mêmes circonstance une coloration blanc-bleuâtre, et que le bismuth n'aurait fourni aucune coloration.

Fondus avec du carbonate de sodium, sur le charbon, au feu réducteur, ils donnent du tellurure qui noircit la lame d'argent humide.

III. — SELS ORGANIQUES

Acétates

Azotate d'argent. — En liqueur neutre, précipité blanc cristallin, soluble dans l'eau bouillante, dans l'acide azotique ou dans l'ammoniaque.

Azotate mercureux. — Précipité blanc cristallin, soluble dans l'eau bouillante et dans l'acide azotique.

Chlorure mercurique. — Rien, même à l'ébullition (différence avec l'acide formique).

Perchlorure de fer. — Coloration rouge-brun, que l'acide chlorhydrique fait virer au jaune (différence avec l'acide sulfocyanique). Par l'ébullition, il se forme un précipité brun d'hydrate ferrique, et, si l'acétate est en excès, la décoloration de la liqueur est complète.

Acide sulfurique. — Chauffé avec un acétate dégage des vapeurs piquantes d'acide acétique.

Acide sulfurique et alcool. — Si l'on chauffe la solution d'un acétate avec un mélange, à volumes égaux, d'acide sulfurique concentré et d'alcool fort, il se dégage des vapeurs d'éther acétique, dont l'odeur est très caractéristique.

Acide arsénieux. — Les acétates secs, chauffés dans un tube à essai, avec de l'acide arsénieux, dégagent l'odeur fétide, alliacée, du cacodyle (cette réaction se produit aussi avec les butyrates, propionates, etc.).

Benzoates

Mélange d'alcool, de chlorure de baryum et d'ammoniaque. — Pas de précipité (différence avec l'acide succinique).

Chlorure de calcium. — Rien, même après addition d'alcool.

Azotate d'argent. — Précipité blanc de benzoate, soluble dans l'eau bouillante, dans les acides et dans l'ammoniaque.

Acétate de plomb. — Précipité blanc de benzoate, soluble dans un excès de réactif et dans l'acide acétique, insoluble dans l'ammoniaque.

Perchlorure de fer. — Précipité volumineux de benzoate ferrique couleur de chair. Ce précipité, recueilli sur un filtre et épuisé par une petite quantité d'acide chlorhydrique, se dissout en laissant de l'acide benzoïque solide.

Acides. — Dans les dissolutions concentrées, précipité blanc cristallin d'acide benzoïque, soluble dans l'eau bouillante, d'où il se sépare par refroidissement en lamelles brillantes. Dans les liqueurs étendues il ne se produit pas de précipité, mais, si l'on agite avec de l'éther, celui-ci enlève l'acide benzoïque et l'abandonne par évaporation.

Remarque. — Pour déceler la présence des benzoates et des succinates dans un mélange, on traite la solution par le perchlorure de fer, on recueille sur filtre le précipité mixte de benzoate et de succinate ferriques, et, après l'avoir lavé, on le fait tomber dans une capsule de porcelaine et on le chauffe avec de l'ammoniaque. Dans une partie de la solution ammoniacale filtrée et concentrée, on recherche l'acide benzoïque, à l'aide de l'acide chlorhydrique, et dans l'autre l'acide succinique, par le mélange de chlorure de baryum, alcool et ammoniaque.

Butyrates

Azotate d'argent. — Précipité blanc cristallin, soluble dans l'eau bouillante, dans l'acide azotique ou dans l'ammoniaque.

Azotate mercureux. — Précipité blanc cristallin, soluble dans l'eau bouillante et dans l'acide azotique.

Chlorure mercurique. — Rien, même à l'ébullition (différence avec l'acide formique).

Perchlorure de fer. — Coloration rouge-brun, que l'acide chlorhydrique fait virer au jaune (différence avec l'acide sulfocyanique). Par l'ébullition prolongée, il se forme un précipité brun d'hydrate ferrique, et, si le butyrate est en excès, la liqueur se décolore.

Acétate basique de plomb. — Précipité blanc volumineux de sous-sel $(C^4H^7O^2)^2$ Pb + 2PbO (différence avec les acétates).

Acide sulfurique. — Chauffé avec un butyrate dégage des vapeurs piquantes d'acide butyrique à odeur de beurre rance.

Acide sulfurique et alcool. — Si l'on chauffe la solution d'un butyrate avec un mélange, à volumes égaux, d'acide sulfurique concentré et d'alcool fort, il se dégage du butyrate d'éthyle à odeur d'ananas.

Acide arsénieux. — Les butyrates secs, chauffés dans un tube à essai avec de l'acide arsénieux, dégagent une odeur alliacée, fétide (arséniure de tritylo). Voir, page 43, la recherche systématique des acides acétique, formique, butyrique, propionique et valérique.

Carbonates

Acides. — Dégagement effervescent de gaz carbonique inodore et troublant l'eau de chaux.

Chlorure de baryum, chlorure de calcium. — Précipités blancs de carbonates, solubles dans les acides avec dégagement d'anhydride carbonique.

Azotate d'argent. — Précipité blanc légèrement jaunâtre de carbonate, soluble dans l'ammoniaque, et avec effervescence dans l'acide azotique.

Perchlorure de fer. — Précipité rouge-brun d'hydrate et dégagement d'anhydride carbonique.

Cinnamates

Azotate d'argent. — Précipité blanc de cinnamate, insoluble dans l'eau bouillante, soluble dans les acides, dans l'ammoniaque et dans un excès de cinnamate alcalin.

Perchlorure de fer. — Précipité jaune de cinnamate ferrique.

Ce précipité, recueilli sur un filtre et épuisé par une petite quantité d'acide chlorhydrique, se dissout en laissant de l'acide cinnamique solide.

Acides. — Dans les solutions concentrées, précipité blanc cristallin d'acide cinnamique, se dissolvant dans beaucoup d'eau bouillante, d'où il se sépare par refroidissement en aiguilles ou en lamelles cristallines. Dans les liqueurs étendues, il ne se produit pas de précipité, mais, si l'on agite avec de l'éther, celui-ci enlève l'acide cinnamique, et l'abandonne par évaporation.

Bichromate de potassium et acide sulfurique. — La solution des cinnamates, chauffée, dans un tube à essai, avec du bichromate de potassium et de l'acide sulfurique, réduit le réactif qui devient vert et dégage l'odeur d'essence d'amandes amères (hydrure de benzoyle).

Permanganate de potassium. — La solution des cinnamates, acidifiée par l'acide chlorhydrique et traitée par une solution au millième de permanganate de potassium, décolore le réactif, et, si l'on chauffe, il se développe l'odeur de l'essence d'amandes amères.

Ces deux dernières réactions distinguent nettement l'acide cinnamique de l'acide benzoïque.

Citrates

Acide sulfurique. — Chauffé avec un citrate solide, dégage d'abord un mélange d'oxyde de carbone et d'anhydride carbonique, puis le mélange noircit et dégage de l'anhydride sulfureux. Si l'on ajoute du peroxyde de manganèse, on perçoit l'odeur de l'acétone.

Chlorure de calcium. — Précipité blanc de citrate de calcium, insoluble dans la potasse ou la soude, mais soluble dans le chlorure d'ammonium. Si l'on chauffe la solution du citrate de calcium dans le chlorure d'ammonium, le précipité se reforme de nouveau et il est alors cristallin et insoluble dans le chlorure d'ammonium (différence avec le l'acide tartrique).

Acétate de plomb. — Précipité blanc de citrate, facilement soluble après lavage dans l'ammoniaque (différence avec le malate de plomb).

Azotate d'argent. — Précipité blanc floconneux, ne noircissant que très peu par l'ébullition, même après addition d'ammoniaque (différence avec les tartrates).

Lorsqu'on traite la solution des citrates par un grand excès d'acétate de baryum acidulé d'acide acétique, puis que l'on chauffe le tout au bain-marie pendant longtemps, le précipité de citrate de baryum, qui s'était formé, devient cristallin et prend la forme de prismes clinorhombiques très nets. Le précipité de tartrate de baryum ne se comporte pas de même.

Cyanates (isocyanates)

L'acide cyanique ou mieux la carbimide COAzH est un liquide incolore, mobile, très caustique, d'une odeur piquante qui provoque les larmes. Il s'obtient par l'action de la chaleur sur son polymère, l'acide cyanurique : $C^3H^3Az^3O^3$. Il n'existe à l'état libre qu'à la température de 0 degré ; au-dessus de ce point, il s'échauffe violemment en produisant une légère explosion et en se transformant en un polymère $(CAzOH)^x$, semblable à la porcelaine, insoluble dans tous les dissolvants, et nommé *cyamélide*. La solution aqueuse d'acide cyanique rougit le tournesol et se décompose bientôt en anhydride carbonique, ammoniaque et urée. Les combinaisons de l'acide cyanique avec les alcalis sont solubles dans l'eau et ne sont pas décomposées par la calcination. Leurs solutions aqueuses sont peu stables.

Acétate de plomb. — Précipité blanc cristallin de cyanate de plomb, soluble dans l'eau bouillante (différence avec les cyanures).

Azotate d'argent. — Précipité blanc de cyanate, lequel chauffé se décompose avec dégagement de gaz, incandescence et même explosion. Il est très soluble dans l'ammoniaque et dans l'acide azotique.

Acides. — Pas de dégagement d'acide cyanhydrique (différence avec les cyanures, ferrocyanures, ferricyanures et nitroprussiates). Odeur piquante due au dégagement effervescent de gaz carbonique mélangé de carbimide.

Zinc et acide chlorhydrique. — Pas de dégagement d'acide cyanhydrique (différence avec les cyanures, ferrocyanures, ferricyanures et nitroprussiates). Formation de formiamide : $COAzH + H^2 = H^2AzCOH$.

Formiates

Perchlorure de fer. — Mêmes réactions qu'avec les acétates (voir page 142).

Azotate d'argent. — Les solutions concentrées donnent un précipité blanc cristallin de formiate noircissant rapidement à froid, instantanément à chaud, en donnant de l'argent métallique. Les solutions étendues ne donnent pas de précipité, mais, à l'ébullition, il se produit un précipité d'argent métallique. La réduction ne se produit pas en présence d'un excès d'ammoniaque.

Chlorure mercurique. — A froid, pas de précipité, à chaud précipité blanc de chlorure mercureux, devenant gris (mercure métallique).

Acide sulfurique. — A froid, odeur piquante de l'acide formique; à chaud, dégagement d'oxyde de carbone combustible avec une flamme bleue.

Acide sulfurique et alcool. — Les solutions des formiates, chauffées dans un tube à essai avec des volumes égaux d'acide sulfurique et d'alcool, donnent des vapeurs d'éther formique, dont l'odeur rappelle un peu celle des noyaux de pêche.

Acide chromique. — La solution aqueuse oxyde l'acide formique et le dédouble en anhydride carbonique et eau (différence avec les acides acétique, propionique, butyrique, valérianique).

Gallates

Les gallates secs sont inaltérables à l'air et se conservent en solution acide, mais en solution alcaline ils absorbent de l'oxygène et brunissent.

Les réactions que nous allons indiquer se rapportent à l'acide gallique en solution.

Azotate d'argent. — Précipité noir d'argent métallique réduit.

Chlorure d'or. — Précipité brun d'or pulvérulent.

Perchlorure de fer. — Précipité noir-bleu.

Solutions d'alcaloïdes et solution de gélatine. — Pas de précipité.

Acide sulfurique concentré. — Dissout l'acide gallique; la solution étendue précipite de l'acide rufigallique rouge-brun.

Acide pyrogallique

Azotate d'argent, chlorure d'or. — Mêmes réactions que l'acide gallique.

Perchlorure de fer. — Coloration rouge (différence avec les acides tannique et gallique).

Sulfate ferrique. — Coloration bleue (différence avec les acides tannique et gallique).

Lait de chaux. — Coloration pourpre, puis brune.

L'acide pyrogallique en présence des alcalis brunit rapidement en absorbant l'oxygène de l'air.

Acide digallique ou tannin

Lorsqu'on soumet le tannin à l'action de la chaleur, il se transforme en acide pyrogallique qui se sublime. Sa dissolution aqueuse s'altère rapidement en brunissant. Ses combinaisons avec les alcalis sont solubles dans l'eau et s'oxydent rapidement au contact de l'air en se colorant en rouge, puis en brun. La plupart des tannates proprement dits sont insolubles.

Perchlorure de fer. — Précipité noir-bleu.

Solution de gélatine, solutions d'alcaloïdes, solution d'albumine. — Sont précipitées.

Solution d'émétique. — Précipité blanc.

Acétate de cuivre. — Précipité brun chocolat.

Si l'on verse une goutte d'une solution de tannin dans 2 ou 3 centimètres cubes d'une solution faible d'iode à 0 gr. 50 d'iode pour 100 cc.) et qu'on agite, on obtient une liqueur incolore ; si ensuite on y verse une goutte d'ammoniaque très diluée, il se produit, lorsqu'on agite, une liqueur d'un rouge écarlate à reflets rouge cramoisi.

Hippurates

La plupart des hippurates sont solubles dans l'eau ; une partie d'entre eux cristallisent bien. Les solutions suffisamment concentrées traitées par l'acide chlorhydrique abandonnent de l'acide hippurique sous forme de longues aiguilles.

L'acide hippurique (benzoïle glycocolle $C^9H^9AzO^3$) cristallise en longs prismes rhombiques incolores, transparents, d'une saveur légèrement acide et amère. Il est soluble dans six cents parties d'eau à 0 degré. L'eau bouillante et l'alcool le dissolvent aisément ; l'éther ne le dissout pas sensiblement, à moins qu'on le laisse longtemps en contact avec ce dissolvant. Par la chaleur, il fond d'abord et se décompose ensuite en acide benzoïque, qui se sublime, benzonitrile, acide cyanhydrique, etc., en même temps qu'il se fait un résidu charbonneux. Il se comporte comme les acides en général ; sous l'influence des acides minéraux étendus et bouillants il se décompose en acide benzoïque et en glycocolle : $C^9H^9AzO^3 + H^2O = C^7H^6O^2 + C^2H^5AzO^2$. Les alcalis bouillants opèrent un dédoublement analogue. Mis en contact avec des substances en fermentation ou en putréfaction, l'acide hippurique se transforme en acide benzoïque ; c'est pour cette raison que souvent on ne peut plus parvenir à l'extraire de l'urine ancienne. Bouilli avec du bioxyde de manganèse et de l'acide sulfurique très dilué, l'acide hippurique passe à l'état d'acide benzoïque, tandis qu'il se dégage de l'anhydride carbonique et de l'ammoniaque.

L'acide sulfurique concentré dissout l'acide hippurique ; si l'on vient à chauffer, la solution brunit, de l'anhydride benzoïque se sublime.

Si l'on fait agir l'acide azoteux sur l'acide hippurique, ou bien si l'on dirige du bioxyde d'azote dans une solution d'acide hippurique dans l'acide azotique, il se transforme, avec dégagement d'azote, en un acide non azoté, l'acide benzoyglycolique $C^9H^8O^4$, lequel cristallise en prismes incolores, difficilement solubles dans l'eau. La même décomposition a lieu si l'on dissout de l'acide hippurique dans un excès de lessive de potasse étendue et si l'on traite la solution à froid par le gaz chlore, jusqu'à ce qu'il ne se dégage plus d'azote.

Pour rechercher de faibles quantités d'hippurates ou d'acide hippurique, on traite la solution par un excès d'acide azotique concentré, on fait bouillir, et l'on évapore à siccité. Le résidu, calciné dans un tube de verre, dégage l'odeur d'amandes amères du nitrobenzol. L'acide benzoïque se comporte de même, mais le caractère suivant empêche la confusion de ces deux acides : en les chauffant dans le tube de verre, l'acide benzoïque se volatilise en épaisses fumées blanches, l'acide hippurique se décompose, et, si l'on élève la température, exhale l'odeur d'acide cyanhydrique. Quant à l'acide cinnamique, l'odeur spéciale de cannelle masque toute autre odeur ; d'ailleurs, les acides benzoïque et cinnamique précipitent le chlorure ferrique en brun et en jaune, et l'acide cinnamique, au contact du bichromate de potassium et de l'acide sulfurique dilué, exhale l'odeur de l'essence d'amandes amères, ce que ne fait pas l'acide hippurique.

Remarque. — Pour la séparation de l'acide hippurique d'avec l'acide urique, l'acide benzoïque et tous les autres acides organiques, voir page 159.

Lactates

L'acide lactique est liquide, sirupeux, incolore, inodore et d'une saveur mordante très acide. Soumis à la distillation, il se décompose en lactide, aldéhyde, oxyde de carbone et eau. Lorsqu'on distille sa dissolution aqueuse, il passe un peu d'acide lactique entraîné par la vapeur d'eau. Chauffé avec de l'acide sulfurique étendu, il se dédouble en aldéhyde et acide formique; avec l'acide sulfurique concentré, il dégage de l'oxyde de carbone pur. L'acide azotique le transforme à l'ébullition en acide oxalique. Sa densité est égale à 1,215, il est soluble en toutes proportions dans l'eau, dans l'alcool et dans l'éther.

Les lactates sont tous solubles dans l'eau et supportent, sans décomposition, une température de 170 degrés. Ceux des métaux alcalins ne sont pas cristallisables.

Pour rechercher l'acide lactique dans un liquide où il se trouverait mêlé à d'autres acides organiques qui l'accompagnent ordinairement, on neutralise le liquide par l'eau de baryte, et l'on filtre; on distille la liqueur filtrée avec de l'acide sulfurique, pour expulser les acides volatils, et on la traite par un grand excès d'alcool absolu, puis on filtre. Le liquide alcoolique mélangé avec un lait de chaux est évaporé à siccité au bain-marie. On dissout le résidu dans l'eau bouillante, on filtre, et ans la liqueur filtrée on dirige un courant de gaz carbonique, afin de précipiter la chaux en excès. Après avoir fait bouillir le liquide, on filtre pour séparer le carbonate de calcium, on évapore le liquide filtré à siccité et l'on épuise le résidu par l'alcool bouillant. Si on laisse ce liquide s'évaporer lentement, il se sépare des cristaux de lactate de calcium, que l'on examine au microscope où il se montre formé d'aiguilles réunies en houppes; deux de ces houppes sont toujours accolées l'une à l'autre par une sorte de pédoncule, et ressemblent à des pinceaux qui se pénètrent mutuellement.

Le lactate de zinc, que l'on obtient en faisant bouillir de l'acide lactique avec du carbonate de zinc, se dépose en croûtes cristallines ou en fines aiguilles pointues, suivant que la solution était concentrée ou étendue. Ce sel est fort peu soluble dans l'alcool, que l'on peut ajouter à ses dissolutions pour en hâter la précipitation.

On peut encore rechercher les lactates en versant dans leurs dissolutions de l'acétate basique de plomb, puis de l'ammoniaque et de l'alcool. Le précipité de lactate de plomb qui se forme est soluble dans l'eau bouillante, dans les acides et dans la potasse, il est insoluble dans l'alcool. En traitant ce précipité, mis en suspension dans l'eau chaude, par l'acide sulfhydrique, on peut en retirer l'acide lactique, que l'on purifie par dissolution dans l'éther pur et évaporation.

Malates

Acétate de plomb. — Précipité blanc de malate, soluble dans les acides et dans l'ammoniaque, devenant gommeux dans l'eau bouillante.

Azotate d'argent. — Précipité blanc de malate, devenant un peu gris à l'ébullition; la réduction est très incomplète, même après addition d'ammoniaque.

Chlorure de calcium. — Pas de précipité, mais à l'ébullition le précipité de malate de calcium apparaît, à moins que les solutions ne soient très étendues, auquel cas l'addition de deux volumes d'alcool en provoquera la formation. Si l'on dissout le malate de calcium formé dans très peu d'acide chlorhydrique, qu'on ajoute de l'ammoniaque et qu'on fasse bouillir, il se dépose de nouveau ; mais, si l'on dissout dans une plus grande quantité d'acide chlorhydrique, il ne se dépose plus, même par une ébullition prolongée, après addition d'ammoniaque.

L'eau de chaux ne précipite ni l'acide libre ni les malates, même par l'ébullition (différence avec l'acide citrique).

Acide azotique. — A chaud, transforme l'acide malique en acide oxalique.

Acide sulfurique concentré. — Chauffé avec les malates, dégage un mélange d'anhydride carbonique et d'oxyde de carbone, puis le liquide noircit et donne du gaz sulfureux. Voir, page 43, la recherche systématique de l'acide malique et sa séparation.

Méconates

L'acide méconique existe dans l'opium combiné à la morphine. C'est un acide tribasique solide, cristallisant en paillettes micacées ou en aiguilles formées de petits prismes rhomboïdaux solubles dans l'éther. Chauffé à 220 degrés, ou soumis à une ébullition prolongée avec de l'acide chlorhydrique étendu, il se dédouble en anhydride carbonique et acide coménique : $C^7H^4O^7 = CO^2 + C^6H^4O^5$. Bouilli avec de la potasse concentrée, l'acide méconique donne de l'oxalate et du carbonate de potassium. L'acide azotique l'attaque énergiquement en donnant de l'acide oxalique et de l'acide cyanhydrique. Les méconates mono et bimétalliques sont en général incolores; les méconates trimétalliques sont colorés en jaune.

Acétate neutre de plomb. — Précipité blanc floconneux de méconate, soluble dans l'acide azotique. Ne se produisant pas dans les solutions étendues.

Chlorure de baryum. — Avec les solutions peu étendues, précipité blanc de méconate, soluble dans l'acide acétique.

Acétate de cuivre. — Avec les solutions peu étendues, précipité net de méconate.

Perchlorure de fer. — Coloration rouge sang, ne disparaissant pas par l'acide chlorhydrique (différence avec les acétates, formiates, etc.), non plus qu'avec le chlorure d'or (différence avec les sulfocyanates). La coloration ne passe pas dans l'éther comme celle du sulfocyanate ferrique.

Oléates

Acide sulfurique. — Décompose les oléates en mettant en liberté de l'acide oléique liquide, lequel, sous l'influence de l'acide azoteux, donne une masse solide (élaïdine).

Azotate d'argent. — Précipité blanc noircissant peu à peu.

Acétate de plomb. — Précipité blanc altérable à l'air (devient gluant). Ce précipité est fusible à 80 degrés et est soluble dans l'éther.

Chlorure de baryum. — Précipité blanc, soluble à chaud dans l'alcool.

Oxalates

Chlorure de baryum. — Précipité blanc d'oxalate, peu soluble dans l'eau, soluble dans les acides et un peu dans le chlorure d'ammonium.

Chlorure de calcium. — Précipité blanc d'oxalate, insoluble dans l'acide acétique et dans les sels ammoniacaux, soluble dans l'acide chlorhydrique ou dans l'acide azotique.

Azotate d'argent. — Précipité blanc d'oxalate, peu soluble dans l'acide azotique étendu, soluble dans l'ammoniaque.

Chlorure ferreux. — Dans les solutions peu étendues, précipité jaune, soluble dans l'acide oxalique.

Chlorure d'or. — Est réduit surtout à chaud, en donnant un dépôt brun d'or métallique.

Peroxyde de manganèse.—Lorsqu'on met du peroxyde de manganèse en poudre fine dans la solution d'un oxalate, et qu'on acidule d'acide sulfurique, il se dégage avec effervescence de l'anhydride carbonique.

Acide sulfurique. — A chaud, et avec les oxalates solides, dégagement, à volumes égaux, d'oxyde de carbone et d'anhydride carbonique. Ce mélange ne noircit pas.

Palmitates

Acide sulfurique. — Décompose les palmitates en mettant en liberté l'acide palmitique solide, fusible à 62 degrés. Cet acide se dissout assez bien dans l'alcool bouillant, et très bien dans l'éther bouillant.

Phénates

Les phénates sont tous solubles dans l'eau. Ils sont décomposables par l'eau bouillante et donnent du phénol, lequel peut être enlevé par agitation avec de l'éther.

L'acide phénique (phénol C^6H^6O) est solide, cristallisé en longues aiguilles incolores s'il est pur, doué d'une odeur de fumée, d'une saveur brûlante et caustique. Il fond à 34-35 degrés et bout à 187-188 degrés. L'eau en dissout 50 grammes pour mille, il se dissout en toutes proportions dans l'alcool, l'éther, l'acide acétique cristallisable et la glycérine.

Le phénol impur attire l'humidité atmosphérique et se résout en un liquide rougeâtre.

a. La solution aqueuse du phénol donne avec le perchlorure de fer bien neutre une coloration bleu-violet. Les acides libres (surtout les acides minéraux) font disparaître la coloration. Plusieurs sels neutres (sulfates de potassium ou de sodium) empêchent la réaction.

b. L'eau saturée de brome versée en excès dans une solution aqueuse de phénol produit un précipité floconneux blanc-jaunâtre de tribromophénol, difficilement soluble dans les acides étendus, facilement soluble dans les alcalis (Landolt).

Un assez grand nombre d'autres corps donnent avec l'eau de brome de semblables précipités. Pour contrôler si le précipité fourni par l'eau de brome provient réellement du phénol, après filtration et lavage, on l'introduit dans un petit tube à essai, où on l'agite avec un peu d'amalgame de sodium et de l'eau, à une douce chaleur; versée dans une petite capsule de porcelaine, la liqueur ainsi produite dégage, sous l'influence de l'acide sulfurique étendu, une odeur bien distincte et caractéristique de phénol; celui-ci se rassemble en gouttelettes huileuses.

c. Si, d'après Lex, on mélange une solution étendue de phénol avec un quart de son volume d'ammoniaque liquide, et si ensuite on ajoute quelques gouttes de solution de chlorure de chaux (1 : 20), il se produit, en chauffant doucement, une coloration bleue.

d. Si on mélange une solution étendue de phénol avec une solution d'azotate mercureux contenant une trace d'acide azoteux, et si l'on chauffe, du mercure métallique se réduit et la liqueur surnageante prend une teinte rouge intense. Dans les solutions de phénol très étendues, la coloration rouge se manifeste la première, et après quelque temps seulement la réduction du mercure (Pflugge). L'aldéhyde et l'acide salicylique, ainsi que les produits de la distillation de la tyrosine, donnent la même réaction. Traitées de la sorte, la benzine se colore en jaune clair, l'aniline (non en trop faible quantité) en jaune foncé. L'acide benzoïque, l'acide hippurique, la salicine, l'hélicine restent passifs (Pflugge). Enfin, le réactif de Fröhde se colore en bleu-vert avec le phénol.

Picrates

Ces sels sont colorés en jaune et explosifs par la chaleur, quelques-uns aussi par le choc. Le picrate de potassium est très peu soluble dans l'eau.

L'acide picrique libre (trinitrophénol $C^6H^2(AzO^2)^3OH$) forme des prismes jaunes, brillants, ou des lamelles d'une saveur très amère, peu solubles dans l'eau froide, un peu mieux dans l'eau chaude, facilement solubles dans l'alcool et dans l'éther. Il fond à 122°,5. Chauffé en petite quantité et avec précaution, il se sublime sans altération; mais, si on le chauffe brusquement, il détone avec violence. Il teint directement la laine et la soie.

Sels de potassium. — Précipité jaune cristallin, peu soluble dans l'eau, insoluble dans l'alcool.

Sulfate de cuivre ammoniacal. — Précipité verdâtre cristallin.

Azotate mercureux. — Précipité vert se dissolvant par la chaleur.

Cyanure de potassium. — En solution aqueuse et à chaud, les picrates donnent avec le cyanure de potassium une coloration rouge foncé.

Sulfhydrates alcalins. — Lorsqu'on chauffe la solution aqueuse d'un picrate additionnée d'un sulfhydrate alcalin, on obtient une coloration rouge. Une semblable coloration se manifeste quand on chauffe la solution des picrates avec du glucose et de la potasse, ou encore lorsqu'on fait bouillir la solution ammoniacale du picrate de potassium obtenu en précipitant à chaud l'acide picrique à l'aide du ferrocyanure de potassium.

Gélatine, albumine. — Précipités jaunes.

Chlorure de chaux. — A chaud, vapeurs piquantes de chloropicrine.

Si l'on fait réagir, à chaud, le zinc et l'acide sulfurique étendu sur une solution de picrate, il se produit, si l'on fait bouillir le liquide filtré avec du carbonate acide de potassium, une solution d'un bleu-violet foncé, passant peu à peu au brun et finissant par déposer un précipité noir insoluble dans les alcalis.

Salicylates

Les salicylates alcalins sont solubles, les autres le sont peu pour la plupart ; nous signalerons notamment les salicylates d'argent, de plomb, de bismuth et de baryum qui sont blancs.

La solution aqueuse d'acide salicylique ou des salicylates se colore avec le perchlorure de fer en violet intense. Cette réaction est la plus caractéristique.

Acide chlorhydrique. — Précipité blanc, cristallin, d'acide peu soluble dans l'eau.

Alcool et acide sulfurique. — A chaud, odeur agréable d'éther salicylique.

Succinates

Chlorure de calcium. — Dans les solutions concentrées, précipité blanc de succinate. Dans les solutions étendues, pas de précipité, mais l'addition de deux volumes d'alcool donne un précipité gélatineux de succinate de calcium, très soluble dans le chlorure d'ammonium.

Acétate de plomb. — Précipité blanc de succinate, soluble dans un excès de réactif, ainsi que dans l'acide succinique et les succinates alcalins.

Azotate d'argent. — Précipité blanc de succinate, peu soluble dans l'acide acétique, soluble dans l'acide azotique et dans l'ammoniaque.

Mélange de chlorure de baryum, d'ammoniaque et d'alcool. — Précipité blanc de succinate de baryum (différence avec l'acide benzoïque).

Perchlorure de fer. — Précipité rouge-brun de succinate ferrique, soluble dans les acides étendus. L'ammoniaque le décompose, et il entre en dissolution du succinate d'ammonium.

Acide azotique. — Ne l'altère pas, même à l'ébullition.

Tartrates

Chlorure de calcium. — Précipité blanc de tartrate, soluble dans les acides, dans le chlorure d'ammonium et dans la potasse ou la soude. La solution dans le chlorure ammonique laisse déposer au bout de quelque temps du tartrate de calcium cristallin. La solution du précipité dans la potasse se trouble par la chaleur et redevient limpide par le refroidissement. Le tartrate de calcium, chauffé doucement dans un tube à essai avec un fragment d'azotate d'argent, donne un miroir d'argent métallique.

Acétate de plomb. — Précipité blanc, soluble dans l'ammoniaque et dans l'acide azotique.

Acétate de baryum. — Dans les solutions pas trop étendues, précipité blanc de tartrate, soluble dans l'acide chlorhydrique ou l'acide azotique.

Azotate d'argent. — Précipité blanc de tartrate, soluble dans l'acide azotique ou dans l'ammoniaque, noircissant par l'ébullition (argent réduit).

L'acide tartrique libre n'est pas précipité par ce réactif.

Acétate de potassium et acide acétique. — Dans les liqueurs pas trop étendues, précipité blanc cristallin de bitartrate de potassium, se formant surtout par le frottement.

Le sulfate de calcium ne produit pas de précipité dans la solution de l'acide tartrique libre; avec les tartrates neutres, le précipité n'est pas immédiat (différence avec les oxalates).

L'acide sulfurique, chauffé avec les tartrates ou l'acide tartrique, donne un dégagement d'anhydride carbonique et d'oxyde de carbone, puis d'anhydride sulfureux en noircissant.

L'acide tartrique est doué du pouvoir rotatoire (différence avec l'acide citrique et avec l'acide paratartrique).

Voir, page 43, la recherche et la séparation de l'acide tartrique.

Paratartrates

Chlorure de calcium. — Précipité blanc de paratartrate, soluble dans l'acide chlorhydrique d'où l'ammoniaque le reprécipite presque de suite (différence avec l'acide tartrique). Il se dissout aussi dans la potasse ou la soude, d'où l'ébullition le reprécipite (différence avec l'acide oxalique). Il ne se dissout pas dans le chlorure ammonique (différence avec l'acide tartrique).

Sulfate de calcium. — Précipité immédiat de paratartrate de calcium (différence avec les tartrates). L'acide libre ne donne un précipité qu'au bout de dix à quinze minutes, ce qui le distingue de l'acide oxalique libre, qui précipite presque de suite.

Les autres réactions des paratartrates sont semblables à celles des tartrates.

Urates

Les urates sont des sels qui se dissolvent plus ou moins facilement dans l'eau; ceux de potassium, de sodium et d'ammonium sont assez solubles; le plus soluble est l'urate de lithium, les autres sont insolubles ou très peu solubles. Les acides séparent l'acide urique des urates; cette séparation se produit immédiatement, lorsque les liqueurs sont concentrées; lorsqu'elles sont étendues, elle ne se produit qu'après un long repos. L'acide urique est généralement séparé à l'état cristallin de ses dissolutions. Les cristaux qui se déposent entraînent fréquemment de la matière colorante, lorsque les liquides sont colorés; ils sont le plus souvent en tables lisses rhomboïdales; cependant, ils affectent fréquemment un grand nombre d'autres formes.

L'acide urique $C^5H^4Az^4O^3$ [1] est un produit de destruction des matières

[1] On lui attribue la formule :

```
AzH — CO
 |     |
CO ——— C — AzH
 |     ‖       \
 |     ‖        CO,
 |     ‖       /
AzH — C — AzH
```

d'après laquelle il n'est pas un vrai acide, mais une diuréide dérivant de l'acide oxyacrylique, et dans laquelle deux atomes d'hydrogène de l'urée sont rendus remplaçables par des métaux, et spécialement par les métaux alcalins.

albuminoïdes dans l'organisme vivant. Il forme une poudre blanche, légère, composée de très petites paillettes cristallines, inodores et insipides, très difficilement solubles dans l'eau, insolubles dans l'alcool et dans l'éther. L'acide sulfurique concentré dissout l'acide urique; si l'on opère à chaud, on obtient par le refroidissement de gros cristaux d'une combinaison d'acide urique et d'acide sulfurique : $C^5H^4Az^4O^3 + 2SO^4H^2$. Celle-ci, fort déliquescente, est immédiatement décomposée par l'eau.

Chauffé dans un tube de verre, l'acide urique se décompose; il donne un sublimé composé d'acide cyanurique, d'urée, de carbonate d'ammonium, de cyanure d'ammonium, en même temps qu'il se dégage de l'acide cyanhydrique reconnaissable à son odeur.

Fondu avec de la potasse, l'acide urique dégage de l'ammoniaque et donne un résidu de cyanure de potassium.

L'acide iodhydrique le dédouble en urée et en glycocolle.

Les agents d'oxydation transforment l'acide urique en une série d'uréides très variées. L'un de ces dérivés permet de reconnaître aisément l'acide urique: on arrose la substance avec un peu d'acide azotique, elle s'y dissout facilement et avec effervescence; la solution contient principalement de l'alloxanthine; si l'on évapore à sec cette solution à une douce chaleur, l'alloxanthine passe en partie à l'état d'alloxane: le résidu, humecté d'ammoniaque, prend une coloration rouge-pourpre (murexide [1]), que l'addition de potasse fait passer au bleu-pourpre.

Les solutions d'urates alcalins réduisent rapidement, même à froid, l'azotate d'argent. Si l'on dissout une trace d'acide urique dans une solution de carbonate de potassium ou de sodium, et si, avec ce liquide, on touche légèrement un papier sur lequel on a laissé s'étaler une goutte de solution d'azotate d'argent, il se produit presque immédiatement une tache de couleur foncée ou jaunâtre pour des quantités très faibles.

Si, à de la liqueur cupro-potassique on ajoute une solution d'acide urique dans la potasse, il se produit un précipité blanc d'urate cuivreux. Si l'on chauffe ce dernier à l'ébullition, avec un excès de solution de cuivre, il se sépare de l'oxydule rouge de cuivre, tandis que les produits de l'oxydation de l'acide urique: l'allantoïne, l'urée et l'acide oxalique, restent en dissolution.

[1] Voyez sixième partie la constitution de ce composé.

Séparation et recherche des acides urique et hippurique, ainsi que de tous les autres acides organiques mentionnés

La solution sodique contenant tous les acides, préalablement concentrée, est additionnée d'acide sulfurique dilué, et la liqueur est abandonnée au repos durant quelques heures.

Les acides urique et hippurique (et particulièrement l'acide benzoïque) se déposeront à l'état cristallin ; et, par filtration, on obtiendra :

A. — Un précipité renfermant les acides urique, hippurique et benzoïque ;

B. — Une solution sulfurique contenant tous les autres acides.

A. — *Analyse du précipité produit par l'acide sulfurique*

Après avoir lavé ce précipité, on le traite par de l'alcool concentré; on obtient comme résidu insoluble : l'acide urique, qu'on reconnaît à la réaction de l'acide azotique et de l'ammoniaque (murexide), et une solution alcoolique où l'on doit rechercher les acides hippurique et benzoïque.

On évapore et sèche au bain-marie la liqueur alcoolique, et on traite le résidu par l'éther; reste insoluble : l'acide hippurique. On le reconnaît au dégagement d'ammoniaque produit par la soude caustique en chauffant, et au dégagement de l'odeur d'amandes amères du nitrobenzol, qui apparaît lorsqu'on chauffe dans un tube à essai le résidu évaporé en présence de l'acide azotique; la solution éthérée peut renfermer l'acide benzoïque.

B. — *Analyse de la solution sulfurique*

La solution sulfurique est soumise à la distillation. Le produit distillé renferme les acides volatils, et le résidu de la cornue, tous les autres acides, avec l'excès d'acide sulfurique. Ce résidu est traité par le chlorure de baryum en excès, filtré et additionné d'un léger excès de carbonate de sodium. Cette dernière solution filtrée à nouveau servira pour la recherche des acides oxalique, tartrique, citrique, malique, etc., d'après la méthode indiquée page 43 : Recherche systématique des acides organiques. Celle-ci peut aussi être appliquée directement, sans distillation préalable.

Valérates

Ces sels sont presque tous onctueux au toucher ; leurs dissolutions exhalent l'odeur de l'acide valérique, laquelle rappelle celle de l'essence de valériane, et se rapproche de celle de l'acide butyrique. Ils ont une saveur d'abord sucrée, qui devient ensuite brûlante. La plupart sont solubles dans l'eau, quelques-uns sont solubles dans l'alcool. Presque tous possèdent un mouvement giratoire, quand on les projette sur l'eau. Les valérates, comme les butyrates, donnent avec le perchlorure de fer un précipité qui se redissout dans un excès de perchlorure. L'acétate neutre de cuivre donne, dans les dissolutions concentrées des valérates, d'abord des gouttelettes huileuses, qui ne deviennent cristallines qu'avec le temps. Dans les mêmes conditions, les butyrates donnent un précipité cristallin. Mais, le seul moyen de distinguer les valérates des butyrates et des propionates consiste à mélanger leurs dissolutions avec un excès d'acide phosphorique sirupeux et à soumettre à la distillation. Après plusieurs rectifications, on prend le point d'ébullition des acides distillés. L'acide valérique bout à 165 degrés; l'acide butyrique, à 154 degrés. De l'analyse de leurs sels d'argent, on pourra déduire également la formule de ces acides.

QUATRIÈME PARTIE

ANALYSE QUALITATIVE DES GAZ ET DES MÉLANGES GAZEUX

MANIÈRE DE RECUEILLIR ET DE TRANSVASER LES GAZ

Les méthodes qu'on emploie pour recueillir les gaz varient suivant les circonstances. S'il s'agit de gaz obtenus dans un laboratoire, on les recueille généralement sur l'eau ou sur le mercure, et si l'on doit les conserver pendant quelque temps, on les reçoit dans des flacons qu'on bouche sous l'eau aussitôt après l'introduction des gaz, et que l'on maintient ainsi renversés sur l'eau, après avoir entouré le bouchon d'une couche de suif ou de cire à cacheter. Pour prendre du gaz dans une chambre fermée, un canal, un four, une cheminée, etc., on pratique, dans un endroit convenable, une petite ouverture dans laquelle on introduit un tube de verre ou de porcelaine ouvert aux deux extrémités, et, au moyen d'un tube de caoutchouc, on relie le bout extérieur avec l'appareil aspirateur qui doit recevoir le gaz. Cet appareil aspirateur sera, suivant les cas, l'aspirateur à eau de Régnault (*fig.* 20), une trompe à eau, ou une simple poire en caoutchouc as-

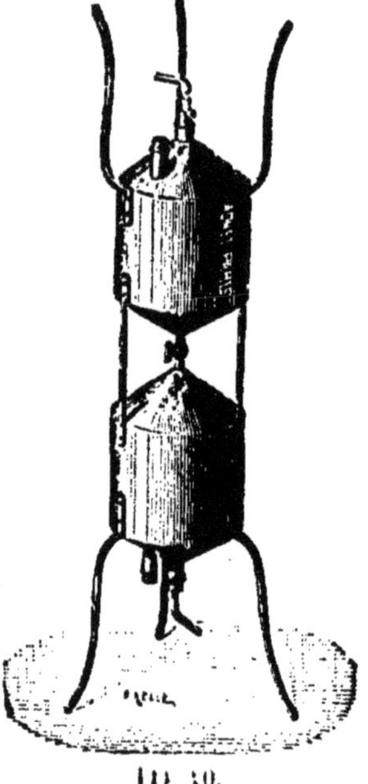

Fig. 20.

pirante et foulante, de construction fort simple, comme on en trouve dans le commerce, de diverses dimensions.

Les gaz qui se dégagent sous l'eau, par exemple ceux des sources ou ceux des marais, sont recueillis sur place dans des flacons pleins d'eau dans le col desquels on engage un entonnoir renversé et que l'on maintient verticalement dans la direction de l'arrivée des bulles gazeuses.

Lorsqu'on veut procéder à l'analyse des gaz, on en fait passer de petites quantités dans des tubes de verre fermés à un bout, de 10 à 15 millimètres de diamètre, et de 20 à 30 centimètres de long, dont on peut facilement boucher l'orifice avec le pouce, et dans lesquels on

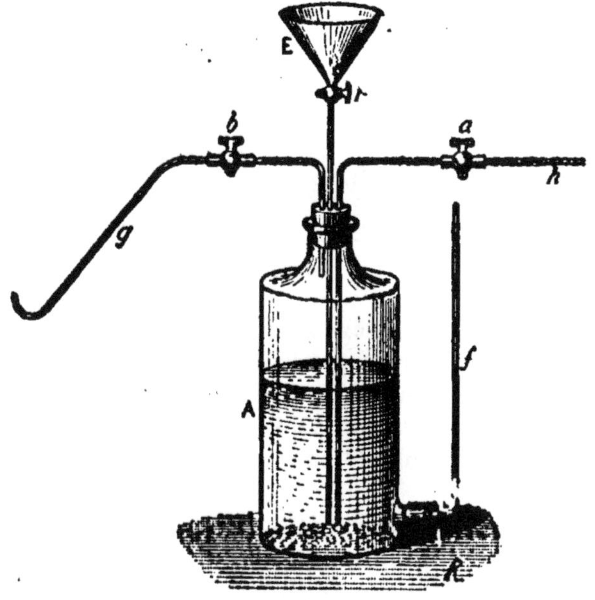

FIG. 21.

agite les gaz avec les réactifs que l'on met en contact avec eux. Un appareil commode pour emmagasiner les gaz et les transvaser avec facilité pour les essais est celui de la figure 21 : il se compose d'un flacon A, muni à sa partie inférieure d'une tubulure latérale. Le goulot est fermé par un bouchon percé de trois trous qui reçoivent un entonnoir métallique E muni d'un robinet *r*, et deux tubes à dégagement *g* et *h* garnis de robinets *b* et *a* dans leur partie horizontale, dont l'un descend jusqu'au fond du flacon, tandis que l'autre n'entre que jusque dans le col. Dans la tubulure latérale on fixe avec un bouchon un tube recourbé à angle droit *f*, et s'élevant verticalement le long de l'appareil ; le tube *h* communique avec la source du gaz ; le tube *g* le conduit du gazomètre dans les éprouvettes où il s'agit de l'essayer. Au moyen de l'entonnoir, dont la douille plonge jusqu'au fond, on remplit le flacon d'eau privée d'air, jusqu'à ce qu'elle s'écoule par les tubes ouverts *g* et *h* ;

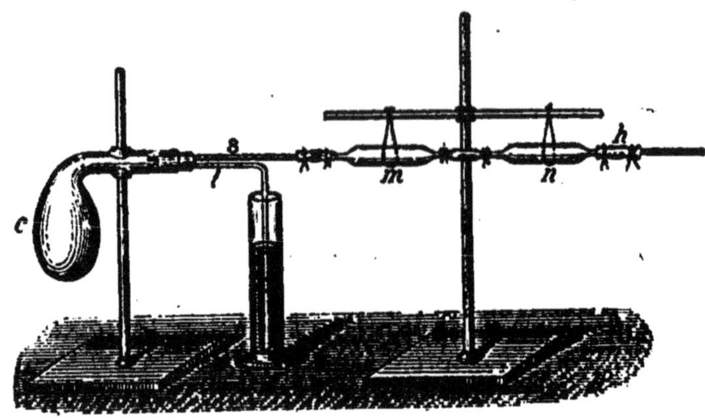

FIG. 22.

on intercepte ensuite le passage en *b*, on ferme *r* et on fait entrer le gaz par le tube *h* en ouvrant *a*, pendant que l'eau s'écoule par le tube *f*, préalablement incliné. Après le remplissage, on ferme *a* et on remet le tube *f* dans sa position verticale. En versant de l'eau par l'entonnoir E, on peut faire écouler à volonté en *g* (*b* étant ouvert) telle quantité de gaz qu'on veut.

Si dans le cours d'une décomposition il se forme différents produits gazéiformes, on peut les séparer avec l'appareil suivant (*fig.* 22).

La cornue *c*, dans laquelle s'opère la décomposition, est reliée au moyen d'un bouchon avec deux tubes en verre, dont l'un *t* est recourbé à angle droit, et dont l'autre S communique au moyen d'un ajutage en caoutchouc, avec un système de tubes collecteurs *m*, *n*.

On laisse d'abord le gaz s'échapper par les deux tubes, et on plonge ensuite le tube *t* dans une éprouvette remplie de mercure de manière que le courant de gaz ne traverse plus que les tubes collecteurs. Si pendant le cours de l'opération on veut recueillir une portion du gaz, on ferme l'ajutage en caoutchouc en *h*, on abaisse l'éprouvette au mercure pour diminuer la pression et on sépare le collecteur *n* en le fermant à la lampe.

Pour faire arriver un réactif au contact des gaz qui remplissent les tubes-éprouvettes sur lesquels on opère, on aspire le réactif dans une pipette courbe (*fig.* 23), puis, plongeant le bas de l'instrument dans le mercure, on dirige la pointe relevée dans l'orifice de l'éprouvette, et on souffle : le réactif passe aussitôt dans l'éprouvette en déplaçant un volume égal de mercure. On cesse de souffler avant que tout le liquide ait été expulsé de la pipette, afin de ne pas introduire de l'air dans le récipient. Il ne reste plus qu'à fermer l'orifice du tube avec le pouce et à l'agiter.

FIG. 23.

Toutes les fois qu'on aura fait agir un réactif sur un gaz ou un mélange gazeux, on devra s'en débarrasser avant d'en introduire un nouveau. Pour cela, on porte le tube en le fermant avec le doigt sur un vase plein d'eau ; le mercure tombe au fond, de l'eau le remplace et dissout l'excès de réactif. Après avoir agité pour laver le gaz, on reporte le tube sur la cuve à mercure, là on le couche presque horizontalement, et en écartant doucement le doigt l'eau s'échappe et est immédiatement remplacée par du mercure. Le tube est alors prêt à recevoir un réactif nouveau que l'on fait pénétrer dans son intérieur, comme nous l'avons dit, avec la pipette recourbée.

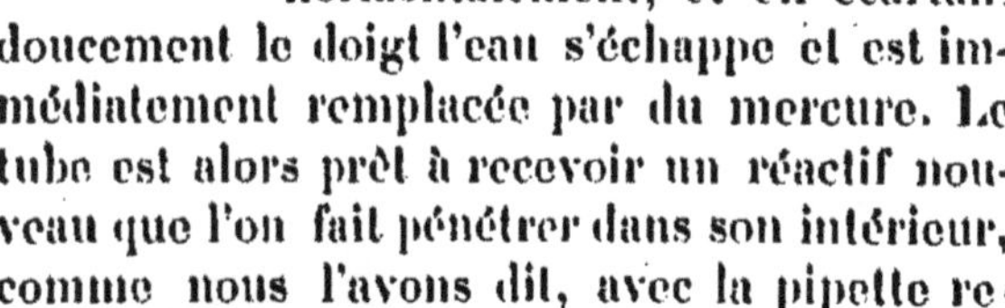

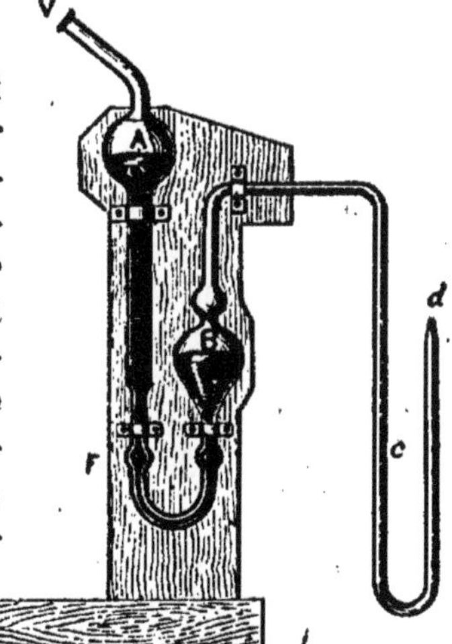

FIG. 24.

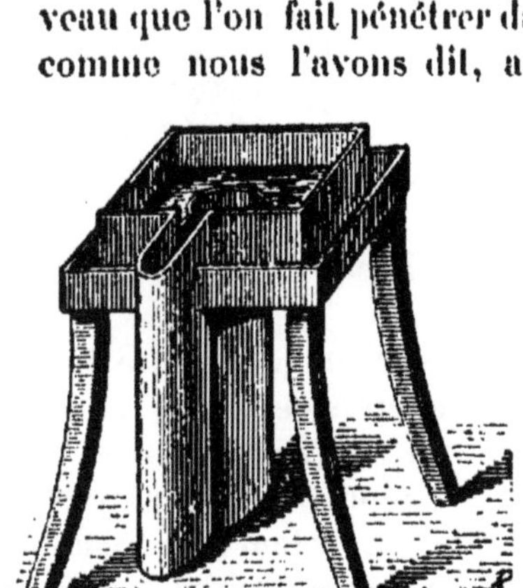

FIG. 25.

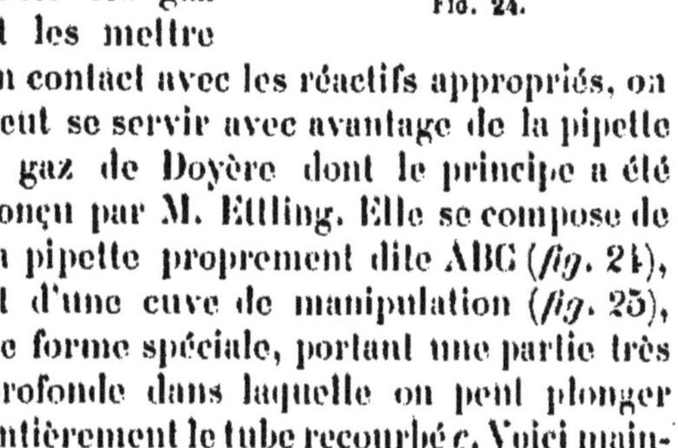

Pour transvaser les gaz et les mettre en contact avec les réactifs appropriés, on peut se servir avec avantage de la pipette à gaz de Doyère dont le principe a été conçu par M. Ettling. Elle se compose de la pipette proprement dite ABC (*fig.* 24), et d'une cuve de manipulation (*fig.* 25), de forme spéciale, portant une partie très profonde dans laquelle on peut plonger entièrement le tube recourbé *c*. Voici maintenant comment on se sert de cette pipette : on plonge entièrement le tube recourbé *c* dans la partie profonde de la cuve à mercure et on exerce une aspiration en V avec la bouche, ce qui fait pénétrer du mercure dans la boule B ; plaçant ensuite l'extrémité

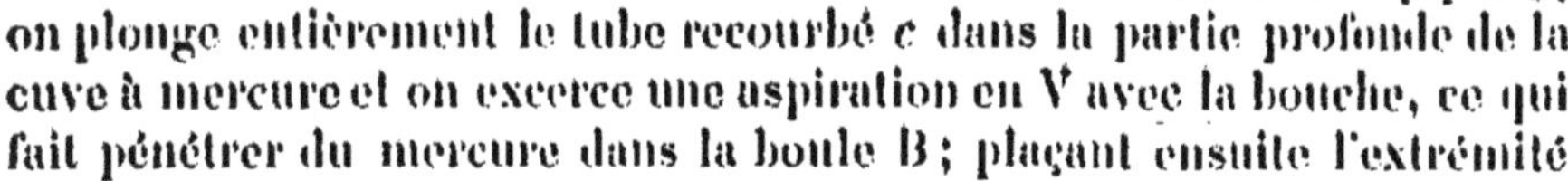

verticale effilée et ouverte *d* de la pipette sous l'éprouvette qui contient le réactif et jusqu'au niveau de celui-ci, on aspire de nouveau, ce qui fait pénétrer ce réactif, et, lorsqu'il en est entré suffisamment, on abaisse, dans la partie profonde de la cuve, le tube *c*, tout en continuant l'aspiration, ce qui a pour résultat de faire pénétrer une nouvelle quantité de mercure, qui remplit tout le tube *c*, et d'enfermer le réactif entre deux colonnes de mercure. On introduit alors la branche verticale ouverte du tube *c* jusqu'au sommet de l'éprouvette qui contient le mélange gazeux, et on aspire avec la bouche en V ; le gaz passe dans la boule B de la pipette, et le mercure s'élève dans la branche AF ; à ce moment, on abaisse la pipette en maintenant la succion, de manière à amener l'orifice du bec effilé *d* au-dessous du niveau du mercure dans la cuve. Alors on aspire jusqu'à ce que le mercure aspiré de la cuve vienne tomber en gouttelettes dans l'intérieur de la boule B ; on retire ensuite le tube *c* du mercure, on agite l'appareil, et, quand l'absorption est terminée, il n'y a plus qu'à faire repasser le gaz dans l'éprouvette. A cet effet, on plonge de nouveau le tube *c* dans le mercure, on aspire en V de manière à faire monter le métal aussi haut que possible en A, et l'on ferme aussitôt l'orifice V avec le doigt ; quand on soulève peu à peu, de manière à laisser redescendre le mercure, le gaz est repoussé dans la branche *c* et de là dans l'éprouvette installée sur la cuve.

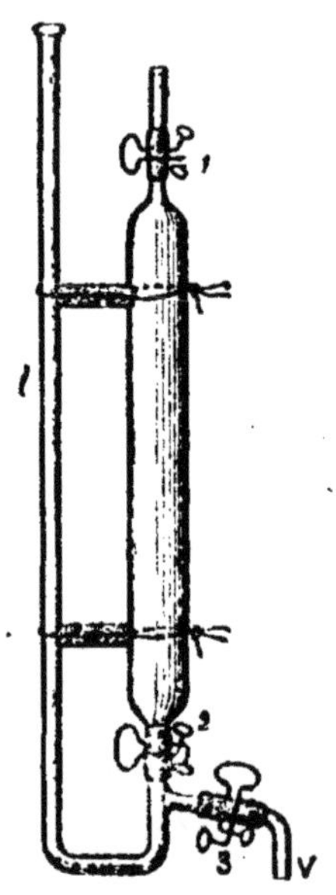

FIG. 26.

Un petit appareil qu'on peut construire soi-même facilement et qui permet d'analyser les gaz sans avoir besoin de cuves à eau ou à mercure est celui de la figure 26. Il se compose d'un tube T de 100 à 150 centimètres cubes de capacité, dans lequel on reçoit le gaz que l'on veut analyser. Le tube *t*, d'un diamètre égal à 10 à 15 millimètres, est réuni à T au moyen d'un tube de caoutchouc, et est destiné à l'introduction des réactifs. Il est muni inférieurement d'un tube de vidange V avec lequel il est uni par un tube de caoutchouc que ferme la pince 3. Lorsqu'on veut en faire usage, on remplit T complètement avec de l'eau, on met 1 en communication avec le gaz, et on laisse couler l'eau par 2 et par 3. Le tube T se remplit ainsi de gaz, on verse alors dans le tube *t* le réactif liquide, et l'on ouvre 3 ; quand le liquide coule par 3, tout l'air est expulsé des tubes de l'appareil. On ferme 3 et on ouvre 2 ; le réactif passe de *t* dans T. Si l'on ferme 2, et qu'après avoir fermé avec un bouchon l'orifice de *t*, on retourne et on redresse plusieurs fois l'appareil, l'action du réactif est complète. Pour se débarrasser de celui-ci, on ouvre 3 et on verse de l'eau dans *t* jusqu'à ce qu'elle s'écoule pure; on ferme alors 3 et l'on ouvre 2 afin de faire pénétrer de l'eau dans T et diluer le réactif que l'on fait écouler ensuite en ouvrant 3. En répétant plusieurs fois cette manœuvre, le gaz est bientôt suffisamment lavé et on peut le mettre en contact avec un nouveau réactif.

RECHERCHE SYSTÉMATIQUE DE LA NATURE D'UN GAZ UNIQUE

On introduit dans un tube-éprouvette placé sur le mercure une petite quantité de gaz à déterminer, puis, au moyen de la pipette recourbée, on y fait pénétrer 2 ou 3 centimètres cubes d'une dissolution concentrée de potasse ou de soude, on ferme avec le pouce l'orifice du tube et on secoue vigoureusement. On porte alors celui-ci sur la cuve à mercure, on le débouche sous le mercure afin que le métal puisse combler le vide qui aura pu se produire. On constate alors de deux choses l'une : le gaz est absorbable par les solutions alcalines, ou il n'est pas absorbable.

PREMIER GROUPE

I. — Gaz absorbables par les solutions alcalines

On recherche ensuite, sur une autre prise d'essai, s'il est inflammable ou s'il ne l'est pas. Cette opération s'exécute en retirant du mercure le tube-éprouvette fermé avec le pouce, et que l'on maintient verticalement dans la même position que celle qu'il occupait sur la cuve, on le retourne et l'on approche de l'orifice une allumette enflammée. En écartant le pouce, le gaz prend feu s'il est combustible.

On procède alors aux essais suivants : 1° on en laisse échapper quelques bulles dans l'air et on examine si elles donnent naissance à des fumées ; 2° on en prend la réaction en plongeant dans son atmosphère des bandelettes de papier rouge et bleu de tournesol humide ; 3° on observe s'il est complètement ou partiellement absorbé par l'eau ; 4° on examine s'il est incolore ou coloré ; s'il est inodore ou odorant ; 5° s'il rallume une allumette présentant quelques points en ignition, et enfin on le met en contact avec divers réactifs que nous allons indiquer dans le cours de cette recherche.

A. *Le gaz n'est pas inflammable.* — Il est incolore, totalement absorbé par l'eau, et, lorsqu'on le laisse échapper dans l'atmosphère, il y répand d'abondantes fumées. Ce gaz peut être :

Acide chlorhydrique.	Chlorure de bore.
— bromhydrique.	Fluorure de bore.
— iodhydrique.	Fluorure de silicium.

Pour les reconnaître, on agite le gaz avec de l'alcool et on y met le feu : si la solution alcoolique brûle avec une flamme verte, c'est l'indice d'un composé boré. On ajoute alors à la dissolution aqueuse du gaz de l'azotate d'argent ; si la solution ne précipite pas, le gaz est du *fluorure de bore* (il carbonise le papier). S'il y a un précipité, le gaz est du *chlorure de bore.*

La solution alcoolique du gaz ne brûle pas avec une flamme verte, sa solution aqueuse a donné lieu à un dépôt floconneux de silice : *fluorure de silicium.*

Le gaz traité par l'eau ne donne pas de dépôt de silice ; l'azotate d'argent précipite sa solution aqueuse en jaune, et le gaz mélangé avec une bulle de chlore se décompose avec production de vapeurs violettes: *Acide iodhydrique.*

L'azotate d'argent précipite sa solution aqueuse en blanc, le chlore est sans action sur lui : *acide chlorhydrique.*

L'azotate d'argent précipite sa solution aqueuse en blanc, et, lorsqu'on le mélange avec une bulle de chlore, il se décompose avec production de vapeurs rouges : *acide bromhydrique.*

Le gaz est incolore, totalement absorbé par l'eau et ne fume pas à l'air, il peut être :

Gaz ammoniac.
Anhydride sulfureux.

S'il est alcalin et possède l'odeur de l'ammoniaque, c'est du *gaz ammoniac.*

Si sa réaction est acide et son odeur celle du soufre brûlant à l'air, c'est de l'*anhydride sulfureux.*

Le gaz est incolore, non fumant à l'air et très incomplètement absorbé par l'eau ; il peut être :

Anhydride carbonique.
Acide chloroxycarbonique (gaz phosgène).
Chlorure de cyanogène.

Si sa réaction est acide, s'il trouble l'eau de chaux, s'il est inodore, et si, lorsqu'on le fait pénétrer dans la bouche, il y provoque une sensation sucrée, c'est de l'*anhydride carbonique*.

Si sa réaction est acide, son odeur vive provoquant le larmoiement, s'il est très vénéneux et s'il communique à la flamme d'un bec de gaz la propriété de brûler avec une flamme verte, lorsqu'on en approche l'orifice de l'éprouvette qui le contient, c'est de l'*acide chloroxycarbonique*.

Si sa réaction est neutre, son odeur piquante provoquant le larmoiement, s'il est très vénéneux et s'il se résout en liquide lorsqu'on le refroidit au-dessous de + 15°; c'est du *chlorure de cyanogène*.

Le gaz est coloré en rouge, il est presque entièrement absorbé par l'eau, sa solution aqueuse est très acide, elle colore le sulfate ferreux en noir, et présente les réactions de l'acide azotique : *vapeurs nitreuses*.

Le gaz est coloré en rouge, il est presque entièrement absorbé par l'eau, sa solution aqueuse colore le sulfate ferreux en jaune, en le peroxydant, et précipite en blanc l'azotate d'argent : *vapeurs de brome*.

Le gaz est coloré en jaune plus ou moins verdâtre, il est peu soluble dans l'eau, son odeur est suffocante, sa dissolution aqueuse précipite en blanc l'azotate d'argent et décolore les couleurs végétales ; il peut être :

Anhydride chloreux.	Chlore.
Hypochloride.	Anhydride hypochloreux.

S'il est entièrement absorbé par le mercure, et décolore immédiatement l'indigo en présence de l'acide arsénieux, c'est de l'*anhydride chloreux*.

S'il décolore immédiatement l'indigo en présence de l'acide arsénieux, mais laisse sur le mercure qui le décompose un résidu d'oxygène, c'est de l'*hypochloride*.

S'il transforme l'acide arsénieux en acide arsénique, avant de décolorer l'indigo, s'il résiste à la chaleur, c'est du *chlore*.

Mais, s'il se décompose avec explosion lorsqu'on le chauffe dans un tube, c'est de l'*anhydride hypochloreux*.

B. *Le gaz est inflammable.* — Dans ce cas, il peut être

Acide sulfhydrique.
— sélénhydrique.
— tellurhydrique.
— cyanhydrique.
Oxysulfure de carbone.
Cyanogène.

Sa réaction est acide, son odeur fétide, il noircit le papier d'acétate de plomb ; une bulle de chlore y produit un dépôt

Jaune (soufre). . . .	*Acide sulfhydrique.*
Rouge (sélénium). .	*Acide sélénhydrique.*
Brun (tellure). . . .	*Acide tellurhydrique.*

Son odeur est celle des amandes amères, il brûle avec une flamme violette, il est absorbable par l'oxyde de mercure en donnant du cyanure de mercure : *acide cyanhydrique.*

Le gaz est sans action sur le tournesol, son odeur est à la fois sulfureuse et aromatique, il brûle avec une flamme bleue en donnant de l'anhydride sulfureux et de l'anhydride carbonique : *oxysulfure de carbone.*

Son odeur est forte et rappelle celle des amandes amères, il brûle avec une flamme rose violacée en donnant de l'anhydride carbonique : *cyanogène.*

DEUXIÈME GROUPE

II. — Gaz non absorbables par les solutions alcalines

On examine alors s'il peut ou non s'enflammer.

A. *Le gaz n'est pas inflammable.* — On aura affaire dans ce cas à l'un des suivants :

Azote.	Bioxyde d'azote.
Protoxyde d'azote.	Oxygène.

Si le gaz donne au contact de l'air des vapeurs rutilantes acides, c'est du *bioxyde d'azote.*

S'il rallume une allumette présentant encore quelques points incandescents ; s'il donne des vapeurs rutilantes quand on le mélange avec une bulle de bioxyde d'azote ; s'il est absorbé par la solution de pyrogallate de potassium et pas du tout par l'eau, c'est de l'*oxygène.*

S'il rallume une allumette incandescente, ne donne pas de vapeurs rutilantes avec le bioxyde d'azote, et se dissout notablement dans l'eau, c'est du *protoxyde d'azote.*

Enfin, si le gaz ne présente aucune de ces propriétés, et s'il éteint une bougie allumée qu'on y plonge, c'est de l'*azote.*

B. *Le gaz est inflammable.* — On examine si le gaz en brûlant produit un acide énergique. Cette opération s'exécute en versant un peu d'eau dans l'éprouvette où on l'a enflammé. On ferme avec le pouce et on agite vivement pour dissoudre l'acide, dont on constate la présence avec le tournesol. Si cette réaction est affirmative, on peut avoir :

Fluorure de méthyle.	Hydrogène phosphoré (mêlé de P^2H^4).
Éthylène monochloré.	Hydrogène phosphoré (pur).

Si l'acide produit par la combustion du gaz ne corrode pas le verre, et si sa solution aqueuse contient de l'acide chlorhydrique, et, par suite, précipite en blanc l'azotate d'argent, c'est de l'*éthylène monochloré*.

Si l'acide produit par la combustion corrode le verre, et si sa solution aqueuse ne précipite pas l'azotate d'argent, c'est du *fluorure de méthyle*.

Si le gaz, mis en contact avec la solution d'azotate d'argent, la réduit en produisant un dépôt noir d'argent métallique ; si la solution aqueuse de l'acide produit par la combustion, traitée par le réactif molybdique, donne, à + 40 degrés, un précipité jaune, c'est de l'*hydrogène phosphoré pur*.

Si, en plus de ces caractères, le gaz est spontanément inflammable au contact de l'air, c'est de l'*hydrogène phosphoré mêlé de* P^2H^4.

Le gaz en brûlant n'a pas donné d'acide, ou n'a produit qu'un acide faible ; il peut être :

Hydrogène arsénié.	Allylène.
Hydrogène antimonié.	Acétylène.
Hydrogène silicié.	Éthylène.
Hydrogène.	Hydrure de méthyle.
Oxyde de carbone.	Hydrure d'éthyle.
Propylène.	Hydrure de propyle.
Butylène.	Hydure de butyle.

S'il abandonne sur les parois de l'éprouvette dans laquelle on le brûle un dépôt brun d'aspect métallique, qui disparaît quand on le traite par l'hypochlorite de sodium, c'est de l'*hydrogène arsénié*.

Si le dépôt ne disparaît pas par l'hypochlorite de sodium, mais disparaît par l'acide azotique, c'est de l'*hydrogène antimonié*.

Si le dépôt ne disparaît ni par l'hypochlorite de sodium ni par l'acide azotique, c'est de l'*hydrogène silicié* (dans ce cas, le gaz s'enflamme presque toujours spontanément avec explosion au contact de l'air).

S'il ne forme pas de dépôt pendant la combustion, et s'il brûle sans produire d'anhydride carbonique, c'est de l'*hydrogène*.

S'il produit en brûlant de l'anhydride carbonique, s'il est absorbable par la solution acide de chlorure cuivreux, et si, lorsqu'on le mélange avec du chlore, il brûle sans dépôt de charbon, c'est de l'*oxyde de carbone*.

Lorsque le gaz mêlé au chlore brûle en donnant lieu à un dépôt de charbon, on essaye s'il est absorbable par l'acide sulfurique monohydraté ; pour cela, on introduit dans l'intérieur de l'éprouvette qui le contient de petits fragments de coke humectés d'acide sulfurique.

Si le gaz est absorbé rapidement par l'acide sulfurique monohydraté, mais ne l'est pas par le protochlorure de cuivre ammoniacal, on a du propylène ou du butylène ; on le met en contact avec de l'alcool : si celui-ci en absorbe six volumes, c'est du *propylène;* s'il en absorbe vingt volumes, c'est du *butylène*.

S'il est absorbé rapidement par l'acide sulfurique monohydraté, et s'il l'est aussi par le protochlorure de cuivre ammoniacal, c'est de l'*allylène*.

S'il n'est absorbé que lentement par l'acide sulfurique monohydraté, s'il est absorbable par le brome et précipite en rouge par le protochlorure de cuivre ammoniacal, c'est de l'*acétylène*.

Mais, s'il ne précipite pas par le protochlorure de cuivre ammoniacal, c'est de l'*éthylène*.

S'il n'est absorbé que lentement par l'acide sulfurique monohydraté, et n'est pas absorbable par le brome, on peut avoir de l'hydrure de méthyle, d'éthyle, de propyle ou de butyle.

Si l'alcool en absorbe la moitié de son volume, c'est de l'*hydrure de méthyle* (*méthane*, *gaz des marais*).

Si l'alcool en absorbe une fois et demie son volume, c'est de l'*hydrure d'éthyle*.

Si l'alcool en absorbe sensiblement six volumes, c'est de l'*hydrure de propyle*.

Si l'alcool en absorbe environ vingt à vingt-cinq volumes, c'est de l'*hydrure de butyle*.

ANALYSE QUALITATIVE DES MÉLANGES GAZEUX

Cette analyse s'exécute d'après les mêmes méthodes que celles que nous avons exposées pour découvrir la nature d'un gaz unique.

Il faut remarquer, cependant, que tous les gaz ne peuvent pas se trouver simultanément réunis dans un mélange ; la présence de certains gaz implique nécessairement l'absence de certains autres, car un grand nombre d'entre eux se détruisent réciproquement. Ainsi le gaz ammoniac se combine avec les gaz acides, le bioxyde d'azote avec l'oxygène, le chlore réagit sur l'anhydride sulfureux, il décompose les carbures d'hydrogène et tous les hydracides gazeux, etc.

Si le mélange à analyser contient des gaz solubles dans l'eau, c'est sur le mercure que devront être exécutées toutes les manipulations. Si ce métal était attaqué par le gaz, on aurait affaire à du chlore, à des anhydrides chloreux, hypochloreux ou hypochlorique, ou bien encore à des acides bromhydrique et iodhydrique, et l'on séparerait et reconnaîtrait chacun des gaz de ces groupes en suivant la marche que nous avons employée lorsqu'il s'agissait d'un gaz unique.

PREMIER GROUPE

I. — Gaz absorbables par les solutions alcalines

a. On agite une portion du mélange gazeux avec de l'eau pure ; un dépôt de silice gélatineux indiquera le *fluorure de silicium*. On filtre la solution pour séparer la silice.

b. Une partie de la solution aqueuse filtrée est additionnée d'une goutte de tournesol, puis d'azotate d'argent. Si le tournesol est décoloré, et que l'azotate d'argent précipite en blanc, le mélange pourra contenir du chlore, de l'hypochloride, des anhydrides chloreux ou hypochloreux. Dans ce cas, le gaz est coloré en jaune ; on essaiera d'en faire réagir une portion sur la dissolution d'acide arsénieux colorée au sulfate d'indigo ; si ce réactif est immédiatement décoloré, c'est que le gaz peut contenir de l'*anhydride chloreux* ou *hypochloreux ;* une petite quantité de gaz chauffée dans un tube fait alors explosion. Si le gaz ne fait pas explosion quand on le chauffe, c'est qu'il n'y a que du *chlore*.

Si le tournesol n'a pas été décoloré, mais rougi, et si le précipité par l'azotate d'argent était blanc, on pourra avoir de l'acide chlorhydrique, de l'acide bromhydrique et de l'acide iodhydrique.

c. On mélange alors une partie de la solution aqueuse avec de l'eau de chlore, que l'on ajoute avec beaucoup de précaution, et, après avoir mis quelques gouttes de chloroforme, on agite doucement. Si le chloroforme se colore en violet, c'est qu'il y avait de l'*acide iodhydrique*. On ajoute alors à ce même essai un excès d'eau chlorée et l'on agite de nouveau ; s'il y avait de l'acide *bromhydrique*, la teinte violette du chloroforme passera au jaune.

Si le chloroforme était demeuré incolore après l'addition d'eau chlorée, il n'y avait que de l'*acide chlorhydrique.*

d. Si le précipité produit par l'azotate d'argent était noir, on peut avoir de l'acide sulfhydrique, de l'acide sélénhydrique et de l'acide tellurhydrique. On prépare et recueille une certaine quantité de ce précipité noir, on en traite une partie par l'acide azotique à chaud, on dilue d'un peu d'eau, on filtre pour séparer le chlorure, le bromure et l'iodure d'argent, s'il s'en était formé, et on verse de l'azotate de baryum. S'il se forme un précipité blanc de sulfate de baryum, c'est qu'il y avait de l'*acide sulfhydrique.* Ce qui reste du précipité noir est desséché, mélangé avec du chlorure d'ammonium et chauffé dans un étroit tube de verre ; s'il se forme un sublimé rouge, c'est qu'il y avait de l'*acide sélénhydrique.* S'il se forme au-dessus de la masse chauffée une auréole noirâtre, c'est qu'il y avait de l'acide *tellurhydrique.*

e. Si la dissolution alcaline du mélange gazeux, additionnée de sulfate ferroso-ferrique, puis d'un excès d'acide chlorhydrique, laisse apparaître un précipité de bleu de Prusse, c'est qu'il y avait du *cyanogène.* On pourra, du reste, séparer ce gaz du mélange à analyser, en agitant celui-ci avec de l'aniline, qui s'empare très bien du cyanogène et ne dissout que des traces des autres gaz.

f. Le *gaz ammoniac* se reconnaît à son odeur et à ce que la solution aqueuse donne, avec le réactif de Nessler, un précipité rouge-brun.

g. Si l'on introduit dans le mélange gazeux du borax pulvérisé et humide, il absorbera tous les hydracides, ainsi que l'anhydride sulfureux ; nous avons indiqué comment on pourrait retrouver les premiers, nous ne nous occuperons que du second : on fera dissoudre le borax dans l'acide azotique, et la dissolution convenablement étendue sera traitée par le chlorure de baryum ; un précipité blanc de sulfate de baryum se produira, si le borax avait enlevé de l'*anhydride sulfureux.*

h. On lavera le mélange gazeux avec un peu d'eau pour le dépouiller des acides solubles, puis on l'agitera avec un grand excès d'eau de chaux, qui donnera un précipité blanc, s'il renferme de l'*anhydride carbonique.*

i. Enfin, on recherchera les composés du bore en agitant le gaz avec de l'alcool et en enflammant ensuite ce dissolvant, qui brûlera avec une flamme verte, s'il a dissous du *chlorure* ou du *fluorure de bore.*

DEUXIÈME GROUPE

II. — Gaz non absorbables par les solutions alcalines

Avant de procéder à l'analyse, on commencera par agiter une partie du mélange gazeux avec une dissolution concentrée de potasse ou de soude, de manière à éliminer tous les gaz qui sont absorbables par les alcalis.

a. Une portion du mélange gazeux ainsi dépouillé est mise en contact avec une solution concentrée de sulfate ferreux. Si on observe une coloration brune et une absorption, et si le gaz répand à l'air des vapeurs rutilantes, c'est qu'il y avait du *bioxyde d'azote.*

b. Si l'on n'a pas trouvé de bioxyde d'azote, on introduit dans le mélange une dissolution d'acide pyrogallique, puis un fragment de potasse; le réactif se colore en brun en même temps que le gaz diminue de volume, s'il renfermait de l'*oxygène.*

c. On enlève le pyrogallate de potassium, et on le remplace par une solution concentrée de sulfate de cuivre; ce réactif absorbe peu à peu l'*hydrogène arsénié* et l'*hydrogène phosphoré* en se colorant en noir.

d. Une fois ces gaz éliminés, on met le résidu en contact avec de l'acide sulfurique monohydraté, qui absorbe les *carbures d'hydrogène* C^nH^{2n}.

Lorsque l'absorption cesse, on agite le résidu avec de l'alcool, qui dissout le *protoxyde d'azote.* Cette solution alcoolique abandonne tout son gaz à l'ébullition, on le recueille et on l'identifie.

e. Le mélange ainsi dépouillé du protoxyde d'azote est traité par une solution ammoniacale de chlorure cuivreux, qui absorbe l'*oxyde de carbone.*

f. Le résidu ne peut plus renfermer que de l'azote, de l'hydrogène et du méthane, que l'acide sulfurique n'avait que partiellement absorbés. On l'introduit avec un excès d'oxygène dans une éprouvette à fortes parois, et on l'enflamme avec un fil de palladium ou de platine rougi par un courant électrique. L'eau de chaux se troublera s'il s'est produit de l'anhydride carbonique, et sa présence indiquera celle du *méthane.* On se débarrasse à la fois de l'anhydride carbonique et de l'oxygène en excès, par l'acide pyrogallique et la potasse, et l'on constate que le résidu, s'il y en a un, est bien de l'*azote.*

CINQUIÈME PARTIE

ANALYSE SPECTRALE

L'analyse spectrale a pour but d'examiner, à l'aide de certains appareils, les radiations émises et les radiations absorbées par les corps, au point de vue de leur nature.

Elle consiste, le plus ordinairement, à diriger sur un prisme les rayons de la source qu'il s'agit d'analyser, et à étudier ensuite les caractères du spectre formé par ces rayons.

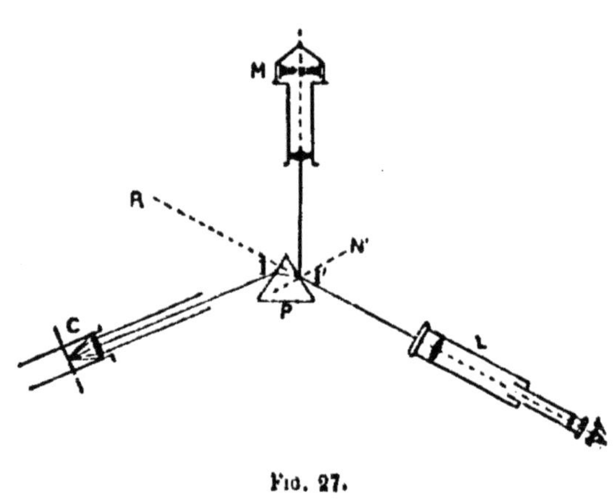

Fig. 27.

Bien souvent l'analyse spectrale devra précéder l'analyse chimique qualitative d'une substance sur la nature de laquelle elle pourra fournir des renseignements précieux, en permettant de constater, d'une manière aussi sûre qu'expéditive, la présence des moindres traces de corps dont la recherche par les procédés ordinaires nécessite des opérations longues et délicates.

Spectroscopes à prisme ordinaire. — Les instruments particuliers au moyen desquels on étudie les spectres des divers corps portent le nom de spectroscopes.

Tout spectroscope se compose essentiellement de quatre parties (*fig.* 27) :

1° Un appareil dispersif P, unique ou multiple, formé d'un ou plusieurs prismes à section équilatérale en flint, à arêtes verticales, fixé sur un plateau horizontal, qui occupe le centre de l'instrument ;

2° Un collimateur C, organe destiné à diriger sur le prisme un faisceau de rayons parallèles. Il se compose d'un tube muni d'un côté d'une lentille convergente ramenant au parallélisme les rayons divergents qui émanent d'un centre lumineux placé à son foyer principal, lequel est constitué par une fente éclairée par la source de lumière qu'il s'agit d'analyser et qui est fixée verticalement à l'autre extrémité du tube ;

3° Une lunette astronomique L, à faible grossissement (ordinairement six fois), destinée à recevoir les rayons émergents du prisme, qui viennent former au foyer principal de son objectif une image du spectre réelle et renversée : c'est cette image qu'on examine à l'aide de l'oculaire.

Cet oculaire est muni d'un réticule vertical dont nous verrons bientôt l'utilité ;

4° Un second collimateur portant à son foyer, qui se trouve à l'extrémité du tube, un micromètre M, finement tracé ou photographié sur verre. Lorsque ce micromètre est bien éclairé, son image, projetée par réflexion sur la face correspondante du prisme, dans la lunette L, est vue par l'observateur en même temps que le spectre.

Fig. 28.

On s'arrange de manière à ce que l'image de cette échelle divisée vienne se projeter un peu au-dessus de l'image du spectre.

Dans la plupart des spectroscopes, la moitié supérieure de la fente du tube C qui renferme le collimateur peut être cachée par un petit prisme mobile à réflexion totale (voy. *fig.* 28), qui reçoit la lumière émise par une lampe placée latéralement, et la renvoie dans l'axe du tube C. On obtient par cette disposition deux spectres superposés, lesquels, provenant de deux sources différentes, peuvent être comparés dans leurs diverses régions à l'aide de la lunette L.

La figure 29 représente un dessin en perspective du spectroscope le plus communément employé dans les laboratoires.

Les quatre pièces qui le composent sont supportées par un pied vertical, et les axes des trois tubes convergent vers les faces du prisme P, recouvert, pour le garantir de toute lumière étrangère, d'une petite boîte métallique T, qui est seulement munie d'ouvertures pour les tubes A, B et C. La lunette A peut seule tourner autour du prisme. On la fixe par une vis de pression au pied vertical dans la position qu'on veut lui donner. Le bouton K permet de faire avancer ou reculer l'oculaire pour la mise au point, c'est-à-dire jusqu'à ce que l'image du spectre apparaisse nettement ; enfin, le bouton L sert à incliner plus ou moins la lunette. La lumière qu'il s'agit d'analyser est en O, devant la fente du collimateur contenu dans le tube B.

Une bougie S éclaire le micromètre R fixé à l'extrémité du tube C, lequel est en outre muni de plusieurs vis de rappel H G F : la vis H sert

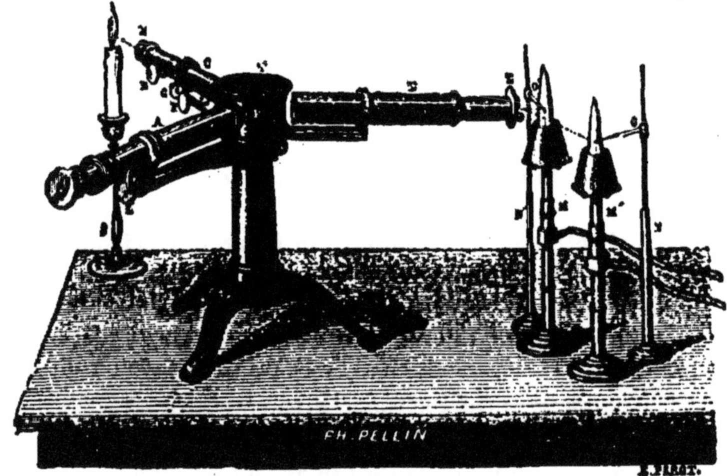

Fig. 29.

pour la mise au point, G pour déplacer le micromètre latéralement dans le sens du spectre, et F pour l'élever ou l'abaisser en inclinant plus ou moins le tube.

Pour se servir du spectroscope, on doit placer l'appareil dans une pièce obscure ou peu éclairée. La source lumineuse dont on veut observer le spectre sera, suivant son intensité et son étendue, rapprochée plus ou moins de la fente du collimateur. La longueur de cette fente ne fait qu'augmenter la largeur du spectre ; si on augmente sa largeur, on augmente proportionnellement l'éclat du spectre, mais aux dépens de sa pureté. On atteint bien vite par tâtonnements la dimension la plus favorable à l'observation.

Réglage du spectroscope. — Le réglage de l'appareil se fait de la manière suivante : on place devant la fente prise très étroite du collimateur la flamme rendue éclairante d'un brûleur de Bunsen, de façon que l'image du spectre apparaisse très nettement dans la lunette. Cela fait, on rend la flamme du brûleur non éclairante : aussitôt le spectre s'évanouit et est remplacé par une image de la fente. Cette image est une raie qui est colorée en jaune par le sodium contenu dans les particules solides en suspension dans l'air, et que la flamme a volatilisé. On fait coïncider cette raie jaune avec le réticule de la lunette, en déplaçant convenablement celle-ci, et l'assujettissant ensuite dans cette position. Il ne reste plus qu'à procéder à la mise au point de la raie jaune en réglant la lunette à la vue de l'observateur, puis à éclairer le micromètre et à mettre son image au point en amenant la division 50 en coïncidence avec la raie jaune.

C'est en indiquant cette coïncidence que l'on décrit à quelles divisions de l'échelle micrométrique correspondent les raies observées au cours des analyses.

Graduation du spectroscope en longueurs d'ondes. — Lorsqu'un spectroscope est réglé comme nous venons de le dire, l'observateur en regardant dans la lunette voit simultanément, et superposées l'une à l'autre, l'image du spectre et celle du micromètre; il lui devient ainsi très facile de repérer, par une simple lecture, les particularités qu'il observe dans les diverses régions spectrales, et de noter sur le papier la position de chaque raie par rapport à la raie D du sodium, que nous sommes convenus de faire coïncider avec la division 50 de l'échelle divisée.

Cette désignation serait dans la plupart des cas suffisante, si les indications fournies par deux spectroscopes pouvaient être immédiatement comparées; mais il n'en est pas ainsi. Les appareils le plus semblables en apparence ne donnent jamais des spectres rigoureusement identiques: le pouvoir dispersif des prismes, pour les diverses couleurs spectrales, peut différer notablement d'un appareil à l'autre.

Il faut remarquer, en outre, que la graduation de l'échelle micrométrique est complètement arbitraire et peut varier, selon les instruments, dans de très larges limites. Il existe, toutefois, un procédé scientifique qui permet de remédier à cet inconvénient. Nous savons, en effet, qu'indépendamment de toute substance réfringente les vibrations lumineuses sont caractérisées par l'amplitude de l'onde, qui correspond à l'*intensité*, et par la longueur de cette onde, qui correspond à la *couleur*. Les méthodes physiques ont permis de mesurer avec exactitude les longueurs d'ondes des vibrations lumineuses bien qu'elles se chiffrent par billionimètres. Il suffit donc de fixer, une fois pour toutes, les valeurs en longueurs d'ondes des divisions micrométriques de l'instrument dont on dispose, et d'indiquer la position d'une raie par la longueur d'onde correspondante, pour pouvoir comparer entre eux les spectres obtenus à l'aide d'un instrument quelconque. Voici comment on peut procéder :

On se procure du papier, dit d'ingénieur, quadrillé au millimètre, et l'on y mène deux lignes perpendiculaires l'une sur l'autre (voir la planche ci-contre). Sur la ligne horizontale XY, on reporte les divisions de l'échelle micrométrique que l'on inscrit de dix en dix, et l'on convient que chaque division de l'échelle sera représentée, par exemple, par 1 millimètre. Sur la ligne verticale XZ, on dresse l'échelle des longueurs d'ondes de 390 à 700, pour que la courbe que l'on se propose de construire puisse permettre de mesurer les radiations émises dans l'infra-rouge et dans le violet, et on les inscrit de dix en dix[1], le billionimètre étant pris pour unité des longueurs d'ondes. Cela fait, on détermine expérimentalement la position d'un certain nombre de raies bien caractéristiques que l'on marque sur l'échelle horizontale. Supposons, par exemple, que l'on ait trouvé les nombres ci-après, pour les divisions de l'échelle graduée qui coïncident avec les neuf raies que nous avons choisies. Nous mettons en regard les nombres qui expriment les longueurs d'ondes correspondantes, indiquées en billionimètres, telles qu'elles se trouvent dans les tables de Thalèn.

Raies observées		Divisions du micromètre		Longueurs d'ondes
Kaα. .	raie rouge	17	(milieu du groupe). . .	768
Li. . .	raie rouge	32	. . . .	670,6
Na . .	raie jaune.	50	(milieu des deux raies).	589,2
Tl . .	raie verte.	68	. . . .	535
H. . .	raie bleue (F du soleil). .	89,5	. . . .	486
Sr . .	raie bleue	105	. . . .	461
Inα . .	raie indigo	111	. . . .	451
Rb . .	raies violettes	136	(milieu des deux raies).	422
Kaβ. .	raie violette	153	. . . .	404,5

On reporte sur l'échelle verticale les longueurs d'ondes correspondant à chaque raie enregistrée. On indique par un trait l'intersection de la ligne horizontale et de la ligne verticale correspondant à la longueur d'onde et à la position observée d'une raie donnée ; on fait de même pour les autres et on réunit, par une courbe continue, les points ainsi obtenus, en s'aidant, pour cet objet, d'une longue règle mince et

[1] Chaque millimètre sur la ligne verticale de notre planche gravée comprend, en réalité, deux longueurs d'ondes. Nous avons dû agir ainsi pour ne pas en doubler les dimensions.

flexible que l'on maintient cintrée en fixant ses deux extrémités à l'aide d'une corde. Chaque point de cette courbe correspondra, dans le sens horizontal, à une division de l'échelle micrométrique de l'instrument dont on se sert, et, dans le sens vertical, à une longueur d'onde. Il est bien évident que l'approximation sera d'autant plus grande, que l'on aura choisi un nombre plus considérable de points de repère.

Lorsqu'on voudra déterminer la longueur d'onde d'une raie coïncidant avec une division donnée, il suffira de descendre la ligne verticale aboutissant à cette division, jusqu'à la courbe, puis de suivre à partir de ce point une ligne horizontale, jusqu'à l'échelle.

Nous donnons ci-après le tableau des raies caractéristiques, rangées par longueurs d'ondes, lequel est précédé du catalogue des raies caractéristiques de quelques corps.

CATALOGUE DES RAIES DE QUELQUES CORPS EXPRIMÉES EN LONGUEURS D'ONDES

Aluminium métallique. — Dans l'étincelle. Le fragment d'aluminium est placé au pôle positif par *exception*. Au pôle négatif, on met un fil de platine, ou un autre fragment d'aluminium :

Bande α contenant les raies.	481,5 et 487,1
Bande β — —	508 — 510,3 — 512,4

Antimoine. — Dans l'étincelle, avec une solution concentrée de protochlorure d'antimoine :

En première ligne	600,2
En deuxième ligne	556,8
. . . . .	612,7
. . . . .	607,7

Argent. — Dans l'étincelle et avec l'azotate d'argent en solution :

Raies remarquables. . .	verte α.	546,4
— très brillant . .	verte β.	520,8

Baryum. — Chlorure de baryum, ou baryte dans la flamme du bec de Bunsen :

Raie orangée γ.	Forte, fondue.	604,4
— — β.	Forte	588,1
— jaune η.	Assez forte, large.	566,1
— — α.	Forte	553,6
— — δ.	Forte, voisine de α	549,2
— verte ι.	Assez forte, fondue	534,6
— — θ.	Assez forte.	521,5
— bleue κ.	Assez forte, bande fondue. .	487,3

Bismuth. — Avec le chlorure de bismuth, dans l'étincelle, on obtient un spectre composé de raies étroites et quelques bandes nébuleuses. On y remarque :

1° En première ligne.	472,4
2° En deuxième ligne	555,2 520,9 411,8

Bore. — Avec l'acide borique, dans la flamme du bec de Bunsen, on obtient un beau spectre composé de larges raies ou bandes :

1° En première ligne.	548,0 (milieu d'une large raie).
2° En deuxième ligne	519,2 (milieu d'une large bande). 594,1 (milieu de la bande).

Cadmium. — Avec le chlorure, dans l'étincelle, mais non dans la flamme du bec de Bunsen :

1° En première ligne.	508,5
2° En seconde ligne	479,9 643,8 467,7

Calcium. — Avec le chlorure, dans la flamme du bec de Bunsen, on obtient, avant que le chlore n'ait été volatilisé par la chaleur :

1° En première ligne.	620,2 618,1 626,5

De plus, une bande de 556 à 550, avec une raie nébuleuse en 551,7

2° En seconde ligne 593,3

si l'on chauffe longtemps, jusqu'à disparition du chlore, on parvient à obtenir le spectre de la chaux pure qui est très pâle et dans lequel apparaît la bande verte 556 à 550 très affaiblie.

Dans l'étincelle, le chlorure de calcium donne encore quelques raies nouvelles qui sont :

En première ligne. . .	large raie de 554,3 à 550,5 ; très nette en 551,7 raie en 422,6.

Césium. — Le chlorure dans la flamme du bec de Bunsen donne :

En première ligne. . . (très sensibles)	bleue α, presque indigo. .	456
	bleue β.	459,7
En seconde ligne . . .	. . . .	621,9
	. . . .	600,7

Chrome. — Avec le sesquichlorure, dans l'étincelle, on obtient :

En première ligne. . .	verte, très forte	520,5
En seconde ligne . . .	indigo β, assez forte. . . .	425,5
	— β, forte	427,5
	— β, forte	429

Cobalt. — Avec le chlorure en solution, on obtient dans l'étincelle un beau spectre à raies. Dans la flamme du bec de Bunsen, le spectre est peu caractéristique.

En première ligne. . .	. . . .	535,3
	. . . .	534
	. . . .	526,5
	. . . .	486,8
	. . . .	521,2
En seconde ligne. . .	. . . .	527,9
	. . . .	548,3
	. . . .	484
	. . . .	411,9
	. . . .	453,3

Cuivre. — Avec le chlorure de cuivre, dans l'étincelle, on obtient des spectres très beaux et compliqués :

En première ligne.	verte α_1, très forte.	521,8	réaction très sensible
	verte α_2, très forte.	510,6	
En deuxième ligne.	verte β, forte. . . .	515,3	
	jaune γ, forte . . .	578,1	
En troisième ligne.	rouge ι, assez forte. Bande.	616,8	
	rouge ζ, assez forte. Bande.	606,1	

Étain. — Avec le chlorure en solution, et dans l'étincelle condensée on obtient, si la solution est très concentrée :

Raies principales. . .	452,6
	563,1

Fer. — Avec le perchlorure, dans l'étincelle :

En première ligne.	 526,7	
	 532,6	
	 523,1	(cette raie est double)
	 495,0	
	 492,3	
	 438,3	(raie violette caractéristique)

Le spectre solaire renferme plus de 600 raies dues à ce métal.

Indium. — Dans la flamme du bec de Bunsen ou avec l'étincelle :

En première ligne : Bleue α, très forte et brillante. .	451,1	très sensible
En seconde ligne : Violette β, forte.	410,1	visible surtout avec l'étincelle

Lithium. — Avec le chlorure ou tout autre sel, dans la flamme du bec de Bunsen :

Rouge α : 670,6 (réaction très sensible).

Dans l'étincelle :

En première ligne.	 610,2
	 670,6
En seconde ligne.	 460,4

Magnésium. — Le chlorure ne donne rien dans la flamme du bec de Bunsen. Avec l'étincelle, il donne en solution les trois belles raies vertes qui correspondent aux raies noires du spectre solaire, et dont les longueurs d'ondes sont : 518,3 — 517,2 — 516,7.

Mercure. — Le bichlorure en solution donne avec l'étincelle :

En première ligne.	546 535,7
En seconde ligne.	576,8 579

Nickel. — Dans l'étincelle, avec le chlorure en solution, les raies les plus caractéristiques obtenues sont : en première ligne : 547,6— 508,1 — 471,5.

Plomb. — Avec la solution de chlorure de plomb, dans l'étincelle, la raie la plus caractéristique paraît être 405,6 que l'oxydation du métal ne modifie pas.

Potassium. — Dans la flamme du bec de Bunsen, avec le chlorure ou tout autre sel :

En première ligne : Raie rouge forte. 768

Cette raie est le milieu d'un groupe que l'on peut dédoubler avec une fente étroite en plusieurs raies, parmi lesquelles on distingue surtout :

Deux caractéristiques	769,7 766,3
En seconde ligne : Raie violette, large β.	404,5

Rubidium. — Dans la flamme du bec de Bunsen, avec le chlorure ou tout autre sel :

En première ligne.	violette α, très forte.	420,2	ces raies sont très sensibles et caractéristiques.
	violette β, forte. . .	421,6	
En seconde ligne .	orangée γ, assez forte	629,7	
	rouge δ, assez forte	780,0	
	jaune orangé.	620,3	

Sodium. — Dans la flamme du bec de Bunsen :

Raie jaune très vive. 589,2 que l'on dédouble aisément avec une fente étroite.

Strontium. — Avec le chlorure, dans la flamme du bec de Bunsen, lorsque le chlore a été en partie chassé par la chaleur, on obtient :

Une raie rouge	ζ. Assez forte, bande.	682,7
— —	γ. Forte, bande.	669,4
— —	ι. Assez forte, bande	659,7
— —	δ. Forte, bande.	646,4
— jaune	α. Très forte, bande large	606 à 603
— bleue	δ. Forte, persistante	460,7

Thallium. — Dans la flamme du bec de Bunsen, chlorure et autres sels :

Raie verte caractéristique 534,9

Zinc. — Dans la flamme du bec de Bunsen, on obtient, avec le chlorure, un spectre pâle où l'on distingue :

En première ligne.	481,2 636,1 472,1	
En seconde ligne.		468,1

I. — *Tableau des raies caractéristiques, rangées par longueurs d'ondes.*
(D'après M. Lecoq de Boisbaudran)

Longueurs d'ondes.	
405,6	Étincelle et chlorure de plomb dissous [1] !
410,1	Gaz ou mieux étincelle. — Indium.
410,4	Étincelle et hydrogène ou eau.
411,8	Étincelle. — Chlorure de bismuth.
411,9	Étincelle. — Chlorure de cobalt.
420	Étincelle dans l'air.
420,2	Gaz. — Rubidium !
421 6	Gaz. — Rubidium !
422,6	Étincelle. — Chlorure de calcium !
423,3	Étincelle dans l'air (oxygène).
425,5	Étincelle. — Chlorure de chrome.
426,9	Étincelle dans l'air !
427,5	Étincelle. — Chlorure de chrome.
427,6	Étincelle dans l'air !
429	Étincelle. — Chlorure de chrome.
430,9	Flamme bleue du gaz.
434,3	Étincelle. — Hydrogène.

[1] Le point d'exclamation indique une raie caractéristique de premier ordre.

Longueurs d'ondes	
434,5	Étincelle dans l'air.
435,7	Étincelle. — Bichlorure de mercure.
436,7	Gaz. — Milieu d'une bande. — Chlorure de cuivre!
438,3	Étincelle. — Perchlorure de fer.
441,4	Étincelle dans l'air! Oxygène.
445,3	Gaz. — Milieu d'une bande. — Chlorure de cuivre!
449,2	Étincelle dans l'air!
451,1	Gaz ou étincelle. — Indium!
452,6	Étincelle. — Bichlorure d'étain.
453,3	Étincelle. — Chlorure de cobalt.
455,6	Étincelle. — Chlorure de baryum.
456	Gaz. — Césium!
459,7	Gaz. — Césium!
460,4	Étincelle. — Lithine.
460,7	Gaz. — Strontium.
463,3 464,8	Étincelle dans l'air! (Azote).
467,7	Étincelle. — Cadmium.
468,1	Étincelle. — Zinc.
469,4	Gaz. — Milieu d'une bande. — Strontium.
470,6	Étincelle dans l'air. — Oxygène!
471,5	Étincelle. — Chlorure de nickel!
472,1	Étincelle. — Zinc.
472,4	Étincelle. — Chlorure de bismuth!
473,8	Flamme bleue du gaz. (Bande cannelée qui atteint 467,5.)
479,9	Étincelle. — Cadmium.
481,2	Étincelle. — Zinc!
481,4	Étincelle dans l'air! (Azote).
482,3	Étincelle. — Manganèse!
484	Étincelle. — Chlorure de cobalt.
484,5 487,1	Étincelle et aluminium métallique; bande caractéristique.
486,5	Étincelle et hydrogène (ou eau).
486,8	Étincelle. — Chlorure de cobalt!
492,3	Étincelle. — Fer.
493,2	Étincelle. — Chlorure de baryum et acide chlorhydrique.
494,1	Gaz. — Acide borique. — Milieu de la bande.
495,9	Étincelle. — Fer.
500,3	Étincelle dans l'air (Azote) ou plomb.
506,4	Étincelle dans l'air.
508 510,3 512,4	Étincelle et aluminium métallique. Raies principales englobées dans une bande lumineuse.
508,1	Étincelle. — Chlorure de nickel!
508,5	Étincelle *non condensée*. — Cadmium!
507,9 510,3	Étincelle et acide chlorhydrique.
510,6	Étincelle. — Chlorure de cuivre!

Longueurs d'ondes	
510,0	Phosphore dans l'appareil de Marsh. — Milieu de la bande.
513,6	Gaz ou étincelle. — Chlorure de baryum!
514,8	Étincelle et air.
515,3	Étincelle. — Chlorure de cuivre.
516,1	Flamme bleue du bec Bunsen (bande dégradée par le violet)!
516,7	Étincelle. — Magnésium!
517,2	Étincelle. — Magnésium!
518,3	Étincelle. — Magnésium!
519,2	Gaz. — Milieu d'une bande. — Acide borique.
520,5	Étincelle. — Chlorure de chrome!
520,8	Étincelle. — Azotate d'argent.
520,9	Etincelle. — Chlorure de bismuth.
521,2	Étincelle. — Chlorure de cobalt!
521,6	Étincelle et chlore ou acide chlorhydrique!
521,8	Étincelle. — Chlorure de cuivre!
522,3	Étincelle dans l'air.
523,1	Étincelle. — Fer.
524,2	Gaz ou étincelle. — Chlorure de baryum acidulé.
526,3	Phosphore dans l'appareil de Marsh!
526,5	Etincelle. — Chlorure de cobalt!
526,7	Etincelle. — Fer.
527,9	Etincelle. — Chlorure de cobalt.
531,3	Gaz ou étincelle. — Chlorure de baryum et acide chlorhydrique.
532,6	Etincelle. — Fer.
534,0	Étincelle. — Chlorure de cobalt!
534,6	Gaz. — Bord droit de bande. — Baryum.
534,9	Gaz. — Thallium.
535,3	Étincelle. — Cobalt.
539,0	Etincelle et acide chlorhydrique.
546	Étincelle. — Bichlorure de mercure!
546,4	Etincelle. — Azotate d'argent.
547,6	Etincelle. — Chlorure de nickel!
548,0	Gaz (grosse raie). — Bore!
548,8	Étincelle. — Chlorure de cobalt.
549,2	Gaz. — Baryum. — Bord droit de la bande.
553,6	Gaz ou étincelle. — Baryum!
555,2	Etincelle. — Chlorure de bismuth.
556,8	Étincelle. — Protochlorure d'antimoine.
560,5	Phosphore dans l'appareil de Marsh.
562,9	Flamme bleue du gaz dégradée vers le violet.
567,7	Etincelle dans l'air (Azote)!
576,8	Etincelle. — Bichlorure de mercure.
578,1	Étincelle. — Chlorure de cuivre.
578,3 / 583,1	Étincelle et chlorure de potassium en fusion ignée.
588,1	Gaz. — Chlorure de baryum.
589,2	Sodium (raie double)!
600,2	Étincelle et protochlorure d'antimoine!

Longueurs d'ondes	
600,7	Gaz. — Césium.
603 610	Gaz. — Belle bande du strontium !
604,4	Gaz. — Chlorure de baryum.
605,8	Gaz. — Strontium !
607,7	Etincelle. — Protochlorure d'antimoine.
610,2	Etincelle. — Lithine !
612,7	Etincelle et protochlorure d'antimoine.
618,1 620,2	Gaz. — Chlorure de calcium !
620,3	Gaz. — Rubidium.
621,9	Gaz. — Césium.
626,5	Gaz et étincelle. — Chlorure de calcium !
629,7	Gaz. — Rubidium.
635,0	Gaz. — Chlorure de strontium !
636,1	Etincelle. — Zinc !
636,4	Gaz. — Strontium.
643,8	Etincelle. — Cadmium.
650 656	Gaz. — Bande avec raie dégradée en 651,7. — Chlorure de calcium !
650,5 654,3	Etincelle. — Bande avec maximum en 651,7 chlorure de calcium !
656,8	Etincelle et hydrogène (ou eau) !
669,7	Gaz. — Chlorure de potassium !
670,6	Etincelle ou gaz. — Lithine !
780	Gaz. — Rubidium.

II. — *Tableau des longueurs d'ondes des principales raies de Frauenhofer*

NOMS DES RAIES	LONGUEURS D'ONDES en BILLIONIMÈTRES	NOMS DES RAIES	LONGUEURS D'ONDES en BILLIONIMÈTRES
Raie A	760,09	Raie E	526,90
— a	718,5	— b	518,30
— B	686,68	— F	486,06
— C	656,18	— G	430,72
— C^2	589,50	— L	410,12
— C^1	588,90	— H	396,80

Spectroscopes à prismes multiples. — Ce sont des instruments qui sont utilisés dans certaines recherches où il est nécessaire d'obtenir un spectre énormément étalé, pour pouvoir en saisir toutes les particularités et étudier spécialement une région déterminée. On atteint l'effet dispersif désiré en remplaçant le prisme unique de l'appareil ordinaire par une plate-forme portant plusieurs prismes. Ceux-ci, comme l'indique la figure 30, qui représente un spectroscope à quatre prismes construit par M. J. Duboscq, sont disposés de telle façon que les rayons lumineux émanés du collimateur C donnent, avec le premier prisme,

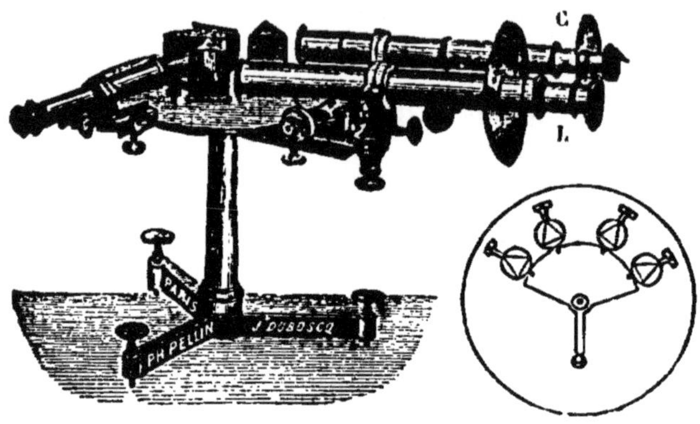

Fig. 30.

un spectre qui est de nouveau réfracté par le second, puis par le troisième, et ainsi de suite, jusqu'au dernier qui le dirige dans l'axe de la lunette L. En déplaçant le collimateur, on peut avec cet instrument ne faire usage que d'un, de deux ou de trois prismes. La lunette et le collimateur étant à peu près parallèles, on peut, pour éviter la gêne occasionnée par la proximité de la flamme, placer celle-ci latéralement et se servir du prisme à réflexion totale appliqué sur la fente.

Les prismes, grâce à un dispositif particulier, peuvent être un peu déplacés simultanément sur eux-mêmes, pour leur donner la position du minimum de déviation qui n'est pas la même pour les différentes couleurs.

Cette dilatation considérable du spectre, obtenue avec ces instruments, en diminue beaucoup l'éclat, d'abord à cause de son développement, et puis à cause des pertes successives que subit le faisceau en traversant tous ces milieux réfringents. Aussi ces spectroscopes ne servent-ils qu'à l'étude de sources lumineuses très intenses.

Spectroscopes à vision directe. — Pour rendre les observations plus commodes dans les recherches courantes, on construit des spectroscopes dans lesquels le collimateur et la lunette sont sur le prolongement l'un de l'autre, et avec lesquels, par conséquent, on vise directement. La figure 31 représente un instrument de ce genre. Une fente est fixée à l'extrémité d'un tube portant un collimateur à son extrémité opposée. A la suite de ce tube, se trouve le prisme à vision directe, formé de trois ou cinq prismes associés, selon le pouvoir dispersif qu'il est utile d'obtenir. Ces prismes sont alternativement en flint et en crown, et disposés de manière à produire un effet inverse de celui des systèmes

Fig. 31.

achromatiques, c'est-à-dire conservant la dispersion et supprimant la déviation.

Sur ce même principe, on construit des spectroscopes à vision directe, de dimensions très réduites (*fig.* 32), mais dépourvus de supports, dits spectroscopes de poche, dont les tubes peuvent rentrer les uns dans les autres, comme ceux d'une longue-vue, et qui sont très employés par les minéralogistes. Le micromètre dans ces instruments est placé dans la lunette elle-même, au point où se forme l'image réelle du spectre.

Fig. 32.

Microspectroscopes. — En combinant le spectroscope avec un microscope, de telle manière que la fente du spectroscope coïncide exactement avec l'image réelle que l'oculaire doit grossir, on obtient le microspectroscope.

Cet appareil, dont on se sert parfois lorsqu'on ne dispose que d'une quantité minime de substance, et qui peut rendre de grands services dans les recherches chimico-légales, s'adapte simplement sur le tube d'un microscope ordinaire, à la place de l'oculaire.

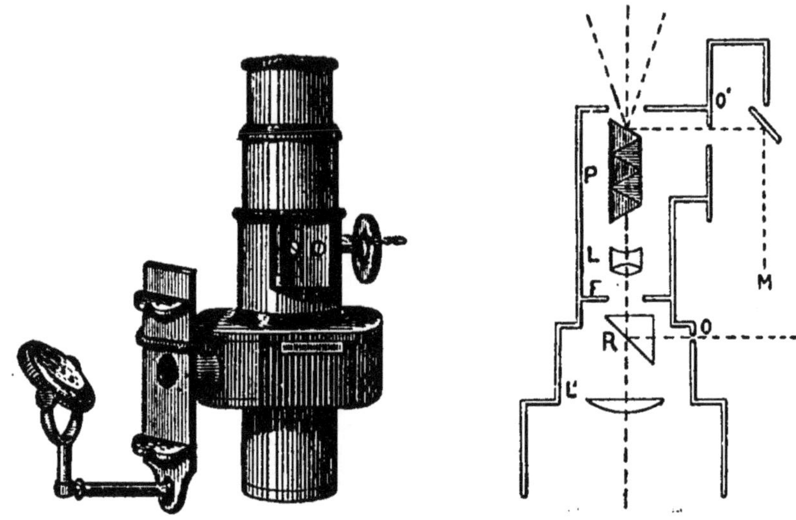

Fig. 33.

La figure 33 représente un dessin en perspective et une coupe de cet instrument. On y voit successivement, en allant de haut en bas : P le prisme d'Hoffmann, L la première lentille de l'oculaire, F la fente spectrale qu'on peut élargir à volonté, L' la deuxième lentille de l'oculaire. R est un petit prisme à réflexion totale, pouvant fournir, comme dans le spectroscope ordinaire, un spectre de comparaison, en recevant par l'orifice latéral O les rayons d'une source lumineuse. Enfin, un deuxième orifice latéral O', situé à la hauteur du prisme, permet de projeter dans l'appareil l'image d'un micromètre M.

ANALYSE QUALITATIVE DES RADIATIONS ÉMISES ET DES RADIATIONS ABSORBÉES

A. — Spectres d'émission

On appelle spectres d'émission, les spectres fournis par les corps solides, liquides ou gazeux, portés à l'incandescence. On en distingue deux sortes : 1° les spectres de première espèce ou spectres continus, donnés par les corps qui émettent toutes les radiations lorsqu'ils deviennent lumineux, tels sont les solides et les liquides ; 2° les spectres de deuxième espèce ou spectres discontinus, donnés par les corps qui n'émettent que certaines radiations lorsqu'ils deviennent lumineux, tels sont les gaz et les vapeurs.

Ainsi, si l'on examine au spectroscope la lumière émise par un corps solide, rendu incandescent par une température très élevée, on observe des phénomènes de dispersion qui se traduisent par un spectre formé de rayons diversement colorés, dont les nuances se succèdent dans le même ordre, et qui apparaissent successivement à mesure que la température s'élève ; ce sont d'abord les rayons les moins réfrangibles, ceux de la lumière rouge qui apparaissent, puis le spectre s'étend peu à peu, des rayons orangés et jaunes s'ajoutent aux premiers; viennent ensuite des radiations vertes et bleues ; enfin, les rayons violets se montrent lorsque le corps a atteint la plus haute température qu'on puisse lui communiquer. Mais nulle part on ne constate des raies sombres analogues à celles qui sillonnent le spectre de la lumière solaire, ni de lignes brillantes comme celles que l'on aperçoit dans le spectre d'une flamme colorée par les vapeurs d'un métal qui s'y volatilise. Les spectres continus s'observent, par exemple, lorsqu'on chauffe un métal jusqu'à l'incandescence ou avec les charbons de l'arc voltaïque, ou même avec la flamme éclairante d'un bec de gaz ou d'une lampe à huile, car le spectre est fourni dans ce cas par les particules de charbon incandescentes que ces flammes tiennent en suspension.

Les corps liquides, portés à l'incandescence, se comportent sous ce rapport comme les solides. Les diverses couleurs du spectre continu auxquels ils donnent naissance apparaissent également suivant l'ordre croissant de leur réfrangibilité à mesure que la température s'élève. Il est donc impossible de pouvoir distinguer les unes des autres, par l'analyse spectrale, les diverses sources artificielles qui donnent naissance aux spectres continus, puisque toutes se comportent d'une façon identique. Au contraire, si la source lumineuse est un gaz ou une vapeur à l'état incandescent, le spectre aura une tout autre apparence, il sera discontinu, sillonné d'un nombre plus ou moins considérable de lignes lumineuses, étroites et irrégulièrement distribuées, mais absolument invariables et caractéristiques pour le corps qui les présente.

On comprend aisément qu'un même corps, un métal par exemple, peut donner naissance à un spectre continu ou discontinu, suivant qu'il sera rendu simplement incandescent ou qu'il aura atteint une température assez élevée pour se volatiliser.

La position des raies dans les spectres fournit un caractère chimique important, comparable au poids atomique lui-même. Souvent la couleur des raies, leur disposition et leur intensité relative permettent de reconnaître immédiatement chaque spectre particulier. Mais il n'en est pas toujours ainsi, et il est alors indispensable de définir exactement la position occupée par chaque raie en déterminant sa longueur d'onde.

MANIÈRE DE PRODUIRE LES RAIES, DE LES OBSERVER ET D'OPÉRER LES MESURES

Nous ferons remarquer d'abord que le spectre donné par un composé est d'autant plus intense que la température de la flamme est plus élevée, et que de toutes les combinaisons d'un même métal c'est la plus volatile qui, pour une même flamme, produit les raies les plus brillantes. D'autre part, les raies faiblement lumineuses des métalloïdes, lorsque ceux-ci se trouvent à côté des métaux, ne peuvent être observées que rarement, à cause de l'intensité lumineuse beaucoup plus grande des spectres des métaux.

On doit rechercher en premier lieu les métaux pour lesquels la chaleur du brûleur de Bunsen est suffisante pour produire les spectres; tels sont les métaux alcalins et alcalino-terreux. Les genres de sels qui se prêtent le mieux à l'observation sont les chlorures, les bromures, les iodures et les fluorures avec lesquels on obtient les spectres les plus intenses; puis viennent, dans l'ordre inverse des sensibilités, les hydrates, les carbonates et les sulfates; enfin les borates, les phosphates et les silicates ne se volatilisant que difficilement, il est nécessaire de les humecter d'acide chlorhydrique, sulfurique ou fluorhydrique, avant de les porter dans la flamme.

L'opération s'exécute à l'aide d'un fil de platine de la grosseur d'un crin, que l'on insère par fusion dans un tube de verre, et dont l'autre extrémité est recourbée en forme de crochet aplati, comme celui que nous avons décrit page 10 (*fig.* 10) ou bien contournée en spirale comme celui de la figure 34. On le chauffe d'abord au rouge blanc dans la flamme incolore d'un brûleur de Bunsen, jusqu'à ce que cette flamme cesse de se colorer, puis, lorsqu'il est refroidi, on puise avec l'extrémité contournée une gouttelette de la solution qu'il s'agit d'analyser, et on la porte, au moment de l'examen, dans la flamme du brûleur muni de sa cheminée, en faisant passer le fil à travers la flamme chaude. Si la substance est en poudre, on mouille légèrement le bout du fil de platine dans l'eau et on le plonge ensuite dans la masse pulvérisée, dont une portion reste ainsi adhérente au fil et donne une perle saline, lorsqu'on la place dans les bords de la flamme. Cette perle, après avoir été refroidie chaque fois, pourra être de temps à autre humectée d'acide chlorhydrique ou sulfurique, au cours de l'examen, et reportée dans la flamme, afin que les composés difficilement volatils qu'elle pourrait contenir puissent se modifier et fournir la réaction. Lorsque le fil de platine a été ainsi chargé d'une gouttelette ou d'une perle saline, il convient de ne pas l'introduire à l'avance dans la flamme, mais seulement de l'en tenir proche, en le fixant à l'extrémité de la tige latérale du support (*fig.* 35), pour l'y pousser lorsque l'attention est déjà fixée sur le champ spectral. D'autre part, on approche la fente du spectroscope à une distance de 5 à 10 centimètres du brûleur, et on la place à une hauteur telle que l'extrémité supérieure de la cheminée soit située 1 ou 2 centimètres plus bas que l'extrémité inférieure de la fente.

Fig. 34.

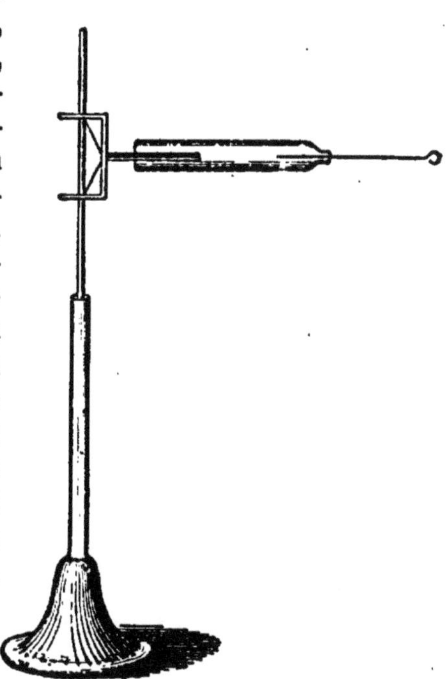

Fig. 35.

Cela fait, on éclaire l'échelle micrométrique, et le spectroscope étant réglé comme nous l'avons indiqué page 178, on introduit dans la flamme rendue non éclairante l'extrémité du fil de platine, puis on dirige l'instrument de façon à voir la zone colorée de la flamme sous la plus grande épaisseur possible, et en visant la partie quelquefois très limitée où elle offre le plus d'éclat.

Il est très important de savoir modifier suivant les circonstances la largeur de la fente; lorsqu'on observe les régions peu éclairées du spectre, surtout le rouge extrême et l'ultra-violet, il faut ouvrir la fente. On rétrécit celle-ci, si la raie étroite se projette sur un fond assez lumineux. Il est indispensable de prendre la fente très étroite pour résoudre un groupe de raies voisines et pouvoir observer certaines raies nébuleuses enfouies dans des fonds éclairés.

Comme il est nécessaire d'allonger ou de raccourcir la lunette oculaire pour examiner des radiations de réfrangibilité plus ou moins grande, il est avantageux de faire graver des divisions millimétriques sur les parois du tube mobile; on peut noter ainsi jusqu'à quelle division il convient de l'enfoncer pour repérer nettement telle ou telle partie d'un spectre, et la mise au point se fera rapidement, avec exactitude et sans tâtonnement.

Enfin, il faut avoir des solutions pures de chlorures alcalins et alcalino-terreux, y compris ceux des métaux rares, pour les comparaisons et comme corps producteurs d'une raie connue, dont la position sur l'échelle micrométrique déterminée en même temps que celle de la raie voisine qu'on étudie permet de vérifier de temps à autre le réglage de l'instrument et d'effectuer la correction nécessaire. On place ces solutions dans les petits flacons du nécessaire de M. Ranvier très commodes pour cet usage, et on se sert de la tige de verre qui plonge dans les flacons pour déposer la solution sur les fils de platine.

Pour mesurer les raies, on amène le réticule de la lunette en coïncidence de chaque raie observée, et on note, après l'avoir lue, la division du micromètre qui se trouve en coïncidence. Cette division étant exactement déterminée, on suit sur le tableau représentant la courbe des longueurs d'ondes la ligne verticale correspondante jusqu'à son point de rencontre avec la courbe; la ligne horizontale qui passe par ce point conduit immédiatement au nombre qui exprime la longueur d'onde des radiations observées. On cherche ce nombre dans le tableau 1 de la page 185, et en regard se trouve indiqué le corps auquel appartient la raie observée.

Ainsi que le fait très judicieusement remarquer M. Lecoq de Boisbaudran, il est plus facile de placer exactement le fil du réticule sur le centre d'une raie (même assez large) que d'établir sa coïncidence avec le bord fin de la fente; on mesurera donc le centre des raies en amenant le fil du réticule vers la raie, alternativement de gauche à droite et de droite à gauche, on l'arrête lorsqu'on juge qu'il coïncide avec le centre de la raie, et on prend la moyenne des positions trouvées ; on réussit ainsi à mesurer des raies excessivement faibles.

Ordinairement, la détermination des diverses raies spécifiques dans un mélange est facilitée par la différence de volatilité des sels métalliques. Ainsi, si l'on soumet à l'analyse spectrale un mélange des chlorures de potassium, de lithium et de baryum, on voit immédiatement les raies du potassium et du lithium ; puis, à mesure que, par suite de la volatilisation, les raies de ces métaux s'affaiblissent, on voit apparaître bientôt distinctement le spectre du baryum. Du reste, le spectre que donne un mélange résultant de la superposition des spectres particuliers des corps divers qu'il contient, les raies caractéristiques de chacun d'eux apparaissent les unes à côté des autres. Mais, une condition essentielle pour réussir dans ce genre d'analyse, c'est que les proportions relatives des corps qui font partie du mélange ne soient pas très différentes. C'est qu'en effet la sensibilité du spectroscope est fort inégale, ainsi il permet de déceler 1/3000000 de milligramme de sodium, 1/9000000 de lithium, 1/10000 de calcium, 1/50000 de césium, 1/60000 de strontium, 1/2000 de thallium, 1/100 de potassium, 1/100 de baryum. Il ne faut pas oublier, d'autre part, que toutes les raies spectrales n'ont pas la même valeur. Les raies les plus caractéristiques et les plus faciles à reconnaître sont désignées par α, les autres par β, γ, δ, ε. Les raies qui ne portent pas d'indications particulières ne peuvent être reconnues que dans des conditions tout à fait favorables (grande quantité et pureté de la substance, grande intensité lumineuse, etc.). Il existe cependant un moyen qui permet d'observer une raie caractéristique d'une substance lorsqu'elle se trouve contenue dans un mélange en proportion telle qu'elle serait visible si elle se trouvait seule dans la solution, mais qui n'apparaît pas dans le champ spectral, son éclat se trouvant voilé par l'intensité trop vive d'autres raies appartenant à des corps dont la proportion dans le mélange est beaucoup plus grande ; il consiste à interposer entre l'œil de l'observateur et l'oculaire un verre coloré qui éteint les radiations étrangères dont l'impression sur la rétine gêne les observations. S'agit-il, par exemple, de découvrir une petite quantité de sels de lithium en présence de beaucoup de sels de sodium et même de potassium, il suffit de placer devant l'œil un verre bleu pour rendre visible la raie du lithium qui n'apparaissait pas avant. De même, si l'on avait à rechercher la présence du potassium, du rubidium et du césium, à côté d'une proportion relativement plus grande de sodium, l'interposition du verre bleu faciliterait beaucoup la recherche. C'est en employant de pareils moyens que l'on arrive aisément à découvrir dans les cendres de la plupart des végétaux, ainsi que dans celles qui proviennent de l'incinération du lait, du sang, des muscles, la présence du lithium. Il suffit même de porter dans la flamme du brûleur l'extrémité d'une cigarette, une goutte d'eau de Bourbonne-les-Bains ou de Vichy, pour voir apparaître également la raie de ce métal.

PROJECTION DES SPECTRES

Lorsqu'on veut effectuer la projection amplifiée des spectres sur un écran, de manière à rendre visibles à un auditoire même assez nom-

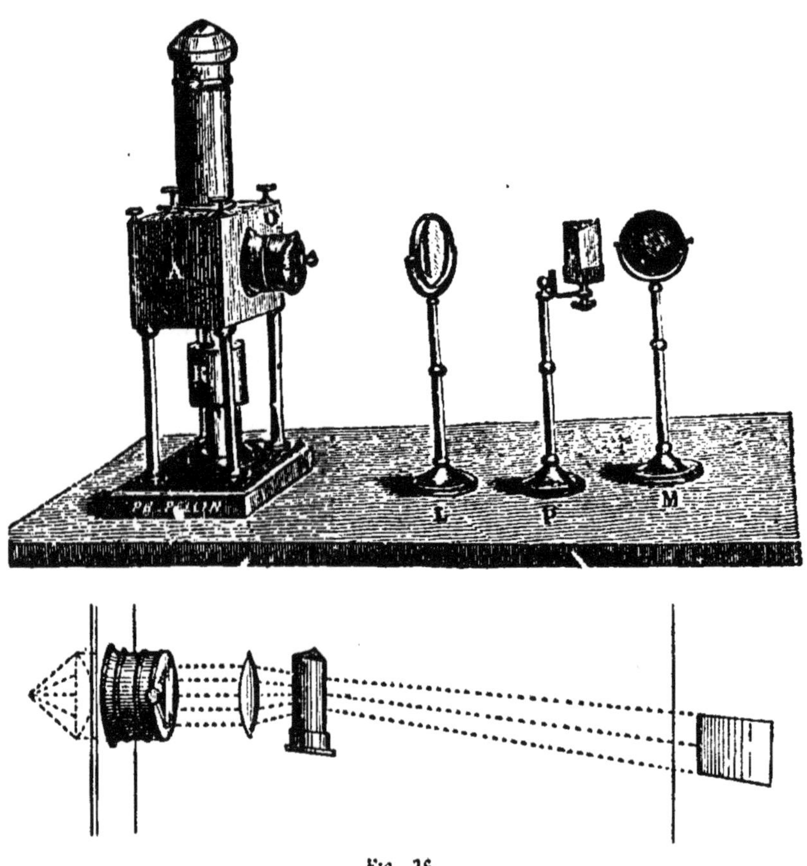

Fig. 36.

breux les raies caractéristiques de plusieurs métaux, on peut se servir avec avantage de l'appareil décrit par M. H. Debray (*Ann. de chim. et de physique* [3], t. LXV).

« Dans une lanterne électrique de Dubosq (A, *fig.* 36), au lieu d'une lampe électrique, on introduit un chalumeau de Debray R à lumière de Drummond. L'ouverture latérale O de la lanterne est munie d'une fente large d'un millimètre environ, en avant de laquelle on place (à 30 centimètres) une lentille L dont la longueur focale est de $0^m,33$. A 25 ou 30 centimètres de cette lentille, on dispose un prisme en flint P, puis un miroir M destiné à renvoyer sur une feuille de papier blanc l'ensemble des rayons réfractés.

« La lentille (*fig.* 36), le prisme et le miroir sont portés sur des pieds ; quant à l'écran, on peut, si l'on veut, le fixer contre une muraille.

« Pour montrer un spectre continu, on dirige le jet enflammé du gaz tonnant contre un bâton de chaux vive qui devient incandescent ; quand ensuite on veut produire les spectres des métaux, il suffit d'enlever la chaux et de porter dans la flamme un petit charbon de cornue fortement imprégné de la substance métallique ; le platine doit être proscrit pour cet usage, à cause de la facilité avec laquelle il fondrait sous l'influence d'une haute température. »

EMPLOI DE L'ÉTINCELLE ÉLECTRIQUE

Lorsque l'on veut étudier les spectres des métaux autres que ceux dits alcalins et alcalino-terreux, pour lesquels la chaleur du brûleur de Bunsen ne serait pas suffisante, c'est à l'étincelle électrique qu'il faut avoir recours. Les spectres que l'on obtiendra ainsi contiendront à la fois toutes les raies qu'on observe à la chaleur de la flamme, et de nouvelles raies que cette dernière ne donne pas.

On emploie de préférence pour produire l'étincelle la bobine de Rhumkorff. Le modèle susceptible de fournir des étincelles de 2 à 5 centimètres, lorsqu'on l'actionne par une pile de quatre à six éléments au bichromate de potassium, est très convenable. On dispose commodément avant l'analyse la pile et la bobine à portée de l'observateur ; on isole les conducteurs en posant leurs supports sur des soucoupes de porcelaine, et, pour éviter de recevoir les décharges qui pouraient éclater ailleurs qu'entre les électrodes, ce qui serait dangereux, on fixe aux pôles de la bobine deux tiges métalliques entourées de substance isolante et dont les pointes sont maintenues en regard à une distance qui excède légèrement celle des électrodes d'où jaillira l'étincelle à observer. Quant aux petites décharges par influence qui viennent parfois éclater au moment où l'œil est appliqué contre la lunette, on s'en préserve immédiatement en saisissant avec la main le pied du spectroscope.

On peut employer l'étincelle avec des solides, des liquides ou des gaz. Quand le corps à examiner est à l'état solide, il suffit d'adapter aux deux extrémités des fils de la bobine un fragment de ce corps et de faire jaillir l'étincelle.

Si le corps à étudier est très réfractaire, on peut joindre une bouteille de Leyde à la bobine, en faisant communiquer chacun de ses pôles avec l'une des armatures. Les étincelles que l'on obtient ainsi sont beaucoup plus lumineuses, et leur température bien plus élevée, mais le spectre contiendra les raies des métaux, mélangés, surtout si l'étincelle est longue, des raies de l'azote, de l'oxygène et de l'hydrogène, provenant de l'air et de la vapeur d'eau. Il est facile, toutefois, en opérant dans une atmosphère d'hydrogène, d'éliminer ces nombreuses raies qui sont alors remplacées par une raie rouge, une large raie verte et deux autres raies bleue et violette, si peu apparentes, qu'elles ne nuisent en rien à l'observation des lignes métalliques. Il y a plusieurs méthodes pour les observer.

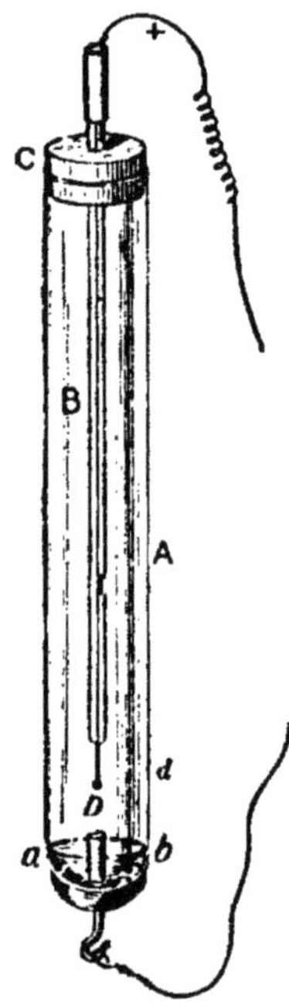

Fig. 37.

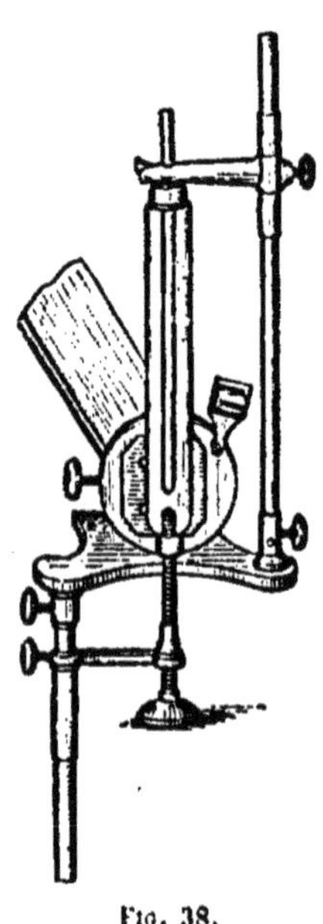
Fig. 38.

Le dispositif le plus usité est celui de Delachanal et Mermet (*fig.* 37).

Il se compose d'un tube à essai A placé verticalement et qui est traversé à sa partie inférieure par un fil de platine très fin soudé à la paroi du verre et qui fait à l'intérieur une saillie de quelques millimètres. Un petit tube capillaire D légèrement conique coiffe cette extrémité, et permet au liquide à analyser de monter par capillarité. A son extrémité supérieure, le tube à essai est fermé par un bouchon C que traverse un tube capillaire B ; ce tube contient un second fil de platine faisant saillie en *d* et plonge jusqu'à une faible distance de D.

C'est dans le fond du tube à essai que l'on place jusqu'en *ab* une petite quantité de la solution saline. On fait jaillir l'étincelle entre les extrémités des fils de platine convenablement rapprochés. Le fil supérieur servant d'électrode +, et l'inférieur d'électrode —.

La figure 38 représente l'appareil disposé devant la fente du spectroscope.

Pour observer les radiations que donnent les corps gazeux tels que l'azote, l'oxygène, l'hydrogène, etc., sous l'influence de l'étincelle électrique, on fait usage des tubes dits de Gessler d'une forme particulière. Ce sont des tubes capillaires (*fig.* 39 et 40) renflés en ampoule cylindrique à leurs extrémités, et munis de deux conducteurs métalliques destinés à être mis en relation avec une bobine de Rhumkorff. Ils sont munis de robinets ou portent un appendice latéral par lesquels on fait le vide lorsqu'on les a d'abord remplis du gaz sur lequel on veut opérer, de manière à réduire la pression à une fraction de millimètre.

On sait que le gaz ainsi renfermé à l'état de raréfaction dans ces tubes devient incandescent et illumine toute la capacité intérieure, lorsqu'on fait jaillir entre les deux conducteurs l'étincelle d'une bobine de Rhumkorff actionnée par un ou deux éléments au bichromate de potassium.

Il suffit de disposer la portion capillaire du tube devant la fente d'un spectroscope, comme l'indique la figure 41, pour obtenir un spectre très brillant. C'est en effet cette partie rétrécie qui est la plus lumineuse, la température du gaz y est bien plus élevée que dans les autres portions du tube, puisque l'électricité se trouve d'autant plus condensée que la section du tube qu'elle traverse est plus faible.

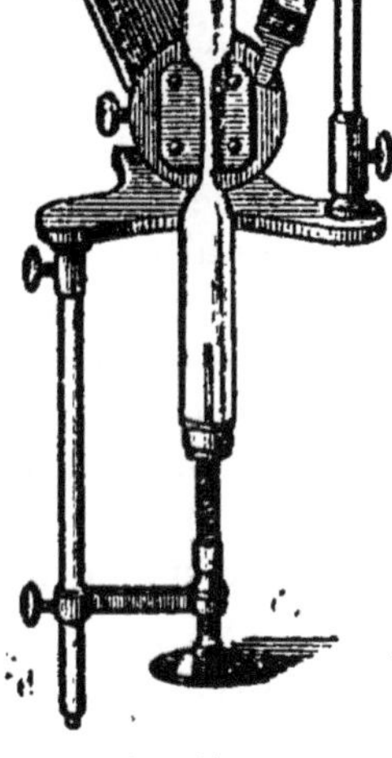

Fig. 39. Fig. 40. Fig. 41.

Il est utile de préparer toute une collection de ces tubes contenant les principaux gaz pour les comparaisons des raies principales. On ne doit pas ignorer qu'à la suite d'un fonctionnement prolongé les gaz que contiennent ces tubes sont sujets à des altérations dues à diverses causes, et que favorise puissamment l'électrisation. Les unes sont dues aux réactions qui s'opèrent entre certains gaz et les métaux des électrodes, ou entre les diverses substances contenues dans le tube ; les autres à la mise en liberté de gaz étrangers occlus dans les électrodes, etc.

L'hydrogène est de tous les gaz celui qui fournit le plus aisément un spectre d'émission. Celui-ci est formé de trois lignes brillantes : rouge, bleue et violette, qui correspondent exactement par leur position, aux raies C, F, H de Frauenhofer. La moins réfrangible de ces trois lignes, la raie rouge C, est celle qui apparaît la première lorsque l'hydrogène n'existe qu'à l'état de traces dans un mélange gazeux.

Le spectre de l'azote est notablement plus compliqué, il se montre composé d'une dizaine de lignes brillantes nettement séparées les unes des autres et disséminées dans toute l'étendue du spectre, depuis le rouge jusqu'au violet.

Nous avons dit que l'élévation de température de la source lumineuse fait apparaître de nouvelles lignes dans les spectres métalliques, et augmente seulement l'éclat de celles qui se montraient à une température moins élevée. Avec les métalloïdes, il y a quelque chose de plus. Plücker, le premier, a démontré expérimentalement qu'il est possible d'obtenir avec le même métalloïde deux spectres qui paraissent n'avoir entre eux aucun rapport. Ainsi, si l'on introduit dans un tube de Gessler approprié du soufre, par exemple, et qu'on y fasse le vide pendant que le soufre est en ébullition, et qu'enfin on le ferme avec le dard du chalumeau ; lorsqu'on fera passer l'étincelle d'induction dans ce tube, chauffé de manière à volatiliser du soufre, il s'illuminera d'une belle lumière bleue, laquelle, examinée au spectroscope, donne un spectre formé, non pas de lignes, mais de bandes brillantes régulières. Place-t-on dans le circuit une jarre électrique, pour rendre l'étincelle plus lumineuse et plus chaude, le spectre sera formé cette fois de lignes fines et brillantes. Plücker nomme *spectre primaire* le spectre de bandes, et *spectre secondaire* le spectre de lignes. Ces deux spectres sont l'un et l'autre caractéristiques du métalloïde. Ils se forment toujours quel que soit le métal qui constitue les électrodes.

L'interprétation de ces faits ne laisse pas que d'être fort délicate, si nous la rapprochons cependant de cette autre observation que les spectres de certains sels métalliques volatilisés dans la flamme du brûleur, le chlorure et le bromure de cuivre, par exemple, sont assez différents, pour devenir identiques en ce qui concerne les lignes caractéristiques du cuivre, lorsqu'on les observe dans l'étincelle condensée ; il est permis d'admettre que les métaux et les métalloïdes sont susceptibles d'avoir deux spectres . l'un, le spectre moléculaire, correspondrait à la molécule du corps simple ou composé pour les métalloïdes, et à la molécule du corps composé seulement, pour les métaux ; l'autre, le spectre atomique, correspondrait à l'atome du corps. Le premier de ces spectres ne pourrait fournir un caractère bien tranché que pour les molécules des corps simples et composés de nature métalloïdique ; le second, au contraire, serait caractéristique pour l'atome de chaque corps. Les gaz composés, en effet, tels que le protoxyde d'azote, l'oxyde de carbone, l'anhydride carbonique, etc., n'offrent de caractéristique que le spectre primaire, car, avec l'étincelle condensée, ils éprouvent des phénomènes de dissociation ou de décomposition, dont les limites ne sauraient être précisées.

B. — Spectres d'absorption

On appelle spectres d'absorption ou spectres à raies sombres les spectres que l'on obtient lorsque sur le trajet d'une source lumineuse fournissant un spectre continu on interpose une substance colorée transparente. Cette substance peut être soit une solution, un solide ou un gaz colorés, soit une vapeur ou un gaz incandescents On sait que les vapeurs et les gaz à l'état incandescent sont susceptibles d'absorber précisément les mêmes radiations qu'ils émettent, c'est-à-dire que de même que pour le calorique rayonnant, les pouvoirs émissifs sont égaux aux pouvoirs absorbants. Aussi, le spectre fourni par la lumière solaire, lequel est sillonné d'un grand nombre de raies noires désignées sous le nom de raies de Frauenhofer, peut être pris comme le type de ce genre de spectre. On sait, en effet, que le soleil est considéré comme étant formé d'un corps central incandescent entouré d'une atmosphère lumineuse désignée sous le nom de photosphère. Le corps central, en sa qualité de solide lumineux, donnerait, s'il était possible de l'observer seul, un spectre continu entièrement exempt de raies sombres ou brillantes. La photosphère, au contraire, se comportant comme un gaz incandescent, produirait, si le corps central n'existait pas, une série de raies brillantes résultant de la superposition de tous les spectres que fourniraient les métaux volatilisés dans ce milieu. Mais les radiations émanées du corps central ne parviennent à nous qu'après avoir traversé la photosphère, dont l'éclat est relativement moins intense ; or, la lumière d'une flamme, qui émet des rayons d'une certaine couleur, n'est pas transparente pour ces rayons, elle est absorbée et donne par suite une obscurité relative.

Cette obscurité se traduit dans le spectre par la présence des raies noires de Frauenhofer. L'ensemble de ces raies n'est donc autre chose que le spectre renversé de la photosphère.

Pour le démontrer par l'expérience, on peut se servir d'une source lumineuse comme la lumière de Drummond, dont le spectre est continu et entièrement dépourvu de raies brillantes ou obscures. Si l'on place entre cette lumière et le collimateur la flamme de l'alcool étendu d'eau et additionné de chlorure de sodium, de telle manière que les rayons émis par la lumière de Drummond soient obligés de la traverser avant de former le spectre, on observe que ce spectre cesse d'être continu, et l'on remarque sur lui une double raie noire, laquelle coïncide précisément avec la raie D de Frauenhofer. De même, si l'on fait passer un faisceau de rayons solaires à travers la flamme de l'alcool dans laquelle on volatilise du chlorure de lithium, on observe que la raie rouge brillante que donne ce métal se projette en noir sur le spectre produit par les rayons solaires qui ont traversé cette flamme, parce que dans le spectre solaire direct on n'observe pas de raie obscure correspondant à la raie Liα du lithium.

La remarquable conséquence qui se dégage de ces faits et qui démontre bien l'importance de l'analyse spectrale, c'est qu'il suffit pour analyser l'atmosphère du soleil de rechercher quels sont les corps qui, volatilisés dans une flamme, donnent des raies brillantes coïncidant avec les raies de Frauenhofer. C'est en opérant ainsi que MM. Kirchkoff et Bunsen, après avoir, à l'aide d'instruments spectroscopiques d'une grande puissance produisant un spectre très étalé de la lumière solaire, relevé, par des mesures micrométriques des plus précises, la position d'un très grand nombre de raies obscures, ont été conduits à admettre dans cette atmosphère la présence du potassium, du sodium, du calcium, du baryum, de l'hydrogène, de l'aluminium, du magnésium, du titane, du fer, du manganèse, du nickel et du chrome. Bien plus, M. Jansen et M. Lockyear ont démontré, chacun de son côté, que, si l'on observe au spectroscope les bords ou les protubérances du soleil visibles pendant les éclipses, de façon telle, que le noyau central produisant le renversement du spectre ne se trouve plus derrière la région que l'on vise, on peut étudier le spectre direct de la photosphère, c'est-à-dire un spectre d'émission composé de lignes brillantes au lieu du spectre d'absorption qui représente les raies de Frauenhaufer. Et l'on a pu ainsi, en observant une raie jaune brillante et spéciale, voisine de la raie D, qui ne peut se rapporter ni au sodium, ni à l'hydrogène, ni à aucun autre corps connu, admettre qu'il existe dans l'atmosphère solaire un corps nouveau, l'*Hélium ?* qui n'a pas encore été trouvé sur la terre.

Par contre, un assez grand nombre de nos corps simples, et notamment le lithium, l'or, l'argent, l'antimoine, le mercure, le plomb, l'étain, le zinc, le cobalt, le cuivre et le silicium, qui n'ont pas de lignes clairement correspondantes aux raies obscures du spectre, d'après les recherches des savants précités, paraissent manquer au soleil.

Il faut se mettre en garde, toutefois, contre ce que cette seconde partie de la conclusion peut avoir de trop absolu, car, si l'atmosphère lumineuse du soleil ne renferme pas ces corps simples, cela prouve, tout au plus, qu'ils ne s'y rencontrent pas à l'état libre ; mais on conçoit qu'ils puissent s'y trouver sous la forme de combinaisons indécomposables par la température du milieu dans lequel ils sont placés.

D'autre part, lorsqu'on veut faire des observations de cette nature, il ne faut pas oublier que la lumière solaire, avant d'arriver à l'observateur, doit traverser l'atmosphère terrestre, et que celle-ci, ainsi que l'avait signalé Brewster, peut absorber certains rayons et donner naissance à des lignes obscures fugaces désignées par ce savant sous le nom de *raies telluriques*. Ces raies, qui se voient mieux à certaines heures du jour, et ne présentent pas un aspect identique suivant que le soleil se trouve au zénith ou à l'horizon, sont remarquables, deux surtout, par leur position, l'une à droite, l'autre à gauche de la raie D. Elles se distinguent des raies solaires en ce que leur intensité varie avec l'épaisseur de la couche atmosphérique que les rayons lumineux traversent avant de tomber sur le spectroscope. Le savant français M. Janssen, à qui sont dues ces observations, a démontré expérimentalement que ces raies étaient dues à la présence de la vapeur d'eau, et il a désigné sous le nom de *spectre de la vapeur d'eau* l'ensemble des modifications spectrales que cette vapeur imprime à la lumière.

Les spectres que donne la radiation lumineuse des étoiles fixes, spectres qui reproduisent également les sept couleurs fondamentales, présentent de même des raies obscures ; mais ici les raies sont distribuées autrement. En outre, chaque étoile fixe affecte, dans la distribution de ces raies, un mode particulier et caractéristique. D'après ce qui précède, il est aisé de concevoir que ces différences doivent résulter de certaines différences correspondantes dans la constitution de ces globes immenses et si éloignés de nous. Or, c'est ce que démontre rigoureusement l'analyse spectrale, et on a pu conclure à l'absence du sodium dans l'atmosphère de Sirius, de ce fait, que le spectre de cet astre ne présente pas de raie obscure correspondant à la raie D de Frauenhofer, tandis que ce métal existerait dans l'atmosphère de Pollux, dont le spectre présente cette raie.

On sait que le spectre solaire s'étend au-delà des limites où l'œil perçoit une coloration, aussi bien du côté du rouge que du côté du violet. Cette limite de perception, d'ailleurs variable, suivant la conformation de l'œil des divers observateurs, est facile à prouver en plaçant un thermomètre sensible et un papier photographique, le premier dans l'extrême-rouge, le second, au-delà du violet. La chaleur presque nulle dans les rayons violets, et qui augmente d'intensité dans les radiations moins réfrangibles, se révèle encore au-delà du rouge dans un espace complètement obscur. L'activité photogénique, au contraire, nulle dans la portion la moins réfrangible du spectre, se manifeste avec une intensité croissante à partir du vert jusqu'au violet, et se prolonge bien au-delà des limites visibles pour constituer le spectre ultra-violet.

L'œil de l'homme est organisé de telle façon qu'il n'est pas impressionné par les radiations calorifiques de l'extrême-rouge, non plus que par les radiations photogéniques de l'ultra-violet. On connaît l'essai que fit Tyndall en plaçant son œil au foyer d'un faisceau infra-rouge capable de produire l'incandescence du platine ; non seulement ce savant ne perçut aucune sensation lumineuse, mais sa rétine ne subit aucune altération. M. de Chardonnet[1] a publié, d'autre part, cette curieuse observation que certaines personnes qui avaient été opérées de la cataracte, c'est-à-dire qui avaient subi l'ablation du cristallin, voyaient le spectre se prolonger bien au-delà du violet qui forme la limite ordinaire.

Les physiciens expliquent ces phénomènes en admettant que, ni les radiations de l'extrême-rouge, ni celles de l'ultra-violet ne parviennent à la rétine : les milieux aqueux de l'œil absorberaient les radiations infra-rouges, comme le fait l'eau, et le tissu du cristallin étant fluorescent absorberait les radiations ultra-violettes, qui produisent la fluorescence, comme le font toutes les substances qui jouissent de cette propriété.

Il est probable que nos procédés d'expérimentation actuelle sont impuissants à nous révéler les limites réelles des radiations qui se produisent dans ces parties non lumineuses du spectre. On a utilisé la pile thermo-électrique pour démontrer l'existence dans le spectre infra-rouge de la lumière solaire, des bandes froides indiquant l'absence de radiations d'une réfrangibilité déterminée, et représentant les raies de Frauenhofer disséminées dans toute la partie lumineuse ; mais la difficulté des observations ne permet pas de déterminer la

[1] Citation empruntée à MM. Gariel et Desplats (*Éléments de physique médicale*, 2e édition, Paris, 1884, page 620).

réfrangibilité de ces rayons avec autant de précision que celle des rayons lumineux, et jusqu'à présent les chimistes n'ont pu les utiliser.

L'étude du spectre ultra-violet est beaucoup plus avancée et présente un plus grand intérêt ; on peut le photographier en le recevant sur une plaque au gélatino-bromure, que l'on développe ensuite par les procédés d'usage et qui donne sur le papier le négatif du spectre ultra-violet. On voit alors que toute cette région ultra-violette est sillonnée d'un grand nombre de bandes blanches indiquant, comme dans le spectre lumineux, des solutions de continuité dues à l'absence de toute espèce de radiation, et l'on observe que ce spectre invisible est même plus long que le spectre visible. On réussit aussi, à l'aide des substances dites fluorescentes, à rendre visible cette région spectrale. Quand on projette, par exemple, la portion convenable du spectre sur un papier blanc imprégné d'une solution d'esculine ou de sulfate de quinine, elle devient lumineuse sur cet écran fluorescent : sur le fond présentant une lueur d'un bleu clair se détachent, avec une grande netteté, de nombreuses bandes obscures occupant exactement la même place que les bandes blanches du spectre photogénique obtenu avec la plaque au gélatino-bromure. Si l'on répète l'expérience en se servant de papiers sensibilisés avec d'autres substances fluorescentes possédant une couleur propre, comme le rouge de magdala, la chlorophylle, etc., le phénomène revêt une autre apparence, et la nuance du fond est en rapport avec celle de la fluorescence du corps qui la possède ; mais la disposition des raies reste la même, et leur aspect ne change pas.

M. Soret a fait construire un oculaire pouvant recevoir une lame fluorescente en verre d'urane, et qui, par un dispositif spécial, et avec un spectroscope dont le prisme et le collimateur sont en spath d'Islande, permet de voir le spectre ultra-violet.

MANIÈRE D'OBSERVER LES SPECTRES D'ABSORPTION

Nous venons de voir tout le parti que peut tirer l'analyse spectrale des spectres d'absorption des vapeurs incandescentes ; il nous reste à étudier les spectres d'absorption des gaz colorés, des liquides et des solides.

On peut se servir comme source lumineuse donnant un spectre continu de la lumière de Drummond, ou du dard du chalumeau alimenté par une soufflerie à eau, et que l'on dirige sur une sorte de dé formé d'un tissu de fils de platine déliés ; mais une bonne lampe à pétrole à mèche ronde de 12 à 15 lignes est d'un emploi plus commode et fournit un spectre continu d'une intensité suffisante dans la plupart des cas. On la dispose à une distance convenable de la fente du spectroscope, et de telle façon, que le bord supérieur de la mèche soit un peu au-dessous du prolongement de l'axe du collimateur.

a. Spectres d'absorption des gaz colorés. — Pour obtenir ces spectres, on se sert habituellement d'un large tube de verre fermé à ses deux extrémités par des glaces parallèles et muni supérieurement d'une petite ouverture destinée à l'introduction des gaz ; on place ce récipient sur le trajet de la source lumineuse devant la fente du spectroscope et très près de celle-ci.

Le plus souvent, un simple tube à essai, ou même un flacon ou un ballon de verre remplissent le même but, car il est nullement indispensable que les parois du récipient soient à faces parallèles, l'image que l'on met au point et que l'on regarde dans le spectroscope étant celle de la fente.

Tous ces spectres se montrent sillonnés par une infinité de lignes noires dont le nombre et la position sont caractéristiques pour chacun des gaz soumis à l'expérience ; on les désigne souvent sous le nom de spectres *cannelés*. L'expérience est surtout remarquable et très simple à réaliser quand on emploie comme milieu absorbant les vapeurs rutilantes de l'hypoazotide, obtenues en versant quelques gouttes d'acide azotique dans un tube à essai au fond duquel se trouvent quelques fragments de tournure de cuivre, ou bien les vapeurs d'iode produites avec une parcelle de ce métalloïde que l'on chauffe légèrement dans un tube pour le vaporiser.

Le chlore, le brome, l'anhydride hypochloreux, etc., présentent des raies d'absorption plus nombreuses encore et dont le groupement varie avec la nature du gaz.

b. Spectres d'absorption des liquides et des solides. — On introduit les solutions colorées dans de petites cellules rectangulaires à faces parallèles (*fig.* 42) que l'on dispose sur un support devant la fente de l'instrument et qui permettent d'observer la liqueur sous deux épaisseurs différentes.

Les contructeurs d'instruments d'optique fournissent de petits supports qui se fixent à l'extrémité du tube qui porte la fente spectrale et permettent d'appliquer contre celle-ci de très petits tubes de verre (*fig.* 43) où l'on place le liquide coloré. Ils construisent aussi des petites cuves prismatiques à section triangulaire qui s'appliquent de même et que l'on déplace devant la fente du spectroscope (*fig.* 44) de façon à observer des épaisseurs variables du milieu coloré. Le lactoscope de Donné, que l'on fait platiner à l'intérieur pour qu'il puisse recevoir toutes sortes de liquides et dont l'écartement des deux glaces peut être apprécié mathématiquement, est un appareil très commode. Enfin, de simples petits tubes à essai, que l'on maintient directement appliqués contre la fente, sont aussi d'un excellent usage. Lorsqu'on ne dispose que d'une très faible quantité de liquide et que l'observation exige une épaisseur considérable, on prend de petits tubes de longueur variable, dont on dresse les bords, et sur ceux-ci on applique de petites glaces transparentes que l'on maintient au moyen de deux anneaux de caoutchouc (*fig.* 45).

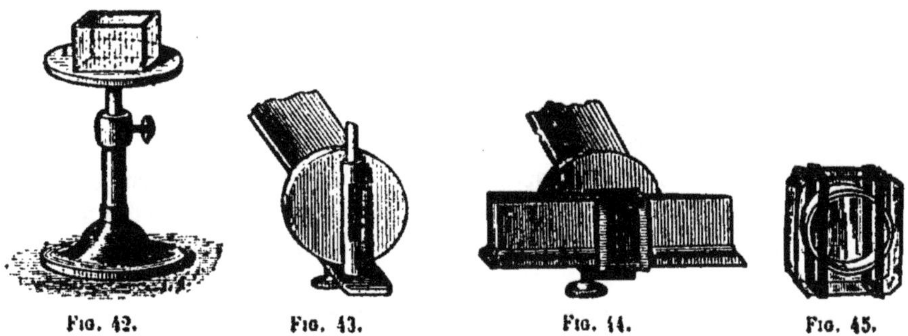

FIG. 42. FIG. 43. FIG. 44. FIG. 45.

Les liquides à examiner doivent être parfaitement limpides, car un simple louche occasionne un affaiblissement et une perte de lumière qui nuisent beaucoup à la netteté de l'examen. On les observe en premier lieu dans un état de concentration aussi grand que possible, puis on dilue progressivement ou bien on les observe sous des épaisseurs différentes, afin de saisir les modifications souvent très caractéristiques que subit le spectre.

Les spectres d'absorption des liquides et des solides diffèrent complètement de ceux des gaz. Tandis que ces derniers se composent de bandes plus ou moins estompées et de raies parfaitement nettes et à bords tranchés, faciles à repérer sur le micromètre, les spectres des liquides et des solides ne présentent en général que des bandes de largeur variable à bords plus ou moins nébuleux. Ces bandes sont toujours en très petit nombre et ne se laissent que très difficilement repérer au micromètre ; de plus, elles s'élargissent et se resserrent par la dilution de la substance dans un liquide inactif. Malgré tous ces inconvénients, l'analyse spectrale des liquides et des solides colorés peut rendre de grands services, car elle complète, en les rendant plus précises, un grand nombre de réactions de coloration utilisées dans les recherches de chimie biologique, et supplée ainsi à ce qui manque à notre vue pour juger les couleurs. Le meilleur moyen, dans ce cas, de rendre cette étude fructueuse consiste à procéder à l'examen comparatif des réactions colorées avec celles que l'on obtient au moyen de produits de nature connue. On comprend qu'en étudiant de cette façon un grand nombre de réactions colorées on peut étendre considérablement cet ordre de recherches. Voici, d'ailleurs, la description de quelques-uns de ces spectres, que nous terminerons par la recherche des taches de sang.

Chlorophylle. — Cette substance très altérable donne un spectre qui présente une belle bande caractéristique située dans le rouge, dans le voisinage de la raie C ; elle a des contours très nets et s'obtient même avec des solutions très étendues ; sa position est fixe et elle résiste à toutes les altérations que peut éprouver la chlorophylle.

D'après M. Chautard [1], qui a particulièrement étudié le spectre de la chlorophylle, cette bande possède un caractère complémentaire qui rend toute confusion impossible ; elle se dédouble sous l'influence des alcalis en deux bandes qui ont aussi des positions fixes dans le rouge (voyez planche V).

Permanganate de potassium. — Les solutions étendues (1 ou 2 décigrammes par litre), observées sous une épaisseur de 1 centimètre, donnent un spectre composé de sept bandes obscures, situées dans les régions du vert et du bleu. Les quatre premières bandes (les moins réfrangibles) sont surtout très caractéristiques. Elles correspondent (milieu des raies) aux radiations de longueurs d'ondes : 570,3 — 546,5 — 524,6 et 504,5.

Sels de didyme. — Une très petite quantité de ces sels, dont la plupart ne sont que faiblement teintés de rose, suffit pour donner une solution qui présente au spectroscope un nombre considérable de raies noires, disséminées dans tout le spectre, et formant plusieurs groupes nettement séparés. Les cinq premières (les moins réfrangibles) correspondent (milieu des raies) aux radiations de longueurs d'ondes : 578,8 — 574,7 — 571,9 — 521,0 et 520,5.

Sels d'erbium. — Ces sels, qui sont colorés en rouge, donnent, comme les sels de didyme, une solution dont le spectre est sillonné d'un grand nombre de raies noires. Ce spectre a été étudié par Thalèn qui l'a ainsi décrit :

[1] Chautard, recherches sur le spectre de la chlorophylle (*Ann. de chimie et de physique*, 5e série, t. III, 1874).

Couleurs	Longueurs d'ondes	
Rouge.	6660 — 6680.	faible.
	6515 — 6545.	forte.
	6465 — 6515.	demi-forte.
Jaune	5400 — 5415.	demi-forte.
Vert.	5225 — 5235.	très forte.
	5185 — 5225.	forte.
Bleu.	4865 — 4877.	forte.
Indigo.	4475 — 4515.	demi-forte.

Sang. — Une dissolution étendue de sang artériel (ou veineux agité à l'air) donne deux bandes d'absorption (voir planche V) qui sont placées : l'une assez étroite, dans le jaune, et l'autre, plus large, dans le vert. Ce spectre caractérise l'hémoglobine oxygénée ou *oxyhémoglobine*. C'est celui que l'on obtient en lavant une tache de sang avec de l'eau au contact de l'air [1].

Si on traite le sang par un corps réducteur, tel que l'hydrogène sulfuré, le sulfure d'ammonium, l'hydrosulfite de sodium, le sulfate ferreux, le tartrate d'étain ammoniacal, etc., l'oxyhémoglobine, en perdant son oxygène, passe à l'état d'*hémoglobine réduite*. Au spectroscope on ne voit plus alors qu'une seule bande d'absorption, occupant l'espace intermédiaire des deux bandes précédentes qui se sont rapprochées et confondues.

Cette bande caractéristique de l'hémoglobine réduite est désignée sous le nom de *bande de Stockes*.

L'hémoglobine possède la propriété de fixer énergiquement l'oxyde de carbone, qui déplace facilement l'oxygène. Le spectre de l'*hémoglobine oxycarbonique* que l'on observe alors diffère peu de celui de l'oxyhémoglobine. Il présente comme ce dernier deux bandes noires, seulement elles sont un peu plus larges et légèrement déplacées vers la droite. Ainsi, tandis que la raie jaune du sodium est recouverte par le bord gauche du même côté dans le spectre de l'oxyhémoglobine, dans celui de l'hémoglobine oxycarbonique cette raie est parfaitement nette et visible. Mais, ce qui caractérise surtout ce spectre, c'est qu'il ne peut plus donner de bande de Stockes, lorsqu'on le traite par les agents réducteurs.

[1] M. d'Arsonval (*Archives de physiologie*, 5e série, tome II, 1890, page 340), en employant l'arc voltaïque comme source lumineuse, avec un spectroscope à prismes et lentilles de quartz, et en interposant sur le trajet du faisceau lumineux un verre violet très pur et très foncé, a pu observer une troisième bande dans l'ultra-violet, qu'il considère comme caractéristique de l'hémoglobine oxygénée et d'une grande sensibilité.

Cette aptitude que possède l'hémoglobine à donner une combinaison stable avec l'oxyde de carbone explique pourquoi le sang, qui est rutilant dans les empoisonnements par l'oxyde de carbone, se conserve très longtemps ainsi, même lorsqu'il se putréfie.

Lorsqu'on chauffe le sang étendu d'eau à la température de 80 degrés, l'hémoglobine se dédouble en une autre matière colorante, l'*hématine*, et en une matière de nature protéique qui se coagule en même temps que les autres substances albuminoïdes du tissu sanguin. Cette décomposition a lieu, même à la température ordinaire, sous l'influence des acides et des alcalis.

Obtenue à l'état de pureté, l'hématine isolée se présente sous l'aspect d'une poudre bleuâtre d'un éclat métallique prenant une teinte rouge brun lorsqu'on la porphyrise. Elle est insoluble dans l'eau, l'alcool, l'éther et le chloroforme, mais elle se dissout dans les acides et dans les alcalis. On ne l'a pas obtenue à l'état cristallisé : elle donne cependant des sels cristallisant facilement ; tel est le chlorhydrate d'hématine, que l'on désigne parfois sous le nom d'*hémine* et dont nous donnons le mode de préparation à l'article suivant.

Fig. 46.

L'hématine en solution acide et l'hématine réduite ont l'une et l'autre un spectre d'absorption très caractéristique. Celui de l'hématine en solution acide se compose de trois bandes : la plus large, celle de droite, occupe dans le vert bleu presque tout l'espace compris entre les raies D et F de Frauenhofer, la bande du milieu est située dans le vert, entre D et E, tout près de E qu'elle déborde légèrement, et la troisième, la plus caractéristique, est dans le rouge entre C et D, tout près de C. Si l'hématine est en solution alcaline, cette dernière bande est située près du jaune, et occupe presque toute la largeur de l'orangé.

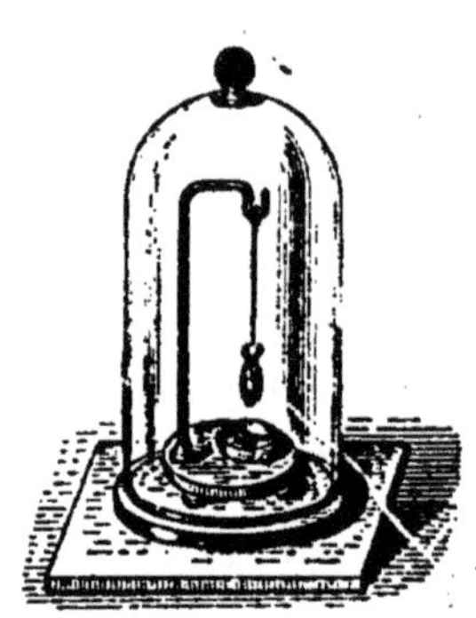

Fig. 47.

Celui de l'hématine réduite se compose de deux bandes : l'une, plus intense, est située à égale distance des raies D et E de Frauenhofer ; elle occupe sensiblement la région lumineuse qui sépare les deux bandes de l'oxyhémoglobine ; la seconde, plus diffuse, est située entre les raies E et F de Frauenhofer.

Les matières vomies couleur de café, qu'on observe dans divers empoisonnements, notamment dans ceux qui sont produits par les acides concentrés, ainsi que dans le carcinome stomacal, doivent cet aspect à la transformation de l'hémoglobine en hématine. On rencontre également l'hématine dans les liquides intestinaux, la bile, l'urine, etc. Les urines sanglantes fraîches donnent presque toujours le spectre de l'hématine acide; lorsqu'elles sont anciennes, elles présentent souvent celui de l'hématine réduite.

L'examen se pratique directement sur l'urine filtrée. Dans certains cas elle se prête assez mal à cette observation directe, on acidifie alors fortement l'urine avec de l'acide acétique, et on l'agite avec du chloroforme; ce dissolvant, en se déposant, entraîne avec lui l'hématine et peut être porté devant le spectroscope qui en révèlera la présence.

RECHERCHE DES TACHES DE SANG

Dans les recherches chimico-légales, si le sang à expertiser est une tache déposée sur du linge, on découpe celui-ci tout autour de la tache, on en dissocie les fibres en s'aidant d'une aiguille et d'une pince à dissection et on les met tremper dans un très petit tube de verre (*fig.* 46), à la surface d'une solution de chlorure de sodium *à un millième* qui facilite beaucoup la diffusion de la matière colorante.

Si la tache se trouve sur du bois, des pierres, du parquet, des lames d'instruments rouillés, etc., on la râcle avec soin au moyen d'un bistouri et on place la matière ainsi obtenue dans un petit nouet de fine batiste, que l'on maintient suspendu, par un crochet de fil de fer, au milieu de la solution de chlorure de sodium placée dans un verre de montre (*fig.* 47). On recouvre le tout d'une petite cloche de verre, et au bout de quelques heures de macération le liquide ne tarde pas à présenter une teinte brun rose. On enlève alors avec précaution les fibres de l'étoffe ou le nouet de batiste, on introduit dans un petit tube, à l'aide d'une pipette effilée, le liquide qui se trouve dans le verre de montre, et on procède à l'examen spectroscopique en plaçant les tubes devant la fente du spectroscope, à l'aide du support de la figure 43.

Si les liqueurs sont trop concentrées pour laisser apercevoir des bandes, on les dilue convenablement; si au contraire il n'y avait pas assez de matière colorante en dissolution, on concentre le liquide en le plaçant, dans un verre de montre, sous une cloche où l'on fait le vide en présence de l'acide sulfurique.

Cet examen étant terminé, et si l'on a constaté la présence des bandes d'absorption de l'oxyhémoglobine, on verse dans l'un des tubes contenant une partie de la liqueur une ou deux gouttes de sulfure d'ammonium (non polysulfuré) ou d'hydrosulfite de sodium, et on le retourne une ou deux fois, après l'avoir bouché, pour que la réaction puisse bien s'accomplir. On observe cette fois la bande de réduction de Stockes.

On procède maintenant à la préparation des cristaux d'hémine. Pour cela, on concentre par évaporation, dans l'étuve à 50 degrés, ce qui reste du liquide, on dépose le résidu sur une lame porte-objet et l'on dessèche complètement à une douce chaleur. La tache sèche, ainsi obtenue, est additionnée d'une ou deux gouttes d'acide acétique cristallisable, puis recouverte d'une lamelle couvre-objet. Le tout est chauffé sur la flamme de la lampe à alcool avec grande précaution, jusqu'à ce qu'il se produise sous la lamelle de petites bulles, c'est-à-dire jusqu'à ce qu'on ait atteint le point d'ébullition de l'acide acétique, lequel doit disparaître entièrement. Après refroidissement, on observera au microscope les cristaux très caractéristiques de l'hémine ou chlorhydrate d'hématine : ce sont le plus souvent de petites tablettes rhomboïdales, d'une coloration brun rougeâtre, parfaitement visibles avec un grossissement de 300 diamètres environ (*fig.* 48).

FIG. 48.

Lorsque la tache que l'on a à examiner a pour support un corps dur non poreux, incapable d'absorber par capillarité le sérum du sang (bois polis, cheveux, poils, laines, métaux), il est souvent facile d'en détacher à l'aide d'un scalpel une mince écaille, dans laquelle on aura des chances de retrouver quelques globules sanguins intacts. A cet effet, on dépose celle-ci sur une lame porte-objet avec une goutte du liquide suivant (liquide de Vibert) : eau 100 grammes, chlorure de sodium 2 grammes, bichlorure de mercure 0 gr. 50, et on attend qu'elle ait suffisamment macéré pour se ramollir et se dissocier ; on couvre alors d'une lamelle mince et on examine au microscope. De légers déplacements imprimés à la lamelle facilitent la découverte des globules. On prend alors la dimension moyenne de ces globules à l'aide d'un oculaire micrométrique et d'un micromètre-objectif, le pouvoir amplifiant du microscope ayant été au préalable déterminé avec la plus grande précision au moyen de ces deux micromètres. Tous les globules visibles dans la préparation ne sauraient être mesurés ; on ne doit prendre les dimensions que de ceux qui ont conservé la forme circulaire aplatie, biconcave, avec des contours nets.

Cette mensuration, qui est très délicate, est cependant indispensable pour que le chimiste-expert puisse affirmer que les globules sanguins découverts et examinés par lui sont ceux du sang humain et non pas ceux d'animaux domestiques dont les dimensions sont un peu différentes. On sait que le globule sanguin est circulaire chez les mammifères, sauf chez les caméliens, où il est elliptique, ainsi que chez les amamméliens (oiseaux, reptiles et poissons), et que les globules elliptiques, sauf ceux des caméliens, ont un noyau qui n'existe dans les globules des mammifères que pendant la période fœtale.

L'expert ne devra déclarer que la tache de sang ne paraît pas être du sang humain que si, par une série de mesures, il obtient une moyenne de 1/200 de millimètre de diamètre. Dans le cas contraire, il pourra déclarer, mais sans se prononcer d'une manière trop affirmative, que le sang est très probablement du sang humain, si le diamètre moyen des corpuscules sanguins est compris entre 1/125 et 1/140 de millimètre.

Ces préparations microscopiques, cristaux d'hémine et globules sanguins, convenablement scellées, sont gardées comme pièces à conviction pour être soumises à qui de droit.

Certaines matières colorantes, telles que les couleurs d'aniline, le picrocarminate d'ammonium, les solutions d'orcanette dans l'alun, le suc de cerises et de quelques autres fruits, les infusions de roses trémières, de bois de Brésil, de garance, etc., possèdent un spectre d'absorption, qui pourrait être, de prime abord, confondu avec celui du sang; mais ce ne serait là que le résultat d'un examen superficiel : les bandes d'absorption de ces colorants n'occupent pas exactement les mêmes positions que celles que présentent l'hémoglobine et ses produits de dédoublement, et un examen comparatif ne permettra aucun doute. D'ailleurs, aucune de ces substances ne donne sous l'action des agents réducteurs la bande de Stockes ou celles de l'hématine réduite.

Quant à la sensibilité de la méthode spectroscopique, elle ne laisse rien à désirer; on s'en rendra compte en songeant qu'un gramme de sang dissous dans six à sept mille parties d'eau donne encore les bandes d'absorption caractéristiques de l'oxyhémoglobine et de l'hémoglobine réduite. Les limites de cette sensibilité peuvent être, du reste, considérablement reculées, si l'on fait usage de l'hématospectroscope inventé par M. de Thierry. Avec cet instrument, on peut examiner les solutions sanguines sous de grandes épaisseurs en les enfermant dans des tubes analogues à ceux dont on se sert pour la polarimétrie. L'auteur a démontré expérimentalement que les raies d'absorption, qui échappent complètement à l'examen d'une couche relativement mince de solution contenant cependant la même quantité de substance active, se montrent encore lorsqu'on étend la solution, par ce fait, que le pouvoir absorbant augmente plus vite avec l'épaisseur, qu'il ne diminue par la dilution.

Essai des taches de sang par le procédé dit des « empreintes ». — Taylor a fait connaître une réaction, non pas caractéristique, mais d'une extrême sensibilité, qu'on utilise quelquefois lorsqu'on a à sa disposition plusieurs taches suspectes, et qui a le double avantage de ne pas compromettre les recherches ultérieures et de fournir la presque certitude que, si elle n'a pas donné de résultat positif, les autres procédés de recherche n'en donneront pas davantage, par conséquent que la tache examinée n'est pas une tache de sang. Voici comment on l'obtient :

On place du papier à filtre blanc, mouillé d'eau distillée, sur le fragment de tissu qu'on étudie, et on comprime pendant quelques minutes avec une rondelle de verre. On enlève le papier dès qu'il a pris une légère teinte jaunâtre, empreinte de la tache ; il suffit alors de verser sur cette empreinte quelques gouttes de teinture de résine de gaïac, puis d'y ajouter un peu d'essence de térébenthine : s'il y a du sang, il se manifeste une coloration bleue qui envahit la totalité de l'empreinte presque immédiatement.

Pour que ce caractère conserve toute sa valeur, il est indispensable de s'assurer, au préalable, qu'en traitant dans les mêmes conditions du papier blanc humecté d'eau par la teinture de gaïac et l'essence de térébenthine il ne se produit pas de coloration bleue. D'autre part, il faut être certain que les deux réactifs employés sont d'une grande sensibilité, ce que l'on vérifie en déposant une goutte de sang très dilué sur du papier à filtre, que l'on additionne ensuite de teinture de gaïac et d'essence de térébenthine.

SIXIÈME PARTIE

MÉTHODES D'ANALYSES TOXICOLOGIQUES

I. — RECHERCHE DE L'ARSENIC DANS LES CAS DE CHIMIE LÉGALE

(SANS EXCEPTER CELLE DE TOUS LES MÉTAUX TOXIQUES)

Observations générales, examen et essais préliminaires

Aucun chimiste ne pouvant posséder suffisamment les connaissances nécessaires pour la conduite des expertises sans s'être familiarisé avec la pratique des opérations, et avoir acquis non seulement une grande expérience, mais aussi une certaine habileté pour l'agencement des appareils, celui qui est commis par la justice ne doit entreprendre une recherche légale qu'après avoir effectué plusieurs fois toute la série des travaux qui s'y rapportent, avec des substances dont la pureté lui est connue, et avoir ainsi conscience de pouvoir répondre à l'obligation qu'il assume : *au cours d'une expertise, il ne doit rien apprendre, mais seulement faire application des connaissances qu'il possède.* Il devra conserver pour les cas imprévus le tiers environ des substances, organes ou mélanges d'organes qu'il est chargé d'examiner. Toutes les fois que cela lui sera possible, il dira quel est le poids du toxique qu'il aura isolé. Dans son rapport seront consignés tous les détails de ses analyses ; aucun ne doit lui paraître superflu, car il se pénètrera que, s'il a pour mission d'éclairer la justice, son devoir lui impose aussi l'obligation de ne pas se soustraire aux critiques plus ou moins fondées, qui pourront lui être faites.

Le médecin chargé de l'autopsie doit la commencer dans le plus bref délai ; le chimiste-expert y assistera toujours, si cela lui est possible. Les renseignements fournis par l'autopsie, joints aux indices relevés par l'instruction, donnent souvent des indications précieuses pour la conduite de l'expertise.

Tous les organes ou viscères, sans exception, seront examinés successivement dans toutes leurs parties, et recueillis dans des bocaux distincts pour être transportés au laboratoire. On n'emploiera que des bocaux neufs et propres, qui seront clos avec du parchemin maintenu par une ficelle fixée au col et dont les extrémités sont passées au travers d'une étiquette portant les signatures et indications nécessaires, puis scellées à la cire sur le bocal lui-même.

On évitera d'ajouter aux pièces recueillies dans les bocaux un liquide antiseptique ou un désinfectant quelconque. Pour prévenir ou enrayer la putréfaction, le mieux est de conserver les substances à une température voisine de zéro.

Dans les cas d'exhumation, on ne devra pas négliger de prélever des échantillons de la terre du cimetière, dans toutes les parties environnant le cercueil. Cette terre, ainsi que les vêtements et les objets divers trouvés dans le cercueil, devront être analysés dans le cas où le cadavre renfermerait un toxique, afin de pouvoir discuter attentivement et réfuter ou admettre la possibilité de l'introduction du poison par le contact de ces substances.

Relativement au choix et à la distribution que devra faire le chimiste-expert des organes qui doivent être soumis à l'analyse, ainsi que des diverses substances qu'il est chargé d'examiner, voici ce que nous croyons devoir conseiller :

Les substances suspectes (poudres, médicaments, etc.) seront analysées à part ; il en sera de même des aliments et des boissons saisis. On pourra traiter simultanément par le mélange sulfurico-nitrique (procédé Arm. Gautier que nous décrirons plus loin, ou par le procédé de Frésénius et Babo) les déjections, les matières vomies et les urines. L'estomac et l'intestin mécaniquement divisés seront, avec leur contenu, analysés ensemble. On opérera de même pour le foie, la rate, le pancréas et les reins dont on traitera une partie du mélange réduit à l'état de pulpe. Le cerveau et la moelle épinière seront aussi l'objet d'un traitement simultané. On fera un mélange du sang, du cœur, des poumons et de tous les muscles, après les avoir incisés et hachés, et on pratiquera la destruction de la matière sur une partie de celui-ci.

Enfin, on réservera pour une dernière opération la recherche du toxique dans le système osseux, qui est souvent dans l'empoisonnement chronique le lieu d'élection de l'arsenic et en général de tous les métaux toxiques à poids atomique élevé.

Avant de procéder à l'analyse chimique principale, on doit s'assurer si les matières de l'estomac ou des intestins, ou les déjections, les matières vomies, les aliments, etc., ne renferment pas de l'anhydride arsénieux indissous : pour cela, on examine d'abord avec soin, en s'aidant d'une loupe, les matières étalées dans des capsules de porcelaine ; ou bien, si besoin est, on les étend d'eau, et on enlève par lévigation les matières organiques plus légères. Si on aperçoit des petites grains sablonneux, durs, d'un blanc laiteux, lesquels adhèrent souvent fortement à la membrane interne des viscères où ils sont attachés sur des parties rougeâtres, on en introduit quelques-uns, après les avoir desséchés, dans la pointe d'un petit tube de verre effilé (*fig.* 49), on fait tomber par dessus un petit fragment *c* de charbon récemment calciné de 12 à 15 millimètres de long (celui qui provient de la carbonisation des allumettes dans un tube de verre étroit est excellent), on chauffe d'abord au rouge le charbon, puis ensuite les petits grains introduits, et l'on observe s'il se produit en *m* un miroir d'arsenic métalloïdique.

m

c

Fig. 49.

Lorsqu'on n'arrive pas à déceler l'arsenic par ces moyens (ce qui arrive le plus souvent), on pèse séparément les matières à expertiser, on en met un tiers de côté (pour les cas imprévus) et l'on procède à la destruction de la matière organique par l'un ou l'autre des deux procédés que nous allons décrire.

Destruction des matières organiques

Procédé de Frésénius et Babo. — Il est fondé sur la destruction des matières organiques par le chlore naissant que l'on produit en faisant réagir du chlorate de potassium sur de l'acide chlorhydrique.

On commence par concentrer les liquides en les faisant évaporer avec précaution, on y ajoute les organes divisés mécaniquement, ainsi que les matières vomies, les déjections, etc., puis on les délaye dans un poids d'acide chlorhydrique pur égal au poids de la matière organique *supposée* sèche.

Le mélange doit être placé dans une capsule de porcelaine, mieux encore dans un ballon de verre qui doit être assez grand pour n'être rempli qu'au tiers : on chauffe au bain-marie en y projetant de temps en temps une pincée de 1 à 2 grammes de chlorate de potassium. Il faut avoir grand soin que le liquide ne mousse pas et ne déborde pas du vase. L'addition de chaque nouvelle quantité de chlorate provoque la formation de gaz. Il faut quelquefois, vers la fin de l'opération, verser une nouvelle quantité d'acide chlorhydrique, mais en se rappelant que tout excès d'acide ou de sel est nuisible.

L'opération peut être considérée comme terminée, lorsque, après la dernière addition de sel ou d'acide, le liquide jaune chauffé pendant quinze ou trente minutes ne se fonce plus sensiblement. Il reste alors à chasser l'excès de chlore, ce que l'on fait en dirigeant dans le liquide un courant d'anhydride carbonique lavé. Le liquide est filtré bouillant ; et les lavages du filtre se font avec l'eau distillée bouillante ; on évite ainsi de laisser sur le filtre une partie du chlorure de plomb (ou de thallium). On recherchera l'argent resté à l'état de chlorure sur le filtre que l'on ne doit jamais jeter sans avoir analysé le résidu qu'il retient.

Le liquide filtré, convenablement étendu, est traité par l'anhydride sulfureux, débarrassé de ce gaz par l'anhydride carbonique, puis soumis à un courant prolongé d'hydrogène sulfuré pur. Le sulfure obtenu, lavé sur filtre avec de l'eau distillée, est dissous dans un excès d'acide azotique, évaporé au bain-marie et repris par de l'acide sulfurique étendu, pour être ensuite introduit dans l'appareil de Marsh.

Nous conseillons de n'employer ce procédé de destruction de préférence que lorsqu'il s'agira de rechercher les métaux toxiques autres que l'arsenic (l'analyse est alors conduite comme nous l'avons indiqué pages 18 et suivantes dans la recherche systématique des métaux) et de faire usage du procédé suivant lorsqu'on aura à rechercher ce métalloïde en même temps que les autres métaux.

Procédé Arm. Gautier. — Cent grammes de muscles ou de toute autre matière organique[1] (foie, reins, cerveau, etc.) sont introduits dans une capsule de 600 centimètres cubes, et additionnés de 30 à 35 grammes d'acide azotique pur. Le mélange est chauffé modérément au début, sur un bain de sable, tant qu'il se forme une mousse abondante et jaunâtre. Lorsque celle-ci cesse de se produire, on continue de chauffer plus activement, jusqu'à commencement de carbonisation.

[1] Les os doivent être traités séparément, la grande quantité de sels minéraux qu'ils contiennent nécessitant de nombreux lavages du résidu suivis de concentration des liquides.

Quand la masse noire s'attache aux parois de la capsule, on retire du feu ; alors, et sur la masse tiède, 10 centimètres cubes d'acide azotique sont versés goutte à goutte. La température s'élève et des torrents de vapeurs rutilantes se dégagent. Lorsqu'elles ont cessé de se produire, on ajoute 6 grammes d'acide sulfurique, on replace sur le feu, et on attend pour retirer que les vapeurs d'acide azotique aient complètement disparu. Le tout est refroidi, pulvérisé et épuisé par l'eau bouillante.

Les liqueurs obtenues sont aussitôt refroidies et versées par petites portions dans l'appareil de Marsh. On aura soin de ne pas les employer en totalité et d'en réserver une portion, s'il y a lieu, pour la recherche des autres métaux toxiques, dans le cas où l'on ne trouverait pas d'arsenic.

Méthode et appareil de Marsh

Le principe de la méthode consiste à isoler l'arsenic à l'état métalloïdique, elle repose sur les faits suivants :

1° Lorsque l'hydrogène naissant se trouve en contact avec un composé arsenical, il se transforme en hydrogène arsénié, gaz incolore, d'une odeur alliacée et nauséabonde ;

2° Le gaz est combustible. Il donne en brûlant de l'eau et de l'anhydride arsénieux : $2AsH^3 + O^6 = 3H^2O + As^2O^3$; mais, si la combustion est gênée, si l'oxygène de l'air n'afflue pas en quantité suffisante, l'hydrogène, qui a plus d'affinité que l'arsenic pour l'oxygène, brûle seul, de sorte que l'arsenic de l'hydrogène arsénié est mis en liberté ; que, par exemple, on écrase avec une soucoupe de porcelaine la flamme de l'hydrogène arsénié, cette flamme étant refroidie et l'afflux de l'oxygène de l'air étant gêné, l'arsenic ne brûle pas, ou ne brûle qu'en faible quantité et se dépose sur la soucoupe en formant des taches miroitantes ;

3° L'hydrogène arsénié traversant un tube chauffé au rouge (en un point) se décompose en hydrogène et en arsenic qui se dépose dans les parties froides du tube sous forme d'un anneau brillant. Ce sont ces taches et ces anneaux d'arsenic qu'on cherche à obtenir à l'aide de l'appareil de Marsh.

L'appareil de Marsh, tel que nous conseillons de l'employer, est représenté figure 50. Il se compose d'un flacon A à deux tubulures. L'une contient un tube droit T de faible diamètre, que l'on fait des-
[illegible]u'au bas du flacon ; l'autre, un tube de dégagement *t* coudé
[illegible]t, dont la portion horizontale porte une boule soufflée dans

le verre ; il communique avec un tube large et court B rempli de coton peu serré, destiné à tamiser le gaz et à en arrêter les gouttelettes liquides qu'il pourrait entraîner. Ce tube large se relie à un autre tube C en verre difficilement fusible, exempt de plomb, dont le diamètre intérieur est de 6 à 7 millimètres, et la longueur de 50 à 60 centimètres; il est étiré deux fois en *e* et *d*, et coudé à environ 10 centimètres de son extrémité libre qui se termine en pointe effilée. L'effilure *e* doit avoir 8 à 10 centimètres, et la partie du tube qui doit être chauffée est entourée d'une feuille de clinquant qui le protège sur une longueur de 20 centimètres au moins.

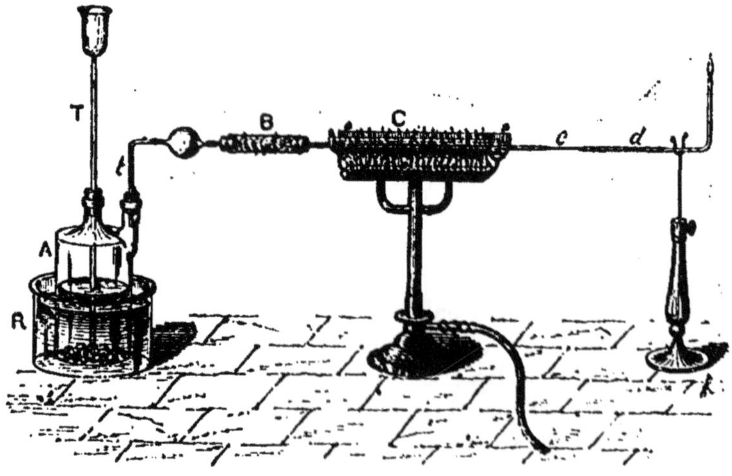

Fig. 51.

On introduit une certaine quantité de grenaille de zinc non arsenical dans le flacon à deux tubulures que l'on bouche et que l'on immerge dans le réfrigérant R rempli d'eau; on dispose avec soin toutes les pièces de l'appareil, et par le tube droit T on verse de l'acide sulfurique pur étendu de six fois son volume d'eau. L'acide et le zinc ne doivent pas au début occuper plus du quart de la capacité du flacon.

Lorsqu'on juge que le flacon ne contient plus d'air pouvant provoquer un explosion, on chauffe fortement le tube de verre dans la partie protégée par la feuille de clinquant, et l'on suspend horizontalement au-dessus de la pointe effilée du tube d'issue un morceau de papier à filtre humecté de sulfate d'argent : si, après une heure, il ne s'est pas formé d'anneau en *e*, et si le papier humecté de sulfate d'argent n'a pas bruni, les réactifs sont purs, et l'on peut procéder à la recherche de l'arsenic.

On enlève le papier humecté de sulfate d'argent, on enflamme le gaz à sa sortie, en réglant le dégagement de manière à obtenir une flamme petite et longue de 5 à 6 millimètres au plus ; puis, par le tube T on introduit, par petites quantités, et à intervalles d'au moins dix minutes, la liqueur provenant de la destruction des matières organiques.

Lorsqu'elle est arsenicale, on voit bientôt apparaître, à 1 centimètre environ au-delà du point chauffé, dans l'effilure *e*, un anneau d'abord gris brunâtre, puis noir brillant, et d'autant plus compact et plus étendu que la quantité d'arsenic est plus grande.

Si ce premier résultat se produit *et si l'anneau est très abondant*, on procède à l'obtention des taches. Pour cela, on prend deux ou trois capsules de porcelaine de 25 à 30 centimètres cubes, et on note très exactement le poids de chacune en se servant d'une balance donnant le $\frac{1}{10}$ de milligramme ; puis, cessant de chauffer le tube C sur son trajet, on écrase contre les parois intérieures des capsules la flamme de l'hydrogène, en changeant de place la capsule aussitôt qu'elle s'échauffe[1]. L'arsenic métalloïdique se dépose alors sous forme de taches noires miroitantes. Lorsqu'on en a obtenu un certain nombre, on rétablit le chauffage du tube C et l'on continue à collecter dans l'effilure *e* tout l'arsenic qui peut s'y déposer.

On pèse de nouveau les capsules qui contiennent les taches, et leur augmentation de poids indique celui de l'arsenic qui s'y est fixé. On essaye ensuite de caractériser ces taches et d'acquérir ainsi la certitude qu'elles ne sont pas des taches d'antimoine.

Examen des taches. — 1° Elles sont ordinairement d'un gris noirâtre et très souvent brillantes ;

2° Elles disparaissent rapidement au contact d'une dissolution d'hypochlorite de sodium ; les taches d'antimoine ne sont nullement modifiées par ce réactif ;

3° Si on les traite par quelques gouttes d'acide azotique pur, elles se dissolvent instantanément en donnant de l'acide arsénique, lorsque l'on chauffe la dissolution. On évapore alors doucement en ayant soin de rassembler le résidu, sur le fond de la capsule. Après refroidissement complet, on dépose sur le résidu, qui doit toujours être incolore, une goutte d'une dissolution d'azotate d'argent ammoniacal (préparé en versant de l'ammoniaque goutte à goutte dans une solution d'azotate d'argent jusqu'à ce que le précipité formé se redissolve dans le plus petit excès du précipitant) : il se produit une tache rouge brique

[1] Cette opération doit être faite rapidement, car elle entraîne toujours la perte d'une petite quantité d'arsenic.

d'arséniate d'argent. Les taches d'antimoine se dissolvent bien aussi dans l'acide azotique et donnent à l'évaporation un résidu blanc, mais celui-ci ne devient pas rouge brique au contact du réactif argentique.

On peut aussi, comme l'a proposé M. G. Denigès (*Comptes rendus* Acad. des sc., CXI, 824, 1890), dissoudre les taches suspectes dans quelques gouttes d'acide azotique, chauffer pendant quelques instants, pour compléter l'oxydation, et ajouter aussitôt à la solution chaude quelques gouttes de réactif molybdique ; il se forme aussitôt, même s'il y a des traces d'arsenic, un précipité jaune d'arsénio-molybdate d'ammonium, lequel, examiné au microscope polarisant, quand l'analyseur et le polariseur sont à l'extinction, se montre formé de cristaux étoilés à branches triangulaires, généralement au nombre de six et disposés dans des plans rectangulaires selon les axes d'un cube.

Ces caractères reconnus, on passe à l'examen de l'anneau.

Examen de l'anneau. — 1° Toutes les liqueurs suspectes étant depuis longtemps épuisées, on continue de faire fonctionner l'appareil en excitant le dégagement d'hydrogène par addition d'acide sulfurique dilué ; on cesse de chauffer le tube C entouré de clinquant, et, pendant que le courant gazeux passe, on chauffe avec la flamme d'une lampe à alcool la partie effilée du tube où s'est formé l'anneau. On voit que l'anneau se déplace très facilement sous l'influence de la chaleur, s'il est formé d'arsenic, tandis qu'il se déplace moins facilement s'il est formé d'antimoine qui est beaucoup moins volatil que l'arsenic, et se rassemble plutôt sous forme de fins globules ;

2° On laisse refroidir le tube, et à l'aide de deux traits de lime pratiqués l'un en *d*, l'autre à 1 centimètre au moins en-deçà de *e*, on détache la partie du tube qui contient l'anneau, et on en prend et note très exactement le poids. On chauffe, sur la lampe à alcool, la portion occupée par la tache, en inclinant le petit tube de 35 degrés environ. L'arsenic se transforme en anhydride arsénieux qui se dépose à quelques centimètres plus haut, en cristaux blancs, octaédriques, que l'on reconnaît à la loupe ;

3° On relie, au moyen d'un tube de caoutchouc, le petit tube de verre qui contient l'anhydride arsénieux avec un appareil produisant de l'hydrogène sulfuré pur : il se forme du sulfure d'arsenic jaune clair. Le sulfure d'antimoine qui se produirait dans ces conditions serait jaune orangé ;

4° On fait passer maintenant dans ce même tube qui contient un sulfure un courant de gaz chlorhydrique sec. La tache jaune se conserve intacte tout le temps que dure l'opération, si elle est due à du sulfure d'arsenic. Le sulfure d'antimoine disparaîtrait dans ce cas ;

5° On fait tomber le long des parois du tube, maintenu verticalement sur le fond d'une petite capsule de porcelaine, quelques gouttes d'acide azotique pur qui dissolvent tout l'enduit de sulfure ; on évapore doucement jusqu'à disparition de tout l'acide azotique, et on touche le résidu refroidi avec une goutte d'azotate d'argent ammoniacal, qui donnera la tache rouge brique caractéristique de l'arsenic.

Il ne reste plus qu'à laver le petit tube à l'eau distillée, à le sécher et à le peser. La différence de poids avec celui que l'on avait noté lorsqu'il contenait l'anneau d'arsenic indiquera le poids de celui-ci. On aura la quantité totale d'arsenic extraite durant l'expertise, en ajoutant à ce poids celui des taches obtenu précédemment.

Remarque. — La sensibilité de la méthode de recherche de l'arsenic avec l'appareil de Marsh permet facilement de reconnaître 1/100000 d'anhydride arsénieux dissous dans une liqueur. Cette méthode constitue même, à notre avis, le meilleur procédé de dosage de l'arsenic.

Il est indispensable de veiller constamment à ce que la température ne s'élève dans l'appareil, en renouvelant de temps en temps l'eau du réfrigérant. Sous l'influence de la chaleur, l'acide sulfurique est réduit par l'hydrogène naissant, il se forme de l'anhydride sulfureux, puis de l'hydrogène sulfuré qui s'oppose à la volatilisation de l'hydrogène arsénié en donnant du sulfure d'arsenic.

D'autre part, il faut éviter absolument d'introduire dans l'appareil des composés nitreux ou nitriques. En leur présence, l'hydrogène arsénié gazeux se transforme en hydrure d'arsenic solide qui reste dans l'appareil.

Il faut se garder également d'argenter ou de platiner le zinc, ainsi que le recommandent quelques auteurs, ou bien de le remplacer par l'amalgame de sodium. La présence dans l'appareil d'un métal de section élevée peut provoquer la formation de l'hydrure d'arsenic solide.

Comme pièces à conviction à soumettre à l'autorité, le chimiste-expert présentera une des capsules où se seront déposées les taches d'arsenic (ou celles d'arséniate d'argent), et, s'il le peut, un ou plusieurs des anneaux d'arsenic.

II. — RECHERCHE DU PHOSPHORE

Le phosphore n'est vénéneux que lorsqu'il se transforme en acide phosphoreux. Il ne peut être découvert dans les cas de chimie légale que de deux manières : la première, la seule absolument certaine, consiste à isoler le poison en nature, c'est-à-dire sous forme de métalloïde non oxydé, ou au moins à constater ses lueurs ; la seconde consiste à établir sa présence en recherchant ses produits d'oxydation autres que l'acide phosphorique.

Dans toutes les expertises, la recherche du phosphore est la première opération à exécuter, parce qu'on n'a pas besoin de faire subir d'altération à l'objet examiné. Elle doit être entreprise aussi promptement que possible, parce que c'est un poison facilement oxydable qui, une fois que les organes ont été retirés du corps, ne peut être préservé de l'oxydation que pendant bien peu de temps. Mais, sa non-oxydation dépendant d'un grand nombre de circonstances particulières qu'il est impossible de prévoir, on peut s'attendre à le retrouver, après quelques semaines, dans un cadavre qui n'a pas été soumis à l'autopsie.

L'expert devra porter ses investigations :

1° Sur les aliments et les boissons dont s'est servie la personne empoisonnée ;

2° Sur les matières vomies, les déjections et les urines ;

3° Sur l'estomac, le tube digestif et le contenu de ces organes, lorsque la mort s'en est suivie.

a. — Examen et essai préliminaires

Ordinairement la probabilité de la présence du phosphore dans les aliments et boissons empoisonnés, ainsi que dans les matières vomies, les déjections et le contenu de l'appareil digestif, se révèle immédiatement à l'odeur forte et très désagréable de l'ozone auquel il donne naissance. C'est donc cette première constatation qu'il faudra faire.

On étale ensuite sur une large feuille de verre à vitre l'estomac et l'intestin grêle, on fend ces organes dans toute leur longueur à l'aide d'une paire de ciseaux et d'une pince à dissection, et on en explore à la loupe les diverses parties. On cherche à découvrir ainsi les corps matériels suspects, tels que : extrémités d'allumettes (souvent colorées), petits fragments de soufre, etc., que l'on met soigneusement à part.

Quel que soit le résultat de ces investigations, on doit essayer de suite si les matières à expertiser sont susceptibles de répandre spontanément des lueurs. Dans ce but, on introduit séparément, dans de petits ballons à fond plat, un peu de chaque substance ; on pose ces ballons dans une pièce obscure, sur une grande feuille de tôle avec une couche mince de sable sec, afin d'absorber la lumière ; on recouvre le goulot de chacun d'eux avec un entonnoir vide, et l'on chauffe doucement par dessous avec la flamme d'un bec de gaz. S'il y a du phosphore dans la matière de l'un des ballons, on voit apparaître à la surface une lueur verdâtre, puis bientôt, surtout lorsqu'on agite, tout l'espace vide du récipient paraît lumineux, et, lorsqu'on enlève l'entonnoir, l'odeur pénétrante se manifeste avec une grande intensité.

On soumet à un semblable essai les petits objets matériels que l'on a pu extraire lors de l'examen de l'appareil digestif, en les plaçant dans des tubes fermés à un bout, et en les frottant dans l'obscurité avec un agitateur de verre. Souvent ainsi, les fragments de soufre provenant des débris d'allumettes deviennent lumineux, à cause du phosphore qu'ils ont condensé durant leur cheminement dans le tube digestif.

On peut considérer comme certaine la présence du phosphore, lorsqu'on a vu se produire la lueur, car ce caractère, joint à celui de l'odeur, ne se retrouve avec aucun autre corps. Ce résultat est donc suffisant pour entraîner la conviction de l'expert ; néanmoins, pour rendre ses expériences confirmatives, et pour fournir à la justice, si cela lui est possible, des pièces à conviction, il devra continuer son expertise ainsi que nous allons l'indiquer en *b*, *c*, *d*, *e*, et comme si ce premier essai n'avait pas abouti.

b. — Emploi de la méthode Scherer

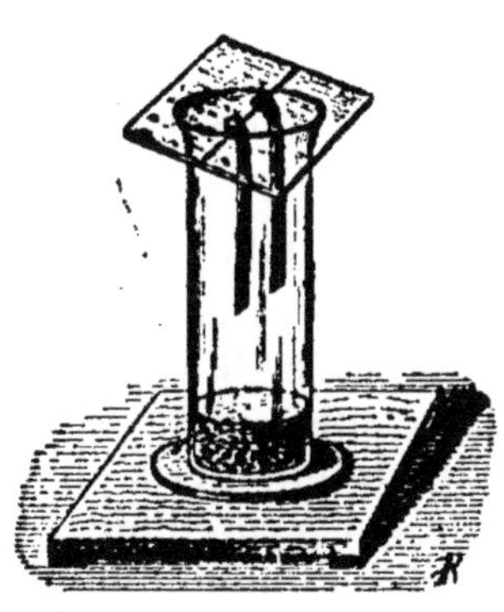

Fig. 51.

On introduit une petite quantité des matières à analyser dans un vase cylindrique V (*fig.* 51) et on le recouvre d'une plaque de verre sur laquelle sont collées, à l'aide d'une bandelette de papier gommé, deux bandes de papier à filtre, l'une humectée de sulfate d'argent [1], et l'autre d'acétate de plomb. Ces bandes de papier sont ainsi suspendues par une de leurs extrémités dans l'espace vide du récipient. Si dans cet espace se trouve de l'acide phosphoreux provenant de l'oxydation lente du phosphore contenu

[1] On prépare ce papier réactif en trempant dans une solution de sulfate d'argent du papier à filtre sec que l'on a préalablement laissé macérer dans de l'acide azotique dilué de deux ou trois volumes d'eau, puis lavé à l'eau distillée jusqu'à ce que les eaux de lavages n'aient plus de réaction acide. Cette précaution est indispensable ; il suffit en effet de faire passer et repasser deux ou trois fois sur le même filtre de l'acide azotique un peu dilué, pour voir cet acide donner avec le réactif molybdique un précipité jaune.

dans les matières, le papier au sulfate d'argent ne tarde pas à noircir par suite de la réduction qui s'opère et de la formation de phosphure d'argent.

Si ce cas se produit, et si le papier à l'acétate de plomb n'a pas noirci, c'est ce que l'on peut attendre de mieux de cet essai. On enferme les deux papiers réactifs avec une seconde plaque de verre de mêmes dimensions que la première, on en scelle les bords avec de la cire à cacheter et on conserve précieusement cette pièce à conviction.

Lorsque les bandes de papier ont noirci toutes deux, l'essai n'a presque plus de valeur : on détache la bande de papier au sulfate d'argent, on la divise dans une petite capsule de porcelaine, et on la traite à une douce chaleur par une très petite quantité d'acide azotique, on évapore doucement et, sur le résidu tiède, on verse un excès de réactif molybdique. L'apparition d'un précipité jaune de phospho-molybdate d'ammonium prouvera que la coloration noire qu'avait prise ce papier était due aussi bien à du phosphure qu'à du sulfure d'argent, mais elle ne permettra pas d'affirmer que ce phosphure a pour origine l'oxydation du phosphore introduit comme poison, plutôt que l'hydrogène phosphoré résultant de la décomposition des matières phosphorées normales que contient l'organisme, décomposition rendue probable par la présence même de l'hydrogène sulfuré qui a noirci le papier à l'acétate de plomb.

c. — Distillation du phosphore dans l'appareil de Mitscherlich

Quand on soumet à la distillation un liquide contenant du phosphore, ce métalloïde est entraîné avec la vapeur de ce liquide, et, si la vapeur de ce liquide n'est pas de nature à y mettre obstacle, le phosphore entraîné émet des lueurs au contact de la petite quantité d'air contenu dans l'appareil. Tel est le principe de la méthode de Mitscherlich.

Cette distillation s'opère commodément à l'aide de l'appareil (*fig.* 52). Il se compose d'un ballon de verre B surmonté d'un tube T d'abord vertical, puis horizontal, enfin descendant de nouveau verticalement et plongeant dans un réfrigérant de verre R alimenté par de l'eau froide. Le tube recourbé ou de dégagement se termine dans le col d'un flacon *c* servant de récipient.

On introduit dans le ballon B soit les liquides recueillis dans le tube digestif, soit les matières vomies, soit les organes, le foie ou les reins par exemple, réduits en menus fragments et additionnés d'eau que l'on acidule avec de l'acide tartrique pour fixer les vapeurs ammoniacales qui s'opposent à l'apparition des lueurs.

Après avoir préparé à la lumière l'appareil, de façon qu'il ne reste plus qu'à allumer le fourneau à gaz, on produit l'obscurité, puis on chauffe le ballon et l'on place entre les deux parties de l'appareil un grand écran en carton, afin de mettre le réfrigérant à l'abri des réflexions lumineuses. La distillation s'effectue et, partout où les vapeurs viennent toucher la partie refroidie du tube, on remarque une lueur bien sensible, ordinairement un anneau lumineux et vacillant.

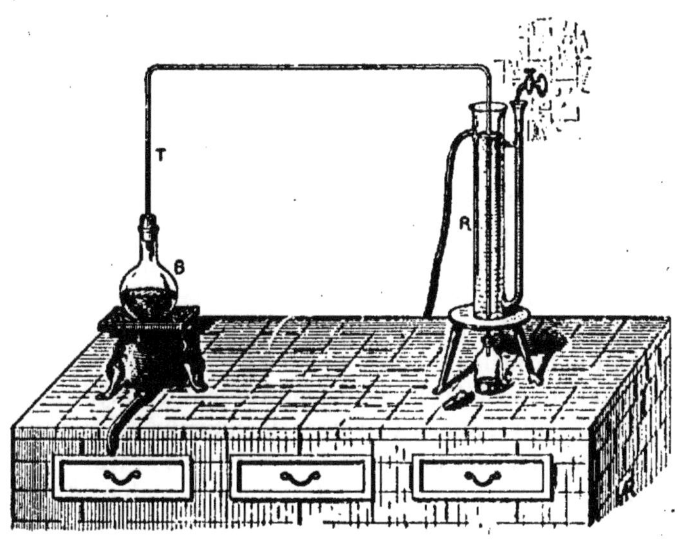

FIG. 52.

Les gouttes condensées coulent dans le vase *c* où elles luisent encore, alors que la phosphorescence ne tarde pas à disparaître dans le reste de l'appareil où la vapeur d'eau a chassé tout l'air qui s'y trouvait.

Une fois l'opération commencée, on laisse distiller les trois cinquièmes environ du contenu du ballon, puis on arrête le feu, et le liquide distillé, bien bouché avec un bouchon de verre, peut être présenté comme pièce à conviction. On peut, en effet, avec le produit distillé, répéter, quand on le veut, l'épreuve de la lueur et de l'odeur, ainsi que la réaction sur le papier au sulfate d'argent.

Lorsque la quantité de phosphore contenue dans les matières est considérable, on trouve dans le liquide de distillation de petits globules jaunes de phosphore pur, qui alors sont le véritable corps du délit.

Si cette quantité est extrêmement faible, l'action oxydante de l'air aura pu transformer tout le métalloïde en acide phosphoreux; il sera donc nécessaire d'effectuer encore la recherche de cet acide dans le liquide distillé. Pour cela, on met le produit de la distillation dans une capsule en porcelaine, on l'acidifie fortement d'acide azotique, on concentre par évaporation à chaud et on précipite l'acide phosphorique obtenu par le réactif molybdique.

d. — Procédé Frésénius et Neubauer

Si toutes les expériences que nous avons décrites sont demeurées sans résultat positif, c'est-à-dire si l'on a fait l'épreuve de l'odeur et que, par agitation ou frottement dans l'obscurité, on n'a pu observer de phosphorescence, si le procédé de Scherer et l'emploi de l'appareil de Mitscherlich n'ont pas permis de se prononcer avec certitude, que ce soit parce qu'il y a trop peu de phosphore, ou parce qu'il se trouve des substances qui empêchent la phosphorescence, on introduit ce qui reste des substances à examiner dans un ballon de verre fermé par un bouchon percé de deux trous. On ajoute à la matière une quantité d'eau suffisante pour lui donner la consistance d'une bouillie très claire. Cela fait, on acidule le mélange avec un filet d'acide sulfurique. Par un des trous du bouchon, on fait arriver un courant lent d'anhydride carbonique lavé. Après l'avoir forcé à traverser la liqueur, au moyen d'un tube abducteur plongeant, on le fait sortir par le second trou du bouchon et passer successivement dans deux tubes en U contenant une solution étendue d'azotate d'argent. Lorsque l'anhydride carbonique a chassé tout l'air de l'appareil, on place le ballon au bain-marie à 60 ou 70 degrés et on dirige le courant gazeux de façon qu'il ne se dégage qu'une ou deux bulles par seconde.

Dans ces conditions, le phosphore, s'il existe, est entraîné sans oxydation dans la solution argentique qui se trouble, noircit et laisse précipiter du phosphure d'argent; en même temps que de l'acide phosphorique reste dans la liqueur.

La solution d'azotate d'argent, au sein de laquelle s'est produit le précipité noir supposé être du phosphure d'argent, est jetée sur un filtre. On obtient ainsi un liquide limpide, et sur le filtre un précipité noir.

On traite la liqueur filtrée par un léger excès d'acide chlorhydrique pour la dépouiller de tout l'argent qu'elle retient; on filtre de nouveau et on évapore au bain-marie dans une capsule en porcelaine presque complètement. On verse sur le résidu un excès de réactif molybdique, on chauffe jusqu'à 40 degrés en agitant, et on abandonne au repos. S'il se produit un précipité jaune de phosphate ammoniacq-molybdique, l'on est en droit de conclure que les matières suspectes renfermaient du phosphore.

Le précipité noir recueilli sur le filtre est lavé plusieurs fois avec de l'eau distillée, et doit être soumis au traitement suivant.

e. — Procédé Dussart et Blondlot

Pour y déceler le phosphure d'argent, on emploie la méthode de Dussart perfectionnée par Blondlot.

On dispose, à cet effet, un appareil à hydrogène (*fig.* 53), modifié ainsi qu'il suit : A est un flacon dans lequel s'engage un tube de verre

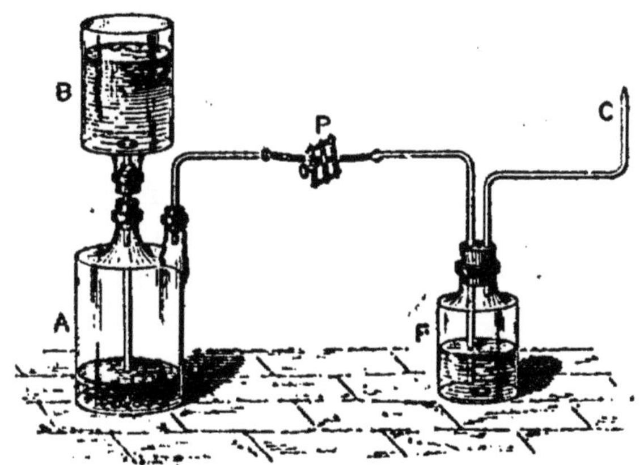

Fig. 53. — Appareil de Dussart et Blondlot

d'assez large diamètre, portant à son extrémité supérieure un flacon B renversé et sans fond ; sa tubulure latérale communique avec un flacon F contenant une dissolution concentrée de potasse. Une pince à vis P permet de fermer à volonté le tube de caoutchouc qui relie A à F. C est un ajutage en platine, que l'on refroidit en l'entourant de coton mouillé. Dans le flacon A on met du zinc pur et de l'acide sulfurique très étendu ; on adapte ensuite le flacon B, et, après avoir laissé le gaz se dégager quelque temps, on serre la pince P jusqu'à ce que le liquide de A soit monté en B ; on fait tomber alors, à l'aide d'un entonnoir à douille allongée, le précipité dans le flacon A, on desserre légèrement la pince, on mouille le coton, et on enflamme le jet de gaz. Si l'on examine la flamme dans l'obscurité, elle présentera en son milieu un cône vert et une coloration vert-émeraude, lorsqu'on l'écrasera avec une soucoupe de porcelaine, si le précipité était bien du phosphure d'argent.

REMARQUE. — L'acide phosphorique ne produit pas cette réaction; mais, si l'on introduit dans le flacon producteur d'hydrogène une matière contenant du phosphore, un phosphure ou de l'acide phosphoreux[1], la flamme présentera la coloration verte. Il est donc indispensable que l'acide sulfurique et le zinc employés soient absolument dépourvus de tout composé phosphoré, ce dont on aura soin de s'assurer au préalable.

L'ajutage en platine est nécessaire, pour que la flamme de l'hydrogène soit par elle-même incolore et non pas colorée en jaune par le sodium du verre.

Le flacon laveur contenant la dissolution alcaline a pour but de fixer au passage l'hydrogène sulfuré que pourrait contenir le gaz par suite d'une certaine réduction de l'acide sulfurique, et, comme sa flamme est colorée, elle nuirait aussi à l'observation de la coloration verte.

L'examen spectroscopique de la flamme du phosphore permet de donner plus de rigueur encore à l'expérience. A côté de la raie du sodium, on voit apparaître deux raies vertes magnifiques, Pα et β, et, entre la raie jaune du sodium et ces deux raies vertes, une troisième raie verte γ, mais de moindre intensité.

α et β sont presque d'égale intensité, γ est la plus faible, α la plus intense.

D'autre part, l'hydrogène phosphoré qui se forme dans l'appareil des auteurs précités donne, comme produits de combustion, de l'eau et de l'acide phosphorique. Or ce dernier corps peut être retenu en dirigeant la flamme sur le coude, humecté d'eau, d'un tube de verre en forme de V et dans lequel circule un courant continu d'eau froide. L'eau produite par la combustion du gaz, en se condensant sur une surface constamment refroidie, entraînera l'acide phosphorique dont la solution sera recueillie dans un verre placé au-desous du V. Quand on aura un demi-centimètre cube environ de cette eau de condensation, on l'introduira dans un tube à essai, puis on ajoutera 2 ou 3 centimètres cubes de réactif molybdique : il se formera bien vite un précipité jaune cristallin de phosphate ammoniaco-molybdique (G. Denigès, *Journ. de pharm. et de chimie*, 15 juin 1892, p. 591).

[1] On peut donc y traiter aussi le produit de distillation de l'appareil de Mitscherlich.

III. — RECHERCHE DE L'ACIDE CYANHYDRIQUE

Une substance qui renferme de l'acide cyanhydrique ou un cyanure alcalin possède généralement l'odeur caractéristique de ces corps, même si elle n'en renferme que des quantités extrêmement petites. Cependant, on ne peut compter absolument sur ce caractère, l'odeur peut être masquée par les substances organiques en décomposition.

Dans le cas où l'épreuve de l'odeur ferait défaut, la présence de l'acide cyanhydrique dans les matières suspectes pourra être soupçonnée si le papier de Schœnbein, placé près d'elles, se colore en bleu. On prépare ces papiers réactifs en trempant dans une solution alcoolique de résine de gaïac des bandes de papier à filtre, que l'on fait ensuite sécher. D'un autre côté, on fait une solution de sulfate de cuivre à 2 grammes pour 1,000 d'eau, dans laquelle, au moment du besoin, on immerge quelques instants les papiers de gaïac déjà préparés. Ces papiers humides sont suspendus dans l'atmosphère du récipient dans lequel auront été placées les substances destinées à l'expertise. Si celles-ci contiennent de l'acide cyanhydrique, le papier réactif de Schœnbein ne tarde pas à prendre une teinte bleue caractéristique.

Une expertise de ce genre doit être opérée sans retard, parce que l'acide cyanhydrique, matière éminemment instable, peut se décomposer avec rapidité.

Que la mort soit le résultat d'une absorption de cyanure ou d'acide cyanhydrique, qu'elle soit arrivée par inhalation ou par ingestion, l'expert devra porter ses recherches, d'abord, sur l'estomac et son contenu, les premières portions de l'intestin grêle, le sang et les matières vomies ; subsidiairement, sur le foie, le cerveau et les urines.

Le principe de la recherche chimico-légale de l'acide cyanhydrique repose sur la distillation de la masse suspecte rendue acide, et sur la recherche de l'acide cyanhydrique dans le liquide distillé. Mais, comme le prussiate jaune et le prussiate rouge de potassium, tous deux non vénéneux, soumis à cette opération, donnent à la distillation un liquide contenant de l'acide cyanhydrique, il faut avant tout s'assurer si, par hasard, l'un de ces sels ne se trouverait pas dans la substance à analyser. A cet effet, on agite une petite portion de la matière à essayer avec de l'eau, on filtre, on acidule le liquide filtré avec de l'acide chlorhydrique, et l'on en traite une partie par le perchlorure de fer, et une autre partie par le sulfate ferreux. Si dans l'un et l'autre cas on n'a ni précipité bleu ni coloration bleue, c'est qu'il n'y a ni ferrocyanure ni ferricyanure solubles, et l'on peut procéder, en toute sécurité, aux opérations suivantes :

Les matières suspectes sont finement divisées et réduites en bouillie claire avec de l'eau distillée, puis introduites dans une cornue tubulée qui communique avec un réfrigérant de Liébig. Par la tubulure de la cornue traversée par un tube en S, on introduit une dissolution d'acide tartrique ou d'acide phosphorique, acides qui n'ont pas d'action sur l'acide cyanhydrique. Le tube condensateur plonge dans un récipient refroidi contenant un peu d'eau. La distillation s'effectue au bain-marie dans une dissolution de chlorure de calcium, de telle sorte que la température ne dépasse pas 105 à 110 degrés. L'acide cyanhydrique, très volatil, passe le premier et se condense dans les premières portions du liquide distillé. S'il se trouve en quantité un peu notable, on le reconnait tout de suite à son odeur caractéristique ; dans tous les cas, le liquide distillé sera soumis aux essais suivants :

1° A une fraction du liquide on ajoute un peu de potasse ou de soude jusqu'à réaction fortement alcaline ; on y ajoute quelques gouttes d'une dissolution de sulfate ferreux mélangée d'un peu de perchlorure, on laisse digérer quelques minutes à une douce chaleur, puis on sursature enfin avec de l'acide chlorhydrique. Un précipité bleu ou une coloration vert-bleuâtre indiqueront, dans le premier cas, qu'il y a relativement beaucoup d'acide cyanhydrique dans le liquide distillé ; dans le second, qu'il n'y en a que de très petites quantités ;

2° On additionne une autre partie du produit de la distillation de quelques gouttes de sulfhydrate d'ammonium jaune, et on l'évapore à siccité au bain-marie, ou bien jusqu'à ce que le liquide soit devenu incolore. S'il y avait de l'acide cyanhydrique, le résidu dissous dans l'eau et acidulé avec l'acide chlorhydrique donnera, avec le perchlorure de fer, une coloration rouge de sang due au sulfocyanate ferrique qui se sera produit ;

3° Une autre partie de la liqueur est neutralisée par la potasse, puis mélangée dans un tube à essai avec quelques gouttes d'une solution saturée d'acide picrique, et l'on chauffe jusqu'à une température voisine de l'ébullition la moitié supérieure du liquide. S'il y a de l'acide cyanhydrique, la masse chauffée prend une coloration rouge-brun ;

4° On additionne une autre partie du liquide distillé d'un mélange de quelques centimètres cubes d'une solution saturée de sulfate de cuivre dans l'alcool à 60 degrés et d'une petite quantité de teinture alcoolique de résine de gaïac récemment préparée. On obtient une coloration bleue d'autant plus intense que la proportion d'acide cyanhydrique est elle-même plus considérable.

Toutes ces réactions sont extrêmement sensibles; mais seules, celles du bleu de Prusse et du sulfocyanate ferrique devront être considérées comme absolument caractéristiques;

5° Ce qui reste du liquide est introduit, avec un peu de borax en poudre, dans un petit ballon de verre muni d'un tube d'issue qui communique avec un récipient soigneusement refroidi et contenant un peu d'eau distillée dans laquelle il plonge (*fig.* 54). On distille presque complètement, puis le liquide distillé, dépouillé de toute trace d'acide chlorhydrique fixée par le borax, est additionné d'une petite quantité d'acide azotique et d'azotate d'argent. S'il renferme de l'acide cyanhydrique, il se forme un précipité blanc de cyanure d'argent, insoluble dans l'acide azotique étendu, soluble dans l'ammoniaque et le cyanure de potassium.

FIG. 54.

Ce précipité lavé à l'acide azotique dilué et séché donne, quand on le chauffe dans un petit tube bouché par un bout, un dégagement de cyanogène reconnaissable à son odeur et à sa flamme pourpre; si on l'introduit après l'avoir mélangé avec une très petite quantité d'iode au fond d'un tube à essai long et étroit, puis que l'on chauffe légèrement et lentement, il se forme de belles aiguilles blanches, très volatiles, d'iodure de cyanogène, qui viennent tapisser les parties froides du tube où elles se condensent, et se conservent indéfiniment si le tube est bien sec et fermé à la lampe.

Cyanure de mercure. — Le cyanure de mercure est extrêmement vénéneux, et sa toxicité est due aussi bien à la présence du cyanogène qu'à celle du mercure. Dans un empoisonnement avec cette substance, on risque de ne pas retrouver la totalité de l'acide cyanhydrique en opérant d'après la marche que nous avons indiquée. De plus, le cyanure de mercure ne donne ni les réactions de l'acide cyanhydrique, ni celles des sels de mercure. Il est donc important de pouvoir caractériser le cyanogène dans cette substance, surtout si l'on a trouvé du mercure en recherchant les poisons minéraux. A cet effet, on concentre par évaporation jusqu'à un faible volume les liquides suspects réunis, préalablement filtrés et neutralisés au besoin. On fait trois parts du résidu liquide; à l'une d'elles, introduite dans un petit ballon, on ajoute de la limure de fer et quelques gouttes d'acide sulfurique.

On laisse la réaction s'accomplir pendant quelques minutes, en ayant grand soin d'éviter que la masse ne s'échauffe, puis on filtre le liquide, et, après l'avoir additionné d'une ou deux gouttes de perchlorure de fer, on le traite par un léger excès de potasse caustique. Il se produit un abondant précipité formé par un mélange d'oxyde ferroso-ferrique et de bleu de Prusse; l'addition d'un léger excès d'acide chlorhydrique dissout les oxydes de fer, et fait apparaître, avec sa couleur caractéristique, le bleu de Prusse correspondant à l'acide cyanhydrique mis en liberté.

L'autre partie du liquide concentré est placée dans une capsule de porcelaine, et additionnée de quelques gouttes de sulfhydrate d'ammonium jaune. On fait bouillir avec précaution et l'on évapore les deux tiers de la masse. Après refroidissement, on filtre, on acidule le liquide d'un léger excès d'acide chlorhydrique, puis on y laisse tomber une ou deux gouttes de perchlorure de fer : si la solution suspecte renfermait un cyanure (du cyanure de mercure), il se forme aussitôt une coloration rouge-sang de sulfocyanate ferrique.

D'autre part, on pourra caractériser le mercure dans le précipité noir de sulfure de mercure qui a été retenu par le filtre.

La troisième partie est introduite dans un flacon à deux tubulures avec un excès d'eau saturée d'hydrogène sulfuré, on acidule avec un peu d'acide sulfurique, et l'on dirige dans le flacon un courant d'hydrogène purifié. Les gaz en s'échappant par la seconde tubulure sont reçus successivement dans deux flacons laveurs contenant, le premier, une solution d'azotate de plomb qui arrête l'acide sulfhydrique; le second, une solution étendue de potasse où se fixe l'acide cyanhydrique. Il ne reste plus qu'à caractériser le cyanure alcalin par les moyens précités.

RECHERCHE DE L'ACIDE CYANHYDRIQUE LIBRE ET DE L'ACIDE CYANHYDRIQUE DES CYANURES ALCALINS EN PRÉSENCE DES CYANURES NON TOXIQUES

Nous avons dit, dans la première partie de ce chapitre, que l'expert devait s'assurer, avant d'entreprendre la recherche de l'acide cyanhydrique, de l'absence du ferrocyanure ou du ferricyanure de potassium, lesquels, par la distillation en présence d'un acide, pourraient donner naissance à de l'acide cyanhydrique. Si donc la recherche de l'un ou l'autre de ces sels avait donné lieu à un résultat affirmatif, et que l'on tînt à découvrir en leur présence l'acide cyanhydrique libre ou provenant d'un cyanure toxique autre que le cyanure de mercure, on se servirait avec avantage du procédé s[illegible]nt dû à M. Jacquemin.

Procédé Jacquemin. — Il est basé sur l'action décomposante qu'exerce l'anhydride carbonique sur la cyanure de potassium et sur l'inactivité que présente cet anhydride à l'égard des prussiates jaune et rouge. Voici comment on opère :

On introduit les matières suspectes réduites en bouillie très claire et neutralisées par de la soude pure dans un ballon B (*fig.* 55), chauffé au bain-marie à 40 ou 50 degrés. On fait circuler dans ce ballon un courant de gaz carbonique purifié par lavage dans une solution con-

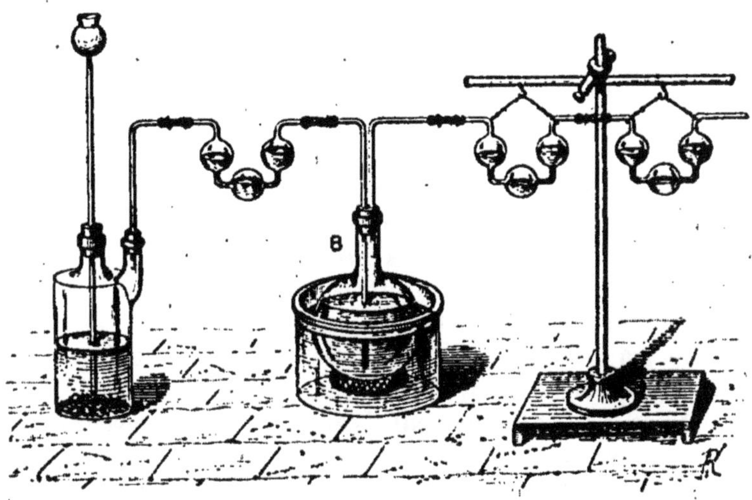

Fig. 55.

centrée de carbonate de sodium. Le gaz, au sortir du ballon, entraîne l'acide cyanhydrique et se rend dans un tube à boules contenant de l'eau distillée, et, de là, dans un second tube renfermant une solution d'azotate d'argent, lequel retiendra les traces d'acide cyanhydrique échappé à la condensation dans l'eau, et donnera un précipité blanc de cyanure argentique. Il ne restera plus alors qu'à essayer les liqueurs des tubes à boules, et à caractériser l'acide cyanhydrique par les moyens indiqués plus haut.

EXAMEN SPECTROSCOPIQUE DU SANG DANS LES EMPOISONNEMENTS PAR L'ACIDE CYANHYDRIQUE

L'hémoglobine du sang est susceptible de former avec l'acide cyanhydrique une combinaison assez stable pour résister, sans décomposition, à une inhumation souvent prolongée. L'oxygène ne déplace que difficilement l'acide cyanhydrique de cette combinaison; pour y parvenir, il faut faire passer pendant longtemps un courant abondant de ce gaz.

Un sang cyanhydrique est ordinairement diffluent; examiné au spectroscope, il présente deux raies d'absorption, moins nettement définies et un peu plus larges que celles de l'hémoglobine oxygénée; elles offrent enfin un léger déplacement à droite, du côté du violet, et qu'un examen comparatif avec du sang normal permettra d'apprécier.

IV. — RECHERCHE DU CHLOROFORME ET DU CHLORAL

Un grand nombre d'empoisonnements ont été produits par le chloroforme, mais ils sont le plus souvent accidentels, comme dans l'anesthésie chirurgicale. Quelques-uns proviennent de ce qu'il a été avalé par méprise, à l'état liquide; d'autres enfin, de ce que ses vapeurs, dans un but de suicide, ont été inhalées.

Le crime y a rarement recours. L'odeur, la saveur et le peu de solubilité du chloroforme sont, en effet, autant d'obstacles défavorables aux tentatives d'empoisonnement. D'autre part, ses vapeurs, qui sont irritantes, impressionnent si désagréablement les organes respiratoires, qu'elles peuvent provoquer le réveil brusque d'une personne plongée dans un sommeil naturel, et s'opposer ainsi à ce genre de manœuvre criminelle.

Pour rechercher le chloroforme dans un cas d'empoisonnement, on emploie la méthode imaginée par MM. Lallemand, Perrin et Duroy. Elle est basée sur ce que les vapeurs de chloroforme chauffées au rouge sont décomposées et donnent, entre autres produits, du chlore et de l'acide chlorhydrique, dont il importe de caractériser la présence. Voici comment on opère :

On délaye dans l'eau, après les avoir divisés, le cerveau, le foie, les poumons, le sang, ou le contenu du tube digestif, suivant les cas, de manière à obtenir une bouillie claire que l'on place dans un ballon. Ce ballon est mis en communication par un tube de verre avec un tube de porcelaine de faible diamètre que l'on peut chauffer fortement, au moyen d'un fourneau allongé ou d'une grille à combustion; l'autre extrémité du tube de porcelaine se termine par un tube à boules de Liébig, renfermant une solution d'azotate d'argent acidulée d'acide azotique. Le ballon, chauffé au bain-marie à 40 degrés, est muni d'un tube qui plonge jusqu'au fond et qui permet de faire circuler de l'air au sein des matières et dans tout le système, soit à l'aide d'un soufflet à double effet, soit à l'aide d'un aspirateur ou d'une trompe à eau convenablement réglée. Tel est l'appareil qui a été décrit par MM. Lallemand, Perrin et Duroy. Lorsque l'on s'est assuré qu'après quelques minutes le courant d'air n'a rien produit dans l'azotate d'argent, on chauffe le tube de porcelaine au rouge. La moindre trace de chloroforme produit dans ces conditions du chlore et de l'acide chlorhydrique, qui forment du chlorure d'argent avec l'azotate d'argent du tube de Liébig. Ce chlorure doit être recueilli et examiné pour s'assurer qu'il ne contient pas de cyanure.

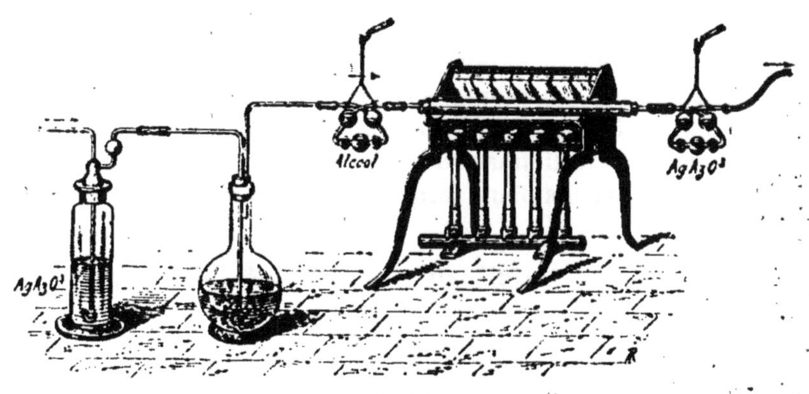

Fig. 56.

Ce procédé, qui est devenu classique, est d'une sensibilité exquise. L'air entraîne, avec la plus grande facilité les vapeurs de chloroforme, sans qu'il soit nécessaire de chauffer au bain-marie les matières à expérimenter; et si l'on a soin, suivant les conseils de M. Caillot, de placer, en avant du ballon où se trouvent les substances suspectes, un flacon laveur contenant de l'azotate d'argent, pour arrêter les composés précipitables que l'air pourrait renfermer et qui pourraient devenir une cause d'erreur, on peut être certain, si le dernier des tubes à boules s'est troublé, que les matières suspectes, surtout si on les a légèrement alcalinisées avec un peu de potasse ou de soude, contenaient un composé volatil chloré; mais il n'est pas permis, cependant, de conclure à la présence du chloroforme d'une façon certaine; d'autres agents anesthésiques conduiraient aux mêmes résultats.

C'est pour cette raison que nous conseillons d'interposer, en outre, entre le tube de porcelaine et le récipient contenant le sang, les liquides suspects ou les viscères réduits à l'état de bouillie et délayés dans de l'eau, un autre tube à boules de Liébig contenant une très petite quantité d'alcool fort, et plongeant dans un mélange réfrigérant. L'appareil ainsi modifié est représenté (*fig.* 56). Lorsqu'on le fait fonctionner, tout se passe comme si aucune modification n'avait été introduite dans sa disposition ; c'est-à-dire que, si les substances examinées contenaient du chloroforme, l'azotate d'argent acidulé des boules de Liébig qui terminent le tube de porcelaine ne tarde pas à se troubler, mais une certaine quantité de vapeur chloroformée a été arrêtée, et fixée par l'alcool du tube de Liébig qui précède le tube de porcelaine, et va nous rendre possible la mise en œuvre de quelques réactions auxiliaires propres au chloroforme.

Ces réactions sont : 1° la constatation des propriétés réductrices qu'exerce ce liquide alcoolique sur l'azotate d'argent ammoniacal et sur la liqueur cupro-potassique à l'ébullition ; 2° la production d'isocyanure de phényle (*iso-nitrile*), autrement dit de phényl-carbylamine, qui aura lieu en l'additionnant d'un peu de potasse, puis de quelques gouttes d'aniline, et chauffant jusqu'à l'ébullition

$$CHCl^3 + 3KOH + C^6H^5AzH^2 = C^6H^5CAz + 3KCl + 3H^2O$$

(l'odeur repoussante de ce composé se manifeste dans ces conditions, même avec des traces de chloroforme) ; 3° la coloration bleue qui apparaîtra en chauffant (à 50°) une partie du liquide additionné d'une solution de β naphtol dans de la potasse concentrée (Lustgarten).

Il est bien entendu qu'on aura soin de retirer le tube de Liébig contenant de l'alcool, pour y essayer les réactions ci-dessus, lorsque l'azotate d'argent acidulé qui termine l'appareil aura commencé seulement à précipiter en blanc. On reliera alors le tube de porcelaine directement au ballon contenant les matières, à l'aide d'un tube de caoutchouc, et on rétablira la circulation du courant d'air tant que le trouble produit dans l'azotate d'argent paraîtra augmenter.

Nous nous sommes assuré, par de nombreuses expériences[1], que l'urine des sujets anesthésiés par le chloroforme ne contenait jamais de chloroforme ou de composé chloré, comme l'alcool trichloréthylique qui existe uni à l'acide glycuronique dans l'urine des sujets qui ont absorbé du chloral. Ce fait est des plus importants : la Justice peut avoir, dans certains cas, le plus grand intérêt à être éclairée sur la

[1] Voir G. Guérin, Thèse pour le dotcorat, Lyon, 1885.

question de savoir si un empoisonnement a été commis avec le chloral ou avec le chloroforme [1].

L'expert chargé d'analyser les matières suspectes pourrait ne pas trouver trace de chloral, si celui-ci était entièrement dédoublé en chloroforme, et découvrir, au contraire, une petite quantité de cette dernière substance. Or nous croyons qu'il ne devra jamais négliger d'examiner l'urine du cadavre, et de rechercher, après l'avoir alcalinisée, si un courant d'air est capable de lui enlever un composé volatil qui, décomposé au rouge, précipitera l'azotate d'argent. Si cette recherche était affirmative, elle serait de nature à modifier complètement ses conclusions, et à lui faire admettre que l'empoisonnement était bien dû à du chloral. Hâtons-nous d'ajouter que la réciproque ne serait pas nécessairement vraie : on comprend que, dans un empoisonnement foudroyant par le chloral, l'urine ne pourra, le plus souvent, se charger d'acide urochloralique.

Cette distinction à établir entre un empoisonnement par le chloral et le chloroforme étant digne d'attention, nous avons cherché s'il ne serait pas possible d'isoler le chloral en nature, dans un cas d'expertise chimico-légale, tout au moins de le caractériser par les réactions qui lui sont propres.

Il résulte de nos expériences, pratiquées sur des animaux, que, dans un empoisonnement aigu par le chloral absorbé à haute dose, une certaine partie de ce composé peut persister sans altération dans les principaux viscères, et que, dans une intoxication chronique, l'urine contient toujours de l'acide urochloralique. Dès lors, on se rend compte de l'importance que doit acquérir, dans une expertise judiciaire, la découverte d'un principe volatil chloré dans les urines.

On sait que la combinaison moléculaire contractée par les matières albuminoïdes avec le chloral résiste à des lavages aqueux et cède au contraire très facilement à des traitements à l'alcool. C'est ce fait que nous avons essayé de rendre applicable à la recherche toxicologique de ce corps.

Pour cela, nous réduisons en bouillie les divers organes : estomac, cerveau, foie, poumons, cœur, etc., et, après les avoir acidifiés, nous les distribuons rapidement sur plusieurs assiettes, et les soumettons à un commencement de dessiccation dans le vide, sous la cloche à acide sulfurique. Lorsque la plus grande partie de l'humidité a disparu, et que la matière a pris une consistance très épaisse, nous lui faisons

[1] Nous ne savons pas s'il en serait de même à la suite de l'ingestion stomacale d'une dose toxique de chloroforme.

subir des traitements méthodiques à l'alcool absolu. Les liquides réunis et filtrés sont concentrés par évaporation dans le vide au-dessus de l'acide sulfurique. On en mélange une partie dans un tube à essai avec de l'azotate d'argent ammoniacal, et l'on chauffe : la réduction du sel d'argent se produira, s'il y avait du chloral. Une autre partie mise à bouillir avec la liqueur cupro-potassique donnera un précipité d'oxydule rouge. Enfin, si l'on chauffe une troisième portion du liquide avec une solution concentrée d'hyposulfite de sodium ou d'un monosulfure alcalin, il se produira cette coloration rouge-orangé si caractéristique du chloral.

Comme contrôle, on devra, avec cette solution alcoolique, effectuer la réaction dite de l'isonitrile, ainsi que la recherche du chloroforme dans l'appareil de Lallemand, Perrin et Duroy, après alcalinisation à l'aide de la potasse.

ALCALOÏDES VÉGÉTAUX

GÉNÉRALITÉS

Les alcaloïdes sont des composés organiques, de nature azotée, qui exercent pour la plupart une action très énergique sur l'organisme humain, et possèdent la propriété de s'unir intégralement aux acides, à la façon de l'ammoniaque ou de la pyridine, pour former des sels plus ou moins bien définis et cristallisables.

Les alcaloïdes naturels sont liquides et ordinairement volatils, ou solides et généralement fixes. Aux alcaloïdes liquides appartiennent la cicutine, la nicotine, la pelletiérine, la pilocarpine et la spartéine[1]; de même que les alcaloïdes artificiels, ils ne contiennent généralement pas d'oxygène (la pelletiérine est cependant oxygénée), et sont formés des éléments : carbone, hydrogène et azote. Les alcaloïdes solides sont fixes, à l'exception de la cinchonine, volatile à une température peu élevée, et de la pseudo-pelletiérine, volatile même à froid. Tous renferment les éléments : carbone, hydrogène, azote et oxygène.

Les alcaloïdes sont généralement incolores, insolubles ou peu solubles dans l'eau; la codéine et la narcéine figurent parmi les plus solubles. Ils sont solubles dans l'alcool. Certains se dissolvent dans

[1] La sarracénine, amide volatile du sarracenia purpurea, et la lobéline, principe actif volatil de la lobélie, présentent les réactions générales des alcaloïdes.

l'éther, l'alcool amylique, le chloroforme, les carbures d'hydrogène ou les huiles grasses. Ils possèdent le pouvoir rotatoire moléculaire et dévient généralement à gauche le plan de polarisation ; la cinchonine, la quinidine et quelques autres le dévient à droite. Certains, comme le sulfate de strychnine, possèdent le pouvoir rotatoire à l'état solide et en dissolution. Les solutions de narcotine pure et libre dévient à gauche les rayons polarisés ; en combinaison avec les acides, la déviation s'exerce à droite.

Les alcaloïdes renferment de l'azote ammoniacal, auquel ils doivent leur caractère basique : *c'est là tout ce qu'on peut dire de général sur leur constitution.* La plupart sont des amines tertiaires, à l'instar de la pyridine et de la quinoléine, et se combinent par addition à l'iodure d'éthyle. La caféine et la théobromine appartiennent à la série urique. La conine, la nicotine et la pipérine se rattachent à la pyridine ; la plupart des autres dérivent de la quinoléine, et fournissent des dérivés quinoliques quand on les distille avec les bases. Toutefois, leur constitution est loin d'être élucidée ; le groupe des alcaloïdes tend donc à disparaître, puisqu'un certain nombre de ces substances se rattachent aux composés cycliques, et que l'on peut dès maintenant les diviser en trois catégories : 1° alcaloïdes se rattachant à la série grasse ; 2° à la série pyridique ; 3° à la série urique.

A côté des alcaloïdes proprement dits se placent certains corps non azotés, de nature chimique diverse, tels que la digitaline, la cantharidine, etc., qui jouissent aussi de propriétés toxiques, et dont nous aurons à nous occuper dans le procédé général de recherche des alcaloïdes dont ils présentent d'ailleurs les réactions générales.

Presque tous les alcaloïdes présentent avec certains réactifs, même dans des solutions très étendues, des réactions propres à déterminer si un liquide en contient ou non.

Il est cependant extrêmement difficile de séparer et de reconnaître les alcaloïdes ; pour un grand nombre, les combinaisons qu'ils forment ne sont pas assez insolubles pour permettre une séparation complète ; pour d'autres, les réactions ne sont connues que par leurs caractères extérieurs ; enfin, pour maints d'entre eux, les réactions caractéristiques font défaut.

Les alcaloïdes ne se rencontrent dans les végétaux qu'en très faible proportion, de sorte qu'ils sont accompagnés de grandes quantités de matières organiques qui modifient et cachent leurs réactions. De plus, le chimiste a souvent à pratiquer la recherche des alcaloïdes dans des cas d'empoisonnement ; malheureusement, le toxique est ordinairement administré en faible quantité, et se diffuse rapidement dans toute l'économie ; pour l'isoler, il faut des précautions extrêmes, et l'on ne doit pas perdre de vue que l'air et la lumière ont souvent une action, et que l'emploi de la chaleur exige beaucoup de ménagements, notamment en présence des réactifs. Outre la difficulté souvent presque insurmontable d'obtenir le toxique suffisamment purifié, on peut rencontrer dans certaines plantes alimentaires, dans certains condiments, etc., des substances qui présentent quelques réactions générales des alcaloïdes; il en est de même de toute cette classe de corps auxquels on a donné le nom de *ptomaïnes* et de *leucomaïnes*, qui se produisent dans la putréfaction des cadavres, ou résultent de fermentations bactériennes normales ou anormales.

RÉACTIFS GÉNÉRAUX DES ALCALOÏDES

On appelle réactifs généraux des alcaloïdes un certain nombre de réactifs dont l'action précipitante sur une série plus ou moins grande d'alcaloïdes en solution permet de mettre en évidence la nature alcaloïdique de la substance examinée.

Nous allons décrire les plus importants, en y joignant quelques réactifs dits de coloration, qui sont fréquemment employés ponr distinguer les alcaloïdes les uns des autres. Nous rappellerons, avant tout, que les réactions qu'ils donnent exigent, pour se produire avec netteté, que les corps sur lesquels on expérimente se trouvent dans un état de pureté suffisant. Un certain nombre de matières organiques (acide tartrique, sucre, albumine, etc.) masquent la réaction de beaucoup d'alcaloïdes ; par contre, un assez grand nombre de substances organiques et minérales sont aussi précipitées par les réactifs généraux.

1° *Acide phospho-molybdique* (réactif de Sonnenschein). — Pour préparer ce réactif, on précipite par du phosphate de sodium une solution de molybdate d'ammonium dans l'acide azotique. Le précipité est bien lavé, mis en suspension dans l'eau, et redissous à chaud dans une solution de carbonate de sodium. On évapore à siccité, et on calcine jusqu'à ce qu'il ne se dégage plus d'ammoniaque. En cas que la réduction ait commencé, on humecte le résidu d'acide azotique, et on calcine de nouveau. Le résidu refroidi est dissous dans l'eau, et on ajoute peu à peu de l'acide azotique pour redissoudre le précipité qui s'est formé en premier lieu. On choisit la concentration de la solution de manière que sur une partie du résidu il y ait dix parties d'eau.

Ce réactif produit dans les solutions des alcaloïdes des précipités presque toujours amorphes et d'une teinte jaune (jaune-blanchâtre, jaune-citron, jaune-brun). Ces précipités sont insolubles ou très peu solubles, à la température ordinaire, dans les acides minéraux étendus (sauf l'acide phosphorique), et sont ordinairement produits dans la solution de l'alcaloïde acidulée d'acide azotique. Ils sont facilement décomposés par les alcalis, avec élimination de l'alcaloïde.

2° *Acide phospho-antimonique* (réactif de Schulze). — Ce réactif s'obtient en versant goutte à goutte 3 parties de perchlorure d'antimoine dans une solution de 1 partie de phosphate de sodium.

Le réactif doit être versé dans la solution de l'alcaloïde acidulée par l'acide sulfurique. Il donne des précipités généralement amorphes et d'une couleur blanche (celui de brucine est rose).

D'après Dragendorff, ce réactif présente moins de sensibilité que le précédent, excepté pour l'atropine.

3° *Acide métatungstique* (réactif de Scheibler). — Il se prépare en ajoutant à une solution bouillante de tungstate alcalin de l'acide tungstique, jusqu'à ce qu'il ne s'y dissolve plus. La liqueur concentrée donne par le chlorure de baryum un précipité cristallin de métatungstate de baryum. On décompose celui-ci à l'aide de l'acide sulfurique ; après filtration du sulfate de baryum, on laisse évaporer lentement la liqueur au-dessus d'un vase renfermant de l'acide sulfurique : l'acide métatungstique se dépose en cristaux faciles à redissoudre dans l'eau.

Ce réactif donne ordinairement des précipités blancs floconneux, présentant moins de stabilité et généralement plus solubles que ceux obtenus avec l'acide phospho-molybdique. La quinine et la strychnine précipitent encore en solution acide ne renfermant que 1/200000 d'alcaloïde.

4° *Iodure double de potassium et de mercure* (réactif dit de Mayer). — On obtient ce réactif, que l'on doit à M. Valser, en dissolvant dans un litre d'eau : 13 gr. 5 de chlorure mercurique et 49 gr. 8 d'iodure de potassium.

Il donne avec les alcaloïdes des précipités blancs ou blanc-jaunâtre, amorphes ou cristallins. Il se comporte d'une manière très caractéristique avec la conicine et la nicotine : le précipité d'abord blanc se réunit bientôt sous forme d'une masse poisseuse qui adhère aux parois du vase ; vingt-quatre heures après, le précipité s'est métamorphosé en cristaux visibles à l'œil nu.

Ce réactif ne précipite pas la glycolammine, la brucine, l'asparagine, la caféine, la théobromine, non plus que les glucosides tels que la digitaline, la picrotoxine, la smilacine, la phlorizine, la saponine, etc. Par contre, il précipite en liqueur acide les matières albuminoïdes et les peptones (mais non le glycogène), de même que certaines matières extractives faisant partie des extraits. On ne peut donc s'en servir directement pour constater dans une liqueur extractive la présence des alcaloïdes, et il est indispensable d'éliminer au préalable les substances étrangères par un traitement à l'éther (Valser).

En raison de son extrême sensibilité pour certains alcaloïdes, et aussi de la stabilité que présente le précipité produit, le réactif de Mayer peut servir à les doser volumétriquement. On fait couler goutte à goutte dans la solution d'alcaloïde le réactif contenu dans une burette graduée, jusqu'à ce qu'une goutte du mélange éclairci précipite par un alcaloïde. Un pareil dosage n'est rigoureux que lorsqu'on est en présence d'une solution d'alcaloïde pur, et que le réactif a été lui-même titré par rapport à l'alcaloïde qu'on veut doser.

5° *Iodure double de potassium et de cadmium* (réactif de Marmé). — Pour préparer ce réactif, on dissout de l'iodure de cadmium jusqu'à saturation, dans une solution concentrée et bouillante d'iodure de potassium, puis on y mêle un égal volume de solution saturée froide de ce même iodure de potassium. La liqueur ainsi concentrée peut se garder, mais non pas celle qui est étendue.

Ce réactif donne dans les solutions d'alcaloïdes dans l'acide sulfurique dilué, même lorsqu'elles sont étendues, des précipités blancs floconneux dont la plupart deviennent cristallins à la longue. Ils sont insolubles dans l'éther, facilement solubles dans l'alcool et dans un excès de précipitant, mais peu dans l'eau. Ils ont une tendance à se décomposer quand on les abandonne à eux-mêmes. On peut retirer les alcaloïdes des précipités non décomposés, en les traitant par un alcali caustique ou carbonaté en dissolution dans l'eau, puis en agitant la masse avec un dissolvant de l'alcaloïde non miscible à l'eau (éther, benzine, chloroforme, alcool amylique, pétrole, etc.).

6° *Iodure double de potassium et de bismuth* (réactif de Dragendorff). — Se prépare comme le précédent, en dissolvant de l'iodure de bismuth [1] jusqu'à saturation, dans une solution concentrée et bouillante d'iodure de potassium, à laquelle on ajoute un égal volume de solution saturée froide de ce même iodure de potassium. La dissolution concentrée, orangée, se conserve bien ; la solution étendue s'altère.

Ce réactif produit, dans les solutions aqueuses des sels d'alcaloïdes

[1] On obtient l'iodure de bismuth en chauffant dans une cornue de verre vert un mélange intime de 100 parties de sulfure de bismuth et 150 parties d'iode : l'iodure de bismuth se rassemble dans un ballon annexé au col de la cornue ; on le purifie par une nouvelle sublimation.

acidulées d'acide sulfurique, des précipités amorphes rouge-orangé. La digitaline, la vératrine, la narcéine et la solanine donnent un précipité en solutions concentrées, mais ne forment qu'un léger trouble quand les solutions sont étendues.

7° *Chlorure de platine.* — S'emploie en solution au dixième. Il donne généralement avec les alcaloïdes des précipités jaune clair ou jaune foncé, souvent solubles dans l'acide chlorhydrique ; aussi doit-on vérifier que le réactif ne contient pas un excès d'acide. Les précipités obtenus sont ordinairement des composés analogues au chlorure double de platine et d'ammonium. On peut ordinairement extraire l'alcaloïde de sa combinaison platinique, en faisant passer un courant d'hydrogène sulfuré dans de l'eau chaude tenant en suspension le précipité; on évapore à sec et on traite le résidu, mélangé avec un peu d'hydrate de calcium, par un dissolvant approprié à la nature de l'alcaloïde.

8° *Iodure de potassium iodé* (réactif de Bouchardat). — On dissout 12 gr. 7 d'iode dans quantité suffisante d'une solution concentrée d'iodure de potassium, et on dilue jusqu'à 1 litre par addition d'eau distillée.

Ce réactif précipite plus ou moins complètement les dissolutions des sels de tous les alcaloïdes. Les précipités sont bruns, floconneux. Il est bon d'opérer en solution acidulée par l'acide sulfurique.

On peut isoler les alcaloïdes de ces précipités à l'état de sulfates, en les mettant, après les avoir bien lavés, en suspension dans de l'eau où l'on dirige un courant d'anhydride sulfureux; si l'on évapore au bain-marie, pour chasser l'excès de gaz sulfureux et l'acide iodhydrique, les alcaloïdes restent en combinaison avec de l'acide sulfurique.

9° *Acide picrique.* — S'emploie en solution aqueuse saturée. Les précipités qu'il fournit sont tous colorés en jaune.

Ce réactif précipite la plupart des alcaloïdes; il doit toujours être employé en excès. La morphine et l'atropine ne sont précipitées que dans les dissolutions neutres et concentrées; la caféine et la pseudo-morphine ne sont pas précipitées; il en est de même des glucosides.

10° *Chlorure mercurique.* — On prend une solution aqueuse saturée. Les précipités obtenus sont généralement blancs. Ce réactif n'est pas d'une grande sensibilité pour un assez grand nombre d'alcaloïdes, et présente en outre l'inconvénient de précipiter beaucoup de substances de nature non alcaloïdique.

11° *Tannin.* — Ce réactif s'emploie en solution aqueuse au dixième préparée au moment du besoin, car elle s'altère promptement. Il donne avec presque tous les alcaloïdes des précipités blancs ou jaunes, mais il précipite aussi un grand nombre de substances non toxiques diverses, de sorte que son emploi n'est pas caractéristique.

Beaucoup de tannates, étant solubles dans les acides ou dans un excès de tanin, ce qu'il y a de mieux à faire pour précipiter les alcaloïdes, c'est d'ajouter le réactif goutte à goutte, et, si la liqueur est acide et qu'on ne voie pas de précipité, neutraliser ; il se forme alors un précipité.

Pour extraire les alcaloïdes des précipités obtenus, on les mêle, après les avoir lavés et égouttés, avec un excès d'hydrate d'oxyde de plomb. Le mélange desséché et pulvérisé est alors épuisé par de l'alcool absolu qui dissout tous les alcaloïdes.

12° *Réactif de Fröhde* (*sulfo-molybdate de sodium*). — On prépare ce réactif en dissolvant, par centimètre cube d'acide sulfurique concentré, 1 milligramme de molybdate de sodium. Il donne avec un grand nombre d'alcaloïdes des réactions colorées souvent très caractéristiques et qui seront indiquées pour chacun d'eux.

13° *Réactif de Mandelin* (*sulfo-vanadate d'ammonium*). — Il se prépare en dissolvant 1 gramme de vanadate d'ammonium dans 200 grammes d'acide sulfurique monohydraté. Donne, comme le précédent, des réactions colorées particulières.

14° *Réactif de Schlagdenhauffen* (*sulfo-sélénite d'ammonium*). — On l'obtient en dissolvant 1 gramme de sélénite d'ammonium dans 20 centimètres cubes d'acide sulfurique concentré.

Ce réactif donne une coloration verte caractéristique avec les sels de *morphine* et de *codéine*. D'après Ferreira da Silva (*Union pharmaceutique,* juillet 1892, p. 303), le sulfo-sélénite d'ammonium donne en outre les réactions colorantes suivantes avec les alcaloïdes ci-dessous :

Aconitine.... Pas de réaction immédiatement ; vingt minutes plus tard, rose ;

Berbérine.... Vert jaunâtre qui brunit petit à petit, rose aux bords, violette au milieu, plus tard rouge-vin ;

Brucine...... Rougeâtre ou rose, plus tard orangé-pâle ;

Digitaline... Pas de réaction immédiate ; jaunâtre après une demi-heure ; après trois heures, rougeâtre ;

Narcotine... Violet jusqu'au bleuâtre ; ensuite rougeâtre ; après trois heures, léger précipité rouge ;

Narcéine..... Jaune-verdâtre jusqu'au brun, après rougeâtre. En même temps que le liquide se colore, survient un précipité rouge ;

Solanine..... Jaune de serin, ensuite brunâtre ; après une demi-heure, anneau rosé ; trois heures plus tard, coloration rouge-violet ;

Vératrine... Jaune impur, parfois donnant le ton vert ; après une demi-heure, jaune ; après trois heures, précipité rouge dans un liquide jaune.

Le sulfo-sélénite d'ammonium ne donne pas de réactions caractéristiques avec l'atropine, la cinchonine, la cinchonidine et la pilocarpine.

15° *Réactif d'Erdmann.* — On ajoute à 100 centimètres cubes d'eau 6 gouttes d'acide azotique, d'une densité de 1,25, puis on verse 10 gouttes de cette dilution acide dans 20 grammes d'acide sulfurique concentré.

16° *Réactif de Sonnenschein.* — On l'obtient en dissolvant un peu d'oxydule de cérium dans de l'acide sulfurique concentré.

Remarque. — On obtient aussi des réactions caractéristiques en faisant agir sur les différents alcaloïdes l'acide sulfurique concentré, seul ou additionné d'acide azotique, de bichromate de potassium, etc., l'acide azotique pur ou additionné de protochlorure d'étain, etc. Toutes ces colorations seront indiquées à propos des réactions des alcaloïdes.

MÉTHODES GÉNÉRALES DE SÉPARATION DES ALCALOÏDES VÉGÉTAUX ET DE QUELQUES PRINCIPES IMMÉDIATS NON AZOTÉS QUI SE RENCONTRENT DANS LES MASSES ORGANIQUES.

Les méthodes que nous allons exposer avec détail sont au nombre de deux ; elles sont plus spécialement destinées à servir de guide dans les expertises chimico-légales : ce sont celles de Stas et de Dragendorff.

Nous décrirons aussi, à la suite de cet exposé, quelques procédés plus particuliers dont on pourra tirer souvent un parti très utile.

Nous croyons que l'expert agira sagement en partageant en deux lots les matières sur lesquelles il devra expérimenter, et en traitant une partie de chacun d'eux, l'une par la méthode de Stas, l'autre par celle de Dragendorff.

Il devra soumettre à l'analyse, indépendamment des substances saisies (aliments, boissons, médicaments, etc.), non seulement les matières vomies, les déjections et le contenu du tube digestif, mais aussi tous les organes ainsi que le sang, car on peut se servir de la voie endermique dans un but criminel.

Il est bien entendu qu'avant de procéder à l'expertise chimique il devra commencer par étendre les organes et les autres matières sur une feuille de verre, et les bien examiner à la loupe, pour voir s'il ne peut découvrir quelque débris de la substance qui a donné lieu à l'empoisonnement. Cet examen amène quelquefois la découverte de fragments de plante que l'on détermine par les caractères botaniques.

Nous ne saurions trop insister aussi sur l'obligation qui s'impose à tous les chimistes-experts de n'employer dans ces sortes de recherches que des dissolvants d'une pureté rigoureuse. Les alcools méthylique,

éthylique et amylique, l'éther lui-même, ainsi que le chloroforme et la benzine, peuvent renfermer diverses impuretés parmi lesquelles des bases alcaloïdiques peuvent se rencontrer. En effet, Oser[1], en 1868, trouva dans les produits de la fermentation du sucre par la levure de bière une base à chlorhydrate très instable, dont il a donné la formule: $C^{13}H^{21}Az^{4}$. En 1870, Krämer et Piner[2] retirèrent de l'alcool éthylique quelques bases de la série pyridique où ils reconnurent la présence de la collidine combinée à l'acide acétique. E. Ludwig[3] a découvert dans le vin d'Autriche de la triméthylamine; Œchsner de Coninck[4] a trouvé que l'alcool méthylique brut du commerce renferme environ 1 pour 1000 de pyridine. L'alcool amylique contient toujours des quantités notables de bases pyridiques, ainsi que l'ont démontré Haitinger[5], Schrötter[6], Guareschi et Mosso[7] et, plus récemment, Morin et Clandon.

Pour purifier ces dissolvants, il est nécessaire de distiller l'alcool éthylique ou l'alcool méthylique au moins deux fois sur l'acide tartrique. L'éther doit être lavé à l'eau acidulée, puis à l'eau distillée, et enfin rectifié une première fois sur de la chaux pure, une seconde fois après mélange avec l'huile d'amandes douces. Le chloroforme doit être lavé à l'eau alcaline, puis à l'eau acidulée, finalement à l'eau pure, et enfin distillé sur un mélange de chlorure de calcium et de carbonate de potassium anhydres. L'alcool amylique sera agité avec de l'eau acidulée, puis lavé plusieurs fois à l'eau pure, et enfin distillé; on ne recueillera que les parties qui passent entre 130 et 135 degrés. La benzine doit être distillée plusieurs fois, et purifiée par cristallisation après avoir été lavée préalablement à l'eau acidulée et à l'eau pure.

Méthode de Stas. — *Elle repose : 1° sur la solubilité dans l'eau et l'alcool des sels acides formés par les alcaloïdes avec l'acide tartrique ou l'acide oxalique ; 2° sur la décomposition de ces sels acides en solution, par les alcalis caustiques, par le bicarbonate de potassium ou de sodium, et la mise en liberté des alcaloïdes au sein du liquide ; 3° sur la faculté que possède l'éther, employé en suffisante quantité, de s'emparer des alcaloïdes mis ainsi en liberté.*

Les matières organiques à soumettre à l'analyse sont d'abord divisées et triturées; on mouille la masse avec le double de son poids

[1] *Bullet. Soc. chim.*, 1868.
[2] *Bericht*, 1870, p. 75.
[3] *Bullet. Soc. chim.*, t. XIV.
[4] *Bullet. Soc. chim.*, t. XLI, 1884.
[5] *Monatshefte für Chemie*, VIII, 1872.
[6] *Bericht*, 1879.
[7] *Archives italiennes de biologie*, 1882, II, p. 370.

d'alcool pur à 95 degrés. On y ajoute ensuite, suivant la quantité et l'état de la matière suspecte, de 1/2 gramme à 2 grammes d'acide tartrique ou d'acide oxalique, mais de préférence de l'acide tartrique ; on introduit le mélange dans un ballon, et on le fait digérer pendant quelque temps, à une température de 60 à 70 degrés. Après refroidissement complet on jette le tout sur un filtre de papier Berzélius, on lave la partie insoluble avec de l'alcool concentré : les liquides alcooliques sont réunis et évaporés dans le vide au-dessus de l'acide sulfurique concentré.

Si, après la volatilisation de l'alcool, le résidu renferme des corps gras ou d'autres matières insolubles, on verse de nouveau le liquide sur un filtre mouillé par de l'eau distillée ; on évapore ensuite dans le vide, sous une cloche au-dessus de l'acide sulfurique. On reprend ensuite le résidu par de l'alcool absolu et froid, en prenant soin de bien épuiser la matière ; on évapore l'alcool dans le vide, on dissout le résidu acide dans la plus petite quantité d'eau possible, on introduit la solution dans un petit flacon-éprouvette (*fig.* 57) et l'on ajoute peu à peu du bicarbonate de potassium pur et en poudre, jusqu'à ce qu'il ne se produise plus d'effervescence. On agite alors le tout avec quatre ou cinq fois son volume d'éther pur, et l'on abandonne au repos. Quand l'éther surnageant est parfaitement éclairci, on en décante une petite quantité dans une capsule de verre, et on l'abandonne dans un lieu bien sec à l'évaporation spontanée. Deux cas peuvent se présenter : l'alcaloïde peut être liquide et volatil, ou bien solide et fixe.

Fig. 57.

A. — *L'alcaloïde est liquide et volatil.* — Dans ce cas, par l'évaporation de l'éther, il reste sur les parois de la capsule des stries liquides qui exhalent, dès qu'on chauffe la capsule, même avec la main, une odeur plus ou moins désagréable, plus ou moins piquante. Si l'on découvre quelque indice de la présence d'un alcaloïde volatil, on ajoute alors au contenu du flacon, dont on a décanté une petite quantité d'éther, 1 ou 2 centimètres cubes de potasse ou de soude caustique en solution, et l'on agite le mélange. Après un repos convenable, on décante l'éther dans un autre flacon éprouvette ; on épuise le mélange par trois ou quatre traitements à l'éther, et l'on réunit tout le liquide éthéré dans le même flacon. On verse ensuite dans cet éther tenant l'alcaloïde en solution quelques centimètres cubes d'eau acidulée par un cinquième de son poids d'acide sulfurique pur, on agite pendant quelque temps, et l'on abandonne au repos ; on décante l'éther surnageant, et on lave le liquide acide à l'aide d'une nouvelle quantité d'éther. L'eau acidulée renferme l'alcaloïde à l'état de sulfate, tandis que l'éther retient les matières étrangères qu'il avait primitivement enlevées à la solution alcaline.

Pour extraire l'alcaloïde de la solution du sulfate acide, on additionne celle-ci d'une solution aqueuse et concentrée de potasse ou de soude caustique ; on agite et l'on épuise le mélange par l'éther. On abandonne la solution éthérée à la plus basse température possible à l'évaporation spontanée (ou mieux dans le vide) ; l'alcaloïde reste pour résidu, il ne s'agit plus que de déterminer sa nature.

B. — *L'alcaloïde est solide et fixe.* — Si le résidu laissé par l'évaporation de l'éther a donné dans la capsule un alcaloïde solide, on décante la totalité de l'éther chargé d'alcaloïde, on épuise par de nouveaux traitements à l'éther, et, par l'évaporation des liquides éthérés réunis, il reste sur les parois de la capsule un corps solide, mais le plus souvent une liqueur incolore, laiteuse, tenant des corps solides en suspension. L'odeur de la matière est animale, désagréable, mais nullement piquante. Elle bleuit d'une *manière permanente* le papier de tournesol.

Il faut maintenant tâcher d'obtenir l'alcaloïde cristallisé. On verse quelques gouttes d'alcool anhydre dans la capsule qui renferme l'alcaloïde, et l'on abandonne la solution à l'évaporation spontanée.

Pour isoler l'alcaloïde des matières étrangères dont il peut être souillé, on verse dans la capsule quelques gouttes d'eau très faiblement acidulée par l'acide sulfurique, et on les promène dans la capsule pour mettre le liquide acide en contact avec la matière ; souvent les corps gras restent adhérents à la capsule, et l'alcaloïde passé à l'état de sulfate se dissout dans l'eau acide. Ce liquide décanté est évaporé aux trois quarts dans le vide sous une cloche au-dessus de l'acide sulfurique. On verse ensuite dans le résidu une solution très concentrée de carbonate de potassium pur, et l'on reprend le tout par de l'alcool absolu. Celui-ci dissout l'alcaloïde, et laisse le sulfate de potassium et l'excès de carbonate de potassium. La solution alcoolique fournit l'alcaloïde cristallisé.

Il n'y a plus maintenant qu'à déterminer sa nature par l'examen de ses diverses propriétés.

Remarque. — La méthode de Stas permet, comme on le voit, d'isoler un grand nombre d'alcaloïdes à un état de pureté suffisant, pour qu'on puisse les reconnaître à leurs propriétés caractéristiques. Elle n'est pas cependant à l'abri de tous les reproches. Ainsi, il est recommandé, au début de la manipulation, d'aciduler les matières organiques avec de l'acide tartrique ou de l'acide oxalique. Or, les oxalates des alcaloïdes ne sont pas tous solubles dans l'alcool ; telle est, par exemple, l'oxalate de brucine. D'autre part, l'éther ne dissout pas avec la même facilité tous les alcaloïdes; ainsi la strychnine y est fort peu soluble. D'autres alcaloïdes ne sont solubles dans l'éther que lorsqu'ils sont à l'état amorphe; cristallisés, ils sont complètement insolubles dans ce liquide. De ce nombre est la morphine.

Enfin, les agitations successives des solutions alcalines avec de l'éther, et de l'éther avec les solutions acides, laissent toujours échapper une certaine quantité de l'alcaloïde, et d'ailleurs elles ne réussissent pas très bien avec certains alcaloïdes comme la morphine et la conicine. Quant à ce dernier alcaloïde, Stas signale lui-même une petite difficulté, et recommande de les rechercher dans la solution éthérée et dans la solution aqueuse acide.

Un grand nombre de chimistes ont cherché à tourner ces difficultés en remplaçant l'éther par d'autres dissolvants. Cependant, malgré tous ces essais, on n'a pu encore trouver un dissolvant qui convienne à tous les alcaloïdes en particulier.

Méthode d'extraction et de recherche de Dragendorff. — Les principes de la méthode sont d'abord les mêmes que ceux que la méthode de Stas a pris pour base ; on utilise ensuite la différence de solubilité que manifestent les alcaloïdes et principes analogues à l'égard des dissolvants éthérés, tels que le pétrole, la benzine, le chloroforme et l'alcool amylique.

Application. — On épuise à différentes reprises les matières suspectes, réduites à l'état de bouillie homogène, avec de l'alcool à 95 degrés aiguisé d'un peu d'acide sulfurique étendu, à une température comprise entre 40 et 50 degrés, on exprime et on filtre les extraits. Il ne faut pas oublier qu'en présence de *solanine*, de *thébaïne*, de *colchicine* et de *digitaline* ces substances peuvent être décomposées à chaud par l'alcool acidulé d'acide sulfurique ; dans ce cas, il faut épuiser les matières à froid.

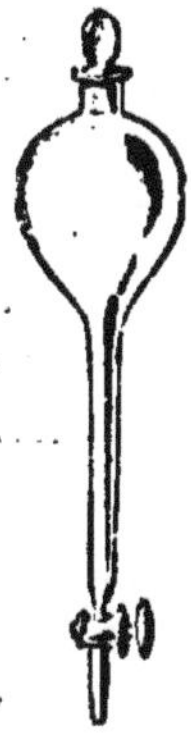

Fig. 58.

Après refroidissement on sépare par le filtre les matières étrangères qui se sont déposées, et on lave le résidu avec de l'alcool à 70 degrés. On évapore dans une cornue les liquides alcooliques, on verse le résidu aqueux dans un flacon et on laisse digérer à 30 à 40 degrés avec de l'éther de pétrole (point d'ébullition, 60 degrés), en agitant souvent le contenu du flacon.

L'extraction par l'éther de pétrole, qui doit être répétée tant que ce dernier dissout quelque chose, a pour but d'éliminer autant que possible les principes organiques colorants. Toutefois il est à remarquer ici que la pipérine et la pilocarpine, s'il s'en trouve, sont également enlevées, de même que la capsicine, l'acide picrique, le phénol, des huiles essentielles, le camphre, etc.

Pour les découvrir et les identifier, on isole l'éther de pétrole du liquide aqueux à l'aide d'un entonnoir à robinet (*fig.* 58), et l'on évapore la solution éthérée.

L'évaporation de l'éther de pétrole laisse un résidu qui peut être :

A. *Solide cristallisé.* — Il est incolore, très odorant, volatil : *camphre* et corps analogues.

Il est jaune	On le traite par l'acide sulfurique concentré.	La solution sulfurique est jaune, puis brune, puis brun-verdâtre.	*Pipérine*
		La solution sulfurique est jaune persistant. On la sature par la potasse, on ajoute du cyanure de potassium, et l'on chauffe : il se produit une coloration rouge. .	*Acide picrique*
Il est incolore et difficilement volatil.	On traite sa solution aqueuse par le perchlorure de fer.	Il se produit une coloration violet-foncé . . .	*Acide salicylique*
		Il se forme un précipité jaune Isabelle.	*Acide benzoïque*

B. — *Solide amorphe.*

		Principes
On le traite par l'acide sulfurique concentré.	Il se produit une coloration jaune, puis violette, puis brune.	*de l'aconit*
	Il se produit une coloration violette qui vire au vert-bleuâtre.	*de l'ellébore*

C. — *Mou ou liquide.*

Son odeur est vive	Il produit une action rubéfiante sur l'épiderme. La solution aqueuse traitée par le perchlorure de fer dilué ne se colore pas	*Capsicine*
	Elle se colore en bleu.	*Phénol*
Il est oléagineux, jaune et inodore	Son action rubéfiante sur l'épiderme peut aller jusqu'à la vésication . .	*Cardol*

Quant à la pilocarpine, elle ne possède aucune réaction colorée, si ce n'est qu'elle verdit le mélange de bichromate de potassium et d'acide sulfurique. L'essai physiologique seul permettra de la reconnaître.

TRAITEMENT A LA BENZINE DE LA LIQUEUR ACIDE

La solution aqueuse acide des alcaloïdes, ainsi purifiée par l'éther de pétrole, est mélangée avec de la benzine (point d'ébullition, 80 degrés) avec laquelle on la laisse digérer pendant longtemps à la température ordinaire. Si ce dissolvant laisse par évaporation un résidu qui permette de conclure à la présence d'un alcaloïde, on traite la solution aqueuse par la benzine tant que cette dernière absorbe quelque chose.

Solution à la benzine. — Les diverses portions de benzine, décantées et réunies, sont soumises à un lavage par agitation avec de l'eau [1] et distillées dans un ballon. Les dernières gouttes qui restent dans le ballon sont éparpillées sur des verres de montre et abandonnées à l'évaporation spontanée [2].

Le résidu laissé par la benzine peut renfermer les corps suivants : *caféine*, *delphine*, *colchicéine*, *cubébine*, *digitaline*, *cantharidine*, *colocynthine*, *élatérine*, *caryophylline*, *absinthine*, *cascarilline*, *populine*, *santonine*, *geissospermine*, des traces de : *vératrine*, *ésérine* et *berbérine*.

A. — Ce résidu est *cristallisé*, *incolore*.

En traitant par l'acide sulfurique on obtient une solution	incolore	La substance se présentait en aiguilles soyeuses. Si on la traite par l'eau chlorée, puis, après l'évaporation de celle-ci, par l'ammoniaque, il se produit une coloration rouge	*Caféine*
		La substance se dissout dans la soude, elle se dissout aussi dans l'huile, laquelle possède alors des propriétés vésicantes pour l'épiderme	*Cantharidine*
	incolore, puis rouge	La substance jaunit quand on l'expose à la lumière. Traitée par une solution alcoolique de soude et chauffée, elle donne une solution rouge.	*Santonine*
	orangée ; la solution est incomplète	La substance traitée par l'acide azotique donne une coloration violette fugace.	*Caryophylline*
	noire	devient rouge ; la solution est incomplète.	*Cubébine*

[1] On réunit au liquide primitif les eaux du lavage de la benzine concentrées, au besoin, au bain-marie. Cette évaporation n'est pas dangereuse quand le liquide est acide ; s'il était alcalin (comme cela sera le cas plus loin), il faudrait commencer par l'aciduler légèrement.

[2] Veiller avec soin à ce que la benzine soumise à l'évaporation ne renferme un peu du liquide aqueux avec lequel on l'a agitée.

B. — Ce résidu est *cristallin*, *incolore*.

(*a*) Si on le traite par l'acide sulfurique, il se colore en rouge, puis en brun. Si on y ajoute alors une gouttelette de brome, il devient rouge. Enfin, si à ce moment on dilue la masse dans l'eau, la solution est verte.

(*b*) Si on le traite par l'acide chlorhydrique, il se colore en vert. La substance ralentit les battements du cœur (grenouille, cobaye). . . . *Digitaline*

C. — Ce résidu est *cristallisé*, *jaune*.

(*a*) Traité par l'acide sulfurique il se colore en vert-olive.

(*b*) Le réactif de Fröhde donne une solution vert-brunâtre, qui passe ensuite au violet et au brun.

(*c*) La solution de vanadate d'ammonium dans l'acide sulfurique mono ou bihydraté (1 : 200) donne une coloration violet-bleu, puis violet-rouge et brun-rouge.

(*d*) Traité en solution alcoolique par l'iodure iodé de potassium, il donne un précipité vert chatoyant, qui, examiné au microscope, est formé par un mélange de cristaux rouge-brun irisés en violet et de cristaux incolores; les premiers polarisent la lumière. . . . . *Berbérine*

D. — Ce résidu est *amorphe*, *incolore* ou *jaune pâle*.

L'acide sulfurique le colore en :	jaune puis rouge	(*a*) Traité par une dissolution d'acide molybdique dans l'acide sulfurique (réactif de Fröhde), il se colore en vert, puis en brun. (*b*) Traité par l'acide vanadique, il se colore en bleu. (*c*) L'acide phospho-molybdique précipite sa solution en jaune	*Élatérine*
	rouge	(*a*) Traité par le réactif de Fröhde, il se colore en rouge-violet. (*b*) Le tannin ne précipite pas ses solutions.	*Populine*
	rouge-vif	(*a*) Traité par le réactif de Fröhde, il se colore en rouge-cerise. (*b*) Le tannin précipite ses solutions en blanc-jaunâtre.	*Colocynthine*

L'acide sulfurique donne une solution incolore, puis rouge. Le tannin ne précipite pas ses solutions. . . . . *Principes du piment*

L'acide sulfurique colore en brunâtre ; le réactif de Fröhde, en bleu. L'acide azotique donne une solution rouge-pourpre et ensuite orangée. *Geissospermine*

E. — Ce résidu est *amorphe, jaune.*

(*a*) L'acide sulfurique concentré le dissout en donnant une solution jaune, laquelle traitée par l'acide azotique devient verte, puis bleue, puis violette.
(*b*) Le perchlorure de fer colore ses solutions en vert foncé. . *Colchicéine*
(*a*) L'acide sulfurique concentré le dissout en donnant une solution qui dépose une poudre violette.
(*b*) Traité par la soude caustique il se colore en rouge.
(*c*) Traité par le sulfure d'ammonium, il se colore en violet, et, lorsqu'on chauffe, la coloration devient bleue. . . . . *Acide chrysammique*

F. — Ce résidu est *amorphe, vert.*

(*a*) L'acide sulfurique concentré le dissout en brun.
(*b*) Le réactif de Fröhde le colore en brun, puis en vert, puis en violet. La saveur de ce résidu est très amère. . . . . *Principes de l'absinthe*

TRAITEMENT AU CHLOROFORME DE LA LIQUEUR ACIDE

La solution aqueuse acide primitive, après avoir subi, comme nous l'avons dit, les traitements par l'éther de pétrole et par la benzine, est soumise, d'après le même mode opératoire, à l'action du chloroforme.

Après un repos suffisant, on décante le liquide aqueux acide restant, et les diverses portions de chloroforme réunies sont soumises à un lavage par agitation avec de l'eau, et distillées dans un ballon.

Solution chloroformique. — Les dernières parties qui restent dans le ballon sont divisées sur plusieurs verres de montre et abandonnées à l'évaporation spontanée. Le résidu laissé par le chloroforme peut contenir les composés suivants : la *cinchonine*, l'*hydrastine*, la *jervine*, la *narcéine*, la *théobromine*, la *papavérine*, la *solanidine*, la *chélidonine*, et les corps non alcaloïdiques, comme la *picrotoxine*, la *syringine*, la *digitaléine*, l'*elléborine*, la *convallamarine*, la *saponine*, la *sénégine*, la *colocynthine*, la *smilacine*, la *lyaconitine*, la *myoctonine*, l'*aspidospermine*, l'*esculine*, l'*acide gelsémique*, la *colchicine*, la *péreirine*, la *sanguinarine* et la *quebrachine*.

Le chloroforme enlève en outre une certaine quantité de substances que la benzine n'a pas dissoutes en totalité, et de plus des traces de *brucine*, de *narcotine*, d'*ésérine*, de *vératrine* et de *delphine*.

A. — Le résidu est plus ou moins *cristallin*. Sa solution dans l'acide sulfurique dilué traitée par l'iodure iodé de potassium donne un précipité qui indique sa nature alcaloïdique.

Avec l'acide sulfurique concentré on obtient une solution	incolore	laquelle devient rouge-éosine à froid lorsqu'on y ajoute un peu de séléniate de sodium, et rouge-aurore lorsqu'on l'additionne d'un peu de vanadate d'ammonium		*Hydrastine*
		laquelle additionnée d'un peu de séléniate de sodium et chauffée prend une coloration rougeâtre-pâle, devenant rouge-vif par le refroidissement. Et une coloration rouge-groseille, si l'on chauffe après lui avoir ajouté le double de son volume d'alcool absolu.		*Solanidine*
		laquelle traitée par l'eau de chlore et l'ammoniaque donne :	une solution incolore ou un précipité blanc.	*Cinchonine*
			une coloration rouge (réaction de la murexide).	*Théobromine*[1]
		devenant bleu-violet lorsqu'on la chauffe		*Paparérine*
	bleue :	impuretés de la		*Papavérine*
	gris brunâtre devenant rouge-sang après 24 h.	le résidu traité par l'eau iodée se colore en bleu.		*Narcéine*

B. — Le résidu est plus ou moins *cristallin*, sa solution dans l'acide sulfurique dilué traitée par l'iodure iodé de potassium ne donne pas de précipité. Sa nature n'est pas alcaloïdique.

L'acide sulfurique concentré et froid donne une solution	jaune d'or	(*a*) Le résidu réduit la liqueur de Fehling. (*b*) Si on le mêle avec un peu d'azotate de potassium, puis qu'on le touche avec de l'acide sulfurique et ensuite avec de la soude, il prend une coloration rouge-brique.	*Picrotoxine*
	rouge-vif	Le résidu ralentit l'activité cardiaque de la grenouille	*Elléborine*
	vert-bleu puis brun-violet	L'acide sulfo-vanadique colore le résidu en vert-émeraude, puis en bleu.	*Chélidonine*

[1] Mais seulement s'il n'y avait pas de caféine dans l'extrait obtenu avec la benzine.

La solution dans l'eau alcaline offre une fluorescence bleue; l'eau de chlore dissout avec une couleur rouge . . . . *Esculine* et acide *Gelsémique*

C. — Le résidu est *amorphe*. Sa solution dans l'acide sulfurique dilué ne précipite pas par l'iodure iodé de potassium; sa nature n'est pas alcaloïdique. Il influe sur l'activité cardiaque.

(*a*) Traité par l'acide sulfurique concentré il donne une solution rouge-brun, qui, additionnée de brome, prend une coloration pourpre.
(*b*) L'acide chlorhydrique donne une solution vert-brunâtre. Il ralentit l'activité cardiaque . . . . *Digitaléine*
Traité par l'acide chlorhydrique et chauffé il devient rouge. *Convallamarine*

Avec l'acide sulfurique concentré on obtient une solution :	*brune*, qui devient violette quand elle attire l'humidité atmosphérique, et reste encore colorée en violet même quand on lui ajoute le double de son volume d'eau. .	*Saponine*
	jaune et présentant à peu près les mêmes caractères que la précédente. Le résidu se dépose de sa solution chloroformique avec une couleur jaune.	*Sénégine*
	brune, qui devient rouge par l'addition d'eau; ce principe est peu actif.	*Smilacine*
	rouge sale. Le résidu se dissout dans l'acide chlorhydrique en rouge-brunâtre. Il ralentit l'activité cardiaque.	*Elléborine*
Il est alcaloïdique et agit comme le curare: ralentissement de la respiration, etc.	Il est soluble dans l'éther absolu.	*Lyaconitine*
	Il est insoluble dans l'éther absolu	*Myoctonine*
	(*a*) Chauffé avec de l'acide sulfurique étendu (1.8) et une trace de chlorate de potassium, il se colore en rouge. . . . . (*b*) Le chlorure de platine précipite la solution dans l'eau acidulée, et le mélange se colore en violet foncé quand on le chauffe.	*Aspidospermine*
	Le chlorure de platine précipite la solution dans l'eau acidulée; le précipité devient seulement brun lorsqu'on le chauffe, tandis que le chauffage avec du chlorure d'or produit une coloration rouge. . . .	*Péreirine*
	(*a*) Le réactif de Fröhde dissout en rouge ou en violet-bleu, l'acide sulfo-vanadique en violet-bleu, puis en bleu-noir ou brun. (*b*) L'acide sulfurique et le bichromate ne colorent pas en bleu.	*Sanguinarine*
	L'acide sulfurique et le bichromate colorent en bleu, puis en violet.	*Québrachine*

D. — Le résidu est *amorphe*. Sa solution dans l'acide sulfurique dilué ne précipite pas par l'iodure iodé de potassium. Sa nature n'est pas alcaloïdique. Il n'influe pas sur l'activité cardiaque.

(a) Traité par l'acide azotique, il prend une coloration rouge-cerise.
(b) Traité par l'acide chlorhydrique, il prend une coloration jaune. *Syringine*
Traité par l'acide sulfurique, il donne une solution jaune qui devient peu à peu rouge. . . . . *Colocynthine*

E. — Le résidu est *amorphe* et *jaune*. Il se dissout dans l'acide sulfurique concentré avec une couleur jaune intense; additionnée d'un peu d'azotate de potassium pulvérisé, la solution devient bleue, puis verte et brune . . . . *Colchicine*

Liqueur alcaline. — On enlève à la solution acide la benzine et le chloroforme qu'elle retient, en l'agitant avec de l'éther de pétrole; on la sursature ensuite par de l'ammoniaque, ce qui fournit une liqueur aqueuse *alcaline*, laquelle est soumise à l'action dissolvante de l'éther de pétrole.

Par décantation et épuisement, on obtient une solution aqueuse alcaline restante et la solution au pétrole; cette dernière par évaporation peut laisser comme résidu :

Alcaloïdes solides ou fixes: la *strychnine*, la *quinine*, la *sabadilline*, l'*aconitine*, la *népaline*, la *kairine*, la *Gelsémine*, l'*oxycaanthine*, la *Thalline*, la *conhydrine*, la *brucine*, la *vératrine*, l'*émétine* et la *cocaïne*.

Alcaloïdes liquides: la *conicine*, la *méthylconicine*, la *sarracénine*, la *lobéliine* la *nicotine*, la *spartéine*, la *triméthylamine*, la *quinoline*, l'*aniline* et les principes alcaloïdiques du *piment* et du *capsicum*.

On reconnaît que l'on a en solution des alcaloïdes liquides à ce que le résidu laissé sur des verres de montre, après la volatilisation de l'éther de pétrole, est plus ou moins fluide et ordinairement odorant; par l'addition de quelques gouttes d'acide chlorhydrique dilué, ce liquide donne à l'évaporation spontanée un résidu solide de chlorhydrate d'alcaloïde.

L'évaporation de l'éther de pétrole abandonne un résidu qui peut être :

A. — *Solide, cristallisé.* — En chauffant avec précaution on observera :

Volatilisation facile. . . . . *Conhydrine*

Volatilisation difficile; on traite par l'acide sulfurique concentré, et l'on obtient une solution :	*jaune*, qui se colore en rouge foncé. . . .	*Sabadilline*
	incolore; l'addition de bichromate de potassium produit une coloration bleue, violette, puis rouge.	*Strychnine*
	incolore; le résidu traité par l'eau chlorée et l'ammoniaque donne une solution verte. Traité par l'eau chlorée, le ferrocyanure de potassium et l'ammoniaque, il donne une liqueur rouge.	*Quinine*
	incolore. Si l'on chauffe la dissolution sulfurique, il se dégage d'abondantes vapeurs âcres et blanches. Par le refroidissement, des cristaux d'acide benzoïque se déposent sur les parois du tube. La solution de l'alcaloïde dans l'acide chlorhydrique dilué précipite en violet insoluble la solution de permanganate à 1/330. La substance provoque l'anesthésie locale. Injectée dans le sac dorsal des grenouilles, elle produit la paralysie des nerfs moteurs et l'arrêt de la respiration.	*Cocaïne*
	incolore. La solution très étendue de l'alcaloïde dissous dans l'acide acétique donne, avec l'iodure de potassium, un précipité cristallin (cristaux tabulaires). L'acide azotique fumant, seul, ou additionné d'une solution alcoolique de potasse ne donne aucune coloration.	*Aconitine*
	incolore. La solution très étendue de l'alcaloïde dissous dans l'acide acétique donne aussi, avec l'iodure de potassium, un précipité cristallin (cristaux aiguillés); mais après évaporation d'une solution dans l'acide azotique fumant avec de la potasse alcoolique, belle coloration rouge-violet	*Népaline*
	incolore. Le chlorhydrate de l'alcaloïde est coloré par la solution de perchlorure de fer en brun foncé sale, et le mélange devient rouge-pourpre si l'on y ajoute une goutte d'acide sulfurique concentré. Avec la solution de chlorure de chaux, il se colore en rouge, puis en brun sale. Le réactif de Fröhde se colore en violet pâle, puis en violet sale, en vert sur les bords, puis en bleu clair.	*Kaïrine.*

B. — *Solide, amorphe.* On traite par l'acide sulfurique concentré et on obtient :

(1) Une solution incolore qui devient rouge, puis orangée si on l'additionne d'une goutte d'acide azotique . . . . *Brucine*

(2) Une solution jaune, puis jaune-rougeâtre, puis rouge de sang et enfin rouge-carmin.

Le résidu mêlé avec le double de son poids de saccharose et traité par l'acide sulfurique devient vert foncé . . . . *Vératrine*

(3) Une solution vert-brun.

Le résidu est soluble dans l'acétone ; le réactif de Fröhde le colore en rouge, puis en vert. Il possède des propriétés très émétiques. . . . . . . *Émétine*

(4) L'acide sulfurique concentré dissout en rouge-jaune ; en chauffant, la couleur devient rouge-pourpre. L'acide sulfurique trihydraté et le peroxyde de plomb colorent en vert d'herbe, l'acide sulfurique et le bichromate en bleu ou violet-bleu . . . . *Gelsémine*

(5) L'acide sulfurique dissout en jaune, ensuite en rouge vineux ; le réactif de Fröhde dissout en violet foncé . . . . *Oxyacanthine*

(6) Le perchlorure de fer colore en vert-émeraude foncé ; l'hyposulfite de odium rend le mélange violet et rouge vineux. . . . . *Thalline*

C. — *Fluide, odorant.* Il précipite en solution chlorhydrique le chlorure de platine.

Le résidu dissous dans l'acide chlorhydrique éthéré et soumis à l'évaporation lente donne des cristaux . . . . *Sarracénine*

Le résidu dissous dans l'acide chlorhydrique et soumis à l'évaporation lente abandonne un résidu amorphe. On le traite par le réactif de Frödhe ; il se produit :

(*a*) Une coloration violet foncé qui diminue peu à peu. . . . . . *Lobéline*

(*b*) Une coloration rouge-pâle qui n'apparaît qu'après vingt-quatre heures. L'alcaloïde libre ainsi que ses sels exhalent l'odeur de la nicotine. *Nicotine*

(*c*) Aucune coloration. Le sel est inodore, et l'alcaloïde libre exhale une légère odeur d'aniline . . . . *Spartéine*

(*d*) La solution aqueuse de l'alcaloïde précipite en jaune avec l'acide picrique ; le précipité est soluble dans l'alcool et dans la solution de potasse, dans cette dernière avec une coloration rouge. . . . . *Quinoline*

Le chlorure de platine ne précipite pas la solution chlorhydrique de l'alcaloïde. Cette solution chlorhydrique soumise à l'évaporation lente abandonne :

Une masse cristallisée :
- en aiguilles agissant sur la lumière polarisée. . . . . *Conicine et méthylconicine*
- en cubes ou tétraèdres . . . . . *Capsicine*

Un résidu amorphe. On le dissout dans l'éther de pétrole et on ajoute à une petite portion de l'acide picrique et l'on constate qu'il n'y produit aucun précipité. On évapore le reste de cette solution dans l'éther de pétrole et on obtient :
- Des cristaux (lames triangulaires) ayant une odeur de poisson. . . . . *Triméthylamine*
- des cristaux en forme de mousse
  - La solution aqueuse de l'alcaloïde ou de ses sels se colore en violet-bleuâtre par addition de quelques gouttes de chlorure de chaux, et en bleu-noir par l'acide chromique. L'alcaloïde exhale une odeur particulière. . . . . *Aniline*
  - La solution aqueuse ne se colore pas sous l'influence des réactifs précités. L'alcaloïde a une odeur de triméthylamine . . . . *Principe volatil du Piment*

La solution aqueuse ammoniacale est ensuite traitée par de la benzine. Ce dissolvant laisse un liquide aqueux ammoniacal et donne une solution à la benzine pouvant renfermer les alcaloïdes qu'on obtient à l'état solide après évaporation, et qui peuvent être :

La strychnine, la méthyl et éthylstrychnine, la brucine, l'émétine, la quinine, la quinidine, la cinchonine, l'atropine, l'hyosciamine, l'ésérine, l'antipyrine, la népaline, la geissospermine, la lycaconitine, la myoctonine, l'aconelline, la delphinoïdine, la sanguinarine, la taxine, la vératrine, la sabatrine, la sabadilline, la codéine, la thébaïne, la narcotine et la pilocarpine.

L'évaporation de la benzine abandonne un résidu qui peut être :

A. — *Cristallisé* ou *cristallin*. Une partie traitée par l'acide sulfurique, à froid, peut donner :

1° Un mélange incolore, lequel après quelque temps reste incolore, même après addition d'acide azotique.

Le perchlorure de fer colore en rouge-brun le résidu, une addition d'acide sulfurique décolore . . . . *Antipyrine*

Une partie du résidu introduit dans la pupille des chats produit :

- une dilatation : Sa solution dans l'acide chlorhydrique dilué traitée par le chlorure de platine donne :
  - un précipité. *Hyosciamine*
  - pas de précipité. Lorsqu'on le chauffe avec de l'acide sulfurique concentré on perçoit vers 150° une coloration brune et une odeur de caramel. . . . *Atropine*
- pas de dilatation. Le résidu traité par l'acide sulfurique et le bichromate de potassium prend :
  - une coloration bleue : Le résidu dissous dans l'eau acidulée, injecté dans le sac dorsal d'une grenouille provoque
    - le tétanos . . . *Strychnine*
    - ralentit la respiration . *Ethyl et méthylstrychnine*
  - pas de coloration bleue :
    - Le résidu traité par l'eau chlorée et l'ammoniaque prend une coloration verte. La solution était fluorescente . . . . . . *Quinine et quinidine*
    - Le résidu ne se colore pas avec l'eau chlorée et l'ammoniaque. La solution dans l'acide sulfurique dilué n'est pas fluorescente. Le résidu se dissout difficilement dans le pétrole. . *Cinchonine*

2° Une solution d'abord incolore, mais devenant rose ou violet-bleuâtre après quelque temps ; l'acide azotique la fait passer au rouge de sang ou au brunâtre.

(*a*) La dissolution dans l'acide sulfurique peu concentré se colore en rouge de sang foncé quand on chauffe ; l'acide azotique la colore en violet quand elle a été refroidie. L'eau chlorée colore en vert-jaunâtre le résidu dissous dans les acides dilués. Mêlé au double de son poids de saccharose, ce résidu traité par l'acide sulfurique se colore en brun-acajou persistant. L'ammoniaque précipite la solution sulfurique aqueuse. . . . . *Narcotine*

(*b*) La solution dans l'acide sulfurique étendu bleuit quand on la chauffe (elle devient quelquefois seulement brun-verdâtre). Avec l'acide sulfurique concentré additionné d'un peu d'acide azotique, on obtient une solution d'un bleu très franc. Avec le réactif de Fröhde, on obtient une coloration vert sale, suivie d'une autre bleu foncé, passant elle-même au jaune par suite d'un long repos. Mélangé avec le double de son poids de saccharose et traité par quelques gouttes d'acide sulfurique, il prend une coloration rouge-cerise intense devenant bientôt violette. L'ammoniaque en excès ne précipite pas les solutions aqueuses étendues. . . . . *Codéine*

3° Une solution sulfurique jaune.

(*a*) Elle passe au rouge intense. . . . . *Sabadilline*

(*b*) La solution dans l'acide sulfurique concentré devient rouge. Les chlorures d'or, de platine et de mercure ne précipitent pas. . . . . *Taxine*

(*c*) Solution sulfurique rouge-brun foncé. . . . . *Thébaïne*

(*d*) Solution sulfurique bleue : *Impuretés* qui accompagnent la. *Papavérine*

B. — Presque toujours *amorphe*.

La solution dans l'acide sulfurique pur est *incolore*, légèrement *rose* ou *jaunâtre*.

(*a*) L'acide azotique la colore rapidement en rouge, puis en orangé. L'acide azotique dissout ce résidu en un liquide rouge vif qui vire au rouge-jaunâtre et au jaune quand on chauffe. Arrivée à ce dernier point, la liqueur traitée par le chlorure stanneux ou même le sulfure ammonique vire au rouge-violet intense. L'eau chlorée le colore en rouge pâle, la couleur passe au brun-jaune par addition d'ammoniaque. . . . . *Brucine*

(*b*) Cette solution sulfurique brunit lentement ; la substance devient rouge par l'hypochlorite de chaux et contracte la pupille . . . . *Ésérine*

(*c*) La solution sulfurique est jaune, mais après quelques minutes elle devient jaune-rougeâtre, puis rouge de sang et enfin rouge-carmin.

La solution dans l'acide chlorhydrique devient rouge-groseille quand on la chauffe. Le résidu mêlé avec le double de son poids de saccharose et traité par l'acide sulfurique devient vert foncé. Il détermine des vomissements chez les grenouilles et provoque à forte dose le tétanos. . . . . *Vératrine*

(*d*) Le résidu n'a pas d'action sur les grenouilles. . . . . *Sabatrine*

(*e*) La solution chlorhydrique ne rougit pas à chaud. . . . *Delphinoïdine*

(*f*) La solution sulfurique, d'une coloration plus foncée, devient rouge-brun, puis violette. Le résidu dissous dans les acides dilués injecté à une grenouille produit peu d'action. L'acide phospho-molybdique le précipite en gris que l'ammoniaque bleuit rapidement. Il ne dilate pas la pupille et est très soluble dans l'éther . . . . *Aconelline*

(*g*) La solution sulfurique est incolore. Le résidu est difficilement soluble ou pas soluble dans l'éther, il ne dilate pas la pupille, et ne produit aucune action quand on l'injecte à une grenouille. . . . . *Napelline*

(*h*) La dissolution sulfurique est gris-brun, puis rouge-sang.

Après traitement par l'acide azotique fumant et la potasse alcoolique, résidu brun-rouge. . . . . *Myoctonine* et *Lycaconitine.*

Remarque. — *L'aconitine et les autres alcaloïdes de l'aconit n'offrant qu'une faible résistance à l'action des acides minéraux et des bases, il est convenable, lorsqu'il s'agit de rechercher directement ces alcaloïdes, d'épuiser immédiatement la substance par l'alcool, en ajoutant un peu d'acide tartrique, et dans le cas où, après avoir éliminé l'alcool en excès par distillation, on doit opérer l'agitation sur des solutions alcalines, il faut produire l'alcalescence au moyen de bicarbonate de sodium.*

La liqueur aqueuse ammoniacale qui a subi les traitements précédents est soumise à l'action dissolvante du chloroforme. Ce dissolvant enlève le reste de la *cinchonine* et de la *papavérine*, la *cinchonidine*, la *narcéine*, la *berbérine* et de petites quantités de *morphine*.

On dissout dans l'acide sulfurique concentré le résidu d'évaporation du chloroforme.

(*a*) La solution sulfurique est incolore à froid ; elle se colore légèrement quand on la chauffe. Lorsqu'elle est refroidie, si on y ajoute une goutte d'acide azotique, elle se colore en bleu-violet.

Le résidu se colore en bleu par le chlorure ferrique et en violet par le réactif de Fröhde. . . . . *Morphine*

(*b*) L'acide azotique ne colore pas la solution sulfurique. Le chlorure ferrique et le réactif de Fröhde ne colorent pas le résidu. Le sel de Seignette ne donne pas de précipité avec la solution aqueuse. . . . . *Cinchonine*

(*c*) Mêmes caractères qu'en (*b*), mais le sel de Seignette précipite. *Cinchonidine*

(*d*) La solution sulfurique se colore en bleu-violet quand on la chauffe. *Papavérine*

(*e*) La solution sulfurique est d'un gris-brunâtre ; elle devient rouge de sang après un certain temps. Le résidu dissous, traité par l'iodure double de zinc et de potassium et une goutte d'eau iodée, se colore nettement en bleu. *Narcéine*

(*f*) La dissolution sulfurique est jaune, puis vert-olive. . . . . *Berbérine*

TRAITEMENT A L'ALCOOL AMYLIQUE DE LA LIQUEUR AMMONIACALE

La liqueur aqueuse ammoniacale est finalement épuisée par de l'alcool amylique.

Ce dissolvant enlève, outre la *morphine* et la *solanine* ainsi que la *salicine*, le reste de la *convallamarine*, de la *saponine*, de la *sénégine* et de la *narcéine*.

On évapore l'alcool amylique.

(*a*) Le résidu provenant de cette évaporation dissous dans l'acide sulfurique est incolore et devient rouge quand on l'additionne d'une goutte d'acide azotique. Ce résidu se colore en bleu par le chlorure ferrique, et en violet par le réactif de Fröhde. . . . . *Morphine*

(*b*) La solution sulfurique est jaune-clair-rougeâtre, passant au brunâtre; l'acide sulfo-vanadique dissout le résidu en orangé, en rouge-cerise et en violet . . . . *Solanine*

(*c*) La solution sulfurique est d'un gris-brunâtre, devenant rouge de sang après un certain temps. Le résidu dissous, traité par l'iodure double de zinc et de potassium et une goutte d'eau iodée, se colore en bleu . . . *Narcéine*

(*d*) La solution sulfurique est jaune, puis rouge-brunâtre et passant au violet par absorption d'eau. L'acide chlorhydrique donne une solution rouge à chaud; le cœur reste inactif pendant la systole. . . . . . *Convallamarine*

(*e*) La solution sulfurique est brune; elle devient violette quand elle attire l'humidité atmosphérique, et reste encore colorée en violet même quand on lui ajoute le double de son volume d'eau. L'acide chlorhydrique ne donne pas généralement de coloration; le cœur reste inactif pendant la systole. *Saponine*

(*f*) Agit comme le corps précédent, mais plus faiblement. Sa solution chloroformique le laisse déposer avec une couleur jaune. . . . . . *Sénégine*

(*g*) La solution sulfurique est rouge foncé; chauffée avec du bichromate de potassium, elle répand l'odeur de l'aldéhyde salicylique. . . . . *Salicine*

La liqueur ammoniacale résultant de tous les traitements précédents ne peut plus renfermer que la curarine.

Pour en extraire ce corps, on évapore cette solution au bain-marie, et on dessèche le résidu additionné de verre pilé, puis on l'épuise par du chloroforme. Ce dissolvant, après évaporation, peut laisser comme résidu la *curarine*.

Le résidu laissé par l'évaporation des premières parties de la solution chloroformique ralentit la respiration de la grenouille; celui des deuxième et troisième traitements prend, par l'acide sulfurique et le bichromate de potassium, une teinte bleue qui passe au rouge et persiste; une autre partie du résidu se colore en rouge par l'acide sulfurique étendu. . . . *Curarine*

Telle est la méthode du célèbre professeur de l'Université de Dorpat, que, vu son importance, et parce qu'elle permet la recherche d'un très grand nombre de poisons, nous avons décrite dans tous ses détails en y ajoutant quelques réactions complémentaires que nous avons jugées utiles. On devra se rappeler, cependant, que, de même que la méthode de Stas, elle ne permet pas d'obtenir dans tous les cas un résultat certain.

QUELQUES MOTS SUR LES AUTRES PROCÉDÉS D'EXTRACTION DES ALCALOÏDES

1° Un procédé d'extraction qui mériterait, croyons-nous, de recevoir la sanction de la pratique, repose sur ce fait que les alcaloïdes peuvent être séparés de la plupart des autres substances au moyen de l'acide phospho-molybdique.

Il faut pour cela traiter les matières par l'eau aiguisée d'acide chlorhydrique, filtrer, et évaporer dans le vide en consistance sirupeuse, à la température de 25 à 30 degrés ; on précipite par l'acide phospho-molybdique; le précipité recueilli est lavé avec de l'eau contenant de l'acide phospho-molybdique et de l'acide azotique, puis mélangé encore humide avec un excès d'hydrate de baryte, et introduit dans un petit ballon muni d'un tube abducteur qui communique avec un appareil à boules contenant de l'acide chlohydrique étendu d'eau. On soumet le mélange à la distillation. On obtient de la sorte, comme produit distillé, les alcaloïdes volatils ainsi que l'ammoniaque, et dans le résidu, les alcaloïdes fixes libres; le résidu est débarrassé de la baryte par un courant de gaz carbonique, puis évaporé à sec dans le vide et soumis à l'extraction par l'alcool ou d'autres véhicules qui dissolvent les alcaloïdes [1].

2° Une méthode simple et pratique fréquemment employée dans les laboratoires consiste à mélanger les matières avec de la chaux hydratée en poudre fine, de manière à former une bouillie épaisse, si elles sont plus ou moins aqueuses, et avec un lait de chaux épais, si elles sont à l'état sec. Après avoir bien broyé le tout, on l'introduit dans un ballon, et on le laisse digérer plusieurs heures avec de l'alcool absolu, que l'on renouvelle une seconde fois, et qui dissout tous les alcaloïdes.

3° M. Valser a fait connaître une autre méthode qui permet d'extraire rapidement des alcaloïdes de faibles quantités de matières et de les doser.

[1] Dragendorff a fait remarquer que dans cette méthode, qui a été proposée par Mayer, il peut se produire, par suite du contact prolongé des précipités avec un excès de réactif, une réduction de ce dernier, réduction qui se trahit par des colorations bleues ou vertes, et peut se faire souvent aux dépens de l'alcaloïde.

En vertu de cette altération possible, cette méthode de séparation ne doit être employée qu'avec réserve (Dragendorff).

Si la substance est liquide, on l'évapore dans le vide, après l'avoir acidulée, et l'on opère sur le résidu comme pour les matières solides. Celles-ci sont divisées et traitées par de l'alcool à 85 degrés, acidulé par l'acide sulfurique en quantité suffisante pour bien épuiser la matière; on filtre, et on lave le résidu à l'alcool. Le liquide filtré contient l'alcaloïde et une grande quantité de matière colorante, extractive, etc. ; on mesure la quantité totale du liquide obtenu.

Pour éliminer le plus possible ces matières étrangères, on ajoute au liquide environ 1 gramme de tannin, lequel ne produit ordinairement pas de précipité et, dans tous les cas, ne précipite jamais l'alcaloïde, leur tannate étant toujours plus soluble dans l'alcool qu'ils ne le sont eux-mêmes. On verse le liquide dans un flacon contenant de 15 à 20 grammes de chaux éteinte ; on agite et on laisse au repos jusqu'à ce que le liquide surnageant paraisse à peu près décoloré. On filtre, et afin d'éviter le lavage du précipité calcaire, on ne recueille que la moitié du liquide total. On évapore au bain-marie ce liquide, et l'on obtient un résidu déjà peu coloré, contenant l'alcaloïde à l'état libre. Pour le débarrasser des matières étrangères, on le dissout dans une petite quantité d'eau acidulée par l'acide sulfurique, on filtre et on le broie avec 1 ou 2 grammes de chaux en poudre. On dessèche dans le vide après avoir mélangé avec 1 ou 2 grammes de sable pur ou de verre pilé. La poudre ainsi obtenue est tassée dans un tube fermé à une extrémité par un tampon d'amiante, et on la traite par les dissolvants appropriés, éther, alcool, chloroforme, etc. On reçoit dans des capsules les liquides qui s'écoulent, et par l'évaporation on obtient le poids de l'alcaloïde, qu'il faut doubler pour le rapporter au poids de la matière soumise à l'analyse.

4° Le noir animal lavé peut encore être employé pour isoler les poisons. On agite les liquides avec du charbon animal lavé, en prenant de 25 à 30 grammes de noir par litre de liquide ; on filtre, puis on lave le noir deux fois à l'eau froide ; on le fait bouillir ensuite dans un ballon avec de l'alcool à 80 ou 90 degrés pendant une demi-heure, en condensant les vapeurs de manière à les faire retomber dans le ballon ; on filtre, on évapore dans le vide, on ajoute une petite quantité de potasse en dissolution, et l'on agite avec les dissolvants des alcaloïdes.

Ce procédé a été appliqué par Graham et Hoffmann à la recherche de la strychnine dans la bière. Il avait déjà été employé par Macadam pour rechercher cet alcaloïde dans les cadavres.

Quant à la recherche des alcaloïdes par la dialyse, elle ne peut donner que très rarement des résultats satisfaisants, et n'offre que l'avantage de ne pas altérer les matières et de pouvoir les faire servir à d'autres essais.

Observations et remarques. — Il est rare que le chimiste-expert ait à séparer plusieurs alcaloïdes dans les recherches médico-légales ; le plus ordinairement il n'a affaire qu'à un seul poison ; mais le nombre des poisons organiques s'accroît de jour en jour, et aucune méthode ne pouvant évidemment permettre d'isoler tous les toxiques organiques connus, les exceptions à ces méthodes tendent à devenir de plus en plus nombreuses. C'est pour cette raison que, dans des cas spéciaux, le chimiste-expert devra modifier les procédés indiqués afin d'arriver plus aisément et plus sûrement à isoler le poison qu'il recherche. Mais où cette modification s'impose surtout, c'est lorsqu'il s'agit, par exemple, de découvrir des produits toxiques comme ceux des semences du *ricin*, du *croton tiglium* et du *jatropha curcas*, lesquels, d'après les travaux de M. Stillmarck [1], n'appartiennent ni aux alcaloïdes, ni aux glucosides, ni aux acides organiques, mais à la classe des ferments solubles (*globulines ?*), c'est-à-dire non organisés.

Pour préparer la *ricine*, comme l'indique M. Stillmarck, les amandes du ricin mondées et bien pressées sont réduites en poudre, puis épuisées par une solution à 10 p. 100 de chlorure de sodium. On sature la colature claire avec du sulfate de magnésium et du sulfate de sodium, et l'on abandonne dans un lieu frais. Un précipité blanc, facile à séparer, se forme au milieu des gros cristaux de sulfates. Ce précipité est soumis à la dialyse pendant six jours, en changeant l'eau fréquemment ; finalement on le dessèche sur l'acide sulfurique, et on le pulvérise ; on obtient ainsi une poudre d'un blanc de neige renfermant encore 10 à 20 p. 100 de sulfates.

Cette substance, qui n'a pas de saveur, est un poison des plus violents, et possède un pouvoir coagulant extraordinaire, au point que le sang qui arrive au contact d'une très faible quantité de la substance absorbée est immédiatement coagulé, obstrue les capillaires intestinaux, et détermine des tromboses et des ecchymoses. Introduite sous la peau, l'action principale de la ricine se porte sur le canal intestinal, et non au lieu de l'injection. La dose mortelle pour un homme pesant 60 kilogrammes est estimée à 18 centigrammes, et cette dose représente la quantité contenue dans 3 grammes de gâteau de ricin.

Ce procédé de préparation ne saurait servir à rechercher ce toxique dans un cadavre. Il peut être utilisé dans tous les cas pour faire des

[1] *The pharmaceutical Journal*, novembre 1889, p. 314 (traduction du docteur E. Villejean, *in* : *Journal de pharmacie et de chimie*, janvier 1890).

expériences comparatives sur les animaux. C'est là ce que l'on appelle l'expérimentation physiologique. On ne devra jamais négliger de s'en servir aussi comme contrôle, lorsqu'on n'aura pu déterminer un poison d'après ses réactions chimiques.

Employée avec discernement, l'expérimentation physiologique peut donner, dans un grand nombre de cas, des indications d'une grande sûreté; c'est ainsi que l'atropine peut être caractérisée par la dilatation de la pupille, la strychnine par son action tétanique, la digitaline par son action sur les battements du cœur, etc.; mais le chimiste doit être très réservé dans ses conclusions, et, surtout s'il n'est pas médecin, il doit recourir aux lumières d'un physiologiste expérimenté, et lui abandonner la direction de ces expérimentations.

Le choix des animaux pour les expériences est fort important, et l'on ne doit pas oublier que certains animaux, notamment de la famille des rongeurs, sont plus ou moins rebelles à l'action de certains poisons.

Les expériences se pratiquent ordinairement sur des chiens, des lapins ou des grenouilles. La matière suspecte pourra être administrée aux animaux par la bouche en ouvrant leur mâchoire, et comprimant les narines; mais, comme les chiens vomissent facilement, il sera préférable en général d'employer la méthode des injections hypodermiques à la partie interne des cuisses, surtout si l'on ne dispose que de peu de matière. Lorsqu'on opère sur des grenouilles, c'est ordinairement dans le sac dorsal que l'on pousse l'injection.

Enfin, lorsque dans une recherche chimico-légale on a découvert un alcaloïde ou une substance toxique de nature organique quelconque, il faut autant que possible en présenter une portion comme pièce à conviction. Pour cela, on enferme la substance entre deux verres de montre que l'on scelle sur les bords avec de la cire à cacheter.

Nous allons indiquer maintenant une marche systématique permettant de découvrir dans une solution donnée la présence d'un alcaloïde fixe ou volatil, ainsi que celle de quelques autres corps plus ou moins toxiques de nature organique.

Marche systématique a suivre dans l'examen de solutions contenant des alcaloïdes ou bien des corps organiques présentant les réactions générales des alcaloïdes.

Exposé de la méthode

La méthode d'analyse se divise en recherche des alcaloïdes liquides ou volatils et recherche des alcaloïdes fixes ou solides, ainsi que des autres principes mentionnés. Une solution aqueuse étant donnée, on en prend d'abord une partie pour l'essai préliminaire à l'aide de l'acide phospho-molybdique ou de l'iodure potassique iodé ; on reconnaît ainsi l'absence ou la présence des alcaloïdes, et dans ce dernier cas on essaye de reconnaître si la substance renferme des alcaloïdes liquides. Pour cela, on ajoute dans un tube à essai, à une partie de la solution ou de la substance primitive, un léger excès de soude caustique, et on chauffe. Les alcaloïdes volatils se dégagent avec une odeur forte et caractéristique ; en même temps leurs vapeurs produisent des fumées quand on approche de l'orifice du tube une baguette trempée dans l'acide chlorhydrique.

Lorsqu'à la suite de l'essai préliminaire ou d'autres indications on a à s'occuper de la recherche des alcaloïdes volatils, on concentre une forte proportion de la solution aqueuse primitive, on rend la liqueur alcaline en y ajoutant un excès de soude ou de potasse caustique ; on l'introduit dans une petite cornue ou dans un ballon, et on la soumet à la distillation en ayant soin de bien refroidir et d'éviter les soubresauts qui pourraient faire passer de l'alcali caustique dans le produit distillé. Ce dernier doit exhaler une odeur forte. On le neutralise avec de l'acide oxalique, on évapore au bain-marie, on reprend le résidu par l'alcool absolu, on filtre et on évapore l'alcool. L'oxalate alcaloïdique restant est dissous dans l'eau, cette solution aqueuse est rendue alcaline par l'addition de soude caustique et soumise à l'extraction par l'éther. Ce dernier, après évaporation, laisse l'alcaloïde volatil comme résidu fluide.

A. — Recherche des alcaloïdes volatils renfermés isolément dans une solution

I. — On divise l'alcaloïde extrait et séparé de la solution aqueuse, comme nous venons de le dire, sur un certain nombre de verres de montre, puis on fait les essais suivants :

1° On traite une goutte de matière par l'acide azotique qui rougit ou ne rougit pas. Si cet acide rougit, on fait arriver de l'acide chlorhydrique gazeux sec sur une autre goutte, et l'on constate que celui-ci prend une teinte violet foncé, on a alors très probablement de la conicine. L'alcaloïde précipite en blanc l'eau chlorée. Sa dissolution aqueuse se trouble quand on la chauffe. L'alcaloïde est un liquide incolore qui se colore à l'air en jaune ou en brun, et présente une odeur repoussante. Il occasionne la paralysie des nerfs moteurs. . . . . *Conicine*

2° Si l'acide azotique ne rougit pas, on traite une autre goutte par la solution d'hypochlorite de chaux ; si celui-ci donne une teinte violette, et que deux autres gouttes chauffées, l'une avec de l'acide arsénique, l'autre avec du nitrate mercurique, deviennent rouges, on a probablement de l'aniline ou ses homologues. On essaye alors la réaction dite d'iso-nitrile, et, si elle est affirmative, on traite une autre goutte par la dissolution d'acide chromique ; une coloration noir-bleuâtre se produit. . . . . *Aniline*

3° Si ces diverses réactions manquent, mais que le chlore gazeux donne une coloration rouge de sang virant ensuite au brun, et que l'acide chlorhydrique ne donne rien à froid, et devienne violet foncé par l'ébullition, on a probablement de la nicotine. L'alcaloïde agit sur le cerveau et sur l'épine dorsale . . . . *Nicotine*

4° Si ces diverses réactions font défaut, et que l'alcaloïde ait l'odeur d'aniline ; qu'il dégage, lorsqu'on le fait bouillir avec de l'acide chlorhydrique, une odeur de souris, et présente d'ailleurs les réactions générales des alcaloïdes, on a très probablement affaire à de la *spartéine*, sinon à des *bases pyridiques*.

5° Enfin, si l'alcaloïde ne présente aucun des caractères que nous venons de mentionner, mais seulement les réactions générales des alcaloïdes, si sa solution dans l'acide sulfurique dilué réduit le bichromate de potassium, si l'alcaloïde est relativement peu toxique et qu'il agisse en occasionnant une paralysie progressive, paralysant d'abord les membres inférieurs, puis le train antérieur, les oreilles, le cou, le thorax et enfin le cœur, on a probablement de la. . . . . *Pelletiérine*

B. — Recherche des alcaloïdes fixes

II. — La solution aqueuse primitive est acidulée avec de l'acide chlorhydrique, et agitée avec de l'éther pur exempt d'alcool ; on décante et on répète ce traitement jusqu'à épuisement. On évapore à sec les liquides éthérés réunis ; on reprend par de l'alcool absolu, on filtre et on laisse évaporer spontanément le liquide alcoolique sur plusieurs verres de montre.

On peut avoir : *colchicine*, *digitaline*, *picrotoxine* (trace d'atropine).

1° Si la solution aqueuse du résidu de l'évaporation du soluté alcoolique est jaune et est précipitée par le tannin, la solution d'iode et le chlorure d'or, qui n'agissent pas sur la picrotoxine et la digitaline (mais agissent sur les traces d'atropine), on a affaire à de la colchicine. Dans ce cas, l'acide azotique concentré donne avec le résidu une coloration violette fugace, devenant rouge-orangé quand on sursature par la potasse. . . . . *Colchicine*

2° La solution aqueuse du résidu n'est pas jaune, elle n'est pas précipitée par le tannin à moins d'être très concentrée, mais, lorsqu'on la chauffe après l'avoir acidulée d'acide sulfurique, elle dégage l'odeur de la digitale. Une autre portion du résidu traitée par l'acide sulfurique concentré, puis par l'eau bromée, donne une coloration rouge violacé (essai physiologique : cœur dénudé d'une grenouille, battements ralentis ou arrêtés) . . . . *Digitaline*

3° Si la solution aqueuse du résidu ne présente aucun de ces caractères, elle n'est pas non plus précipitée par le tannin. Lorsqu'on l'additionne de soude caustique, puis de liqueur de Fehling et qu'on chauffe, elle réduit le réactif. Le résidu est cristallisé en aiguilles soyeuses prenant une coloration jaune avec l'acide sulfurique (essai physiologique : elle agit sur le cerveau [des délires], les glandes salivaires, et provoque des crampes), sa saveur est très amère. . . . . *Picrotoxine*

III. — La solution chlorhydrique épuisée par l'éther est traitée par un excès d'ammoniaque. On laisse reposer pendant quelques heures la dissolution alcaline, qui peut être plus ou moins trouble par suite de la précipitation d'une partie des alcaloïdes, puis on l'agite (liqueur et précipité) avec de l'éther; on décante après repos suffisant et on répète ce traitement une ou deux fois. Les liquides éthérés réunis sont distillés, et les dernières parties distribuées sur plusieurs verres de montre.

On peut avoir : *aconitine*, *aricine*, *atropine*, *apomorphine*, *brucine*, *caféine*, *cocaïne*, *codéine*, *delphinine*, *émétine*, *narcotine*, *papavérine*, *quinine*, *quinidine*, *strychnine ou vératrine*, *thébaïne*.

On verse quelques gouttes d'eau acidulée d'acide chlorhydrique sur l'un des verres de montre pour dissoudre l'alcaloïde, puis on ajoute un excès d'ammoniaque.

Premier cas. *Il se produit un précipité permanent.*

On peut avoire affaire, dans ce cas, à de l'aricine, de la narcotine, de la papavérine, de la vératrine, de la quinine, de la quinidine ou de la delphinine.

(a) On verse un peu d'eau gazeuse carbonique sur un autre verre de montre qui renferme l'alcaloïde, et l'on constate que l'alcaloïde se dissout ou ne se dissout pas. Si l'alcaloïde se dissout, on peut avoir affaire à de la vératrine, à de la quinine, de la quinidine ou de la delphinine.

1° Si l'acide azotique donne une solution écarlate, puis jaune; si l'acide sulfurique donne une coloration d'abord jaune, puis rouge, puis violette ; si l'acide chlorhydrique concentré donne à chaud une coloration rouge groseille (essai physiologique : éternuements violents lorsqu'on introduit une trace dans les narines, injectée dans sac dorsal d'une grenouille, produit vomissements, ralentissement des pulsations cardiaques et accès tétaniques). *Vératrine*

2° Lorsque ces colorations ne se produisent pas, on ajoute de l'eau chlorée à une portion de l'alcaloïde et puis de l'ammoniaque. S'il se produit alors une coloration verte, devenant violette, puis rouge, par l'addition d'une nouvelle quantité d'eau chlorée, on a :

De la quinine ou de la quinidine :	La solution d'iodure de potassium ne précipite pas la solution aqueuse.	*Quinine*
	Elle précipite	*Quinidine*

3° Si aucune de ces réactions ne réussit, mais que l'alcaloïde dissous dans l'acide sulfurique concentré donne une liqueur qui, agitée avec une baguette trempée dans l'eau bromée, prenne une teinte rouge violacée, on a de la . . . . *Delphinine*

(b) L'eau gazeuse carbonique n'a pas dissous l'alcaloïde, on peut avoir : aricine, narcotine, papavérine.

1° On traite une portion par l'acide azotique. S'il se produit une coloration d'un vert intense, on dissout une autre partie de l'alcaloïde dans l'éther, et l'on ajoute à la dissolution une dissolution éthérée d'acide oxalique. Si le précipité qui s'est formé ne se dissout pas par l'addition d'un peu d'eau, on a probablement de l' . . . . *Aricine*

2° Lorsque l'acide azotique n'a produit aucune coloration, on ajoute au mélange de l'alcaloïde et de cet acide un peu d'acide sulfurique. Si alors on a une coloration rouge, et si le réactif de Fröhde colore une autre portion de l'alcaloïde en vert, si l'eau chlorée colore également en vert que l'ammoniaque fait passer au jaune. . . . . *Narcotine*

3° Quand les acides azotique et sulfurique réunis ne produisent rien, on dissout l'alcaloïde dans l'éther, on le précipite par une dissolution éthérée d'acide oxalique, et l'on ajoute de l'eau au précipité ; s'il se dissout, on a probablement de la papavérine. Le réactif de Fröhde colore une autre portion de l'alcaloïde en vert qui, à chaud, devient bleu, puis violet et enfin rouge-cerise.

L'acide sulfo-vanadique colore en bleu foncé, en vert, puis en bleu. . . . . *Papavérine*

DEUXIÈME CAS. Il ne se produit avec l'ammoniaque aucun précipité ou un précipité qui se redissout dans un excès.

On peut avoir affaire, dans ce cas, à de l'*aconitine*, de l'*apomorphine*, de l'*atropine*, de la *brucine*, de la *cocaïne*, de la *codéine*, de l'*émétine*, de la *thébaïne* ou de la *strychnine*.

1° Le précipité produit par l'ammoniaque était verdâtre, il se dissout dans l'éther en lui communiquant une coloration rouge-pourpre. L'alcaloïde traité par l'acide azotique se colore en rouge-sang ; avec le chlorure ferrique il se colore en rouge-améthyste, il est très émétique . . . . *Apomorphine*

2° Si ces réactions manquent, on traite une autre portion par l'acide sulfurique concentré : il se produit une solution incolore, le réactif de Fröhde colore le résidu en rouge, puis en vert. Il est soluble dans l'acétone et est très émétique. . . . . *Émétine*

3° La dissolution dans l'acide sulfurique est incolore, elle devient bleu-violet lorsqu'on la chauffe un peu après lui avoir ajouté une goutte de perchlorure de fer ; elle devient vert sale lorsqu'on l'additionne de molybdate de sodium (5 milligrammes molybdate pour 1 centimètre cube acide sulfurique), puis bleu foncé et jaune. L'alcaloïde mélangé avec le double de son poids de saccharose et arrosé d'acide sulfurique prend une coloration rouge-cerise. *Codéine*

4° La dissolution dans l'acide sulfurique est incolore ; lorsqu'on la chauffe vers 150 degrés, après l'avoir additionnée d'un peu de molybdate d'ammonium, elle exhale une odeur de fleurs. L'alcaloïde mêlé au double de son poids de saccharose et traité par l'acide sulfurique prend une coloration violette qui passe au brun. Il dilate énergiquement la pupille . . . . *Atropine*

5° La dissolution dans l'acide sulfurique est incolore ; lorsqu'on la chauffe, elle dégage des vapeurs âcres et blanches, et des cristaux d'acide benzoïque se déposent sur les parois du tube. La solution de permanganate de potassium à 1/330 précipite les solutions aqueuses de l'alcaloïde en violet. L'alcaloïde dilate la pupille en produisant l'anesthésie locale . . . . *Cocaïne*

6° L'alcaloïde est cristallisé, sa dissolution dans l'acide sulfurique est incolore et devient bleu-violet quand on y projette un petit cristal de bichromate de potassium. L'alcaloïde est un poison tétanique . . . . *Strychnine*

7° La dissolution dans l'acide sulfurique est rouge foncé, et jaune dans l'acide azotique ; la dissolution azotique se fonce par addition de potasse et dégage un produit à réaction alcaline. L'alcaloïde a des propriétés tétaniques. . . . . *Thébaïne*

8° La dissolution dans l'acide sulfurique est brun-chamois ; elle devient violet-rouge après quelques heures. La dissolution dans l'acide phosphorique concentré se colore vers 85 degrés en violet. La dissolution aqueuse réduit le ferricyanure de potassium . . . . *Aconitine*

9° La dissolution sulfurique est incolore ; elle devient rouge quand on lui ajoute une goutte d'acide azotique. La dissolution dans l'acide azotique est rouge vif qui ne tarde pas à devenir rouge-jaunâtre, puis jaune quand on chauffe. Arrivée à ce dernier point, la liqueur traitée par le chlorure stanneux vire au rouge-violet. . . . . *Brucine*

IV. — La liqueur ammoniacale qui a été épuisée par l'éther peut retenir encore de la morphine, de la cinchonine, de la cinchonidine et de la salicine.

(*a*) On la rend limpide s'il y a lieu en l'acidulant d'acide chlorhydrique pour redissoudre tous les précipités, puis on lui ajoute un excès de soude caustique. S'il se forme un précipité, on le lave et on le fait dessécher. On constate qu'une portion de ce précipité se dissout sans coloration dans l'acide sulfurique concentré. Une autre partie dissoute dans un peu d'acide chlorhydrique dilué est additionnée de ferrocyanure de potassium qui produit un précipité floconneux blanc-jaunâtre, lequel se redissout quand on chauffe et, après refroidissement, se dépose en écailles ou aiguilles cristallines jaune d'or. On a probablement de la cinchonine ou de la cinchonidine.

L'alcaloïde ne précipite pas, en solution aqueuse, par le sel de Seignette ; sec, il se sublime assez facilement quand on le chauffe en dégageant une odeur aromatique. . . . . *Cinchonine*

L'alcaloïde n'est pas sublimable sans décomposition ; sa solution aqueuse précipite le sel de Seignette. . . . . *Cinchonidine*

(*b*) La solution alcaline filtrée est sursaturée de gaz carbonique, puis additionnée d'un peu de bicarbonate de sodium et chauffée ; après refroidissement on filtre, s'il y a lieu, et on examine le précipité de la façon suivante :

1° Il se dissout dans l'acide azotique en le colorant en rouge-orangé ;

2° Le réactif de Fröhde le dissout en se colorant en violet-rouge;
3° Le chlorure ferrique le colore en bleu;
4° Mélangé avec le double de son poids de saccharose, puis arrosé d'acide sulfurique, il se colore en rose qui passe rapidement au violet. . *Morphine*

(c) La solution alcaline filtrée, dont on a séparé la morphine, est évaporée à sec au bain-marie. Le résidu est repris par l'alcool, filtré et évaporé. L'alcool abandonne un résidu cristallisé que l'acide sulfurique colore en rouge intense. La dissolution dans l'acide chlorhydrique dilué de ce résidu se dédouble à l'ébullition en glucose et en salirétine. Si l'on fait ensuite bouillir avec quelques gouttes de bichromate de potassium, la salirétine se colore en rose, en même temps qu'il se dégage l'odeur de l'aldéhyde salicylique. *Salicine*

ALCALOÏDES D'ORIGINE ANIMALE[1]

I. — Ptomaïnes ou alcaloïdes bactériens

La découverte des ptomaïnes date de 1872. Avant cette époque, différents auteurs avaient bien entrevu la formation de poisons putréfactifs, mais aucun d'eux n'avait su comprendre et généraliser l'importance de ces découvertes restées dans la science à l'état de faits épars et mal définis. Justinus Kerner, en 1817[2], publiait un mémoire sur le saucisson vénéneux et exposait ses recherches sur certains aliments devenus toxiques par suite de putréfaction. Il attribuait la toxicité du produit à la combinaison d'acide sébacique qu'il croyait vénéneux et d'une base volatile.

En 1822, Gaspard et Stick constataient que les extraits cadavériques injectés sous la peau d'un animal étaient extrêmement toxiques.

En 1827, Hunnefeld, à la suite d'analyse de fromages vénéneux, concluait, comme Kerner, à la toxicité des acides caséique et sébacique qu'ils croyaient contenus dans ces produits alimentaires.

Plus tard, en 1856, le physiologiste danois Panum isolait des matières putrides un extrait vénéneux d'une extrême activité, et tel que 5 à 6 centigrammes suffisent à tuer un petit chien. Ce poison, dit-il,

[1] Cet historique, ainsi que ce qui est relatif à la *description* des ptomaïnes et des leucomaïnes, est surtout un résumé (avec emprunts souvent presque textuels) des travaux publiés par M. A. Gautier (*in: Moniteur scientifique* et *Agenda du chimiste*, 1886) et des Mémoires de MM. Hugouneng (*Thèse d'agrégation, Paris*, 1886), de Thierry (*Thèse de doctorat, Paris*, 1889), A. Chapuis (*Précis de toxicologie, deuxième édition, Paris*, 1889), et Brieger (*Microbes et Maladies*, traduction de Roussy et de Winter, Paris, 1887). Nous n'y avons fait que quelques additions, peu nombreuses d'ailleurs.

[2] V. Vaughan, *Chemical News*, 20 juillet et août 1887.

n'est ni volatil, ni destructible par la chaleur ; il est soluble dans l'eau et dans l'alcool, et vraisemblablement composé de plusieurs matières vénéneuses. Il n'est pas de nature albuminoïde, ni sans doute alcaloïdique.

A la suite du travail de Panum, les universités de Marburg et de Munich, ayant mis au concours l'étude de la cause de l'infection putride, il se publia, de 1856 à 1869, une série de mémoires dus à Hemmer, Schweninger, Müller, de Raison, Weidenbaum, Schmitz, Petersen, de Brehra, Weber, Billroth, Fischer, qui ne firent à peu près que confirmer les recherches de Panum. Pour la plupart de ces auteurs, cependant, le poison de la putréfaction était un produit de nature albuminoïde en voie de décomposition, capable de transmettre aux tissus vivants le mouvement de destruction dont il était animé. Cette interprétation était conforme à la théorie de Liébig sur les fermentations, alors toute-puissante en Allemagne, et qui, en concentrant l'attention des observateurs sur un seul point, égarait leurs recherches. Les propriétés virulentes du poison putride avaient seules frappé les physiologistes ; en un mot, ils n'avaient entrevu que des ferments vénéneux solubles, et laissaient passer inaperçus tous les alcaloïdes toxiques formés parallèlement aux dépens des matières animales, par la transformation de leur albumine sous l'influence de l'activité bactérienne.

En 1868, J. Oser[1], étudiant les produits de la fermentation du sucre sous l'influence de la levure de bière, observa qu'il se faisait un alcaloïde ne préexistant pas dans la levure, et par conséquent formé aux dépens de celle-ci. D'après cet auteur, le chlorhydrate de cet alcaloïde séché dans le vide se présentait sous forme d'une masse feuilletée, blanche, hygroscopique, brunissant à l'air, d'une saveur brûlante, puis très amère. Il répondait à la formule : $C^{13}H^{20}Az^{4}$.

La même année, Bergmann[2], d'abord, parvint à extraire du pus un poison azoté, cristallin, qu'il nomma *sepsine;* puis, en collaboration avec Schmiedeberg[3], il retira le même composé de la levure de bière putréfiée.

A la même époque, Dupré et Jones Bence annonçaient avoir remarqué la présence d'une substance alcaloïdique dans toutes les parties (tissus et liquides) du corps de l'homme et des animaux. Cette substance, qu'ils obtinrent en agitant avec de l'éther la liqueur sulfurique prove-

[1] *Bulletin de la Société chimique*, t. X, p. 295.
[2] Bergmann, *le Poison putride et l'intoxication putride.* Dorpat, 1868.
[3] Bergmann et Schmiedeberg, *Med. Centralblatt,* 1868.

nant du traitement des tissus par cet acide dilué, laquelle était ensuite neutralisée avant d'être soumise à l'action du dissolvant, donnait, en solution légèrement acide, des précipités avec la plupart des réactifs généraux des alcaloïdes, et de plus, l'addition d'acide sulfurique dans la solution faisait apparaître une fluorescence bleue semblable à celle produite par le sulfate de quinine. Ce phénomène leur fit donner, par analogie, au prétendu alcaloïde, qu'ils ne purent isoler, le nom de *chinoïdine* animale.

En 1869, Zuelger et Sonnenschein [1] déclaraient aussi qu'ils avaient retiré de la chair putréfiée un alcaloïde qui n'était pas la sepsine de Bergmann, très vénéneux et dilatant la pupille, ce qui leur fit le comparer à l'atropine.

Enfin, en 1871, Rörsch et Fassbender, au cours d'une expertise médico légale, retirèrent du foie, de la rate et des reins une substance amorphe qu'ils ne purent définir et qu'ils rapprochèrent de la digitaline, parce qu'elle donnait comme celle-ci, avec l'acide phospho-molybdique, un précipité se colorant en gris par la chaleur et prenant par l'addition d'ammoniaque une coloration bleue intense. Et la même année, Schwaviert, en suivant la méthode Otto-Stas pour traiter les viscères provenant du cadavre d'un enfant mort subitement, trouva une substance liquide, volatile, d'une odeur spéciale rappelant celle de la propylamine, donnant avec le chlorure d'or un précipité amorphe de couleur jaune-clair et formant avec le chlorure de platine un précipité blanc cristallin.

Malgré toutes ces recherches qui auraient dû, nous semble-t-il aujourd'hui, mettre les chimistes et les toxicologistes sur la voie de l'existence des bases animales, les résultats incertains et souvent contradictoires d'une part, de l'autre le parti pris théorique qui subjuguait les idées du plus grand nombre, les empêchaient d'admettre et leur faisaient considérer comme paradoxale la formation des corps alcaloïdiques sous l'action du processus putréfactif. C'est à M. Arm. Gautier que revient l'honneur de cette importante découverte. Le savant professeur de la Faculté de médecine de Paris découvrit, en 1872, et annonça dans le *Traité de chimie appliquée à la physiologie* (t. I, p. 253) que la putréfaction des matières protéiques donnait naissance, outre de nombreux produits déjà connus, à une petite quantité d'alcaloïdes nouveaux de nature complexe, altérables, fixes ou volatils. Ces faits ne devaient pas tarder à prendre une extension remarquable.

Le professeur Selmi de Bologne, chargé d'une première expertise

[1] *Berliner Klin.*, 1869, n° 2.

en 1870, puis d'une seconde l'année suivante, retirait par la méthode de Stas, des viscères humains, un composé précipitant les réactifs généraux des alcaloïdes, mais dont les réactions échappaient à toute comparaison avec les propriétés caractéristiques des alcaloïdes que l'on connaissait déjà.

Le chimiste italien avait communiqué à l'Académie des sciences de Bologne le résultat de ses recherches concluant, mais sans en donner la preuve, que ces alcaloïdes avaient pris naissance dans la putréfaction, lorsque le 6 décembre 1877, dans un nouveau mémoire adressé à la même Académie, il annonça qu'il avait obtenu deux alcaloïdes, l'un fixe, l'autre volatil, en soumettant à la putréfaction de l'albumine pure conservée à l'abri de l'air.

Les recherches de Selmi eurent un retentissement énorme, et devinrent dès lors le point de départ d'une série de travaux toxicologiques qui confirmèrent les études du célèbre professeur par d'assez nombreuses expériences. Nous ne citerons que pour mémoire ceux de Liebermann [1], van Gelder [2], Spica [3], Gianetti et Corona [4], et enfin ceux, plus nombreux encore, de MM. Brouardel et Boutmy.

Selmi a désigné sous le nom de *ptomaïnes* (πτωμα, cadavre), pour rappeler leur origine, les substances provenant de la décomposition spontanée de la matière cadavérique qui possèdent les caractères généraux des alcaloïdes. Il ne les obtint jamais en quantité suffisante pour donner une idée de leur individualité chimique, mais on lui doit de nombreuses déterminations de propriétés, lesquelles, quoique faites sur de petites quantités, ont permis cependant de comparer les ptomaïnes aux bases déjà connues.

Les premières recherches vraiment scientifiques qui ont été faites sur les ptomaïnes en vue de les analyser et d'en déterminer la constitution chimique sont dues à Nencki, et surtout à MM. Gautier et Etard, qui les ont entreprises de 1882 à 1883 [5]. Peu après sont venus les importants travaux de Guareschi et Mosso, Brieger, G. Pouchet, etc.

Avant de décrire les ptomaïnes actuellement connues et analysées, nous tenons à donner ici le résumé des travaux de MM. Gautier et Etard, auxquels nous avons joint les observations faites par Selmi et ses élèves :

[1] *Berichte der deuts. Chem. Gess.*, IX, p. 152.
[2] *Nienw Tijschr. Voor de pharmacie in Neederl.*, 1878, p. 275.
[3] *Gazette italienne de chimie*, année 1880, p. 492.
[4] *Sugli alcaloïdi cadaverici optomaïne del Selmi*. Bologne, 1880.
[5] Voir *Comptes rendus*, t. XCIV et t. CVII.

1° On peut extraire de la matière animale plus ou moins putréfiée quelques substances ayant les caractères des alcaloïdes ;

2° Parmi ces substances, celles qui se forment en plus grande abondance et constituent le produit alcalin des bactéries qui finissent par survivre à toutes les autres appartiennent les unes à la série pyridique, les autres à la série hydropyridique ;

3° Les ptomaïnes se présentent généralement sous la forme de liquides huileux (quelques-unes solides), incolores, très alcalines, saturant exactement les acides forts; certaines attirent même le gaz carbonique de l'air;

4° Les ptomaïnes sont oxygénées ou non oxygénées. Celles qui ne renferment pas d'oxygène sont liquides et volatiles; celles qui sont oxygénées sont solides, fixes, cristallisées ou non. A l'état libre, elles dégagent tantôt une odeur urineuse et cadavérique, tantôt, lorsqu'elles ne sont pas oxygénées, une odeur vineuse, analogue à celle de la conine ou de la pyridine; tantôt elles émettent des odeurs tenaces, mais agréables, rappelant la fleur d'oranger, l'aubépine, le seringa, la rose, la cannelle, le musc ;

5° Elles possèdent pour la plupart une saveur piquante qui engourdit la langue, sensation suivie d'un sentiment de strangulation, lorsqu'elles ont été prises en trop grande quantité. Quelques-unes sont amères;

6° Elles sont solubles dans l'alcool; beaucoup se dissolvent dans l'éther, le chloroforme et l'alcool amylique ;

7° En s'unissant aux acides, les ptomaïnes donnent des sels cristallisables, très altérables en présence d'un acide minéral qui les colore en rose et en rouge, puis en précipite rapidement une résine brune. Toutes paraissent très oxydables et très instables;

8° Les réactifs généraux des alcaloïdes, le réactif de Mayer, de Nessler, l'acide iodhydrique iodé, l'acide phospho-molybdique, l'iodure de bismuth et de potassium, etc., précipitent les ptomaïnes. Le chlorure mercurique tantôt les précipite, tantôt non, suivant leur nature et la concentration de leurs sels, mais il forme généralement avec elles un chlorure double cristallisable dans l'eau bouillante.

Le chlorure de platine précipite le plus grand nombre en jaune-pâle, en couleur rosée, carnée, etc. Il forme généralement avec elles des chloroplatinates cristallins tantôt solubles, tantôt peu solubles.

Le chlorure d'or donne souvent un précipité jaune soluble dans l'eau chaude, ou bien un chloraurate très soluble se réduisant rapidement.

Le tannin donne des tannates insolubles ou très peu solubles.

L'acide picrique forme des picrates peu solubles de couleur jaune-pâle ;

9° L'acide sulfurique étendu de fort peu d'eau les colore en rouge-violacé.

L'acide chlorhydrique seul, ou mieux mélangé d'acide sulfurique, donne avec elles une couleur rouge-violacé, que la chaleur développe.

L'acide azotique quelque temps chauffé avec elles, puis saturé de potasse, produit une belle coloration jaune d'or ;

10° Les ptomaïnes sont douées d'une énergique puissance réductrice. Elles réduisent, en effet, à froid ou à chaud l'acide iodique, l'acide chromique, le chlorure d'or, l'azotate d'argent, le chlorure ferrique, lequel devient alors apte à donner du bleu de Prusse avec le ferricyanure de potassium ;

11° Les ptomaïnes sont généralement très toxiques.

Les ptomaïnes libres sont plus dangereuses que leurs sels, et spécialement les bases qui sont solubles dans l'éther.

Sur la grenouille, les principaux phénomènes que l'on observe sont les suivants :

(a) Dilatation de la pupille suivie de rétrécissement ;
(b) Convulsions tétaniques et bientôt après flaccidité musculaire ;
(c) Ralentissement des battements cardiaques, rarement augmentation ;
(d) Perte absolue de la sensibilité cutanée ;
(e) Perte de la contractilité musculaire.

Sur les chiens, les phénomènes qui ont été principalement observés sont :

(a) Pupille irrégulière, qui finit par se rétrécir ;
(b) Injection remarquable des vaisseaux de la conque de l'oreille par paralysie des vaso-moteurs ;
(c) Respiration très ralentie ;
(d) Somnolence à laquelle succèdent bientôt les convulsions et la mort ;
(e) Perte de la contractilité musculaire.

PROPRIÉTÉS ET NATURE DES PTOMAÏNES ACTUELLEMENT CONNUES

A. — Ptomaïnes non oxygénées

1° *Collidine* $C^8H^{11}Az$. — Elle constitue la première ptomaïne qui ait été isolée à l'état de pureté. Elle a été retirée en 1876 par Nencki[1] des produits de la digestion de la gélatine par le tissu du pancréas. C'est une base huileuse dont l'analyse correspond à celle de la collidine. Elle est jaunâtre, assez mobile, d'odeur vireuse, très peu soluble dans l'eau, d'une densité de 0,9865 à 0 degré, soluble dans les alcools méthylique et éthylique, dans l'éther et dans l'acétone. La synthèse en a été faite par Bæyer et Ador[2], en chauffant à 120 degrés l'aldéhydate d'ammonium au contact de l'urée.

2° *Parvoline* $C^9H^{13}Az$. — Elle a été découverte en 1881 par MM. A. Gautier et Etard[3], dans les produits de la putréfaction du scombre et de la viande de cheval. Cette base est une substance huileuse de couleur ambrée, d'une odeur de fleur d'aubépine, bouillant un peu au-dessus de 200 degrés, légèrement soluble dans l'eau, très soluble dans l'alcool, dans l'éther et dans le chloroforme, brunissant et se résinifiant aisément à l'air. Son chloraurate est assez soluble ; il

[1] Nencki, Berne, 1876.

[2] Bæyer et Ador, *Ann. Chem. und Pharm.*, t. CLV, p. 294.

[3] *Comptes rendus de l'Académie des sciences*, t. XCIV, p. 1357 et 1598 ; t. XCII, 233 et 325.

cristallise en cristaux microscopiques de couleur carnée, devenant rapidement roses à l'air. On peut en réaliser la synthèse, ainsi que l'a fait Waage[1], en chauffant à 200 degrés en tubes scellés le produit brut de la réaction de l'ammoniaque sur l'aldéhyde propionique.

3° *Hydrocollidine* $C^8H^{13}Az$. — Découverte également en 1881 par MM. Gautier et Etard, comme la parvoline, dans les produits de la putréfaction du scombre et de la viande de cheval et de bœuf. C'est la base la plus abondante qui se forme au cours de la putréfaction de la chair de cheval et de bœuf. Elle se présente sous la forme d'un liquide légèrement huileux, presque incolore, d'une odeur pénétrante et tenace de seringa. Sa densité est de 1,0293 à zéro, et son point d'ébullition de 210 degrés. Elle brunit peu à peu à l'air, dont elle attire le gaz carbonique, et devient visqueuse peut-être en se polymérisant. Son chlorhydrate est très soluble dans l'eau et dans l'alcool. Il cristallise en fines aiguilles. Il est neutre et d'une saveur amère. Un excès d'acide le rougit et le résinifie. Son chloraurate est assez soluble; il se réduit lentement à froid, rapidement à chaud. Son chloroplatinate est jaune-pâle légèrement carné, cristallisé, peu soluble, il se redissout à chaud et se prend en aiguilles recourbées.

Cet alcaloïde est extrêmement toxique, même à faible dose; 7 milligrammes suffisent pour tuer un oiseau[2]. La mort est précédée de tremblements nerveux, de convulsions violentes, de contractures tétaniques. A l'autopsie, le cœur est trouvé plein de sang.

L'hydrocollidine synthétique d'Œchsner de Coninck[3], obtenue en faisant agir en vase clos le phosphore et l'acide iodhydrique sur la β-collidine provenant de l'action de la potasse sur la brucine et la cinchonine, présente avec la base de MM. Gautier et Etard les plus grandes analogies.

4° *Base* $C^{17}H^{38}Az^4$. — Découverte par MM. Gautier et Etard dans les eaux mères du chloroplatinate de l'hydrocollidine précédente. Le chloroplatinate de cette base est soluble et cristallise en aiguilles jaunes légèrement couleur chair, décomposables lentement à 100 degrés, en dégageant l'odeur du seringa.

5° *Base* $C^{10}H^{15}Az$. — Elle a été extraite de la fibrine de bœuf putréfiée, par MM. Guareschi et Mosso[4], en 1883. C'est un liquide huileux très alcalin, à légère odeur de pyridine, peu soluble dans l'eau, très facilement résinifiable, même dans le vide. Son chlorhydrate cristal-

[1] *Monatsch*, t. III, p. 693.
[2] A. Gautier, *Bulletin de l'Académie de médecine*, 12 janvier 1886.
[3] Œchsner de Coninck, *Bullet. Soc. chim.*, juillet 1884.
[4] *Archives italiennes de biologie*, t. II, p. 367, et t. III, p. 241.

lise en lames fines, incolores, un peu déliquescentes. Le chlorure mercurique, le tannin, l'acide picrique, le chlorure d'or, le chlorure de platine, les acides phospho-tungstique et phospho-molybdique la précipitent; le ferricyanure de potassium y fait naître un précipité bleuâtre qui, par addition de chlorure ferrique (réaction de Brouardel et Boutmy), fournit du bleu de Prusse. En 1886, M. Œchsner de Coninck l'a retirée des produits basiques de la putréfaction de la chair de poulpes marins. Ce même chimiste y a retrouvé la base en $C^8H^{11}Az$ de Nencki, et dans les produits moins avancés de la putréfaction il a rencontré aussi et caractérisé par l'analyse de leurs principaux sels (chlorhydrates, chloraurates, chloromercurates, etc.) quelques alcaloïdes déjà connus et décrits avec une grande exactitude par Brieger. M. Œchsner de Coninck a annoncé, en 1889 [1], qu'il avait réussi à transformer en pyridine la base en $C^8H^{11}Az$, et de plus, que le produit intermédiaire, l'acide pyridine carboné, résultant de l'oxydation, présente les caractères principaux de l'acide nicotianique.

6° *Neuridine* $C^5H^{14}Az^2$. — La neuridine, découverte en 1884 par Brieger, dans les produits de la putréfaction de la viande des mammifères, de poissons, dans la gélatine, le fromage putréfié, est un des produits les plus constants de la décomposition bactérienne des substances protéiques. On la rencontre également dans les cerveaux humains frais. D'après Brieger, elle serait très répandue dans les tissus animaux les plus variés, et paraît jouer un rôle prépondérant dans les échanges nutritifs. Chimiquement pure, cette base n'est pas toxique. Elle paraît être la pentaméthylènediamine :

$$AzH^2 - CH^2 - CH^2 - CH^2 - CH^2 - CH^2 - AzH^2.$$

Voici quelles sont ses réactions établies par Brieger:

« Lorsqu'on chauffe le chlorhydrate de neuridine (le plus facile à « obtenir des sels de neuridine), il se sublime et semble subir par- « tiellement, pendant cette opération, une profonde décomposition.

« Les solutions de ce sel donnent, avec l'acide phospho-tungstique, « un précipité blanc, amorphe, soluble dans un excès de réactif; avec « l'acide phospho-molybdique, un précipité blanc cristallin; avec « l'acide phospho-antimonique, un précipité blanc, floconneux; avec « l'acide picrique, un précipité se formant lentement et se transfor- « mant rapidement en belles aiguilles jaunes; avec l'iodure double de

[1] *Comptes rendus de l'Académie des sciences*, séance du 7 janvier 1889, p. 59.

« bismuth et de potassium, un précipité rouge amorphe; avec le « chlorure d'or, un précipité cristallin.

« Avec les autres réactifs usuels des alcaloïdes, tels que : chlorure « mercurique, iodure mercuro-potassique, iodure de cadmium et de « potassium, iodure de potassium iodé, acide iodhydrique, acide tan- « nique, ferricyanure potassique et perchlorure de fer, réactif de « Fröhde, le chlorhydrate de neuridine, ne donne ni changement de « coloration ni précipité [1]. »

La résistance de cet alcaloïde à la putréfaction et sa diffusion dans tous les tissus de l'organisme vivant méritent la plus sérieuse attention de la part des chimistes-experts.

7° *Cadavérine* $C^5H^{16}Az^2$. — La cadavérine et son isomère la saprine (du grec σαπρος, putréfié) ont été retirées par Brieger des cadavres humains soumis à une putréfaction prolongée. Elle constitue un liquide épais, limpide, d'une odeur de conine, absorbant avec avidité l'anhydride carbonique de l'air. Elle donne avec les acides chlorhydique et sulfurique de beaux cristaux insolubles dans l'éther et l'alcool absolu, solubles dans l'eau, l'alcool ordinaire et l'éther alcoolisé. Le chlorhydrate de cadavérine précipite les réactifs généraux des alcaloïdes, le chlorure de platine forme avec lui un chloroplatinate cristallisé, dont les cristaux orthorhombiques de couleur jaune de chrome sont fortement biréfringents à la lumière polarisée. Le chlorure d'or donne un chloraurate cristallisé tantôt en longues aiguilles brillantes, tantôt en cubes déliquescents très solubles. Le mélange de chlorure ferrique et de ferricyanure de potassium se colore légèrement en bleu avec les solutions de chlorhydrate de cadavérine.

La cadavérine chauffée avec du chloroforme et une solution alcoolique de potasse ne donne pas la réaction odorante due à la production d'une carbylamine, ce n'est donc pas une base primaire. En solution dans l'alcool méthylique et traitée par un excès d'iodure de méthyle, puis, après évaporation, débarrassée de l'iode par l'oxyde d'argent, elle donne un iodhydrate de diméthylcadavérine ayant pour formule : $C^5H^{14}(CH^3)^2Az^2,2HI$.

Backlish a extrait cette base de la saumure de harengs, et Œchsner de Coninck des poulpes marins putréfiés, en juin 1886.

La cadavérine n'est pas toxique; selon Brieger, elle ferait son apparition dans les masses en putréfaction vers le troisième jour, et elle augmenterait peu à peu à partir de cette époque.

[1] Brieger, *Microbes, ptomaïnes et maladies*. Traduction de Roussy et Winter, 1887.

La *saprine*, de même que la cadavérine, n'est pas vénéneuse; elle possède la même formule que celle-ci et présente à peu près les mêmes caractères chimiques. Elle se distingue de la cadavérine : 1° par une aptitude plus grande à donner du bleu de Prusse avec le mélange de chlorure ferrique et de ferricyanure; 2° par son chloroplatinate, qui est plus soluble que celui de cadavérine; de plus, celui de cadavérine cristallise dans la forme rhombique, celui de saprine en aiguilles soyeuses groupées parallèlement; 3° par son chlorhydrate, qui cristallise en aiguilles aplaties inaltérables à l'air, tandis que celui de cadavérine est très déliquescent. Enfin, la cadavérine ne donne aucune combinaison avec le chlorure d'or.

8° *Putrescine* $C^4H^{12}Az^2$. — Découverte aussi par Brieger parmi les produits de la putréfaction des organes humains. Elle n'est pas toxique et accompagne le plus souvent la cadavérine. Elle se présente sous la forme d'un liquide limpide comme de l'eau, assez mobile, d'une odeur qui rappelle à la fois celle du sperme et celle des bases pyridiques. Elle bout sans altération à 135 degrés; la vapeur d'eau ne l'entraîne que difficilement. C'est une base puissante qui fixe l'anhydride carbonique de l'air pour donner un carbonate cristallisé qui possède la même odeur que la base.

Elle précipite avec tous les réactifs généraux des alcaloïdes. Son chlorhydrate cristallise en longues aiguilles incolores, transparentes, non hygroscopiques, très solubles dans l'eau, insolubles dans l'alcool absolu, et inaltérables à l'air.

Le chlorure de platine et le chlorure d'or donnent des chloroplatinate et chloraurate cristallisés, le premier en paillettes hexagonales superposées en couches, très peu solubles dans l'eau; le second, également en petites paillettes très peu solubles dans l'eau.

En chauffant le chlorhydrate de putrescine avec une solution concentrée d'azotate de potassium, il se forme un dérivé nitrosé qui fait considérer la putrescine comme une éthylène diméthyldiamine ayant pour formule de constitution :

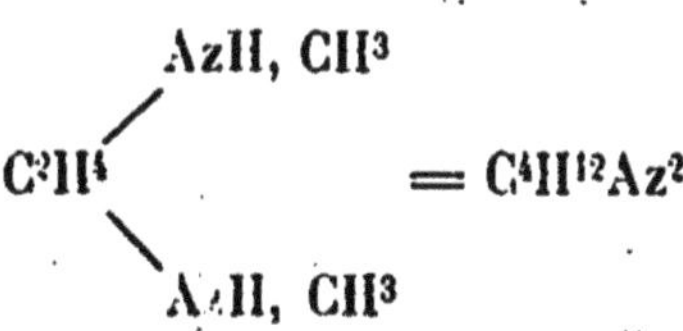

Bœklish a trouvé également cette base dans la saumure de harengs.

9° *Mydaléine*. — Brieger a retiré des eaux mères, d'où les bases précédentes ont été isolées, une ptomaïne non encore déterminée, à laquelle il a donné le nom de mydaléine (du grec μυδαλεος, putréfaction humide), et qu'il suppose être une diamine analogue à celles précédemment étudiées. La mydaléine, qui apparaît dans les liquides putréfiés à partir du septième jour, où elle ne s'y rencontre qu'en très petite quantité, même au bout de trois semaines, est très toxique et possède sur l'économie une action intéressante. Injectée sous la peau d'un lapin ou d'un cobaye, elle provoque une hypersécrétion de la muqueuse nasale et des glandes salivaires et lacrymales. Les pupilles se dilatent, les vaisseaux de l'oreille s'injectent, la température s'élève de 1 à 2 degrés, et les battements du cœur, d'abord accélérés, se ralentissent. De plus, il y a une tendance marquée au sommeil, et les mouvements péristaltiques de l'intestin sont plus accentués. Injectée à dose plus élevée (1 demi-centigramme environ) chez le cobaye, cette substance provoqua des troubles très violents qui furent toujours suivis de mort.

A l'autopsie, on trouve le cœur arrêté en diastole, l'intestin et la vessie contracturés. Rien d'anormal, en apparence du moins, dans les autres organes.

Brieger, pour séparer les unes des autres les quatre bases dont nous venons de parler, les a précipitées à l'état de chloromercurates, et a eu recours ensuite à la différence de leur solubilité. Le choromercurate de mydaléine est très soluble dans l'eau, et n'est insoluble que dans l'alcool absolu. Les chloraurates présentent également des différences dans la solubilité. Le chloraurate de putrescine est fort peu soluble dans l'eau. Le chloraurate de cadavérine est très soluble, ainsi que celui de mydaléine.

Le chlorhydrate de putrescine cristallise assez facilement en aiguilles de l'alcool à 90 degrés. Il en est de même du chlorhydrate de cadavérine. Quant au chlorhydrate de mydaléine, le plus soluble de tous, il reste dans les eaux mères alcooliques.

B. — Ptomaïnes oxygénées

Les ptomaïnes oxygénées sont solides et fixes; on les rencontre dans tous les tissus normaux, aussi bien que dans les tissus en putréfaction. Il faut excepter toutefois la gadinine, qui est oxygénée, dont on ignore la consistance, puisqu'elle n'est pas connue à l'état libre, et qui ne se rencontre que dans les produits putréfactifs.

Les trois premiers de ces alcaloïdes oxygénés que nous allons décrire sont des dérivés de la triméthylamine.

1° *Névrine putréfactive* $C^5A^{12}Az(OH)$. — Brieger a retiré des produits de la putréfaction cadavérique, à côté de la choline, base déjà connue qui provient de la lécithine et dont la formule est $C^5H^{15}AzO^2$, une base sirupeuse, soluble dans l'eau en toutes proportions, à réaction fortement alcaline et qui diffère de la choline par une molécule d'eau en moins. Sa formule de constitution est représentée par :

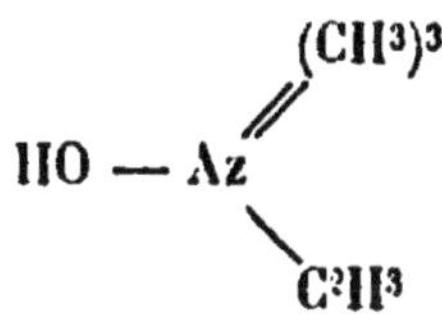

Elle prend naissance par dédoublement de la lécithine sous l'influence de la putréfaction. C'est un poison violent, mais d'une énergie variable suivant les espèces. Ainsi le chat est intoxiqué par une dose de névrine qui n'affecte pas le cobaye. Administrée à un chien, elle produit la contraction pupillaire, l'abolition de l'excitomotricité suivie bientôt de la diminution de fréquence et de l'intensité des mouvements respiratoires. Le nombre des pulsations cardiaques augmente, puis diminue irrégulièrement. L'intestin est le siège de mouvements péristaltiques accompagnés de diarrhée profuse et d'excrétion involontaire d'urine et de sperme.

Son action sur l'organisme paraît être analogue à celle de la curarine et de la muscarine, et l'inverse de l'atropine[1]. Mais, tandis que l'injection sous-cutanée d'une petite quantité d'atropine fait disparaître complètement les phénomènes d'intoxication, la névrine ne modifie nullement l'action produite par l'atropine sur l'économie animale.

Le névrine putréfactive est constituée par de la triméthylamine et de l'alcool vinylique, et peut être considérée comme de l'hydrate de triméthylvinylammonium.

2° *Choline* $C^5H^{15}AzO^2$. — Cette base, que l'on rencontre dans l'organisme vivant et que Strecker a isolée le premier de la bile de porc, se retrouve d'une façon constante dans les matières putréfiées : elle est donc à la fois ptomaïne et leucomaïne. Elle accompagne toujours la neuridine pendant les premiers jours de la putréfaction, puis elle disparaît en donnant naissance à de la triméthylamine et à du glycol : $C^5H^{15}AzO^2 = Az(CH^3)^3 + C^2H^6O^2$. Brieger l'a séparée des eaux mères de la neuridine par l'acide picrique, qui forme un picrate insoluble dans

[1] Cervello, *Action physiologique de la névrine*. Milan, 1885.

l'eau froide, soluble à chaud. Bœklish l'a trouvée également dans la saumure de harengs. La choline synthétique a été obtenue par Wurtz en faisant réagir la monochlorhydrine du glycol sur la triméthylamine.

C'est un liquide sirupeux, à réaction fortement alcaline, très soluble dans l'eau, donnant avec les acides des sels bien cristallisés. Elle constitue, comme on sait, l'hydrate de triméthylhydroxéthylène-ammonium :

$$HO - Az \begin{matrix} \diagup (CH^3)^3 \\ \diagdown C^2H^4OH \end{matrix}$$

et prend naissance dans le dédoublement de la lécithine.

La choline est très voisine, mais non identique à la névrine, dont elle diffère, nous l'avons dit, par une molécule d'eau; elle est toxique, de même que la névrine, mais son activité est un peu moindre. Brieger, et après lui Glause et Luchsinger, à qui sont dues ces recherches, ont fait remarquer que le chlorhydrate de choline précipite abondamment l'acide phospho-tungstique, ce que ne fait pas le chlorhydrate de névrine; d'autre part, le chlorhydrate de névrine est précipité par le tannin, celui de choline ne l'est pas.

La choline et la névrine putréfactives précipitent la plupart des autres réactifs généraux. Elles ne donnent pas de bleu de Prusse avec le mélange de chlorure ferrique et de ferricyanure de potassium.

3° *Muscarine animale* $C^5H^{13}AzO^2 + H^2O$. — Cette base a été isolée par Brieger, en même temps que de l'éthylènediamine, de la chair de poisson putréfiée; c'est dans les eaux mères d'où le chlorure de platine a précipité l'éthylènediamine que se trouve la muscarine.

Elle se présente, lorsqu'elle est pure, sous la forme de cristaux irréguliers, très déliquescents; sa réaction est fortement alcaline, et elle attire le gaz carbonique de l'air. Soluble en toutes proportions dans l'eau et dans l'alcool, elle est peu soluble dans le chloroforme, et insoluble dans l'éther. Le chlorhydrate de muscarine est incolore, cristallisé, brillant et très déliquescent ; il forme avec le chlorure de platine un chloroplatinate jaune, cristallisé en octaèdres bien définis, peu solubles dans l'eau, répondant à la formule :

$$(C^5H^{14}AzO^2Cl)^2 PtCl^4 + 2H^2O.$$

Après avoir enlevé le platine par un courant d'H^2S, le résidu sirupeux placé dans l'exsiccateur ne tarde pas à cristalliser; on obtient ainsi un chlorhydrate, lequel, décomposé par l'oxyde d'argent, donne la muscarine animale de Brieger, qui ne diffère que par une molécule d'eau en plus de la muscarine découverte en 1870 par Schmiedeberg et R. Koppe[1] dans la fausse oronge (*agaricus muscarius*), et dont la synthèse a été réalisée par Schmiedeberg et Hartnack[2] en oxydant le chloroplatinate de choline par l'acide azotique fumant. On a assigné à ce dernier composé, qui est probablement de nature aldéhydique, la formule de constitution :

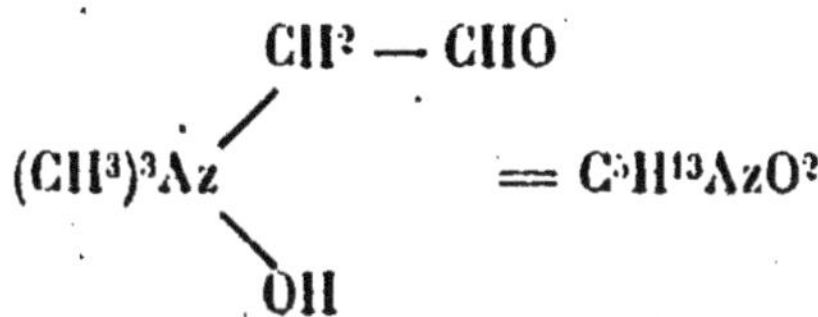

La muscarine animale est, comme celle de l'*agaricus muscarius*, un violent poison dont l'antagoniste est l'atropine. Son action toxique se rapproche beaucoup de celle de la névrine : flux de salive, de larmes, paralysie et arrêt du cœur en diastole; émission d'urine et de sperme, diarrhée, rétrécissement de la pupille, etc. Elle précipite par les réactifs généraux des alcaloïdes, et réduit le mélange de ferricyanure de potassium et de chlorure ferrique.

4° *Gadinine.* — Cette base, découverte par Brieger dans les produits de la putréfaction de la petite morue (*gadus callarias*), n'est pas connue à l'état de liberté. Brieger lui a assigné la formule : $C^7H^{17}AzO^2$. Il l'a retirée des eaux mères du chloroplatinate de muscarine, sous forme de chloroplatinate cristallisé en paillettes jaunes d'or peu solubles dans l'eau. Débarrassé du platine par l'hydrogène sulfuré, ce chloroplatinate donne un chlorhydrate incolore qui cristallise en grosses aiguilles, très solubles dans l'eau, insolubles dans l'alcool. Ce chlorhydrate ne s'unit pas au chlorure d'or et n'est pas toxique.

Bases oxygénées de M. Pouchet. — M. G. Pouchet[3] a démontré, en 1880, la présence de plusieurs alcaloïdes dans les eaux résiduaires provenant du traitement industriel, par l'acide sulfurique dilué, des débris d'os, de viandes et des déchets de toute espèce, dans le but d'en séparer les matières grasses. Il a pu extraire de ce milieu, par les méthodes de Stas et de Dragendorff, deux ptomaïnes oxygénées dont

[1] *Deutsch Chem. Gesselch.*, 1870, p. 281.
[2] Schmiedeberg et Hartnack, *Deutsch Chem. Gesselch.*, t. XVIII, p. 274.
[3] Gabriel Pouchet, *Moniteur scientifique de Quesneville*, 1884, p. 253.

les chloroplatinates solubles peuvent être séparés l'un de l'autre par addition d'alcool, puis d'éther. L'un de ces chloroplatinates, insoluble dans l'alcool fort, cristallise confusément en aiguilles prismatiques; l'autre, assez soluble dans le même dissolvant, peut être séparé par addition d'éther.

La abse $C^7H^{18}Az^2O^6$ se présente en gros prismes courts, facilement altérables, et celle ayant pour formule $C^5H^{12}Az^2O^4$ est formée d'aiguilles déliées, groupées en pinceau, s'altérant avec moins de facilité.

Ces deux ptomaïnes précipitent par les réactifs généraux des alcaloïdes. Si l'on ajoute à leur solution du phospho-molybdate de sodium, le précipité qui se forme, traité par l'ammoniaque, prend une teinte bleue, absolument comme l'aconitine dans les mêmes conditions. Ces bases sont très vénéneuses, elles paralysent les mouvements réflexes. D'après M. A. Gautier, elles se rapprocheraient des *oxybétaïnes*.

Ptomaïnes des excrétions et sécrétions normales et pathologiques

Les ptomaïnes se forment dans l'organisme des animaux, non seulement au cours des maladies, mais aussi dans les conditions normales de la vie. Vers 1869, Liebreich observait que la bétaïne $C^5H^{11}AzO^2$ paraissait se rencontrer dans les urines normales. Cette découverte semblait rester inaperçue, lorsqu'en 1880 M. G. Pouchet[1] annonça qu'il avait trouvé dans les matières extraites de l'urine humaine, à côté de la carnine, base déjà connue, un alcaloïde solide, en cristaux fusiformes déliquescents, à réaction faiblement alcaline, s'unissant aux acides pour donner des sels cristallisés, précipitant par tous les réactifs généraux des alcaloïdes et répondant à la formule : $C^7H^{12}Az^4O^2$. Il signala en outre dans l'urine la présence d'une très petite quantité de bases hydropyridiques analogues à celles obtenues dans la putréfaction du poisson par MM. A. Gautier et Etard.

Ces recherches ont été poursuivies depuis par un grand nombre d'expérimentateurs. M. Bouchard, dans un mémoire présenté à la Société de biologie le 5 août 1882, confirme les travaux de ses devanciers en déclarant que des alcaloïdes existent en minime proportion dans les urines humaines normales, et y ajouta ce fait important, que ces alcaloïdes augmentent très notablement au cours de certaines maladies infectieuses, dans la fièvre typhoïde, par exemple. De semblables constatations sont venues se joindre à ces études préliminaires; nous ne citerons que pour mémoire les travaux de M. R. Lépine (auxquels nous avons

[1] Gabriel Pouchet, Thèse de Paris, 1880.

collaboré en 1884), puis ceux de MM. Villiers, Lépine et Aubert, G. Pouchet, Barral, Klebs, Roque et Veill, etc., sur le même sujet.

Plus récemment, M. Griffiths d'Edimbourg[1] est parvenu à isoler des urines[2], dans plusieurs maladies infectieuses, quelques ptomaïnes que nous allons décrire et qui ne se rencontrent pas dans les urines normales ; elles sont donc bien formées dans l'économie sous l'influence des microbes des maladies précitées :

I. Oreillons. — La ptomaïne que M. Griffiths a extraite des urines de malades atteints d'oreillons cristallise en aiguilles blanches prismatiques et répond à la formule $C^6H^{13}Az^3O^4$.

Par oxydation, elle se transforme en méthylglycocyamine (créatine), puis en méthylguanidine. Elle représente la *propylglycocyamine* et répond à la constitution :

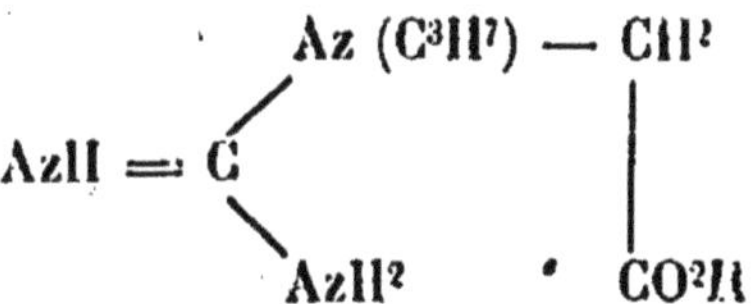

Cette ptomaïne est très vénéneuse. Administrée à un chat, elle produit de l'excitation nerveuse, l'arrêt de la sécrétion salivaire, le coma et la mort.

II. Fièvre scarlatine. — La ptomaïne extraite des urines des scarlatineux est aussi une substance blanche, cristalline, soluble dans l'eau, à réaction faiblement alcaline. Elle forme un chlorhydrate et un chloraurate cristallisés ; elle donne un précipité blanc jaunâtre avec l'acide phospho-molybdique, blanc avec l'acide phospho-tungstique, jaune avec l'acide picrique. Elle est aussi précipitée par le réactif de Nessler.

Les analyses de cette ptomaïne conduisent à la formule $C^5H^{12}AzO^4$.

III. Diphtérie. — Cette ptomaïne, retirée des urines de diphtériques,

[1] Voir : *Chemical News.*, 11 février 1890 ; *Comptes rendus de l'Académie des sciences*, séance du 20 novembre 1891 ; *Académie des sciences*, CXIII, 656, 1891 ; *Académie des sciences*, CXIV, 496, 1892.

[2] Le procédé d'extraction employé par M. Griffiths diffère peu de celui de M. Bouchard : une quantité considérable d'urine est alcalinisée par addition d'un peu de carbonate de sodium et agitée ensuite avec son demi-volume d'éther. Après repos, l'éther décanté et filtré est agité avec une solution d'acide tartrique, qui s'empare des ptomaïnes pour former des tartrates solubles. Après évaporation de l'éther dissous dans la solution tartrique acide, celle-ci est de nouveau alcalinisée par du carbonate sodique et agitée avec son demi-volume d'éther. La solution éthérée est abandonnée à l'évaporation spontanée. Les ptomaïnes restent comme résidu.

est, comme les précédentes, blanche et cristalline, et donne un chlorhydrate et un chloraurate. Elle est précipitée en jaune par l'acide tannique, en blanc par l'acide phospho-molybdique, en jaune par l'acide picrique, en brun par le réactif de Nessler.

Son analyse conduit à la formule $C^{14}H^{17}Az^2O^6$.

Les trois ptomaïnes ci-dessus ont été également retrouvées par l'auteur dans les bouillons de culture des microbes spécifiques de ces maladies infectieuses.

IV. Rougeole. — La ptomaïne extraite des urines des rubéoliques cristallise en petites lames incolores solubles dans l'eau, à réaction alcaline. Son chloroplatinate cristallise en aiguilles microscopiques. Le bichlorure de mercure donne un sel double, presque insoluble, qui cristallise en aiguilles prismatiques.

Cette ptomaïne est aussi précipitée par les acides picrique, phospho-molybdique et phospho-tungstique.

Les résultats de l'analyse assignent la formule $C^3H^5Az^3O$ à cette ptomaïne qui répond à la constitution de la *glycocyamidine* :

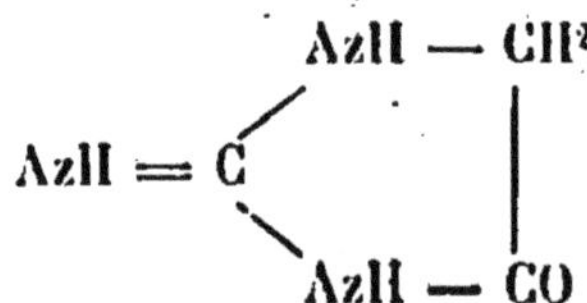

Cette ptomaïne est très toxique et tue un chat en moins de trente-six heures.

V. Coqueluche. — Des urines des coquelucheux, la ptomaïne extraite est une substance blanche, cristalline, soluble dans l'eau, dont la formule est $C^5H^{10}AzO^2$. Elle forme un chlorhydrate et un chloraurate ; elle précipite en blanc avec l'acide phospho-molybdique, en jaune avec l'acide picrique, en marron avec le tannin.

Le bacille que M. Afanassieff a trouvé, en 1887, dans les crachats de la coqueluche, produit cette même ptomaïne dans ses cultures.

Déjà Klebs avait observé que la ptomaïne de la septicémie ou du choléra nostras est de la méthylguanidine, et il est digne d'attention que ces dérivés de la cyanamide forment des composés aussi vénéneux.

Les matières fécales, la salive, le venin des ophidiens contiennent aussi, à l'état normal comme à l'état pathologique, de petites quantités de ptomaïnes. Déjà, en 1852, Cloez avait signalé dans le venin du crapaud et de la salamandre l'existence d'un alcaloïde[1] auquel Zaleski, en 1866, donna la formule : $C^{34}H^{60}Az^2O^5$ et le nom de *samandrine*. En 1881, M. A. Gautier a constaté la présence d'alcaloïdes dans le venin des reptiles[2], et a annoncé, fait non moins important, que la substance la plus active du venin n'est pas alcaloïdique. Ce même savant a trouvé aussi dans la salive humaine normale plusieurs alcaloïdes présentant une toxicité variable suivant le moment où elle était sécrétée par les glandes salivaires, mais très grande, surtout pour les oiseaux, qu'elle stupéfie profondément. M. G. Pouchet, en 1885, a retiré des déjections de cholériques[3] diverses ptomaïnes offrant l'odeur caractéristique des bases pyridiques et les propriétés générales de celles-ci. Ces alcaloïdes ont été retrouvés par l'auteur dans les liquides de culture du bacille virgule de Koch[4]. Enfin, les exhalaisons pulmonaires de l'homme et des animaux contiennent, même à l'état normal, de petites quantités d'un principe volatil toxique dont la nature alcaloïdique a été mise hors de doute par les travaux de M. Wurtz et d'autres expérimentateurs.

La toxicité de l'air exhalé peut devenir très grande sous l'empire de certaines maladies, ainsi que l'ont démontré les expériences de MM. Brown-Séquard et d'Arsonval, et ne doit-on pas attribuer à l'absorption par les voies respiratoires de ptomaïnes volatiles exhalées cette céphalée particulière dont sont parfois atteintes les personnes dans l'entourage des typhiques[5] ? N'est-ce pas aussi par des alcaloïdes volatils rejetés par la voie pulmonaire que les cholériques transmettent à ceux qui les soignent ces troubles analogues à ceux du choléra, qui ont fait dire à quelques médecins, lors de la dernière épidémie cholérique (1885), que le choléra était transmissible par les spores que véhiculerait l'atmosphère?

L'intervention des bactéries dans l'acte de la digestion, leur dissémination dans l'arbre respiratoire où ils fourmillent, et sur tout le trajet de l'appareil digestif où ils pullulent, depuis la bouche jusqu'à l'anus, est de nature à nous expliquer l'origine exclusivement bactérienne des ptomaïnes que l'on rencontre dans les excrétions tant normales que pathologiques. Personne n'ignore aujourd'hui que les deux matières colorantes du pus bleu, l'une bleue et l'autre jaune, découvertes par Fordos en 1859, qui leur donna les noms de *pyocianine* et

[1] *Comptes rendus*, t. XXXIV, p. 729.
[2] *Journal de Robin*, 1881.
[3] *Comptes rendus de l'Académie des sciences*, t. C, p. 220-222.
[4] *Ibid.*, t. CI, p. 510-511.
[5] La *typhotoxine*, ptomaïne isolée par Brieger des cultures du bacille d'Eberth, paraît être volatile.

de *pyoxanthose* [1], et signalées dès 1842, successivement par Conté [2], Sédillot [3], Braconnot [4], Pétrequin [5], Hiffelsheim [6], Delore [7] et Chalvet [8], sont des ptomaïnes engendrées par un microbe aérobie, lequel a été isolé en 1882 par M. Gessard [9] et peut être cultivé soit dans le pus, soit dans la salive ou même dans l'urine et dans le liquide de l'hydrocèle, ainsi que l'a démontré l'auteur de cette découverte.

On considère, du reste, de nos jours, la formation des ptomaïnes comme le corollaire caractéristique de la vie des bactéries ; remarquons cependant que les bactéries sécrètent aussi des diastases (ou ferments solubles), de nature protéique, sur la toxicité et les propriétés desquelles nous ne sommes pas très bien fixés, et qui pourraient constituer à elles seules la cause des intoxications par septicémie, et de ces accidents désignés sous les noms de *botulisme*, de *gadinisme* et d'*ichtyosisme*. Aussi est-il rationnel de désigner sous le nom de *toxines*, ainsi qu'on le fait aujourd'hui, l'ensemble des principes toxiques (ptomaïnes et toxalbumines) sécrétés par les bactéries.

Les mêmes espèces de bactéries engendrent des produits différents, suivant les milieux où elles se sont développées, et le rôle de ces poisons chimiques paraît devenir prépondérant dans les phénomènes morbides qui se déroulent dans le cours des maladies dites infectieuses. Des tentatives sont faites, d'autre part, pour utiliser cette sorte d'immunité qu'ils paraissent pouvoir conférer en vaccinant l'organisme.

Les ptomaïnes dans les recherches médico-légales

La découverte des alcaloïdes cadavériques rend aujourd'hui bien délicate la recherche des alcaloïdes qui auraient pu être criminellement introduits, pendant la vie, dans les organes des victimes. Il est devenu hors de doute qu'en appliquant avec soin les diverses méthodes de recherches chimiques à des viscères ayant subi une putréfaction plus ou moins avancée, on obtiendra toujours des produits alcaloïdiques mal définis, mélange d'amines et d'amides, en un mot des ptomaïnes, dont

[1] FORDOS, *Recueil des travaux de la Société d'émulation pour les sciences pharmaceutiques*, t. III, 1859. — *Comptes rendus de l'Académie des sciences*, t. LI, 1860. — *Comptes rendus de l'Académie des sciences*, t. LVI, 1863.
[2] *Gazette médicale*, 1842.
[3] *Mémoires de la Société de biologie*, t. II, p. 73.
[4] *Journal de chimie médicale*, 1850, t. VIII.
[5] *Revue médicale*, 1852, t. I.
[6] *Comptes rendus de la Société de biologie*, 1852, t. IV, p. 146.
[7] Thèse de Paris, 1854. *Gazette médicale de Lyon*, 1860.
[8] *Gazette hebdomadaire*. Paris, 1860.
[9] CARLE GESSARD, *De la pyocianine et de son microbe*. Thèse de Paris, 1882.

l'action perturbatrice viendra s'ajouter encore aux difficultés que présente la recherche des poisons organiques qui sont extrêmement nombreux, dont beaucoup sont peu connus, ne donnent pas de réactions bien caractéristiques et sont souvent fort altérables.

Il suffit de citer ces faits pour voir l'importance qu'ils présentent au point de vue médico-légal.

En 1881, MM. Brouardel et Boutmy [1] ont indiqué, pour distinguer les alcaloïdes cadavériques des alcaloïdes végétaux, la réaction du cyanoferride de potassium en présence d'un sel de peroxyde de fer. D'après ces auteurs, le mélange de ferricyanure de potassium et de chlorure ferrique mis en présence des bases organiques pures, d'origine végétale, prises au laboratoire ou extraites du cadavre après un empoisonnement avéré, ne subit aucune modification. Il donne au contraire instantanément du bleu de Prusse en présence des ptomaïnes.

« Lors donc (disent MM. Brouardel et Boutmy) que la méthode de « Stas aura permis d'isoler une substance se comportant vis-à-vis l'iodo- « mercurate de potassium comme le font les alcaloïdes végétaux ; si « cette substance reste sans action sur le cyanoferride de potassium, « on pourra admettre qu'on est en présence d'un alcaloïde végétal, et « qu'il y a eu empoisonnement.

« Si, au contraire, le cyanoferride de potassium se trouve réduit en « même temps que la base est précipitée par l'iodomercurate de potas- « sium, on est présence d'une ptomaïne.

« Enfin, suivant que le précipité obtenu, tant avec l'iodomercurate « qu'avec le cyanoferride, sera en quantité considérable ou faible, on « conclura qu'on est en présence soit d'une ptomaïne abondante et « non mélangée, soit d'un mélange de la ptomaïne avec un alcaloïde « végétal.

« Pour opérer la réaction avec le cyanoferride, on convertit en sul- « fate la base extraite du cadavre, puis on dépose quelques gouttes de « la solution de ce sel sur un verre de montre qui contient à l'avance « une petite quantité de cyanoferride dissous. Une goutte de chlorure « ferrique neutre, versée sur ce mélange, détermine la formation de bleu « de Prusse, si la base isolée est une ptomaïne. Dans les mêmes con- « ditions, les alcaloïdes végétaux ne donnent pas de bleu de Prusse.

« Jusqu'à ce jour, il n'existe d'exception à cette règle générique que « pour la morphine, qui réduit abondamment le cyanoferride, et pour « la vératrine, qui donne des traces de réduction. »

Malheureusement la réaction réductrice exercée par les bases cada-

[1] *Bulletin Académie de médecine*, séance du 10 mai 1881, n° 19.

vériques sur le ferricyanure de potassium en présence des sels ferriques, et la production subséquente du bleu de Prusse n'ont pas le caractère général que MM. Brouardel et Boutmy leur avait d'abord attribué. D'après MM. Pouchet et Brieger, un certain nombre de ptomaïnes ne présentent pas ces caractères. D'autre part, M. A. Gautier a démontré que si, parmi les bases végétales, beaucoup ne réduisaient pas le ferricyanure de potassium, d'autres au contraire, telles que la *vératrine*, l'*igasurine*, la *colchicine*, la *nicotine*, l'*émétine*, l'*hyosciamine*, l'*apomorphine*, le réduisaient lentement et faiblement; d'autres encore, comme la *pyridine*, l'*isopyridine*, la *collidine*, la *diallylène diamine*, la *naphtylamine*, la *toluidine*, la *morphine*, l'*atropine*, les *alcalis acétoniques* et *aldéhydiques*, etc. etc... le réduisent abondamment.

Notons cependant que cette réaction peut être subsidiairement utilisée dans le cas d'un empoisonnement présumé, où les bases ci-dessus énoncées seraient naturellement exclues.

MM. Bettink et Dissel[1] ont proposé en 1886 une réaction qui serait caractéristique pour les ptomaïnes. Voici en quoi elle consiste : on dissout environ 1 milligramme d'une ptomaïne quelconque dans une goutte d'une solution au 100e d'acide chlorhydrique, et on y ajoute une goutte d'une autre solution préparée en dissolvant 2 grammes de perchlorure de fer cristallisé dans 2 centimètres cubes de la solution au 100e d'acide chlorhydrique. Ce mélange est ensuite étendu jusqu'à 100 centimètres cubes, et additionné de 0 gr. 5 d'anhydride chromique. Si on fait agir sur lui le ferricyanure de potassium, il prend la coloration du bleu de Prusse, et cela malgré le milieu oxydant où s'accomplit la réaction. D'après ces auteurs, aucun alcaloïde végétal, excepté la morphine, ne présenterait cette réaction.

Brieger fait remarquer que MM. Bettink et Dissel n'ont pas fait connaître les ptomaïnes sur lesquelles ils ont fait l'essai de leur réaction, et cet auteur ajoute que le plus grand nombre des ptomaïnes pures qu'il a préparées ne donnent pas la coloration bleue obtenue par Bettink et Dissel.

Il n'existe donc pas de réaction spécifique s'étendant sur tout le groupe des ptomaïnes. Est-ce à dire que la découverte des ptomaïnes a désarmé la médecine légale ? Telle n'est pas notre pensée ; nous croyons au contraire que, si la tâche de l'expert est rendue plus délicate, il ne lui sera néanmoins jamais impossible, en se basant sur les considérations que nous allons énumérer, de distinguer : 1° un alcaloïde végétal d'une

[1] *Microbes, ptomaïnes et maladies*, par le Dr Brieger, traduction de Roussy et de WINTER (1887), déjà citée.

ptomaïne ; 2° s'il a affaire à un mélange de ptomaïnes et d'alcaloïdes végétaux.

Pour cela, il devra se rappeler que :

1° Parmi les réactifs généraux des alcaloïdes, spécialement l'acide phospho-molybdique précipite toutes les ptomaïnes, soit en jaune, soit en blanc, et qu'il en est de même des alcaloïdes végétaux, de l'ammoniaque et des ammoniaques composées ; on ne peut donc tirer de cette propriété aucune conséquence pratique et générale rigoureuse ;

2° La quantité de bases inoffensives que l'on rencontre dans les cadavres humains est toujours relativement grande par rapport au petit nombre de ptomaïnes toxiques que l'on extrait par les méthodes chimiques générales ;

3° La purification des alcaloïdes cadavériques est remplie de difficultés. Ces bases sont très altérables et, par conséquent, très instables. Elles brunissent généralement à l'air, sont le plus souvent liquides, à réaction franchement alcaline, et ramènent, le plus souvent, rapidement au bleu le papier rouge de tournesol humide que l'on suspend au-dessus du verre de montre qui les contient. Leurs sels sont généralement déliquescents, ils sont odorants comme la base ; l'odeur est tantôt cadavérique, tantôt aromatique, tantôt rappelle celle des amines méthylique, amylique et propylique ;

4° Les ptomaïnes traitées par l'acide sulfurique, puis par le bicarbonate de sodium, développent souvent une odeur de fleurs ;

5° La recherche spéciale des alcaloïdes végétaux ne donne que des caractères négatifs ;

6° Les acides azotique, chlorhydrique, sulfurique, employés seuls ou mélangés ne produisent, avec les ptomaïnes, aucune coloration à froid, si ce n'est une teinte jaune. À chaud, il peut se produire quelquefois, ainsi qu'avec le réactif de Fröhde, une teinte rouge ou rouge violacé ;

7° Enfin, l'essai physiologique d'un mélange de ptomaïnes et d'alcaloïde végétal, pratiqué après une attente suffisante pour que la destruction facile des ptomaïnes se soit produite au contact de l'air, donnera généralement des résultats attribuables à l'alcaloïde végétal seul. Si l'essai physiologique est pratiqué rapidement après l'extraction, et si l'on a affaire à des phénomènes toxiques, les effets observés sur l'économie sont généralement comparables à ceux exercés par les bases pyridiques et hydropyridiques [1], effets qui se manifestent par quelques

[1] M. Œchsner de Coninck a indiqué une réaction très sensible pour déceler de petites quantités d'alcalis pyridiques : on dissout l'iodométhylate (obtenu en traitant la

caractères généraux tels que : dilatation rapide de la pupille, qui se resserre ensuite énergiquement ; affaiblissement qui va quelquefois jusqu'à l'abolition de l'excitabilité des centres moteurs ; perte de la contractilité musculaire et de la sensibilité cutanée, précédée d'une courte période de convulsions tétaniques ; ralentissement des mouvements cardiaques ; somnolence et torpeur fréquemment suivies de mort.

II. — Leucomaïnes ou alcaloïdes physiologiques

M. le professeur Armand Gautier a désigné sous le nom de leucomaïnes (du grec λευχωμα, blanc d'œuf) toute la série des bases alcalines qui se forment normalement dans l'organisme vivant aux dépens des substances protéiques sous l'influence de l'activité cellulaire propre aux tissus et en dehors de tout développement bactérien. On peut les considérer comme des produits de désassimilation. En 1849, Liébig[1] d'abord, puis Pettenkofer avaient découvert dans les urines de l'homme et du chien un des alcalis organiques les plus énergiques de cette classe, la créatinine, que Sokoloff, puis Valenciennes et Frémy retrouvèrent dans l'urine du veau et dans les muscles des crustacés. Bien avant cette époque, en 1817, Marcet[2] avait retiré de la xanthine d'un calcul urinaire ; Unger[3], en 1844, découvrait la guanine dans le guano ; plus tard, Scherer[4] trouvait l'hypoxanthine dans la rate et le cœur, et Weidel[5] extrayait la carnine de l'extrait de viande américain. Mais personne avant les travaux de M. Gautier sur les alcaloïdes du venin des reptiles, et sur ceux de la salive humaine, qui datent de 1881, n'avait envisagé ces alcalis comme des bases prenant naissance dans l'économie animale elle-même. Depuis lors, les recherches sur les leucomaïnes se sont multipliées ; Guareschi et Mosso[6] en 1882 ont signalé la présence des leucomaïnes dans le cerveau frais, la viande de veau, le cœur et le poumon. La même année, Spica et Paterno[7] communiquèrent à l'Académie de Lincei un mémoire sur la présence des alca-

base par l'iodure de méthyle) d'une base pyridique dans l'acool chaud, et on additionne la liqueur encore chaude de quelques gouttes de lessive de potasse à 45 degrés. Il se forme aussitôt une coloration rouge.

[1] *Annales de chimie et de physique*, t. XXIII, p. 146.

[2] *An essay on the chemical history and chemical treatement of calculous disorder*. London, 1817.

[3] *Ann. der Chem. und Pharm.*, t. LIX, p. 58.

[4] *Ann. der Chem. und Pharm.*, t. LXXIII, p. 328.

[5] *Zeitschrift für Analyt. ch.*, t. VI, p. 490.

[6] *Archives italiennes de biologie*, 1882, p. 2.

[7] *Gazetta chimica italia*, t. V, 350.

loïdes dans le sang de bœuf, analysé à la sortie de la veine, dans l'albumine inaltérée, dans le pain frais, etc. L'année suivante, Coppola [1] découvrait des leucomaïnes dans le sang de chien, et plus récemment M. Wurtz [2] a complété cette découverte par l'analyse des leucomaïnes du sang normal. M. Kossell [3] en 1886 retirait du pancréas et de la rate une nouvelle base à laquelle il donna le nom d'adénine, et la formule $C^5H^5Az^5$. La même année, M. A. Gautier retirait de l'extrait de viande de Liébig toute une série de leucomaïnes créatiniques, et M. Morelle [4] isolait de la rate du bœuf une base très toxique présentant les réactions générales des alcaloïdes. En opérant sur des foies de bœuf, M. Fauconnier obtenait des résultats identiques. MM. A. Gautier et L. Mourgues, en 1888, ont présenté à l'Institut les résultats de leurs recherches [5] sur les leucomaïnes de l'huile de foie de morue, et en 1889 M. Maurice de Thierry [6] est parvenu aussi à isoler des leucomaïnes de la graisse humaine, en même temps que de la triméthylamine. Enfin, tout récemment, deux nouvelles leucomaïnes ont été découvertes et analysées; la première a été extraite des urines d'épileptiques par M. A.-B. Griffiths, la seconde par M. Poehl, du sperme et d'autres glandes particulières.

Les leucomaïnes possèdent les propriétés générales des ptomaïnes. Comme ces dernières, elles sont oxygénées ou non, liquides ou cristallisées, solubles dans l'eau ; leur réaction est nettement alcaline, elles s'unissent aux acides pour donner des sels, précipitent par les réactifs généraux des alcaloïdes, notamment par l'acide phospho-molybdique, et réduisent pour la plupart le réactif de Brouardel et Boutmy. Elles sont douées d'une action plus ou moins puissante sur les centres nerveux ; elles produisent la somnolence, la fatigue, quelques-unes les vomissements et la diarrhée, mais presque toutes sont moins actives que les ptomaïnes. Ce que nous avons dit au sujet des ptomaïnes dans les recherches médico-légales s'applique donc entièrement aux leucomaïnes.

[1] *Archives italiennes de biologie*, 1883, p. 63.
[2] *Les leucomaïnes du sang normal*. Thèse de Paris, 1889.
[3] *Zeistschrift für Physiologische Chemie*. Berlin, 11 mars 1886.
[4] *Recherche des leucomaïnes de la rate*. Thèse de Lille, 1886.
[5] *Comptes rendus de l'Académie des sciences* des 9 et 23 juillet, 15 octobre e 5 novembre 1888.
[6] *Les leucomaïnes de la graisse humaine*, in: Thèse de Paris sur les alcaloïde microbiens et physiologiques. Masson, édit., 1889.

Propriétés et nature des leucomaïnes actuellement connues[1]

Bétaïne $C^5H^{11}AzO^2$. — Cette base se rencontre simultanément dans l'organisme animal et dans les tissus végétaux. Liebreich l'a isolée de l'urine en 1869, il en a fait la synthèse en même temps que Griess. C'est Scheibler qui l'a découverte, en 1866, dans la betterave (*beta vulgaris*).

La bétaïne forme de beaux cristaux déliquescents de formule : $C^5H^{11}AzO^2 + H^2O$. Sous l'influence des acides, elle donne des sels parfaitement définis, elle s'unit aussi avec le chlorure d'or, le chlorure de zinc et le chlorure de platine ; avec ce dernier, elle forme un chloroplatinate jaune cristallisé.

On obtient la bétaïne en faisant agir la triméthylamine sur l'acide trichloracétique, ou par l'action de l'iodure de méthyle sur le glycocolle :

$$\begin{array}{l} CH^2, AzH^2 \\ | \\ COOH \end{array} + CH^3I = (CH^3)^3Az \begin{array}{c} \diagup CH^2 \diagdown \\ \\ \diagdown O \diagup \end{array} CO + 3HI$$

Elle s'obtient aussi par l'oxydation ménagée de la choline :

$$(CH^3)^3Az \begin{array}{l} \diagup C^2H^4OH \\ \\ \diagdown OH \end{array} + O^2 = (CH^3)^3Az \begin{array}{c} \diagup CH^2 \diagdown \\ \\ \diagdown O \diagup \end{array} CO + 2H^2O$$

La bétaïne peut être considérée comme l'anhydride de l'acide triméthyl-glycolamique. Elle paraît dépourvue de propriétés toxiques.

Leucomaïnes du groupe urique

Carnine $C^7H^8Az^4O^3$. — Weidel a retiré cette base de l'extrait de viande américain qui en contient environ 1 0/0. M. Schutzenberger l'a rencontrée dans l'eau de levure. La carnine est très peu soluble dans l'eau froide ; insoluble dans l'alcool et l'éther. Elle se présente en

[1] Voir le mémoire de M. A. Gautier, *Moniteur scientifique de Quesneville*, mars 1886.

cristaux microscopiques, blancs, mamelonnés, de saveur amère et de réaction neutre. Elle donne, avec les sels solubles de plomb et d'argent, des composés métalliques ; elle fournit avec l'acide chlorhydrique un sel avec lequel le chlorure de platine s'unit pour former un chloroplatinate cristallin, de couleur jaune d'or.

La carnine se rattache au groupe urique ; en effet le brome, le chlore, l'acide azotique la transforment facilement en hypoxanthine, qui n'en diffère que par les éléments de l'acide acétique :

$$\underset{\text{carnine}}{C^7H^8Az^4O^3} + Br^2 = \underset{\text{bromhydrate d'hypoxanthine}}{C^5H^4Az^4O, HBr} + \underset{\text{bromure de méthyle}}{CH^3Br} + CO^2$$

Adénine $C^5H^5Az^5$. — Kossel, en 1886, a fait connaître cette base qu'il a retirée du pancréas de bœuf. Elle se présente en cristaux incolores volumineux, contenant trois molécules d'eau de cristallisation, peu solubles dans l'eau froide, très solubles dans l'eau bouillante, et neutres au tournesol. L'alcool, l'éther, le chloroforme ne les dissolvent pas. Ils sont, au contraire, très solubles dans les acides et dans les bases, notamment dans l'ammoniaque. Lorsqu'on chauffe l'adénine, elle jaunit, puis se sublime à 278 degrés, en exhalant l'odeur d'acide cyanhydrique. Elle s'unit aux acides, et donne des sels qui cristallisent facilement. Elle se combine également avec le chlorure de platine pour former un chloroplatinate jaune cristallin. Avec l'azotate d'argent, elle donne un dérivé argentique.

Ainsi que l'indique sa formule, elle est constituée par cinq groupes HCAz, aussi donne-t-elle du cyanure de potassium lorsqu'on la chauffe en tubes scellés avec de la potasse.

$$C^5H^5Az^5 + 5KOH = 5CAzK + 5H^2O.$$

L'acide azoteux transforme intégralement l'adénine en hypoxanthine :

$$C^5H^5Az^5 + AzO^2H = C^5H^4Az^4O + Az^2 + H^2O.$$

Guanine $C^5H^5Az^5O$. — Existe à la fois dans les tissus animaux et végétaux. On la rencontre, en effet, dans la chair des mammifères, le foie, le pancréas et dans un certain nombre de produits d'origine animale : excréments d'oiseaux, d'insectes, écailles d'ablettes, etc. ; enfin, on a constaté sa présence dans les jeunes pousses du platane, de la vigne et de quelques autres végétaux [1].

La guanine forme une poudre amorphe, jaune, insoluble dans l'eau, dans l'alcool et dans l'éther. Elle se combine avec les acides énergiques pour former des sels, mais ceux-ci sont peu stables. L'eau les décompose, et, lorsque l'acide est volatil, la chaleur suffit pour détruire la combinaison ; les alcalis dissolvent la guanine mieux encore que les acides. L'acide picrique, le chlorure mercurique et le chlorure de platine se combinent à la guanine ; le chloroplatinate est un précipité cristallin jaune-orangé.

Sous l'influence de l'acide azoteux, elle se transforme en xanthine.

$$\underset{\text{guanine}}{C^5H^5Az^5O} + \underset{\text{acide azoteux}}{AzO^2H} = \underset{\text{xanthine}}{C^5H^4Az^4O^2} + Az^2 + H^2O.$$

Lorsqu'on traite la guanine par un mélange d'acide chlorhydrique et de chlorate de potassium, on obtient de l'acide parabanique, de la guanidine et du gaz carbonique :

$$\underset{\text{guanine}}{C^5H^5Az^5O} + O^3 + H^2O = \underset{\text{guanidine}}{AzH = C\begin{array}{l} \diagup AzH^2 \\ \diagdown AzH^2 \end{array}} + \underset{\text{acide parabanique}}{CO\begin{array}{l} \diagup AzH - CO \\ \diagdown AzH - CO \end{array}} + CO^2$$

Xanthine $C^5H^4Az^4O^2$. — Cette leucomaïne est aussi très répandue dans l'organisme animal, et sa présence paraît être constante dans l'urine de l'homme et des animaux.

La xanthine synthétique a été obtenue par M. A. Gautier en chauffant l'acide cyanhydrique en tubes scellés avec de l'eau et une quantité d'acide acétique suffisante pour saturer l'ammoniaque qui prend naissance. Il se produit en même temps des acides aldéhydiques, de l'albumine et l'homologue supérieur de la xanthine, la méthylxanthine (A. Gautier).

$$\underset{\text{acide cyanhydrique}}{11HCAz} + 4H^2O = \underset{\text{xanthine}}{C^5H^4Az^4O^2} + \underset{\text{méthyl xanthine}}{C^6H^6Az^4O^2} + 3AzH^3$$

[1] SCHULTZ et BOSSHARD, *Bericht der deuts. Chem. Gess.*, mai 1880.

La xanthine différant de l'acide urique par un atome d'oxygène en moins, on l'obtient dans l'action de l'hydrogène naissant sur l'acide urique :

$$\underset{\text{acide urique}}{C^5H^4Az^4O^3} + H^2 = H^2O + \underset{\text{xanthine}}{C^5H^4Az^4O^2}$$

Elle se forme aussi lorsqu'on traite la guanine par l'acide azoteux :

$$\underset{\text{guanine}}{C^5H^5Az^5O} + \underset{\text{acide azoteux}}{AzO^2H} = \underset{\text{xanthine}}{C^5H^4Az^4O^2} + Az^2 + H^2O$$

La xanthine est une base assez faible qui se présente sous la forme d'une poudre blanche amorphe, très peu soluble dans l'eau, facilement soluble dans les alcalis caustiques et dans l'ammoniaque. Cette solution ammoniacale est précipitée à chaud par l'acétate de cuivre.

L'anhydride carbonique sépare la xanthine de sa solution dans la potasse ; évaporée avec de l'acide azotique, elle laisse un produit nitré de couleur jaune, qui se colore en pourpre par l'ammoniaque et que la potasse fait virer au violet-bleu (réaction de la murexide [1]). Ce produit nitré régénère la xanthine lorsqu'on le soumet à des actions réductrices.

La chaleur détruit la xanthine avec formation de cyanure d'ammonium, l'hydrogène naissant la réduit à l'état d'hypoxanthine.

Pseudo-xanthine $C^4H^5Az^5O$. — Cette base a été retirée par M. A. Gautier du tissu musculaire frais du bœuf. Elle se présente sous l'aspect d'une poudre jaune-soufre clair, formée de petites sphères microscopiques,

[1] La murexide

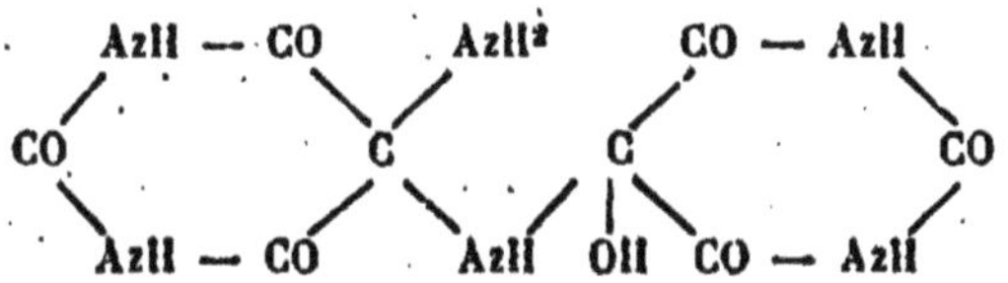

```
    AzH — CO        AzH²       CO — AzH
   /        \      /            /       \
 CO          C               C            CO
   \        /  \     /   |  \          /
    AzH — CO     AzH    OH    CO — AzH
```

est le sel d'ammonium d'une diuréide, l'acide purpurique, qu'on n'est pas parvenu à isoler, et qui dérive à la fois de l'alloxane et de l'uramyle. On peut la préparer par l'action du gaz ammoniac sur l'alloxanthine.

Elle se présente en belles aiguilles vertes à reflets rougeâtres, douées de l'éclat métallique. Elle est peu soluble dans l'eau froide, et lui communique une belle coloration pourpre. On peut y remplacer l'ammonium par d'autres métaux, et produire ainsi des purpurates doués de fort belles couleurs, et qui naguère étaient employés en teinture. Mais quand, par l'action d'un acide, on essaye d'isoler l'acide purpurique, ce dernier se dédouble aussitôt en alloxane et en uramyle.

cristallines, hérissées de pointes. Peu soluble dans l'eau à froid, elle est soluble dans les alcalis et dans l'acide chlorhydrique ; avec ce dernier acide elle donne un chlorhydrate formé de prismes à faces courbes se groupant en rosaces, et rappelant les cristaux en pierre à aiguiser de l'acide urique,

La pseudo-xanthine ne précipite pas par l'acétate neutre de plomb ; l'acétate de plomb ammoniacal, le chlorure mercurique, l'azotate d'argent la précipitent. Elle donne la réaction de la murexide comme la xanthine, dont elle possède du reste toutes les réactions. Elle ne diffère de celle-ci que par sa formule, sa solubilité un peu plus grande et sa forme cristalline mieux accusée.

Hypoxanthine ou sarcine $C^5H^4Az^4O$. — L'hypoxanthine existe comme la guanine dans l'organisme des animaux et des végétaux. Elle provient, comme cette dernière, du dédoublement de la nucléine. M. Schutzenberger l'a rencontrée dans les produits de la putréfaction des substances albuminoïdes contenant de la nucléine, et notamment dans l'eau de levure.

L'hypoxanthine diffère de l'acide urique par deux atomes d'oxygène en moins. Aussi l'obtient-on en réduisant l'acide urique par l'amalgame de sodium.

$$\underset{\text{acide urique}}{C^5H^4Az^4O^3} + H^4 = 2H^2O + \underset{\text{hypoxanthine}}{C^5H^4Az^4O}$$

Elle constitue une poudre d'un blanc pur, très peu soluble dans l'eau froide, plus soluble dans l'eau bouillante. L'hypoxanthine donne un précipité vert floconneux, lorsqu'on la chauffe avec de l'acétate de cuivre. Elle précipite également par l'azotate d'argent. Le précipité est soluble dans l'acide azotique bouillant, d'où il se dépose par le refroidissement en cristaux microscopiques.

Cette base se dissout dans l'ammoniaque, et s'unit aux acides minéraux pour donner des sels bien cristallisés. En solution chlorhydrique elle précipite par le chlorure de platine ; en présence de l'acide azotique, par l'acide phospho-molybdique. Elle ne donne pas la réaction de la murexide, et ne précipite pas l'acétate de plomb ammoniacal.

Leucomaïnes créatiniques

Créatine $C^4H^9Az^3O^2$. — La créatine se rencontre toute formée dans le cerveau, dans le sang et dans le liquide musculaire des vertébrés. Elle se présente en cristaux durs, brillants, d'une saveur amère et contenant une molécule d'eau de cristallisation. Elle est peu soluble dans l'eau froide, beaucoup plus dans l'eau bouillante, insoluble dans l'alcool et dans l'éther. La solution aqueuse est sans action sur les réactifs colorés.

La créatine est une guanidine substituée. Elle a pour formule de constitution :

$$\begin{array}{lll} & Az(CH^3) & - \; CH^2 \\ AzH = C & & \quad | \\ & AzH^2 & \quad CO^2H \end{array}$$

Vohlard en a fait la synthèse en chauffant à 100 degrés des solutions aqueuses de méthylglycocolle (sarcosine) et de cyanamide :

$$\begin{array}{l} CH^2 - AzH\,(CH^3) \\ | \\ CO^2H \\ \text{sarcosine} \end{array} + \underset{\text{cyanamide}}{CAz - AzH^2} = \begin{array}{lll} & Az\,(CH^3) & - \; CH^2 \\ AzH = C & & \quad | \\ & AzH^2 & \quad CO^2H \\ & \text{créatine} & \end{array}$$

La créatine se combine avec l'acide chlorhydrique en donnant un chlorhydrate très soluble, difficilement cristallisable, et que l'ébullition décompose en présence d'un excès d'acide avec élimination d'eau et production de créatinine :

$$\begin{array}{lll} & Az\,(CH^3) & - \; CH^2 \\ HAz = C & & \quad | \\ & AzH^2 & \quad CO^2H \\ & \text{créatine} & \end{array} = H^2O + \begin{array}{lll} & AzH & - \; CO \\ HAz = C & & \quad | \\ & Az\,(CH^3) & - \; CH^2 \\ & \text{créatinine} & \end{array}$$

Le chlorure de zinc et mieux encore le chlorure de cadmium forment avec le chlorhydrate de créatine des combinaisons cristallisées très peu solubles. Le chlorure de cuivre et l'azotate de bioxyde de mercure donnent aussi des précipités.

Les solutions étendues de créatine ne sont pas précipitées par ces divers réactifs.

Créatinine $C^4H^7Az^3O$. — La créatinine n'existe pas toute formée dans le suc musculaire, mais se rencontre dans l'urine de l'homme et des animaux où elle apparaît par suite, probablement, de la perte d'eau que subit en traversant le rein la créatine, aux dépens de laquelle elle se forme. Valenciennes et Frémy, cependant, prétendent l'avoir trouvée dans les muscles de crustacés. Elle a été découverte par Liébig dans l'action de l'acide chlorhydrique sur la créatine. Heintz et, plus tard, Pettenkoffer l'ont extraite de l'urine.

D'après Neubauer, un homme sain qui fait usage d'une bonne alimentation mixte élimine en vingt-quatre heures 0 gr. 6 à 1 gr. 3 de créatinine, avec une quantité moyenne d'urine de 1500-1600 centimètres cubes.

La créatinine dérivant de la créatine par perte d'une molécule d'eau, sa constitution chimique est la même que celle de la créatine que nous venons de tracer.

Cette base se présente sous forme de prismes incolores, clinorhombiques, solubles dans l'eau, peu solubles dans l'alcool, et presque insolubles dans l'éther. Ses solutions aqueuses ont une réaction fortement alcaline, et une saveur caustique comme l'ammoniaque étendue. Elle s'unit aux acides pour former des sels parfaitement définis, et se comporte comme une base puissante, déplace l'ammoniaque de ses combinaisons, précipite l'azotate d'argent, le chlorure mercurique, etc. Elle donne avec le chlorure de zinc et le chlorure de cadmium des combinaisons cristallines fort peu solubles dans l'eau :

$(C^4H^7Az^3O)^2\ ZnCl^2$ — chlorure double de zinc et de créatinine

$(C^4H^7Az^3O)^2\ CdCl^2$ — chlorure double de cadmium et de créatinine

La créatinine peut fixer de l'eau et se transformer en créatine. Chauffée avec de l'hydrate de baryum, elle perd de l'ammoniaque et donne de la méthylhydantoïne :

$$\underset{\text{créatinine}}{C^4H^7Az^3O} + H^2O = \underset{\text{méthylhydantoïne}}{C^4H^6Az^2O^2} + AzH^3$$

Traitée de la même manière, la créatine donne de l'urée et de la sarcosine :

$$\underset{\text{créatine}}{C^4H^9Az^3O^2} + H^2O = \underset{\text{urée}}{CO\ (AzH^2)^2} + \underset{\text{sarcosine}}{C^3H^7AzO^2}$$

Par oxydation à l'aide du permanganate de potassium, la créatinine donne de la méthylguanidine et du gaz carbonique (Dessaignes):

$$HAz{=}C\begin{cases}Az(CH^3)-CH^2\\ AzH-CO\end{cases} + O^3 = HAz{=}C\begin{cases}AzH(CH^3)\\ AzH^2\end{cases} + 2CO^2$$

créatinine — méthylguanidine

Xanthocréatinine $C^5H^{10}Az^4O$. — Cette leucomaïne est la plus abondante de celles qui ont été extraites par M. A. Gautier, en épuisant par de l'eau chargée d'acide oxalique les muscles frais de bœuf, ainsi que l'extrait de viande d'Amérique, puis traitant le digesté réduit par l'évaporation dans le vide, successivement, par de l'alcool et de l'éther[1].

Ces leucomaïnes sont au nombre de six : la *pseudoxanthine*, que nous avons déjà décrite, la *crusocréatinine*, l'*amphicréatine*, plus deux bases auxquelles l'auteur n'a pas donné de nom.

D'après M. Gautier, ces produits des excrétions normales diffèrent les uns des autres par le groupement cyanhydrique, et forment une série naturelle dont les termes sont homologues par rapport à HCAz.

La xanthocréatinine est solide, cristallisée en paillettes minces, jaune-soufre, grasses au toucher, rappelant celles de la cholestérine. D'une saveur amère, exhalant à froid une légère odeur cadavérique; en solution alcoolique bouillante, d'une odeur d'acétamide; chauffée seule, elle émet une odeur de viande rôtie. Elle se dissout dans l'eau froide et dans l'alcool à 99 degrés bouillant. Elle rougit légèrement le papier bleu de tournesol, et ramène au bleu le papier rouge (réaction amphotère). Elle donne avec l'acide chlorhydrique un sel cristallisé. Elle forme avec le chlorure de platine un chloroplatinate très soluble, cristallisé en longues aiguilles; avec le chlorure d'or, un chloraurate difficilement cristallisable; avec le chlorure de zinc, un chlorure double cristallin, de couleur blanc-jaunâtre, très peu soluble dans l'eau. Ni l'acide oxalique ni l'acide azotique ne la précipitent; il en est de même de l'acétate de cuivre, caractère analytique qui sépare cette leucomaïne de la xanthine et de l'hypoxanthine.

Parmi les réactifs généraux des alcaloïdes, le chlorure mercurique, le tannin et le phospho-molybdate de sodium la précipitent en blanc-jaunâtre. L'iodure de potassium iodé et l'iodure double de mercure et de potassium ne la précipitent pas.

[1] Voir *Bulletin de l'Académie de médecine*, séances des 12 et 19 janvier 1886.

La xanthocréatinine est toxique, même à faible dose : elle détermine de l'abattement, de la somnolence, une extrême fatigue, la défécation et les vomissements répétés.

L'analogie qu'elle présente avec la créatinine et la couleur jaune de ses cristaux lui ont fait donner par M. Gautier le nom de xanthocréatinine.

Crusocréatinine $C^5H^8Az^4O$. — Cette leucomaïne a été ainsi nommée à cause de sa couleur orangée et de ses analogies avec la créatinine. Elle se présente sous la forme de cristaux jaune-orangé, ressemblant sous le microscope à des pavés émoussés. En solution aqueuse, elle présente une saveur légèrement amère et une réaction faiblement alcaline. L'acide chlorhydrique donne avec la crusocréatinine un chlorhydrate soluble non déliquescent, cristallisé, lequel forme avec le chlorure de platine un chloroplatinate soluble en prismes déliés rassemblés en houppes; avec le chlorure d'or, un chloraurate cristallin partiellement réductible à chaud et avec le chlorure de zinc une poudre cristalline soluble à chaud.

L'acide oxalique, l'acide azotique et l'acétate de cuivre ne la précipitent pas. Elle précipite à froid l'alumine des solutions d'alun.

Le chlorure mercurique la précipite en blanc; le phospho-molybdate de sodium, en jaune.

Amphicréatine $C^9H^{19}Az^7O^4$. — Les propriétés générales de cette base la rapprochent de la créatine avec laquelle elle présente les plus grandes analogies; sa formule répond à deux molécules de créatine $C^4H^9Az^3O^2$, plus le groupement cyanhydrique HCAz, ce qui lui a fait donner par M. Gautier le nom d'amphicréatine (du grec ἀμφί, auprès de).

Elle se présente en prismes obliques, brillants, à faces légèrement courbes, de couleur blanc-jaunâtre, de saveur légèrement amère, peu solubles dans l'eau froide.

Elle donne un chlorhydrate, un chloroplatinate et un chloraurate, tous les trois cristallisés et solubles. Le phospho-molybdate de sodium la précipite en jaune. Le chlorure mercurique et l'acétate de cuivre ne la précipitent pas.

Base $C^{11}H^{24}Az^{10}O^5$. — M. Gautier l'a retirée des eaux mères de la xanthocréatinine. Elle est solide, cristallisée en tables minces, rectangulaires, insipides, légèrement jaunâtres, à réaction amphotère. Son chloroplatinate est soluble et cristallisé. Chauffée à 180-200 degrés en tubes scellés, elle donne de l'anhydride carbonique, de l'ammoniaque et une base nouvelle cristallisée, que l'auteur n'a pas encore étudiée.

Base $C^{12}H^{25}Az^{11}O^{5}$. — Cette leucomaïne extraite des eaux mères de la crusocréatinine cristallise en tables rectangulaires, fragiles, soyeuses, présentant les principales réactions de la base précédente, de laquelle elle ne diffère que par le groupement HCAz en plus. Elle donne des sels bien cristallisés.

Leucomaïnes non sériées

BASES URINAIRES DE TUDICHUM

M. W. Tudichum, dans un mémoire présenté en 1888 à l'Académie des sciences[1], a décrit un certain nombre d'alcaloïdes urinaires qui sont :

1° L'*Urochrome*. — Matière colorante normale de l'urine, alcaloïde amorphe;

2° L'*Omicholine* $C^{24}H^{38}AzO^{5}$. — Matière colorée en rouge, d'aspect résineux, soluble dans l'alcool et dans l'éther, insoluble dans l'ammoniaque. La solution présente une fluorescence verte, et au spectroscope une bande d'absorption entre les raies D et E.

3° L'*Uropittine* n'a pas été isolée à l'état de pureté; elle est soluble dans l'alcool et très altérable. Sa solution, qui est rouge, présente au spectroscope une bande d'absorption sur la raie F.

4° L'*Uromélanine* $C^{36}H^{43}Az^{7}O^{10}$.— Corps stable, susceptible de se combiner aux métaux; insoluble dans l'alcool et dans l'éther, soluble dans les alcalis; est précipitée par les acides. L'urine de vingt-quatre heures fournie par un adulte en contient de 0 gr. à 0 gr. 50.

5° L'*Urothéobromine*. — Alcaloïde cristallisé, isomère de la théobromine $C^{7}H^{8}Az^{4}O^{2}$, dont il ne diffère que par ses propriétés.

Il se combine à l'oxyde de cuivre contenu dans l'acétate, dont il déplace l'acide acétique quand le mélange est porté à l'ébullition; cette réaction le distingue de la théobromine.

6° La *Réducine* $C^{6}H^{11}Az^{3}O^{4}$. — Cette base réduit en solution acide ou neutre les sels cuivriques, mercuriques et ferriques, qu'elle transforme en sels cuivreux, mercureux et ferreux. Elle réduit aussi les sels d'argent à l'état métallique.

7° *Pararéducine*. — Base obtenue à l'état de combinaison avec l'oxyde de zinc; et enfin

8° L'*Aromine*, qui n'a pas été isolée à l'état de pureté. Elle dégage

[1] *Comptes rendus de l'Académie des sciences*, 25 juin 1888, p. 1803.

en brûlant une odeur semblable à celle que donne la tyrosine dans les mêmes conditions.

Ces divers alcaloïdes précipitent la plupart des réactifs généraux des alcaloïdes, et notamment l'acide phospho-molybdique et l'acide phospho-tungstique, mais on peut se demander s'ils ne sont pas des produits de transformations et de dédoublements de l'urobiline normale.

Leucomaïnes du sang normal

Plasmaïne $C^5H^{15}Az^5$. — Cette leucomaïne a été isolée par M. R. Wurtz[1] du sang frais de bœuf, avec un certain nombre d'autres qui n'ont pas été analysées.

C'est une base solide, non toxique, à réaction très alcaline. Elle s'unit à l'acide chlorhydrique pour donner un chlorhydrate en cristaux aiguillés, lequel s'unit au chlorure de platine et au chlorure d'or pour former avec le premier un chloroplatinate soluble dans l'eau froide, peu soluble dans l'eau bouillante et dans l'alcool, qui cristallise en petits cubes ou en octaèdres presque incolores ou d'un jaune-paille, assez déliquescents; avec le second, un chloraurate insoluble, facilement réductible, très déliquescent et cristallisé en feuilles ramifiées. Le chlorure mercurique donne, avec la plasmaïne, un précipité qui cristallise en touffes déliquescentes.

M. Wurtz a proposé pour cette leucomaïne la formule de constitution suivante, qui se rapproche de la xanthine :

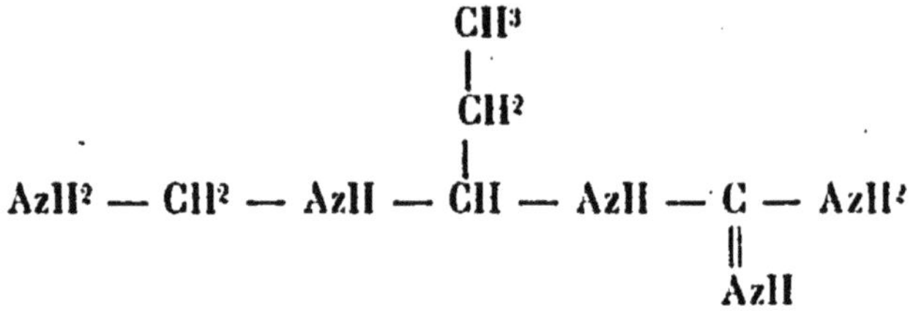

$$\begin{array}{ccccccccccccc} & & & & & & CH^3 & & & & & & \\ & & & & & & | & & & & & & \\ & & & & & & CH^2 & & & & & & \\ & & & & & & | & & & & & & \\ AzH^2 & — & CH^2 & — & AzH & — & CH & — & AzH & — & C & — & AzH^2 \\ & & & & & & & & & & \| & & \\ & & & & & & & & & & AzH & & \end{array}$$

Leucomaïne des urines d'épileptiques $C^{12}H^{16}Az^5O^7$. — Cette leucomaïne isolée par M. Griffiths[2] cristallise en prismes incolores obliques, solubles dans l'eau, à réaction faiblement alcaline. Elle forme un chlorhydrate et un chloraurate cristallisés ; le chlorure mercurique donne avec elle un précipité blanc-verdâtre ; l'azotate d'argent, un précipité

[1] Thèse de Paris, 1888, déjà citée.

[2] *Académie des sciences*, séance du 15 juillet 1892.

jaunâtre. Elle donne un précipité blanc avec l'acide phospho-tungstique, blanc-brunâtre avec l'acide phospho-molybdique, jaune avec le tannin.

Les expériences que l'auteur a pu faire sur les animaux avec cette nouvelle base démontrent qu'elle est vénéneuse, qu'elle produit des tremblements, des évacuations intestinales et urinaires, de la dilatation pupillaire, des convulsions et enfin la mort.

Spermine. — Cette base, dont le nom indique l'origine, a été obtenue et analysée par M. Alexandre Poehl[1], de Saint-Pétersbourg. C'est une substance blanche, cristalline, donnant des sels très bien cristallisés; elle répond à la formule $C^5H^{14}Az^2$.

L'étude physiologique de la spermine employée à l'état de chlorhydrate pur a été faite par MM. Tarchanoff, Maximowitch, Schichareff, Victoroff, Roschtschinin, Weljaminoff, et il résulte de leurs expériences que cette base possède une action tonifiante et dynamogène de tout point semblable à celle du liquide testiculaire de Brown-Séquard (*Journal de pharmacie et de chimie*, 1er octobre 1892, p. 323).

Sous l'influence de la spermine, les oxydations sont activées; les produits excrémentitiels des cellules, les matières incomplètement oxydées disparaissent des urines, et le système nerveux, débarrassé des produits extractifs et azotés, des produits de désassimilation, retrouve toute son activité et toute sa vigueur. Cette substance paraît jouir également des propriétés singulières de stimulant des oxydants chimiques.

La spermine n'a rien de commun avec la pipérazine, avec laquelle elle a été confondue en Allemagne.

ADDITION

CANTHARIDINE $C^{10}H^{12}O^4$

(ACIDE CANTHARIDIQUE, CANTHARÈNE)

La cantharidine est le principe toxique et vésicant de la cantharide (*lytta vesicatoria*) et de quelques autres coléoptères vésicants, les mylabres et les méloés. Pour l'extraire, on traite 500 grammes de poudre de cantharides récemment préparée par 2,000 de benzine ou de chloroforme

[1] *Académie des sciences*, séance du 11 juillet 1892.

bouillants, dans un appareil à déplacement. On chasse presque complètement le dissolvant par distillation, et on obtient des cristaux de cantharidine souillée par une grande quantité d'une huile verte, que l'on enlève par l'éther de pétrole, dissolvant qui est sans action sur la cantharidine. Ces cristaux de premier jet peuvent être purifiés par une nouvelle cristallisation dans l'alcool bouillant après décoloration par un peu de noir animal.

La cantharidine se présente sous forme de prismes rhombiques, incolores, inodores et sans action sur le papier de tournesol. Elle est très volatile, même à la température ordinaire. A 210 degrés elle se ramollit, et fond à 218 degrés. Elle est très peu soluble dans l'eau, presque insoluble dans le sulfure de carbone, peu soluble dans l'alcool froid, soluble dans l'alcool chaud, assez soluble dans le chloroforme, l'éther acétique, la benzine et l'éther bouillants; elle se dissout bien également dans les huiles grasses, surtout à chaud.

Les solutions alcalines dissolvent la cantharidine; dans cette opération, elle fixe deux molécules d'eau et se transforme en acide cantharidique :

$$\underset{\text{cantharidine}}{C^{10}H^{12}O^{4}} + KOH + H^{2}O = \underset{\text{cantharidate acide de potassium}}{C^{10}H^{13}KO^{5}, H^{2}O}$$

Les acides reprécipitent de sa solution, non pas l'acide cantharidique, mais la cantharidine.

Par la distillation sèche avec la chaux sodée, la cantharidine laisse distiller du *cantharène*, de l'*orthoxylène* et des corps de nature acétonique.

Lorsqu'on chauffe à 100 degrés de la cantharidine avec de l'acide iodhydrique concentré, on la transforme en un isomère, l'*acide cantharique*, lequel, bouilli avec une solution concentrée de potasse, dégage un hydrocarbure, le cantharène, qui, par l'ensemble de ses propriétés, se comporte comme un homologue supérieur des térébènes, dont il diffère cependant en ce que, au lieu d'appartenir à la série para comme ces derniers, il fait partie de la série ortho (Etard, *Dict. de chim.* de Wurtz), c'est un dihydroxylène.

La place de la cantharidine et sa fonction chimique ne sont pas encore bien déterminées; elle nous semble cependant pouvoir être considérée comme l'anhydride interne de l'acide cantharidique, qui paraît être un alphénol dont la cantharidine serait par conséquent la lactone.

La cantharidine réduit le mélange de bichromate de potassium et d'acide sulfurique, il se forme du sulfate vert de chrome. Les sels alcalins sont cristallisables, et leurs solutions sont précipitées en blanc par les chlorures de calcium et de baryum, en vert par les sulfates de cuivre et de nickel. L'acétate de plomb, le bichlorure de mercure et l'azotate d'argent donnent avec elle un précipité cristallin.

Recherche toxicologique. — L'empoisonnement par les cantharides est assez fréquent, soit parce que le public se sert de ses préparations réputées aphrodisiaques, soit intentionnellement pour provoquer des avortements. Les dissolvants neutres enlèvent la cantharidine à ses solutions acides, mais non à ses solutions alcalines. Pour isoler la cantharidine, on acidifie les matières suspectes avec de l'acide sulfurique dilué, et on les distille au bain-marie, presque jusqu'à siccité. Le résidu est alors épuisé par le chloroforme bouillant, celui-ci filtré et distillé au bain-marie; le résidu abandonné par le chloroforme est alors lavé à froid avec de l'éther de pétrole qui enlève les matières grasses et la plupart des substances étrangères. La substance qui reste est alors directement employée pour les essais physiologiques. Cette méthode d'extraction ne donne pas toujours de bons résultats, parce que la cantharidine paraît subir, au contact des matières protéiques, une sorte de combinaison qui l'empêche de passer dans les dissolvants; aussi Dragendorff recommande de rechercher de la façon suivante la cantharidine dans le sang et les organes :

« Les matières à examiner, finement divisées au préalable, sont « placées dans une capsule en porcelaine avec une solution de potasse « (1 partie d'hydrate de potasse pour 12 à 15 parties d'eau), et portées « à l'ébullition jusqu'à ce qu'on obtienne une masse fluide et homo- « gène. On laisse refroidir le liquide, et on lui ajoute au besoin assez « d'eau pour qu'il ne soit pas trop sirupeux. On l'agite avec du chloro- « forme qui enlève des matières étrangères; on lui ajoute 4 ou 5 fois son « volume d'alcool à 90-95 degrés, et on sursature par de l'acide sulfu- « rique. Le liquide porté à l'ébullition est filtré d'abord à chaud, puis « de nouveau après refroidissement; on sépare l'alcool par distillation « et l'on soumet à deux ou trois reprises le résidu aqueux à l'action du « chloroforme (on ne doit surtout pas négliger de mettre le chloro- « forme en contact avec les masses poisseuses qui adhèrent à la cornue). « Les extraits chloroformiques sont évaporés, dissous dans un peu « d'huile d'amandes douces chaude et examinés au point de vue de « leur action physiologique (vésication). »

La cantharidine peut être retrouvée dans le sang, l'urine, le foie, les reins, le cœur, les muscles, le contenu du tube digestif, les fèces. Les propriétés vésicantes de cette substance s'accusent par un ensemble de signes nécropsiques bien caractérisés : inflammation, ulcérations, extravasations sanguines, chute de la muqueuse à la surface du tube digestif, quelquefois perforations stomacales. Du côté des reins, on constate toutes les lésions histologiques de la néphrite.

L'examen à la loupe, au soleil, des matières étendues sur une plaque de verre permettra de reconnaître un empoisonnement par la poudre de cantharides; celle-ci est parsemée de points brillants, d'un vert mordoré, formés des débris d'élytres de cantharides. Ces débris persistent longtemps dans les replis de l'estomac et de l'intestin. On peut, comme le recommande Poumec, les retrouver de la façon suivante : on vide le tube intestinal, on l'insuffle et on le suspend verticalement en fixant un poids à la partie inférieure pour en effacer les plis. Quand il est desséché, on le coupe par morceaux que l'on dépose sur des plaques de verre pour les examiner.

La cantharidine n'est pas toxique pour certains animaux, tels que les lapins, les poules, les chiens, les grenouilles, etc... Dragendorff a pu empoisonner mortellement un chat en le nourrissant avec de la viande d'une poule qui avait absorbé des cantharides pendant plusieurs jours; le principe toxique existait dans cette viande en quantité appréciable aux réactifs.

HISTOIRE CHIMIQUE, RÉACTIONS ET PROPRIÉTÉS CARACTÉRISTIQUES DES PRINCIPAUX ALCALOÏDES

A. — Alcaloïdes liquides

CONINE (cicutine, coniine, conicine) $C^8H^{15}Az$

Existe dans tous les organes de la grande ciguë. Elle constitue un liquide limpide, incolore, brunissant à l'air, d'une odeur spéciale rappelant l'odeur des souris, d'une saveur âcre et caustique, d'une densité de 0,886 et bouillant à 168 degrés. Elle est dextrogyre. Ladenburg en a réalisé la synthèse en traitant l'α-picoline par la paraldéhyde :

$$\underset{\alpha\text{-picoline}}{C^5H^4(CH^3)Az} + \underset{\text{paraldéhyde}}{CH^3 - CHO} = H^2O + \underset{\alpha\text{-allylpyridine}}{C^5H^4(CH = CH - CH^3)Az}$$

L'allylpyridine qui se produit, dissoute dans l'alcool, puis traitée par le sodium, se convertit en conine :

$$C^5H^4(CH = CH - CH^3)Az + 3H^2 = C^5H^8Az - C^3H^7$$

α-allylpyridine — conine

Cette conine synthétique est inactive, mais elle l'est par compensation, car, lorsqu'on dépose dans une solution de bitartrate de conine synthétique un cristal de bitartrate de conine naturelle, celui-ci provoque la cristallisation d'un sel ayant même pouvoir rotatoire que la base naturelle, et les eaux mères renferment une conine lévogyre.

Hoffmann considère la conine comme le dérivé hydrogéné (tétra) de l'α-propylpyridine. Cette dernière a, en effet, été obtenue par lui en distillant la conine avec du zinc en poudre :

$$C^8H^{15}Az = 2H^2 + C^8H^{11}Az$$

conine — α-propylpyridine

La conine se dissout abondamment dans l'alcool, l'éther, l'alcool amylique, la benzine, le chloroforme. Elle ne se dissout dans l'eau qu'en petite quantité et mieux à froid qu'à chaud. Sa solution aqueuse est alcaline au tournesol. La solution alcoolique de la conine est troublée par l'addition d'eau, en vertu de la moindre solubilité de l'alcaloïde dans ce dernier liquide (différence avec la nicotine). Un mélange de 1 gramme de conine et de 4 grammes d'alcool n'est pas précipité par l'eau.

La conine est un alcali secondaire : elle contient, en effet, un atome d'hydrogène remplaçable par du méthyle ou de l'éthyle. C'est une base monovalente très puissante qui se dissout aisément dans les acides étendus à l'état de sels dont quelques-uns cristallisent ; les solutions de ces sels se colorent en brun pendant l'évaporation, et le résidu contient un peu de sel ammoniacal.

Si on a employé un excès d'acide, il y a altération. Les sels sont solubles dans l'eau et dans l'alcool. La conine est mise en liberté lorsqu'on traite ses solutions salines par la soude caustique. En agitant le liquide alcalin avec de l'éther, celui-ci prend l'alcaloïde que l'évaporation abandonne sous forme d'une goutte huileuse jaunâtre. On peut aussi distiller la solution alcaline, la conine est entraînée par la vapeur d'eau. Le liquide distillé étant neutralisé par l'acide oxalique, il se forme de l'oxalate de conine soluble dans l'alcool, tandis que l'oxalate d'ammonium est insoluble, ce qui permet de séparer la conine de l'ammoniaque.

Réactions. — 1° Par l'action de l'acide chlorhydrique étendu on obtient du chlorhydrate de conine facilement cristallisable et se déposant après peu de temps à l'état de cristaux aiguillés, prismatiques ou dendritiques.

2° Ces cristaux doivent avoir une action sur la lumière polarisée.

3° Un courant de gaz chlorhydrique bien sec dirigé dans de la conine, lui communique une couleur pourpre qui vire lentement au bleu-indigo.

4° Le chlorure de platine produit, dans les solutions concentrées seules, un précipité orangé, insoluble dans l'alcool et l'éther. Les solutions aqueuses un peu étendues ne sont pas précipitées (différence avec nicotine).

5° Avec le sulfate de cuivre elle donne un précipité bleu, peu soluble dans l'eau, soluble dans l'alcool et l'éther.

6° *Iodure mercurico-potassique.* — Trouble encore visible dans les solutions au 800°. Précipité blanc amorphe dans les solutions plus concentrées; ce précipité se rassemble bientôt en une matière poisseuse qui adhère aux parois du vase. Après vingt-quatre à trente-six heures, celles-ci se garnissent de beaux cristaux, mesurant jusqu'à 1 centimètre de longueur (caractéristique pour la conine et la nicotine).

7° *Iodure de bismuth et de potassium :* Précipité rouge-orangé.

8° *Acide phospho-molybdique :* Précipité jaunâtre abondant.

9° *Iodure de potassium iodé :* Précipité jaunâtre abondant.

10° *Chlorure d'or :* Précipité blanc-jaunâtre, insoluble dans l'acide chlorhydrique étendu. Le précipité est plus clair que celui obtenu par la nicotine. Les solutions à 1/100 précipitent difficilement.

11° *Eau chlorée :* Trouble fortement (en blanc) la solution aqueuse de conine (différence avec nicotine).

Action physiologique. — D'après les expériences de Rochefontaine et Tiriakan, la conine n'est pas un poison musculaire ni un poison cardiaque. Elle ne paraît pas agir sur les nerfs moteurs, non plus que sur les nerfs sensitifs. Elle porte son action sur les centres nerveux encéphalo-médullaires.

Remarque. — La conine du commerce renferme presque toujours de la *conhydrine* [1] et de la *méthylconine*, alcaloïdes solides, volatils (dont le premier contient de l'oxygène), qui existent en même temps que la conine dans le *conium maculatum*. Lorsque la conine en est abondamment souillée, on peut, en évaporant lentement la solution des alca-

[1] La *Conhydrine* $C^8H^{17}AzO$, qui ne diffère de la conine que par les éléments d'une molécule d'eau, se change en conine quand on la traite par l'anhydride phosphorique.

loïdes dans l'éther de pétrole, obtenir des cristaux de conine et de méthylconine. Leurs chlorhydrates cristallisent comme celui de conine. Ils donnent l'un et l'autre des précipités semblables avec les réactifs généraux, mais ne précipitent pas le chlorure de platine.

LOBÉLINE

Les feuilles et les semences des lobéliacées renferment une substance toxique, la *lobéline*, que l'on peut en extraire en traitant les solutions de ses sels alcalinisées avec l'ammoniaque par l'éther de pétrole. La lobéline constitue un liquide huileux, jaunâtre, ayant l'odeur des feuilles de lobélie, non volatil sans décomposition, d'une saveur piquante rappelant le tabac. Elle est soluble dans l'eau, très soluble dans l'alcool et dans l'éther. Sa réaction est alcaline au tournesol, et, bien qu'on ne soit pas encore fixé sur sa constitution chimique, elle paraît être de nature alcaloïdique, car elle s'unit aux acides pour former des sels, la plupart cristallisables. Sa solution est précipitée par le tannin (non par l'acide gallique), ainsi que par la plupart des réactifs généraux des alcaloïdes. Le bichromate de potassium et l'acide picrique la précipitent en jaune (différence avec la conine). Le résidu de l'évaporation de sa solution dans l'éther de pétrole se colore après quelques minutes en violet foncé par le réactif de Fröhde. Cette réaction ne se produit plus lorsque l'alcaloïde a été exposé longtemps au contact de l'air. Ce même résidu traité par l'acide chlorhydrique ne cristallise que très difficilement, et même pas du tout, et se comporte dans cette circonstance comme la nicotine, ce qui permet encore de distinguer la lobéline de la conine dont le chlorhydrate cristallise aisément.

La lobéline jouit de propriétés narcotiques très énergiques.

NICOTINE $C^{10}H^{14}Az^{2}$

Existe dans les feuilles et les semences de tabac. C'est un liquide huileux, incolore, limpide, d'une odeur vireuse pénétrante, d'une saveur âcre. Elle devient jaunâtre, brunit et s'épaissit peu à peu au contact de l'air, dont elle absorbe l'oxygène et aussi l'humidité. Sa densité est de 1,033 à + 4 degrés. Elle bout vers 241 degrés en se décomposant partiellement, elle se solidifie à — 10 degrés et est fortement lévogyre. Elle se dissout en toutes proportions dans l'eau, l'alcool et l'éther. Elle est peu soluble dans l'essence de térébenthine. Les acides étendus forment avec elle des sels solubles; les solutions doivent être évaporées avec précaution, car un excès d'acide peut les décomposer à chaud. Les alcalis et les oxydes terreux déplacent la nicotine des solutions salines, mais elle précipite les solutions métalliques. Les sels de nicotine sont très solubles et cristallisent difficilement. Le chlorhydrate de nicotine est plus volatil que la nicotine elle-même; il est soluble dans l'alcool et insoluble dans l'éther. L'oxalate de nicotine est également soluble dans l'alcool.

Le chlorure et l'oxalate d'ammonium étant insolubles dans l'alcool, ce caractère permet de séparer le chlorhydrate et l'oxalate de nicotine des sels correspondants d'ammonium.

La nicotine fait partie du groupe des bipyridyles, sa formule de constitution serait la suivante (d'après M. Hanriot) :

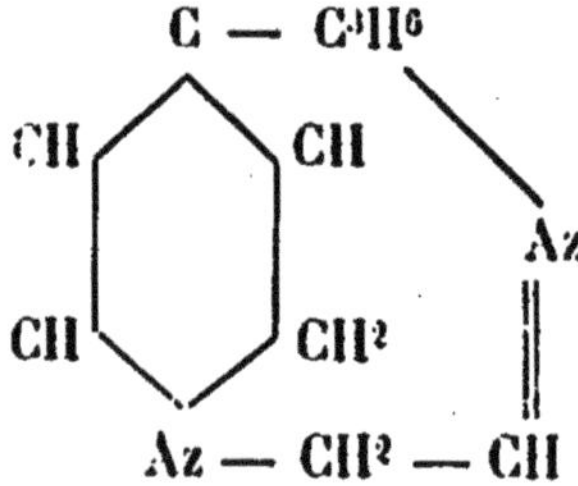

Avec l'iode et le brome elle donne des produits d'addition bien caractérisés. Le permanganate de potassium l'oxyde en donnant des acides nicotianique et oxalique :

$$\underset{\text{nicotine}}{C^{10}H^{14}Az^2} + 11\,O = \underset{\substack{\text{acide}\\ \text{nicotianique}}}{C^6H^5AzO^2} + \underset{\substack{\text{acide}\\ \text{oxalique}}}{2C^2H^2O^4} + H^2O$$

Lorsqu'on la chauffe avec du soufre, elle donne de la thiotétrapyridine :

$$\underset{\text{nicotine}}{2C^{10}H^{14}Az^2} + 6S = 5H^2S + \underset{\text{thiotétrapyridine}}{(C^{10}H^9Az^2)^2S}$$

et celle-ci, chauffée avec du cuivre, donne du sulfure de cuivre et se convertit en isobipyridine $C^{10}H^{10}Az^2$, bouillant à 275 degrés (Cahours et Etard).

Réactions. — 1° *Tannin :* Occasionne dans la solution aqueuse de nicotine un abondant précipité blanc, soluble dans l'acide chlorhydrique étendu.

2° *Iodure de bismuth et de potassium:* Précipité orangé dans les solutions peu étendues. Trouble manifeste dans les solutions au 1/40000.

3° *Acide phospho-molybdique:* Précipité blanc-jaunâtre dans les solutions peu étendues. Trouble sensible dans les solutions à 1/30000.

4° *Iodure mercurico-potassique:* Même caractère que pour la conine.

5° *Chlorure d'or:* Ajouté en excès aux solutions des sels de nicotine, ainsi qu'à la solution aqueuse de nicotine, y produit un précipité jaune-rougeâtre, difficilement soluble dans l'acide chlorhydrique.

6° *Chlorure de platine:* Donne dans la solution aqueuse de nicotine ou d'un sel de nicotine un précipité floconneux jaune-clair. Si l'on chauffe la liqueur dans laquelle il est en suspension, ce précipité se redissout, mais en continuant l'application de la chaleur il se dépose de nouveau à l'état de poudre cristalline, lourde, jaune-rougeâtre.

Les solutions étendues de nicotine, sursaturées d'acide chlorhydrique, restent d'abord limpides par l'addition du chlorure de platine; mais, après quelque temps, abandonnent de petits cristaux bien nets de sel double.

7° *L'iodure de potassium iodé:* donne avec les sels de nicotine un précipité brun très net, qui se résout en gouttelettes huileuses et pesantes, lesquelles se transforment spontanément en une masse cristalline.

8° En mélangeant les solutions altérées de nicotine avec leur volume de solution éthérée d'iode, il se dépose au bout de quelque temps de belles aiguilles d'iodure d'une couleur rouge-rubis. C'est un réactif fort sensible et caractéristique de la nicotine (Roussin).

9° Le chlore colore la nicotine en rouge de sang, puis en brun; ce produit de décomposition est soluble dans l'alcool, et s'en sépare à l'état cristallisé par le refroidissement.

10° D'après Selmi, la nicotine en solution aqueuse donne, avec l'iodure double de potassium et de platine, un précipité brun qui se redissout peu à peu; la conine fournit un précipité jaunâtre qui ne se redissout pas. En solution acétique la nicotine donnerait un précipité noir, la conine un précipité jaune. Si l'on dessèche les mélanges sur une plaque de verre, la nicotine donne des cristallisations brunes et rouge-grenat, la conine ne laisse qu'un résidu jaune avec quelques cristaux d'iodure de potassium.

Action physiologique. — Les lésions produites par la nicotine sont assez peu caractéristiques. Les parois gastriques et intestinales sont quelquefois plus ou moins enflammées dans l'empoisonnement par la nicotine. Cet alcaloïde produirait la mort en paralysant le cerveau et les muscles inspirateurs.

PELLÉTIÉRINE $C^8H^{15}AzO$

Isopellétiérine — Méthylpellétiérine — Pseudopellétiérine

L'écorce de *punica granatum* contient plusieurs alcaloïdes dont la découverte et l'étude sont dues à M. Tanret.

Ce chimiste a séparé ces alcaloïdes les uns des autres en traitant la solution de leurs sels mélangés, d'abord par du bicarbonate de sodium, en ayant soin de saturer la solution de gaz carbonique, ce qui a précipité la *pseudopellétiérine* et la *méthylpellétiérine ;* puis par la potasse qui a mis en liberté la *pellétiérine* et l'*isopellétiérine* que l'on dissout à l'aide du chloroforme.

La *pellétiérine* utilisée en médecine comme anthelminthique est un alcaloïde liquide, volatil, lévogyre, qui bout à 195 degrés en se décomposant en partie. Elle est soluble dans l'eau, très soluble dans l'alcool, le chloroforme et l'éther.

L'*isopelletiérine* $C^8H^{15}AzO$, liquide bouillant à 125 degrés environ, possède les mêmes propriétés et la même composition que la pellétiérine, dont elle ne se distingue que par l'absence de pouvoir rotatoire.

La *méthylpellétiérine* $C^8H^{14}(CH^3)AzO$ est un alcaloïde liquide, volatil, dextrogyre, qui bout à 205 degrés.

Les sels de ces trois alcaloïdes sont hygrométriques et difficilement cristallisables,

La *pseudopellétiérine* $C^9H^{15}AzO + 2H^2O$ est un alcaloïde solide, volatil, même à froid, susceptible de cristalliser en prismes droits contenant deux molécules d'eau de cristallisation. Ces cristaux fondent à 46 degrés, et perdent leur eau de cristallisation par l'action de la chaleur. La pseudopellétiérine anhydre $C^9H^{15}AzO$ bout à 246 degrés. Elle est inactive à la lumière polarisée. Ses sels ne sont pas hygrométriques et cristallisent facilement.

On n'obtient avec ces divers alcaloïdes aucune réaction colorée caractéristique. Ils précipitent, par les réactifs généraux des alcaloïdes, et réduisent, en solution sulfurique, le bichromate de potassium.

Ils paraissent se rattacher à la série pyridique, bien que l'on n'ait pu encore les transformer en composés de cette série.

Action physiologique. — « La pellétiérine, l'alcaloïde le plus actif des quatre que contient l'écorce de grenadier, est relativement peu toxique. Chez l'homme, elle produit du vertige, des troubles oculaires et quelquefois la parésie musculaire; mais ces symptômes sont de courte durée, et ils ne laissent dans la santé aucune trace d'altération quelconque. Les phénomènes d'intoxication consistent, à dose minime, en une simple paresse musculaire; à dose atteignant 15 à 20 centigrammes, en une paralysie progressive, paralysant d'abord les membres inférieurs, puis le train antérieur, les oreilles, le cou, le thorax et enfin le cœur. Les mouvements volontaires disparaissent avant les mouvements réflexes. La respiration est d'abord moins large et précipitée; puis les mouvements deviennent plus pénibles, plus rares ; finalement, ils sont complètement suspendus. Le cœur bat encore, mais d'une façon désordonnée, puis il faiblit et s'arrête; quelques convulsions précèdent la mort. A la fin on a noté une légère élévation de température (de Rochemure). »

PILOCARPINE $C^{11}H^{16}Az^2O^2$

Alcaloïde extrait des feuilles du jaborandi, *pilocarpus pennatifolius* (Rutacées), qui en contiennent jusqu'à 7 grammes par kilogramme. Il constitue une masse sirupeuse, soluble dans l'eau, l'alcool, le chloroforme et la benzine, qui forme avec les acides des sels bien cristallisés. Il est dextrogyre; son pouvoir rotatoire varie avec le dissolvant ; il est + 127 degrés en solution chloroformique ; + 103 degrés en solution alcoolique et + 8°,35 en solution chlorhydrique. Cette base n'est pas volatile sans décomposition. Par ébullition avec l'eau, la pilocarpine se dédouble en triméthylamine et acide β-pyridine lactique :

$$\underset{\text{pilocarpine}}{C^{11}H^{16}Az^2O^2} + H^2O = \underset{\text{triméthylamine}}{Az(CH^3)^3} + \underset{\text{acide pyridine-lactique.}}{C^5H^4Az - C(OH)\begin{matrix} \diagup CH^3 \\ \diagdown CO^2H \end{matrix}}$$

Par hydratation en présence des acides, la pilocarpine donne la *pilocarpidine* $C^{10}H^{14}Az^2O^2$ et de l'alcool méthylique :

$$\underset{\text{pilocarpine}}{C^{11}H^{16}Az^2O^2} + H^2O = \underset{\text{pilocarpidine}}{C^{10}H^{14}Az^2O^2} + \underset{\text{alcool méthylique.}}{CH^3OH}$$

On peut donc assigner[1] à pilocarpidine la formule de constitution :

$$
\begin{array}{ccc}
 & CO^2H & \\
 & / & \\
C^5H^4Az^2 - C & \text{———} & Az(CH^3)^2 \\
 & \backslash & \\
 & CH^3 &
\end{array}
$$

et à la pilocarpine :

$$
\begin{array}{ccc}
 & CO^2 & \\
 & / \quad \backslash & \\
C^5H^4Az^2 - C & \text{———} & Az(CH^3)^3 \\
 & \backslash & \\
 & CH^3 &
\end{array}
$$

Lorsqu'on traite la pilocarpine par un grand excès d'acide azotique fumant on obtient de la *jaborandine* $C^{10}H^{12}Az^2O^3$, base signalée par Chastaing dans le *piper jaborandi villosa.*

On ne connaît pas encore pour la pilocarpine de réactions colorées caractéristiques. Elle colore en vert le mélange de bichromate de potassium et d'acide sulfurique, mais ne donne rien avec les acides sulfurique ou azotique, non plus qu'avec le réactif de Fröhde.

La pilocarpine est facilement enlevée par la benzine et surtout le chloroforme aux liqueurs alcalines. Les liqueurs acides cèdent également de la pilocapine à l'éther de pétrole et à la benzine, mais non au chloroforme.

Action physiologique. — La pilocarpine possède des propriétés assez toxiques. A la suite de son administration à l'intérieur ou en injections hypodermiques, elle provoque, même à faible dose, une abondante sécrétion de sueurs, de larmes et de salive ; à dose plus élevée, elle détermine des convulsions tétaniques, le ralentissement brusque du pouls et de la respiration.

Appliquée sur le cœur dénudé d'une grenouille, elle en arrête les mouvements comme le fait la muscarine. Laisse-t-on alors tomber une goutte de sulfate d'atropine sur ce cœur, on voit presque aussitôt ses battements reprendre leurs cours. Il en est de même quand une injection sous-cutanée de pilocarpine a ralenti les pulsations de la grenouille. Verse-t-on une goutte d'atropine sur le cœur, celui-ci reprend ses battements. Il y a donc pour le cœur un antagonisme entre la pilocarpine et l'atropine.

[1] E. Hardy et O. Calmels, *Comptes rendus de l'Académie des sciences*, t. CII, p. 1116-1231 et 1562.

SPARTÉINE $C^{15}H^{26}Az^2$

La spartéine a été isolée par Stenhouse du *spartium scoparium*, L. (*cytisus noparius*, Linck). C'est un alcaloïde liquide, huileux, incolore et volatil, qui bout à 180-181 degrés. Elle possède une odeur faible rappelant celle de l'aniline ; sa saveur est excessivement amère ; elle brunit peu à peu à l'air.

C'est une base puissante qui offre une forte réaction alcaline et neutralise parfaitement les acides. Elle est considérée comme une diamine tertiaire pouvant fixer directement 1 ou 2 molécules d'iodure d'éthyle, et fournir des iodures d'ammoniums quaternaires. L'eau ne la dissout que très peu, et le chlorure de sodium la sépare de sa solution. L'acide chlorhydrique à 200 degrés est sans action sur elle. Le brome la transforme en une masse rouge résineuse. L'iode en solution éthérée la convertit en un periodure $C^{15}H^{26}Az^2I^3$, qui cristallise dans l'alcool en belles aiguilles vertes.

La spartéine est vénéneuse et possède des propriétés narcotiques.

Réactions. — Les réactifs généraux des alcaloïdes précipitent la spartéine. Elle est précipitée par les chlorures mercurique et platinique, et sa combinaison chlorhydrique ne cristallise pas (différence avec la conine). Elle se distingue de la nicotine en ce que son chlorhydrate est inodore, et que l'alcaloïde n'exhale que légèrement l'odeur d'aniline.

B. — Alcaloïdes solides

ACONITINE $C^{33}H^{43}AzO^{12}$

Picroaconitine. — Pseudo-aconitine (*Aconine*)

Les alcaloïdes définis contenus dans les diverses variétés d'aconits sont au nombre de trois : l'*aconitine*, la *picroaconitine*, retirées de l'*aconitum napellus*, et la *pseudoaconitine*, retirée de l'*aconitum ferox*.

L'aconit du Japon contient un autre alcaloïde, la *japaconitine* (Wright).

1° *Aconitine* $C^{33}H^{43}AzO^{12}$. — Cet alcaloïde cristallise en tables anhydres, rhombiques, très solubles dans l'alcool, l'éther, la benzine et surtout le chloroforme, insolubles dans l'eau et dans le pétrole lourd ou léger. Il est précipité de ses sels sous la forme d'une poudre blanche légère qui commence à se décomposer à 100 degrés. Il est lévogyre, sa saveur est légèrement amère, elle produit sur la langue un picotement particulier (Duquesnel).

L'aconitine forme avec les acides des sels qui cristallisent difficilement (sauf l'azotate), solubles dans l'eau et dans l'alcool. L'aconitine cristallisée fond à 183 degrés; sa solution présente une réaction alcaline.

L'aconitine est instable, les acides étendus la transforment à chaud en *apoaconitine* $C^{33}H^{41}AzO^{11}$, en lui faisant perdre une molécule d'eau. Les alcalis la dédoublent à chaud en acide benzoïque et en une autre base, l'*aconine* :

$$\underset{\text{aconitine}}{C^{33}H^{43}AzO^{12}} + H^2O = \underset{\text{aconine}}{C^{26}H^{39}AzO^{11}} + \underset{\text{acide benzoïque.}}{C^7H^6O^2}$$

L'aconine se comporte comme un tétraphénol; l'aconitine serait son éther monobenzoïque $C^{26}H^{35}AzO^7(OH)^3(O,C^7H^5O)$. Les alcaloïdes décrits sous les noms de napelline et d'acolyctine ne sont probablement que de l'aconine plus ou moins pure.

La faible résistance que présente l'aconitine à l'action des acides minéraux et des bases doit obliger l'expert, lorsqu'il s'agit de rechercher directement cet alcaloïde, à épuiser les substances par l'alcool chargé d'acide tartrique. Après élimination de l'alcool par évaporation dans le vide, il opérera les agitations (avec les dissolvants) sur la solution rendue alcaline au moyen de bicarbonate de sodium.

Réactions. — L'aconitine se dissout à froid sans coloration dans l'acide azotique. L'acide sulfurique concentré donne une solution jaune qui vire au rouge-brun après quelques minutes.

Traitée par une solution aqueuse concentrée d'acide phosphorique, l'aconitine donne une liqueur qui, chauffée avec précaution au bain-marie dans un verre de montre, prend une teinte violette. Caractère qui n'est pas très sensible et que cet alcaloïde partage du reste avec la digitaline. On distingue ces deux alcaloïdes l'un de l'autre aux colorations produites par les *vapeurs de brome* sur leurs *solutions sulfuriques*. Celle de digitaline prend une belle nuance rouge-violet; l'aconitine donne une coloration rouge-brunâtre tardant à se produire et devenant brune après vingt-quatre heures.

Le chlorure mercurique, le bichromate de potassium, l'acide picrique, le sulfocyanate de potassium et le chlorure de platine ne précipitent l'aconitine qu'en solutions concentrées.

L'iodure double de mercure et de potassium donne avec les solutions au millième un précipité qui, chauffé à sec, se colore en rouge; chauffé avec l'acide azotique il se colore en rouge-brique; traité à froid par le peroxyde de baryum et l'acide sulfurique, il se colore en jaune, et en rouge si l'on chauffe.

Action physiologique. — L'expérimentation physiologique est indispensable pour caractériser l'aconitine. Elle agit, à petite dose, comme anesthésique et paralyso-motrice, diminue le pouvoir excito-moteur de la moelle, et abaisse la fréquence des mouvements respiratoires et des battements cardiaques; à plus forte dose, elle détruit la faculté motrice des nerfs en agissant sur leur terminaison périphérique. L'animal conserve la sensibilité tant que les nerfs moteurs permettent les mouvements réflexes. La réaction physiologique la plus sensible est le picotement particulier qu'on ressent quand on en met une parcelle infinitésimale sur la langue.

2° *Picroaconitine* $C^{31}H^{45}AzO^{10}$. — Ce corps, qui paraît exister en même temps que l'aconitine dans l'aconitum napellus, se présente sous la forme d'une poudre amorphe, très amère, qui ne paraît pas être toxique. Elle donne des sels cristallisables.

3° *Pseudo-aconitine* $C^{36}H^{49}AzO^{12}$. — Cet alcaloïde est le principe actif cristallisé de la racine d'aconitum ferox. C'est lui qu'on a trouvé longtemps dans le commerce sous le nom d'aconitine. Wiggers l'a désigné sous le nom de *napelline*, Ludwig sous celui d'*acroaconitine* et enfin Flückiger et Wright l'ont nommé pseudoaconitine.

La pseudoaconitine fond à 104 ou 105 degrés. Elle est moins soluble que l'aconitine dans l'alcool, le chloroforme et l'éther. Sa saveur est brûlante, et son activité toxique supérieure à celle de l'aconitine. Ses sels cristallisent difficilement (sauf l'azotate) comme ceux d'aconitine. Elle est aussi peu stable que l'aconitine et se dédouble sous l'influence des acides et des alcalis. Avec la potasse alcoolique elle se dédouble en acide diméthylprotocatéchique et une base, la *pseudo-aconine*.

$$\underset{\text{pseudo-aconitine}}{C^{36}H^{49}AzO^{12}} + H^2O = \underset{\text{acide diméthyl-proto-catéchique}}{C^6H^3(OCH^3)^2COOH} + \underset{\text{pseudo-aconine.}}{C^{27}H^{41}AzO^9}$$

L'acide phosphorique ne la colore pas, d'après Flückiger; d'après Dragendorff, il se comporte au contraire comme avec l'aconitine.

ATROPINE ET ATROPIDINE $C^{17}H^{23}AzO^3$

(*Hyoscïamine, Daturine, Duboisine*)

L'atropine officinale que l'on extrait de la belladone (*atropa belladona*) est généralement constituée par la réunion des deux alcaloïdes isomères que J. Régnault et F. Valmont [1] ont proposé de nommer atropine et atropidine; le deuxième de ces isomères constituant les deux tiers environ de l'atropine du Codex.

Ces deux isomères, dont les propriétés physiologiques sont identiques, possèdent à peu près les mêmes caractères chimiques; les seules différences constatées sont les suivantes: l'atropine fond vers 114 degrés, l'atropidine à 108 ou 100 degrés. Le chloraurate d'atropine est une poudre amorphe mamelonnée, de couleur jaune-pâle; le chloraurate d'atropine cristallise en belles lames d'un jaune d'or.

L'*Hyosciamine* retirée de la jusquiame, la *Daturine* du datura stramonium, et la *Duboisine*, contenue dans la duboisia d'Australie, sont identiques à l'atropidine [2]. Nous décrirons donc simultanément ces alcaloïdes sous les noms d'atropine et d'atropidine.

L'atropine est un solide incolore, cristallisé en aiguilles soyeuses qui fondent à 114 degrés. Elle est très peu soluble dans l'eau, soluble en toutes proportions dans l'alcool, très soluble dans l'alcool amylique, le chloroforme, le toluène; elle l'est beaucoup moins dans l'éther et le benzol. Sa saveur est désagréable et amère. Quand elle est pure, elle est optiquement inactive (Ladenburg [3]). Elle brûle à l'air en répandant l'odeur de l'acide benzoïque. Sous l'influence des agents d'oxydation (mélange chromique), elle donne de l'hydrure de benzoyle et de l'acide benzoïque. Lorsqu'on électrolyse sa solution sulfurique, elle laisse déposer de l'atropine au pôle négatif; au pôle positif, il y a oxydation. Des produits ammoniacaux non étudiés se forment en même temps que de l'hydrure de benzoyle, de l'anhydride carbonique, de l'oxyde de carbone et un peu d'azote (Bourgoin).

L'atropine chauffée en vase clos, soit avec l'eau de baryte, soit avec de l'acide chlorhydrique concentré, s'hydrate et se dédouble en acide *tropique* et une base nouvelle, la *tropine* :

$$\underset{\text{atropine}}{C^{17}H^{23}AzO^3} + H^2O = \underset{\text{acide tropique}}{C^9H^{10}O^3} + \underset{\text{tropine}}{C^8H^{15}AzO}$$

[1] *Journal de pharmacie et de chimie*, 1881.

[2] La Jusquiame et la Stramoine renferment cependant, à côté de l'atropidine, une très minime proportion d'hyosciamine et de daturine vraies.

[3] L'atropine du Codex dévie toujours légèrement à gauche.

Si la température est longtemps maintenue, l'acide tropique se transforme partiellement en acide *atropique*, par perte d'une molécule d'eau :

$$\underset{\text{acide tropique}}{C^9H^{10}O^3} - H^2O = \underset{\text{acide atropique}}{C^9H^8O^2}$$

Les produits de dédoublement sont donc un mélange de tropine, d'acide tropique et d'acide atropique (ou isatropique).

L'acide tropique peut être considéré comme de l'acide éthylénolactique phénylé.

L'acide atropique, qui est isomère avec l'acide cinnamique, peut être considéré comme de l'acide acrylique phénylé :

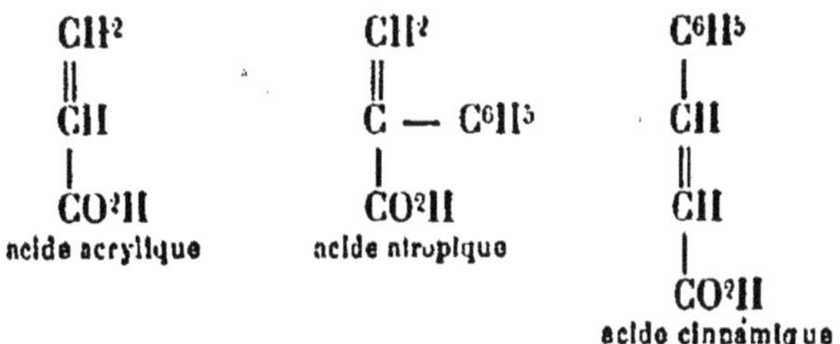

M. Ladenburg a réussi à reproduire l'atropine en partant des produits de son dédoublement : l'acide tropique et la tropine. Ces deux corps combinés produisent un sel, le tropate de tropine, lequel, chauffé longtemps avec de l'acide chlorhydrique dilué, se transforme en atropine en perdant les éléments de l'eau ; ce qui confirme la véracité du dédoublement précité.

L'atropine synthétique dont l'analyse a été faite possède les mêmes propriétés physiques, chimiques et physiologiques que l'atropine naturelle.

Sous le nom de *tropéines*, M. Ladenburg a obtenu une série d'alcaloïdes nouveaux, parallèles à l'atropine, en traitant dans les mêmes conditions que le tropate de tropine, par l'acide chlorhydrique dilué, d'autres sels de tropines à acides organiques. On peut donc dire que l'atropine est la tropéine de l'acide tropique.

Réactions. — Les réactifs généraux précipitent l'atropine, même dans les solutions étendues, mais ses réactions chimiques ne permettent pas de la caractériser d'une façon suffisante :

Le *chlorure d'or* donne un précipité jaune, devenant cristallin, peu soluble dans l'acide chlorhydrique.

Le *chlorure de platine* donne un précipité gris-jaune, très soluble dans l'acide chlorhydrique.

Le *chlorure mercurique* et *l'iodure double de mercure et de potassium* la précipitent en blanc.

L'*iodure iodé* donne un précipité brun-kermès.

1° Si l'on chauffe de l'atropine avec un peu d'acide sulfurique concentré, seul ou mieux additionné d'un peu de molybdate d'ammonium, on perçoit (vers 150 degrés) une odeur particulière de fleurs rappelant le mélilot.

2° Si l'on humecte un peu d'atropine avec de l'acide sulfurique concentré, et si on la broie à l'aide d'un agitateur avec de l'azotite de sodium, on obtient une coloration orange qui, par addition de potasse caustique, devient violet-rouge (Arnold, Vitali).

3° L'atropine mêlée au double de son poids de saccharose pur, et traitée par l'acide sulfurique concentré, donne une coloration violette se fonçant de plus en plus jusqu'à devenir brune.

4° Si l'on traite une petite quantité d'atropine, dans une capsule en porcelaine, par quelques gouttes d'acide azotique (poids spécifique 1,4), puis qu'on évapore au bain-marie jusqu'à siccité, le résidu refroidi prend une belle coloration violette, lorsqu'on lui ajoute une ou deux gouttes d'une solution de potasse dans l'alcool amylique (Kuborne, *Pharm. Centralhalle*).

Action physiologique. — L'atropine et ses sels jouissent de la propriété de dilater pour quelque temps la pupille d'une manière extraordinaire ; il suffit d'une goutte d'une solution à 1/130000 appliquée sur l'œil d'un mammifère pour obtenir ce résultat. D'autres alcaloïdes possèdent aussi cette action mydriatique, mais aucun à un aussi haut degré.

L'ingestion directe dans le tube digestif produit aussi la dilatation pupillaire, mais l'effet ne se produit qu'au bout de vingt à trente minutes sur un lapin.

L'atropine est toxique à de très faibles doses ; certains rongeurs, et notamment les lapins et les rats, peuvent en absorber impunément des doses considérables. On sait que les lapins consomment de grandes quantités de feuilles de belladone sans en être incommodés ; la chair des animaux ainsi nourris devient très vénéneuse.

A l'autopsie des sujets morts empoisonnés par l'atropine on constate, le plus souvent, un état congestif bien marqué des poumons, des méninges, du cerveau et de la rétine.

BERBÉRINE $C^{20}H^{17}AzO^{4}$

Alcaloïde du *berberis vulgaris ;* ce corps a été retiré aussi de l'*hydrastis canadensis* L. et du *xanthorhiza apiifolia* L'Hérit. (Renonculacées), des racines du *zanthoxylum caribœum* Lamk (Rutacées), du *cocculus palmatus* L. (Ménispermacées), des *podophyllum*, etc. Le bois de *coscinium fenestratum* renferme 1,5 à 3,5 0/0 de berbérine.

La berbérine se présente sous forme d'aiguilles prismatiques soyeuses, d'un jaune-clair, peu solubles dans l'eau et dans l'alcool froid, insolubles dans l'éther, solubles dans la benzine et le sulfure de carbone. Elle est neutre au tournesol, d'une saveur amère, fond à 120 degrés lorsqu'elle a perdu son eau de cristallisation, en une masse brune qui peut être sublimée partiellement vers 200 degrés.

L'acide azotique à l'ébullition la transforme en acide oxalique.

Cet alcaloïde n'est pas toxique, il s'unit aux acides et forme des sels jaune-orangé bien cristallisés.

L'*ammoniaque* colore la berbérine en rouge-brun ; une solution bouillante de *potasse caustique* la transforme en une matière résinoïde soluble dans l'alcool.

L'*acide sulfurique* la dissout en jaune, puis en vert-olive.

La berbérine traitée en solution alcoolique chaude, par l'*iodure iodé*, dépose un sel sous forme de paillettes d'un rouge-brun à reflets vert chatoyant, qui polarisent la lumière.

Pour découvrir la berbérine dans les recherches médico-légales, il faut opérer sur les liquides obtenus en agitant les solutions ammoniacales avec du chloroforme.

Les écorces et les racines qui renferment la berbérine sont utilisées pour la teinture en jaune du bois et du maroquin. On les emploie aussi pour teindre en nuances jaunes assez solides la laine et la soie.

BRUCINE $C^{23}H^{26}Az^{2}O^{4}$ (+ $4H^{2}O$)

On la trouve, accompagnant presque toujours la strychnine, dans les semences des plantes de la tribu des *Strychnées*, appartenant à la famille des *Loganiacées*. Elle se rencontre en particulier dans la *noix vomique*, semence du *vomiquier* (*strychnos nux vomica*), et dans la *fève de Saint-Ignace*, semence de l'*ignatier* (*strychnos ignatia*).

La brucine est une substance blanche, cristallisable en prismes rhomboïdaux obliques renfermant quatre molécules d'eau de cristallisation qu'ils perdent à l'air en s'effleurissant. Elle est difficilement soluble dans l'eau froide (1 p. de brucine ordinaire exige 850 p. d'eau), plus soluble dans l'eau bouillante (1 : 500). elle a cependant une très grande affinité pour ce liquide au contact duquel elle s'hydrate. L'alcool éthylique et l'alcool amylique la dissolvent aisément. Elle se dissout assez bien dans le chloroforme, le benzol et le pétrole léger, tandis qu'elle est à peine dissoute par l'éther. Le refroidissement rapide d'une solution aqueuse la fait cristalliser en lamelles d'un blanc nacré ressemblant à l'acide borique. Elle se dépose à l'état amorphe de ses autres dissolvants, excepté de sa dissolution dans le chloroforme. Sa saveur est très amère et très persistante (moins cependant que celle de la strychnine). Elle dévie à gauche le plan de polarisation de la lumière (— 61°,27). Chauffée avec précaution, elle peut être sublimée. Ses solutions salines ont une réaction alcaline ; elle en est précipitée par les alcalis, les oxydes terreux, l'ammoniaque [1] et les bicarbonates alcalins. L'addition d'acide tartrique empêche la précipitation par les bicarbonates alcalins.

La brucine se dissout bien dans les acides, même faibles, à l'état de sels d'ordinaire cristallisables, facilement solubles dans l'eau et d'une saveur très amère. Distillée en présence de l'acide sulfurique étendu et du bioxyde de manganèse, elle donne un peu d'alcool méthylique, avec de l'acide formique. A chaud l'acide azotique en dégage de l'anhydride carbonique et de l'azotite de méthyle. Le résidu contient de l'acide oxalique et de la *cacothéline*, alcali nitré $C^{20}H^{22}(AzO^2)^2Az^2O^5+H^2O$. Traitée par la potasse et chauffée, elle donne naissance aux bases pyridiques : β-lutidine, α-collidine et β-collidine (Œchsner de Coninck).

Oxydée par un mélange d'acides chromique et sulfurique, elle donne, d'après Hansen, un nouvel alcali $C^{16}H^{18}Az^2O^4$ fusible à 285 degrés, lequel, chauffé avec l'acide chlorhydrique, dégage du chlorure de méthyle. Ce même dérivé $C^{16}H^{18}Az^2O^4$ se produit aussi quand on traite la strychnine dans les mêmes conditions. Il en résulte que la strychnine et la brucine renferment toutes les deux le radical correspondant au groupe $C^{16}H^{18}Az^2O^4$, et qu'elles ne diffèrent que par les deux restes que détruit l'oxydation, savoir : C^5H^4, dans le cas de strychnine, et C^7H^8, dans

[1] Un excès de cette dernière la redissout.

celui de la brucine. La substitution de deux groupes *métoxyle* dans le reste C^5H^4 enlevé à la strychnine et qui paraît pyridique, et son union au groupe $C^{16}H^{18}Az^2O^4$ conduiraient à la brucine, qui ne serait, par conséquent, qu'une strychnine dimétoxylée :

$$C^{16}H^{17}\left(C^5H^3\begin{matrix} \diagup OCH^3 \\ \diagdown OCH^3 \end{matrix}\right)Az^2O^2$$ (A. Stenstone ; Hansen).

Lorsqu'on électrolyse une solution de sulfate neutre de brucine, de l'hydrogène se dégage au pôle négatif ; il ne se dégage pas d'oxygène au pôle positif, mais autour de l'électrode le liquide se colore en rouge. En présence d'un peu d'acide sulfurique libre, la réaction colorée se produit plus rapidement (Bourgoin).

Réactions. — Les meilleurs réactifs que nous possédions pour cet alcaloïde sont l'*acide azotique* et l'*acide sulfurique mélangé d'acide azotique*.

1° L'acide azotique d'une densité de 1,4 dissout la brucine ou ses combinaisons en un liquide rouge-vif, qui ne tarde pas à se changer en un autre rouge-jaunâtre virant lui-même au jaune par la chaleur. Arrivée à ce dernier point, la liqueur traitée par le chlorure stanneux vire au rouge-violet intense (différence avec la morphine).

2° La brucine traitée par l'acide sulfurique concentré contenant un peu d'acide azotique donne une solution d'un rouge intense.

3° La solution de la brucine dans l'acide sulfurique concentré, additionnée d'oxyde salin de cérium, devient orangée, virant au jaune-clair.

4° La *solution sulfurique* de la brucine exposée, sous une cloche de verre, à l'action de la *vapeur de brome*, se colore au bord en brun, et après vingt-quatre heures en jaune-brun.

5° La solution d'un sel de brucine traitée par l'eau chlorée devient d'un beau rouge-pâle, la couleur passe au brun-jaune par l'addition d'ammoniaque.

6° Si l'on traite une solution de brucine ou de ses sels par de l'acide sulfurique étendu et du bioxyde de manganèse pulvérisé, qu'on laisse réagir pendant plusieurs heures en ayant soin d'agiter le mélange, la liqueur filtrée possède une coloration variant du rouge-jaunâtre au rouge-sang.

Elle fournit les réactions suivantes :

Acide picrique : Précipité jaunâtre amorphe.
Bichromate de potassium (en absence de strychnine) : pas de précipité.

Bouillie avec de l'acide azotique concentré, cette solution filtrée passe au jaune, et au contact du chlorure stanneux vire au rouge-violet.

7° La solution de brucine et de ses sels traitée en petite quantité par une solution étendue de bichromate de potassium, puis observée au microscope, laisse voir qu'elle donne lieu à des cristaux prismatiques jaune-vif, souvent groupés en étoiles.

Remarque. — Pour séparer en majeure partie la brucine de la strychnine, il suffit de traiter le mélange des deux alcaloïdes par l'alcool absolu qui dissout la brucine. Mais on peut reconnaître un mélange de strychnine et de brucine, sans les séparer au préalable : on arrose le mélange des deux alcaloïdes avec de l'acide sulfurique contenant un peu d'acide azotique ; la coloration rouge qui passe au jaune indique la présence de la brucine ; en ajoutant alors à cette solution sulfurique du bichromate de potassium solide ou du peroxyde de plomb, on obtient la coloration bleue caractéristique de la strychnine.

La réaction que donne l'acide azotique avec la brucine peut être obtenue même avec une solution extrêmement diluée de brucine. On verse dans le fond d'un verre conique cette solution additionnée d'acide azotique, et l'on verse de l'acide sulfurique avec précaution le long des parois ; à la zone de séparation des deux couches, il se produit une coloration rouge.

Cette réaction de l'acide azotique est commune à la brucine et à l'*igasurine*, autre alcaloïde qui paraît accompagner la brucine et la strychnine dans la noix vomique, mais dont l'existence comme espèce chimique différente n'est pas établie.

Action physiologique. — La brucine produit des accidents tétaniques, comme le fait la strychnine, mais avec moins d'intensité. On constate souvent une rigidité plus ou moins persistante des muscles après la mort.

BUXINE $C^{19}H^{20}AzO^{3}$

La buxine est le principe amer alcalin de l'écorce du buis (*buxus sempervirens*). Elle est amorphe ; cependant, suivant Combe, on peut obtenir la buxine cristallisée en traitant le sulfate par l'acide azotique qui détruit et précipite une résine qui lui est mélangée, puis en décomposant le sel par un alcali. Elle est alcaline au tournesol, presque insoluble dans l'eau, peu soluble dans l'éther, très soluble dans l'alcool. Les sels sont très amers et donnent avec les alcalis un précipité gélatineux. Le sulfate est cristallisable. Le chlorhydrate de buxine est précipité de sa solution concentrée par le chlorure d'ammonium, l'azotate et l'iodure de potassium (ce dernier sel précipite même en solutions très étendues).

On pourrait rencontrer quelquefois la buxine dans les expertises médico-légales, puisque l'écorce de buis est fréquemment employée pour la falsification de la bière. En agitant les liqueurs, rendues alcalines par le bicarbonate de sodium, avec de l'alcool amylique, on l'isolera complètement. Le résidu de l'évaporation de l'alcool sera amorphe, soluble dans le sulfure de carbone, sa solution dans l'acide sulfurique dilué ne sera pas fluorescente, elle possèdera une saveur amère assez persistante, mais non désagréable, elle précipitera par les réactifs généraux des alcaloïdes. La potasse précipitera la buxine de cette solution, et le précipité sera soluble dans un excès de réactif.

L'iodure de potassium, ainsi que l'acide picrique, précipiteront complètement l'alcaloïde.

L'acide iodique ne fera naître aucun précipité, et les acides sulfurique, azotique et chlorhydrique, employés seuls ou mélangés, ne donneront lieu à aucune coloration.

CAFÉINE OU THÉINE $C^8H^{10}Az^4O^2$

(*Théobromine* $C^7H^8Az^4O^2$)

On la rencontre dans le café, le thé, la noix de kola, le guarana (*pulpe de Paullinia sorbilis*) et le thé du Paraguay (*Ilex paraguayensis*). Elle se présente sous la forme de cristaux soyeux, amers, fusibles à 235 degrés, volatils dès 175 degrés. Elle est très faiblement alcaline aux papiers réactifs, et se comporte avec les acides comme une base faible. Elle se dissout dans l'eau (à froid dans 93 p.), dans l'alcool, surtout à chaud, et peu dans l'éther; elle est surtout soluble dans le chloroforme, la benzine, l'alcool amylique; insoluble dans le pétrole. Les solutions dans le chloroforme et la benzine la déposent par évaporation sous forme de longs cristaux caractéristiques et anhydres. La solution aqueuse saturée bouillante se prend en bouillie par le refroidissement, les cristaux déposés renferment une molécule d'eau $C^8H^{10}Az^4O^2 + H^2O$, qu'ils ne perdent pas complètement à 150 degrés.

Quand on fait bouillir la caféine avec de la potasse, ou qu'on la chauffe avec de l'hydrate de baryte, elle dégage de la méthylamine, il se forme en même temps dans ce dernier cas un nouvel alcaloïde, la *caféidine* $C^7H^{12}Az^4O$, lequel prend naissance en vertu de l'équation suivante (Strecker) :

$$\underset{\text{caféine}}{C^8H^{10}Az^4O^2} + H^2O = CO^2 + \underset{\text{caféidine}}{C^7H^{12}Az^4O}$$

Chauffée avec de la *chaux sodée*, la caféine dégage de l'ammoniaque, et laisse un mélange de carbonate calcique, de carbonate sodique et de cyanure de sodium (différence avec la pipérine, la morphine, la quinine, la cinchonine, qui ne donnent pas de cyanure de sodium).

Elle jouit d'un pouvoir réducteur considérable, et réduit à l'ébullition les solutions de chlorure d'or et d'azotate d'argent ammoniacal additionnées d'une très petite quantité de potasse ou de soude.

Soumise à une évaporation à siccité très lente avec de l'eau chlorée ou bromée (ou un mélange d'acide chlorhydrique et de chlorate de potassium, ou encore de permanganate de potassium et d'acide chlorhydrique), la caféine donne une masse rouge-brun, laquelle humectée d'ammoniaque (par insufflation) passe au pourpre-violet [1], sans bleuir ensuite par la potasse. Avec l'acide azotique fumant, on obtient dans les mêmes conditions un résidu jaune-rougeâtre se comportant par l'ammoniaque d'une façon identique. La matière rouge qui se forme dans ces réactions oxydantes est la *murexoïne* ou tétraméthylmurexide. Sa formation montre que la caféine appartient au groupe urique. Cet alcaloïde constitue en effet le dérivé triméthylé de la xanthine ou méthylthéobromine, la théobromine étant elle-même l'isomère de la diméthylxanthine.

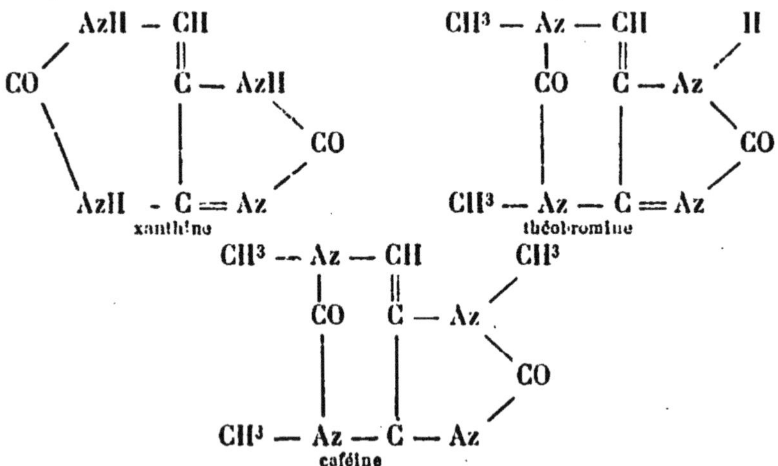

[1] Un excès d'ammoniaque fait disparaître la coloration pourpre.

Une oxydation plus ménagée dédouble la caféine en diméthylalloxane et en méthylurée :

$$\underset{\text{caféine}}{C^8H^{10}Az^4O^2} + H^2O = \underset{\text{méthylurée}}{C^2H^6Az^2O} + \underset{\text{diméthylalloxane}}{C^4(CH^3)^2Az^2O^4}$$

Au contact du chlorure mercurique, la solution étendue de caféine reste d'abord claire ; après quelque temps de repos, elle dépose de longs cristaux aciculaires, solubles à froid dans l'acide chlorhydrique.

Les réactifs généraux qui précipitent le mieux la caféine sont : l'acide phospho-molybdique, l'iodure de potassium iodé et le tannin; les autres sont peu sensibles ou ne précipitent pas. L'eau bromée colore en rouge foncé la caféine avec laquelle on l'agite (bouillie cristalline) ; la théobromine ne se colore pas dans les mêmes conditions.

La *théobromine* est contenue dans la fève des cacao. Elle se présente sous la forme de fines aiguilles qui se subliment sans altération vers 290 degrés ; sa saveur est plus amère que celle de la caféine. Elle est peu soluble dans l'eau chaude, presque insoluble dans l'alcool, l'éther, la benzine, le pétrole, soluble dans le chloroforme et l'alcool amylique.

Le chlore et l'ammoniaque donnent avec elle la même réaction qu'avec la caféine.

Ces deux alcaloïdes ne peuvent devenir toxiques qu'à des doses très considérables, mais, comme l'économie domestique fait un usage constant des préparations qui les contiennent, il faut savoir se prémunir contre les erreurs auxquelles ils pourraient donner lieu dans les recherches médico-légales. Les dissolvants neutres les enlèvent aussi bien aux liqueurs acides qu'aux liqueurs alcalines.

CINCHONINE $C^{19}H^{22}AzO$
CINCHONIDINE $C^{19}H^{22}Az^2O$
CINCHONICINE $C^{19}H^{22}Az^2O$
CINCHOTINE (hydrocinchonine) $C^{19}H^{24}Az^2O$

La cinchonine se présente en prismes quadratiques anhydres, limpides et brillants, ou en fines aiguilles blanches, ou enfin (par précipitation de ses solutions concentrées) sous forme d'une poudre blanche, légère. Chauffée, elle commence à émettre des vapeurs vers 220 degrés et fond à 260 degrés. Elle se dissout peu dans l'alcool aqueux froid, plus facilement quand il est chaud, et très facilement dans l'alcool absolu. Le chloroforme en prend 4 pour 100, elle est presque insoluble dans l'eau et dans l'éther. La benzine la dissout à chaud, et l'abandonne par le refroidissement à l'état cristallisé.

La cinchonine est dextrogyre. C'est une base diacide, formant des sels acides et des sels neutres. Une oxydation ménagée transforme la cinchonine en acide cinchonique $C^{10}H^7Az^2O$, qui représente l'acide monocarboquinoléique. La quinine dans les mêmes conditions donne l'acide quinique $C^{11}H^9AzO^3$. Ces deux acides diffèrent entre eux par un groupement CH^2O, et la formule de la quinine étant $C^{20}H^{24}Az^2O^2$, cette base apparaît comme le dérivé méthoxylé de la cinchonine.

Quand on prolonge l'action des oxydants, les acides précédents se résolvent en acides di et tricarboxylés de la pyridine. De ces acides on passe par simple perte de CO^2 à la pyridine; il en résulte que les alcaloïdes du quinquina se rattachent aux bases pyridiques.

Lorsque l'on traite la cinchonine par le perchlorure de phosphore mélangé d'oxychlorure, on obtient un dérivé chloré:

$$\underset{\text{cinchonine}}{4\,C^{19}H^{22}Az^2O} + \underset{\text{chlorure de phosphore}}{PCl^5} = \underset{\text{acide phosphorique}}{PO^4H^3} + HCl + \underset{\text{chlorure de cinchonine}}{C^{19}H^{21}ClAz^2}$$

Ce chlorure de cinchonine traité par la potasse alcoolique perd de l'acide chlorhydrique, et donne un composé $C^{19}H^{20}Az^2$, le *cinchène*, base tertiaire comme la cinchonine elle-même. Chauffé avec l'acide chlorhydrique aqueux, le cinchène fixe une molécule d'eau, et perd de l'ammoniaque en donnant un nouveau corps oxygéné, l'*apocinchène*, qui est un véritable phénol.

$$\underset{\text{cinchène}}{C^{19}H^{20}Az^2} + H^2O = AzH^3 + \underset{\text{apocinchène}}{C^{19}H^{19}AzO}$$

La cinchonine renferme donc également un noyau benzénique.

Réactions. — Les solutions de sels de cinchonine ne sont pas fluorescentes. La potasse caustique en précipite de la cinchonine à l'état de poudre blanche poreuse, insoluble dans un excès de réactif.

En ajoutant, sur le porte-objet d'un microscope, à une goutte de la solution neutre de l'alcaloïde une goutte de cyanure ferroso-potassique, il se forme un précipité floconneux, blanc-jaunâtre, soluble à l'aide d'une douce chaleur dans un excès de réactif. Si l'on examine alors la liqueur à l'aide du microscope, on la voit déposer par les progrès du refroidissement des écailles ou des aiguilles cristallines jaune d'or.

La cinchonine se distingue de la quinine et de la quinidine : 1° par sa presque insolubilité dans l'éther ; 2° par son action réductrice sur l'acide périodique ; 3° en ce que ses solutions ne sont pas fluorescentes ; 4° en ce que, du traitement successif par l'eau de chlore et l'ammoniaque, résulte un précipité blanc-jaunâtre, insoluble dans le dernier réactif et ne donnant pas lieu à la coloration verte de la liqueur ; 5° en ce que l'addition successive d'eau chlorée, de ferrocyanure de potassium et d'ammoniaque ne provoque pas de coloration rouge.

La cinchonine est un des alcaloïdes les plus sensibles aux réactifs généraux.

Pour la séparation de la cinchonine d'avec les autres alcaloïdes du quinquina, voir l'article *Quinine*, page 374.

Action physiologique. — La cinchonine est peu toxique (elle l'est moins que la quinine) ; elle agit sur l'économie en diminuant l'excito-motricité, provoquant des bourdonnements d'oreilles, de la céphalalgie, du malaise, et à haute dose de la salivation et des vomissements.

Remarque. — Pour rechercher la cinchonine dans une expertise médico-légale, on épuiserait les liqueurs alcalinisées par l'ammoniaque, à l'aide du chloroforme qui s'empare de la cinchonine.

Cinchonidine. — La cinchonidine, isomère de la cinchonine, se distingue de celle-ci par son pouvoir rotatoire gauche et la propriété qu'elle possède de précipiter par le sel de Seignette.

Elle cristallise en prismes rhomboïdaux fusibles à 210 degrés ; elle est très peu soluble dans l'alcool.

Cinchonicine. — La cinchonicine est une base énergique isomère des deux précédentes et qui prend naissance par l'action d'une température de 130 degrés sur le bisulfate de cinchonine ou de cinchonidine. Elle est fusible à 50 degrés, soluble dans l'éther, l'alcool, le chloroforme, l'acétone et la benzine.

Elle se distingue aussi des deux bases précédentes en ce que la solution de son chlorhydrate donne un précipité floconneux blanc avec l'hypochlorite de sodium.

Les chlorhydrates de cinchonine et de cinchonidine ne sont pas précipités.

Cinchotine. — Cette base, qui porte aussi le nom d'hydrocinchonine, renferme H^2 en plus que les trois précédentes ; on la rencontre dans la cinchonine du commerce. Elle résiste à l'action du permanganate de potassium, et par suite se retrouve inaltérée, mélangée aux produits d'oxydation de la cinchonine (Wilm et Caventou). Elle cristallise en prismes fusibles à 277 degrés, et fournit aussi de l'acide cinchonique par oxydation au moyen de l'acide chromique.

COCAÏNE $C^{17}H^{21}AzO^4$

La cocaïne est l'alcaloïde extrait par Niemann des feuilles de coca (*erytroxylon coca*). Elle cristallise en prismes clinorhombiques, transparents, incolores, fusibles à 98 degrés, solubles dans l'eau, plus solubles dans l'alcool et dans l'éther. Sa saveur est amère, sa réaction alcaline, elle n'est pas très stable, se décompose par la chaleur, et neutralise complètement les acides en formant avec eux des sels assez difficilement cristallisables.

Chauffée dans un tube fermé avec de l'acide chlorhydrique concentré, la cocaïne absorbe les éléments de l'eau, et se dédouble en acide benzoïque, alcool méthylique et en une base nouvelle cristalline, l'*ecgonine :*

$$\underset{\text{cocaïne}}{C^{17}H^{21}AzO^4} + 2\,H^2O = \underset{\text{ecgonine}}{C^9H^{15}AzO^3} + \underset{\text{acide benzoïque}}{C^7H^6O^2} + \underset{\text{alcool méthylique}}{CH^3OH}$$

Un dédoublement analogue semble se produire lorsqu'on évapore simplement, à plusieurs reprises, une solution aqueuse de cocaïne pure ; on remarque bientôt que la solution rougit le papier de tournesol (Fluckiger).

Inversement, Skraup et Merz ont réalisé partiellement la synthèse de la cocaïne, en chauffant en tube scellé de l'ecgonine, de l'anhydride benzoïque et de l'iodure de méthyle.

L'ecgonine cristallise en prismes obliques contenant une molécule d'eau de cristallisation qu'elle perd à 100 degrés. Elle fond à 198 degrés en se décomposant ; chauffée, elle perd de l'anhydride carbonique et donne une base isomérique avec la tropine, l'*isotropine :*

$$\underset{\text{ecgonine}}{C^8H^{15}AzO^3} = CO^2 + \underset{\text{isotropine}}{C^7H^{15}AzO}$$

Cette dernière base se dédouble sous l'action de l'acide chlorhydrique concentré en chlorure d'éthyle et méthylpyridine. On peut donc, d'après ces réactions, représenter la cocaïne par la formule :

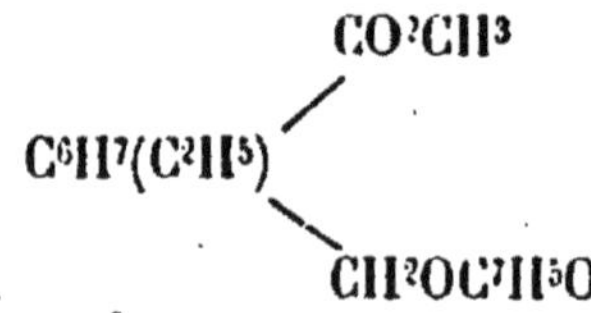

Réactions. — La cocaïne peut être extraite par la méthode de Dragendorff des liqueurs alcalines, à l'aide de l'éther de pétrole.

Cet alcaloïde à l'état de solution très diluée précipite encore, avec l'iodure de potassium iodé, l'iodure double de mercure et de potassium, et l'acide phospho-mlybdique. L'iodure double de bismuth et de potassium, l'acide picrique, les chlorures de platine et de mercure ne précipitent pas les solutions étendues. Le chlorure d'or donne des précipités dans les solutions à 1/1000.

1° Si, à 1 centigramme de chlorhydrate de cocaïne dissous dans deux gouttes d'eau, on ajoute quelques gouttes d'une solution de permanganate de potassium à 1/330, il se produit un sel d'alcaloïde violet, insoluble, qui prend quelquefois l'aspect cristallin (Giesel);

2° Lorsqu'on ajoute à deux ou trois gouttes de solution cocaïnique 2 ou 3 centimètres cubes d'eau chlorée, puis deux gouttes d'une solution à 5 pour 100 de chlorure de palladium, on obtient un beau précipité rouge, insoluble dans l'alcool et dans l'éther, soluble dans l'hyposulfite de sodium; l'eau décompose lentement ce précipité (Greitther);

3° Si, à une petite quantité de cocaïne ou d'un de ses sels à l'état solide, ou au résidu de l'évaporation à siccité au bain-marie de ses solutions, on ajoute quelques gouttes d'acide azotique fumant, de densité 1,4; puis qu'on évapore à siccité au bain-marie, et qu'on traite le résidu de l'évaporation par une ou deux gouttes d'une solution alcoolique concentrée de potasse, en mélangeant bien; on observera une odeur distincte et très nette qui rappelle celle de la menthe poivrée (A.-J. Ferreira da Silva).

Si, après avoir évaporé à sec, au bain-marie, une petite quantité de cocaïne traitée par l'acide azotique, comme il est dit ci-dessus, on laisse refroidir, puis que l'on ajoute au résidu une goutte d'une solution de potasse dans l'alcool amylique, et qu'enfin on porte de nouveau la capsule sur le bain-marie, on voit apparaître aussitôt une coloration violette intense (Al Kuborne);

4° Quand on chauffe la cocaïne ou ses sels, même en très petite quantité, dans un tube à essai avec de l'acide sulfurique de densité 1,84, il se dégage d'abondantes vapeurs âcres et blanches. Par le refroidissement, des cristaux d'acide benzoïque se déposent sur les parois du tube.

Action physiologique. — Lorsqu'on applique sur certaines parties du corps, muqueuses, conjonctives, etc., une solution concentrée de cocaïne ou de ses sels, il se produit une anesthésie locale particulière.

Injectée à dose physiologique sous la peau des chiens, chats, lapins, les effets de la cocaïne sont les suivants, d'après M. Marc Lafont :

« 1° Diminution de la pression artérielle et de la fréquence des battements du cœur, cette dernière par action immédiate d'insensibilisation sur la surface de l'endocarde ;

2° Augmentation considérable de la pression artérielle et fréquence plus grande des battements du cœur par excitation des nerfs sympathiques accélérateurs et vaso-constricteurs ;

3° Dilatation de la pupille, projection du globe oculaire par action sur la capsule oculo-orbiculaire à fibres lisses ;

4° Contraction énergique de tous les muscles à fibres lisses (estomac, intestin, vessie) et production de borborygmes ;

5° Diminution et même abolition des réflexes vasculaires sensitifs et sensoriels ;

6° La sensibilité du tronc nerveux mixte persiste et augmente ; l'animal, qui ne réagit pas à l'irritation des narines par des vapeurs d'ammoniaque et à l'écrasement des orteils, entre en fureur lorsqu'on excite avec un courant faradique faible le tronc du nerf crural ;

7° Les phénomènes d'arrêt du cœur par faradisation du nerf vague ne sont pas altérés.

Si la dose injectée est toxique, les battements du cœur restent ralentis, comme si le cœur, n'étant plus impressionné par l'arrivée du sang qui excite physiologiquement ses contractions, se laissait distendre et était frappé, pour ainsi dire, de parésie. De plus, il se produit alors des mouvements spasmodiques, des contractures tétaniques par augmentation de l'excitabilité réflexe neuro-musculaire. »

Le cocaïnisme chronique, forme d'intoxication nouvelle, qui a pris place à côté du morphinisme, dont il complique singulièrement le traitement, devient de plus en plus fréquent. Les malades qui en sont atteints présentent des troubles assez sérieux : hyperexcitabilité neuro-musculaire, troubles sensitifs, illusions de la vue et de l'ouïe, et présentent souvent toutes les apparences d'une caducité précoce. « Les malades, dit Magnan, se figurent avoir des corps étrangers sous la peau, de petits vers, des microbes, etc., qu'ils cherchent à faire sortir en se grattant. En même temps, il existe un certain degré d'analgésie, les piqûres sont à peine senties. Plus tard, on constate des troubles de la motilité, du tremblement et quelquefois de véritables attaques d'épilepsie [1]. « D'après Dejérine, on observerait aussi de la tachycardie. »

Les désordres produits par l'empoisonnement chronique à l'aide de cet alcaloïde sont, comme pour la morphine, souvent très longs à disparaître ; une extrême faiblesse, jointe à une angoisse terrible

[1] *Société de biologie*, 26 janvier 1889.

et un malaise continuels, attendent les malades qui doivent s'armer du plus grand courage pour cesser l'usage de ce funeste poison. Ils ne sauraient obtenir leur guérison qu'en faisant appel aux sentiments les plus élevés de leurs devoirs.

CODÉINE $C^{18}H^{21}AzO^3 + H^2O$

La codéine accompagne la morphine dans l'opium où elle s'y trouve à l'état de méconate. Elle se présente en gros cristaux octaédriques dérivés du système orthorhombique, qui renferment une molécule d'eau de cristallisation. Cristallisée dans l'alcool ou l'éther anhydres, elle affecte la forme de petits cristaux brillants, anhydres, fusibles à 150 degrés. Elle se dissout dans 80 parties d'eau à 15 degrés, la solution bleuit le tournesol; elle est fort soluble dans l'alcool, l'éther, le chloroforme, l'alcool amylique, la benzine; insoluble dans l'éther de pétrole.

Avec les acides elle forme des sels qui cristallisent presque tous avec une grande facilité.

La solution d'un sel de codéine n'est pas précipitée par l'ammoniaque, mais elle l'est par la potasse caustique.

La codéine est lévogyre. Elle constitue le dérivé méthylé de la morphine $C^{17}H^{18}(OCH^3)Az$; elle présente avec cette base la même relation que l'anisol avec le phénol; et en effet, considérant que la morphine d'après ses réactions est un phénol (solubilité dans la potasse, coloration bleue par le chlorure ferrique), tandis que la codéine ne présente plus de réactions phénoliques, M. Grimaux a pensé que la codéine devait être l'éther méthylique de la morphine; aussi a-t-il obtenu la codéine en faisant réagir l'iodure de méthyle sur une solution de morphine dans la potasse:

$$\underset{\text{morphine potassée}}{C^{17}H^{18}KAzO^3} + \underset{\text{iodure de méthyle}}{CH^3I} = \underset{\text{codéine}}{C^{17}H^{18}(CH^3)AzO^3} + KI$$

A chaud les acides sulfurique et phosphorique transforment la codéine en di, tri et tétracodéines polymères.

L'acide chlorhydrique en excès donne, avec la codéine du chlorure de méthyle, de l'apomorphine et de l'eau. L'acide iodhydrique la change en une base iodée.

Le chlore et le brome donnent des dérivés de substitution. L'iode en solution alcoolique précipite une triiodocodéine: $C^{18}H^{21}(I^3)AzO^3$, qui cristallise assez facilement.

Réactions. — On peut séparer la codéine des liqueurs alcalines à l'aide de la benzine.

Les réactifs généraux qui précipitent le mieux la codéine sont : l'acide phospho-molybdique, le tannin, l'iodure double de bismuth et de potassium, l'iodure de potassium iodé et l'iodure double de mercure et de potassium.

La solution de codéine dans l'acide sulfurique concentré, chauffée à 150 degrés, devient brunâtre-foncé ; refroidie, elle est rougeâtre.

Le réactif d'Erdmann la dissout en se colorant en bleu (la coloration bleue n'apparaît qu'après soixante-douze heures pour 5 milligrammes, Dragendorff).

Avec le réactif de Fröhde, on obtient une solution d'un vert sale, puis d'une teinte bleu-indigo ; après vingt-quatre heures la teinte devient jaune.

Mélangée avec le double de son poids de sucre de canne pulvérisé, la codéine traitée par quelques gouttes d'acide sulfurique donne une coloration rouge-cerise des plus intenses ; bientôt la coloration change et devient violette. Cette teinte violette très belle est différente un peu de la coloration violette que prend la morphine dans les mêmes conditions, et du reste on les distinguerait parfaitement par la première réaction qui, pour le cas de la morphine, est rose, et pour la codéine rouge-cerise.

Comme la morphine, elle donne une coloration violette quand on ajoute du méthylol à sa solution sulfurique, mais elle ne réduit ni l'acide iodique, ni les sels d'or, ni les sels d'argent, et ne colore pas en bleu le chlorure ferrique. Ces réactions la distinguent donc de la morphine.

Action physiologique. — La codéine paraît posséder les mêmes propriétés que la morphine, mais avec une intensité moindre. Elle est aussi beaucoup moins toxique.

COLCHICINE $C^{22}H^{27}AzO^{7} + 5H^{2}O$

La colchicine est le principe actif des bulbes et des semences de colchique (*colchicum autumnale*). Elle se présente sous la forme de cristaux incolores, d'odeur agréable, de saveur très amère, fusibles à 93 degrés à l'état hydraté, à 163 degrés si la substance est anhydre. Ce corps, dont la constitution chimique n'est pas encore établie avec certitude, mais qui nous paraît avoir la constitution d'un phénol, est neutre au tournesol, soluble lentement, mais complètement dans l'eau, presque insoluble dans l'éther, l'alcool amylique et l'éther de pétrole, soluble dans l'alcool, le chloroforme, la potasse et l'acide oléique ; elle dévie à gauche le plan de polarisation de la lumière.

La colchicine commerciale se présente généralement sous forme d'une masse résineuse jaune, et constitue la matière extractive complexe qui existe dans le colchique. C'est la base d'un grand nombre de préparations employées dans le traitement de la goutte et du rhumatisme. Les accidents imputables à la colchicine sont dus principalement à ces préparations.

Recherche toxicologique. — Dans la méthode de Dragendorff, la colchicine sera isolée dans le traitement par le chloroforme de l'extrait aqueux acide. On peut aussi et mieux épuiser les matières suspectes finement divisées par l'alcool à 95 degrès additionné d'un peu d'acide tartrique, filtrer, distiller dans le vide pour éliminer l'alcool, filtrer le résidu aqueux, et l'agiter avec du chloroforme qui s'empare de la colchicine. L'évaporation de la solution chloroformique abandonne toujours le poison sous forme de résidu jaunâtre, amorphe, mais suffisamment pur pour être soumis aux réactions chimiques ainsi qu'à l'expérimentation physiologique.

Réactions. — La colchicine est précipitée par un grand nombre des réactifs généraux ; les plus sensibles sont : le tannin, l'iodure double de mercure et de potassium, l'iodure de potassium iodé, qui donnent des précipités jaunes ; le phospho-molybdate de sodium, l'acide picrique et l'iodure double de cadmium et de potassium, qui donnent des précipités blanc-jaunâtre.

1° Avec l'acide sulfurique bihydraté, la colchicine donne une solution jaune ; celle-ci, au contact d'une goutte d'acide azotique, produit une coloration verte, puis bleue, ne tardant pas à virer au violet, puis au brun, pour repasser finalement à la teinte jaune primitive. On peut aussi obtenir une belle coloration verte en dissolvant un cristal d'azotate de potassium dans 10 centimètres cubes d'acide sulfurique concentré et faisant réagir ce mélange sur une très petite quantité de colchicine ;

2° L'acide azotique, d'une densité de 1,4, colore la colchicine en violet. La solution violette étendue d'eau vire au jaune-clair, et si alors on la rend alcaline avec de la soude caustique, on a une superbe coloration d'un jaune ou d'un rouge-orangé ;

3° Avec le réactif de Fröhde on obtient une coloration verte ;

4° Avec l'acide sulfo-vanadique, une coloration violette fugace que l'eau fait virer au rouge-violacé ;

5° Une solution à un vingtième de bichromate de potassium dans l'acide sulfurique concentré développe au contact de la colchicine une coloration rouge qui passe lentement au jaune, puis au vert ;

6° Le perchlorure de fer colore les solutions de colchicine en vert foncé.

Action physiologique. — La colchicine est un poison des plus violents qui, à très faible dose, purge violemment et provoque des vomissements. Elle est absorbée lentement ; aussi peut-on, en général, la retrouver dans le gros intestin, les excréments et l'urine. D'après Laborde et Houdé[1], c'est dans l'estomac, l'intestin, le foie, le pancréas, les poumons et la rate que se localise le poison ; le cœur et le sang n'en renferment pas ; dans les reins on ne constate sa présence qu'avec peine, tandis que l'urine paraît être une voie d'élimination des plus importantes.

L'expérimentation physiologique doit être pratiquée sur de petits mammifères ou des oiseaux, les grenouilles étant peu sensibles à l'action de la colchicine. Son action se rapproche de celle de la vératrine, quoique moindre, surtout sur les fosses nasales. A dose physiologique, c'est un agent qui augmente la force d'impulsion du cœur, produit une élévation persistante de la pression intravasculaire, exerce une influence excitatrice principalement sur la substance grise de l'encéphale et sur les centres réflexes de la moelle. A dose toxique, elle produit de la paralysie, de l'insensibilité, la chute de la pression sanguine et la mort par arrêt de la respiration.

COLOMBINE $C^{21}H^{22}O^{7}$

Substance cristallisable incolore, inodore, neutre et très amère, contenue dans la racine de colombo (*cocculus palmatus*). Elle est peu soluble à froid dans l'eau, l'alcool et l'éther, plus soluble à chaud dans l'alcool.

L'acide acétique la dissout à chaud, et la laisse déposer sous forme de cristaux. Cette substance paraît peu toxique ; suivant Falck et Schraff, une dose de 10 centigrammes ne produit aucune action chez l'homme. Nous ne lui connaissons qu'une seule réaction : elle se colore en brun sous l'influence de l'acide sulfurique, ce qui la distingue de la quassine avec laquelle elle pourrait être confondue.

CUBÉBINE $C^{17}H^{16}O^{5}$

C'est un corps neutre, insipide, inodore, incolore, cristallisant en

[1] *Le colchique et la colchicine.* Paris, Steinhel édit., 1887.

petites aiguilles ou en écailles, et qui se trouve contenue dans le poivre cubèbe (*piper cubeba*) à côté de l'huile essentielle.

La cubébine est soluble dans l'alcool chaud, l'éther, l'acide acétique, les huiles grasses et les essences. Elle fond à 120 degrés et ne peut pas être sublimée sans décomposition. La benzine, le chloroforme, l'alcool amylique l'enlèvent aux solutions acides. Elle n'est pas toxique. L'acide sulfurique lui communique d'abord une nuance rouge-brique qui devient ensuite rouge-carmin et persiste pendant longtemps.

Bernatzik a démontré qu'elle était absorbée par le sang et éliminée par les urines.

DELPHININE $C^{22}H^{35}AzO^{6}$

(*Delphinoïdine = Staphysagrine*)

Cet alcaloïde est l'un des principes actifs contenus dans les semences du *Delphinium staphysagria*. Il se présente sous forme de prismes rhombiques très peu solubles dans l'eau, plus solubles dans l'alcool, l'éther et surtout le chloroforme qui l'enlève bien aux solutions alcalines et un peu aux solutions acides. En solution alcoolique, elle a une réaction alcaline ; sa saveur est franchement amère, suivie, quelques minutes après, d'une sensation de froid et d'une diminution de la sensibilité de la langue qui persiste longtemps.

Les réactifs généraux, et notamment l'acide phospho-molybdique, l'iodure de potassium iodé, l'iodure double de potassium et de mercure, l'iodure double de potassium et de bismuth, l'iodure double de potassium et de cadmium, l'acide picrique, la précipitent en solutions très étendues. Elle ne donne pas de réaction colorée particulière avec l'acide sulfurique, le réactif de Fröhde, l'acide sulfurique et le sucre, ni avec le brome ou l'acide azotique.

La toxicité de cet alcaloïde est considérable et se rapproche de celle de l'aconitine. En injections sous-cutanées, elle produit la mort par asphyxie (arrêt du cœur en diastole) précédée d'irritation locale, de mouvements convulsifs, d'anesthésie, sans trouble sérieux des fonctions du cerveau jusqu'au dernier moment. Introduite dans l'estomac, elle produit de la salivation, des vomissements, de la diarrhée, du ralentissement des contractions cardiaques, la perte du pouvoir excito-moteur de la moelle, de la paralysie des nerfs de la sensibilité et du mouvement. L'action énergique qu'elle produit sur les nerfs vasculaires la distingue de l'aconitine qui ne la possède qu'à un faible degré.

La *Delphinoïdine*, autre alcaloïde de la staphysaigre, est amorphe, un peu moins insoluble dans l'eau que la delphinine, elle est très soluble dans l'éther et en toutes proportions dans l'alcool absolu et le chloroforme, sa réaction est alcaline et sa saveur âcre et amère.

L'acide sulfurique concentré la dissout avec une couleur brun-foncé, devenant ensuite brun-rougeâtre.

Le réactif de Fröhde donne une solution brune qui ne tarde pas à passer au rouge-sang et au rouge-cerise foncé.

Mêlée avec le double de son poids de sucre de canne, et traitée ensuite par l'acide sulfurique concentré, elle se colore en brun qui passe très vite au vert-foncé.

Si, à la dissolution sulfurique de delphinoïdine, on ajoute un peu de brome, il se produit une coloration violet-rouge, qui devient rouge-sang.

Mêlée avec le double de son poids d'acide malique, puis traitée par l'acide sulfurique concentré, elle donne lieu à une coloration orangée, puis rose, violette et enfin violet-bleuâtre.

La *Staphysagrine*, qui accompagne les deux précédents, est amorphe, et ses réactions colorées sont différentes de celles de la delphinoïdine.

Le sucre et l'acide sulfurique la rendent brune, mais non verte; l'acide sulfurique et le brome ne lui communiquent qu'une teinte rougeâtre passagère. Le réactif de Fröhde la dissout en rouge-brun, puis en brun-violet. L'acide azotique la colore en rouge, l'acide chlorhydrique en bleu et jaune-verdâtre.

Ces deux derniers alcaloïdes sont toxiques au même titre que la delphinine, et tous trois sont dépourvus de pouvoir rotatoire. Dans un empoisonnement par la staphysaigre, ce serait leur mélange que les dissolvants neutres, chloroforme ou benzine, enlèveraient aux liqueurs alcalines; les réactions colorées ne pourraient donc présenter toute la netteté désirable.

DIGITALINE $C^{27}H^{18}O^{15}$?

(*Digitaléine*)

Toutes les parties de la digitale pourprée (*digitalis purpurea*, Scrofularinées), mais surtout les feuilles, contiennent des principes actifs dont l'histoire est restée longtemps confuse et demande de nouvelles recherches.

Ces substances non azotées qui ne produisent pas les réactions générales des alcaloïdes, si ce n'est qu'elles sont précipitables par le tannin, et qui paraissent être des glucosides, sont au nombre de deux : la *digitaline* (cristallisée et amorphe), la *digitaléine*.

La digitaline cristallisée, isolée par Nativelle, et qui paraît être identique à celle que MM. Homolle et Quévenne ont pour la première fois retirée à l'état amorphe de la digitale, se présente en aiguilles incolores, inodores, neutres, excessivement amères, presque insolubles dans l'eau, même bouillante, dans l'éther, la benzine et le sulfure de carbone, assez solubles dans l'alcool surtout chaud, et très solubles dans le chloroforme.

Le chloral anhydre la dissout rapidement; peu à peu le soluté prend une teinte rosée, qui se communique aux cristaux de chloral hydraté qui se produisent aux parois du verre, au-dessus du liquide. Cette teinte change bientôt, passe au ton vineux plus durable, et de là au bleu foncé qui persiste longtemps.

Préparation. — M. Tanret a indiqué le procédé suivant pour la préparation de la digitaline cristallisée.

La poudre de digitale est épuisée dans un appareil à déplacement par de l'alcool à 25 degrés, jusqu'à cessation d'amertume de la liqueur hydroalcoolique qui passe. Alors le liquide obtenu est agité avec le quinzième de son poids de chloroforme, et on laisse reposer. Quand le chloroforme s'est bien déposé, on le sépare et on agite de nouveau la liqueur avec une nouvelle dose de chloroforme.

Les liqueurs chloroformiques sont réunies, elles sont colorées en vert-brun intense. On les lave avec leur poids d'eau pour en séparer l'alcool, puis on les agite avec un égal volume d'une solution assez concentrée de tannin. Il se sépare alors du tannate de digitaline qu'on recueille et qu'on malaxe avec du chloroforme, tant que celui-ci enlève des matières colorantes et extractives étrangères, puis on le fait dissoudre dans de l'alcool à 90 degrés. La solution alcoolique de tannate de digitaline est ensuite additionnée d'oxyde de zinc, agitée de temps en temps et abandonnée à elle-même. Il se forme du tannate de zinc et la digitaline mise en liberté se dissout dans l'alcool. On filtre et on agite avec du charbon animal lavé, jusqu'à décoloration complète, on filtre de nouveau, puis on soumet à l'évaporation.

La digitaline cristallise par évaporation lente en cristaux aiguillés.

Digitaléine. — M. Nativelle a ainsi nommé le principe actif *amorphe soluble* de la digitale, qui est presque le seul que l'on obtienne quand on épuise la plante par l'eau seule.

Cette digitaléine paraît avoir une composition très voisine de celle de la digitaline cristallisée dont elle possède toutes les propriétés, et dont les réactions sont identiques, mais plus lentes à se développer.

Selon Kosman [1], la digitaline cristallisée serait de la *digitalirétine* provenant de la digitaléine (digitale soluble), par perte de deux molécules de glucose.

Suivant le même auteur, la digitale, comme beaucoup d'autres végétaux, contiendrait avant la floraison 3 p. 100 environ d'un ferment qui décompose la digitaléine en glucose et en digitalirétine. La même action se produit avec les acides étendus (*Bullet. Soc. chim.*, t. XXVII, p. 251).

Dans cette hypothèse, le dédoublement de la digitaléine serait représenté par l'équation :

$$\underset{\text{digitaléine}}{C^{27}H^{45}O^{15}} + 2H^2O = \underset{\text{digitalirétine}}{C^{15}H^{25}O^5} + \underset{\text{glucose}}{2C^6H^{12}O^6}$$

Réactions. — Les réactions que nous allons décrire se rapportent non seulement à la digitaline cristallisée dite de Nativelle, mais aussi à la substance mal déterminée, mais physiologiquement très active, que MM. Homolle et Quévenne ont isolée de la digitale.

1° Avec l'acide chlorhydrique concentré, la digitaline donne une solution jaune, passant au vert-émeraude.

2° L'acide sulfurique donne une solution verdâtre, laquelle exposée sous une cloche à l'action des vapeurs de brome, devient rouge-groseille; étendue d'eau, la solution redevient verte.

3° Si l'on traite une très petite quantité de digitaline par un mélange, à parties égales, d'acide sulfurique concentré et d'alcool, et si l'on chauffe un peu jusqu'à l'apparition d'une coloration jaunâtre, puis qu'on ajoute à ce mélange une goutte de perchlorure de fer, on voit apparaître une belle coloration bleu-verdâtre tout à fait caractéristique (cette coloration persiste pendant plusieurs heures). — Lafon.

4° L'acide sulfurique étendu et bouillant dédouble la digitaline en digitalirétine et en glucose; ce dernier peut être caractérisé par son action réductrice sur une solution cupro-alcaline.

Remarque. — Pour extraire la digitaline des matières suspectes, on peut suivre la méthode de Dragendorff, mais il convient d'acidifier les liqueurs alcooliques avec de l'acide tartrique, de préférence à l'acide sulfurique; le résidu aqueux acide épuisé par l'éther de pétrole à plusieurs reprises, pour éliminer le plus possible de matières étrangères, pourra être agité avec du chloroforme qui s'emparera du poison.

Action physiologique. — « La digitaline à très faible dose ralentit

[1] *Journal de Pharmacie*, t. XX, p. 427.

l'activité cardiaque. L'action sur le cœur consiste en une accélération initiale, suivie bientôt d'un ralentissement croissant des pulsations qui tombent à 40 ou même 30 par minute. Si l'on examine alors le tracé sphygmographique, on y constate de légers soulèvements correspondant à de petites systoles. Ce sont ces battements intermédiaires qui ont de l'ampleur au début de l'intoxication, et se traduisent par une augmentation de fréquence du pouls. Si la dose est suffisante, les battements tombent à intervalles inégaux en diminuant de plus en plus de fréquence au point de s'arrêter complètement. Le cœur examiné immédiatement après la mort se détend d'abord et s'affaisse; mais, quelque temps après, il est envahi par une rigidité cadavérique très hâtive et qui persiste plusieurs heures; il perd très rapidement son excitabilité par le courant électrique. » (Tardieu et Roussin.)

Suivant la quantité de toxique dont on pourra disposer, on fera des expériences sur le cœur d'une grenouille, ou bien l'on expérimentera sur des chiens en ayant soin de faire des expériences comparatives en injectant de petites quantités d'infusé de feuilles de digitale, ou de solutions titrées de digitaline, à des animaux témoins.

ELLÉBORÉINE $C^{26}H^{44}O^{15}$. — ELLÉBORINE $C^{36}H^{42}O^{6}$

Les ellébores vrais (*elleborus niger*, *fœtidus*, *viridis*) renferment deux glucosides toxiques, l'*elléboréine* et l'*elléborine* (Huseman et Marmé).

L'*elléboréine* est en cristaux hygroscopiques très solubles dans l'eau, peu solubles dans l'alcool, presque insolubles dans l'éther; d'une saveur à la fois sucrée et amère. Cette substance provoque l'éternuement; elle n'est pas altérée à 100 degrés, brunit et fond à 280 degrés, puis plus haut elle se charbonne.

L'acétate de plomb, le chlorure mercurique, l'iodure de potassium iodé ne la précipitent pas, elle est précipitée au contraire par le phospho-molybdate et le phospho-tungstate de sodium, ainsi que par le tannin.

L'acide sulfurique la dissout avec une couleur brun-rouge passant au violet.

Bouillie avec les acides sulfurique et chlorhydrique étendus, l'elléboréine se scinde en glucose et en *elléborétine* :

$$\underset{\text{elléboréine}}{C^{26}H^{44}O^{15}} = \underset{\text{elléborétine}}{C^{14}H^{20}O^{3}} + \underset{\text{glucose}}{2C^{6}H^{12}O^{6}}.$$

A l'état humide, l'elléborétine est un précipité d'un bleu-violet foncé; à l'état sec, c'est une poudre gris-verdâtre. Insoluble dans l'eau et l'éther, elle se dissout dans l'alcool qu'elle colore en violet. L'acide sulfurique concentré la dissout sans altération en formant un liquide rouge-brun (Huseman et Marmé, *Bullet. Soc. chim.*, t. V, p. 155, 1866).

L'*elléborine* cristallise en aiguilles incolores, brillantes, groupées concentriquement, de saveur âcre et amère (en solution alcoolique), insolubles dans l'eau, très peu dans l'éther, très solubles dans l'alcool bouillant et dans le chloroforme. Elle ne s'altère pas à 250 degrés, fond et se charbonne à une température plus élevée.

L'acide sulfurique concentré la colore en rouge intense, et la dissout lentement ; la coloration vire au violet.

Les acides étendus et bouillants la dédoublent par hydratation en glucose et en *elléborésine :*

$$\underset{\text{elléborine}}{C^{36}H^{42}O^{6}} + 2H^{2}O = \underset{\text{elléborésine}}{C^{30}H^{38}O^{4}} + \underset{\text{glucose}}{C^{6}H^{12}O^{6}}.$$

L'*elléborésine* est une poudre amorphe grisâtre, insipide, insoluble dans l'eau, soluble dans l'alcool, qui se ramollit vers 150 degrés.

Le chloroforme et l'alcool amylique enlèvent l'elléboréine et l'elléborine aux solutions acides. Dans un empoisonnement par l'ellébore, l'éther de pétrole et la benzine peuvent enlever ensuite à la solution acidulée un second principe non toxique, mais qui se colore en violet, puis en bleu-verdâtre et enfin en brun par l'acide sulfurique concentré.

La réaction colorée que produit l'acide sulfurique concentré sur l'elléboréine et l'elléborine, ainsi que les différents caractères de ces glucosides et la confusion de nom des plantes qui les fournissent (ellébores) attribué à des *elleborus* de la famille des renonculacées et des *veratrum* des colchicacées pourraient induire en erreur, et faire confondre la vératrine avec les principes toxiques des *ellebores*. Nous rappellerons que l'acide chlorhydrique pur et concentré produit avec la vératrine, à chaud, une coloration rouge-vif persistante, tandis qu'avec l'elléboréine et l'elléborine la solution chlorhydrique est incolore à chaud comme à froid.

Action physiologique. — L'elléboréine et l'elléborine produisent sur l'organisme une action qui se rapproche de celle de la digitaline : salivation, nausées, vomissements, coliques, diarrhée, oppression, stertor respiratoire, dilatation pupillaire, délire, irrégularité des pulsations cardiaques, et mort par arrêt de la circulation ; le cœur s'arrête en diastole.

EMÉTINE $C^{30}H^{44}Az^{2}O^{4}$

C'est le principe actif contenu dans la racine d'ipécacuana (*cephælis ipecacuanha,* Rubiacées). Elle a été obtenue par M. A. Glénard, en épuisant par l'éther un mélange préalablement desséché de poudre d'ipéca et de chaux éteinte. L'éther étant distillé à sec, on reprend le résidu par de l'eau acidulée, on filtre, et l'on ajoute à cette solution de l'ammoniaque qui précipite l'émétine. Celle-ci lavée rapidement est mise en suspension dans une solution de chlorhydrate d'ammonium sous une cloche où l'on fait le vide en présence de l'acide sulfurique; l'ammoniaque est déplacée par l'émétine qui s'unit à l'acide chlorhydrique pour former un chlorhydrate qui ne tarde pas à cristalliser.

L'émétine cristallise en fines paillettes incolores, fusibles vers 65 degrés, altérables à l'air et à la lumière, peu solubles dans l'eau, solubles dans l'alcool, l'éther, le chloroforme, la benzine, l'éther de pétrole et l'alcool amylique; sa solution acide est fluorescente. La base et ses sels possèdent une saveur amère très désagréable et sont dépourvus de pouvoir rotatoire. L'alcalinité de l'émétine est très sensible. Son azotate est fort peu soluble dans l'eau.

Suivant Lefort et F. Wurtz, l'émétine séchée à 100 degrés répond à la formule $C^{28}H^{40}Az^{2}O^{5}$. La formule $C^{30}H^{44}Az^{2}O^{4}$ est celle qu'a indiquée Glénard.

Action physiologique. — L'émétine pure est une substance très toxique; 0 gr. 25 suffisent à tuer un lapin ou un chat; 0 gr. 10 à 0 gr. 30 font périr un chien. Les grenouilles sont beaucoup moins sensibles à son action.

Appliquée sur la peau dénudée et les muqueuses, l'émétine y détermine une irritation vive qui aboutit à la formation de papules et de pustules; introduite dans l'organisme, soit par la bouche, soit par la voie hypodermique, elle détermine à faible dose, 0 gr. 05 à 0 gr. 10, du malaise, de l'anxiété précordiale, des nausées, des vomissements violents coïncidant avec une tendance au sommeil; il s'y ajoute enfin de la diarrhée (Huseman) et des sueurs abondantes.

Chez les chiens intoxiqués par l'émétine, on constate des ecchymoses sur les parois du tube digestif et une irritation des reins et de la vessie. Le poison s'élimine généralement par l'urine, mais on en retrouve aussi dans le foie et l'estomac. La recherche doit se faire très rapidement, car l'alcaloïde se décompose assez facilement et ne résiste pas à la putréfaction.

Réactions. — Dans un empoisonnement par l'ipécacuana, l'éther de pétrole, la benzine, le chloroforme et l'alcool amylique enlèvent l'émétine aux solutions alcalines, ce qui n'a pas lieu avec les solutions acides. Ces dissolvants abandonnent par évaporation l'alcaloïde amorphe, coloré. A cet état, le réactif de Fröhde la dissout en donnant naissance à une belle couleur rouge qui passe au vert.

L'acide sulfurique la dissout en donnant une solution vert-brunâtre. Le réactif d'Erdmann la colore en vert ; cette couleur vire au jaune.

Le mélange d'acide sulfurique additionné de 65 p. 100 d'eau et d'acide azotique dissout l'émétine sans développer de coloration.

L'acide picrique, l'acide phospho-molybdique, l'iodure de potassium iodé, les iodures doubles de bismuth, de mercure ou de cadmium et de potassium précipitent encore les solutions à 1/25000. Les chlorures d'or et de platine, le chromate de potassium, le tannin précipitent également l'émétine, mais en solutions plus concentrées.

L'expérimentation physiologique ne paraît pas être d'un grand secours dans la recherche de ce corps; les lésions relevées à l'autopsie seraient peut-être plus caractéristiques.

ERGOTININE $C^{35}H^{40}Az^{4}O^{6}$

L'ergotinine, découverte et étudiée par Tanret en 1876, est considérée, d'après les travaux de cet auteur, comme le principe vraiment actif de l'ergot (*claviceps purpurea*).

Pour la préparer, M. Tanret épuise l'ergot de seigle réduit en poudre fine par l'alcool à 95 degrés bouillant. La solution alcoolique est distillée, et le résidu, additionné de soude jusqu'à réaction nettement alcaline, est agité avec une grande quantité d'éther. La liqueur éthérée est lavée à l'eau, puis agitée avec une solution aqueuse d'acide citrique qui s'empare de l'alcaloïde.

La solution citrique d'ergotinine est lavée à l'éther, puis sursaturée par du carbonate de potassium et agitée enfin avec de nouvel éther qui dissout l'alcaloïde.

Cette nouvelle liqueur éthérée est décolorée par du noir animal pur, et soumise à la distillation pour chasser l'éther; dès qu'elle commence à se troubler, on l'introduit dans un flacon qu'on abandonne dans un lieu frais et obscur. La solution ne tarde pas à cristalliser; on la concentre pour obtenir de nouveaux cristaux, et finalement un produit amorphe par évaporation complète.

L'ergotinine cristallise en fines aiguilles qui deviennent facilement amorphes sous l'influence de la lumière. Elle est blanche, insoluble dans l'eau, très soluble dans l'alcool, le chloroforme et l'éther ; à l'état amorphe, elle est jaunâtre, spongieuse, plus soluble qu'à l'état cristallisé ; mais les propriétés physiologiques de ces deux substances sont semblables et d'égale intensité.

C'est une base faible, fortement dextrogyre. Les sels sont cristallisables et rougissent le tournesol. Leur saveur est légèrement amère et aromatique.

Les solutions sont douées d'une belle fluorescence violette.

Réactions. — L'ergotinine précipite la plupart des réactifs généraux des alcaloïdes ; l'iodure double de mercure et de potassium paraît être le réactif qui précipite le mieux les solutions très étendues. La base et ses sels réduisent instantanément le mélange de chlorure ferrique et de ferricyanure de potassium (réactif de Brouardel et Boutmy).

Une trace d'ergotinine dissoute dans quelques gouttes d'éther, puis traitée par l'acide sulfurique étendu de un septième d'eau, colore la solution en rouge, qui passe rapidement au violet, puis au bleu.

Mêlée avec le double de son poids de saccharose, puis traitée de même par l'acide sulfurique à un septième, elle donne une liqueur rose.

Dans un empoisonnement par l'ergot de seigle, on pourra suivre avec avantage la méthode de Stas pour rechercher l'ergotinine ; celle-ci sera facilement enlevée aux liqueurs, rendues alcalines par le carbonate de potassium, à l'aide de l'éther. La réaction auxiliaire indiquée par Dragendorff sera aussi d'une grande utilité : Une infusion d'ergot ou une solution d'extrait, traitée par un peu d'acide sulfurique étendu, puis agitée avec de l'éther, colore ce dissolvant en jaune (*sclérérythrine*). Lorsqu'on agite cet éther chargé de sclérérythrine avec de l'eau alcaline, l'éther se décolore et la liqueur aqueuse se colore en rouge plus ou moins intense. Si l'on décante la solution alcaline, puis qu'après l'avoir acidulée on l'agite avec de nouvel éther, celui-ci reprendra la matière colorante purifiée, et si on examine cette solution éthérée au spectroscope, après l'avoir concentrée par l'évaporation, on constatera qu'elle possède un spectre d'absorption particulier : elle éteint tous les rayons réfrangibles situés au-delà de la raie D.

L'examen à la loupe de toutes les parties de l'appareil digestif devra être pratiqué avec soin et permettra peut-être d'isoler des débris ayant les caractères connus des parties de l'ergot.

Comme complément de recherches, on pourra aussi dessécher une partie des matières suspectes, puis les introduire dans un flacon fermé avec un excès de lessive de soude ; l'odeur de *hareng* due à la mise en liberté de la triméthylamine que contient toujours l'ergot pourra devenir manifeste. Mais, dans aucun cas, ce caractère ne serait une raison suffisante d'admettre la présence de l'ergot.

Action physiologique. — L'ergotinine paraît relativement peu toxique; elle excite la contractilité des fibres musculaires lisses, en particulier de la matrice et des vaisseaux sanguins. Quant aux symptômes d'ergotisme aigu ou chronique, ils ont été plusieurs fois observés et décrits; le médecin-expert saura toujours les reconnaître.

ESCULINE $C^{15}H^{16}O^{9} + 1 \frac{1}{2} H^{2}O$

Glucoside que l'on rencontre en abondance dans l'écorce du marronnier d'Inde (*æsculus hippocastanum*), laquelle en renferme jusqu'à 30 p. 100, et qui paraît exister dans la racine du *gelsemium semper virens*.

Faistborn a indiqué le mode de préparation suivant : l'écorce du marronnier d'Inde réduite en poudre fine est épuisée par l'ammoniaque dans un appareil à déplacement. La liqueur ammoniacale colorée est additionnée d'hydrate d'alumine et évaporée en consistance pâteuse. On dessèche le produit; on le broie avec du verre pilé et on traite le mélange par l'alcool à 95 degrés bouillant. Le liquide alcoolique, concentré par distillation, laisse précipiter l'esculine par refroidissement de la liqueur. On isole celle-ci et on la met en contact pendant vingt-quatre heures avec de l'eau additionnée d'un demi-volume d'éther qui enlève les matières étrangères. Une nouvelle cristallisation dans de l'alcool à 95 degrés bouillant l'abandonne tout à fait pure.

Elle se présente en cristaux prismatiques, ténus, d'un blanc éclatant, d'une faible saveur amère, peu solubles dans l'eau froide, facilement solubles dans l'eau bouillante, solubles dans vingt-quatre parties d'alcool bouillant, très peu solubles dans l'éther.

La solution aqueuse est incolore par transmission et bleue par réflexion; cet effet est tellement sensible, qu'on l'observe avec une solution de 1 partie d'esculine dans 1,500 parties d'eau. Il est augmenté par l'addition des alcalis et disparaît par les acides. Elle fond à 160 degrés et se dédouble sous l'influence des acides étendus et bouillants en glucose et en *esculétine* :

$$\underset{\text{esculine}}{C^{15}H^{16}O^{9}} + H^{2}O = \underset{\text{esculétine}}{C^{9}H^{6}O^{4}} + \underset{\text{glucose}}{C^{6}H^{12}O^{6}}$$

L'*esculétine* est en aiguilles fusibles à 270 degrés, peu solubles dans l'eau froide, très solubles dans l'eau et l'alcool bouillants, insolubles dans l'éther. La solution aqueuse est dichroïque, jaune par transmission, bleuâtre par réflexion; mais la fluorescence est moins accentuée que celle de l'esculine. Elle possède les caractères d'un acide faible.

L'esculine paraît posséder une action fébrifuge antipériodique; elle est, en tout cas, peu active et sans toxicité.

L'eau chlorée décompose la solution aqueuse d'esculine en la colorant en rouge. L'eau bromée précipite des solutions concentrées d'esculine acidifiées par l'acide acétique, un précipité jaune d'esculine bibromée.

Ces caractères, joints à l'intensité de la fluorescence que possède l'esculine, et l'action réductrice qu'elle exerce sur le réactif cuprique et l'azotate d'argent bouillants, après dédoublement par les acides étendus, permettront de caractériser cette substance.

ÉSÉRINE (Physostigmine) $C^{15}H^{21}Az^{3}O^{2}$

L'ésérine est le principe actif de la fève de Calabar (*physostigma venenosum*), qui en contient environ 1 millième. Découverte en 1864, par Jobert et Hesse, elle a été obtenue cristallisée et pure par M. Vée de la façon suivante :

L'extrait alcoolique de fève de Calabar concentré par évaporation est broyé avec une petite quantité d'acide tartrique, et épuisé par l'eau distillée. La solution aqueuse filtrée est ensuite saturée d'un excès de bicarbonate de sodium, puis agitée avec de l'éther qui s'empare de l'ésérine, et l'abandonne à l'état amorphe par évaporation. On reprend l'alcaloïde par l'eau acidulée, on ajoute de l'acétate de plomb, on filtre, on dirige dans la liqueur un courant de gaz sulfhydrique, on filtre de nouveau pour écarter le sulfure de plomb, on alcalinise par du bicarbonate alcalin, et on épuise par de l'éther qui abandonne, cette fois, l'alcaloïde à l'état cristallin incolore.

C'est un corps très altérable qui cristallise en tables rhombiques fusibles à 69 degrés et se décomposant vers 150 degrés. Il se colore rapidement en solution acide ou alcaline en rose ou en rouge sous l'influence de l'air et de la lumière (polarisée). Il est peu soluble dans l'eau, la solution est alcaline au tournesol; il se dissout facilement dans l'alcool, l'éther, le chloroforme, la benzine, le sulfure de carbone et l'alcool amylique. L'ammoniaque, la potasse, la soude dissolvent aussi l'ésérine; elle forme avec les acides des sels solubles, même avec l'acide carbonique; ces sels se colorent à l'air; le bromhydrate cristallise facilement en cristaux étoilés, et se colore moins que les autres.

La coloration que prend cet alcaloïde au contact de l'air, surtout en présence d'une petite quantité d'alcali, est enlevée aux solutions par le sulfure de carbone et le chloroforme, ce qui n'a pas lieu avec l'éther. La couleur rouge est détruite par le gaz sulfureux et l'hyposulfite de sodium.

Réactions. — L'ésérine n'est pas enlevée par les dissolvants neutres aux liqueurs acides; elle est enlevée aux solutions alcalines par la benzine, l'alcool amylique et le chloroforme, mais non par l'éther de pétrole.

Les réactifs généraux qui précipitent le mieux l'ésérine sont : l'acide phospho-molybdique, l'iodure de potassium iodé; puis viennent avec moins de sensibilité : l'iodure double de mercure et de potassium, le chlorure d'or, l'iodure double de cadmium et de potassium.

1° L'ésérine réduit immédiatement le cyanoferride de potassium.

2° L'acide sulfurique concentré la colore en jaune.

3° L'hypochlorite de calcium la colore en rouge; la coloration disparaît sous l'influence d'un excès de réactif.

4° L'eau bromée, additionnée à parties égales d'acide sulfurique, la colore en rouge-brunâtre.

Action physiologique. — L'ésérine est très toxique ; à faible dose elle produit une forte contraction de la pupille, et a une action sédative considérable sur la moelle, action qui a été utilisée dans le tétanos et l'empoisonnement par la strychnine; elle n'est pas cependant le véritable antagoniste de la strychnine, mais plutôt de l'atropine.

L'intoxication se traduit par du malaise, des vomissements, de la diarrhée, du collapsus. A l'autopsie, on n'observe pas de lésion révélatrice.

L'alcaloïde peut être retrouvé pendant un temps assez long dans l'estomac et l'intestin, car il est éliminé par la salive et par la bile ; cette élimination est lente. On pourra donc retrouver le poison dans le sang et le foie et même dans l'urine; toutefois il n'offre qu'une très faible résistance à la putréfaction, et sa recherche doit être faite promptement.

GEISSOSPERMINE (Gessine) $C^{19}H^{24}AzO^{2} + H^{2}O$

Péreirine

Alcaloïde extrait du *paopereiro* ou *geissospermum læve* (Apocynacées). Il se présente sous forme de prismes incolores tronqués aux deux extrémités, solubles dans l'alcool, le chloroforme et la benzine, mais presque insolubles dans l'eau et dans l'éther. Ces cristaux renferment une molécule d'eau de cristallisation qu'ils perdent à 100 degrés en devenant jaunes. A une température plus élevée, la geissospermine se colore davantage, fond à 160 degrés en un liquide brun qui, par refroidissement, se solidifie en une masse amorphe. Elle est neutre au tournesol, très toxique, sa saveur est très amère, et son pouvoir rotatoire est à gauche. Elle se dissout dans les acides dilués en donnant des dissolutions d'où l'ammoniaque en excès, la potasse et la soude précipitent la base sous forme d'abord amorphe, mais devenant ensuite rapidement cristalline.

Réactions. — La geissospermine peut être enlevée aux dissolutions acides par la benzine et le chloroforme (distinction avec la strychnine). Les liqueurs ammoniacales cèdent aussi l'alcaloïde aux mêmes dissolvants, mais l'éther de pétrole ne l'enlève ni aux solutions acides ni aux solutions alcalines.

1° Les chlorures d'or et de platine précipitent les dissolutions de geissospermine, le premier en jaune-brun, le second en jaune-pâle, mais il ne se produit pas de coloration rouge de la liqueur (différence avec l'aspidospermine et la québrachine).

2° L'acide azotique forme une dissolution rouge-pourpre, et ensuite orangée.

3° L'acide sulfurique concentré donne une solution d'abord incolore, puis bleue.

4° Le réactif de Fröhde donne une solution immédiatement bleue.

Action physiologique. — La geissospermine ne possède aucune action irritante locale; c'est un poison paralysant, agissant d'abord sur la surface grise de l'encéphale, puis, progressivement, sur l'axe gris bulbo-médullaire, dont il abolit les propriétés physiologiques, laissant intact le système nerveux périphérique et les muscles.

Péreirine. — L'écorce de *paopereiro* contient, à côté de la geissospermine, un alcaloïde amorphe étudié par Hesse, sous le nom de péreirine, et qui paraît exister dans l'écorce en proportions plus considérables que la geissospermine. Cette substance est une poudre amorphe, blanc-verdâtre, facilement soluble dans l'éther. Ses propriétés physiologiques se rapprochent de celles de la geissospermine.

L'acide azotique la dissout avec une couleur rouge de sang ; l'acide sulfurique concentré avec une coloration rouge-violet. Elle donne avec le chlorure de platine un précipité jaune-clair qui devient seulement brunâtre à chaud (distinction d'avec l'aspidospermine). Elle ne rougit pas lorsqu'on la chauffe avec une solution d'azotate de mercure, et ne devient pas violet-bleuâtre par l'action de l'acide azotique et du perchlorure d'étain (distinction d'avec la brucine). — Czerniewski.

Les solutions acides cèdent l'alcaloïde au chloroforme. En solution alcaline, il est assez facilement isolé par le chloroforme, la benzine, ainsi que par l'éther de pétrole (différence avec le geissospermine).

Dans un empoisonnement par l'écorce de paopereiro, on pourra trouver dans le sang, les viscères et l'urine, la geissospermine et la péreirine; dans l'urine, on trouve surtout de la geissospermine. Il semble que la péreirine se décompose plus facilement que la geissospermine (Dragendorff).

GELSÉMINE $C^{22}H^{38}Az^2O^4$

Alcaloïde extrait de la racine du *Gelsemium sempervirens* (Apocynacées). Il est blanc, amorphe, d'une saveur très amère, difficilement soluble dans l'eau, facilement soluble dans l'alcool, l'éther, le chloroforme, l'éther de pétrole et la benzine, présente une réaction alcaline très nette, et sature les acides, en formant des sels amorphes. Il fond à 100 degrés et se décompose à une température plus élevée.

Réactions. — La gelsémine peut être enlevée aux solutions alcalines par l'éther de pétrole, la benzine et le chloroforme.

1° L'acide sulfurique concentré dissout la gelsémine en se colorant en rouge-brun (différence avec la strychnine dont la solution est incolore).

2° Mêlée avec le double de son poids de saccharose, et traitée par l'acide sulfurique concentré, elle donne une solution rouge.

3° La solution de gelsémine dans l'acide sulfurique concentré, additionnée d'un petit cristal de bichromate de potassium ou d'une petite quantité d'oxyde de cérium, se colore d'abord en rouge, puis en violet.

4° L'acide sulfo-vanadique donne une solution violet-pourpre.

5° Chauffée avec l'acide perchlorique elle se colore en jaune.

Les réactifs généraux qui précipitent le mieux les solutions très étendues sont : les acides phospho-tungstique et phospho-molybdique, l'iodure de potassium iodé, les iodures doubles de mercure ou de bismuth et de potassium.

Action physiologique. — Chez les grenouilles, la gelsémine paralyse d'abord les ganglions centraux sensibles, et ensuite les ganglions moteurs, sans produire de tétanos ; chez les animaux à sang chaud, les symptômes se succèdent en sens inverse. Un demi-milligramme produit déjà chez la *rana temporia* la paralysie de la respiration ; au bout d'une heure et demie, même 1 milligramme ne produit pas encore la paralysie du cœur (F. Schwartz, Diss. Dorpat, 1882).

La gelsémine s'élimine assez rapidement par l'urine ; dans un empoisonnement par les racines de gelsemium, on trouverait dans ce liquide ainsi que dans les viscères l'alcaloïde accompagné d'acide *gelsémique* $C^{30}H^{34}O^{10} + {}^{2}H^{2}O$, corps cristallin, insipide, incolore et inodore, peu soluble dans l'eau froide, l'éther et l'alcool purs, très soluble dans l'eau bouillante et l'éther alcoolisé, et qui possède en solution aqueuse additionnée d'une trace de potasse une fluorescence bleue analogue à celle de l'esculine. La solution aqueuse de cet acide est rougie par l'eau chlorée, et se colore en vert par le perchlorure de fer. Cet acide n'est pas toxique.

HYDRASTINE $C^{22}A^{23}AzO^{6}$

Cet alcaloïde est l'un des principes actifs de l'*hydrastis canadensis* (Renonculacées), qui contient aussi de la berbérine. Il se présente en cristaux blancs, brillants, fusibles à 132 degrés en un liquide ambré, décomposables au delà.

L'hydrastine est insoluble dans l'eau et l'éther de pétrole, soluble dans l'alcool, le chloroforme, l'éther, la benzine et les acides dilués. Elle est lévogyre, forme avec les acides des sels qui cristallisent assez facilement et sont tous solubles dans l'eau. Sa saveur est amère ; elle ne paraît pas être toxique, possède des propriétés purgatives à la dose de quelques centigrammes, et passe pour tonique et fébrifuge.

Réactions. — L'hydrastine peut être enlevée à ses solutions aqueuses acides et alcalines par agitation avec de la benzine et du chloroforme. L'éther de pétrole ne l'enlève pas aux liqueurs acides ; aussi peut-on agiter ces dernières, d'abord avec de l'éther de pétrole, afin de les purifier, et ensuite enlever l'hydrastine par la benzine ou, si l'on ne réussit pas avec celle-ci, à l'aide du chloroforme (Dragendorff).

1° En solution chlorhydrique pas trop étendue, l'hydrastine précipite avec tous les réactifs généraux.

2° Le réactif de Fröhde la dissout en brun-verdâtre.

3° La dissolution d'hydrastine dans l'acide sulfurique concentré, additionnée d'une petite quantité d'azotate de potassium, se colore en jaune. Cette même solution sulfurique, additionnée de bichromate de potassium, se colore en jaune qui vire au brun, puis au vert.

4° L'acide sulfo-vanadique la dissout en rouge-orangé, qui disparaît promptement.

5° Si, à la dissolution d'hydrastine dans l'acide sélénique, on ajoute de l'acide sulfurique concentré, il se produit une coloration rouge-éosine, qui passe bientôt au jaune, au vert, etc. (Dragendorff).

6° L'acide sulfurique et l'eau bromée donnent un précipité jaune qui se redissout avec une couleur orangée, laquelle devient rouge-groseille après quelques minutes.

JERVINE $C^{26}H^{37}AzO^3$

Cet alcaloïde accompagne la vératrine dans l'ellébore blanc, *veratrum album* (Colchicacées). Cristaux incolores, fusibles à 235 degrés, presque insolubles dans l'eau, très solubles dans l'alcool, assez solubles dans le chloroforme, plus difficilement dans la benzine, encore plus difficilement dans l'éther, et presque pas du tout dans l'éther de pétrole. Le chlorhydrate, le sulfate et l'azotate de jervine sont très peu solubles dans l'eau ; l'acétate est soluble, et sa dissolution précipite par l'acide azotique et l'acide sulfurique étendus.

Par sa toxicité, la jervine se rapproche de la vératrine dont elle possède toutes les propriétés physiologiques. Le chloroforme et l'alcool amylique l'enlèvent facilement aux solutions alcalines.

L'acide sulfurique concentré dissout la jervine en se colorant en jaune, qui vire peu à peu au vert-clair. Les acides azotique et chlorhydrique concentrés donnent des dissolutions incolores ou légèrement rouge-brunâtre ; la solution chlorhydrique, au lieu de devenir rouge-cerise, comme dans le cas de la vératrine, passe au brun quand on la chauffe.

MORPHINE $C^{17}H^{19}AzO^3 + H^2O$. — APOMORPHINE $C^{17}H^{17}AzO^2$

La morphine découverte par Sertuerner en 1817 est le plus important des alcaloïdes de l'opium qui en contient environ 10 p. 100. Les autres bases avec lesquelles elle se trouve mélangée s'y rencontrent en proportions plus faibles, ce sont : la narcotine, environ 6 pour 100; la papavérine, 1 p. 100; la codéine, 0,3 p. 100; la thébaïne, 0,15 p. 100; la narcéine, 0,02 p. 100 (T. et H. Smith).

L'opium contient en outre les acides méconique et lactique, ainsi qu'un grand nombre de matières extractives.

Pour préparer la morphine pure, on épiste l'opium dans un mortier de porcelaine, avec un poids égal de chaux éteinte récemment préparée et quantité suffisante d'eau distillée, pour faire une bouillie claire ;

après quelques heures de contact, pendant lesquelles on broie le mélange de temps à autre, on ajoute une nouvelle quantité d'eau distillée et on jette sur filtre, on lave à l'eau froide le résidu insoluble, et les liquides filtrés réunis, qui contiennent toute la morphine à l'état de combinaison calcique soluble, sont additionnés de chlorure d'ammonium en poudre, et abandonnés au repos. La morphine ne tarde pas à se précipiter à l'état cristallin. On la recueille sur un filtre, on la lave parfaitement à l'eau froide, puis on la broie dans un mortier avec une assez grande quantité d'éther, qui enlève la narcotine qui la souille ainsi qu'une petite quantité de matière colorante. On la traite alors par l'alcool à 95 degrés bouillant qui l'abandonne, par concentration et refroidissement, en cristaux tout à fait purs.

La morphine forme soit de fines aiguilles d'un éclat soyeux, soit, par cristallisation dans l'alcool, des prismes clinorhombiques à six pans, elle se dissout dans 1 000 parties d'eau froide, dans 400 à 500 parties d'eau bouillante et dans 40 à 50 parties d'alcool froid. Elle est également soluble dans l'anisol bouillant qui la laisse déposer par refroidissement en très beaux cristaux (L. Hugounenq).

Les solutions aqueuses sont alcalines au tournesol, très amères et dévient vers la gauche le plan de polarisation de la lumière. Elle est presque insoluble dans l'éther et le chloroforme purs. La benzine n'en dissout qu'une proportion insignifiante. L'alcool amylique froid n'en dissout que 0,36 p. 100, l'alcool amylique chaud en dissout davantage. Les alcalis fixes et l'ammoniaque la dissolvent facilement. Lorsqu'on la précipite à l'état amorphe de ses dissolutions salines, elle peut être dissoute dans l'éther, si la dissolution est faite rapidement.

La morphine se dissout dans les acides, en formant des sels d'ordinaire bien cristallisables, d'une saveur amère, facilement solubles dans l'eau et l'alcool, insolubles dans l'éther et l'alcool amylique.

Chauffée avec du zinc en poudre, la morphine donne du phénanthrène et de la propylamine (V. Gerichten et Schrœtter) :

$$\underset{\text{morphine}}{C^{17}H^{19}AzO^{3}} + 3Zn = \underset{\text{phénanthrène}}{C^{14}H^{10}} + \underset{\text{propylamine}}{AzH^{2}C^{3}H^{7}} + 3ZnO$$

Chauffée avec de l'anhydride acétique, la morphine se transforme en acétyl et diacétylmorphine, ainsi qu'en acétyldimorphine. De même, le chlorure de benzoyle donne de la dibenzoylmorphine. Elle possède donc deux oxhydriles substituables par les acides.

La morphine joue le rôle d'une base tertiaire ; elle s'unit avec les iodures de méthyle et d'éthyle en donnant des iodures d'ammoniums quaternaires que l'oxyde d'argent humide convertit en hydrates correspondants.

Si l'on dissout la morphine dans les alcalis, avec lesquels elle forme de vrais morphinophénates, avant de la traiter par l'iodure alcoolique, son oxhydrile phénolique est remplacé par un groupe alcoolique.

$$\underset{\text{morphine}}{C^{17}H^{19}AzO^3} + KOH + \underset{\text{iodure de méthyle}}{CH^3I} = IK + \underset{\text{méthylmorphine (codéine)}}{C^{17}H^{18}(OCH^3)AzO^2}$$

D'autre part, en chauffant l'iodométhylate de diacétylmorphine avec l'acétate d'argent et l'anhydride acétique, on obtient de l'iodure d'argent, de l'acétate de propylamine et un diacétyldioxyphénanthrène qui, saponifié par la potasse, fournit un dioxyphénanthrène (Fischer et von Gerichten).

On peut donc admettre que la morphine est un alphénol complexe dérivé d'un dioxyphénanthrène, dont le groupe alcoolique est le propyle, et lui attribuer la formule de constitution suivante :

$$\begin{array}{ccc} C^6H^4 & - & C^6H^3(OH) \\ | & & | \\ CHOH & & CHOH \\ & \searrow\swarrow & \\ & AzC^3H^7 & \end{array}$$

Réactions. — On peut extraire la morphine des solutions suspectes en alcalinisant celles-ci et les traitant *immédiatement* par l'alcool amylique chaud.

Les réactifs généraux les plus sensibles de la morphine sont : l'acide phospho-molybdique, l'iodure de potassium iodé, l'iodure double de potassium et de bismuth.

1° L'acide azotique d'une densité de 1,4, mis en contact avec de la morphine, donne une dissolution rouge-orangé, qui prend peu à peu une teinte jaune-clair persistante ;

2° Si l'on mélange la morphine ou ses sels avec le double de son poids de saccharose, puis si l'on fait tomber sur ce mélange quelques gouttes d'acide sulfurique, on obtient une coloration rose qui passe rapidement au violet ;

3° Le réactif de Fröhde donne avec la morphine ou ses sels une solution violet-rouge passant bientôt au brun-verdâtre sale ;

4° Le perchlorure de fer neutre produit dans les solutions neutres de sels de morphine une belle coloration bleu-foncé;

5° Une solution d'acide iodique (au dixième), agitée avec de la morphine, se réduit; l'iode mis en liberté est caractérisable par sa dissolution dans le sulfure de carbone qu'il colore en rose;

6° En mêlant une solution chaude d'acétate de morphine avec quelques gouttes d'azotate d'argent, ce dernier est promptement réduit, de l'argent métallique se dépose, et la liqueur décantée et additionnée d'acide azotique prend la couleur rouge-orangé de la morphine;

7° La morphine et ses sels réduisent instantanément le mélange de perchlorure de fer et de ferricyanure de potassium.

Apomorphine. — L'apomorphine est une base qui diffère de la morphine par une molécule d'eau, et de la codéine par perte d'une molécule d'eau et l'élimination d'une molécule forménique. On l'obtient lorsqu'on chauffe à 150 degrés, dans des tubes scellés, de la morphine ou de la codéine avec 10 à 20 fois son poids d'acide chlorhydrique concentré:

$$\underset{\text{morphine}}{C^{17}H^{19}AzO^3} = H^2O + \underset{\text{apomorphine}}{C^{17}H^{17}AzO^2}$$

$$\underset{\text{codéine}}{C^{17}H^{18}(CH^3)AzO^3} + HCl = H^2O + \underset{\text{chlorure de méthyle}}{CH^3Cl} + \underset{\text{apomorphine}}{C^{17}H^{17}AzO^2}$$

Elle se présente sous forme d'une poudre blanche amorphe, peu soluble dans l'eau, soluble dans l'alcool, l'éther et le chloroforme, insoluble dans les alcalis. Cette substance est très instable, ses solutions primitivement incolores deviennent vertes au bout de peu de temps; elle est très toxique et agit comme émétique à la dose de 2 à 3 milligrammes en injections hypodermiques.

Les solutions alcalines cèdent de l'apomorphine altérée au chloroforme et à la benzine qui se colorent en rouge-groseille.

Réactions. — 1° L'acide azotique d'une densité de 1,4 dissout l'apomorphine en se colorant en rouge-vif.

2° La dissolution d'apomorphine dans l'acide sulfurique concentré, additionnée de bichromate de potassium, se colore en brun;

3° Le perchlorure de fer neutre colore en améthyste foncé les solutions d'apomorphine;

4° L'iodure de potassium iodé précipite en rouge les solutions d'apomorphine; le chlorure d'or, en rouge-pourpre; le tannin, en jaune-verdâtre; le ferrocyanure de potassium, en jaune-rouge, devenant vert à chaud; le ferricyanure de potassium, en blanc, devenant rapidement violet-verdâtre.

Considérations générales sur les empoisonnements par les préparations d'opium

Dans un empoisonnement par l'opium ou par une préparation à base d'opium, on doit rechercher les alcaloïdes dans les matières vomies, le contenu du tube digestif, le foie, la rate, les fèces et l'urine.

On trouve dans les principaux organes, et surtout dans les poumons et le cerveau, une congestion sanguine très considérable. Le sang est noir, quelquefois fluide. La congestion cérébrale occupe surtout la périphérie de l'encéphale, et s'accompagne quelquefois de petits foyers d'apoplexie capillaire, plus souvent d'une infiltration abondante de sérosité sous l'arachnoïde et d'un épanchement de même nature dans les ventricules (Tardieu et Roussin).

On ne doit pas omettre de rechercher l'acide méconique dont les réactions sont très caractéristiques. Voici comment on peut effectuer cette recherche : On agite les solutions acides avec de la benzine pour les dépouiller de leurs matières colorantes, on enlève la benzine, on ajoute un excès de magnésie à la liqueur acide, et on la concentre par ébullition. Le liquide refroidi et filtré contient l'acide méconique à l'état de méconate de magnésium. On en traite une portion par le chlorure ferrique qui doit donner une coloration rouge de sang.

Cette coloration ne doit disparaître ni par la chaleur ni par l'acide chlorhydrique (différence avec les acides acétique et formique); elle n'est pas modifiée par le chlorure d'or, qui décolore le sulfocyanate ferrique; enfin, elle n'est pas soluble dans l'éther, qui enlève le sulfocyanate ferrique aux solutions avec lesquelles on l'agite.

De tous les alcaloïdes de l'opium, la morphine paraît être celui qui résiste le mieux à la putréfaction. Quant à l'acide méconique, son instabilité est assez grande, et sa recherche peut échapper dans l'expertise.

NARCÉINE $C^{23}H^{29}AzO^{9}$

La narcéine, que l'on extrait des eaux mères industrielles d'où l'on a isolé la morphine, cristallise en longues aiguilles soyeuses, fusibles à 145 degrés et se prenant par le refroidissement en une masse d'un aspect cristallin. Elle est neutre au tournesol, d'une saveur très amère et paraît être inactive sur la lumière polarisée. Elle est peu soluble dans l'eau froide, un peu plus dans l'eau bouillante, soluble dans l'alcool, le chloroforme et l'alcool amylique, insoluble dans l'éther, la benzine et l'éther de pétrole.

Oxydée par l'acide chromique ou le peroxyde de manganèse et l'acide sulfurique étendu, la narcéine donne de l'anhydride carbonique, de la méthylamine et de l'acide hémipinique $C^{10}H^{10}O^{6}$.

Réactions. — La narcéine est enlevée aux solutions acides par agitation avec le chloroforme ou l'alcool amylique. Les réactifs généraux qui précipitent le mieux ses dissolutions étendues sont : l'acide phospho-molybdique et l'iodure double de potassium et de bismuth.

1° L'acide sulfurique concentré la dissout avec une coloration brun-gris, devenant rouge de sang après vingt-quatre heures ;

2° Le réactif de Fröhde donne une solution vert-brunâtre, devenant rouge-cerise si l'on chauffe quelques instants ;

3° L'action successive de l'eau chlorée et de l'ammoniaque colore en rouge les solutions de narcéine ;

4° Une dissolution étendue d'iodure de potassium iodé produit avec la narcéine solide un composé bleu ; c'est là un caractère qui la distingue de tous les autres alcaloïdes de l'opium.

Si la narcéine se trouve en solution, il suffit d'ajouter à celle-ci de l'iodure double de zinc et de potassium, et une goutte d'eau iodée. Ainsi traitée, une liqueur qui renferme seulement 1/2500 d'alcaloïde se colore nettement en bleu.

Action physiologique. — La narcéine agit comme la morphine et la codéine, mais elle est beaucoup moins active ; Claude Bernard a pu en injecter impunément 10 centigrammes dissous dans 10 grammes d'eau dans la veine jugulaire d'un gros chien. C'est le moins dangereux de tous les soporifiques de l'opium, et il n'a pas l'inconvénient de provoquer la constipation.

NARCOTINE $C^{22}H^{23}AzO^{7}$

On extrait cet alcaloïde des eaux mères d'où on a isolé industriellement la morphine. C'est, après cette dernière, l'alcaloïde le plus abondant de l'opium. Elle cristallise en prismes rhombiques droits, aiguillés, groupés en faisceaux, incolores, transparents et brillants, fusibles à 170 degrés. Elle est insoluble dans l'eau froide, peu soluble dans l'alcol froid, l'éther, l'alcool amylique et l'éther de pétrole, plus soluble dans la benzine et très soluble dans le chloroforme.

Les solutions dans les dissolvants neutres sont lévogyres et neutres au tournesol, tandis que les solutions dans les acides sont dextrogyres. Les composés salins qu'elle forme sont peu stables ; ils sont pour la plupart solubles dans l'eau, l'alcool et l'éther, et ont toujours une réaction acide.

Ni l'ammoniaque ni la potasse ne dissolvent la narcotine; elle ne colore pas en bleu le chlorure ferrique et ne réduit pas l'acide iodique (différence avec la morphine).

Chauffée seule à 200 degrés, ou à 100 degrés avec de l'eau, elle se dédouble en méconine et en cotarnine :

$$\underset{\text{narcotine}}{C^{22}H^{23}AzO^{7}} = \underset{\text{méconine}}{C^{10}H^{10}O^{4}} + \underset{\text{cotarnine}}{C^{12}H^{13}AzO^{3}}$$

Sous l'influence des agents d'oxydation, elle donne de la cotarnine et les acides opianique et hémipinique :

$$\underset{\text{narcotine}}{C^{22}H^{23}AzO^{7}} + O = \underset{\text{cotarnine}}{C^{12}H^{13}AzO^{3}} + \underset{\text{acide opianique}}{C^{10}H^{10}O^{5}}$$

Quant à l'acide hémipinique $C^{10}H^{10}O^{6}$, il se produit par la fixation directe d'un atome d'oxygène sur l'acide opianique,

Distillée avec de la potasse hydratée, la narcotine donne de la méthylamine, de la diméthylamine et de la triméthylamine.

Lorsqu'on chauffe la narcotine avec de l'acide iodhydrique, on peut successivement éliminer à l'état d'iodure de méthyle un, deux ou trois groupes méthyles (CH^3), qui se trouvent alors remplacés par de l'hydrogène; on obtient dans ces cas trois nouvelles bases dont les rapports avec la narcotine sont représentés par les formules suivantes :

$C^{19}H^{14}(CH^3)^3AzO^7$ triméthylnarcotine ou narcotine *naturelle*
$C^{19}H^{15}(CH^3)^2AzO^7$ diméthylnornarcotine
$C^{19}H^{16}(CH^3)AzO^7$ méthylnornarcotine
$C^{19}H^{17}AzO^7$ nornarcotine ou narcotine *normale*

Réactions. — La narcotine est enlevée aux solutions alcalines par la benzine ou le chloroforme. Les solutions acides en abandonnent des traces par agitation avec le chloroforme.

1° Chauffée progressivement, la solution de narcotine dans l'acide sulfurique concentré prend une teinte orange, virant au rouge; en augmentant la chaleur avec précaution, on voit se former des stries bleu-violet, partant des bords du liquide; lorsque l'acide commence à émettre des vapeurs, la solution apparaît d'un rouge-violet intense;

2° Avec le réactif de Fröhde, la narcotine donne une solution verte, en ajoutant à ce réactif un excès de molybdate de sodium (5 centigrammes de sel pour 1 centimètre cube d'acide), on obtient une teinte rouge-cerise, même avec une trace d'alcaloïde ;

3° L'acide sulfo-vanadique donne une solution rouge-vif, puis brun-rouge, et enfin rouge-carmin ;

4° L'eau chlorée colore en vert-jaunâtre la solution des sels de narcotine ; la teinte vire au rouge-jaunâtre par l'addition d'ammoniaque ;

5° Le sulfocyanate de potassium précipite les solutions à 1/200. Le précipité est amorphe et, si les dissolutions sont acides, il est souvent coloré en rose foncé.

Les réactifs généraux les plus sensibles sont : l'iodure de potassium iodé, l'iodure de mercure et de potassium, l'acide phospho-molybdique et l'acide phospho-tungstique.

On sépare facilement la narcotine de la morphine dans un empoisonnement par l'opium, soit par l'éther qui dissout la narcotine et laisse la morphine, soit par une solution aqueuse d'ammoniaque ou de potasse, qui ne dissout que la morphine.

Action physiologique. — La narcotine est très peu toxique, son pouvoir hypnotique est à peu près nul, son action convulsivante l'emporte sur celle de la morphine et de la codéine, mais est inférieure à celle de la thébaïne et de la papavérine. Certains auteurs lui attribuent des propriétés fébrifuges et sudorifiques.

PAPAVÉRINE $C^{20}H^{21}AzO^4$

Cet alcaloïde, retiré par Merck de l'opium, cristallise en fines aiguilles prismatiques, incolores, fusibles à 147 degrés, presque insolubles dans l'eau, la benzine et l'éther de pétrole, assez solubles dans l'éther et l'alcool, surtout à chaud, et solubles dans le chloroforme. Les solutions dans ces dissolvants bleuissent faiblement le tournesol.

D'après Anderson et Goldschmidt (*Bullet. Soc. chim.*, t. XLV, p. 800, et t. XLVI, p. 636), la papavérine traitée par les agents d'oxydation donne de la *papavéraldine* $C^{20}H^{21}AzO^5$, en même temps qu'il se produit de l'acide papavérique $C^{16}H^{13}AzO^7$, ainsi que les produits de dédoublement de cet acide, savoir : acides diméthoxylcinchonique, hémipinique et vératrique. L'action de l'acide iodhydrique sur la papavérine démontre enfin qu'elle contient quatre groupes OCH^3. Se basant sur ces diverses réactions, Goldschmidt attribue à la papavérine la constitution :

```
          CH   H
          C == C                C — C
         /      \              //    \\
      HC          C — C              Az
         \      /      \           /
          C — C          C == C
       CH³O    OCH³     /      \
                      HC        CH
                        \\     //
                          C — C
                          H   H
```

L'acide papavérique serait d'après le même auteur représenté par :

```
          H     COH            H    H
          C == C                C — C
         /      \              //    \\
      HC          C — C              Az
        \\      //      \           /
          C — C           C — C
       CH³O    OCH³     HO²C    CO²H
```

Réactions. — La papavérine est enlevée aux solutions alcalines par le chloroforme ; il convient avant d'alcaliniser les liqueurs et de les traiter par le chloroforme, de les épuiser, lorsqu'elles sont acides, par la benzine.

1° La papavérine se dissout à froid sans coloration dans l'acide sulfurique ; si l'on chauffe, il se produit une coloration violette.

2° Avec le réactif de Fröhde, il se produit une coloration verte qui, à chaud, passe au bleu-violet fugace, puis au rouge-cerise.

Les réactifs généraux les plus sensibles sont : l'acide phospho-molybdique, l'iodure de potassium iodé, l'iodure double de bismuth et de potassium, et enfin le tannin et le chlorure d'or.

PICROTOXINE $C^{36}H^{40}O^{16}$

La picrotoxine est le principe toxique de la coque du Levant, *anamirta cocculus* (*Ménispermacées*). On l'obtient en épuisant les coques du Levant pulvérisées par de l'alcool chaud, faisant bouillir la liqueur alcoolique avec de l'eau additionnée d'un peu d'acétate de plomb qui précipite la matière colorante, puis enlevant l'excès de plomb par l'hydrogène sulfuré et faisant évaporer la solution; on purifie par cristallisation lente. C'est un corps qui cristallise en aiguilles prismatiques groupées en étoiles flexibles ou ayant la forme de choux-fleurs. Il ne produit pas les réactions des alcaloïdes, et paraît être indifférent, à réaction plutôt acide qu'alcaline. Les acides n'augmentent pas sa solubilité, tandis que les alcalis la favorisent. Il se dissout dans 150 parties d'eau froide, 25 d'eau bouillante, 3 d'alcool et 2,5 d'éther. La benzine, l'alcool amylique et le chloroforme dissolvent aussi la picrotoxine; sa saveur est excessivement amère. Elle fond par l'action de la chaleur en une masse jaune qui répand des vapeurs à odeur de caramel, puis se charbonne à une température plus élevée.

Son histoire chimique est encore très confuse. Lorsqu'on fait bouillir la picrotoxine du commerce avec de la benzine, ce dissolvant abandonne par cristallisation fractionnée trois éléments, qui sont : la picrotoxine proprement dite, la *picrotoxinine* et la *picrotine*. D'après Löwenhardt et Schmidt, ces deux derniers corps proviendraient du dédoublement de la picrotoxine :

$$\underset{\text{picrotoxine}}{C^{36}H^{40}O^{16}} = \underset{\text{picrotoxinine}}{C^{15}H^{16}O^{6}} + \underset{\text{picrotine}}{C^{21}H^{24}O^{10}}$$

Réactions. — L'éther et le chloroforme enlèvent facilement la picrotoxine aux solutions acides, et pas sensiblement aux solutions alcalines. Cette substance réduit l'azotate d'argent ammoniacal et la liqueur cupro-potassique, à l'ébullition. La solution de picrotoxine dans la potasse brunit quand on la chauffe.

1° L'acide sulfurique concentré et le réactif de Fröhde donnent une solution jaune d'or ; cette solution noircit quand on la chauffe.

2° La dissolution de picrotoxine dans l'acide sulfurique concentré, additionnée d'une parcelle de bichromate de potassium, devient violette, puis brune.

3° En évaporant à sec une solution de picrotoxine dans l'acide azotique concentré, et ajoutant ensuite au résidu une goutte d'acide sulfurique pur, puis quelques gouttes de lessive concentrée de potasse, il se produit une coloration rouge-brique fugace, qui se produit encore avec 1 dixième de milligramme de matière.

La coque du Levant est fréquemment employée pour communiquer à la bière une saveur amère et des effets enivrants, ainsi que pour la pêche frauduleuse du poisson. En suivant les méthodes ordinaires de séparation des alcaloïdes, on pourra isoler la picrotoxine soit de la bière, soit des organes, des excrétions, etc., en agitant les extraits acides avec le chloroforme ou l'éther. Les résidus de la première agitation avec ces dissolvants devront être repris par l'eau bouillante, filtrés, acidifiés et de nouveau agités avec du chloroforme ou de l'éther, afin de donner un dernier résidu purifié que l'on tentera de faire cristalliser de sa solution alcoolique par évaporation lente, avant de le soumettre à l'action des réactifs.

Action physiologique. — La picrotoxine est toxique chez l'homme à la dose de 15 à 20 centigrammes. Les poissons sont particulièrement très sensibles à son action. Cette substance agit sur les centres nerveux et, en particulier, sur les centres moteurs, modérateurs et respiratoires de la moelle allongée. Elle provoque généralement des accès épileptiformes, des arrêts périodiques du diaphragme, un ralentissement du cœur ; on voit alterner les convulsions toniques et cloniques, ces derniers se manifestant par des mouvements de rotation (et de natation) extrêmement caractéristiques. Elle a aussi une action sur les glandes salivaires et sudoripares, dont elle active la sécrétion. La mort est précédée d'hallucinations et de délire ; l'examen du cadavre ne révèle aucune lésion particulière.

PIPÉRINE $C^{17}H^{19}AzO^3$

La pipérine est l'alcaloïde des *piper longum*, *nigrum* et *caudatum*. Elle cristallise en prismes clinorhombiques incolores et transparents. Elle est presque insoluble dans l'eau froide, très peu soluble dans l'eau bouillante et dans l'éther, soluble dans l'alcool, la benzine, le chloroforme et l'alcool amylique. C'est une base faible et optiquement inactive, qui forme avec les acides énergiques des combinaisons que l'eau dissocie complètement. Sa saveur est d'abord faible, puis forte et poivrée ; cette dernière saveur se manifeste immédiatement avec la solution alcoolique.

La pipérine chauffée avec de la potasse alcoolique se dédouble en acide *pipérique*, acide cristallisé, et en *pipéridine*, alcaloïde liquide bouillant à 106 degrés :

$$\underset{\text{pipérine}}{C^{17}H^{19}AzO^3} + KOH = \underset{\text{pipéridine}}{C^5H^{11}Az} + \underset{\text{pipérate de potassium}}{C^{12}H^9KO^4}$$

La pipéridine est une hexahydropyridine que l'on peut obtenir synthétiquement par l'action de l'acide iodhydrique sur la pyridine :

$$\underset{\text{pyridine}}{C^5H^5Az} + 6H = \underset{\text{pipéridine}}{C^5A^5(H^5)\,AzH}$$

L'acide pipérique sous l'influence des agents d'oxydation (permanganate de potassium) donne du *pipéronal* (aldéhyde pipéronylique) :

$$\underset{\text{acide pipérique}}{C^{12}H^{10}O^4} + 8O = H^2O + 2CO^2 + \underset{\text{acide oxalique}}{C^2O^4H^2} + \underset{\text{pipéronal}}{C^8H^6O^3}$$

dont la formule de constitution paraît devoir être exprimée par :

$$C^6H^3\begin{cases} C^4H^4 - CO^2H \\ O \\ O \end{cases} \!\!\! > CH^2$$

qui le rattache à la série benzénique.

D'autre part, en mélangeant des solutions benzéniques de pipéridine et de chlorure de pipéryle, on reproduit la pipérine ; celle-ci doit donc être considérée comme le sel pipérique amidé de la pipéridine.

L'éther de pétrole, le chloroforme, la benzine et l'alcool amylique enlèvent la pipérine aux solutions acides. Le résidu de l'évaporation de ces dissolvants est cristallin, jaune, et se colore en rouge avec l'acide sulfurique concentré. Lorsqu'on le fait dissoudre dans l'alcool, puis que l'on chauffe en ajoutant une solution d'iode dans l'iodure de potassium, il se dépose par le refroidissement des aiguilles prismatiques d'*iodo-pipérine* $(C^{17}H^{19}AzO^3)^2HI$, de couleur bleu d'acier.

La pipérine n'est pas toxique, mais on pourrait la rencontrer dans une recherche toxicologique à cause de l'usage ordinaire du poivre et du piment.

POPULINE $C^{20}H^{22}O^8$

La populine est un glucoside qui se rencontre dans l'écorce, les feuilles et la racine du tremble (*populus tremula*), ainsi que dans le *populus alba*, le *populus græca* et le *populus balsamifera*. Elle cristallise en aiguilles prismatiques incolores, soyeuses, renfermant $2H^2O$, peu solubles dans l'eau froide, assez solubles dans l'eau bouillante, l'alcool et la benzine, presque insolubles dans l'éther. Sa saveur est sucrée et rappelle celle de la réglisse ; elle dévie à gauche le plan de polarisation, devient anhydre à 100 degrés, fond à 180 degrés en un liquide huileux, donne au-dessus de 180 degrés des vapeurs piquantes qui se concrètent en aiguilles ; brunit vers 220 degrés sans éprouver de profonde altération. La populine est neutre au tournesol, elle se dissout dans les acides concentrés en formant des combinaisons que l'eau dissocie partiellement.

Soumise à l'ébullition, avec les acides étendus, elle donne de l'acide benzoïque, de la salirétine et du glucose :

$$\underset{\text{populine}}{C^{20}H^{22}O^{8}} + H^{2}O = \underset{\text{salirétine}}{C^{7}H^{6}O} + \underset{\text{acide benzoïque}}{C^{7}H^{6}O^{2}} + \underset{\text{glucose}}{C^{6}H^{12}O^{6}}$$

Lorsqu'on la fait bouillir avec de l'hydrate de baryum, elle donne de l'acide benzoïque et de la salicine :

$$\underset{\text{populine}}{C^{20}H^{22}O^{8}} + H^{2}O = \underset{\text{acide benzoïque}}{C^{7}H^{6}O^{2}} + \underset{\text{salicine}}{C^{13}H^{18}O^{7}}$$

Elle constitue la *benzoylsalicine* $C^{13}H^{17}(C^{7}H^{5}O)O^{7}$, que l'on peut reproduire artificiellement en soumettant à la fusion un mélange de salicine et d'anhydride benzoïque.

Réactions. — La benzine enlève la populine aux solutions acides.

L'acide sulfurique concentré la dissout en se colorant en rouge.

Le réactif de Fröhde la colore en rouge-violet. Le tannin ne précipite pas ses dissolutions; il en est de même de la plupart des réactifs généraux.

QUASSINE $C^{31}H^{42}O^{9}$

La quassine se trouve dans le bois et l'écorce du *quassia amara*. Elle cristallise en fines lamelles rectangulaires, biréfringentes, de saveur très amère, fusibles à 205 degrés sans altération. Elle est neutre au tournesol, dextrogyre, peu soluble dans l'eau et dans l'éther, assez soluble dans le chloroforme, très soluble dans l'alcool bouillant. Elle se dissout aisément dans les alcalis, et est précipitée par les acides de ses solutions alcalines. La constitution chimique de cette substance est encore inconnue; on a cru longtemps qu'elle faisait partie du groupe des glucosides, il n'en est rien.

La benzine et surtout le chloroforme enlèvent la quassine aux liqueurs alcalines. Elle précipite la plupart des réactifs généraux des alcaloïdes, et notamment l'iodure de potassium iodé, l'iodure double de mercure et de potassium, le chlorure d'or et le tannin.

Mêlée avec le double de son poids de sucre de canne, et traitée par l'acide sulfurique concentré, la quassine se colore en rouge-pâle.

Cette substance est peu toxique pour l'homme, mais elle paraît exercer une action toxique très énergique sur les insectes et, d'après quelques auteurs, même sur les petits mammifères.

QUÉBRACHINE $C^{21}H^{26}Az^2O^3$. — ASPIDOSPERMINE $C^{22}H^{30}Az^2O^2$

L'écorce de *quebracho blanco* fournie par l'*aspidosperma quebracho* (Apocynacées) contient plusieurs alcaloïdes dont les plus importants au point de vue toxicologique sont: la québrachine et l'aspidospermine.

La *québrachine* se présente sous forme de fines aiguilles incolores, jaunissant lentement à la lumière, anhydres, de saveur très amère, un peu solubles dans l'éther, l'alcool froid, très solubles dans l'alcool bouillant, le chloroforme et l'acide acétique, presque insolubles dans l'eau froide, la soude caustique et l'ammoniaque. Elle fond à 215 degrés et est dextrogyre. Ses sels cristallisent facilement.

Réactions. — Le chloroforme, la benzine et l'éther de pétrole enlèvent la québrachine aux solutions alcalines; cet alcaloïde est aussi enlevé aux solutions acides par le chloroforme (différence avec la strychnine).

1° L'acide perchlorique donne avec la québrachine une solution incolore, qui jaunit quand on la chauffe.

2° Le réactif de Fröhde la colore en bleu.

3° L'acide sulfurique concentré forme une solution d'abord incolore, qui devient bleuâtre peu à peu; si on ajoute un petit cristal de bichromate de potassium, la solution devient immédiatement d'un bleu magnifique, et plus tard rouge-brun.

Cette réaction se produit aussi avec le peroxyde de manganèse et avec l'oxyde puce de plomb ajoutés à la solution sulfurique; mais, si l'acide n'est pas très concentré, la coloration bleue ne se produit pas (distinction d'avec la strychnine).

4° La dissolution de québrachine dans l'acide sulfurique concentré se colore en bleu par addition d'azotate de potassium (différence avec la strychnine).

5° Mêlée avec le double de son poids de saccharose et traitée par l'acide sulfurique concentré, la québrachine se colore en rouge (différence avec la strychnine).

6° L'acide sulfo-vanadique dissout la québrachine en violet, puis en brun, mais la couleur ne vire pas au rouge par addition d'eau (différence avec la strychnine). — Dragendorff.

7° Les solutions de québrachine chauffées avec du chlorure d'or se colorent en rouge-brun.

Action physiologique. — La québrachine est très toxique; elle a des effets paralysants rapides sur les muscles, et particulièrement sur les muscles respiratoires. A la dose de 0 gr. 0005, elle produit chez les grenouilles la paralysie des muscles volontaires, le ralentissement ou l'arrêt de la respiration.

L'*aspidospermine* cristallise en aiguilles prismatiques incolores, presque insolubles dans l'eau, peu solubles dans l'alcool et l'éther, solubles dans le chloroforme. Elle est lévogyre.

Réactions. — L'aspidospermine peut être enlevée comme la québrachine aux solutions acides par agitation avec le chloroforme.

1° L'acide perchlorique dissout l'aspidospermine en donnant une solution incolore à froid, et qui rougit à chaud.

2° La dissolution d'aspidospermine dans l'acide sulfurique concentré, additionnée d'une parcelle de bichromate de potassium, se colore en rouge, puis en vert.

3° L'acide sulfo-vanadique la dissout en rouge-pourpre.

4° Les dissolutions d'aspidospermine, traitées par le chlorure de platine, donnent un précipité qui, à chaud, se colore en violet.

Action physiologique. — L'aspidospermine, quoique toxique, est beaucoup moins énergique que la québrachine, dont elle paraît posséder à un degré plus atténué toutes les propriétés.

QUININE, QUINIDINE $C^{20}H^{24}Az^{2}O^{2}$

La quinine et son isomère, la quinidine, se trouvent dans les diverses espèces de quinquinas, les *cinchona* et les *remigia* (Rubiacées), où elles sont accompagnées de la cinchonine et de la cinchonidine, et associées aux acides quinique, quinotannique et quinovique.

Séparation et dosage de tous les alcaloïdes du quinquina

On réduit l'écorce en poudre fine, on en pèse 100 grammes, et après l'avoir placée dans une capsule de porcelaine, on l'additionne de quantité suffisante d'une solution froide saturée de carbonate de sodium, pour que le tout forme une pâte épaisse qu'on laisse se dessécher à l'air libre, à l'abri des rayons lumineux. Lorsque toute humidité apparente a presque disparu, on introduit la masse dans un ballon de verre, on lui ajoute environ dix fois son volume de benzine, on bouche solidement le ballon et on l'agite quelques instants pour faire entrer les alcaloïdes en solution. Il est bon de chauffer de temps en temps le ballon à la chaleur du bain-marie, en ayant soin de ne pas dépasser une température de 50 à 60 degrés. Après agitation suffisante, on décante la benzine et on renouvelle deux ou trois fois la même opération, avec de nouvelles quantités de benzine, jusqu'à épuisement complet. Les liquides benzéniques réunis et filtrés sont agités dans un entonnoir à boule muni d'un robinet, avec de l'eau contenant 5 p. 100 d'acide sulfurique. La liqueur acide est séparée à l'aide du robinet ; le même traitement est renouvelé deux fois, et finalement la liqueur benzénique est lavée à l'eau simple. Les solutions sulfuriques et les eaux du lavage réunies sont chauffées et traitées par un léger excès de carbonate de sodium qui précipite tous les alcaloïdes. On recueille ce précipité sur un filtre, on le lave soigneusement à l'eau distillée, on le dessèche et on le pèse.

On a ainsi le poids des alcaloïdes totaux.

Le précipité mixte d'alcaloïdes est alors introduit dans un flacon bouché à l'émeri, avec dix fois son poids d'éther très pur. On laisse en contact plusieurs heures, en agitant de temps en temps, puis on filtre le liquide éthéré, et on lave les alcaloïdes insolubles avec une quantité d'éther égale à la première. Les liqueurs éthérées réunies sont versées dans une capsule de porcelaine et mélangées avec 150 centimètres cubes d'une solution chaude d'oxalate d'ammonium à 3 p. 100. Lorsque la presque totalité de l'éther a été chassée par volatilisation, on porte le contenu de la capsule à l'ébullition, que l'on maintient pendant quatre à cinq minutes, puis on abandonne au repos pendant douze heures. Toute la quinine cristallise à l'état d'oxalate ; les autres alcaloïdes que l'éther avait dissous restent dans les eaux mères. On recueille l'oxalate de quinine, on le lave avec un peu d'eau, on le dessèche et on le pèse : 1 d'oxalate de quinine contient 0,9337 de quinine. Les eaux mères d'où l'on a isolé l'oxalate de quinine sont chauffées, additionnées d'un peu de carbonate de sodium, lequel précipite une petite quantité d'alcaloïdes que l'on réunit, après lavage, au résidu alcaloïdique insoluble dans l'éther. Les alcaloïdes ainsi privés de quinine sont dissous dans 150 centimètres cubes d'eau légèrement aciduléo d'acide sulfurique que l'on porte à l'ébullition, puis qu'on neutralise exactement avec de l'ammoniaque, et qu'on additionne de 15 grammes de sel de Seignette. On fait bouillir encore pendant deux ou trois minutes, et on laisse reposer jusqu'au lendemain dans un endroit frais. Le tartrate de cinchonidine précipité est recueilli sur un petit filtre taré, lavé avec le moins d'eau possible, desséché et pesé : 1 de tartrate de cinchonidine contient 0,7967 de cinchonidine. La liqueur mère séparée du tartrate de cinchonidine est concentrée à environ 100 centimètres cubes et additionnée de 4 à 5 grammes d'iodure de sodium. On fait bouillir un instant, puis, lorsque la liqueur est encore tiède, on ajoute environ 20 centimètres cubes d'alcool, et on laisse déposer jusqu'au lendemain. L'iodhydrate de quinidine précipité est recueilli sur un petit filtre taré, lavé avec un peu d'eau, desséché et pesé : 1 d'iodhydrate de quinidine contient 0,7168 de quinidine. La liqueur mère est additionnée de 20 centimètres cubes d'alcool, puis d'ammoniaque. La cinchonine, peu soluble dans l'alcool dilué, se précipite, tandis que les bases amorphes restent en solution. On recueille l'alcaloïde et on le pèse après l'avoir lavé et desséché. L'eau mère, débarrassée de son alcool par ébullition, est additionnée d'un excès d'ammoniaque et agitée avec du chloroforme qui dissout les alcaloïdes amorphes restants. On évapore le liquide chloroformique dans un vase taré, on dessèche le résidu : son poids donne la proportion des alcaloïdes amorphes.

La *quinine* se présente sous la forme d'une masse blanche amorphe, de saveur très amère. Elle est peu soluble dans l'eau, soluble dans l'éther et le pétrole, très soluble dans l'alcool, le chloroforme et la benzine. Sa solution alcoolique est lévogyre ; le pouvoir rotatoire diminue à mesure que la température s'accroît, il augmente sous l'influence des acides.

Cet alcaloïde est une base diacide puissante qui forme des sels basiques et des sels neutres généralement bien cristallisables ; les sels basiques sont difficilement solubles dans l'eau froide, tandis que les sels neutres sont très solubles. Le sulfate basique ou ordinaire de quinine a pour formule : $(C^{20}H^{24}Az^{2}O^{2})^{2}, SO^{4}H^{2} + 7H^{2}O$; le sulfate neutre : $C^{20}H^{24}Az^{2}O^{2}, SO^{4}H^{2} + 7H^{2}O$. Le chlorhydrate basique : $C^{20}H^{24}Az^{2}O^{2}, HCl$, et le chlorhydrate neutre : $C^{20}H^{24}Az^{2}O^{2}, 2HCl$.

Lorsqu'on distille la quinine avec de l'hydrate de potassium, il se produit de la quinoléine. Traitée par les iodures d'éthyle et de méthyle, elle donne les iodures d'éthyl et de méthylquinine, que l'oxyde d'argent humide transforme en hydrate d'éthyl ou de méthylquinium, dont les propriétés basiques sont fort prononcées.

Lorsqu'on traite la quinine par les acides chlorhydrique ou bromhydrique concentrés, il se dégage du chlorure de méthyle, et il se forme une nouvelle base, l'*apoquinine* $C^{19}H^{22}Az^2O^2$, $2H^2O$, ce qui nous montre l'existence dans la quinine d'un groupe OCH^3.

L'oxydation au moyen de l'acide chromique fournit l'acide *quininique* ou métoxycinchoninique $C^9H^5Az(CO^2H)(OCH^3)$, lequel, chauffé avec l'acide chlorhydrique concentré, perd du chlorure de méthyle, et donne un nouvel acide, l'acide *xanthoquininique*, et ce dernier acide se décompose à son tour en présence de la chaux en donnant la paraoxyquinoléine :

$$\underset{\text{acide xanthoquininique}}{C^9H^5Az(CO^2H)OH} = CO^2 + \underset{\text{para-oxyquinoléine}}{C^9H^6Az(OH)}.$$

D'autre part, nous avons vu (voir article Cinchonine) que la cinchonine par l'action du perchlorure de phosphore donne du chlorure de cinchonine, que la potasse alcoolique transforme en *cinchène ;* la quinine donne, dans les mêmes conditions, du chlorure de quinine $C^{20}H^{23}ClAz^2O$, que la potasse alcoolique transforme en *quinène* $C^{20}H^{22}Az^2O$, $2H^2O$, et que l'acide chlorhydrique aqueux convertit en *apoquinène* $C^{19}H^{19}AzO$, analogue à l'apocinchène formé de la même manière. L'analogie de ces réactions fait envisager la quinine comme la *métoxylcinchonine*, où le groupe OCH^3 se trouve en situation para dans un des groupes quinoléiques.

Réactions. — Le chloroforme et la benzine enlèvent très bien la quinine et tous les alcaloïdes du quinquina aux solutions alcalines.

Les solutions des sels de quinine à acides oxygénés, lorsqu'on les acidule très légèrement par des acides autres que les hydracides, présentent une belle fluorescence bleue par réflexion rasante.

1° Les solutions des sels de quinine traitées successivement par un faible excès (jusqu'à disparition de la fluorescence) d'eau chlorée ou bromée, et par l'ammoniaque, déposent un précipité floconneux vert, se dissolvant dans un excès du dernier réactif en un liquide vert-émeraude foncé. Neutralisée exactement par un acide, la liqueur passe au bleu d'azur, qu'un excès d'acide fait virer au violet ou rouge-feu.

2° A une solution traitée par l'eau chlorée on ajoute du ferrocyanure de potassium et un alcali : il en résulte une coloration rouge foncé magnifique, virant bientôt au brun sale.

3° Lorsqu'on ajoute à une solution chaude et alcoolique de sulfate *neutre* de quinine une solution alcoolique d'iode, il se dépose des paillettes à reflets verdâtres de sulfate d'iodoquinine (*hérapatite*) : $C^{20}H^{24}Az^{2}O^{2}I^{2}$, $SO^{4}H^{2}$, $5H^{2}O$. Ces paillettes, qui sont presque incolores par transparence, possèdent la double réfraction et les mêmes propriétés optiques que la tourmaline, c'est-à-dire qu'elles absorbent le rayon extraordinaire, de façon que deux de ces paillettes placées en croix ne laissent presque pas passer de lumière.

4° La quinine réduit l'acide périodique, l'iode mis en liberté se constate en agitant la liqueur avec du sulfure de carbone ou du chloroforme.

Quinidine. — La quinidine, isomère de la quinine, forme des prismes rhomboïdaux droits, brillants, à cinq molécules d'eau de cristallisation ; ses solutions sont dextrogyres. Comme la quinine, elle est peu soluble dans l'eau et se dissout dans les mêmes dissolvants. Elle possède du reste les principaux caractères de cet alcaloïde ; c'est ainsi qu'elle se colore en vert par l'eau chlorée et l'ammoniaque, en rouge par l'eau chlorée, le ferrocyanure de potassium et l'ammoniaque. Elle forme aussi des sels basiques et des sels neutres, ces derniers très solubles, et les premiers peu solubles, plus solubles cependant que les sels basiques correspondants de quinine. Les réactions chimiques de la quinidine sont, d'ailleurs, parallèles à celles de la quinine ; l'isomérie de la quinine et de la quinidine ne doit donc tenir, comme celle de la cinchonine et de la cinchonidine, qu'à la place occupée par un des atomes d'oxygène.

La quinidine se distingue cependant de la quinine en ce qu'elle est dextrogyre, qu'elle se dépose à l'état cristallisé de ses solutions alcooliques et éthérées, et en ce qu'elle donne un précipité blanc d'iodhydrate de quinidine, lorsqu'on mélange des solutions bien neutres de sels de quinidine et d'iodure de sodium ou de potassium.

SALICINE $C^{13}H^{18}O^{7}$

Glucoside qui se trouve dans l'écorce et les feuilles de la plupart des saules et de quelques peupliers. Cette substance se présente sous la forme de petites paillettes ou aiguilles blanches, soyeuses, d'une saveur fort amère, moyennement solubles dans l'eau, l'alcool et l'alcool amylique, difficilement solubles dans l'éther de pétrole, le chloroforme et la benzine, insolubles dans l'éther. Elle fond à 120 degrés, se décompose au-dessus de 200 degrés, et dévie à gauche le plan de polarisation de la lumière.

Sous l'influence de l'*émulsine*, ferment soluble contenu dans les amandes, la salicine se dédouble en glucose et en saligénine.

$$\underset{\text{salicine}}{C^{12}H^{18}O^7} + H^2O = \underset{\text{glucose}}{C^6H^{12}O^6} + \underset{\text{saligénine}}{C^7H^8O^2}$$

Le même dédoublement se produit par hydratation sous l'influence des acides dilués et chauds.

La saligénine est un alphénol (alphénol salicylique) qui cristallise en tables rhombiques fusibles à 82 degrés, que le chlorure ferrique colore en bleu et qui, sous l'influence des oxydants, fournit d'abord de l'aldéhyde, puis de l'acide salicylique :

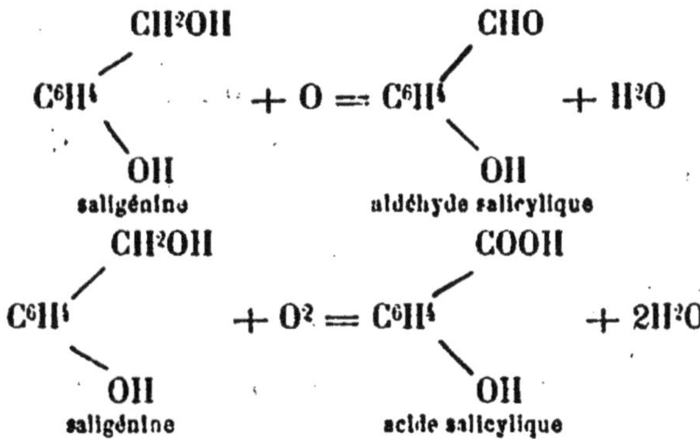

On peut la préparer synthétiquement en traitant une solution de phénol dans la soude par le chlorure de méthylène :

$$\underset{\text{phénol}}{C^6H^5OH} + 2NaOH + \underset{\text{chlorure de méthylène}}{CH^2Cl^2} = 2NaCl + H^2O + \underset{\text{saligénine}}{C^6H^4 \begin{cases} CH^2OH \\ OH \end{cases}}$$

La salicine doit donc être considérée comme le glucoside de l'alcool salicylique.

Réactions. — L'alcool amylique enlève la salicine aux solutions acides et aux solutions alcalines.

1° L'acide sulfurique concentré la colore en rouge de sang intense, elle s'agglomère en forme de résine sans se dissoudre.

2° Chauffée avec de l'acide sulfurique un peu étendu et du bichromate de potassium, elle dégage l'odeur de l'essence de spirée (aldéhyde salicylique). Le produit distillé donne avec une trace de chlorure ferrique neutre une magnifique coloration violette.

3° Le réactif de Fröhde colore la salicine en bleu-violet.

4° L'acide azotique dissout la salicine sans la colorer : à chaud, la solution jaunit en dégageant des vapeurs rutilantes. Si l'on maintient l'action de la chaleur jusqu'à cessation de dégagement de ces vapeurs, la liqueur résultante contient un dérivé nitré qui, dilué dans l'eau et neutralisé par l'ammoniaque, se colore en jaune intense.

Action physiologique. — La salicine n'est pas vénéneuse ; dans l'organisme elle s'oxyde et se transforme en hydrure de salicyle et en acide salicylique qui sont éliminés par les reins. Son emploi médical, comme antipyrétique, fébrifuge et antiseptique, serait justifié par ce dédoublement. L'urine des sujets soumis à un traitement par la salicine contient de l'acide salicylurique ; agitée avec du chloroforme, après avoir été acidifiée par l'acide sulfurique, elle cède à ce dissolvant de l'acide salicylique, qui se colore en violet lorsqu'on le traite par le perchlorure de fer dilué.

SANTONINE $C^{15}H^{18}O^{3}$

La santonine est le principe actif du *semen-contra*, qui n'est autre chose que les bourgeons fleuris de l'*artemisia santonica* (Composées). Elle se présente sous forme de cristaux prismatiques blancs, d'un aspect nacré, inodores, insipides, anhydres, peu solubles dans l'eau, assez solubles dans l'éther, la benzine et l'alcool amylique, solubles dans l'alcool, et très solubles dans le chloroforme. La santonine est lévogyre, fond à 170 degrés et se sublime partiellement à une température plus élevée, en donnant des vapeurs blanches, irritantes, puis brûle sans laisser de résidu. Les solutions alcooliques et éthérées ont une saveur très amère.

Sous l'influence des radiations solaires, la santonine se colore en jaune, il convient toutefois de faire observer que les rayons bleus ou violets seuls agissent sur elle, mais non les autres rayons. D'après Sestini, la santonine insolée en solution alcoolique se convertit en *photosantonine* $C^{17}H^{24}O^{4}$, et en un isomère, l'*isophotosantonine;* il se produit en même temps de l'acide *photosantonique :*

$$\underset{\text{santonine}}{C^{15}H^{18}O^{3}} + \underset{\text{alcool}}{C^{2}H^{5}OH} = \underset{\text{photosantonine}}{C^{17}H^{24}O^{4}}$$

$$\underset{\text{santonine}}{C^{15}H^{18}O^{3}} + 2H^{2}O = \underset{\text{acide photosantonique}}{C^{15}H^{22}O^{5}}$$

La santonine se comporte comme un acide faible ; elle s'unit avec les bases en donnant des sels cristallisés qui se dédoublent déjà par ébullition avec l'eau ; mais, lorsque l'on fait bouillir pendant longtemps la santonine avec de l'eau de baryte, elle s'hydrate et se convertit en acide santonique :

$$\underset{\text{santonine}}{C^{15}H^{18}O^{3}} + H^{2}O = \underset{\text{acide santonique}}{C^{15}H^{20}O^{4}}$$

Chauffée avec de la poudre de zinc elle donne de la diméthyl-naphtaline $C^{10}H^{6}(CH^{3})^{2}$.

L'acide santonique étant un acide alcool, l'acide diméthylnaphtaline lactique, $C^{10}H^{9}O(CH^{3})^{2} - CH(OH) - CH^{2} - CO^{2}H$, la santonine est son anhydrique, c'est-à-dire la diméthylnaphtaline lactone.

Réactions. — La santonine est très peu soluble dans les liqueurs acides ; l'éther, la benzine et surtout le chloroforme l'enlèvent à ces dissolutions. Ces dissolvants ne l'enlèvent pas aux solutions alcalines, de sorte que la présence de la santonine n'entrave pas la recherche des alcaloïdes dissous dans une liqueur alcaline.

Les acides concentrés dissolvent à chaud la santonine; la solution sulfurique, incolore d'abord, se colore en rouge à la surface.

1° Une petite quantité de santonine placée sur un verre de montre, et exposée pendant quelques heures à la lumière solaire, se dissout en rouge dans la potasse alcoolique étendue.

2° Si l'on traite une petite quantité de santonine par un mélange de 2 volumes d'acide sulfurique pur et 1 volume d'eau, et que l'on chauffe jusqu'à ce que le mélange ait une teinte jaune, puis que l'on ajoute une goutte de perchlorure de fer très dilué en continuant à chauffer, il se manifeste une belle coloration violette.

3° Si on additionne de chlorure de zinc en solution un peu de santonine et qu'on évapore, on obtient un résidu bleu-violet.

Action physiologique. — La santonine passe dans la circulation à l'état de sel de sodium, et de là dans les sécrétions et excrétions, particulièrement dans l'urine, qu'elle colore en jaune orangé ou safrané-verdâtre, lorsque celle-ci est acide ; en rouge-pourpre, quand elle est alcaline (E. Rose) par la présence de la soude, car l'ammoniaque lui donne une teinte verte (Gubler).

A petite dose, la santonine produit un trouble singulier de la vue, consistant à voir en jaune les objets blancs, en orangé ceux qui sont rouges, et en vert ceux qui sont bleus (Wittke). E. Rose attribue la xanthopsie à une sorte de *daltonisme* transitoire, dans lequel le sujet éprouverait une cécité partielle pour certaines couleurs, et en particulier une cécité pour le violet, déterminée par la paralysie des fibres rétiniennes sensibles au violet.

La santonine est très toxique pour les petits mammifères et les animaux inférieurs, elle l'est beaucoup moins pour l'homme.

A forte dose, cette substance produit, outre la dyschromatopsie que nous venons de signaler, d'autres troubles oculaires, tels que la dilatation des pupilles, l'obtusion de la vue et jusqu'à l'amaurose passagère. Du côté de l'appareil digestif, on observe des nausées, des vomissements, des coliques, de la diarrhée, de la sécheresse de la bouche et de l'anorexie. Comme accidents du côté du système nerveux, on constate l'inquiétude, le malaise, la céphalée, la dépression générale, l'insomnie, la stupeur (Ritter) et la narcose dans l'intoxication légère; dans les cas plus graves, le tremblement général, les convulsions intermittentes et épileptiformes (W.-J. Kilner).

La mort peut survenir aussi par arrêt de la circulation et de la respiration.

SOLANINE $C^{43}H^{71}AzO^{6}$

(*Solanidine*)

La solanine est un glucoside basique qui existe dans les jeunes pousses, les fruits et les parties vertes de la pomme de terre (*solanum tuberosum*), d'où on l'extrait principalement ; on la trouve encore en petites quantités dans plusieurs autres solanées : *solanum dulcamara, solanum verbascifolium*, *solanum ferox*, *solanum lycopersicum*.

Elle se présente sous la forme de fines aiguilles soyeuses, d'un éclat nacré, fusibles à 235 degrés et se prenant par le refroidissement en une masse amorphe ; elle se sublime par une forte chaleur, en partie sans altération. Elle n'est presque pas soluble dans l'eau, l'éther et la benzine ; elle se dissout au contraire aisément dans l'alcool, et à chaud dans l'alcool amylique. Les solutions possèdent une réaction alcaline faible; leur saveur est fort amère et brûlante.

Elle forme des sels qui présentent une faible réaction acide, et sont facilement solubles dans l'eau ainsi que dans l'alcool, mais difficilement solubles dans l'éther. Les bases minérales en précipitent de la solanine sous forme de flocons gélatineux.

La solution de solanine faite à chaud dans l'acool ou l'alcool amylique se prend en gelée par le refroidissement, propriété caractéristique de la solanine, et qui n'appartient à aucun autre alcaloïde.

Soumise, à l'ébullition, à l'action des acides minéraux étendus, elle se dédouble en glucose et *solanidine* (Zwinger et Kind), et les sels de solanidine se déposent par le refroidissement. Ce dédoublement peut se produire sous l'action du suc gastrique. Sous l'influence de l'hydrogène naissant (amalgame de sodium et eau), elle se dédouble en acide butyrique et nicotine (Kletzinski).

Réactions. — L'alcool amylique enlève la solanine aux solutions alcalines.

1° L'acide sulfurique concentré dissout la solanine avec une coloration jaune-rougeâtre clair, virant au brun clair à la longue.

(*a*) Exposée à l'action des vapeurs de brome, la solution sulfurique vire au brun.

(*b*) L'addition progressive d'un égal volume d'eau bromée produit dans la solution sulfurique des stries rouges ; la liqueur reste longtemps rougeâtre et finit par déposer des flocons bruns.

2° Une solution aqueuse saturée d'iode, qui est d'un brun-clair, se fonce sous l'influence de la solanine en solution étendue.

3° Le mélange d'acide sulfurique et de bichromate de potassium, additionné d'une petite quantité de solanine, devient bleu, puis vert.

4° La solution de 1/200e de vanadate d'ammonium dans l'acide sulfurique colore la solanine en jaune-orangé, qui vire au rouge, puis au violet.

5° Une trace de solanine dissoute dans l'acide sulfurique au 1/100e et évaporée sur une lame porte-objet se transforme en prismes quadrangulaires. La masse encore humide, chauffée davantage, se colore en rouge, puis en pourpre, puis en brun-rougeâtre ; elle devient par le refroidissement violette, noir-bleuâtre et enfin verte (Helwig).

Les réactifs généraux précipitent assez bien les solutions étendues de solanine. Les plus sensibles sont : l'acide phospho-molybdique, l'iodure double de mercure et de potassium, le tannin, l'acide picrique, les chlorures d'or et de mercure.

Action physiologique. — La solanine est vénéneuse; les animaux à sang froid sont plus sensibles à l'action de cette substance que les animaux à sang chaud. Son action est différente de celle des autres alcalis des solanées. Elle ne dilate pas la pupille, et agit énergiquement sur le système nerveux. Elle donne lieu à de l'analgésie dans les extrémités terminales des nerfs sensitifs, à de la parésie dans les nerfs moteurs. A dose toxique, elle paralyse le bulbe, la moelle, et, comme conséquence, anéantit le fonctionnement des nerfs moteurs ; des doses plus fortes excitent le pouvoir excitomoteur de la moelle, et l'on voit apparaître des convulsions, des raideurs tétaniques, rapidement terminées par la mort (Gaignard, thèse de Paris, 1887, et *Bull. de thérap.*, t. CXIII, p. 12).

Solanidine. — La solanidine, qui provient du dédoublement de la solanine, cristallise en fines aiguilles fusibles à 200 degrés, sublimables à une température plus élevée, insolubles dans l'eau, facilement solubles dans l'alcool et dans l'éther. Elle est plus alcaline que la solanine, possède une saveur amère, et ses solutions dans l'alcool chaud se prennent en gelée par le refroidissement, comme celles de la solanine.

Ses caractères chimiques et ses réactions sont à peu près semblables à ceux de la solanine.

La recherche toxicologique de la solanine et de la solanidine doit être menée rapidement, et exige les plus grandes précautions. Il est indispensable de n'acidifier que faiblement les matières suspectes, avec un acide organique (acide tartrique) de préférence, et d'éviter de chauffer au-delà de 40 degrés. Le liquide aqueux acide provenant de ce premier traitement sera saturé par la magnésie avant d'être épuisé par l'alcool amylique chaud.

STRYCHNINE $C^{21}H^{22}Az^2O^2$

La strychnine existe, à côté de la brucine, dans un certain nombre de plantes de la tribu des strychnées, appartenant à la famille des loganiacées (fève de Saint-Ignace, bois de couleuvre, upas tieuté).

Elle se dépose du sein de ses solutions dans le chloroforme, la benzine, l'alcool amylique, en cristaux appartenant au système rhombique, prismes ou octaèdres d'un blanc éclatant. L'eau, l'alcool absolu et l'éther la dissolvent à peine, l'alcool aqueux d'une densité de 0,863 en prend 10 p. 100 à la température d'ébullition. Les acides étendus dissolvent aisément cet alcaloïde à l'état de sels généralement cristallisables et solubles dans l'eau. Les solutions salines aqueuses possèdent une forte réaction alcaline et une amertume excessive, elles sont lévogyres.

En chauffant la strychnine progressivement, on peut la sublimer sans altération. Elle est fusible à 284 degrés, et bout vers 270 degrés sous une pression de 5 millimètres.

Distillée avec la potasse caustique, la strychnine donne des alcaloïdes volatils de la série quinoléique. Soumise à l'oxydation, elle donne d'abord un acide $C^{16}H^{18}Az^2O^4, 2H^2O$, puis l'acide strychnique $C^{11}H^{11}AzO^2, H^2O$, acide monobasique qui est vraisemblablement un acide carboquinoléique (Hanriot).

La strychnine est un alcali tertiaire ; soumise à l'influence de l'iodure de méthyle ou d'éthyle, elle fixe directement une molécule de ces corps, et donne les iodures de *méthyl* et d'*éthylstrychnium* $C^{21}H^{22}Az^2O^2, CH^3I$

et $C^{21}H^{22}Az^2O^2, C^2H^5I$, dont on peut préparer les hydrates et de nombreux sels. Ces corps ne paraissent pas vénéneux.

Nous avons exposé à l'article Brucine la constitution chimique de la strychnine, nous n'y reviendrons pas.

Réactions. — La strychnine est enlevée aux solutions alcalines par l'éther de pétrole, la benzine et le chloroforme. Si l'on avait à rechercher spécialement cet alcaloïde, il serait préférable d'employer la benzine.

1° La solution de strychnine dans l'acide sulfurique concentré est additionnée d'un petit cristal de bichromate de potassium (ou d'autres agents d'oxydation : permanganate de potassium, cyanure ferrico-potassique, peroxyde de plomb); si l'on penche la capsule qui contient le le liquide, on voit se former des stries bleu-violet, partant du cristal en question. La solution ainsi produite vire au rouge-cerise en passant par la teinte violette, et finit par redevenir incolore. Cette réaction n'a plus lieu en présence de beaucoup de brucine; la morphine et la quinine l'infirment ou l'empêchent aussi.

Il faut dans tous les cas éviter toute élévation de température; aussi convient-il d'opérer toujours sur de petites quantités. Les sels de strychnine se comportent de même, mais il faut éviter d'essayer la réaction sur un chlorhydrate, à cause d'un dégagement possible de composés chlorés ou de chlore.

2° On dissout un peu de strychnine dans l'acide sulfurique concentré, on ajoute de l'oxyde salin de cérium [1], on mêle à l'aide d'un agitateur ; il en résulte une solution bleue, laquelle, en passant par la teinte violette, vire par degrés au rouge-cerise, et persiste à cet état pendant plusieurs jours (Sonnenschein).

3° Une solution de strychnine dans le moins possible d'eau aiguisée d'acide sulfurique présente les réactions suivantes :

Chlorure mercurique ou cyanure mercurique : précipité blanc cristallin.

Nitroprussiate de sodium (au 1/6) : précipité cristallin brun-clair.

Cyanure ferrico-potassique : précipité cristallin jaune-verdâtre.

Eau chlorée en excès, même dans les solutions très étendues : précipité blanc, soluble dans l'ammoniaque.

Tannin : précipité blanc et dense, insoluble dans l'acide chlorhydrique.

[1] Pour préparer cet oxyde salin, on suspend dans de la potasse caustique de l'hydrate de cerosum fraîchement précipité, et l'on y fait passer, en mêlant la liqueur, un courant de chlore jusqu'à transformation de l'hydroxyde blanc en un composé jaune brun : c'est l'oxyde salin qu'il reste à filtrer, laver et sécher.

Remarque. — On peut séparer la strychnine de la brucine en traitant le mélange de leur solution par de l'ammoniaque *en excès;* la strychnine est précipitée, la brucine reste en solution. En agitant la solution filtrée avec de la benzine, on peut lui enlever la brucine.

Pour constater la strychnine en présence de la morphine, on précipite la solution aqueuse concentrée par le ferricyanure de potassium, on filtre le précipité de ferricyanhydrate de strychnine, le lave, le sèche, le met en contact avec de l'acide sulfurique concentré, etc.

Lorsque la noix vomique elle-même a été introduite dans l'organisme, on pourra souvent la reconnaître en étudiant la forme des débris végétaux que l'on trouvera dans le tube digestif. L'aspect des poils de cette graine, vus au microscope, est surtout caractéristique.

Action physiologique. — La strychnine est un des poisons les plus violents que l'on connaisse, c'est le type des poisons tétaniques ; son absorption par la voie gastro-intestinale est très rapide, surtout lorsqu'il est à l'état de sels. Voici comment Tardieu a décrit les symptômes de l'empoisonnement : le début des accidents symptomatiques de l'empoisonnement par la strychnine est brusque. Ils commencent en général de dix à vingt minutes après l'ingestion du poison ; on constate d'abord une angoisse et une agitation croissantes. Une raideur plus souvent locale que générale s'empare ensuite des muscles. Le corps est renversé, la tête en arrière, l'intelligence parfaitement nette, la parole entrecoupée. Bientôt les muscles de la mâchoire se contractent, la surexcitabilité devient extrême, des secousses convulsives et rapides comme l'éclair se produisent dans les membres, et bientôt tous les muscles de la vie animale participent à ces convulsions. La respiration devient courte, brève et convulsive, la face se gonfle et se colore, la mort paraît imminente et survient, ou bien il se produit une rémission temporaire, bientôt suivie d'un nouvel accès tétanique ; les secousses convulsives sont plus fortes, l'articulation des sons est impossible, la respiration est de plus en plus oppressée et suspendue par moments, le cœur bat irrégulièrement ; la peau devient bleuâtre, les yeux sont saillants et fixes, les pupilles toujours dilatées. A ce moment, l'intelligence est rarement conservée. La mort peut n'arriver qu'au sixième ou septième accès.

La durée des accès est généralement courte (trois à quatre minutes), il en est de même des rémissions qui les séparent. Le plus ordinairement c'est pendant le quatrième ou le cinquième accès que les malades succombent ; si la guérison doit survenir, les crises ont une durée de plus en plus courte, les périodes de calme se prolongent.

A l'autopsie, on n'observe guère de lésions ayant un caractère spécifique, le cerveau est congestionné, on constate souvent une hémorragie entre la pie-mère et l'arachnoïde, et la substance médullaire, au milieu d'un épanchement sanguin, présente parfois les désordres histologiques dus à un ramollissement et à une désorganisation plus ou moins complète. Dans le plus grand nombre des cas, le cœur est vide et plus ou moins contracté, symptôme contraire de celui qu'on observe en général dans l'asphyxie. Enfin, la rigidité plus ou moins persistante des muscles après la mort est presque toujours la règle.

TAXINE

La taxine est le principe toxique de l'if commun, *Taxus baccata* (Conifères, tribu des Taxinées). C'est une substance blanche cristalline, à réaction fortement alcaline, de saveur amère, très peu soluble dans l'eau, soluble dans l'alcool, l'éther, le chloroforme, la benzine et le sulfure de carbone, insoluble dans l'éther de pétrole. La formule et la constitution chimique de ce corps sont encore inconnues; on sait qu'elle renferme de l'azote, qu'elle est fusible à 80 degrés et brûle sans résidu.

La taxine se rencontre en plus grande quantité dans les feuilles que dans les semences, elle forme avec les acides des combinaisons très solubles dans l'eau.

Réactions. — Le chloroforme et la benzine enlèvent la taxine aux solutions alcalines, et l'abandonnent cristallisée.

L'acide sulfurique concentré la dissout en se colorant en rouge.

Ses solutions étendues sont précipitées par l'acide phospho-molybdique, l'iodure de potassium iodé, l'iodure double de mercure et de potassium, l'iodure cadmi-potassique, le tannin. Ses solutions, même concentrées, ne donnent aucun précipité avec les chlorures d'or et de platine, le chlorure mercurique et le cyanure double de potassium et de platine.

Dans un empoisonnement par les feuilles d'if ou ses semences, le traitement par l'éther de pétrole pourrait enlever une petite quantité de l'huile essentielle dont l'odeur est forte et caractéristique.

Action physiologique. — D'après les expériences de Chevallier, Duchesne et Raynal (mémoire sur l'*If*, *in: Ann. d'hygiène publ. et de méd. lég.*, 2ᵉ série, t. IV, p. 103-115), l'if provoque une vive irritation du côté de l'utérus, mais n'est pas abortif, ainsi que le veulent les croyances populaires. Ces auteurs ont tracé le tableau de l'empoisonnement de la façon suivante :

« Tout d'abord après l'ingestion de l'if en quantité suffisante, il survient de l'accélération de la respiration et de la circulation ; puis surviennent des vomissements et des évacuations alvines. Le deuxième effet de la toxicité de l'if, c'est l'action narcotique et stupéfiante aussitôt que l'absorption commence à se faire. L'animal est frappé d'inquiétude, il a des éblouissements; sa respiration et sa circulation se ralentissent; il a de la parésie musculaire, du coma; il meurt comme frappé de la foudre. »

On a noté en outre une augmentation de la diurèse (Dujardin, Delacroix) et un rash à la peau et quelquefois des éruptions pustuleuses (Harmand de Montgarni, Girard, Chevallier, Duchesne et Raynal).

A l'autopsie, on constate une injection vive de l'estomac et de l'intestin avec plaques ecchymotiques.

THÉBAÏNE $C^{19}H^{21}AzO^{3}$

Alcaloïde que l'on trouve dans les eaux-mères qui ont servi à l'extraction industrielle de la morphine et des autres alcaloïdes de l'opium. Il se présente sous la forme de paillettes nacrées, d'une saveur âcre et styptique plutôt qu'amère, fusibles à 193 degrés, insolubles dans l'eau, peu solubles dans la benzine, l'alcool amylique, le chloroforme, et facilement solubles dans l'alcool et l'éther. Sa solution alcoolique est lévogyre et possède une réaction alcaline.

Elle se dissout aisément dans les acides étendus en formant des sels peu stables et difficilement cristallisables. L'acide chlorhydrique concentré la transforme en un isomère, la *thébénine*, dont les sels cristallisent bien.

Réactions. — La benzine enlève facilement la thébaïne aux solutions alcalines, il en est de même de l'éther.

1° L'acide sulfurique concentré la dissout en un liquide d'un beau rouge-sang, virant peu à peu au rouge-jaunâtre.

2° Le réactif de Frōhde donne la même réaction (différence avec la morphine).

3° L'acide azotique d'une densité de 1,4 l'attaque vivement, même à froid, et donne une solution jaune, qui se fonce par une addition de potasse caustique en excès et dégage un produit à réaction alcaline.

Les réactifs généraux les plus sensibles sont : l'acide phospho-molybdique, l'iodure double de mercure et de potassium, l'iodure cadmi-potassique, l'iodure double de bismuth et de potassium.

Action physiologique. — La thébaïne est très vénéneuse, elle se trouve placée par Cl. Bernard en tête des alcaloïdes de l'opium, au point de vue de la toxicité sur les animaux; c'est aussi le plus convulsivant de ces alcaloïdes. Elle ne paraît pas cependant être très toxique pour l'homme, et son emploi en médecine est nul, car l'action hypnotique qu'elle présente est très faible, et elle ne possède pas de propriétés antidiarrhéiques.

VÉRATRINE $C^{32}H^{49}AzO^{9} + H^{2}O$

(*Sabadilline*, *Sabatrine*)

La vératrine se rencontre dans les semences de la cévadille *veratrum sabadilla* (Colchicacées), en même temps que deux autres alcaloïdes, la *sabadilline*, et la *sabatrine* et un acide, l'acide *vératrique*, qui est l'acide diméthylprotocatéchique; elle existe aussi dans l'ellébore (*veratrum album*) en même temps que la jervine, et dans d'autres *veratrum* de la famille des renonculacées.

Elle se présente sous forme d'une masse blanche, cristallisant difficilement en prismes incolores, par l'évaporation de sa solution alcoolique ou éthérée : elle devient porcelainée au contact de l'air. Presque insoluble dans l'eau, elle se dissout facilement dans le chloroforme, l'alcool, un peu moins dans la benzine, l'alcool amylique et l'éther, moins encore dans l'éther de pétrole. Fusible vers 115 degrés en une masse résinoïde, elle se sublime en partie sous forme cristalline à une température supérieure. Elle bleuit le tournesol et forme des sels très solubles et difficilement cristallisables. Les solutions de ces sels sont précipitées par la potasse, la soude et l'ammoniaque, par les carbonates alcalins; le précipité amorphe devient cristallin à la longue, il se dissout en partie dans un excès du précipitant, excepté dans l'ammoniaque. Les bicarbonates ne les précipitent pas si la liqueur est acide. Elle est sans action sur la lumière polarisée.

Réactions. — La vératrine est enlevée aux solutions alcalines par le chloroforme, l'alcool amylique, la benzine et l'éther de pétrole; on ne doit cependant pas oublier qu'une quantité très faible d'alcaloïde est déjà enlevée à la solution acide par la benzine et surtout par le chloroforme et l'alcool amylique. Comme l'éther de pétrole n'enlève pas l'alcaloïde à une solution aqueuse acidulée (par l'acide sulfurique), ce liquide peut être employé pour la purification des extraits, et comme il enlève la vératrine aux solutions alcalines, bien qu'en très petites quantités, on peut s'en servir pour la séparation de l'alcaloïde, malgré que sa solubilité dans l'éther de pétrole ne soit pas aussi grande que dans la benzine, le chloroforme ou l'alcool amylique. Ses solutions dans l'éther de pétrole, la benzine ou le chloroforme abandonneront par l'évaporation une masse généralement amorphe et résinoïde, à peine colorée (Dragendorff).

1° La vératrine se dissout dans l'acide sulfurique concentré en une liqueur d'un beau jaune, qui vire après quelques minutes, en passant par le jaune-rougeâtre, au rouge de sang et enfin au rouge-carmin; coloration persistant plusieurs heures, pour disparaître ensuite par degrés.

2° L'addition (goutte à goutte) d'un égal volume d'eau bromée à la solution dans l'acide sulfurique concentré fraîchement préparée, y détermine une coloration pourprée immédiate.

3° L'oxyde salin de cérium ajouté à la solution dans l'acide sulfurique concentré lui communique une teinte rougeâtre.

4° Mêlée avec le double de son poids de saccharose, puis traitée par l'acide sulfurique concentré, la vératrine se colore en vert foncé.

5° Avec le réactif de Fröhde, on obtient une solution jaune, passant au rouge-cerise et persistant pendant vingt-quatre heures.

6° Une solution de vératrine dans l'acide chlorhydrique concentré, d'abord incolore, prend peu à peu, sous l'influence de la chaleur, une magnifique coloration rouge intense.

7° L'eau chlorée dissout et colore la vératrine en jaune; l'ammoniaque fait passer cette couleur au jaune d'or.

Les réactifs généraux les plus sensibles sont : l'acide phospho-molybdique, l'iodure de potassium iodé, l'iodure double de mercure et de potassium, et le tannin. Les solutions étendues au millième ne précipitent que très faiblement l'acide picrique, les chlorures d'or et de platine, et pas du tout le bichromate de potassium.

Action physiologique. — La vératrine est un toxique d'une puissance extrême; elle exerce une action irritante sur le tube digestif et sur toutes les muqueuses; absorbée, elle produit de la prostration, des vomissements et ralentit la circulation; enfin, si la dose est assez élevée, on observe des contractures, des effets tétaniques, l'asphyxie et la mort. Introduite par voie hypodermique dans le corps d'une grenouille (environ 1/2 milligramme), elle produit presque aussitôt des vomissements et diminue dans des proportions considérables le nombre des pulsations du cœur. A plus forte dose (2 milligrammes), elle produit des effets tétaniques.

Appliquée sur la peau (en pommade ou sous autre forme), elle provoque une sensation de chaleur, de picotement, de brûlure, parfois même la peau se couvre de vésicules qui naissent sur une base enflammée. Appliquée sur les muqueuses, elle les irrite violemment.

Introduite dans le nez, même en quantité très minime, elle détermine des éternuements violents et persistants, du coryza et même parfois de l'épistaxis ; inhalée, elle fait naître une toux sèche, spasmodique, persistante.

A l'autopsie on constate une irritation très vive du tube intestinal, et une hyperhémie du cerveau, des méninges, des poumons et des reins.

La vératrine est rapidement absorbée, et son élimination par les urines est très rapide. On devra donc la rechercher non seulement dans le tube digestif et ses annexes, mais encore dans le sang, les déjections, les urines et les matières vomies.

Sabadilline, sabatrine. — Ces deux alcaloïdes, qui accompagnent la vératrine dans la cévadille, sont beaucoup moins toxiques que la vératrine : ils produisent avec les acides sulfurique et chlorhydrique les mêmes réactions que la vératrine. L'eau chlorée les dissout sans coloration. L'acide sulfurique et le sucre ne donnent pas de coloration verte, mais une coloration brune, qui passe au rouge, puis au violet-rougeâtre.

Les solutions chlorhydriques au 1/150e de sabadilline et de sabatrine ne sont précipitées, ni à froid, ni à chaud, par l'ammoniaque ou son carbonate ; il en est de même des bicarbonates alcalins. La potasse ne précipite pas les mêmes solutions à froid, mais celle de sabatrine se trouble légèrement quand on chauffe.

L'éther dissout facilement la sabatrine, moins facilement la vératrine et presque pas la sabadilline.

SEPTIÈME PARTIE

MÉTHODES ET PROCÉDÉS PRATIQUES POUR L'ANALYSE DE QUELQUES SUBSTANCES NÉCESSITANT UNE MARCHE PLUS SPÉCIALE

ANALYSE DES EAUX POTABLES DE SOURCES, FLEUVES, PUITS, ETC., ET DES EAUX MINÉRALES

I. — Définition et caractères des eaux potables

On comprend sous le nom d'*eaux potables* toutes les eaux météoriques ou terrestres qui peuvent servir à l'alimentation et aux besoins de l'homme et des animaux domestiques. La composition des eaux terrestres étant extrêmement variable, et les substances organiques et inorganiques qu'elles tiennent en dissolution ou en suspension étant par suite assez nombreuses, il est indispensable, pour reconnaître si une eau est propre à l'alimentation, de procéder à l'analyse chimique, microscopique et bactériologique de cette eau.

On admet généralement que, pour qu'une eau soit potable, elle doit remplir les conditions suivantes, que nous résumons comme suit : *L'eau doit être limpide, inodore, imputrescible, fraîche, agréable au goût, aérée. Elle doit cuire, sans les durcir, les légumes tels que les pois, les fèves, les haricots; dissoudre le savon facilement, ne laisser par évaporation qu'un faible résidu salin; enfin, être incapable d'infecter l'organisme des grands animaux et de l'homme.*

Nous allons passer rapidement en revue chacune des conditions que nous avons énumérées, afin que leur signification et leur valeur soient bien définies.

L'eau doit être limpide. — Examinée sous une grande épaisseur, une eau limpide ne contenant en *dissolution complète* que des sels incolores présente une couleur bleue. Toute eau qui est verte, vert-jaunâtre, jaunâtre ou noirâtre n'est pas limpide, elle tient en suspension des particules minérales à l'état de *précipités naissants* ou parfois aussi des microorganismes qui s'y sont développés en quantités plus ou moins considérables.

Pour apprécier la limpidité d'une eau, on en remplit un large et long tube de verre dont une des extrémités a été effilée à la lampe et fermée.

Le tube ayant été placé verticalement, toutes les matières en suspension vont se réunir au bout d'un certain temps dans la pointe effilée que l'on peut briser pour les soumettre à l'examen.

On peut aussi examiner optiquement cette eau en appliquant le procédé d'investigation imaginé par Tyndall pour l'examen de l'air. Il suffit de recouvrir d'une enveloppe opaque (papier noir), munie de deux ouvertures opposées, le récipient de verre qui renferme l'eau à étudier, et de la faire traverser par les rayons du soleil. Si elle est absolument limpide, le pinceau lumineux n'a pas de délimitation visible, quoique la traversant complètement : mais, lorsqu'il rencontre des corpuscules en suspension, si ténus soient-ils, chacun d'eux s'illumine et apparaît comme les grains de poussière éclairés par les rayons lumineux dans une chambre obscure (*Dictionnaire de thérapeutique de Dujardin-Beaumetz*, p. 339).

Toute eau qui n'est pas limpide doit, en principe, être rejetée ; cette proscription cependant n'est pas absolue ; une purification bien comprise ou une filtration parfaite peuvent la rendre propre à servir à l'alimentation.

L'eau doit être inodore, imputrescible. — Une eau qui est odorante doit son odeur généralement à l'hydrogène sulfuré ou aux produits de décomposition des petits organismes qu'elle contient. C'est ainsi que se produit l'odeur de *croupi*, *de marée*, *de vase*, *de terreau*, etc. Il va de soi qu'une eau odorante doit être rejetée de l'alimentation ; c'est l'indice à peu près certain qu'elle renferme trop de matières organiques.

La présence de ces matières organiques doit être rapportée souvent au voisinage d'établissements insalubres dont les déchets résiduaires viennent polluer par infiltration les eaux vives ou les nappes souterraines qui les environnent. On sait que les eaux des fabriques de sucre, des usines à gaz, des stéarineries, des féculeries, celles qui proviennent du rouissage du chanvre, du lavage des laines, etc., ont souvent donné lieu à de graves inconvénients. Notons aussi la contamination fréquente des eaux de rivière et de puits par les eaux d'égout, les eaux ménagères, les liquides d'infiltration des fosses d'aisances, des cimetières, des fumiers et des engrais.

Une eau excellente est celle qui ne contracte aucune odeur, même après plusieurs semaines, lorsqu'on la conserve dans un vase fermé et incomplètement rempli.

Le meilleur moyen de s'assurer qu'une eau est odorante, c'est de remplir un flacon aux deux tiers avec l'eau, le fermer avec la main, l'agiter et flairer l'ouverture. L'odorat découvre très bien le gaz sulfhydrique, alors même que les réactifs les plus sensibles restent sans action. Si, outre l'hydrogène sulfuré, on avait à découvrir d'autres produits odorants, on ajouterait à l'eau quelques gouttes de sulfate de cadmium avant de chercher l'odeur. On peut, du reste, compléter cet examen de la façon suivante : après avoir additionné l'eau de quelques gouttes de sulfate de cadmium, comme nous venons de le dire, on la refroidit à 0 degré, puis on en agite plusieurs centaines de centimètres cubes avec le quart de son volume d'un mélange, à partie égale, de chlorure d'éthyle et d'éther ordinaire très purs, bien exempts d'alcool, on sépare ce dissolvant mixte que l'on recueille dans une capsule de porcelaine, et on recommence le même traitement avec une nouvelle quantité du mélange éthéré. Les liquides éthérés réunis sont abandonnés à l'évaporation à l'air libre. On obtient alors un résidu à peine perceptible, quelquefois coloré, dont on s'efforce de déterminer l'odeur révélatrice. Dans le cas d'une eau contaminée par des infiltrations de fosses d'aisances, on perçoit souvent une odeur non douteuse de matière fécale. S'il s'agit d'une eau souillée par les produits de la fabrication du gaz de l'éclairage, le résidu peut exhaler l'odeur de la naphtaline impure. Quelques gouttes de perchlorure de fer dilué promenées sur les parois de la capsule se colorent en bleu, s'il y a du phénol ; en rouge, s'il s'y trouve une trace d'acide sulfocyanique.

L'eau doit être fraîche, agréable au goût, aérée. — Une eau n'est agréable à boire et désaltérante que lorsque sa température est comprise entre les limites de 8 à 14 degrés.

L'eau tiède est fade, désagréable, ne désaltère plus et peut déterminer des effets sensibles sur l'économie, non seulement par ce seul fait que sa température est trop élevée, mais parce que, si elle renferme des matières organiques, celles-ci entrent rapidement en décomposition et peuvent devenir dangereuses.

Généralement on recherche en été une eau fraîche, et en hiver celle dont la température semble plus élevée que celle de l'air ambiant. Ces conditions ne se rencontrent que pour les eaux des sources qui ne reçoivent pas les affluents des terrains voisins, qui tiennent leurs eaux de nappes considérables et éloignées. Aussi la température de ces eaux ne varie, dans les différentes saisons, qu'entre des limites bien étroites, tandis que l'eau des fleuves et des rivières possède une température très variable qui est généralement celle du sol ou de l'air où elle circule.

La détermination de la température a donc de l'importance en ce sens qu'elle nous fait connaître les relations extérieures de la source et l'éloignement de tout affluent pouvant altérer sa pureté. Dans le choix d'une eau potable, cet éloignement de tout affluent doit être absolu, et il peut être établi souvent par ce seul fait que la source se maintient à une température sensiblement constante.

L'eau naturelle n'est pas absolument insipide ; sa saveur, qui se rapporte surtout à la quantité de gaz carbonique qu'elle a dissous, doit être franchement agréable et d'un caractère spécial. Les personnes qui ne boivent pas de vin et ne font usage ni de tabac ni de condiments culinaires conservent un palais assez délicat pour apprécier la faible saveur de l'eau.

L'eau potable contient toujours en dissolution une certaine quantité de gaz empruntés à l'atmosphère, l'oxygène, l'azote, l'anhydride carbonique. D'après Boussingault et de Saussure, une eau est suffisamment aérée lorsqu'elle contient, par litre, de 25 à 50 centimètres cubes de gaz formés de 8 à 10 p. 100 d'anhydride carbonique et d'un mélange de 30 à 33 p. 100 d'oxygène et de 67 à 70 p. 100 d'azote.

Les bonnes eaux, dites *légères*, renfermant plus d'oxygène que l'air ambiant, ainsi qu'une certaine quantité de gaz carbonique, plaisent à l'estomac. Les eaux privées des gaz de l'air, dites *crues* ou *lourdes*, sont indigestes, mais il ne s'ensuit pas que, privée d'air, une eau soit par cela même devenue impropre à l'alimentation; on peut lui restituer de la légèreté lorsqu'on l'agite ou qu'on la laisse séjourner à l'air.

L'eau doit cuire les légumes sans les durcir, dissoudre facilement le savon. — Ces deux conditions ne peuvent être remplies que par les eaux qui ne contiennent pas un excès de sels calcaires ou magnésiens.

En effet, il existe dans les pois, fèves, haricots, etc., une matière albuminoïde, la légumine, qui, sous l'influence de l'ébullition, s'unit aux sels calcaires, et forme avec eux une combinaison insoluble. Ce sont, en général, des eaux *séléniteuses*, riches en sulfate de chaux ou bien retenant en dissolution, à la faveur du gaz carbonique, une proportion considérable de carbonate de chaux qui produisent ce résultat; quelquefois ce sont des eaux dites nitratées, contenant de l'azotate de calcium, comme il arrive dans quelques eaux de puits.

La *cuisson des légumes* est donc un moyen empirique des meilleurs pour constater approximativement la qualité d'une eau, et cette constatation est d'autant plus précieuse qu'elle peut être faite par tout le monde.

Cette observation s'applique également à l'eau qui ne dissout pas facilement le savon, c'est-à-dire qui forme avec lui des grumeaux insolubles, et ne devient propre au savonnage qu'après avoir consommé en pure perte une proportion plus ou moins considérable de savon. Une eau qui présente ce caractère contient un excès de sels qui peuvent être de nature très variable; ce sont généralement des sels calcaires ou magnésiens; mais une eau saumâtre ou salée aurait le même défaut, ainsi qu'une eau qui contiendrait des sels métalliques quelconques.

Ce phénomène est, comme on le sait, dû à une double décomposition. Les oléates, palmitates et stéarates de potassium ou de sodium, qui peuvent constituer seuls les savons solubles mous ou solides, forment avec les sels calcaires, magnésiens ou métalliques proprement dits, des oléates, palmitates, etc., insolubles, qui se précipitent en suspension dans l'eau.

Toute eau qui précipite abondamment le savon est donc le plus souvent impotable et ne saurait satisfaire non plus aux besoins de l'industrie.

L'eau ne doit laisser par évaporation qu'un faible résidu salin. — Les eaux terrestres retiennent toutes en dissolution une certaine quantité de matières minérales, dont la composition varie suivant la nature des terrains qu'elles traversent avant de se collecter en nappes souterraines, et du sol sur lequel elles reposent ou du radier sur lequel elles roulent leurs ondes, pour les eaux en mouvement; suivant aussi leur température, la quantité et la qualité des *détritus* qu'elles reçoivent des agglomérations humaines, le temps qu'elles séjournent dans les tuyaux de conduite quand elles sont distribuées dans les villes, la nature même de ces tuyaux, etc.

On admet généralement qu'une eau n'est plus potable lorsqu'elle renferme plus de 0 gr. 50 par litre de composés minéraux en dissolution. Dans tous les cas, cette conclusion peut servir de point de départ si on ne veut pas l'admettre d'une manière absolue.

Les eaux réputées les meilleures à boire contiennent ordinairement par litre de 0 gr. 05 à 0 gr. 30 de carbonate de chaux à l'état de bicarbonate; de 0 gr. 005 à 0 gr. 025 de sulfates alcalins ou terreux, de 0 gr. 015 à 0 gr. 05 de silice libre ou combinée; une trace d'alumine et d'oxyde de fer et souvent aussi d'iode, de brome et de fluor.

Les eaux qui contiennent une trop forte proportion de carbonate de chaux sont dites *calcaires*, *dures* et *incrustantes;* notons cependant qu'elles sont assez bien supportées par l'estomac, lorsqu'elles sont sursaturées de gaz carbonique, et que la chaux ne s'y trouve que sous cette forme.

Celles qui sont à base de sulfate de chaux sont dites *séléniteuses*, *lourdes* ou *crues;* leur saveur est douceâtre et fade si le sel ne s'y trouve qu'en petite quantité, ou amère si l'eau en renferme beaucoup. Si ce sont les sels d'alumine qui sont prédominants, elles ont une saveur *terreuse* et souvent *styptique;* elles sont *saumâtres* ou *salées*, si ce sont les chlorures.

Indépendamment des substances que nous venons de citer, on rencontre assez souvent dans les eaux naturelles des azotates et phosphates alcalins ou terreux, des azotites et des sels ammoniacaux divers en petite quatité.

Ainsi que l'a démontré Chossat par ses expériences sur les pigeons, et Boussingault, par ses études sur l'ossification des jeunes porcs, les matières minérales des eaux potables sont réellement assimilées par l'animal et servent utilement à son alimentation. Mais si l'utilisation des matières minérales non en excès paraît être incontestable, du moins pour quelques-unes d'entre elles, s'ensuit-il que l'eau n'est pas potable lorsqu'elle est complètement dépourvue de ces matières minérales? L'expérience paraît avoir répondu par l'emploi, aujourd'hui très fréquent, de l'eau distillée, de l'eau de pluie ou de l'eau de glace et de neige, qui constituent, lorsqu'elles sont suffisamment aérées et exemptes de microbes, la boisson par excellence. L'homme qui fait usage d'une nourriture bien comprise absorbera toujours suffisamment, dans cette alimentation, la multiplicité des sels qui lui sont nécessaires pour le développement et la régénération de ses tissus, et que l'eau, même la mieux appropriée à ses besoins, ne saurait lui fournir.

Il nous reste à déterminer maintenant dans quelles proportions ces substances salines demeurent, sinon utiles, du moins inoffensives, et à expliquer la signification de quelques-unes d'entre elles pour nous éclairer sur leur valeur absolue au point de vue de l'hygiène et de l'industrie.

Une eau, pour être potable, ne doit contenir en thèse générale qu'une petite quantité de sels alcalins et surtout magnésiens.

Le carbonate de chaux, dissous à la faveur d'un excès de gaz carbonique, est de tous les sels de chaux le plus inoffensif et le mieux supporté par l'organisme. Ce sel pourrait donc, sans inconvénient pour la santé, constituer les trois quarts et même la totalité du résidu salin fixé à 0 gr. 50 par litre. Nous ferons observer toutefois que les eaux aussi riches en bicarbonate de chaux se troublent par l'ébullition, donnent un dépôt de carbonate calcaire insoluble, et retiennent en dissolution une partie de ce dernier composé. Elles ne cuisent que difficilement les légumes, décomposent en pure perte une quantité considérable de savon, et produisent dans les tuyaux de conduite ces incrustations calcaires qui les envahissent fort souvent.

L'emploi de ces eaux pour l'alimentation des chaudières à vapeur est aussi préjudiciable, parce que leur carbonate de chaux se dépose non seulement sous forme pulvérulente, mais aussi sous forme plus solide; toutefois le sulfate de chaux est encore bien plus nuisible dans ce cas, parce qu'il forme, en général, la base des dépôts résistants des chaudières. Lorsque la proportion de sulfate de chaux atteint 0 gr. 15 à 0 gr. 20 par litre, non seulement l'eau durcit les légumes et dissout mal le savon, mais elle est des plus indigestes, et se charge souvent d'hydrogène sulfuré par suite de la réduction facile du sulfate de chaux sous l'influence des microorganismes [1].

Une eau fortement calcaire, soit qu'elle contienne du bicarbonate ou du sulfate de chaux, est donc impropre à l'alimentation des chaudières; elle est peu favorable également au gonflement du malt et à la fermentation de la bière, aux diverses opérations de la tannerie et de la teinture des soies, des laines et des cotons. Il n'y a que quelques sortes de teintures (comme celle du rouge de Turquie) qui s'accommodent avec avantage de l'emploi de ces eaux.

Les reproches que nous adressons aux eaux calcaires, en ce qui concerne l'industrie et les besoins domestiques, s'appliquent en grande partie aux eaux qui retiennent en dissolution des sels magnésiens.

L'hygiène, d'autre part, ne saurait être moins difficile, car les eaux qui contiennent par litre plus de 0 gr. 08 à 0 gr. 10 de sels de magnésie doivent être proscrites de l'alimentation; à dose même plus faible, on a porté contre elles l'accusation de causer le goitre et le crétinisme. Les terrains magnésiens qu'elles ont traversés paraissent être, en effet, ceux où se développe par excellence le microorganisme auquel il est rationnel d'attribuer l'origine de ces maladies; mais les sels magnésiens eux-mêmes ne sauraient être incriminés comme la cause déterminante. C'est ainsi que les eaux de Saint-Alban et de Saint-Galmier, qui contiennent une forte proportion de magnésie, n'ont jamais été accusées ni même soupçonnées de procurer le goitre.

La silice et l'alumine n'existent ordinairement dans les eaux douces qu'en proportions minimes. Ces substances proviennent généralement

[1] Il en résulte du sulfure de calcium que le gaz carbonique décompose en hydrogène sulfuré et carbonate de calcium.

de la désagrégation par l'eau et le gaz carbonique des roches feldspathiques. Lorsqu'elles sont unies à la potasse et à la soude de même origine, comme c'est le cas pour les eaux de la Loire, elles ont tendance à leur communiquer une très légère réaction alcaline. D'après quelques auteurs, cependant, la silice libre contenue dans les eaux résulterait aussi de la présence de diatomées microscopiques dont la carapace siliceuse se désagrège après leur mort, et qui pendant leur vie contribueraient à l'assainissement des eaux douces. Cette faible proportion de silice ne saurait avoir d'action nocive, d'autant plus qu'on n'en rencontre généralement que des traces.

Si les sels d'alumine existaient en proportions relativement élevées, ce qui est très rare, ils communiqueraient à l'eau un goût terreux assez désagréable ; celle-ci deviendrait alors très suspecte, la présence de l'alumine dans une eau impliquant presque toujours celle d'une proportion considérable de matières organiques.

D'une façon générale, les sels solubles dans l'eau par eux-mêmes (c'est-à-dire la partie soluble du résidu salin) ne doivent former qu'une fraction faible de la totalité des sels. Par conséquent, les sels ammoniacaux, les azotates, les azotites, les chlorures, les phosphates et sulfates alcalins ne doivent pas se présenter en quantité notable.

Les meilleures eaux naturelles peuvent renfermer normalement une très petite quantité de ces sels ; on conçoit, en effet, que la désagrégation des matériaux feldspathiques puisse fournir de la potasse et de la soude ; que la présence du gaz carbonique permette à l'eau qui traverse des terrains phosphatés de dissoudre une trace de phosphate de chaux, lequel, par double décomposition, se transforme en phosphate alcalin ; que les eaux météoriques soient capables de fournir une petite quantité d'azotate et d'azotite d'ammonium, et que ces mêmes eaux puissent enrichir, par lixiviation de l'atmosphère et du sol, les eaux courantes et les nappes souterraines en chlorures, sulfates et azotates alcalins, mais il ne faut pas confondre cette très petite quantité de sels normaux pour ainsi dire et empruntés seulement à l'atmosphère et au terrain sur lequel coulent les eaux courantes, avec ceux qui proviennent de l'oxydation des matières organiques azotées sous l'action de ferments spéciaux (azotates et azotites), et les sels alcalins et ammoniacaux divers qui résultent de la pollution des eaux courantes et stagnantes par les eaux ménagères, les égouts et les excréta humains ou animaux.

On devra donc considérer comme suspectes les eaux qui renferment en quantité sensible des sulfates et surtout des chlorures, phosphates, nitrates ou nitrites alcalins, et rejeter absolument celles qui contiendraient en même temps, par litre, plus de 1 milligramme d'ammoniaque, ou de 0 gr. 0002 d'ammoniaque dite *albuminoïde*.

Les sels de fer, bicarbonate, crénate ou apocrénate, existent dans beaucoup d'eaux potables, mais en quantités extrêmement faibles et n'excédant guère 0 gr. 001 par litre, du moins dans les eaux de fleuves et de rivières où les sels de fer qu'elles retiennent en dissolution subissent d'incessantes transformations qui aboutissent à la formation au contact de l'air du peroxyde à peu près insoluble.

Leur présence n'entraîne aucun inconvénient; on sait que les eaux ferrugineuses naturelles constituent la boisson ordinaire des habitants qui avoisinent ces sources; leur saveur est légèrement atramentaire, mais personne ne s'en plaint. L'expérience a du reste depuis longtemps démontré que l'eau *ferrée*, en usage dans un si grand nombre de ménages, possède des qualités hygiéniques incontestables.

Quant à l'iode, au brome et au fluor, ils n'existent dans la plupart des eaux potables qu'à l'état de traces infinitésimales ; leur action sur l'organisme paraît donc au moins douteuse.

L'absence d'iode dans les eaux a conduit certains hygiénistes à la considérer comme la cause du développement du goitre et des engorgements glandulaires du cou que semblent favoriser certaines eaux qui manquent en effet de ce métalloïde; mais, s'il est vrai que dans les régions où le goitre est endémique les eaux sont dépourvues d'iode, on ne saurait affirmer que les traces d'iode que contiennent la plupart des eaux douces agissent comme préservatif de cette maladie, car les bactériologistes tendent à attribuer son origine à des microorganismes (monades et bacilles), qui trouveraient tout au plus dans les eaux dépourvues d'iode un milieu de culture privilégié.

L'eau doit être incapable d'infecter l'organisme des grands animaux et de l'homme. — Personne n'ignore aujourd'hui, après les mémorables travaux de M. Pasteur, que les eaux potables sont un des moyens les plus sûrs d'introduire dans l'économie des germes infectieux, des contages, des bactéries pathogènes. On le conçoit facilement, car nul milieu n'est plus propice aux conditions de nutrition et de développement des microorganismes, et le rôle de l'eau dans l'étiologie de certaines maladies infectieuses est un fait bien démontré depuis que les médecins, dans un grand nombre d'épidémies, ont pu ramener le foyer d'infection à l'eau dont on a fait usage.

En présence de ces faits acquis, si importants, il est nécessaire de se bien pénétrer que les indications utiles que peut fournir l'analyse chimique sont souvent insuffisantes; c'est que la salubrité des eaux n'est pas toujours en proportion de leur pureté chimique; une eau reconnue excellente à l'analyse chimique pourra néanmoins être très infectieuse. Il n'est pas douteux, par contre, qu'une eau riche en matières organiques, même turbide et désagréable à boire, taxée avec raison par le chimiste d'eau insalubre, dangereuse, impropre à l'alimentation, ne sera réellement infectieuse que si elle a été contaminée par des germes virulents. On peut donc dire que, si les matières organiques sont toujours suspectes, ce qui rend souvent une eau impotable, ce sont les matières organisées, et surtout les microbes pathogènes.

Un autre fait cependant, qui est acquis aussi à la science, c'est que de nombreuses transformations d'ordre mécanique, physique et chimique s'accomplissent directement au sein des eaux potables, surtout lorsqu'il s'agit d'eaux courantes, largement aérées et ensoleillées, et aboutissent à leur assainissement spontané [1]. D'autres facteurs, de nature biologique, contribuent puissamment au même résultat. Les végétaux aquatiques, et particulièrement les algues vertes et les diatomées, des infusoires, des végétaux cryptogamiques paraissent jouer un rôle purificateur efficace à l'égard de certaines substances organiques dans les eaux polluées, si bien que la matière la plus pathogène finit, au bout d'un certain temps, par disparaître entièrement des eaux les plus impures, et que celles-ci ne sont plus dangereuses. Malheureusement, la vitalité d'un grand nombre de bactéries est d'une ténacité très grande ; la végétabilité et la virulence de ces microorganismes se conservent fort longtemps lorsque l'eau qui leur sert d'habitat temporaire n'offre pas, ce qui est le cas ordinaire, un ensemble de conditions propices aux causes de transformations, c'est-à-dire de purification, ci-dessus énoncées.

De l'ensemble de ces considérations, n'est-il pas déjà surabondamment prévu que l'examen micrographique et, bien plus, l'analyse bactériologique d'une eau potable s'imposent, au moins au même titre que l'analyse chimique ? Le rôle de celle-ci s'efface partiellement devant l'utilité de la première ; ou plutôt, ces deux genres d'analyses doivent se compléter l'une par l'autre, et ne sauraient que de cette façon satisfaire l'hygiéniste soucieux de sauvegarder les intérêts de la santé publique.

On comprendra sans peine aussi que la supériorité des eaux de sources sur les eaux de rivières, de fleuves ou de puits est, par cela même, hautement affirmée. N'est-ce pas dans la rivière et le fleuve que viennent aboutir les affluents impurs des campagnes, les égouts des villes, ainsi que les excréta de toute nature, qui sont déversés dans une

[1] Voir, Cazeneuve, sur l'assainissement spontané des fleuves, *in: Moniteur scientifique*, l. DLXXXII, juin 1890, p. 626.

certaine partie de leur parcours, tous les éléments enfin d'insalubrité qui se rencontrent à la surface du sol, ou se concentrent dans son sein, et que les diverses industries, les fabriques, les agglomérations humaines ou animales leur fournissent à profusion ? Ces multiples causes de contamination n'atteignent-elles pas aussi, en partie tout au moins, les eaux de citernes et de puits, avec cette considération subsidiaire que les premières sont, de plus, rapidement envahies par les microorganismes qu'elles avaient entraînés dans les collecteurs, et que les secondes, avec leurs nappes aquifères, le plus souvent mal renouvelées et insuffisamment aérées, rendent permanentes et constamment dangereuses les contaminations possibles ?

Cependant, les ressources dont on dispose sont souvent très limitées dans une contrée, et on se heurte parfois à des exigences qui semblent s'imposer d'elles-mêmes, et contre lesquelles la lutte est des plus difficiles. On ne trouve pas toujours, pour alimenter les grandes cités, des eaux de sources d'un débit assez considérable, ou des cours d'eau n'ayant à aucun titre été pollués par le voisinage des habitations, et n'ayant reçu qu'une portion négligeable de souillures accidentelles. On s'efforce alors de purifier les eaux, à grands frais dérivées, en créant des masses filtrantes artificiellement organisées, ou en pratiquant dans le sol des galeries latérales parallèlement aux fleuves et aux rivières.

Mais aucun de ces systèmes ne saurait donner satisfaction complète aux besoins de l'hygiène, c'est là ce qu'il faut bien savoir. Tant que la science n'aura pas trouvé, pour remplacer la filtration en grand des eaux à l'usage des villes, un procédé vraiment pratique de purification et d'assainissement complets [1], on ne devrait songer à abreuver les populations qu'avec des eaux de sources, en choisissant celles qui, toujours limpides, émergent d'une grande profondeur, ont une température peu élevée et sensiblement constante pendant toutes les saisons, et qui, captées directement et amenées dans les grandes agglomérations d'hommes par des canalisations étanches et closes, échappent à toutes les causes d'infection, et restent pures de tout microbe.

Quant aux filtres artificiels, si répandus et si facilement employés aujourd'hui dans l'économie domestique, et dont les parois filtrantes sont en biscuit de porcelaine, ils ne donnent pas non plus une solution parfaitement satisfaisante ; outre qu'ils ne fournissent pas toujours de l'eau exempte de tout germe, ils ne la privent pas des produits de

[1] La stérilisation en grand par la chaleur des eaux destinées aux populations urbaines sera peut-être, avec une purification chimique subséquente, le procédé de l'avenir.

sécrétion des bactéries, de ces toxines contre la virulence desquelles nous ne sommes protégés que par leur extrême dilution; ils laissent passer enfin tous les produits organiques azotés ou non, de l'origine la plus impure.

II. — Hydrotimétrie

C'est en 1817, en Angleterre, que M. Clarck indiqua une méthode d'appréciation rapide des eaux ; cette méthode a été régularisée et perfectionnée en France par MM. Boutron et Boudet, qui l'ont décrite sous le nom d'hydrotimétrie (du grec : ὕδωρ, eau ; τιμή, valeur ; μέτρον, mesure). Elle est fondée sur ce qu'une dissolution alcoolique de savon agitée avec de l'eau distillée produit une mousse qui persiste pendant plusieurs minutes, tandis que, si l'eau contient des sels calcaires ou magnésiens, la dissolution savonneuse ne produit le phénomène de la mousse qu'après que ces sels ont été précipités sous forme de savons insolubles, et que l'on a additionné l'eau ainsi dépouillée d'un léger excès de celle-ci.

Fig. 59.

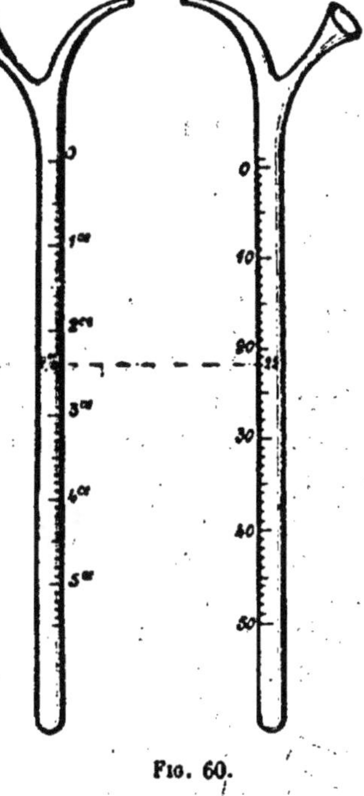

Fig. 60.

La proportion de dissolution savonneuse qu'il faut employer dépend de celle des matières contenues dans l'eau. On peut, par conséquent, à l'aide de la dissolution de savon, évaluer la quantité de sels terreux contenus dans les eaux ; la méthode se prête même, comme nous le verrons plus loin, au dosage approximatif des chlorures et des sulfates, et permet ainsi de reconnaître la bonne ou mauvaise qualité d'une eau, du moins en ce qui concerne les matières salines.

On prépare d'abord une solution savonneuse, dite liqueur *hydrotimétrique*, en dissolvant 100 grammes de savon de Marseille dans 1,600 grammes d'alcool à 90 degrés, à l'aide de la chaleur d'un bain-marie bouillant, et dans un ballon de verre à long col. A cette liqueur filtrée on ajoute 1,000 grammes d'eau distillée [1]. Il s'agit maintenant de déterminer exactement la valeur réelle de cette liqueur, c'est-à-dire d'en fixer le titre. On fait usage pour cela d'un *flacon d'essai* (*fig.* 59) de 60 centimètres cubes de capacité et jaugé à 10, 20, 30, 40 centimètres cubes par des traits circulaires, et d'une burette spéciale (*fig.* 60), dite *hydrotimètre*.

La graduation de la burette est faite de telle manière qu'une capacité de 2^{cm^3},4 (2,4), prise à partir d'un trait circulaire tracé au sommet de la burette, se trouve divisée en vingt-trois parties égales et que les divisions suivantes soient égales aux premières. Chaque division représente un degré. Comme il faut une division de la burette pour produire la mousse persistante dans 40 centimètres cubes d'eau distillée pure, on ne compte pas cette première division, et le zéro des degrés est gravé à la seconde division, ainsi que l'indique la figure 60; il en résulte que la capacité de 2^{cm^3},4 n'est divisée qu'en 22 degrés [2].

La liqueur hydrotimétrique doit être titrée de manière que les 23 divisions de la burette comprises entre le trait circulaire marqué au-dessus de zéro et le chiffre 22, c'est-à-dire 22 degrés effectifs, soient rigoureusement nécessaires pour produire une mousse persistante avec 40 centimètres cubes d'une dissolution, dite *normale*, de chlorure de calcium préparé avec : chlorure de calcium pur et sec, 25 centigrammes [3]; eau distillée, quantité suffisante pour 1 litre. Voici comment on opère : On introduit dans le flacon jaugé 40 centimètres cubes de la liqueur normale de chlorure de calcium, et au moyen de la burette hydrotimétrique on y fait tomber d'abord quinze à seize divisions de la liqueur savonneuse, puis on agite vivement; si la mousse persistante ne se produit pas, on verse alors goutte à goutte la liqueur de savon, en agitant de temps en temps et laissant reposer, jusqu'à ce que la mousse apparaisse et persiste pendant plus de cinq minutes, en ayant une hauteur d'au moins 5 millimètres. Lorsque ce résultat est

[1] Il arrive fréquemment que cette liqueur laisse déposer une certaine quantité de savon après quelque temps. Le mieux est de la préparer à l'avance, et de l'abandonner plusieurs jours au repos. On la passe alors à travers un linge fin, on exprime, puis on filtre le liquide dont il n'y a plus qu'à déterminer le titre.

[2] On remplace avantageusement cette burette hydrotimétrique par une burette de Mohr, à robinet, que l'on fait graduer d'une façon identique. La manœuvre en es plus aisée, et l'on évite ainsi la dilatation de la liqueur savonneuse qui se produit au contact de la chaleur de la main; ce qui est une cause d'erreur non négligeable.

[3] On peut remplacer le chlorure de calcium par des quantités équivalentes d'autres sels formant des savons insolubles, tels que l'azotate de plomb, le chlorure de baryum, etc.

atteint, on lit le nombre de divisions employées. S'il est de vingt-deux, c'est que la liqueur savonneuse a le titre voulu. Dans le cas où il faudrait employer moins de vingt-deux divisions, on étendrait la liqueur d'une certaine quantité d'eau, en calculant qu'il faut environ $\frac{1}{23}$ de son volume d'eau pour en diminuer la force de un degré. On procède ensuite à des essais successifs jusqu'à ce que le titre exact soit obtenu[1].

La dissolution normale étant faite avec 25 centigrammes de chlorure de calcium pour 1 litre d'eau contient 1 centigramme de ce sel pour 40 centimètres cubes. Il en résulte que 22 degrés de la liqueur savonneuse sont neutralisés par 1 centigramme de chlorure de calcium; une division ou 1 degré correspond donc à $\frac{0,01}{22} = 0,00045$ de chlorure de calcium. Mais, comme 1,000 centimètres cubes de la liqueur calcique contiennent vingt-cinq fois 40 centimètres cubes, par conséquent vingt cinq fois la quantité qui a été mise en expérience, il s'ensuit qu'une division ou 1 degré de la liqueur de savon représente, par litre, une quantité de chlorure de calcium qui est égale à: $\frac{0,01 \times 25}{22}$ $= 0$ gr. 0114.

On admet généralement, dans les essais hydrotimétriques, que chaque degré représente environ 0 gr. 01 de sels calcaires ou magnésiens par litre d'eau. Suivant MM. Boutron et Boudet, 2 gr. 326 de savon sont nécessaires pour décomposer 0 gr. 25 de chlorure de calcium dissous dans 1 litre d'eau; 1 degré hydrotimétrique correspondra donc à $\frac{2,326 \times 0,0114}{0,25} =$ 0 gr. 106, c'est-à-dire à environ 1 décigramme de savon.

DÉTERMINATION DE LA DURETÉ D'UNE EAU (titre hydrotimétrique), AINSI QUE DU GAZ CARBONIQUE, DES SELS DE CHAUX ET DE MAGNÉSIE QU'ELLE CONTIENT

Il faut d'abord s'assurer, par un essai préalable, que l'eau à examiner n'est pas trop chargée de sels de chaux ou de magnésie pour être essayée telle qu'elle est; la méthode hydrotimétrique ne pouvant fournir d'indications exactes qu'autant qu'on opère sur une eau marquant au maximum 30 degrés hydrotimétriques.

1. Tous ces essais doivent être établis en ramenant la température des liquides à un degré déterminé, 15 degrés par exemple, et toutes les opérations hydrotimétriques ultérieures devront être effectuées à la même température.

Pour cela, on met 25 à 30 centimètres cubes d'eau dans un verre à expérience, et on y verse 1 centimètre cube de la liqueur savonneuse titrée. Si après agitation, au moyen d'une baguette de verre, l'eau prend une teinte opaline, sans qu'il y ait production de grumeaux, on peut procéder directement à l'essai hydrotimétrique. Mais si, au contraire, il se forme des grumeaux, c'est que l'eau est trop chargée de sels calcaires ou magnésiens pour qu'on puisse l'essayer telle qu'elle est. On ajoute alors à cette eau un, deux ou un plus grand nombre de fois son volume d'eau distillée, suivant qu'elle est plus ou moins riche.

Ce mélange s'opère avec facilité à l'aide du flacon d'essai, qui est jaugé de 10 en 10 centimètres cubes jusqu'à 40. On observera seulement que le degré obtenu dans l'essai devra alors être multiplié par 2, 3 ou 4 suivant que l'on aura ajouté 1, 2 ou 3 volumes d'eau distillée.

Il importe également de s'assurer, par une épreuve préalable, que l'eau distillée dont on se sert pour les dilutions n'exige pas plus d'une division de liqueur hydrotimétrique pour donner une mousse persistante sous le volume de 40 centimètres cubes. Le contraire a souvent lieu, parce que l'eau distillée dissout toujours du gaz carbonique, lequel exerce une action décomposante sur le savon. Disons à ce propos que MM. Boutron et Boudet ont reconnu que, dans les conditions d'une expérience hydrotimétrique, il fallait deux équivalents de gaz carbonique pour neutraliser un équivalent de savon.

Ces essais préliminaires étant terminés, on mesure dans le flacon jaugé 40 centimètres cubes d'eau, si elle se trouve dans les conditions voulues pour être essayée telle qu'elle; ou une quantité moindre, 10, 20, 30 centimètres cubes que l'on ramène à 40 centimètres cubes par addition d'eau distillée, si l'essai préliminaire a démontré qu'elle était trop chargée, et on y verse peu à peu, à l'aide de la burette hydrotimétrique, la liqueur de savon jusqu'à ce qu'on obtienne par l'agitation une mousse légère persistant pendant plus de cinq minutes et d'une épaisseur d'au moins un demi-centimètre.

Le degré qu'on lit sur l'hydrotimètre, quand on a obtenu cette mousse, est le degré hydrotimétrique de l'eau examinée et son titre de classement. Soient 15 degrés le nombre de degrés observé. On en conclut que l'eau essayée occupe le numéro d'ordre 15 de l'échelle hydrotimétrique ayant pour point de départ l'eau pure représentée par 0 degré hydrotimétrique, que 1 litre de cette eau renferme sensiblement 16 centigrammes de sels calcaires ou magnésiens, enfin que ce litre peut consommer en pure perte environ 16 décigrammes de savon.

En examinant le tableau ci-dessous, on verra que l'eau des principaux fleuves et rivières de France a permis d'établir une échelle de comparaison indiquant leur degré de pureté relative.

Tableau hydrotimétrique des eaux de sources et de rivières

Eau distillée	0°	Eau de l'Yonne	15°
— de neige	2°,5	— de la Seine (Ivry)	15°
— de pluie	3°,5	— de la Seine (Ivry)	17°
— de l'Allier	3°,5	— de la Seine (Chaillot)	23°
— de la Dordogne	4°,5	— de la Marne (Charenton)	19°
— de la Loire	5°,5	— de la Marne (Charenton)	23°
— du puits de Grenelle	9°	— de l'Oise	21°
— de la Soude	13°,5	— de l'Escaut	24°,5
— de la Somme-Soude	13°,5	— du canal de l'Ourcq	30°
— de la Somme	14°	— d'Arcueil	28°
— du Rhône	15°	— des Prés Saint-Gervais	72°
— de la Saône	15°	— de Belleville	128°

(*Boutron et Boudet.*)

Au-dessous de 20 degrés, les eaux sont réputées excellentes pour la boisson, le blanchissage, la cuisson des légumes, etc.

De 20 à 30 degrés, elles sont de qualité médiocre, impropres à servir dans les appareils à vapeur, mais peuvent encore être consommées et servir aux usages domestiques.

De 30 à 60 degrés, elles ne peuvent plus servir aux usages domestiques et ne sauraient être consommées sans danger.

Au-dessus de 60 degrés, elles sont impropres à tous usages.

La détermination du gaz carbonique et des sels de chaux et de magnésie exige quatre opérations successives pratiquées sur un demi-litre d'eau environ. On procède de la manière suivante :

1° On prend directement le degré hydrotimétrique de l'eau à l'état naturel. On a ainsi la somme des actions exercées sur le savon par le gaz carbonique, le carbonate de chaux, les sels de chaux divers et les sels de magnésie contenus dans l'eau essayée ;

2° On mesure 50 centimètres cubes de cette eau qu'on met dans un verre à expérience ; on y ajoute 2 centimètres cubes d'une solution d'oxalate d'ammonium au soixantième. Ce sel précipite toute la chaux que contenait l'eau ; après agitation suffisante, on laisse reposer la liqueur pendant une demi-heure ; on la filtre ; on en mesure 40 centimètres cubes dans le flacon jaugé, et on en prend le degré. Cette deuxième opération représente les sels de magnésie et le gaz carbonique qui se trouvaient dans l'eau après la séparation de la chaux ;

3° On mesure 100 centimètres cubes de l'eau à analyser, et on les fait bouillir doucement pendant une demi-heure dans un petit ballon. On laisse refroidir complètement, et on rétablit le volume primitif en ajoutant quantité suffisante d'eau distillée pour faire 100 centimètres cubes ; on agite ensuite vigoureusement l'eau avec le dépôt qui s'est formé, et l'on filtre. On mesure 40 centimètres cubes du liquide filtré dont on prend le degré. Celui-ci représente les sels de chaux autres que les carbonates et les sels de magnésie, ce qui résulte des faits suivants admis et vérifiés par MM. Boutron et Boudet :

« (*a*) Si l'eau contient des bicarbonates de chaux et de magnésie, avec ou sans autres sels de magnésie, pendant l'ébullition les bicarbonates sont transformés en carbonates, le carbonate de chaux se précipite soit seul, soit accompagné d'une petite quantité de carbonate de magnésie ; mais par le refroidissement et l'agitation de la liqueur, ce dernier se redissout, de manière qu'en filtrant on ne sépare que le carbonate de chaux.

« (*b*) Si les carbonates de chaux et de magnésie sont associés à un ou plusieurs autres sels de magnésie et de chaux, tels que des sulfates, azotates ou chlorhydrates, et dans des proportions suffisantes pour que la chaux soit en excès, par rapport à l'acide des deux carbonates, il se fait pendant l'ébullition une telle répartition des acides entre les bases, que la liqueur se comporte comme si tout le gaz carbonique qu'elle renferme était combiné avec la chaux, que la moitié de cet acide se dégage, tandis que l'autre moitié se précipite à l'état de carbonate de chaux, et qu'on retrouve dans la liqueur filtrée le reste de la chaux et la totalité de la magnésie combinées avec les acides sulfurique, azotique et chlorhydrique. »

MM. Boutron et Boudet font observer que le degré obtenu dans cette expérience doit subir une correction ; ils ont constaté, en effet, qu'une dissolution de bicarbonate de chaux dans l'eau distillée, soumise à une longue ébullition et filtrée, se trouble encore d'une manière appréciable par l'oxalate d'ammonium, et ils ont reconnu qu'elle marquait sensiblement 3 degrés, qui représentent 0 gr. 03 de carbonate de chaux par litre. Il convient donc de retrancher 3 degrés du nombre obtenu.

4° Enfin, à 50 centimètres cubes de cette même eau bouillie et filtrée on ajoute 2 centimètres cubes d'oxalate d'ammonium au soixantième pour éliminer la chaux que l'ébullition n'a pas précipitée. On agite, on laisse reposer une demi-heure ; on filtre, et on mesure 40 centimètres cubes dont on détermine le degré ; ce dernier représente les sels de magnésie qui n'ont pu être précipités ni par l'ébullition ni par l'oxalate d'ammonium.

Supposons que l'on ait trouvé :

1° Le degré hydrotimétrique de l'eau à l'état naturel. . . . . . = 25°
2° Le degré de l'eau précipitée par l'oxalate d'ammonium. . . = 11°
3° Le degré de l'eau après ébullition et filtration. . . . . = 15°
4° Le degré de l'eau bouillie et filtrée puis précipitée par l'oxalate d'ammonium. . . . . = 8°

Voici d'après MM. Boutron et Boudet, à qui nous empruntons cet exemple, comment on doit interpréter les quatre données différentes fournies par l'expérience :

1° La première, 25 degrés, représente la somme des actions exercées sur le savon par le *gaz carbonique*, le *carbonate de chaux*, les *sels de chaux divers* et les *sels de magnésie* contenus dans l'eau essayée ;

2° La deuxième, 11 degrés, représente les *sels de magnésie* et le *gaz carbonique* qui restaient dans l'eau après l'élimination de la chaux ; par conséquent, 25 — 11 = 14 degrés représentent les sels de chaux ;

3° La troisième, 15 degrés, réduite à 12 degrés après correction, représente les *sels de magnésie* et les *sels de chaux* autres que le carbonate : 25 — 12 = 13 degrés représentent, par conséquent, le *carbonate de chaux* et le *gaz carbonique;*

4° La quatrième, 8 degrés, représente les *sels de magnésie* contenus dans l'eau, et qui n'ont pu être précipités ni par l'ébullition ni par l'oxalate d'ammonium.

Les sels de chaux et de magnésie étant représentés, les premiers par 14 degrés, les seconds par 8 degrés, et ensemble par 22 degrés, il est évident que sur les 25 degrés de l'eau à l'état naturel il en reste 3 pour le *gaz carbonique.*

Il en résulte que les sels de chaux équivalent à 14 degrés, les sels de magnésie à 8 degrés, et le gaz carbonique à 3 degrés, le carbonate de chaux et le gaz carbonique réunis équivalent à 13 degrés, le carbonate de chaux seul équivaut à 13 — 3 = 10 degrés. Mais on a trouvé 14 degrés pour la totalité des sels de chaux ; donc 14 — 10 degrés de carbonate laissent 4 degrés pour le sulfate de chaux ou le chlorure de calcium. Donc l'eau examinée renferme :

1° Gaz carbonique	3°
2° Carbonate de chaux	10°
3° Sulfate de chaux ou sels calcaires autres que le carbonate.	4°
4° Sels de magnésie.	8°
Total.	25°

Au moyen du petit tableau suivant dressé par MM. Boutron et Boudet, il est facile de traduire ces degrés en poids pour les sels, et en volume pour le gaz carbonique. Il suffit, pour cela, de multiplier le chiffre des degrés observés, pour chaque corps en particulier, par le nombre correspondant à 1 degré hydrotimétrique de ce corps.

Tableau d'équivalents en poids de 1° hydrotimétrique pour 1 litre d'eau.

		gr.
Chaux	1° =	0,0057
Chlorure de calcium	1° =	0,0114
Carbonate de chaux	1° =	0,0103
Sulfate de chaux	1° =	0,0140
Magnésie	1° =	0,0042
Chlorure de magnésium	1° =	0,0090
Carbonate de magnésie	1° =	0,0088
Sulfate de magnésie	1° =	0,0125
Chlorure de sodium	1° =	0,0120
Sulfate de soude	1° =	0,0146
Acide sulfurique	1° =	0,0082
Chlore	1° =	0,0073
Savon à 30 0/0 d'eau	1° =	0,1061
Gaz carbonique	1° =	0 lit. 005

« Boutron et Boudet. »

Pour l'exemple précédent choisi par MM. Boutron et Boudet, l'eau analysée contiendrait :

Gaz carbonique libre	3° =	3 × 0 lit. 005	= 0 lit. 015
Carbonate de chaux	10° =	10 × 0 gr. 0103	= 0 gr. 103
Sulfate de chaux	4° =	4 × 0 gr. 0140	= 0 gr. 056
Sulfate de magnésie	8° =	8 × 0 gr. 0125	= 0 gr. 100

DÉTERMINATION HYDROTIMÉTRIQUE DE L'ACIDE SULFURIQUE ET DU CHLORE CONTENUS DANS LES EAUX

La méthode hydrotimétrique permet d'évaluer approximativement les quantités d'acide sulfurique et de chlore qui se trouvent dans les eaux sous forme de sulfates et de chlorures. Voici comment on opère : on commence par préparer deux solutions titrées, l'une d'azotate de baryum, contenant 2 gr. 14 azotate de baryum pour 100 centimètres cubes d'eau ; l'autre d'azotate d'argent renfermant 2 gr. 78 azotate d'argent pour 100 centimètres cubes d'eau distillée. Chacune de ces solutions titre 20 degrés hydrotimétriques par centimètre cube. Cela fait, pour doser l'acide sulfurique, par exemple, on fait d'abord bouillir pendant une demi-heure 100 centimètres cubes de l'eau à examiner, on laisse refroidir, on rétablit le volume de 100 centimètres cubes avec de l'eau distillée bouillie, on agite, on prend le degré hydrotimétrique sur 40 centimètres cubes du liquide filtré. C'est dans l'eau ainsi dépouillée par l'ébullition du gaz carbonique et du carbonate de chaux que l'on dose les sulfates et les chlorures. Supposons que le degré hydrotimétrique de cette eau bouillie et filtrée soit 12, on en mesure 40 centimètres cubes dans un verre à expérience, et on y ajoute l'équivalent de 12 degrés d'azotate de baryum, c'est-à-dire 6/10e de centimètre cube de la dissolution titrée à 20 degrés par centimètre cube; on obtient ainsi un liquide, lequel, s'il n'y avait point de sulfates, marquerait 24 degrés hydrotimétriques, dont 12 degrés imputables à l'azotate de baryum. Mais l'acide sulfurique des sulfates ayant précipité une certaine quantité de baryum, le titre hydrotimétrique s'abaisse d'autant ; et, si l'on prend le degré de l'eau après l'avoir agitée, laissée reposer et filtrée, on constate qu'il est 18 degrés, par exemple ; on en conclut que la baryte précipitée par l'acide sulfurique des sulfates contenus dans l'eau correspond à $24 - 18 = 6$ degrés hydrotimétriques; il ne reste plus maintenant qu'à traduire la valeur en acide sulfurique, au moyen du tableau des équivalents ; on a : $6 \times 0{,}0082 = 0$ gr. 0492 d'acide sulfurique.

La détermination du chlore des chlorures s'opère en suivant une marche analogue : il suffit de remplacer la solution d'azotate de baryum par celle d'azotate d'argent.

III. — Analyse chimique des eaux

L'analyse chimique des eaux comprend généralement quatre séries d'opérations :

1° Détermination du poids du résidu fixe laissé par l'eau évaporée à + 100 degrés, et le poids de ce même résidu après calcination au rouge.

2° Dosage des matières communes que l'on y peut rencontrer en proportions plus ou moins grandes ;

3° Dosage des principes gazeux ;

4° Recherche des éléments rares.

D'après ces principes, on devra doser successivement dans les eaux : le chlore, l'acide sulfurique, la chaux, la magnésie, la potasse, la soude, la silice, l'alumine, le fer, le manganèse, l'acide phosphorique, les éléments gazeux, l'ammoniaque et les matières organiques ; rechercher les acides azotique, azoteux, borique, le fluor, l'arsenic, l'iode et le brome, la strontiane et les métaux alcalins : lithium, rubidium, césium.

Dosage du chlore. — On peut l'effectuer soit par la pesée sous forme de chlorure d'argent, soit par la voie volumétrique.

Dans le premier cas, on prendra de 100 à 500 centimètres cubes d'eau suivant qu'elle contient plus ou moins de chlorures, on acidule par de l'acide azotique, on chauffe à 50 degrés environ, et on ajoute un excès d'azotate d'argent. Après avoir agité violemment la liqueur, on l'abandonne au repos pendant plusieurs heures, on décante, on verse le précipité de chlorure d'argent sur un filtre, on le lave, on le dessèche à l'abri de la lumière, on le fond dans un creuset de porcelaine, et on le pèse après refroidissement.

Dans le second cas, on concentre, par évaporation au bain-marie, 500 centimètres cubes d'eau jusqu'au volume de 100 centimètres cubes environ, et on les introduit dans un vase à précipité, on colore avec quelques gouttes d'une dissolution de chromate jaune de potassium, et on verse goutte à goutte dans le mélange une dissolution d'azotate d'argent placée dans une burette de Mohr et dont chaque centimètre cube équivaut à 0 gr. 005 de chlore.

On s'arrête dès qu'il se produit un précipité rouge persistant de chromate d'argent. La quantité de dissolution titrée d'azotate d'argent nécessaire pour produire cette réaction indique par un calcul très simple la quantité de chlore contenue dans l'eau à essayer.

Dosage de l'acide sulfurique. — On additionne d'acide chlorhydrique 500 centimètres cubes de l'eau à analyser que l'on chauffe à l'ébullition et que l'on traite par un excès de chlorure de baryum. Après avoir agité vivement, on abandonne vingt-quatre heures au repos, on recueille alors le précipité de sulfate de baryum sur un filtre en papier durci spécial, dont le poids des cendres est connu, on le lave d'abord à l'eau acidulée d'acide azotique, puis à l'eau distillée bouillante, on dessèche et on pèse, après avoir calciné séparément le filtre et son contenu, et laissé refroidir sous un exsiccateur[1]. Du poids du sulfate de baryum on déduit facilement par le calcul celui de l'acide sulfurique.

Dosage de la chaux et de la magnésie. — On chauffe à une tempé-

[1] Il est indispensable de reprendre le produit de la calcination avec un peu d'acide sulfurique, et de calciner à nouveau, pour ramener à l'état de sulfate la petite quantité de sulfure de baryum qui aurait pu se produire.

rature voisine de 60 degrés 200 à 300 centimètres cubes d'eau additionnée préalablement de chlorure d'ammonium ; on y ajoute alors un excès de solution d'oxalate d'ammonium, on agite, et on abandonne quelques heures au repos. L'oxalate de calcium qui s'est précipité est recueilli sur un filtre, lavé, desséché et le tout est calciné dans une capsule de platine. Après refroidissement, on arrose le résidu de la capsule avec deux ou trois gouttes d'acide sulfurique, pour le transformer en sulfate de calcium, on calcine au rouge-sombre, et on pèse après refroidissement sous l'exsiccateur. Le poids du sulfate de calcium ainsi obtenu, défalcation faite du poids des cendres du filtre, donne par le calcul celui de la chaux.

Le liquide provenant de la filtration du précipité d'oxalate de calcium et les eaux du lavage réunis sont concentrés par évaporation jusqu'à un volume moitié moindre que celui de l'eau primitivement employée. On filtre, si besoin est, et on verse dans la liqueur encore chaude un excès de dissolution ammoniacale de phosphate de sodium.

Après agitation convenable on abandonne vingt-quatre heures au repos. Au bout de ce temps le précipité de phosphate ammoniaco-magnésien est recueilli, lavé à l'eau ammoniacale au tiers, desséché, calciné au rouge-vif dans un creuset de porcelaine, et pesé après refroidissement sous l'exsiccateur. Du poids du pyrophosphate de magnésium ainsi produit on déduit par le calcul celui de la magnésie.

Dosage de la potasse et de la soude. — On acidule d'un peu d'acide sulfurique 1 ou 2 litres d'eau que l'on évapore à sec. On chauffe le résidu à 120 ou 130 degrés pour insolubiliser la silice. On reprend le résidu par de l'eau acidulée d'acide sulfurique, et on filtre pour séparer la silice. Au liquide filtré porté à l'ébullition on ajoute un excès d'eau de baryte. Il se forme un abondant précipité contenant tout l'acide sulfurique et tous les oxydes métalliques à l'exception des alcalins et des alcalino-terreux. Après refroidissement on filtre et on additionne le liquide de carbonate d'ammonium, puis on fait bouillir de nouveau, afin de précipiter le baryum et le calcium à l'état de carbonates, et on abandonne plusieurs heures au repos. On filtre pour séparer le précipité de carbonates et, après avoir sursaturé la liqueur par l'acide chlorhydrique, on évapore à siccité. Le résidu est chauffé jusqu'à disparition des sels ammoniacaux, calciné avec précaution à une température voisine du rouge-sombre, et pesé. Il fait connaître le poids des chlorures alcalins (de sodium et de potassium [1]).

[1] Les chlorures ainsi obtenus sont toujours souillés de traces de chlorure de magnésium ; en outre, ils renferment tout le lithium à l'état de chlorure et, bien entendu aussi, le césium et le rubidium.

On reprend le résidu par très peu d'eau distillée, et on traite la solution des chlorures par un excès de bichlorure de platine en solution alcoolique. Le précipité de chloroplatinate de potassium est recueilli sur filtre, lavé à l'alcool, desséché et pesé. Son poids permet de calculer celui de la potasse.

Le poids de la soude est obtenu par différence du poids des chlorures mixtes.

Dosage de la silice, de l'alumine, du fer, du manganèse et de l'acide phosphorique. — On acidule environ 5,000 grammes d'eau avec une petite quantité d'acides azotique et chlorhydrique, et on les évapore dans une capsule de platine.

Le résidu étant amené à un parfait état de siccité, chauffé même à 120 degrés en vue d'insolubiliser la silice, est humecté d'acide chlorhydrique, soumis à l'action d'une faible chaleur au bain-marie et enfin repris par l'eau. Il reste la silice qu'on filtre, lave et, après dessiccation, calcine et pèse.

La silice doit être essayée au point de vue de sa pureté. Le plus simple est d'en chauffer une partie avec de l'acide fluorhydrique ou du fluorhydrate d'ammonium, traitement qui ne doit pas laisser de résidu. Au besoin, le résidu obtenu et contenant des traces de sulfate de baryum ou de strontium doit être remis en solution, et ajouté au reste de la liqueur.

Le liquide qui découle du précipité de silice et les eaux de lavage réunis sont neutralisés avec de l'ammoniaque, puis additionnés d'un léger excès de sulfure d'ammonium. On obtient ainsi, parfois seulement après un repos prolongé, un précipité renfermant l'alumine, le sulfure de fer, le sulfure de manganèse et l'acide phosphorique. Ce précipité est recueilli sur filtre et lavé, on le redissout ensuite dans l'acide chlorhydrique dilué, et, après avoir ajouté à la liqueur quelques gouttes d'acide azotique, on la fait bouillir pour peroxyder entièrement le fer.

La liqueur est alors additionnée d'un assez grand excès de potasse caustique, et maintenue à l'ébullition pendant plusieurs minutes. On précipite ainsi le fer et le manganèse sous forme d'oxydes, tandis que l'acide phosphorique se maintient en dissolution à l'état de phosphate de potassium, avec l'alumine et la petite quantité d'oxydes terreux primitivement combinés à l'acide phosphorique[1]. On recueille sur un filtre le précipité mixte d'oxydes de fer et de manganèse, puis on le lave complètement et on le fait dissoudre dans l'acide chlorhydrique. La

[1] Le précipité de fer et de manganèse peut renfermer aussi de la magnésie, mais cette base ne gêne aucunement le dosage ultérieur du fer.

liqueur étant considérablement étendue, on commence par y verser un excès de chlorure d'ammonium, puis on neutralise la majeure partie de l'acide libre par l'ammoniaque, et enfin on complète la neutralisation au moyen d'une solution étendue de carbonate d'ammonium. Le précipité produit par ce dernier réactif disparaît d'abord rapidement quand on agite, puis peu à peu avec plus de lenteur ; on finit par verser le carbonate d'ammonium goutte à goutte, jusqu'à ce que le liquide conservant d'abord sa clarté se trouble après quelque repos. On porte le tout à l'ébullition, maintenue jusqu'à dégagement complet de l'anhydride carbonique. Le précipité ferrique qui s'est formé est lavé à l'eau chaude, à laquelle on ajoute vers la fin quelques gouttes d'ammoniaque, puis desséché, calciné et pesé.

Le liquide qui s'est écoulé du précipité d'oxyde de fer et les eaux du lavage réunis sont concentrés par évaporation avec addition d'acide chlorhydrique[1]. Après refroidissement, on neutralise avec l'ammoniaque et on précipite le manganèse en ajoutant un léger excès de sulfure d'ammonium. Ce sulfure recueilli et lavé est redissous dans l'acide chlorhydrique, et le manganèse est précipité de nouveau de cette dissolution à l'état de carbonate au moyen du carbonate de sodium. C'est sous cette forme qu'il est recueilli, lavé, desséché et pesé.

Pour séparer l'alumine de sa solution dans la potasse, on acidule celle-ci par l'acide chlorhydrique, on ajoute un excès d'ammoniaque et l'on fait bouillir pendant quelques minutes. L'alumine précipitée est lavée sur un filtre, desséchée, calcinée et pesée.

Quant à l'acide phosphorique, pour le doser, on le précipite sous forme de phosphate ammoniaco-magnésien du liquide d'où l'on a extrait l'alumine, en additionnant celui-ci d'une solution ammoniacale de chlorure de magnésium.

Dosage des éléments gazeux dissous dans les eaux. — On extrait les gaz de l'eau à l'aide du vide obtenu par la pompe à mercure, ou bien par l'ébullition. La figure 61 représente l'appareil imaginé par M. A. Gautier pour opérer de cette dernière façon cette extraction; et voici la description qu'en donne l'auteur: « Je prends un ballon A de 2 litres environ, portant un bouchon de caoutchouc à deux trous qui reçoivent chacun un tube. L'un D, très large, permet aux gaz qui se dégageront de se rendre sous la cloche à mercure C; l'autre *p*B sert à puiser l'eau dans la bouteille B. On introduit d'abord en A, et sans les mesurer,

[1] L'addition de l'acide chlorhydrique n'a d'autre but que d'empêcher le dépôt du manganèse à l'état d'hydroxyde.

20 à 30 centimètres cubes d'eau, on ouvre les pinces *p* et *q*. L'extrémité du tube B trempant d'abord dans un verre plein d'eau bouillie. On porte alors l'eau du ballon A à l'ébullition. Sa vapeur chasse bientôt tout l'air de l'appareil. En laissant légèrement refroidir, et en fermant *q*, l'air du tube *p*B est balayé, et ce tube se remplit d'eau dès qu'on ferme *p*. La vapeur qui s'échappe alors par D*q* chasse rapidement tout l'air de l'appareil. On place à ce moment en B la bouteille préalablement tarée qui contient l'eau à examiner. En ouvrant la pince *p*, on introduit 500 à 600 centimètres cubes de cette eau dans le ballon A. On enlève la bouteille et on la repèse. On a donc le poids et, par la densité, le volume de l'eau introduite. En rouvrant la pince *p*, l'extrémité B plongeant cette fois dans de l'eau bouillie, on aspire encore en A l'eau restée dans le tube étroit *p*B, et la totalité de l'eau à examiner est ainsi introduite dans le ballon A. On ferme *p*, on ouvre *q*; il suffit dès lors d'une ébullition de quelques instants pour que les gaz dissous, chassés par la vapeur, soient entraînés en C. Le large tube D a pour but de condenser la majeure partie de la vapeur d'eau, et de recevoir ses gaz. Ils se séparent de l'eau qu'on examine dès leur arrivée dans le ballon vide et chaud A, montent en D quand l'ébullition commence, et sont bientôt recueillis en C, sans entraîner avec eux une quantité sensible d'eau. » (A. Gautier, *Cours de Chimie*, tome Ier, page 100. Paris, Savy, 1887.)

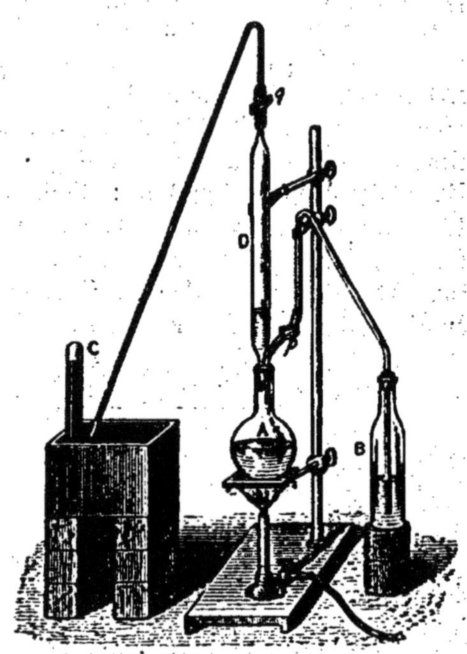

Fig. 61.

On dessèche alors complètement les gaz à l'aide d'un fragment de coke imprégné d'acide sulfurique, après les avoir, si besoin est, transvasés sous le mercure dans une autre éprouvette, de manière à les séparer de l'eau qu'ils auraient pu entraîner. On en lit le volume, en notant la température et la pression, puis dans le mélange gazeux desséché on absorbe l'anhydride carbonique à l'aide d'une balle de potasse montée sur fil de fer, et après absorption on note le nouveau volume. On absorbe ensuite l'oxygène par une solution d'acide pyrogallique dans la potasse; la différence de volume avec le précédent en indique la proportion. Ce qui reste de gaz non absorbable est compté comme azote.

Lorsqu'on veut seulement doser l'oxygène de l'eau, on peut employer avec avantage un autre procédé plus simple basé sur l'oxydation du protoxyde de fer en présence d'un alcali caustique (potasse ou soude).

On prépare d'abord les deux solutions titrées suivantes :

1° Une dissolution de sulfate de fer ammoniacal pur (SO^4Fe, $SO^4(AzH^4)^2$, $6H^2O$) contenant 34 gr. 986 de sel par litre d'eau acidulée de quelques gouttes d'acide sulfurique. Cette quantité équivaut à 500 centimètres cubes d'oxygène à 0 degré et à 760 millimètres de pression. En effet, d'après l'équation : $2FeO + O = Fe^2O^3$, nous voyons que 16 grammes d'oxygène sont susceptibles de transformer en oxyde ferrique deux molécules de protoxyde et, par suite, de sulfate ferreux. Or, 500 centimètres cubes d'oxygène pèsent 0 gr. 714, et le poids moléculaire du sulfate de fer ammoniacal est 392. On aura donc :

$$\frac{2 \times 392}{16} = \frac{x}{0.714}, \text{ d'où } x = 34 \text{ gr. } 986;$$

2° Une solution de permanganate de potassium contenant environ 3 grammes de sel par litre d'eau.

Cette solution doit être titrée très exactement par rapport à la solution de sulfate ferreux ; voici comment on y parvient : on verse dans un vase à précipité 500 centimètres cubes d'eau que l'on acidule de quelques gouttes d'acide sulfurique, puis on y ajoute 25 centimètres cubes de la solution de sulfate de fer ammoniacal. On verse alors dans la liqueur, peu à peu et en agitant, la solution manganique renfermée dans une burette graduée, jusqu'à persistance de coloration rose. Le nombre de centimètres cubes de liqueur de permanganate employée correspond, d'après ce que nous avons dit ci-dessus, à 12 centimètres cubes et demi d'oxygène. Cela fait, on procède au dosage de la façon suivante :

On introduit 500 centimètres cubes de l'eau à analyser dans un ballon en verre assez épais fermé par un bouchon en caoutchouc à trois trous ; par l'un des trous pénètre un entonnoir à robinet dont la douille descend jusqu'au fond du ballon. Les deux autres trous reçoivent deux tubes de verre à robinet qui ne dépassent guère la surface inférieure du bouchon. A l'aide de ces deux tubes à robinets que l'on maintient ouverts, on dirige dans l'atmosphère du ballon un courant de gaz carbonique pour balayer l'air. Lorsque l'air est expulsé, on introduit par l'entonnoir 25 centimètres cubes de la dissolution titrée de sulfate ferreux, et on lave l'entonnoir avec un peu d'eau bouillie : on agite un peu le flacon pour opérer le mélange, puis on ajoute par l'entonnoir 3-4 centimètres cubes de potasse concentrée, et on agite. On ferme tous les robinets, et on abandonne un quart d'heure au repos. Au bout de ce temps, on fait couler par la même voie un léger excès d'acide sulfurique en agitant, pour dissoudre la totalité de l'oxyde de fer précipité par la potasse.

Il ne reste plus maintenant qu'à déterminer la quantité d'oxyde ferreux que l'oxygène de l'eau n'a pas transformé dans cette opération en oxyde ferrique. Pour cela on débouche le ballon et l'on verse dans la liqueur limpide, à l'aide d'une burette graduée, la solution titrée de permanganate jusqu'à coloration rose.

Si nous représentons par N le nombre de centimètres cubes de liqueur de permanganate nécessaires pour oxyder 25 centimètres cubes de solution de sulfate ferreux, par N' celui qu'il a fallu employer pour oxyder l'oxyde ferreux non transformé en oxyde ferrique ; N centimètres cubes correspondant à 12 centimètres cubes et demi d'oxygène, N-N' correspondront à $\frac{12,5\,(N-N')}{N}$ centimètres cubes d'oxygène dans 500 centimètres cubes d'eau et $\frac{25\,(N-N')}{N}$ au nombre de centimètres cubes d'oxygène contenus dans un litre.

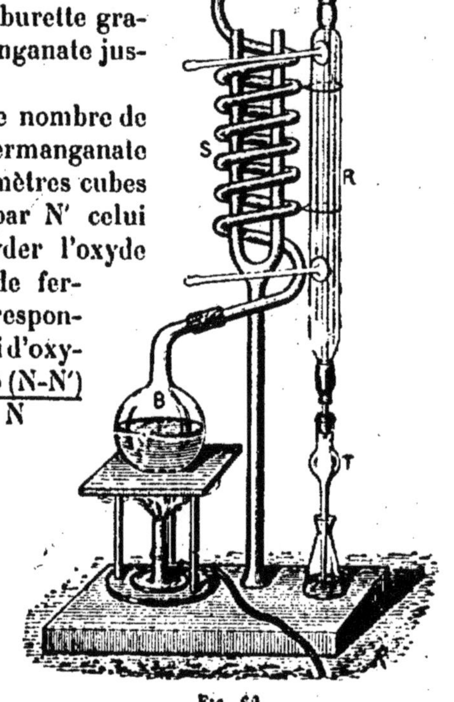

Fig. 62.

Dosage de l'ammoniaque. — Première méthode. — On évapore doucement 4-5 litres d'eau préalablement acidulée de quelques gouttes d'acide sulfurique, puis, lorsque le liquide est ramené par concentration au volume de 400 à 500 centimètres cubes, on l'introduit dans le ballon B de l'appareil représenté par la figure 62 avec 2 grammes de magnésie récemment calcinée. On chauffe pour distiller le liquide qui se condense dans le serpentin ascendant en étain S, lequel est relié à sa partie supérieure à un petit réfrigérant de Liébig R, dont le tube intérieur est également en étain. Celui-ci est adapté à un tube de verre effilé T qui plonge dans une solution décime normale d'acide sulfurique. Après plusieurs heures d'ébullition, toute l'ammoniaque a été fixée par la liqueur acide titrée dont on connaît le volume, et qu'il suffit de titrer de nouveau avec la solution décime normale de soude, pour connaître la quantité d'ammoniaque contenue dans le volume d'eau analysée.

Deuxième méthode. — Cette méthode, due à Wanklyn, consiste à comparer la coloration produite par le réactif de Nessler, dans l'eau qu'on examine, à celle produite, par le même réactif, dans des dissolutions de chlorure d'ammonium renfermant des quantités connues de ce sel. La dissolution de chlorure d'ammonium que l'on emploie s'obtient en dissolvant 3 gr. 15 de chlorure d'ammonium pur dans 1 litre d'eau pure (distillée successivement sur du permanganate de potassium et sur du sulfate d'aluminium); 1 centimètre cube de cette liqueur contient 1 milligramme d'ammoniaque.

On prépare aussi une dissolution faible en prélevant 10 centimètres cubes de la dissolution précédente, et en l'étendant à 1,000 centimètres cubes. Cette solution renferme par conséquent 1 centième de milligramme d'ammoniaque par centimètre cube. On opère dans des tubes en cristal de 17 centimètres de hauteur et de 4 centimètres de diamètre à fond plat. Ces tubes sont marqués d'un trait limitant le volume de 50 centimètres cubes. Ils sont placés sur une plaque de porcelaine blanche enchâssée dans la base d'un support. Enfin, il faut avoir encore une pipette jaugée à 2 centimètres cubes. Voici maintenant comment on pratique l'analyse.

Si l'eau est limpide, on en met dans un ballon 150 centimètres cubes avec 1 centimètre cube de carbonate de sodium à 50 p. 100 et un demi-centimètre cube de soude caustique à 50 p. 100; on bouche, on agite et on laisse reposer deux heures. On filtre 50 centimètres cubes de liquide dans un tube ; on ajoute 2 centimètres cubes de réactif de Nessler. Dans un tube pareil on met 50 centimètres cubes d'eau pure (distillée comme il a été dit) et 2 centimètres cubes de réactif de Nessler, puis on ajoute à l'aide d'une burette, de la dissolution faible de chlorure d'ammonium jusqu'à ce que la coloration soit de même intensité que celle du premier tube. Chaque centimètre cube de liqueur ammoniacale équivaut à 1 centième de milligramme d'ammoniaque pour 50 centimètres cubes d'eau, ou à 2 dixièmes de milligramme par litre d'eau.

Si l'eau est trouble, on en distille 500 centimètres cubes avec du carbonate de sodium (15-20 gr.) récemment fondu. On se sert, dans cette opération, d'une cornue en verre tubulée de 1 litre, avec bouchon de verre rodé à l'émeri. Cette cornue communique avec un serpentin de verre dont l'extrémité plonge dans un peu d'eau acidulée contenue dans un récipient de verre. On recueille 100 centimètres cubes sur lesquels on prélève 50 centimètres cubes que l'on introduit dans un des tubes de cristal pour l'essai pratiqué comme il est dit plus haut; on a soin, avant d'ajouter le réactif de Nessler, de neutraliser l'acidité du liquide avec quelques gouttes de potasse. Le chiffre trouvé sera, bien entendu, doublé. Cela fait, on distille encore 50 centimètres cubes, dans les mêmes conditions, et on y dose l'ammoniaque. S'il y en a, on distille encore par fractions de 50 centimètres cubes jusqu'à ce que le dernier essai ne se colore plus avec le réactif de Nessler. Le total de tous les chiffres trouvés représente l'ammoniaque contenue dans 500 centimètres cubes d'eau; il suffit de doubler ce total pour savoir la quantité d'ammoniaque que renferme le litre. Si l'eau renfermait plus de 5 milligrammes d'ammoniaque par litre, il serait nécessaire de la diluer avant de procéder aux essais, car elle donne alors un précipité avec le réactif de Nessler.

Sous le nom d'ammoniaque *albuminoïde* on comprend l'azote organique, c'est-à-dire l'azote susceptible de se transformer ultérieurement en ammoniaque. On l'évalue par la même méthode de la façon suivante: A ce qui reste de l'eau non passée à la distillation dans l'opération précédente, on ajoute 50 centimètres cubes d'une dissolution de 200 grammes potasse caustique et 8 grammes permanganate, bouillie et ramenée à 1 litre. On distille ensuite et on recueille successivement 50 centimètres cubes de liquide distillé dans trois des tubes jaugés.

On ajoute au liquide contenu dans chacun de ces tubes 2 centimètres cubes de réactif de Nessler et on agite. Il se produit dans chaque tube une coloration jaune plus ou moins intense, si l'eau contient des matières organiques azotées.

On verse ensuite 50 centimètres cubes d'eau distillée et 2 centimètres cubes de réactif de Nessler dans trois des autres tubes jaugés; puis, avec l'une des deux dissolutions de chlorure d'ammonium, on produit des colorations semblables à celles des trois premiers tubes. On additionne les résultats et on double pour ramener au litre.

Dosage des matières organiques. — Les eaux potables qui contiennent des matières organiques se troublent lorsqu'on les porte à l'ébullition après les avoir additionnées de quelques gouttes de chlorure d'or; il en résulte un dépôt d'or très divisé qui communique à l'eau une teinte brun-violacé caractéristique.

De même, lorsqu'on verse du permanganate de potassium en solution étendue dans de pareilles eaux, et que l'on chauffe, il se forme un dépôt brun d'oxyde de manganèse, pendant que la liqueur se décolore.

On a fondé, sur cette propriété que possède le permanganate de potassium de se réduire en présence des matières organiques, un procédé de dosage qui n'est pas à l'abri de toute critique, mais dont on ne saurait méconnaître la valeur. Pour appliquer ce procédé, on prépare d'abord une liqueur normale centime d'acide oxalique à 0 gr. 63 par litre, et une solution à peu près équivalente à 0 gr. 3162 de permanganate de potassium. Cela fait, voici comment on détermine le titre de la solution permanganique :

On fait bouillir 100 centimètres cubes d'eau distillée avec 5 centimètres cubes d'acide sulfurique dilué de 3 volumes d'eau, et on ajoute peu à peu du permanganate jusqu'à coloration rose ; on note le volume employé nécessaire pour colorer l'eau en rose, puis on ajoute 10 centimètres cubes d'acide oxalique et on ramène au rose par addition suffisante de permanganate. Ce second volume, que l'on inscrit également, est celui qui équivaut à 0 gr. 0063 d'acide oxalique ou 0,0008 d'oxygène. (Kubel.)

Veut-on maintenant opérer sur l'eau à analyser? On en prélève 100 centimètres cubes que l'on soumet à l'ébullition jusqu'à réduction aux deux tiers de son volume. On chasse ainsi l'ammoniaque. On ajoute alors 50 centimètres cubes d'acide sulfurique dilué de 3 volumes d'eau, et l'on fait bouillir encore quelques instants pour détruire les azotites. Après refroidissement, on rétablit le volume primitif avec de l'eau distillée, on porte à l'ébullition, puis on ajoute de la dissolution de permanganate jusqu'à ce que la teinte rose persiste après cinq minutes d'ébullition. On lit le volume de permanganate employé, dont on retranche celui qui avait été nécessaire pour colorer l'eau distillée en rose.

Certains chimistes admettent qu'une partie de permanganate de potassium correspond à cinq parties de matière organique.

Il est indispensable, dans tous les cas, lorsqu'on veut livrer le résultat de l'analyse, de spécifier si la matière organique est évaluée d'après le poids du permanganate de potassium, ou bien exprimée en acide oxalique ou en oxygène.

Si l'eau analysée ne contenait qu'une très faible quantité de matière organique, on recommencerait comme contrôle l'opération avec 500 centimètres cubes d'eau.

Recherche des azotates. — (*a*) *Essai avec la brucine.* — On place sur une soucoupe de porcelaine une goutte de l'eau à essayer ; au moyen d'une baguette de verre, on fait tomber sur cette goutte deux autres gouttes d'une solution aqueuse saturée de brucine ; on introduit ensuite dans ce mélange une, deux, trois, jusqu'à dix gouttes d'acide sulfurique concentré. Si l'eau contient beaucoup d'azotate, par exemple de 0 gr. 20 à 0 gr. 40 par litre, il se produit une coloration rouge intense dès la première goutte d'acide. Si la coloration ne se manifeste pas avec cinq gouttes d'acide, c'est que l'eau contient moins de 0 gr. 02 à 0 gr. 03 d'acide azotique par litre.

Dans le cas où la coloration ne se produirait pas dans les conditions indiquées ci-dessus, on évapore 1 ou 2 centimètres cubes d'eau dans une capsule de porcelaine, et on essaye la réaction sur le résidu.

Il est essentiel, avant de procéder à ces essais, de s'assurer que l'acide sulfurique dont on se sert ne donne pas lui-même la réaction de la brucine. Il faut savoir enfin que cette réaction se produit aussi bien avec les azotites qu'avec les azotates.

(*b*) *Essai avec la diphénylamine.* — On met dans le fond d'un verre à expériences quelques gouttes d'acide sulfurique monohydraté pur, au centre desquelles on place un petit fragment de diphénylamine gros comme une tête d'épingle et que l'on broie avec une baguette de verre ; on laisse alors couler par dessus, avec précaution, quelques gouttes d'eau avec une pipette dont on appuie l'extrémité effilée contre les parois du verre. Si l'eau renferme des azotates, il se produit une coloration bleue.

(*c*) *Essai avec le réactif sulfo-phénique.* — Pour pratiquer cet essai dû à MM. Grandval et Lajoux [1], on commence par préparer le réactif suivant : phénol pur, 3 grammes ; acide sulfurique pur, 37 grammes. Cela fait, on évapore à sec, au bain-marie, 20 centimètres cubes d'eau à analyser, dans une capsule de porcelaine. On laisse refroidir, puis on traite le résidu par 30 à 40 gouttes du réactif sulfo-phénique, et l'on a soin de conduire, avec l'aide d'une baguette de verre, ce réactif à toutes les places de la capsule qui peuvent retenir un peu du résidu sec de l'eau évaporée.

L'acide azotique et l'acide azoteux des azotates et azotites se transforme au contact du réactif en dérivés nitrés du phénol. On étend alors d'eau distillée, puis on ajoute un excès d'ammoniaque. Une coloration jaune (nitrophénate d'ammonium) plus ou moins intense apparaît lorsque l'eau analysée contient des azotates ou azotites.

Si l'on voulait doser l'acide azotique, on pourrait comparer, au colorimètre de Dubosq, la teinte jaune de la liqueur obtenue avec un égal

[1] Grandval et Lajoux, Recherche et dosage de l'acide nitrique et de l'acide azoteux dans les eaux potables. *Journal de Pharmacie et de Chimie*, t. XII, 1885.

volume d'une liqueur titrée d'azotate de potassium, traitée de la même façon. Seulement, il faudrait avoir soin, avant d'évaporer les 20 centimètres cubes d'eau, de les aciduler avec une goutte d'acide acétique pur pour détruire les azotites.

(*d*) *Essai au sulfate ferreux.* — On remplit à moitié un petit verre à expériences de fragments de sulfate ferreux, et on y ajoute de l'acide sulfurique concentré en quantité juste suffisante pour baigner les cristaux. Sur ce mélange, et dès qu'il vient d'être fait, on verse le résidu de l'évaporation de 100 centimètres cubes de l'eau à analyser, réduit au volume de 1/2 centimètre cube environ.

Si l'eau renferme des azotates ou des azotites, les cristaux de sulfate ferreux ne tardent pas à se colorer en rose à la surface.

Recherche des azotites. — On effectue cette recherche d'après les méthodes que nous avons indiquées pages 14 et suiv. (en 3°-9°-10°).

Recherche de l'acide borique et des borates. — On ajoute à 4 ou 5 litres d'eau un léger excès de carbonate de sodium pur, puis on évapore à sec au bain-marie.

Le résidu mélangé de fluorure de calcium est introduit dans l'appareil de M. Salet (*fig.* 18) et traité comme nous l'avons dit page 40.

Dosage (*procédé F. Parmentier* [1]). — « La méthode de dosage des petites quantités d'acide borique présentée par M. Parmentier repose sur les faits suivants : 1° l'acide borique n'a aucune action sur l'hélianthine virée au jaune par les alcalis ; 2° la teinture de tournesol vire en présence de l'acide borique, et éprouve un changement de teinte caractéristique au moment où, par l'action des bases, il s'est produit un borate dont la composition varie avec la base employée. Le choix de la teinture du tournesol n'est pas indifférent ; l'auteur recommande l'emploi de l'orcéine préparée par le procédé de M. de Luynes qui lui a donné des virages très nets. Pour pouvoir utiliser l'emploi de l'acide borique sur les deux colorants précédents, lorsqu'on a affaire à un mélange salin complexe, il est nécessaire que l'on ne se trouve en présence ni d'acides à fonctions multiples, ni de sels métalliques réagissant sur la teinture de tournesol. Il faut que le mélange sur lequel on opère ne renferme, outre l'acide borique rendu libre par un acide énergique, que des sels sans action sur la teinture de tournesol, c'est-à-dire des sels alcalins ou alcalino-terreux.

Voici comme l'auteur opère, sur des eaux minérales renfermant de légères quantités d'acide borique et fortement chargées en bicarbonate de chaux et souvent en bicarbonate de fer.

[1] *Académie des sciences*, séance du 6 juillet 1891.

Ces eaux minérales évaporées, soit au bain-marie, soit à l'air libre, donnent naissance à des précipités insolubles dans l'eau et retenant tout l'acide borique. Ces précipités renferment aussi la majeure partie de la silice, l'acide phosphorique et l'arsenic. Traités par l'acide chlorhydrique, ils donnent des liqueurs qui, évaporées à basse température soit à l'air libre, soit dans le vide en présence de l'acide sulfurique, ne perdent pas d'acide borique. Le résidu solide, chauffé rapidement à 100 degrés pour rendre la silice insoluble, n'éprouve pas non plus de perte sensible en acide borique. La matière, reprise par l'eau acidulée par l'acide sulfurique, puis traitée par l'azotate d'ammonium légèrement ammoniacal, laisse un résidu contenant le fer, l'alumine, le manganèse, l'arsenic, l'acide phosphorique ; l'acide borique reste en dissolution. La liqueur rendue franchement acide par de l'acide sulfurique ou de l'acide chlorhydrique étendu est ensuite partagée exactement en deux. Dans l'une des portions on détermine l'acidité en présence de l'héliantine, dans l'autre en présence du tournesol de M. de Luynes, avec une solution titrée de soude non carbonatée. De la différence des résultats obtenus, on déduit la quantité d'acide borique contenue dans la liqueur. L'auteur a vérifié l'exactitude de ce procédé avec des eaux artificiellement minéralisées, et a retrouvé exactement la quantité d'acide borique introduite. Il a pu, par ce procédé, doser la quantité d'acide borique renfermée dans les eaux minérales de Royat, et a trouvé qu'elles contenaient par litre de 0 gr. 0018 à 0 gr. 0038 suivant les sources. »

Recherche du fluor. — Le fluor ne se rencontre généralement dans les eaux qu'en très minimes quantités et à l'état de fluorure de calcium. On évapore à sec 8-10 litres d'eau, et l'on prive le résidu desséché et pulvérisé de ses sels solubles, au moyen de traitements successifs à l'alcool et à l'alcool éthéré. La masse insoluble desséchée est introduite dans un petit creuset de platine, et arrosée d'acide sulfurique concentré; on ferme le creuset avec un verre de montre enduit sur sa face convexe de cire, sauf en un endroit circulaire ménagé au centre. On chauffe avec précaution après avoir mis de l'eau dans le verre de montre, et au bout de quelque temps celui-ci est enlevé et débarrassé de sa cire. Si l'eau contenait du fluor, le verre de montre est corrodé en un point central, devenant surtout visible lorsqu'on projette l'haleine sur le verre froid.

Recherche de l'arsenic, de l'iode et du brome. — Ces corps se rencontrant généralement en très minimes proportions, et leur dosage exigeant l'évaporation d'une grande quantité d'eau, il est bon d'opérer sur une seule et même masse liquide.

On évapore doucement 25 à 30 litres de l'eau à essayer dans une capsule de porcelaine, en ayant soin, par additions successives de carbonate de potassium, de toujours conserver à l'eau une faible réaction alcaline (cette précaution est superflue lorsque l'eau appartient à la classe des eaux minérales alcalines).

Une partie du résidu sec (un cinquième environ) est traitée par 150 centimètres cubes d'acide sulfurique dilué au dixième, porté à l'ébullition, filtré et introduit dans un appareil de Marsh. L'arsenic, qui se condense sous forme d'anneau, permet un dosage rigoureux de ce métalloïde.

Ce qui reste du résidu desséché et pulvérisé est épuisé complètement par de l'alcool à 40 degrés, on décante et l'on évapore à siccité, puis on calcine légèrement le résidu pour détruire les matières organiques, on reprend par une petite quantité d'eau distillée, et l'on filtre.

Une partie de cette liqueur, concentrée au besoin par évaporation, est placée dans une capsule de porcelaine avec un peu d'empois d'amidon récemment préparé. On la touche alors avec un agitateur de verre imprégné d'acide azotique pur et concentré. S'il y a une trace d'iodure, l'iode mis en liberté par l'acide azotique bleuit immédiatement l'empois d'amidon.

Le reste de la liqueur est introduit dans un long tube à essai, neutralisé par quelques gouttes d'un mélange d'acide azotique et d'acide sulfurique, et agité avec un peu de chloroforme. Ce dissolvant s'empare à la fois de l'iode et du brome en se colorant en rose. On verse alors dans le tube de l'eau chlorée avec précaution, en agitant chaque fois, jusqu'à disparition de la coloration rose qui fait place, s'il y a du brome, à une teinte jaune plus ou moins foncée.

Recherche de la strontiane. — On évapore à siccité 4 à 5 litres d'eau, et l'on traite le résidu de l'évaporation, placé dans une capsule de platine, par un léger excès d'acide sulfurique concentré. On chauffe pour chasser l'excès d'acide, et on calcine pour détruire les matières organiques. La masse refroidie et pulvérisée est lavée plusieurs fois à l'eau distillée qui enlève les sulfates solubles. On la fait bouillir alors pendant quelques minutes avec une solution concentrée de carbonate d'ammonium, et l'on jette sur filtre. Le précipité de carbonate est lavé à l'eau distillée, puis dissous dans une très petite quantité d'acide chlorhydrique dilué. On essaye si cette liqueur ne donne pas au spectroscope la raie du strontium ; elle doit aussi donner un précipité lorsqu'on lui ajoute un volume double du sien d'une dissolution saturée de sulfate de calcium, qu'on agite et qu'on abandonne au repos.

Recherche du lithium, du rubidium et du césium. — On évapore

8-10 litres d'eau, de manière à la réduire à un très faible volume. Après refroidissement on filtre, puis on fait bouillir le liquide filtré avec du carbonate d'ammonium: la chaux et la strontiane se séparent à l'état de carbonates; l'alumine et l'oxyde de fer, dont il ne restait plus que des traces, s'insolubilisent également; les alcalis, potasse, soude, lithine, oxydes de rubidium et de césium, accompagnés d'un peu de magnésie, passent dans la liqueur que l'on sursature d'acide chlorhydrique, et que l'on évapore à siccité. Le résidu sec est calciné au rouge faible, pour chasser le chlorure d'ammonium, et examiné au spectroscope. Il montrera les raies caractéristiques des métaux qu'il contient.

IV. — Examen micrographique et analyse bactériologique des eaux

A. — Examen micrographique

L'examen micrographique d'une eau est l'opération qui consiste à étudier à l'aide du microscope les innombrables matières qu'elle tient en suspension.

Cet examen est loin d'être superflu, il doit précéder l'analyse bactériologique à laquelle il fournira d'ailleurs d'utiles renseignements, et il permet d'apprécier ou même de caractériser les diverses substances minérales ou organiques qu'une eau peut abandonner: 1° par le repos simple; 2° après l'action d'un réactif stérilisateur.

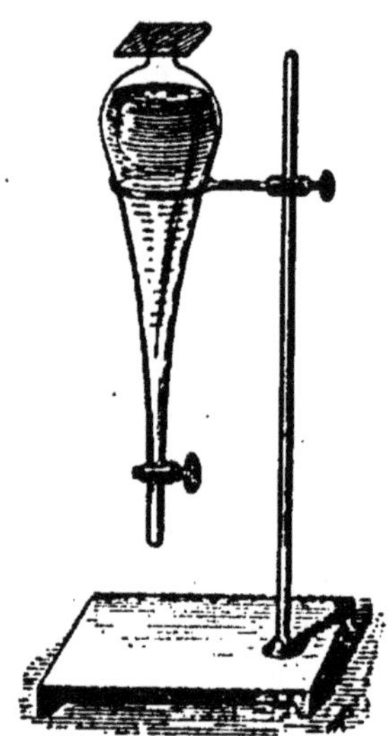
Fig. 63.

On introduit l'eau à examiner, préalablement agitée, dans une grande allonge maintenue verticalement à l'aide d'un support (*fig.* 63) et dont l'extrémité très effilée est munie d'un robinet. Après un repos suffisant (24 à 48 h.), on soutire doucement 2 à 3 centimètres cubes du liquide plus ou moins trouble, et on examine aussitôt quelques gouttes au microscope avec un grossissement faible d'abord (350 diamètres), puis avec des objectifs à sec donnant un grossissement variant de 600 à 800 diamètres, et enfin, avec un objectif homogène à immersion dans l'huile.

Les corpuscules de l'eau se composent: 1° *de corps minéraux ou organiques inertes et privés de vie;* 2° *d'algues, de moisissures, de spores*, *de bactéries* et de quelques représentants du règne animal: *insectes*, *vers*, *crustacés*, *protozoaires*, etc. Les corps minéraux ou organiques inertes et morts sont le plus souvent des particules d'argile ou de carbonate de calcium, opaques et terreuses, les premières inattaquables par les réactifs, les secondes facilement dissoutes par l'acide acétique avec dégagement de gaz carbonique; des débris siliceux, le plus souvent cristallins et transparents, également réfractaires à l'action des acides et des alcalis; de l'oxyde de fer plus ou moins souillé d'alumine (ou de silice), en petites masses granuleuses et ocracées que l'acide azotique dissout aisément en se colorant ensuite en rouge avec le sulfocyanate de potassium; des grains amylacés, des pollens gorgés de sucs et de granulations, des zoospores d'algues; des poils, plumes, des fibres textiles, des cellules épidermiques, bractées végétales, débris de diatomées, etc. etc.

Parmi les organismes vivants, on y rencontre une flore des plus riches : ce sont surtout des *algues vertes* ou sans *chlorophylle verte* (Euglènes et Beggiatoa alba), des *confervoïdes*, *conidies*, *levures*, *diatomées*. Les *bactéries* ou *schizophytes*, dont les unes se présentent sous forme de cellules globuleuses privées de mouvements spontanés, ayant de 5 à 30 millionimètres de diamètre (micrococcus ou sphérobactéries) qui comprennent: les *diplococcus* en sphérules accolées deux à deux; les *streptococcus* ou coccus en chapelets; les *bactériums* ou bâtonnets courts, mobiles, non nucléés, isolés ou réunis par deux, trois, rarement par quatre; les *bacilles* ou *bactéridies*, en filaments plus ou moins allongés et rigides, mobiles ou immobiles, quelquefois ramifiés et dont les articles sont pourvus de noyaux; les *vibrions* ou *bactéries spiralées*, dont les filaments sont plus ou moins courbés, sous forme de virgule, ou repliés de façon à doubler leurs tours comme le chiffre 8, ou contournés en hélices de dimensions variées. Cette flore bactérienne, d'après M. Migula, de Carlsruhe[1], est spéciale à chaque catégorie d'eaux: stagnantes ou courantes.

Dans les premières on rencontre plus particulièrement: *Micrococcus ureæ*, *M. cinnabareus*; *Bacillus fluorescens putridus*, *B. erythrosporus*, *B. fluorescens liquefaciens*, *B. ureæ*, *B. mesentericus fuscus*, *B. mesentericus vulgatus*, *B. tremulus*, etc.; aux secondes appartiennent spécialement: *Micrococcus coronatus*, *M. radiatus*, *M. viticulosus*, *M. luteus*, *B. luteus*, etc.

La dessiccation de la préparation qu'on examine est un des meilleurs

[1] W. Migula, Die Artzahlder Bakterien bei der Beurthilung des Trinkwassers. (*Centralbl. für Bakteriol. und Parasit.*, VIII Band, nº 12, 12 septembre 1890.)

moyens de fixation pour l'étude des formes végétales ou animales, d'organisation élevée, contenues dans les eaux; il suffit de laisser reposer la lamelle porte-objet sur un verre de montre, la face qui retient le liquide regardant en bas, pour éviter les poussières atmosphériques.

Quant aux microorganismes appartenant au groupe des bactéries, on ne peut guère songer à les observer dans ce premier sédiment abandonné par le repos simple; aussi est-il nécessaire d'introduire dans l'eau de l'allonge à robinet, et par litre, 0 gr. 10 de cyanure mercurique, que l'on fait dissoudre par agitation, puis d'abandonner l'appareil au repos comme précédemment. Tous les microorganismes qui dans la première opération ne se seraient pas déposés sont bientôt réunis au fond de l'appareil. On peut les soumettre alors à l'étude microscopique; on pourra rendre visibles par la méthode des colorations quelques détails de leur organisation. Les couleurs d'aniline se fixant spécialement sur les microbes sont généralement employées dans la recherche des bactéries. Les principales utilisées sont le violet de méthyle (produit à teinte bleue, violet 5 B).

Le rouge de fuchsine;

Le violet de gentiane (marque BII);

Le bleu de méthylène;

Le vert à l'iode ou vert Hoffmann.

Pour les infusoires ciliés et flagellés, les rotifères, les annélides, le picrocarminate d'ammonium et le vert de méthyle acétifié paraissent être les meilleurs colorants. Ces derniers réactifs laissent incolores la plupart des microbes.

Les solutions colorantes se préparent, le plus souvent, en faisant une solution alcoolique plus ou moins concentrée du produit colorant, à laquelle on ajoute quelques gouttes d'une dissolution très étendue de potasse, et que l'on filtre soigneusement.

La technique complète des opérations est celle-ci : Avec un fil de platine fixé à une baguette de verre et que l'on a, au préalable, flambé à la flamme du gaz, on étale une goutte du sédiment abandonné par l'eau sur une lame couvre-objet bien nettoyée, et de manière à en obtenir une couche aussi mince que possible. Cette goutte peut avoir été extraite directement de l'appareil à l'aide du robinet dont l'extrémité a été également flambée. On prend alors la lamelle délicatement par deux de ses angles opposés, et on la passe, aussi lentement que possible et à trois reprises différentes, dans la flamme d'une lampe à alcool, en ayant soin que le côté de la préparation ne soit pas en contact avec la flamme. On a ainsi une légère tache sèche et plus ou moins opaque.

Il faut maintenant colorer la préparation, et voici comment on y parvient : On verse dans un verre de montre quelques gouttes d'une solution alcoolique de fuchsine, ou de violet de gentiane, ou de bleu de méthylène, etc. On ajoute un peu d'eau d'aniline, la proportion est environ de 10 à 20 gouttes de solution colorée pour 10 centimètres cubes d'eau d'aniline.

L'eau d'aniline est obtenue en agitant une partie d'aniline incolore et 20 parties d'eau distillée pendant dix minutes, puis filtrant.

La lamelle de verre est placée soit à la surface du liquide colorant, de manière que la face inférieure, chargée du produit à examiner, se trouve seule en contact avec le liquide, soit traitée directement par quelques gouttes du colorant placées sur la lamelle. Le temps de contact varie de quelques minutes à plusieurs heures. Une chaleur douce (40°) abrège de beaucoup ce temps. Retirant ensuite délicatement avec une pince la lamelle, on la lave à l'eau distillée aiguisée d'acide azotique (3 p. 100), puis à l'eau distillée simple, et finalement à l'alcool absolu qui déplace tout le colorant en excès, et permet une dessiccation rapide de la lamelle. Celle-ci est alors fixée sur une lame de verre porte-objet sur laquelle on dépose 1 goutte de baume du Canada ou de résine de Dammar dissoute dans le xylol.

L'inégale aptitude à s'imprégner des matières colorantes que présentent les diverses parties que l'on se propose de rendre sensibles fait qu'on emploie souvent deux bains de couleur différente. Les colorants dont on doit faire usage seront choisis parmi ceux qui produisent un contraste bien apparent. On obtient, par exemple, de bons résultats, ainsi que le recommande Fraenkel, en colorant d'abord à la fuchsine ou au violet de méthyle ; lorsque la matière colorante est bien fixée, on lave la préparation, puis on la place sur un bain alcoolique et acidulé de bleu de méthylène, jusqu'à ce que la teinte obtenue paraisse, après lavage, suffisamment nuancée.

Voici, du reste, une des méthodes les plus employées dans ce but :

On introduit dans un tube à essai quelques centimètres cubes de la solution suivante :

Fuchsine ou Rubine	1	gramme
Phénol pur	5	grammes
Alcool à 90 degrés	10	—
Eau distillée	95	—

On chauffe jusqu'à ébullition, et on verse le liquide bouillant dans un godet de porcelaine ; puis on saisit les lamelles avec une pince, le côté chargé du produit desséché tourné en bas, et on les place à la surface de cette solution[1].

Après quelques minutes de contact, on enlève les lamelles et on le lave à l'eau distillée.

On dépose alors les lamelles dans un verre de montre contenant quelques centimètres cubes de la solution suivante :

Bleu de méthylène	1 gr. 50
Acide azotique pur.	5 grammes
Alcool à 90 degrés	20 —
Eau distillée	15 —

Après quelques instants on retire les lamelles du bain colorant. On les lave parfaitement à l'eau distillée, puis, après les avoir laissé sécher, on les monte dans le baume du Canada ou la résine de Dammar en dissolution dans le xylol, comme nous l'avons déjà dit.

B. — Analyse bactériologique

L'analyse bactériologique de l'eau est l'ensemble des opérations qui tendent à résoudre un problème plus délicat et bien plus important que l'examen micrographique tel que nous l'avons décrit, et qui consiste dans l'isolation, la numération et la reconnaissance des différentes espèces de bactéries obtenues par des ensemencements fractionnés et des cultures successives dans des milieux nutritifs appropriés. Les deux principales méthodes employées dans ce but sont : celle de Miquel, *méthode par les ensemencements fractionnés dans les liquides*, et celle de Koch, ou *méthode des cultures sur les solides*. La première est basée sur la possibilité de disséminer et de répartir, dans de l'eau pure stérilisée, un volume connu d'eau chargée d'un ensemble de bactéries de façon telle que deux mêmes fractions de ce mélange ne contiennent que 0 ou un seul élément microbien, et que, si l'on distribue plusieurs de ces parties fractionnelles dans des milieux de culture privés de tout germe, un quart ou un cinquième des milieux ensemencés demeurent stériles. Elle consiste à diluer suffisamment l'eau à

[1] On peut aussi colorer les préparations à froid en déposant directement sur les lamelles, à l'aide d'un compte-gouttes, de la solution colorante.

analyser pour que, sur cent ballons par exemple de bouillon nutritif ensemencés avec un volume voulu d'eau diluée, vingt à vingt-cinq d'entre eux soient au plus le siège d'un développement bactérien. On arrive ainsi à obtenir une *culture pure* d'un microbe, c'est-à-dire à ne faire végéter dans chaque ballon qu'une seule espèce de bactérie provenant d'un germe unique.

Le principe de la méthode des cultures sur les solides, *ou cultures en plaques,* est de distribuer dans de la gélatine nutritive, liquéfiée à une douce température (35°), une certaine quantité d'eau à analyser, préalablement diluée. Les bactéries contenues dans cette eau se trouvent ainsi disséminées dans la masse gélatineuse, et lorsque celle-ci, répandue sur une plaque de verre ou sur le fond d'un récipient spécial, aura fait prise par le refroidissement, les bactéries seront réparties isolément et pourront se développer en colonies, dont l'étude sera possible, car elles proviendront chacune d'un germe initial.

Milieux de culture. — Les milieux nutritifs employés par les bactériologistes pour la culture des microorganismes sont très complexes. D'une façon générale, suivant que l'on voudra cultiver des colonies de bactéries et de tous les êtres anaérobies, ou des moisissures, on devra faire usage de milieux de culture neutres ou légèrement alcalins dans le premier cas, acidulés dans le second.

Un grand nombre de bactéries se développent dans tous les liquides de culture d'origine animale ou végétale (jus et décoctions de viande, de fruits, de feuilles, urine, sérum sanguin étendu, produits de la trituration avec de l'eau des organes d'animaux : foie, rate, pancréas, testicules, poumons, etc.), mais n'y prospèrent pas également bien. Pour chaque microbe, il conviendrait de déterminer d'abord le milieu favori, c'est-à-dire connaître les aliments qu'il préfère ; on peut résoudre ce problème par de nombreuses expériences comparatives, en employant successivement des liquides de composition variée.

Les milieux nutritifs peuvent être divisés en deux grandes classes : 1° en milieux liquides; 2° en milieux solides. Les milieux liquides peuvent eux-mêmes être subdivisés: 1° en milieux liquides naturels; 2° en milieux liquides artificiels.

Préparation des bouillons de bœuf, de veau, de poulet, de cobaye, de poissons, etc. — On débarrasse 500 grammes de viande fraîche de la graisse, des aponévroses, tendons, etc., puis on la réduit à l'état de pulpe à l'aide d'un hachoir, et on la fait décocter pendant cinq heures dans 3 litres d'eau ; le bouillon écumé dès le début de l'ébullition est laissé au repos et exprimé lorsqu'il est froid à travers un linge mouillé ; on le place dans un ballon, on le ramène au volume de 2 litres, par addition d'eau, puis on ajoute :

Peptone	5 grammes
Chlorure de sodium	2 —

Cela fait, on le porte dix minutes à l'ébullition, on laisse refroidir, puis on neutralise exactement avec de la potasse, et on filtre.

M. Miquel a proposé de donner au bouillon de culture usité pour l'analyse quantitative des eaux la composition suivante :

Peptone	20 grammes
Sel marin	5 —
Cendres de bois.	0 gr. 10
Eau ordinaire	1000 grammes

« Dans l'eau placée sur le feu, on fait dissoudre le sel et la peptone, on ajoute les cendres de bois, et l'on porte à l'ébullition durant quelques minutes. Ce bouillon est légèrement alcalin par la raison que les cendres et les peptones possèdent ordinairement une réaction franchement alcaline; on ajoute alors pendant l'ébullition quelques gouttes d'une solution faible d'acide tartrique de façon à rendre le liquide aussi neutre que possible. » (Miquel, *Manuel pratique d'analyse bactériologique des eaux*, Paris, 1891, p. 66.)

Préparation des milieux solides artificiels. — La gélatine nutritive est la substance employée le plus souvent pour la confection des terrains solides destinés à la culture des schizomycètes.

Il peut être utile dans certains cas d'avoir un milieu solide dont le point de liquéfaction soit plus élevé que celui des gelées à base de gélatine; on remplace alors la gélatine par l'agar-agar, la gelée de lichen, les mucilages. Enfin, dans quelques cas particuliers, les pommes de terre constituent un terrain de culture des plus précieux : l'aspect que présentent les traînées d'ensemencement est parfois très caractéristique.

(*a*) *Gélatine nutritive.* — Dans une capsule de porcelaine, on verse 1000 grammes de l'un des bouillons préparés comme ci-dessus, et l'on porte le liquide à l'ébullition, on y ajoute alors par fractions successives et en agitant continuellement avec une spatule 100 grammes de gélatine bien transparente et aussi pure que possible. On évitera d'employer les gélatines commerciales à réaction acide ou alcaline décolorées par des procédés industriels (anhydride sulfureux, hyposulfites, chlore, etc...). La gélatine en filaments que fabriquent quelques bonnes maisons est excellente pour cet usage. Lorsque la gélatine est entièrement dissoute, on modère l'ébullition du liquide, puis on ajoute d'un seul coup et en agitant vivement 200 grammes d'eau dans laquelle on a réuni et battu deux blancs d'œufs. On cesse alors d'agiter le liquide ; il se forme bientôt à la surface un coagulum albumineux que l'on enlève au moyen d'une écumoire, puis on verse sur une étamine destinée à retenir les grumeaux répandus dans la masse. De cette étamine le liquide tombe dans un entonnoir de verre à filtration chaude, entouré de glycérine et dont la douille est garnie d'une forte bourre de coton hydrophile qui achève de le clarifier complètement.

(*b*) *Gélose nutritive ou agar-agar peptonisé.* — On fait bouillir 15 grammes de gélose ou agar-agar dans 1,500 grammes de l'un des bouillons nutritifs ci-dessus indiqués, jusqu'à ce qu'elle soit dissoute, ce qui exige une demi-heure à trois quarts d'heure. Le premier temps de l'opération accompli, on filtre directement le liquide au papier ordinaire, dans l'entonnoir à filtration chaude entouré de glycérine ; on obtient de la sorte un milieu solide qui commence à fondre vers 70 degrés environ.

(*e*) *Gelée nutritive de lichen.* — Pour obtenir de la gelée nutritive de lichen, on commence par faire digérer dans 5 litres d'eau à 100 degrés 200 à 300 grammes de *fucus crispus* préalablement lavé. Au bout de quelques heures on passe au tamis pour séparer les frondes, on ajoute au liquide deux ou trois blancs d'œufs battus, on porte à l'ébullition, on écume et on verse sur une étamine placée elle-même au-dessus d'un entonnoir à filtration chaude.

La liqueur épaisse qui a filtré est évaporée sur de larges cuvettes à 70 degrés ou 80 degrés dans une étuve bien close ; on obtient par dessiccation des lames transparentes ressemblant à de la gélatine sèche. Il suffit d'ajouter 1 à 2 p. 100 de cette gélatine à un bouillon nutritif pour lui communiquer la propriété de se prendre par le refroidissement.

(*a*) *Mucilages nutritifs.* — Les mucilages nutritifs sont à base de gomme adragante, de semences de coings ou de graines de lin.

On lave à l'eau froide de la gomme adragante entière de bonne qualité, puis on la met digérer dans cinq à six fois son poids d'eau à faible température durant quinze à vingt-quatre heures. On porte alors à l'ébullition, et on passe avec expression à travers un linge fin. Le produit épais et gélatineux qui en résulte est alors mélangé à 2 p. 100 de peptone pure.

Lorsqu'on fait macérer dans de l'eau froide de la graine de lin ou des semences de coings, on obtient après vingt-quatre heures un liquide mucilagineux, lequel, passé à travers une étamine, et évaporé à l'étuve à 70 degrés sur des cuvettes plates, fournit un résidu sec qu'il suffit de faire digérer à une douce température avec cinquante à cent fois son poids de bouillon nutritif, pour obtenir un milieu de culture demi-solide.

(*c*) *Pommes de terre*. — On choisit de belles pommes de terre blanches, bien saines; on les débarrasse de leur sable, puis on les place pendant une heure dans une solution de chlorure mercurique à 5 p. 100, et enfin on les coupe en deux avec un couteau flambé.

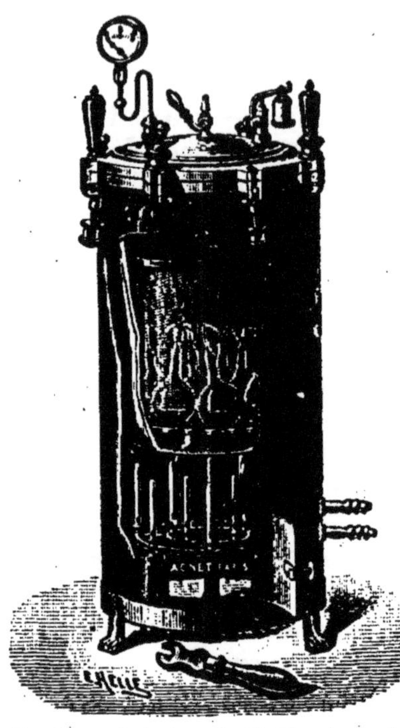
Fig. 63. — Autoclave de M. Chamberland.

Fig. 64.

Une autre méthode plus fréquemment suivie consiste à éplucher de bonnes pommes de terre blanches, que l'on découpe ensuite en fragments prismatiques présentant des surfaces de section aussi nettes que possible; on les lave sous un filet d'eau, et on les introduit dans des tubes portant un étranglement à leur partie inférieure, et terminés par une ampoule (*fig.* 64). Ces tubes sont bouchés avec de l'ouate après avoir été préalablement flambés. On ajoute un peu d'eau qui vient se collecter dans la boule, et on maintient le tout dans l'autoclave à 100 degrés pendant dix minutes environ, afin que la consistance des pommes de terre soit très peu diminuée.

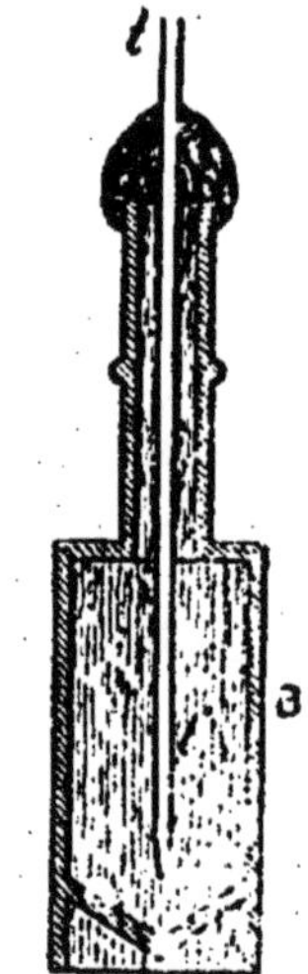
Fig. 65.

Stérilisation. — Il existe deux procédés de stérilisation des milieux nutritifs : 1° l'application d'une chaleur suffisamment élevée pour priver les germes de vie; 2° la filtration sur des filtres assez parfaits pour ne laisser passer aucun ferment figuré.

(*a*) *Stérilisation par la chaleur*. — Elle se pratique en chauffant dans un autoclave (*fig.* 65) à 110 degrés, pendant quelques minutes, les vases contenant les milieux de culture.

(*b*) *Stérilisation par filtration à froid.* — Ce mode de stérilisation s'obtient généralement en employant des filtres en porcelaine dégourdie d'une épaisseur suffisante. Plusieurs dispositifs ont été imaginés

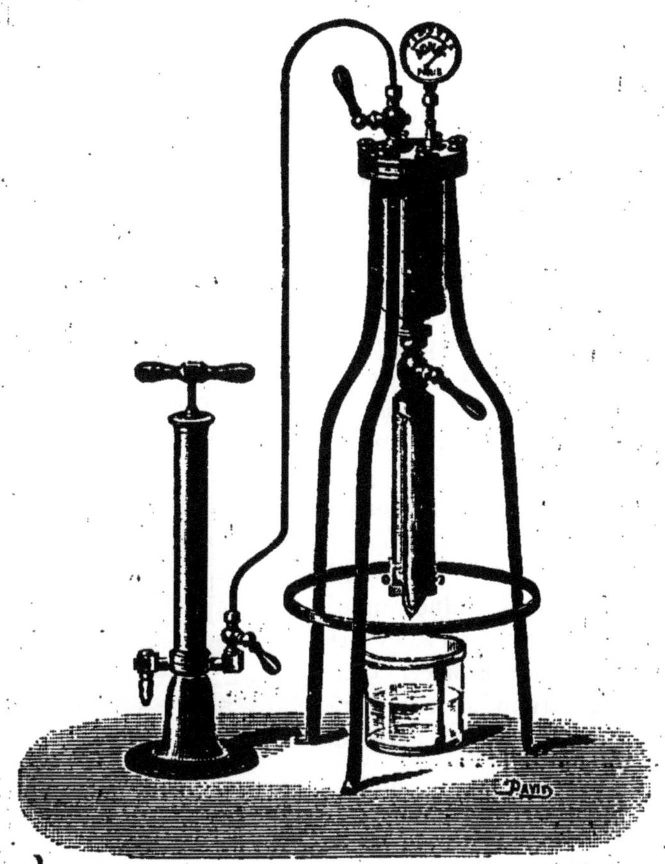

Fig. 67. — Appareil de M. Chamberland pour la stérilisation par filtration à froid.

dans ce but. M. A. Gautier, le premier, a fait préparer pour son laboratoire l'appareil dont la coupe est représentée dans la figure 66. Il se compose d'une bougie filtrante B en biscuit de porcelaine ayant la forme d'un petit flacon arrondi. Un tube de verre *tt'* mastiqué dans le goulot de la bougie s'engage jusqu'au fond de celle-ci, et par son autre extrémité peut être mis en communication avec un vase plus grand. Ce dernier est à son tour relié à une trompe par l'intermédiaire d'un tube rempli de coton. Toutes les parties de l'appareil étant débarrassées par la chaleur de germes vivants, on place le filtre au sein du liquide, et l'on met la trompe en marche ; l'ascension du liquide filtré s'effectue par le tube *tt'*, et ainsi privé de spores il vient s'accumuler dans le grand vase, d'où on le distribue à volonté dans d'autres appareils parfaitement aseptisés (A. Gautier, *Bulletin de la Société chim.*, XLVII, p. 146).

L'appareil de M. Chamberland[1] se compose d'un réservoir en cuivre rouge contenant le liquide à filtrer, réservoir terminé à sa partie inférieure par une bougie filtrante.

La pression est exercée sur le liquide au moyen d'une pompe à main qui refoule de l'air à la partie supérieure du réservoir, et oblige le liquide à passer à travers les pores de la bougie, d'autant plus rapidement que la pression exercée est plus élevée.

La figure 67 représente l'appareil tel que le construit M. Adnet, muni de ses accessoires : filtre, réservoir contenant le liquide à filtrer, couvercle, manomètre indicateur, robinet et pompe aspirante et foulante de Gay-Lussac.

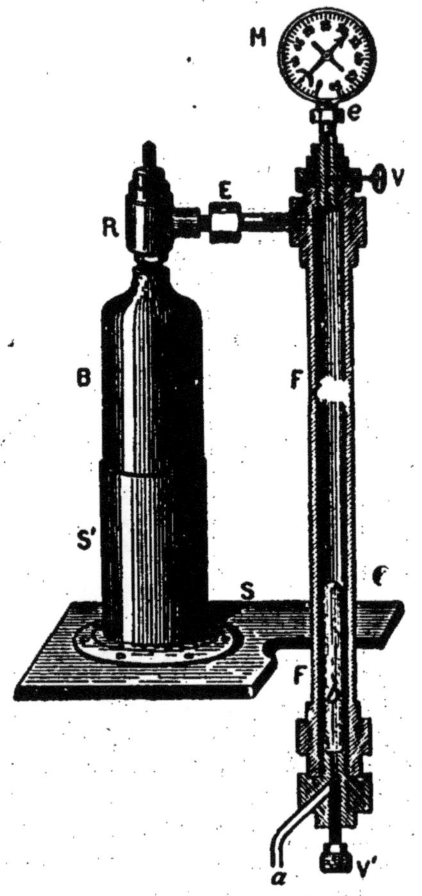

Fig. 68. — Appareil de M. d'Arsonval pour la stérilisation et la filtration par le gaz carbonique liquéfié.

(*c*) ***Stérilisation et filtration par le gaz carbonique liquéfié.*** — Lorsqu'il s'agit de filtrer des bouillons ou des milieux de culture chargés de substances colloïdes qui les rendent plus ou moins visqueux, on peut remplacer avantageusement les appareils précédents par celui qui est représenté dans la figure 68, et qui est dû à M. d'Arsonval[2]. Voici la description qu'en a donnée l'auteur :

[1] Cette description est empruntée à M. d'Arsonval. *Archives de Physiologie*, avril 1891.

[2] *Archives de Physiologie*, juillet 1891, p. 594 et suivantes.

« Cet appareil se compose de deux parties : B, d'une bouteille ou « réservoir contenant du gaz carbonique liquéfié ; FF, d'un tube métal- « lique constituant le filtre stérilisateur. La bouteille en acier B con- « tient 500 grammes de liquide, c'est-à-dire plus de 250 litres de « gaz. Elle est essayée à 250 atmosphères, et son usage est absolu- « ment sans danger, la pression du gaz carbonique ne dépassant « pas 106 atmosphères en chauffant la bouteille à 100 degrés.

« Cette bouteille est montée verticalement sur un support mobile « SS' qu'on pose sur le rebord d'une table. A sa partie supérieure se « trouve un robinet étanche à pointe d'acier R qu'on manœuvre au « moyen d'une clef C. Ce robinet porte un ajutage latéral E, muni « d'un pas sur lequel vient se visser le tube stérilisateur. Une rondelle « de cuir graissé rend le joint hermétique. Le stérilisateur F se com- « pose d'un tube métallique long et étroit, essayé à 200 atmos- « phères, recevant à chaque bout un bouchon mobile. Sur le bouchon « supérieur peut se fixer à volonté un manomètre M indiquant la pres- « sion du gaz, si on a intérêt à la connaître. Cela n'est pas indispensable « pour la préparation des extraits. Dans ce cas le manomètre est rem- « placé par un bouchon hermétique. Ce bouchon supérieur porte égale- « ment une vis à pointe d'acier V qui permet de laisser échapper le « gaz carbonique lorsqu'on veut faire cesser toute pression dans l'appa- « reil. Au bouchon inférieur est fixée une bougie filtrante *b*, en terre « poreuse spéciale. Cette bougie cylindrique repose sur une rondelle « de cuir, et le bouchon métallique porte une douille dans laquelle « entre la bougie. Sur cette douille on fixe un bracelet de caoutchouc « qui embrasse à la fois la douille et la bougie sur une certaine hau- « teur. C'est ce caoutchouc qui rend l'appareil hermétique, grâce à la « pression du gaz qui l'applique énergiquement sur ces supports. L'in- « térieur de la bougie est mis à volonté en communication avec l'exté- « rieur au moyen d'un robinet à vis V' muni d'un canal *a* par où « s'écoulera le liquide stérilisé et filtré.

« Lorsqu'on veut manœuvrer l'appareil, on fixe une bougie neuve « sur le bouchon inférieur, on visse ensuite le stérilisateur sur la bou- « teille, et on serre fortement les écrous au moyen de la clef spéciale. « On ferme également le robinet inférieur. Cela fait, on enlève le bou- « chon supérieur et on verse dans le tube le liquide à filtrer. On remet « le bouchon supérieur (avec ou sans manomètre) et on le visse forte- « ment comme l'inférieur après avoir fermé le robinet détendeur. On « donne alors la pression du gaz en tournant le robinet R de la bouteille. « Le gaz carbonique se mélange au liquide et, par sa pression, tue « tous les germes vivants. On peut renverser plusieurs fois l'appareil

« pour faciliter le mélange. Quand on emploie le manomètre (ce qui « est préférable), on voit, grâce à lui, quelle est sa pression, et d'autre « part on constate qu'il n'y a pas de fuites en refermant la clef du « réservoir à gaz carbonique. Si l'appareil est étanche, la pression « varie peu dans l'intérieur du tube. On maintient le liquide sous pres- « sion environ un quart d'heure, de façon à assurer cette première « stérilisation chimique. Il ne reste plus qu'à opérer la stérilisation phy- « sique par filtration. Pour cela, après avoir mis sous le tube de sortie « *a* (préalablement flambé) un vase stérilisé de contenance convenable « (un lavage à l'eau bouillante suffit presque toujours), on ouvre le « robinet inférieur V ; le liquide s'écoule aussitôt à travers le filtre « sous l'énorme pression du gaz carbonique. Cette filtration se fait très « vite, et on est averti que l'opération est terminée quand le gaz « s'échappe en sifflant par le tube.

« Comme l'intérieur de la bougie peut contenir parfois des poussières, « il est préférable de filtrer 100 grammes environ d'eau bouillie avant « de faire passer le liquide. On est sûr d'avoir ainsi lavé l'intérieur de « la bougie et le tube d'échappement. Pour ne pas être exposé à « perdre du gaz quand la filtration est finie, il vaut mieux fermer le « robinet de la bouteille aussitôt que la filtration est commencée, quitte « à le rouvrir de nouveau quelques instants pendant la filtration. La « détente du gaz emmagasiné dans le tube suffit pour achever l'opéra- « tion. La même bougie peut servir plusieurs fois. Le changement de « bougie pour une nouvelle opération est des plus simples. Pour cela, en « la retirant de l'appareil, il suffit d'abord de bien la brosser dans « l'eau pour débarrasser sa surface des matières adhérentes, puis de la « laisser sécher. Quand elle est sèche, on la porte au rouge lentement « sur un feu de charbon de bois. Elle reprend ainsi sa porosité pre- « mière. » (A. d'Arsonval.)

Lorsque les milieux de culture ont été stérilisés par l'un ou l'autre des procédés que nous venons de décrire, avant de s'en servir, il est nécessaire de les abandonner à l'étuve (*fig.* 69), à 35 où 40 degrés, durant plusieurs jours, et de rejeter tous ceux qui se troublent.

Pipettes a ensemencements, vases a culture et dilutions. — On se sert, pour pratiquer les ensemencements, c'est-à-dire recueillir l'eau destinée à être introduite dans les vases à culture et à dilutions, de pipettes préparées de la manière suivante : On prend un tube de verre de 5 à 6 millimètres de diamètre ; on le lave à l'acide chlorhydrique, à l'alcool absolu, à l'éther, puis on l'étire au chalumeau en pointe effilée et fermée ; l'autre extrémité est bouchée avec de l'ouate. Ainsi préparées, ces pipettes sont stérilisées par la chaleur.

Quand on veut s'en servir, on les flambe à la flamme d'un bec de gaz, on casse la pointe effilée que l'on plonge aussitôt dans l'eau à analyser, et le liquide monte par capillarité. Les dilutions et ensemencements une fois préparés, on détermine, à l'aide de la pipette dont on s'est servi, le nombre de gouttes d'eau distillée nécessaires pour faire un centimètre cube.

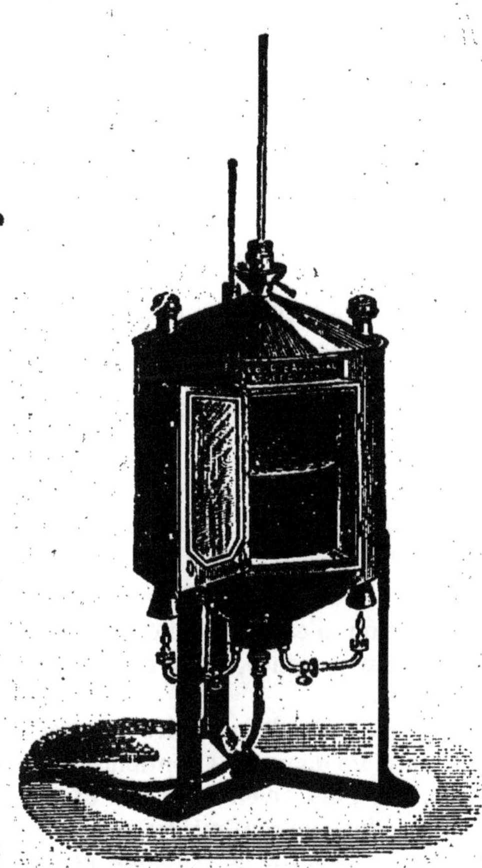

Fig. 69. — Étuve auto régulatrice de M. d'Arsonval, pour fermentations et cultures.

Il est préférable d'avoir à l'avance à sa disposition un certain nombre de pipettes graduées par *centièmes* de centimètre cube, que l'on place dans une éprouvette à pied dont l'ouverture est garnie d'un bourrelet de coton de verre. On les rend parfaitement aseptiques en les chauffant pendant une heure à 200 degrés dans une étuve à gaz.

Les plus simples des vases destinés à recevoir les bouillons de culture que l'on veut ensemencer sont les tubes à essai et les ballons à fond plat dont l'orifice est fermé par un tampon d'ouate qu'on retire au moment d'introduire la pipette contenant l'eau à diluer, et qu'on replace aussitôt après pour pratiquer l'agitation. Mais il est plus avantageux de faire usage de matras et flacons spéciaux, de capacité variable, dont le col est muni d'un capuchon rodé et tubulé que l'on garnit d'une petit bourre d'ouate. La figure 70 représente l'un des modèles courants.

Pour les cultures en plaques on emploie fréquemment, outre de simples plaques de verre, de petites boîtes en cristal (*fig.* 71), de 6 à 8 centimètres de diamètre, fermées par un couvercle mobile dont le centre est foré par un tube que l'on garnit d'une bourre d'ouate. Ce tube est utilisé pour l'ensemencement et l'aération de la masse gélatineuse. L'intérieur du couvercle porte une rainure rodée dans laquelle s'engagent et s'appliquent exactement les bords bien dressés de la boîte. On se sert aussi avec avantage de flacons à fond plat de forme

Fig. 70.

Fig. 71.

Fig. 72.

conique peu élevée, à fermeture semblable à celle que nous venons de décrire pour les vases à culture, et dont la base mesure de $0^m,05$ à $0^m,10$ de diamètre. La figure 72 représente l'un de ces flacons. Il est bien entendu que tous ces appareils devront être stérilisés à l'autoclave avant d'être employés.

EXPOSÉ DES DIVERSES OPÉRATIONS QUI CONSTITUENT L'ANALYSE BACTÉRIOLOGIQUE DES EAUX

Analyse quantitative. — L'échantillon d'eau ayant été prélevé, on doit immédiatement mettre celle-ci en expérience, afin d'éviter autant que possible la pullulation des bactéries.

L'eau est d'abord agitée soigneusement afin de la rendre homogène. Cela fait, on l'aspire avec la pipette spéciale donnant le centième de centimètre cube, et préalablement flambée, puis on en verse par exemple un centimètre cube, soit cent divisions, dans 99 centimètres cubes d'eau distillée et stérilisée. Chaque centimètre cube de ce mélange contient donc $\frac{1}{100^e}$ de centimètre cube de l'eau dont on veut compter les microbes. On distribue $\frac{1}{10^e}$ de centimètre cube de ce mélange, soit dix divisions de la pipette, dans chacun des cinquante petits vases à culture pleins de bouillon nutritif stérilisé. Les cinquante conserves ont donc reçu ensemble 5 centimètres cubes du mélange, ou $\frac{5}{100^e}$ de centimètre cube de l'eau naturelle mise à l'étude. Ces conserves sont exposées à l'étuve (*fig.* 69), entre 30 et 35 degrés. Au bout de deux à huit ou dix jours, suivant l'impureté de l'eau, on voit apparaître le trouble caractéristique dû au développement bactéridien. Supposons, pour fixer les idées, que dix de ces conserves aient développé une colonie de microbes. Il nous faudra admettre qu'il existait dix germes dans 5 centimètres cubes d'eau diluée, et par conséquent deux cents germes par centimètre cube d'eau primitive.

Parallèlement à cet essai, on met en œuvre la méthode des cultures en plaques. A cet effet, l'eau étant diluée au titre voulu, on l'ensemence

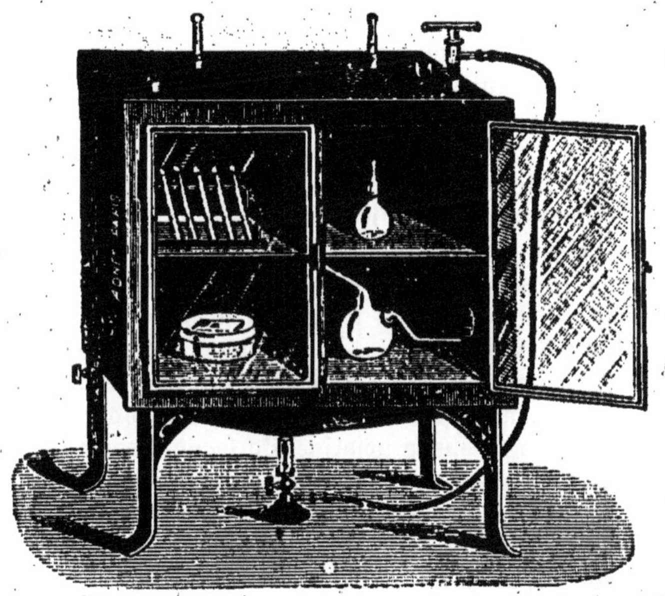

Fig. 73. — Étuve pour incubations à température peu élevée. Modèle de M. Babès.

à la dose de un ou plusieurs centièmes de centimètre cube dans des boîtes ou des vases coniques représentés figures 71 et 72, contenant une couche de 5 à 6 millimètres de gélatine nutritive, qu'on a coulée, après l'avoir fondue au préalable, dans une étuve chauffée vers 40 degrés. On répartit aussi également que possible le liquide dans la masse, en évitant de former des bulles, puis on place les vases ainsi ensemencés sous une cloche humide, refroidie à une température de 18 à 20 degrés pendant la belle saison, ou dans une étuve (*fig.* 73), que l'on maintient à 18 ou 22 degrés pendant l'hiver.

Les colonies commençant à apparaître, dans la plupart des cas, après deux ou trois jours, on procède à leur numération. Il suffit de retirer l'un des vases de l'étuve et de compter, en marquant avec une plume, le nombre des petites taches discoïdes ou sphériques, blanches ou jaunâtres et plus ou moins brillantes que l'on aperçoit en explorant à la loupe le fond du vase renversé. Ce nombre, multiplié par le dénominateur du degré de dilution de l'eau introduite, donnera celui des germes contenus dans un centimètre cube d'eau naturelle.

Si, par exemple, l'appareil a reçu $\frac{1}{10^e}$ de centimètre cube d'eau diluée au 100°, ce qui représente $\frac{1}{1000^e}$ de l'eau initiale, et que le nombre des colonies soit de trente ; un centimètre cube de l'eau naturelle renferme : $30 \times 1,000 = 30,000$ germes.

Mais, si les microbes liquéfiants ont déjà envahi la gélatine, ou si les colonies sont en très grand nombre, il faut user d'un autre artifice : M. Macé [1] place sous la culture un papier blanc divisé en petits carrés de 1 centimètre de côté et qui se voit par transparence. On compte le nombre de colonies que renferment deux ou trois de ces carrés, on établit une moyenne que l'on multiplie par le nombre des carrés qui représentent la surface totale, ce qui permet d'obtenir une approximation suffisante ; un fond noir avec des traits blancs donne encore de meilleurs résultats. M. G. Roux [2] remplace le papier quadrillé par un papier sensible au *cyanofer*, puis il expose le tout à la lumière (mais non au grand soleil dont les rayons calorifiques pourraient en ce cas agir sur la gélatine, de façon désastreuse, en la liquéfiant). Lorsque le papier a pris une teinte gris-bleu, il le retire brusquement, le lave à grande eau, puis le laisse sécher. Les colonies, même les plus petites, et jusqu'aux dendrites de phosphates, apparaissent alors lorsque l'application a été bien stricte, avec leur aspect général et leurs dimensions sous la forme de taches blanches sur le fond bleu de ciel du papier (G. Roux).

En répétant, dit l'auteur, cette opération tous les deux ou trois jours, on obtient ainsi sans peine et rapidement des empreintes parfaitement exactes qui sont de véritables pièces documentaires et permettent de compter ensuite à loisir sur le papier, sans crainte par conséquent de faire couler les colonies liquéfiantes, tous les germes qui ont fait souche.

Il est bon d'ensemencer cinq ou six vases, au moins, et avec des quantités différentes d'eau diluée, afin de pouvoir prendre une bonne moyenne.

[1] MACÉ, *Traité de Bactériologie*, 2e édition, p. 185. Paris, 1892.
[2] G. ROUX, *Précis d'analyse microbiologique des eaux*, p. 176. Paris, 1892.

La gélatine peptonisée se prêtant, à la fois, au développement des êtres aérobies, anaérobies ou anaérobies facultatifs, il faudra distinguer et nombrer séparément les colonies bactériennes et les colonies dues aux moisissures ; un opérateur exercé sera bientôt fixé à cet égard, et le microscope lui permettra, d'ailleurs, de résoudre les cas douteux.

Analyse quantitative par les papiers nutritifs. — M. Miquel a fait connaître une méthode ingénieuse et élégante d'analyse quantitative, qui donne rapidement des résultats approximatifs. La voici telle que l'auteur l'a décrite [1] :

« Cette méthode repose sur la faculté que possède la gelée de lichen « d'absorber promptement un volume d'eau considérable après qu'elle « a été desséchée en lames minces sur une feuille de papier. Ce terrain, « infertile à l'état sec, récupère ses facultés nutritives, et peut, après « avoir été convenablement humecté, nourrir des bac- « téries qui se développent sur les deux faces du papier.

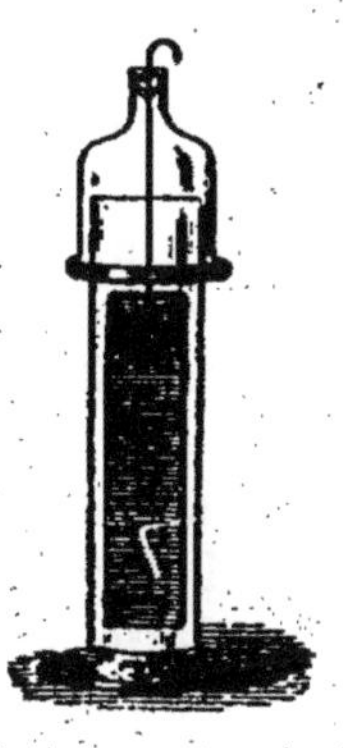

Fig. 74.

« Le papier nutritif taillé en rectangle, muni d'un fil « suspenseur en platine, est enveloppé de papier Joseph, « introduit dans un autoclave et chauffé une heure à « 110 degrés ; le papier sort de l'appareil sec et purgé « de tout germe.

« Au moment de l'analyse, on le pend par son fil « suspenseur en platine dans une éprouvette bouchée à « l'émeri (*fig.* 74), on le tare et on le plonge dans l'eau « à doser ; les couches nutritives gonflent rapidement, « et au bout de cinq minutes l'opération est terminée. « Il reste à connaître le poids de l'eau absorbée, ce que « donne une seconde pesée, et à placer le tout à l'étuve « sous une cloche dont l'air est lui-même saturé d'humidité.

« Les colonies ne tardent pas à se développer en taches diversement « colorées sur le papier nutritif : tantôt elles sont très confluentes si « l'eau est impure, tantôt elles sont rares quand l'eau est pauvre en « bactéries et en mucédinées. Au bout de huit à quinze jours, lorsqu'on « s'est assuré que le nombre des taches n'augmente pas sensiblement, « le papier est retiré du vase incubateur et porté dans une étuve à air « chauffée vers 45 degrés ; quand le papier est tout à fait sec, on colore « par le procédé suivant les colonies microphytiques devenues presque « invisibles, lorsqu'elles n'appartiennent pas aux espèces chromogènes.

« A. — Le papier nutritif, récent ou ancien, sec ou humide, couvert

[1] Dr Miquel, *Manuel pratique d'analyse bactériologique des eaux*, p. 83 et suivantes. Paris, 1891.

« de taches microbiennes ou de moisissures, est plongé pendant quelques « minutes dans une solution aqueuse d'alun cristallisé, puis dans de « l'eau ordinaire.

« Cette opération préliminaire a pour double but d'insolubiliser légè- « rement la gelée et de mordancer les surfaces à colorer.

« B. — La bande de papier, bien lavée, est alors immergée pendant « vingt à trente secondes dans une solution de sulfate d'indigo titrant « 2 grammes d'indigotine pure par litre. Ce bain se fait de la façon « suivante : 2 grammes d'indigotine cristallisée sont mis à digérer « pendant vingt-quatre heures avec 40 gr. à 50 grammes d'acide sulfu- « rique fumant de Saxe, et le mélange qui en résulte, devenu soluble, « est jeté dans un litre d'eau ; on neutralise partiellement la liqueur « très acide, et l'on a ainsi la solution prête pour l'usage.

« Au contact de la liqueur sulfindigotique, le papier et les bactéries « se colorent promptement ; on pousse au noir la teinte des colonies et « des moisissures, qui se détachent très visiblement sur la teinte moins « foncée acquise par la gelée.

« C. — Il s'agit maintenant de remplacer le fond bleu-clair de la gelée « par un fond blanc : on y arrive en introduisant, après un lavage soigné, « la feuille dans un bain de permanganate de potassium à 1 p. 1,000 ; « la gelée bleu-clair passe au violet, ensuite au rose ; on lave une troi- « sième fois, et l'opération est terminée. Il importe de suivre attentive- « ment cette dernière manipulation, qui dure environ une demi-minute : « l'action trop prolongée du permanganate affaiblirait la teinte des « colonies ; si l'expérimentateur commettait cette faute, le mal serait « aisément réparable ; il suffirait de replonger le papier dans l'indigo.

« D. — Pour donner plus de blancheur aux épreuves, et arrêter immé- « diatement l'action décolorante du permanganate resté en excès sur la « gelée, on peut laisser séjourner quatre-vingts secondes la bande de « papier dans un bain faible d'acide oxalique (de 3 à 5 p. 100), puis « enfin on la lave à grande eau.

« Les bactéries et les moisissures apparaissent finalement en beau « bleu sur fond blanc ; en séchant, les couleurs acquièrent une plus « grande intensité. » (Dr Miquel.)

Les bactériologistes sont loin d'être d'accord sur la teneur maxima en bactéries que peut renfermer une bonne eau potable. Beaucoup admettent qu'une eau perd le qualificatif de bonne lorsque le chiffre 500 par centimètre cube se trouve dépassé.

M. Miquel[1] a classé les différentes catégories d'eaux, d'après leur

[1] MIQUEL, *Manuel pratique d'analyse bactériologique des eaux*, p. 129. Paris, 1891, déjà cité.

richesse en bactéries, de la façon suivante :

	Bactéries par cent. cube
Eau excessivement pure.	0 à 10
« très pure	10 à 100
« pure.	100 à 1000
Eau médiocre	1000 à 10000
« impure	10000 à 100000
« très impure.	100000 et au delà

Ces chiffres ne sauraient avoir rien d'absolu, mais n'en sont pas moins très utiles à connaître. Il est bien entendu toutefois qu'il ne s'agit ici que de bactéries banales ou vulgaires, et pas du tout de microbes pathogènes se rapportant à une maladie infectieuse quelconque.

Cette numération des bactéries serait donc avantageusement complétée dans l'appréciation d'une eau si l'on y joignait, ainsi que l'a proposé M. Migula, celle des espèces et particulièrement des espèces de la putréfaction.

Analyse qualitative. — Lorsqu'on a procédé au dénombrement des colonies, il faut étudier la nature des germes qui les constituent, se rendre compte de leurs caractères morphologiques, et s'efforcer enfin d'acquérir des indications précises sur les fonctions biochimiques que possèdent ces microorganismes.

La première partie de ce problème se résout aisément en examinant à la loupe les colonies obtenues sur plaques, qui semblent différer les unes des autres. Avec un fil de platine préalablement stérilisé dans la flamme et muni d'une petite anse à son extrémité libre, on enlève une parcelle de chaque colonie que l'on vise (ou une gouttelette des bouillons de culture), on l'étale et on la dissocie, dans une goutte d'eau stérilisée, sur une lame porte-objet, puis on l'examine aux combinaisons optiques nécessaires avant et après coloration (voir pages 427 et suivantes).

Mais la partie la plus importante pour l'hygiéniste, et sans doute la plus intéressante pour le chimiste et le bactériologue, est celle qui consiste à déterminer, parmi les espèces, celles qui sont pathogènes, zymogènes, chromogènes, ordinaires ou rares. Il faut employer des méthodes spéciales pour les séparer et obtenir le microphyte bien caractérisé à l'*état de pureté*, et enfin inoculer les liquides de culture à des petits animaux pour en observer les effets pathogènes.

Nous ne pouvons entrer ici dans tous les détails de ces longues et délicates opérations, qui ne sauraient être menées à bien que par des bactériologistes ayant fait des études expérimentales nombreuses et approfondies. Disons seulement, pour coordonner ces recherches, qu'on tâche d'abord, surtout avec les colonies développées sur plaques, bien isolées les unes des autres, d'obtenir des cultures pures des espèces ensemencées. On en charge l'extrémité d'une aiguille, après l'avoir flambée, et on les ensemence séparément dans un nouveau milieu nutritif stérilisé. En faisant varier la nature du milieu, on peut faciliter à volonté la pullulation de tel ou tel microbe, car ceux-ci ont des aptitudes de développement inégales ; lorsque dans un milieu déterminé des microbes d'origines diverses se trouvent en présence, une sorte de lutte pour l'existence ne tarde pas à s'engager, l'espèce la plus vigoureuse ou qui se trouve dans les conditions les plus favorables prospérera particulièrement et finira par arrêter le développement des autres. On parvient ainsi, en opérant des sélections successives, à séparer à peu près complètement chaque espèce de ses voisines.

L'inégale résistance des spores ou du microbe à l'action de la chaleur ou des réactifs chimiques peut aussi être mise à profit pour sa séparation. Il en est de même de sa nature d'aérobie ou d'anaérobie, de l'inégale vigueur de développement qu'il possède ; il y a des espèces vivaces et des espèces peu vigoureuses.

A. *Bactéries zymogènes*. — Pour diagnostiquer les espèces douées de fonctions zymogènes, on les ensemence dans des milieux de culture stérilisés que l'on charge successivement d'une foule de substances propres à caractériser les ferments. On prépare dans ce but des milieux sucrés (sucre de canne, glucose, lactose, mannite, etc.), glycérinés, alcoolisés, acides ou alcalins, chargés d'urée, de sels ammoniacaux, de sulfates, de phosphates, contenant des matières albuminoïdes diverses, des glucosides, etc. etc. Le concours que peut apporter la chimie à l'étude de cette question sera des plus précieux, et tous les moyens d'investigation dirigés dans ce sens peuvent aboutir à des résultats aussi utiles qu'imprévus.

B. *Bactéries pathogènes*. — Les procédés que les bactériologistes ont mis en œuvre pour déceler dans les eaux les microorganismes susceptibles d'exercer une action nocive sur l'homme et les animaux, n'ont pas donné jusqu'à ce jour des résultats bien décisifs. Les deux espèces les plus importantes qui ont été signalées sont incontestablement celles de la fièvre typhoïde et du choléra. Il n'est pas douteux cependant qu'un grand nombre d'organismes infectieux peuvent exister fréquemment dans les eaux. Pasteur a isolé de l'eau de la Vanne son *vibrion pyogène*, anaérobie facultatif, qui, introduit dans le sang des lapins, les fait périr avec les symptômes d'une grave pyémie ; Gaffky a rencontré dans l'eau de la Panke le bacillus *muri septicus*, d'une virulence extrême pour les souris (Macé, *Traité de bactériologie*). Le bacille du tétanos, si facilement reconnaissable à sa forme en clou aigu pourvu d'une extrémité sphérique (Lortet), est assez fréquent dans l'eau de la Seine et de la Marne ; il se rencontre aussi dans les eaux d'égout (Miquel).

D'autres espèces, non moins meurtrières, pourront s'y rencontrer de même, telles que celles de la septicémie, le microbe de la gangrène gazeuse que M. Lortet[1] a trouvé dans les vases de la mer Morte et qui est caractérisé, dit l'auteur, par les corpuscules en battants de cloche accompagnant de gros bacilles granuleux à l'intérieur, la bactéridie charbonneuse qui se trouve dans le sol, et peut-être aussi le microbe spécifique auquel répond la fièvre jaune, le spirille auquel on tend à attribuer la fièvre paludéenne, etc. etc.

Cette recherche nécessite la connaissance aussi exacte que possible, non seulement de tous les microbes pathogènes que l'on se propose de découvrir, de leurs caractères morphologiques, des lésions qu'ils engendrent, mais aussi de l'aspect que présentent les colonies développées dans des milieux spéciaux et l'étude chimique et physiologique complètes de leurs cultures.

Le bactériologiste qui entreprendra ce travail devra donc se procurer des échantillons très purs de bactéries pathogènes, observer le cycle complet de leurs évolutions dans différents milieux, et s'efforcer d'acquérir par une étude attentive et des plus laborieuses l'expérience nécessaire pour le rendre fructueux On trouvera dans le *Traité de bactériologie* de M. Macé (2e édition, 1892, Paris, J.-B. Baillière, édit.) toutes les indications nécessaires, nous y renvoyons donc le lecteur[2], et nous n'indiquerons que brièvement, à titre d'exemple, le procédé le plus usité pour la recherche du *bacterium coli commune* et du *bacille typhique*, les deux microbes d'origine fécale les mieux étudiés.

La technique du procédé, dont le principe dû à MM. Chantemesse et Widal a été successivement modifié par M. Rodet, puis par M. Vincent, consiste à ensemencer avec de l'eau suspecte un milieu de culture approprié, dans lequel la présence d'une proportion déterminée de phénol, et l'application d'une température d'incubation de 35 à 42 degrés, sans s'opposer à l'évolution des germes du *bacterium coli commune* et du *bacille d'Eberth*, met obstacle à celle de la plupart des espèces étrangères moins vivaces, et n'en laisse végéter qu'un petit nombre.

On prépare un certain nombre de conserves de bouillon nutritif

[1] *Microbes pathogènes des vases de la mer Morte* : par le Pr Lortet, *Lyon médical*, 1891.

[2] Voir aussi Miquel, *Traité pratique d'analyse bactériologique des eaux*, Paris, 1891, et G. Roux, *Précis d'analyse microbiologique des eaux*, Paris, 1892, déjà cités.

stérilisé et additionné d'un millième de phénol pur. On y introduit de quelques gouttes à plusieurs centimètres cubes[1] de l'eau soumise à l'analyse, selon qu'elle est très riche ou pauvre en bactéries, et on les place dans une étuve à la température de 40-42 degrés.

Un trouble ne tarde pas à se produire dans le cas d'une eau polluée; dès que celui-ci apparaît, on transporte quelques gouttes de ces cultures dans de nouveaux ballons ou dans des tubes à essai contenant, comme les premiers, du bouillon nutritif stérilisé et chargé de un millième de phénol que l'on expose, de même, à la température de 42 degrés. En procédant ainsi, on parvient après deux ou trois passages en terrain phéniqué à isoler les deux bacilles à l'état de pureté. Il faut remarquer toutefois que, sous l'influence de ce traitement particulier, le bacille typhique et le bacterium coli commune perdent une partie de leurs caractères morphologiques, mais ils les récupèrent dès qu'on les transporte dans un milieu nutritif ordinaire.

On ensemence ensuite avec ces cultures pures des plaques de gélatine où l'on voit bientôt se former des colonies translucides et nacrées qui ne liquéfient pas la gélatine. Les ensemencements sur pomme de terre donnent des enduits légers, brillants, présentant parfois une teinte jaunâtre (cultures très anciennes).

M. Parietti[2] a proposé à son tour, pour mettre obstacle au développement des bactéries moins résistantes, d'additionner les bouillons nutritifs phéniqués d'une certaine proportion d'acide chlorhydrique, et de les ensemencer avec des quantités graduellement croissantes de l'eau à examiner. Cet auteur se base sur cette observation que la quantité d'acide phénique à laquelle ne saurait résister le bacille typhique, dans un milieu de culture, dépend essentiellement du nombre de bacilles ensemencés, de telle sorte qu'un même bouillon phéniqué pourra développer des germes ou demeurer stérile suivant qu'il en aura reçu un grand nombre ou seulement une petite quantité.

La diagnose du bacille typhique ne peut s'établir avec quelque certitude que par l'ensemble d'une série de réactions; il existe en effet un assez grand nombre d'espèces dites *pseudo-typhiques* dont l'ensemble des caractères se rapproche singulièrement de la plupart de ceux que l'on attribue au véritable bacille d'Eberth. A cette difficulté de la

[1] Si l'eau était très pauvre en bactéries, il serait avantageux de transformer, comme l'a proposé M. Péré (voir *Annales de l'Institut Pasteur*, 25 février 1891), l'eau elle-même en un terrain de culture rendu suffisamment nutritif par une addition de peptone en dissolution concentrée dans du bouillon de bœuf.

[2] D. Parietti, *Méthode de recherche du bacille typhique dans les eaux potables* (*Revista d'Igiene*, t. I, n° 11).

différenciation des espèces vient s'ajouter une difficulté d'un autre ordre : le *bacterium coli commune*, tout en conservant son individualité propre, est capable, ainsi que l'a vu M. Macé [1], de produire une infection qui, cliniquement, se confond souvent avec la fièvre typhoïde lorsque cette bactérie ne se localise pas dans l'intestin, mais envahit l'organisme ; cet auteur a, en effet, rencontré le *bacterium coli commune* dans la rate dans plusieurs cas de fièvre typhoïde ayant paru suivre un cours un peu anormal.

D'après MM. Rodet et Roux [2] de Lyon, il existerait d'ailleurs d'étroites analogies entre le bacille d'Eberth et le *bacterium coli commune*, cet hôte vulgaire de l'intestin humain. Pour ces microbiologistes, les deux formes bacillaires ne seraient qu'une modification l'une de l'autre ; le bacille d'Eberth ne serait que le *bacterium coli commune* devenu virulent et modifié dans ses cultures par suite de quelques changements survenus dans son milieu habituel. Mais cette opinion est loin d'être partagée par tous les bactériologistes ; de plus, MM. Chantemesse et Widal [3] ont découvert au *bacterium coli commune* une propriété zymogène, que ces auteurs considèrent comme très caractéristique. Ce bacille, en effet, dans quelque lieu qu'il ait été puisé, dans quelque culture qu'il ait végété, *fait toujours fermenter les sucres*. Au contraire, le bacille typhique, qu'il ait été retiré de la rate au début de la dothiénentérie, qu'il ait été puisé dans le pus d'un abcès ayant persisté quinze mois après la fièvre typhoïde, ou qu'il provienne de cultures anciennes et plus ou moins vigoureuses, *ne fait pas fermenter les sucres* [4].

Les milieux sucrés sur lesquels MM. Chantemesse et Widal ont reconnu les propriétés zymogènes du *bacterium coli commune* sont ceux qui contiennent de la lactose, de la saccharose, de la glucose, de la maltose, de l'isodulcite et d'autres alcools polyatomiques. Cette fermentation s'accomplit avec production d'une certaine quantité d'acide qu'on doit neutraliser au fur et à mesure avec de l'eau de chaux. C'est à cette acidité que Nencki a attribué la caséification du lait, dans lequel on introduit le *bacterium coli commune*, car, si on ajoute un

[1] Macé, *Traité pratique de bactériologie*, p. 433, déjà cité.

[2] A. Rodet et G. Roux, *Sur les relations du B. coli commune avec le B. d'Eberth et avec la fièvre typhoïde* (*Société de biologie*, 21 février 1890).

[3] Chantemesse et Widal, *Différenciation du bacille typhique et du Bacterium coli commune*, *Comptes rendus de la Société de biologie*, séance du 7 novembre 1891.

[4] Notons, cependant que M. Dubieff, dans une récente communication faite à la Société de biologie prétend que le bacille typhique ferait fermenter la glucose.

alcalin, cette coagulation ne se produit pas. Quant au Bacille d'Eberth, il ne fait jamais coaguler le lait.

M. Tavel (de Berne) a signalé aussi que le coli-bacille n'a pas de cils vibratiles, et que le bacille typhique en possède. Pour mettre en évidence cette particularité, on étale sur une lamelle une gouttelette du bouillon de culture de façon qu'il ne s'y trouve que très peu de bacilles, on sèche au-dessus de la lampe à alcool, puis on plonge la lamelle dans le liquide colorant ci-dessous (indiqué par M. Nehaus), que l'on a placé dans une capsule de porcelaine et dont les composants ont été filtrés séparément :

Solution aqueuse de tannin à 50 p. 100. . .	100	cent. cubes
Solution saturée de sulfate ferreux.	50	—
Solution alcoolique saturée de fuchsine. . .	10	—

On chauffe le bain jusqu'à ce que des vapeurs commencent à se dégager, on retire la lamelle, on la lave à l'eau, puis on la colore par le procédé des doubles colorations indiqué page 428.

On ne réussit à obtenir un bon résultat qu'en faisant un assez grand nombre de préparations.

Une autre réaction d'ordre chimique a été indiquée, comme caractère différentiel entre le bacille d'Eberth et un grand nombre de bacilles pseudo-typhiques, par M. Kitasato [1]. Elle est basée sur la recherche de l'*indol* dans les bouillons de culture. Voici quels sont les résultats obtenus par l'auteur :

Cultures présentant la réaction de l'indol

Spirille du choléra.
Bactérie du choléra des poules.
Bacille de la septicémie du lapin.
Bacille du choléra du porc.
Bacille du tétanos.
Bacille du charbon symptomatique.
Vibrion septique.
Spirille de Finckler.
Bacille lactique.

Cultures ne donnant pas la réaction de l'indol

Bacille typhique.
Bacille de la septicémie de la souris.
Bacille du rouget du porc.
Bacille de la peste porcine.
Bacille du charbon.
Bacille de Friedlander.
Pneumocoque de Fraenkel.
Bacille de la diphtérie.
Micrococcus tetragenus.
Streptocoque de l'érysipèle.
Bacille du pus bleu.
Staphylocoque pyogène.
Bacille violet.
Bacille phosphorescent.
Bacille du lait bleu.
Bacille butyrique.

[1] Kitasato, *Zeitschr. f. Hyg.*, t. VII, 1889.

A cette liste nous pouvons ajouter, comme ne donnant pas la réaction de l'indol, les bouillons de culture où a végété le *bacterium coli commune;* par contre, il ne nous a pas été possible de déceler trace d'indol dans une culture du spirille de Finckler et Prior. Nous avons pu pratiquer ces recherches, grâce à l'obligeance de M. Macé, qui a bien voulu nous remettre des cultures pures de ces deux microbes préparées par lui-même.

M. Kitasato, pour cette recherche d'indol, ajoute, par 10 centimètres cubes du liquide de culture de l'espèce étudiée, un centimètre cube d'une solution d'azotite de potassium à 2 centigrammes pour 100 grammes d'eau, puis traite par quelques gouttes d'acide sulfurique pur. S'il y a de l'indol, le liquide se colore en rose ou en rouge foncé. Cette réaction est d'une grande sensibilité lorsqu'on opère sur des dissolutions aqueuses, même très diluées d'indol. Il n'en est plus ainsi quand on opère directement sur les liquides de culture, la présence des peptones s'oppose considérablement à la production de la teinte rouge, comme nous nous en sommes assuré. Mais il suffit de distiller le bouillon soumis à l'étude, et que l'on a préalablement alcalinisé avec quelques gouttes de potasse, puis de tenter la réaction sur les premières parties du liquide distillé, pour obtenir une réaction avec des cultures ne contenant que des traces du composé susdit.

Une réaction plus sensible encore que celle qui a été utilisée par Kitasato, et que l'on pourra faire intervenir concurremment, est la réaction qui a été indiquée par Legal[1] en 1884. Elle consiste à additionner le liquide distillé suspect de nitroprussiate de sodium, jusqu'à coloration jaune, et à ajouter quelques gouttes de soude diluée. S'il y a de l'indol, il se développe aussitôt une coloration violette que l'acide chlorhydrique fait virer au bleu.

Nous n'avons pas besoin de dire, en terminant, qu'il ne suffit pas de démontrer par inoculation des bouillons de culture que les espèces que l'on étudie sont meurtrières vis-à-vis les animaux pour établir, d'abord, qu'elles sont nocives à l'égard de l'homme, et ensuite de présumer, d'après les symptômes cliniques et les lésions observées à l'autopsie, leur spécificité comme agents de la dothiénentérie.

[1] LEGAL, *Jahresb. f. Thier Chemie*, 1884, p. 507.

ANALYSE DES ARGILES

On désigne sous le nom d'argiles des matières terreuses très tendres, fines, douces, homogènes, blanches ou grisâtres à l'état de pureté, et qui jouissent plus ou moins de la propriété de faire pâte avec l'eau et de devenir plastiques. On peut les considérer comme des silicates d'alumine hydratés, provenant de la désagrégation et de la décomposition des silicates alumineux contenus dans les roches cristallines. Ce sont des silicates d'alumine rarement simples et de composition définie, mélangés le plus souvent avec des quantités variables de sable quartzeux, de silicates terreux et alcalins, d'oxyde de fer, etc.

Les argiles peuvent renfermer les éléments suivants :

Eau		silicique
Alumine		phosphorique
Chaux	Acides	vanadique
Magnésie		titanique
Oxyde de fer		carbonique
Potasse		sulfures
Soude		

Les principales variétés sont :

1° Le *kaolin*, qui provient, le plus souvent, de la décomposition du feldspath orthose contenu dans les roches granitiques, porphyriques et quelquefois basaltiques. Il est blanc, quelquefois teinté de rose ou de jaune, friable, maigre au toucher, donnant avec l'eau une pâte peu liante. Comme toutes les argiles, on le sépare par lavage et décantation des corps étrangers qui le souillent (grains de quartz, de feldspath et de lamelles de mica), et dans cet état il se montre réfractaire et infusible à de très hautes températures. Associé avec du sable quartzeux et du feldspath, il éprouve dans les fours à porcelaine un commencement de fusion ou de vitrification et donne, après le refroidissement, une masse douée d'une grande dureté et d'une certaine translucidité; c'est la porcelaine.

2° *Argiles plastiques.* — Les argiles ainsi nommées sont douces et onctueuses au toucher; délayées dans l'eau, elles possèdent une grande plasticité. Pures elles sont blanches ou peu colorées; elles restent blanches ou blanchissent au feu, en prenant du retrait et de la solidité, et y demeurent infusibles. Elles fournissent la terre à faïence fine, la terre de pipe et la terre réfractaire avec laquelle on fait les cazettes et les briques pour la construction des fours. Impures et colorées en jaune ou en rouge par de l'oxyde de fer, elles servent à la fabrication des poteries communes, des tuiles, des briques, etc.

3° *Argiles figulines.* — Ces argiles, appelées vulgairement terre glaise, se rapprochent des précédentes, par leurs propriétés physiques, mais elles sont moins pures, plus fusibles, forment une pâte moins plastique, se délayent plus facilement dans l'eau, et acquièrent moins de dureté par la cuisson. Elles sont toutes colorées par de l'oxyde de fer et contiennent toutes une assez grande quantité de chaux carbonatée. Elles sont employées dans la fabrication de quelques faïences communes, des vases à fleurs et des terres cuites.

4° *Argiles smectiques.* — Elles sont tendres, homogènes, douces et onctueuses au toucher, retiennent plus d'eau d'hydratation que les argiles plastiques, tout en étant d'une consistance plus ferme et sont moins infusibles que celles-ci. Leur couleur varie du gris-jaunâtre au vert et au brun. Elles fondent en partie au four à porcelaine et donnent avec l'eau une pâte courte, peu malléable. Leur grande affinité pour les matières grasses fait qu'on les emploie sous le nom de *terre à foulon* pour le dégraissage des draps.

5° *Marnes.* — Les marnes sont très communes dans la nature et se trouvent à peu près dans tous les étages des terrains secondaires, elles sont constituées par un mélange intime de carbonate de chaux et d'argile, accompagnés souvent d'une grande quantité de sable quartzeux; suivant que l'un ou l'autre de ces éléments domine dans le mélange, elles prennent le nom de marnes calcaires, d'argiles marneuses ou de marnes sablonneuses. Elles offrent des couleurs très variées, mais sont le plus ordinairement fortement colorées en gris, gris-verdâtre ou en brun, font effervescence avec les acides et sont infusibles. Elles éprouvent quelquefois, en se desséchant, un retrait qui affecte des formes plus ou moins régulières. La quantité considérable de matières organiques qu'elles renferment et leur composition particulière font qu'elles sont employées en agriculture pour l'amendement des terres.

6° *Argiles ocreuses.* — Cette variété, la plus commune, est fournie par des terres argileuses, maigres, siliceuses, colorées soit en rouge par de l'oxyde de fer anhydre, soit en jaune par de l'oxyde de fer hydraté.

A. — ANALYSE MÉCANIQUE

Cette analyse a pour but de déterminer les proportions de sable grossier (gravier) et des autres impuretés qu'on peut séparer mécaniquement des éléments limoneux les plus fins (argiles), dont le mélange constitue le composé naturel.

Le dispositif le plus simple employé dans ce but est l'appareil représenté dans la figure 75. Il se compose d'une éprouvette cylindrique A, de 25 centimètres de hauteur environ et de 4 à 5 centimètres de diamètre. Son orifice est fermé par un bouchon muni de deux trous, dont l'un porte un tube d'écoulement *t*, deux fois courbé à angle droit, et dont l'autre reçoit un tube à entonnoir B, de 40 centimètres de long et de 6 à 7 millimètres de diamètre intérieur. Il est un peu rétréci

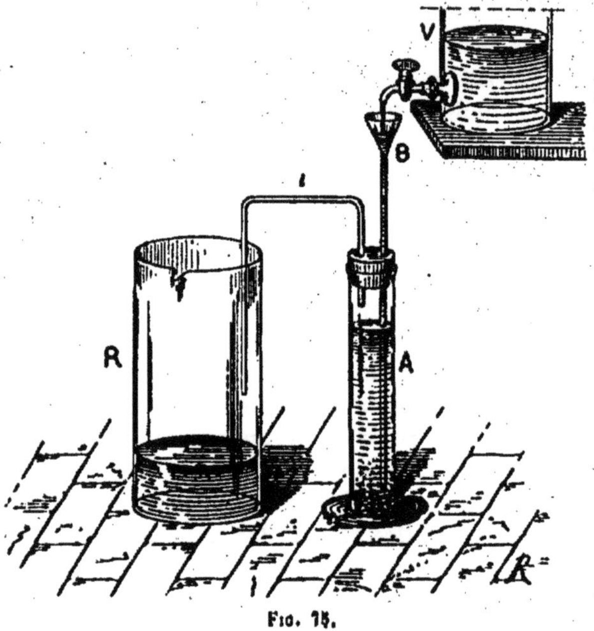

Fig. 75.

à sa partie inférieure et plonge jusqu'à quelques millimètres du fond de l'éprouvette. Un grand vase V d'environ 10 litres, muni d'un robinet, fournit l'eau nécessaire. On le place à une hauteur convenable, et on recueille le liquide, qui s'écoule de l'éprouvette, dans un récipient cylindrique en verre R, d'une capacité suffisante.

On pèse 30 grammes d'argile séchée à l'air, on les fait bouillir pendant une demi-heure dans une capsule de porcelaine avec 100 à 150 centimètres cubes d'eau, en ayant soin de faciliter la désagrégation avec une baguette de verre. Après le refroidissement, on verse tout le contenu de la capsule dans l'éprouvette A. On fait alors couler l'eau du vase V dans l'entonnoir, en s'arrangeant de façon que celui-ci reste à moitié plein. L'argile mise en suspension dans le liquide s'échappe seule par le tube d'écoulement et abandonne tout son sable au fond de l'éprouvette. On fait couler l'eau jusqu'à ce que le liquide passe clair.

On fait tomber dans une capsule de platine, avec la fiole à jet, le gravier que l'on sèche, que l'on calcine et que l'on pèse.

On abandonne au repos pendant six heures au moins le liquide qui s'est écoulé dans le récipient R, on décante alors la plus grande partie claire ou encore un peu trouble, puis on remet dans l'éprouvette A le dépôt, qu'on lave comme la première fois, mais en ne laissant couler l'eau que très lentement, de manière que le niveau de l'eau dans le tube à entonnoir soit à environ 3 centimètres au-dessus du niveau dans l'éprouvette. On prolonge l'opération jusqu'à ce que le liquide passe limpide.

Ce qui reste au fond de l'éprouvette est le sable fin. On en détermine le poids en opérant comme on a fait pour le gravier.

On chauffe maintenant au rouge une nouvelle prise d'essai de la même argile séchée à l'air, pour connaître la proportion d'eau.

Le poids de l'argile brute étant égal à la somme des poids du gravier, du sable fin, de l'argile limoneuse et de l'eau, par différence on obtient le poids de l'argile limoneuse qui n'a pas été déterminée par une pesée directe.

B. — ANALYSE CHIMIQUE QUALITATIVE

(*a*) *Action de l'eau*.— On fait bouillir une certaine quantité d'argile avec de l'eau, on filtre, et, tout en lavant le résidu, on essaye le liquide filtré.

1° A une partie du liquide on ajoute de l'acide azotique en excès et on le distribue dans plusieurs tubes à essais. — Une effervescence indique de l'*acide carbonique* combiné à des alcalis ; l'azotate d'argent donne un précipité blanc s'il y a des *chlorures ;* le chlorure de baryum précipite l'*acide sulfurique* en blanc ; le réactif molybdique ajouté en excès précipite l'*acide phosphorique* sous la forme de phospho-molybdate ammoniacal jaune, soluble dans l'ammoniaque ; le ferrocyanure et le sulfocyanate de potassium donnent avec le *fer*, le premier, un précipité ou une coloration bleue ; le second, une coloration rouge ; quelques gouttes du liquide, introduites dans la flamme d'un bec de Bunsen, la colorent en jaune s'il y a du *sodium*.

2° A une autre portion du liquide on ajoute un excès de réactif de Nessler : un trouble jaune décèle l'*ammoniaque* des sels ammoniacaux ; une autre partie du même liquide, additionnée d'un excès d'acide acétique, puis d'oxalate d'ammonium, précipite les sels de *chaux* en blanc.

On évapore un nouvel essai du liquide à siccité, et l'on chauffe légèrement au rouge; on reprend par quelques gouttes d'eau, puis on ajoute un excès de dissolution alcoolique de chlorure de platine. Les moindres traces de *potasse* se reconnaissent à l'apparition d'un précipité cristallin jaune de chloroplatinate de potassium.

(*b*) *Action de l'acide azotique.* — On chauffe avec de l'acide azotique étendu (5 grammes d'acide pour 100 centimètres cubes d'eau) la substance épuisée par l'eau. S'il y a effervescence, elle est due à l'*acide carbonique* uni aux oxydes terreux, on filtre, on évapore le tout à siccité, on calcine légèrement pour insolubiliser la silice dissoute, on ajoute un peu d'eau aiguisée d'acide azotique, et on filtre de nouveau.

1° A une portion de cette liqueur on ajoute beaucoup d'oxalate d'ammonium, puis un excès d'ammoniaque, ce qui précipite entièrement la *chaux;* le liquide, séparé par filtration de l'oxalate de calcium, est additionné de phosphate de sodium qui, s'il y a de la *magnésie*, la précipite peu à peu à l'état de phosphate ammoniaco-magnésien.

2° A une nouvelle quantité de la liqueur acide on ajoute un excès de réactif molybdique, on chauffe un peu, en ayant grand soin de ne pas dépasser 40 degrés : tout l'*acide phosphorique*, s'il y en a, se sépare sous forme d'un précipité jaune de phosphate ammoniaco-molybdique.

A une autre partie on ajoute du sulfocyanate de potassium, qui se colore en rouge s'il y a du fer.

3° Le résidu argileux insoluble, resté sur le filtre après traitement par l'acide azotique étendu, est introduit tout humide dans une capsule de platine, puis additionné de cinq ou six fois son poids d'acide sulfurique concentré. On évapore en agitant doucement jusqu'à dégagement abondant de vapeurs denses d'acide sulfurique. Après le refroidissement, on fait tomber par petites quantités la masse pâteuse dans une grande quantité d'eau distillée froide, on ajoute quelques centimètres cubes d'acide chlorhydrique, on agite et on filtre : la *silice* reste seule comme résidu.

4° On neutralise partiellement la liqueur filtrée par la soude caustique, on ajoute un peu d'acide azotique, et on fait bouillir pendant quelque temps, afin de déterminer la précipitation de l'*acide titanique* qui se dépose sous la forme d'une poudre blanche. On laisse déposer, on filtre la liqueur sur un filtre de papier durci spécial, afin de retenir l'acide titanique, que l'on lave et dont on constate l'identité.

5° Au liquide dont on a séparé l'acide titanique on ajoute un excès d'ammoniaque. On sépare par filtration le précipité qui se forme, on le lave, on le chauffe avec de la lessive de potasse pure, on filtre, et dans le liquide filtré on cherche l'*alumine* en acidulant avec de l'acide chlorhydrique et chauffant avec un excès d'ammoniaque.

6° Pour rechercher le *vanadium*, on fond 150 grammes d'argile dans un creuset de fer avec trois fois son poids de soude caustique et 100 grammes d'azotate de potassium. La masse refroidie est broyée avec de l'eau, puis jetée sur un filtre qui retient le silico-aluminate de potassium et de sodium insoluble. On débarrasse la liqueur alcaline du *manganèse* qu'elle pourrait contenir à l'état de manganate, en la chauffant avec quelques centimètres cubes d'alcool; tout le manganate est réduit et se précipite sous forme d'oxyde rouge; on laisse déposer et on décante, puis on dirige dans la liqueur un courant prolongé d'acide sulfhydrique. Le vanadium transformé en sulfure se dissout dans le sulfure alcalin, en donnant un sulfovanadite, qui donne à la liqueur filtrée une teinte rouge violacé. On ajoute à cette liqueur de l'acide chlorhydrique, goutte à goutte, jusqu'à ce qu'il ne se dégage plus d'acide sulfhydrique. Le vanadium se sépare ainsi à l'état de sulfure de couleur brune; on le dessèche dans une capsule de porcelaine, puis on le calcine avec précaution, ce qui donne de l'acide vanadique fondu, rouge foncé. On constate que l'on a bien affaire à de l'acide vanadique, en traitant celui-ci par de l'acide chlorhydrique qui le dissout avec dégagement de chlore, et formation d'une liqueur rouge qui, par l'action de la chaleur, est partiellement réduite et se colore alors en vert ou en bleu.

7° Les argiles peuvent encore contenir des *pyrites* qui leur communiquent ordinairement une coloration bleuâtre. Il est nécessaire de constater leur présence, surtout lorsqu'elles doivent servir à la préparation de l'outre-mer.

A cet effet, on fait bouillir l'argile délayée dans de l'eau, on filtre, et on épuise par l'eau bouillante tant que le liquide filtré précipite par le chlorure de baryum. Lorsque ce résultat est atteint, on attaque le résidu par l'eau régale dans une capsule de porcelaine, on étend d'eau et on filtre; dans la liqueur on recherche l'acide sulfurique provenant de l'oxydation du soufre des pyrites par le chlorure de baryum.

ANALYSE DES FONTES, DES ACIERS ET DES FERS

Les fontes, les aciers et les fers contiennent le plus ordinairement les éléments suivants, outre le fer :

Carbone	Phosphore
Silicium	Arsenic
Soufre	Manganèse

La proportion de carbone contenue dans le fer varie de : 0 à 0,25 0/0.

Dans l'acier de. . . .	0.50 à 1.50	0/0
Dans la fonte de . . .	2 à 5	0/0

Les fontes et les aciers peuvent aussi contenir, mais en très petites quantités : du chrome, de l'aluminium, du titane, du vanadium, du cuivre, du cobalt, du nickel, du zinc, de l'antimoine, de l'étain, du calcium, du magnésium, du lithium, du potassium, du sodium et de l'azote.

Le fer est forgeable, soudable, pratiquement infusible et ne se trempe pas.

On partage les aciers : en aciers qui *prennent* la *trempe*, ce sont les aciers au carbone ; et en aciers qui ne *durcissent* pas lorsqu'on les *trempe*. Ces aciers contiennent moins de carbone que les premiers, et généralement une proportion notable d'autres métalloïdes. Tous les aciers sont forgeables, soudables et plus ou moins fusibles.

Les fontes se divisent en *fontes blanches* et *fontes grises*. Les premières sont homogènes et renferment le carbone à l'état combiné. Les secondes contiennent, outre le carbone à l'état de combinaison, du graphite cristallisé disséminé dans la masse. Les fontes ne sont ni forgeables ni soudables : elles sont fusibles et peuvent se tremper.

La quantité de carbone contenue dans le fer et l'acier détermine principalement, ainsi qu'on le sait, la solidité des produits qui sont fabriqués avec ceux-ci. Un excès de phosphore les rend impropres à résister aux chocs. C'est pourquoi la teneur du fer et de l'acier en phosphore ne doit pas excéder 0,1 p. 100 ; la teneur en soufre ne doit pas dépasser 0,05 p. 100, et en silicium 0,15 p. 100. Quant au manganèse et au chrome, leur présence paraît être favorable aux aciers qui en renferment. Voici la composition des aciers employés ordinairement à la fabrication de *rails* français :

A. — *Acier Bessemer*

Carbone.	0.40 0/0	Silicium	0.30 0/0
Phosphore	0.075 —	Manganèse. . . .	0.66 —
Soufre.	0.040 —	Fer.	98.525 —

B. — *Acier Thomas*

Carbone.	0.43 0/0	Silicium	0.029 0/0
Phosphore	0.06 —	Manganèse. . . .	0.76 —
Soufre.	0.029 —	Fer.	98.721 —

I. — DOSAGE DU CARBONE TOTAL (*Méthode Finckus*)

On pèse 2 grammes de fonte, ou 3 à 4 grammes d'acier, ou 4 à 5 grammes de fer. On a soin de prendre les échantillons à l'aide d'une mèche bien trempée, et de les obtenir en petits copeaux afin que l'attaque soit plus facile à opérer.

On place la matière ainsi divisée dans une nacelle de porcelaine que l'on introduit dans un tube de verre vert de 8 à 10 millimètres de diamètre intérieur. Ce tube est placé sur une grille à analyse, et repose sur une gouttière de clinquant chargée de magnésie calcinée ; il communique, d'une part, avec un appareil générateur de chlore, et de l'autre avec un condensateur contenant une dissolution de potasse caustique. Les choses étant ainsi disposées, on chauffe le tube, d'abord doucement pour enlever toute l'humidité, puis on fait arriver le dégagement de chlore qui doit être pur et sec [1], entièrement absorbable par la potasse, et qui balaye tout l'air du tube. On chauffe alors plus fortement, l'attaque commence bientôt, et tous les éléments de la fonte, de l'acier ou du fer se transforment, à l'exception du charbon, en chlorures qui se volatilisent et se rendent dans le condensateur à potasse. On ne distingue bientôt plus dans le tube qu'une vapeur rouge foncé de chlorure ferrique qui persiste jusqu'à la fin, et dont la disparition indique que l'opération est terminée.

On traite par l'eau la nacelle et son contenu, on jette le résidu sur un filtre rond lavé à l'acide et parfaitement taré, en lavant d'abord par

[1] On le purifie en le faisant passer dans un flacon laveur contenant de l'eau et dans deux tubes à boules contenant de l'acide sulfurique concentré.

décantation, puis ensuite complètement à l'eau bouillante, à l'alcool et à l'éther. On pèse ensuite le filtre et son contenu, après les avoir complètement desséchés, et on obtient ainsi, défalcation faite du poids du filtre, celui du carbone total.

Méthode Boussingault. — Cette méthode, qui donne aussi des résultats très précis, consiste à traiter l'échantillon à essayer par le chlorure de mercure. Un gramme de fonte ou 2 grammes de fer ou d'acier, réduits en très petits copeaux, sont traités par quinze fois environ leur poids de chlorure mercurique pulvérisé dans un mortier émaillé. On broie le mélange jusqu'à ce qu'il devienne pâteux après addition d'une petite quantité d'eau, et l'on mélange intimement à l'aide du pilon, en prenant soin d'empêcher la poussière de l'air de se déposer sur celui-ci. On laisse vingt-quatre heures en contact, en remuant de temps à autre. La décomposition de la matière à analyser étant accomplie, on ajoute dans le mortier 10 centimètres cubes d'acide chlorhydrique contenant moitié de son volume d'eau, et on le chauffe au bain-marie pendant quelques heures. On verse le contenu dans un filtre et après avoir lavé le précipité, d'abord avec de l'acide chlorhydrique dilué, puis avec de l'eau bouillante, on le fait sécher, et on le place dans de petites nacelles de platine de 10 centimètres de longueur. Pour isoler le chlorure de mercure et la silice qui se trouvent dans le précipité avec le carbone de la prise d'essai, on chauffe ces nacelles dans un tube de verre vert, dans lequel on fait circuler un courant d'hydrogène pur. Lorsque toute la masse est entièrement noire, on éteint le feu et on laisse refroidir complètement dans le courant de gaz. On retire alors avec précaution la nacelle pour que le charbon très léger qu'elle contient ne soit pas enlevé par l'air, et on note le poids total. En défalquant de celui-ci le poids de la nacelle, on obtient celui du carbone libre et combiné contenu dans la quantité essayée.

II. — DOSAGE DU GRAPHITE

On prend 5 grammes de fonte grise, ou 10 grammes de fonte blanche, divisées comme nous l'avons indiqué, et on les traite vers 60 degrés par de l'acide chlorhydrique de concentration moyenne, jusqu'à ce qu'il ne se dégage plus de gaz; on filtre la liqueur à travers un tube de la forme indiquée (*fig.* 76), et dont la partie rétrécie est garnie de mousse de platine ; on lave la partie insoluble, d'abord avec de l'eau bouillante, puis avec de la lessive de potasse chaude, de l'eau bouillante, de l'alcool et enfin

Fig. 76.

avec de l'éther, on sèche et on pèse. L'augmentation de poids du tube garni de mousse de platine indique celui du graphite.

On obtient une précision plus grande en plaçant dans une nacelle de porcelaine tout le contenu du tube que l'on fait brûler dans un courant d'oxygène pur, après l'avoir introduit dans un tube de verre vert chauffé au rouge. On recueille, dans un système approprié de tubes à boules contenant de la lessive de potasse, le gaz carbonique formé, et du poids de celui-ci on déduit celui du graphite.

III. — DOSAGE DU SILICIUM

Dans une capsule de verre placée sur un bain-marie, on attaque 5 à 6 grammes de fonte ou d'acier par de l'acide azotique étendu du tiers de son poids d'eau; lorsque toute la substance paraît dissoute, on évapore à sec après avoir partiellement saturé la liqueur avec un peu de potasse. Le résidu est fondu dans un creuset de platine avec trois fois son poids de carbonate de sodium sec; on retire le creuset du feu, on le laisse refroidir, et on le plonge dans une capsule contenant de l'eau acidulée par l'acide chlorhydrique, on lave le creuset au-dessus de la capsule, on évapore à sec, on reprend le résidu par l'acide chlorhydrique, on étend d'eau, et on fait bouillir; on laisse déposer, on filtre la liqueur, en recevant la silice sur le filtre, on lave d'abord à l'eau bouillante, puis avec de l'eau acidulée par l'acide chlorhydrique; on achève le lavage à l'eau bouillante. La silice est séchée, calcinée et pesée; de son poids, on déduit celui du silicium.

IV. — DOSAGE DU MANGANÈSE

On pèse exactement 2 grammes de fonte, ou 4 grammes de fer ou d'acier que l'on introduit, avec 50 centimètres cubes d'acide azotique dilué du tiers de son volume d'eau, dans un petit ballon sur l'orifice duquel on place un petit entonnoir de verre. On chauffe à l'ébullition, on agite doucement, et, lorsque la dissolution est terminée, on ajoute 12 à 15 grammes de bioxyde puce de plomb (bien exempt de manganèse et de chlore), et l'on fait bouillir de nouveau pendant cinq à six minutes. On retire du feu, puis on ajoute encore 5 grammes d'oxyde puce de plomb, sans chauffer; on fait tomber tout le contenu du ballon dans un vase jaugé de 100 centimètres cubes, en lavant l'entonnoir et le ballon avec de l'eau distillée que l'on réunit dans le vase jaugé, on agite après avoir parfait le volume de 100 centimètres cubes, et on abandonne au repos à l'abri de la lumière.

Lorsque la liqueur est devenue limpide, on prélève 50 centimètres cubes avec une pipette graduée, et on fait couler dans un vase à précipité. On verse alors avec précaution de la liqueur titrée demi-normale centime d'anhydride arsénieux contenue dans une burette graduée, jusqu'à décoloration complète de la solution permanganique.

D'après l'équation : $2MnO^4H + As^2O^3 = As^2O^5 + 2MnO^2 + 2H^2O$, on voit qu'un atome d'anhydride arsénieux décompose deux atomes d'acide permanganique. Le poids atomique de l'anhydride arsénieux étant 198, pour préparer la liqueur demi-normale centime, on pèse 0 gr. 99 d'anhydride arsénieux pur et vitreux que l'on introduit dans un ballon de verre avec 500 ou 600 centimètres cubes d'eau. On chauffe jusqu'à dissolution complète, on laisse refroidir, puis on verse le contenu du matras dans un vase jaugé de 1,000 centimètres cubes que l'on achève de rempl[illegible] les eaux du lavage. On agite pour obtenir une liqueur homogène dont chaque centimètre cube correspond à 0 gr. 00055 de manganèse métallique. Il suffit donc de multiplier 0,00055 par le nombre de centimètres cubes de liqueur titrée employée pour savoir la quantité de manganèse contenue dans les 50 centimètres cubes de solution traitée, et de doubler ce chiffre pour obtenir la quantité de manganèse contenue dans l'échantillon mis à l'épreuve.

V. — DOSAGE DU SOUFRE

On met de 10 à 15 grammes de fer, acier ou fonte, en très petits fragments, dans un ballon de verre B (*fig.* 77) fermé par un bouchon de *liège* muni de trois trous, dont un livre passage à un tube à dégagement T, courbé deux fois à angle droit, l'autre à un entonnoir à boule E à robinet, rempli d'acide chlorhydrique pur, et le troisième à un tube à robinet H en communication avec un appareil donnant du gaz hydrogène pur. L'opération se conduit de la manière suivante : On balaye l'air de tout le système en y faisant passer pendant quelque temps du gaz hydrogène, on ferme alors le robinet du tube H, et on ouvre celui de l'entonnoir contenant l'acide chlorhydrique. Le fer se dissout en dégageant un mélange d'hydrogène et de gaz sulfhydrique, celui-ci est fixé par l'appareil A dans lequel se trouve une dissolution limpide et incolore d'oxyde de plomb dans la potasse. Lorsque la dissolution est complète, on fait de nouveau circuler un courant de gaz hydrogène pour chasser les dernières traces d'hydrogène sulfuré. On dilue alors le liquide de l'appareil A et on sépare le sulfure de plomb par filtration, on le lave, on le dessèche, on y ajoute quatre à cinq fois son poids d'un mélange à partie égale, de carbonate de sodium et d'azotate de potassium secs, et on calcine le tout dans un creuset de porcelaine. La masse refroidie, épuisée par l'eau bouillante, dissout tout le sulfate alcalin que l'on précipite, à l'ébullition, par le chlorure de baryum, après avoir sursaturé la liqueur avec de l'acide chlorhydrique. Du poids du sulfate de baryum obtenu on déduit celui du soufre.

Pour plus de certitude, on débarrasse par évaporation la solution de chlorure ferreux de son excès d'acide chlorhydrique, et on la traite

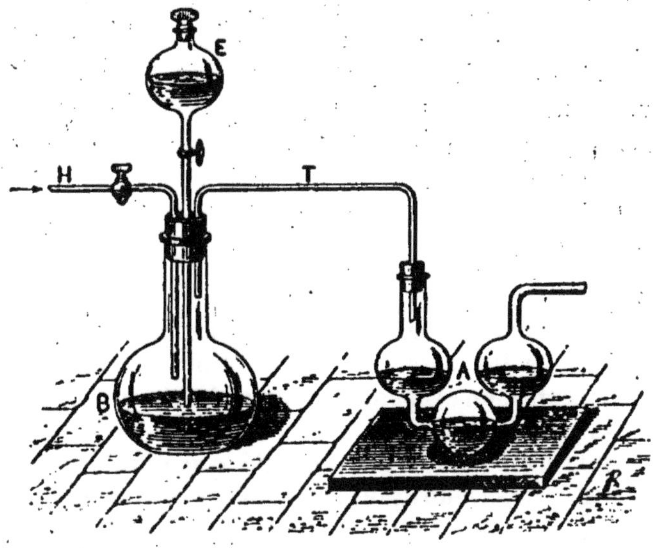

Fig. 77.

aussi par le chlorure de baryum. S'il se produit un précipité, on le recueille, on le lave, on le dessèche et on le pèse comme le précédent, pour connaître la quantité de soufre qu'il représente. On fond aussi le résidu insoluble avec du carbonate de sodium et de l'azotate de potassium, et on précipite, par le chlorure de baryum acidulé, l'acide sulfurique dans l'eau par laquelle on reprend la masse fondue. Le soufre total contenu dans la prise d'essai s'obtient en additionnant les poids du soufre obtenu dans les trois précipités.

VI. — DOSAGE DU PHOSPHORE

On pèse 5 grammes de fer, fonte ou acier, on les fait dissoudre à une douce chaleur dans un petit ballon de verre, à l'aide d'acide azotique pur en quantité suffisante, puis on évapore tout le liquide transvasé dans une capsule de porcelaine jusqu'à siccité complète. On calcine légèrement le résidu, et, lorsqu'il est refroidi, on le reprend par de l'eau légèrement aiguisée d'acide azotique, on filtre, puis on traite la liqueur par un grand excès de réactif molybdique.

On porte dans une étuve dont la température ne dépasse pas 40 degrés, et on abandonne vingt-quatre heures au repos. On recueille au bout de ce temps le précipité jaune de phosphate ammoniaco-molybdique sur un double filtre taré, on le lave plusieurs fois avec de l'eau contenant un dixième d'acide azotique, on dessèche dans l'étuve à eau à 100 degrés et on pèse. Le poids du précipité, multiplié par 0 gr. 013901, représente le phosphore de 5 grammes de matière.

VII. — DOSAGE DU CHROME

« Selon la teneur probable, on prend de 1 à 5 grammes de la fonte ou de l'acier, et on les dissout dans 20 centimètres cubes d'acide chlorhydrique concentré, on évapore à sec à une température modérée, puis on détache au moyen d'une spatule les chlorures de la capsule, et on lave la capsule avec une petite quantité d'acide chlorhydrique. On verse l'acide chlorhydrique ayant servi à laver la capsule, dans un creuset de platine, on achève le lavage de la capsule à l'aide de la fiole à jet, et l'on évapore la liqueur dans le creuset. On ajoute au résidu de cette évaporation les chlorures détachés de la capsule, on broie le tout dans le creuset même à l'aide d'un petit pilon de verre, et on fond avec une partie de carbonate de sodium sec et une partie de salpêtre. On laisse refroidir, on reprend par 80 centimètres cubes d'eau bouillante et on additionne la solution de trois à quatre gouttes d'alcool. On laisse déposer les oxydes de fer et de manganèse, on filtre, on lave par décantation, en évitant de jeter l'oxyde de fer sur le filtre. Le liquide filtré, contenant le chrome et le silicium, est traité par 20 centimètres cubes d'acide chlorhydrique ; on fait bouillir jusqu'à expulsion complète des vapeurs nitreuses, on ajoute de l'ammoniaque, et on chauffe jusqu'à l'ébullition : le précipité qui se dépose est formé par l'oxyde de chrome, la silice et les sels alcalins. On reçoit ce précipité sur un filtre, on le redissout dans l'acide chlorhydrique chaud et étendu, puis on évapore la liqueur à siccité. On reprend le résidu par 100 centimètres cubes d'acide chlorhydrique au dixième, on fait bouillir, on laisse déposer, on filtre, on reçoit la silice sur le filtre, et on lave avec soin. On ajoute de l'ammoniaque à la liqueur filtrée, et on chauffe à une température voisine de l'ébullition; on laisse déposer, on filtre la liqueur, on reçoit l'oxyde de chrome sur le filtre, et on le lave. Le filtre est séché et calciné ; on pèse l'oxyde de chrome. » (J.-O. Arnold.)

VIII. — DOSAGE DU TUNGSTÈNE, DU TITANE ET DE L'ALUMINIUM

On fait dissoudre à une douce chaleur dans un ballon de verre 15 à 20 grammes de fonte ou d'acier, à l'aide de l'acide azotique ; on transvase après dissolution dans une capsule de platine, puis on évapore à sec, et l'on reprend par l'acide chlorhydrique dilué.

Pour rechercher l'aluminium dans la liqueur filtrée, on la précipite par un excès d'ammoniaque; le précipité bien lavé est chauffé avec de la potasse caustique pure, qui dissout l'alumine; on filtre la liqueur, on la neutralise par un léger excès d'acide chlorhydrique, on ajoute un excès d'ammoniaque, et l'on chauffe: l'alumine précipitée est recueillie sur un filtre, lavée à l'eau bouillante, desséchée, calcinée et pesée.

Le résidu insoluble dans l'acide chlorhydrique dilué est épuisé par l'ammoniaque qui ne dissout que l'acide tungstique, s'il y en a ; la liqueur ammoniacale neutralisée par l'acide chlorhydrique est mise en contact avec une lame de zinc : il se forme un dépôt bleu d'oxyde intermédiaire que l'on peut recueillir, laver, dessécher et peser.

On traite le résidu insoluble dans l'ammoniaque par de l'acide sulfurique concentré et chaud qui dissout l'acide titanique. On étend de beaucoup d'eau, on neutralise presque complètement la liqueur par la soude caustique, et on fait bouillir longtemps pour que l'acide titanique se précipite complètement. On laisse déposer, on filtre la liqueur, on reçoit l'acide titanique sur le filtre, et on le lave avec soin.

L'acide titanique est séché, calciné et pesé.

IX. — DOSAGE DU VANADIUM

On traite dans une capsule 15 à 20 grammes de fonte ou d'acier, en grains ou en limures, par l'acide azotique; lorsque la réaction est terminée, on étend d'eau, on sature par du carbonate de sodium, et on évapore à siccité. On fond le résidu dans un creuset d'argent avec son poids de potasse caustique. Après le refroidissement, on fait bouillir le creuset et son contenu dans une capsule avec de l'eau, on lave le creuset au-dessus de la capsule, on filtre la liqueur, on retient par le filtre les matières insolubles que l'on lave. La liqueur filtrée est concentrée par évaporation et légèrement sursaturée d'acide chlorhydrique ; on la neutralise par l'ammoniaque, et on y dirige un courant prolongé de gaz sulfhydrique : il se produit un précipité brun-rougeâtre, s'il y a du vanadium. On recueille ce précipité sur un filtre, on le lave, on le redissout dans l'acide azotique, on évapore à sec pour chasser l'excès d'acide, et on reprend par l'eau; dans la liqueur on verse une dissolution de tannin qui précipite tout le vanadium sous la forme d'un précipité bleu-noir.

On isole ce précipité par le filtre, on le lave, on le sèche et on le calcine ; on pèse l'acide vanadique.

X. — RECHERCHE DE L'AZOTE DANS LES FONTES ET LES ACIERS

L'azote peut exister dans les fontes et les aciers sous deux états : à l'état libre et à l'état de combinaison. On peut le rechercher de la façon suivante :

On fait dissoudre dans une capsule de porcelaine une certaine quantité de la matière, à l'aide de l'acide chlorhydrique. On filtre le liquide, on l'introduit dans un grand ballon avec un excès de lessive de soude. Le ballon est relié avec le réfrigérant de Schlœsing (modifié par Aubin, voir *fig.* 62, page 417), dont l'autre extrémité plonge dans de l'eau acidulée. Après plusieurs heures d'ébullition, toute l'ammoniaque formée est retenue par le condensateur contenant l'eau acidulée. On additionne celle-ci d'un léger excès de potasse, puis d'un peu de réactif de Nessler qui détermine un trouble de couleur jaune-rougeâtre, s'il y avait de l'azote dans l'échantillon traité.

Le résidu insoluble resté sur le filtre, introduit de même dans le ballon de l'appareil de Schlœsing, et traité d'une façon identique par la lessive de soude à l'ébullition, laissera, s'il renferme de l'azote, dégager de l'ammoniaque dont on constatera la présence à l'aide de la même réaction.

APPENDICE

État de concentration des réactifs [1]

Acétate de Baryum : une partie de sel pour quinze parties d'eau.

Acétate basique de plomb : on le prépare en chauffant au bain-marie, dans un ballon, 30 grammes d'acétate neutre de plomb cristallisé avec 75 grammes d'eau ; lorsque le sel est dissous, on ajoute 10 grammes de litharge en poudre impalpable, et on continue à chauffer en agitant jusqu'à dissolution de l'oxyde ; on laisse refroidir et on filtre.

Acétate de cuivre : une partie de sel pour quinze parties d'eau.

Acétate neutre de plomb : une partie de sel pour dix parties d'eau.

Acétate de potassium : une partie de sel pour trois parties d'eau.

Acétate de sodium : une partie de sel pour six parties d'eau.

Acide acétique : d'une densité de 1,04.

Acide azotique : d'une densité de 1,2.

Acide chlorhydrique : d'une densité de 1,12.

Acide hydrofluosilicique : solution aqueuse de densité 1,03

Acide oxalique : une partie d'acide dans vingt parties d'eau.

Acide sulfureux : eau saturée de gaz anhydride sulfureux.

Acide sulfurique concentré : d'une densité de 1,84.

Acide sulfurique étendu : une partie d'acide pour neuf parties d'eau.

Acide tartrique : une partie d'acide cristallisé pour trois parties d'eau. On ajoute quelques gouttes de benzine pure à la solution pour s'opposer à l'envahissement des conferves qui la détruisent.

Ammoniaque : d'une densité de 0,96.

Azotate d'argent : une partie de sel pour quinze parties d'eau.

Azotate d'argent ammoniacal : à la dissolution précédente on ajoute de l'ammoniaque, goutte à goutte, jusqu'à redissolution du précipité d'abord formé.

Azotate de bismuth : solution de 6 gr. 80 azotate neutre cristallisé, dans dix-huit parties acide azotique pur de densité 1,33, à laquelle on ajoute quantité suffisante d'eau pour former 100 centimètres cubes.

[1] Nous avons indiqué, pages 243 et suivantes, la préparation des réactifs généraux des alcaloïdes.

Oxalate d'ammonium : une partie de sel dans vingt parties d'eau.

Permanganate de potassium : solution saturée à froid préparée avec le sel pur.

Phosphate d'ammonium : une partie de sel pour dix parties d'eau.

Phosphate de sodium : comme le précédent.

Potasse caustique : densité 1,30.

Pyroantimoniate acide de potassium : on fait bouillir pendant plusieurs minutes une partie de sel dans 200 grammes d'eau, on laisse refroidir, et on filtre[1]. Ne se conserve pas.

Réactif cupro-potassique : sulfate de cuivre 35,5, potasse caustique 100, soude caustique 115, acide tartrique 110, eau quantité suffisante pour 1,000 centimètres cubes. Faire dissoudre ensemble soude et potasse, dans une partie de l'eau, et, séparément, l'acide tartrique et le sulfate de cuivre dans deux autres parties ; puis, mélanger les divers solutés dans l'ordre suivant : 1° acide tartrique avec solution alcaline ; 2° enfin soluté de sulfate de cuivre. On parfait le volume de 1,000 centimètres cubes, et on filtre.

Réactif molybdique : On fait dissoudre 30 grammes molybdate d'ammonium dans 180 grammes d'ammoniaque, puis on verse par petites portions cette liqueur dans 400 grammes d'acide azotique, de densité 1,2, en prenant soin de refroidir le mélange, et on lui ajoute 150 grammes d'eau. On laisse reposer quelques jours, puis on filtre sur papier Berzélius préalablement lavé à l'acide azotique.

Réactif de Nessler : on fait dissoudre à froid 2 gr. 50 d'iodure mercurique dans quantité suffisante d'une solution saturée d'iodure de potassium, on ajoute 25 centimètres cubes d'eau, puis 30 centimètres cubes d'une lessive de potasse de densité 1,30.

Réactif de Péligot (de Schweitzer) : on précipite par la potasse une solution de sulfate de cuivre ammoniacal, on filtre et on dissout l'hydrate bleu ainsi obtenu dans quinze parties d'ammoniaque ; on filtre sur de l'amiante.

Réactif de Tanret : iodure de potassium 3,32, bichlorure de mercure 1,35, acide acétique 20 centimètres cubes, eau distillée quantité suffisante pour 64 centimètres cubes.

[1] Pour préparer le pyroantimoniate acide de potassium $Sb^2O^7K^2H^2$, on projette, par petites portions, dans un creuset chauffé au rouge, un mélange intime d'émétique et d'azotate de potassium fait à parties égales. On chauffe la masse jusqu'à ce qu'elle entre en fusion tranquille. On laisse refroidir ; le résidu est traité par l'eau bouillante, et celle-ci filtrée abandonne le pyroantimoniate sous forme d'une poudre blanche, lourde, qu'on lave avec un peu d'eau froide, qu'on dessèche sur des doubles de papier à filtre, et que l'on conserve pour l'usage.

Soude caustique: densité 1,30.

Succinate d'ammonium : une partie de sel pour quinze parties d'eau.

Sulfate d'aluminium: solution demi-sirupeuse.

Sulfate de calcium: solution saturée de sel pur.

Sulfate de cuivre : une partie de sel pour quinze parties d'eau.

Sulfate de magnésium: une partie de sel pour dix parties d'eau.

Sulfocyanate de potassium : une partie de sel pour dix parties d'eau.

Sulfure d'ammonium : par saturation de trois parties d'ammoniaque par l'hydrogène sulfuré gazeux. La liqueur ainsi obtenue est additionnée de deux parties d'ammoniaque de la même concentration.

Réactifs indicateurs pour réactions colorimétriques

Tournesol : on pulvérise le tournesol en pains, on le lave plusieurs fois avec de l'alcool à 85 degrés bouillant qu'on rejette. La masse est alors mise à bouillir dans de l'eau à laquelle on ajoute un peu d'hydrate de calcium, on filtre, dans la liqueur encore chaude on dirige un courant de gaz carbonique lavé, on laisse refroidir, on filtre. A la moitié de cette teinture on ajoute de l'acide oxalique dilué jusqu'à ce que la coloration soit rouge, et on réunit à l'autre moitié pour avoir la teinture sensible que l'on filtre après quelques heures de repos.

Phtaléine du phénol: une partie de phtaléine pour cinquante parties d'alcool à 80 degrés. Ce réactif est rouge au contact des alcalis et incolore avec les acides. On ne peut l'employer en présence d'ammoniaque.

Fluorescéine : solution à deux millièmes. Elle est jaune avec les acides, verte avec les alcalis.

Acide rosolique : solution au millième. Elle est jaune avec les acides, violette avec les alcalis.

Orangé de diméthylaniline (héliantine de Poirrier) : solution au millième. Elle est jaune en solution alcaline, et rouge avec les acides minéraux seulement, même avec l'anhydride sulfureux, mais non par les acides organiques, l'acide oxalique compris, ou par le gaz carbonique ou l'hydrogène sulfuré.

Campêche: on fait un décocté aqueux de copeaux de campêche. Cette teinture est jaune avec les acides, violette avec les alcalis.

Cochenille : on pulvérise 5 grammes de cochenille que l'on fait

Azotate de cobalt : une partie de sel pour dix parties d'eau.

Azotate mercureux : solution de une partie de sel cristallisé dans neuf parties d'eau, préalablement additionnées de une partie d'acide azotique. On le conserve sur une petite quantité de mercure.

Azotate de plomb : une partie de sel pour dix parties d'eau.

Azotite de potassium : une partie de sel pour trois parties d'eau.

Bichlorure d'étain : solution de une partie de sel dans neuf parties d'eau additionnées de une partie d'acide chlorhydrique. Le réactif ne doit pas se troubler à l'ébullition avec le chlorure mercurique.

Bichlorure de mercure : une partie de sel pour cinquante parties d'eau.

Bichromate de potassium : une partie de sel pour dix parties d'eau.

Carbonate d'ammonium : par dissolution de une partie sesquicarbonate d'ammonium du commerce dans quatre parties d'eau additionnées de une partie d'ammoniaque.

Carbonate de potassium : une partie de sel pour six parties d'eau.

Carbonate de sodium : trois parties de sel cristallisé dans six parties d'eau, ou de une partie de sel sec et pur dans la même quantité d'eau.

Chlorure d'ammonium : une partie de sel pour six parties d'eau.

Chlorure de baryum : une partie de sel pour dix parties d'eau.

Chlorure de calcium : une partie de sel pour cinq parties d'eau.

Chlorure ferrique : une partie de sel pur dans dix parties d'eau, ou en diluant la solution officinale de deux fois et demie son poids d'eau.

Chlorure lutéo-cobaltique : on abandonne une solution ammoniacale de sesquichlorure de cobalt avec un excès de chlorure d'ammonium, il se forme des cristaux jaunes que l'on recueille; on prépare avec ceux-ci une solution saturée que l'on étend ensuite de partie égale d'eau.

Chlorure d'or : une partie de sel pur pour vingt parties d'eau.

Chlorure de palladium : une partie de sel pour vingt parties d'eau.

Chlorure platinique : une partie de sel pour dix parties d'alcool à 60 degrés.

Chlorure stanneux : solution de une partie de sel dans neuf parties d'eau additionnées de une partie d'acide chlorhydrique. On divise le réactif dans de petits flacons exactement bouchés et contenant de la grenaille d'étain.

Chlorure stanneux en solution alcaline : On fait dissoudre du chlorure stanneux dans une solution moyennement concentrée de potasse, et on filtre. Ce réactif donne un précipité noir au contact des solutions de bismuth (faire la réaction en déposant le réactif sur une soucoupe de porcelaine).

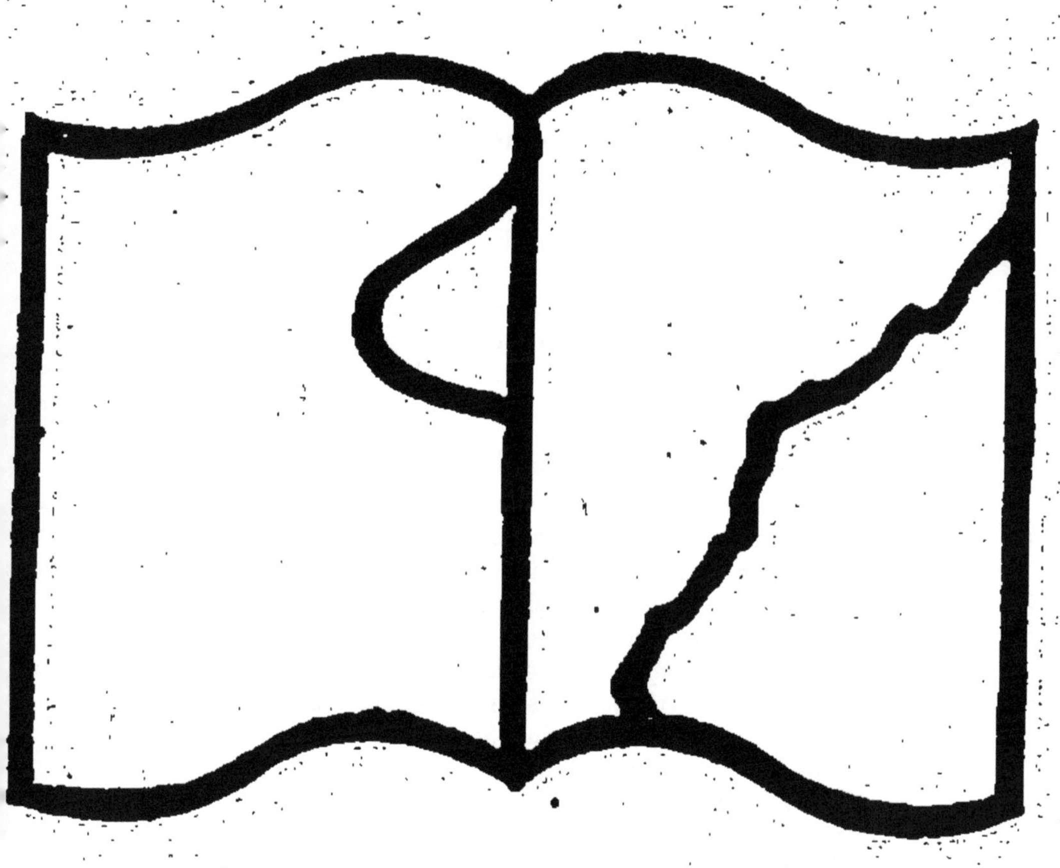

Texte détérioré — reliure défectueuse

NF Z 43-120-11

APPENDICE

État de concentration des réactifs [1]

Acétate de Baryum: une partie de sel pour quinze parties d'eau.

Acétate basique de plomb : on le prépare en chauffant au bain-marie, dans un ballon, 30 grammes d'acétate neutre de plomb cristallisé avec 75 grammes d'eau ; lorsque le sel est dissous, on ajoute 10 grammes de litharge en poudre impalpable, et on continue à chauffer en agitant jusqu'à dissolution de l'oxyde ; on laisse refroidir et on filtre.

Acétate de cuivre: une partie de sel pour quinze parties d'eau.

Acétate neutre de plomb: une partie de sel pour dix parties d'eau.

Acétate de potassium: une partie de sel pour trois parties d'eau.

Acétate de sodium: une partie de sel pour six parties d'eau.

Acide acétique: d'une densité de 1,04.

Acide azotique: d'une densité de 1,2.

Acide chlorhydrique: d'une densité de 1,12.

Acide hydrofluosilicique: solution aqueuse de densité 1,03

Acide oxalique : une partie d'acide dans vingt parties d'eau.

Acide sulfureux: eau saturée de gaz anhydride sulfureux.

Acide sulfurique concentré : d'une densité de 1,84.

Acide sulfurique étendu: une partie d'acide pour neuf parties d'eau.

Acide tartrique: une partie d'acide cristallisé pour trois parties d'eau. On ajoute quelques gouttes de benzine pure à la solution pour s'opposer à l'envahissement des conferves qui la détruisent.

Ammoniaque: d'une densité de 0,96.

Azotate d'argent : une partie de sel pour quinze parties d'eau.

Azotate d'argent ammoniacal: à la dissolution précédente on ajoute de l'ammoniaque, goutte à goutte, jusqu'à redissolution du précipité d'abord formé.

Azotate de bismuth: solution de 6 gr. 80 azotate neutre cristallisé, dans dix-huit parties acide azotique pur de densité 1,33, à laquelle on ajoute quantité suffisante d'eau pour former 100 centimètres cubes.

[1] Nous avons indiqué, pages 243 et suivantes, la préparation des réactifs généraux des alcaloïdes.

Chromate de strontium : solution aqueuse saturée préparée avec le sel pur et cristallisé.

Eau de baryte : par suspension d'hydrate de baryte dans de l'eau, repos et décantation de la liqueur limpide.

Eau bromée : solution obtenue en versant un peu de brome dans un flacon que l'on remplit d'eau et que l'on agite. Il doit y avoir un excès de brome au fond du flacon.

Eau de chaux : solution saturée de chaux pure obtenue par la calcination du marbre blanc.

Eau iodée : solution saturée obtenue en laissant en contact dans un flacon un excès d'iode avec de l'eau.

Eau régale : une partie d'acide azotique et deux à trois parties d'acide chlorhydrique. Ne doit être préparée qu'au moment du besoin.

Ferrocyanure de potassium : une partie de sel pour douze parties d'eau.

Ferricyanure de potassium : solution de sel dans dix parties d'eau. On lave les cristaux avec un peu d'eau distillée que l'on rejette, et on les met en solution. Procéder ainsi au moment du besoin.

Hydrogène sulfuré : en faisant passer de l'hydrogène sulfuré pur dans de l'eau préalablement bouillie et froide.

Hydrosulfite de sodium : on l'obtient en traitant dans un flacon bouché de la grenaille de zinc par du bisulfite de sodium à 35 degrés B. Au bout de vingt minutes, on verse le liquide dans de l'alcool ; du sulfite double de zinc et de sodium se dépose, on décante rapidement, et le tout se prend bientôt en une masse d'aiguilles d'hydrosulfite acide qu'on exprime sur une toile, et qu'on fait dissoudre dans de petits flacons exactement bouchés et entièrement remplis d'eau froide préalablement bouillie.

Hypochlorite de calcium : solution saturée du sel dans l'eau.

Hypochlorite de sodium : on la prépare en traitant la solution précédente par du carbonate de sodium tant qu'il se forme un précipité, et on filtre.

Hyposulfite de sodium : une partie de sel pour huit parties d'eau. Ne doit pas être préparée longtemps à l'avance.

Mixture magnésienne : on fait dissoudre : chlorure de magnésium, une partie ; chlorhydrate d'ammonium, une partie ; dans huit parties d'eau additionnées de quatre parties ammoniaque, et on filtre.

Monosulfure de sodium : une partie de sel cristallisé dans dix parties d'eau. Ne doit être préparée qu'au moment du besoin.

Nitroprussiate de sodium : une partie de sel pour vingt parties d'eau, s'altère assez rapidement.

macérer à froid dans 500 centimètres cubes d'alcool à 60 degrés, et on filtre. Cette teinture est jaune-orangé avec les acides, et violette avec les alcalis.

Phénacétoline: solution alcoolique au 1000e. Elle est jaune avec les acides, et violette avec les alcalis.

Curcuma (teinture pour papier réactif) : on lave avec beaucoup d'eau distillée froide de la racine de curcuma réduite en poudre, le résidu est mis en digestion dans de l'alcool à 60 degrés, on filtre après plusieurs heures.

FIN

INDEX ALPHABÉTIQUE

A

Pages

Abich (Mortier d') ... 12

Absinthe (Principes de l'). — Recherche ... 256

Acétates. — Recherche par voie sèche, 4 ; — par voie humide, 45 ; — réactions ... 142

— basique de plomb (réactif). 466

— de baryum (réactif) ... 466

— de cuivre (réactif) ... 466

— neutre de plomb (réactif) .. 466

— de potassium (réactif) ... 466

— de sodium (réactif) ... 466

Acétylène. — Recherche dans les mélanges gazeux ... 170

Acides acétique. — Recherche systématique, 45 ; — réactif ... 466

— atropique ... 326

— azoteux. — Recherche systématique ... 35, 37

— azotique. — Recherche systématique, 37 ; — réactif ... 466

— antimonieux. — Recherche systématique ... 39

— antimonique. — Recherche systématique ... 39

— arsénieux. — Recherche systématique ... 39

— benzoïque. — Recherche systématique, 44 ; — séparé des masses organiques, 253 ; — réactions ... 143

Pages

Acides borique. — Recherche systématique, 40 ; — dosage dans les eaux, 422 ; — réactions. 116

— bromhydrique — Recherche systématique ... 38, 167, 172

— bromique. — Recherche systématique, 37 ; — réactions. 117

— carbonique. — Recherche systématique ... 33, 167, 173

— chloreux. — Recherche systématique, 37, 168 ; — réactions ... 121

— chlorhydrique. — Recherche systématique, 37, 167, 173 ; — réactif ... 15, 466

— chlorique. — Recherche systématique, 37 ; — réactions. 118

— chloroxicarbonique. — Recherche dans les mélanges gazeux ... 168

— chromique. — Recherche systématique, 41 ; — réactions. 59

— chrysammique. — Recherche. 256

— citrique. — Recherche systématique, 43 ; — réactions. 145

— cyanhydrique. — Recherche systématique, 38 ; — réactions, 123 ; — recherche médico-légale ... 232

— digallique. — Réactions ... 148

— ferro-cyanhydrique. — Recherche systématique, 39, 41 ; — réactions ... 125

Pages

Acides ferricyanhydrique. — Recherche systématique, 38, 41 ; — réactions... 125
— fluorhydrique. — Recherche systématique, 37 ; — réactions... 127
— formique. — Recherche systématique, 44 ; — réactions. 147
— gelsémique, 358. — Recherche... 258
— hippurique. — Réactions, 148 ; — séparation d'avec l'acide urique, l'acide benzoïque, etc... 159
— hydrofluosilicique. 127 ; — réactif... 466
— hypochloreux. — Recherche systématique, 35, 168 ; — réactions... 121
— hypophosphoreux — Recherche systématique, 36 ; — réactions... 131
— hyposulfureux. — Recherche systématique, 35, 38 ; — réactions... 138
— hyposulfurique. — Recherche systématique, 38 ; — réactions... 138
— iodhydrique. — Recherche systématique..... 38, 167, 172
— iodique. — Recherche systématique, 37 ; — réactions. 128
— malique. — Recherche systématique, 44 ; — réactions. 151
— manganique. — Recherche systématique, 41 ; — réactions... 76
— métaphosphorique. — Recherche systématique, 36 ; — réactions, 133 ; — séparation d'avec les acides phosphorique et métaphosphorique... 133
— métatungstique (réactif).... 244
— Minéraux (précipités par le chlorure de baryum), 34 ; — (précipités par l'azotate d'argent), 34 ; — (non précipités par les réactifs de groupement)... 35
— molybdique. — Recherche systématique, 39 ; — réactions... 79

Acides opianique... 365
— organiques (observations préliminaires et groupement), 41 ; — (précipités et non précipités par les réactifs de groupement)... 42
— oxalique (réactif), 466 ; — recherche systématique, 36, 43 ; — réactions... 152
— nicotianique... 317
— niobique. — Recherche au chalumeau, 6 ; — réactions. 82
— paratartrique. — Recherche systématique, 43 ; — réactions... 157
— nitroprussique. — Recherche systématique, 38, 41 ; — réactions... 126
— perchlorique. — Recherche systématique, 37 ; — réactions... 110
— permanganique. — Recherche systématique, 41 ; — réactions... 77
— phospho-antimonique (réactif). 244
— phospho-molybdique (réactif). 243
— phosphoreux. — Recherche systématique, 36 ; — réactions... 131
— phosphorique. — Recherche systématique, 36 ; — réactions, 132 ; — séparation d'avec les acides méta et pyrophosphorique, 133 ; — dosage dans les eaux... 413
— photosantonique... 379
— picrique (réactif), 246 ; — recherche, 253 ; — réactions... 154
— pipérique... 369
— propionique. — Recherche systématique... 45
— pyrogallique. — Réactions.. 148
— pyrophosphorique. — Recherche systématique, 36 ; — réactions, 133 ; — séparation d'avec les acides phosphorique et métaphosphorique... 133

Pages

Acides quininique.......... 376
— quinique.......... 373
— quinotannique.......... 373
— quinovique.......... 373
— rosolique (réactif).......... 470
— salicylique. — Recherche, 253 ; — réactions.......... 155
— santonique.......... 380
— sélénhydrique. — Recherche systématique..... 38, 169, 173
— silicique. — Recherche systématique, 39 ; — réactions. 135
— stannique. — Recherche systématique, 39 ; — réactions 65
— succinique. — Recherche systématique, 44 ; — réactions. 155
— sulfhydrique (réactif), 468 ; — recherche par voie sèche, 4 ; — recherche systématique.......... 38, 169, 173
— sulfocyanique. — Recherche systématique, 39 ; — réactions.......... 128
— sulfureux (réactif), 466 ; — recherche systématique, 35, 38, 167, 173 ; — réactions. 140
— sulfurique (réactif), 466 ; — recherche systématique, 36 ; — réactions, 141 ; — dosage dans les eaux.......... 411
— tartrique (réactif), 466 ; — recherche systématique, 43 ; — réactions.......... 156
— tellurhydrique. — Recherche systématique...... 38, 169, 173
— titanique. — Recherche systématique, 39 ; — réactions, 103 ; — recherche dans les argiles.......... 455
— tropique.......... 325
— tungstique. — Recherche systématique, 39 ; — réactions. 104
— urique. — Réactions, 157 ; — séparation d'avec l'acide hippurique et les autres acides organiques.......... 159
— vanadique. — Recherche systématique, 41 ; — réactions. 109
— vératrique.......... 388
— xanthoquininique.......... 376
Aciers. — Analyse.......... 457

Pages

Aconelline. — Recherche.......... 263
Aconit (Principe de l'). — Recherche. 253
Aconitine, 247 ; — recherche, 260, 274 ; — propriétés caractéristiques.......... 322
Acroaconitine.......... 324
Adénine.......... 300
Adnet et Kréchel (Four d').......... 14
Ador et Bœyer.......... 280
Afanassief.......... 291
Agar-agar peptonisé.......... 432
Agaricus muscarius.......... 288
Alcaloïdes bactériens.......... 275
— physiologiques.......... 297
— végétaux.......... 241, 313
Allen (O.).......... 57
Alliages, métaux et leurs combinaisons sulfurées (mise en dissolution). 15
Allonge à robinet.......... 425
Allylène. — Recherche dans les mélanges gazeux.......... 170
Aluminates. — Recherche systématique.......... 35
Alumine. — Recherche au chalumeau, 6 ; — dosage dans les eaux. 413
Aluminium. — Recherche par voie humide, 26 ; — réactions, 46 ; — dosage dans les fontes, les aciers et les fers.......... 464
Ammoniac (gaz). — Recherche dans les mélanges gazeux.......... 167, 173
Ammoniaque (réactif), 466 ; — dosage dans les eaux, 417 ; — (albuminoïde), 419 ; — réactions, 47 ; — recherche par voie humide.......... 32
Amphicréatine.......... 307
Analyse au chalumeau, 5 ; — bactériologique des eaux, 429 ; — chimique des eaux potables de sources, fleuves, puits, etc., et des eaux minérales, 391, 410 ; — des argiles, 451 ; — des fontes, des aciers et des fers, 457 ; — par voie humide, 12 ; — par voie sèche, 1 ; — qualitative des gaz et des mélanges gazeux, 161, 171 ; — qualitative des radiations émises et des radiations absorbées, 192 ; — spectrale, 175 ; — quantitative des bactéries.......... 439, 442
Anatase.......... 103
Anderson et Goldschmitt.......... 366

Pages

Anhydride arsénieux. — Recherche par voie sèche........ 2
— chloreux. — Recherche dans les mélanges gazeux............ 168, 172
— hypochloreux. — Recherche dans les mélanges gazeux.... 163, 172
— sulfureux. — Recherche par voie sèche, 4; — recherche dans les mélanges gazeux ... 167, 173
Aniline. — Recherche........ 261, 271
Anneau de fil de platine......... 8
Antimoine. — Recherche au chalumeau, 7, 9; — recherche par voie humide, 20; — coloration de la flamme, 11; — réactions......... 48
Antimoniates. — Réactions....... 49
Antimonites. — Réactions........ 48
Antipyrine. — Recherche......... 262
Apocinchène 335
Apomorphine. — Recherche, 273; — propriétés caractéristiques... 359, 362
Apoquinène.................... 376
Apoquinine.................... 376
Appareils pour l'analyse mécanique des argiles.......... 453
— de M. d'Arsonval, pour la stérilisation et la filtration par le gaz carbonique liquéfié........ 435
— de M. Chamberland, pour la stérilisation par filtration à froid........ 434
— pour analyser les gaz... 165
— de M. A. Gautier, pour extraire les gaz des eaux................ 415
— pour recueillir les gaz au cours d'une décomposition 163
— de M. Jacquemin, pour la recherche des cyanures toxiques en présence des ferro et des ferricyanures 236
— de Marsh, pour la recherche de l'arsenic... 220
— de Mittscherlich, p. la distillation du phosphore. 247

Pages

Appareils de M. G. Salet, pour la recherche du bore.... 40
— de Schlœsing, pour le dosage de l'ammoniaque. 417
— pour doser le soufre dans les fontes, les aciers et les fers.............. 462
Argent. — Recherche au chalumeau, 7, 8, — recherche par voie humide, 18; — réactions................ 49
Argiles (analyse) 451
— figulines.................. 452
— ocreuses.................. 452
— plastiques 451
— smectiques 452
Aricine. — Recherche............ 273
Arnold 327
Aromine........................ 308
Arsenic. — Recherche par voie sèche, 3, 9; — recherche par voie humide, 20; — recherche chimico-légale, 216; — recherche dans les eaux, 423; — coloration de la flamme, 11; — réactions, 50; — (examen de l'anneau d'), 223; — (examen des taches d')........................ 222
Arséniates. — Réactions.......... 51
Arsénites. — Réactions........... 50
Arsonval (d')......... 210, 292, 435, 438
Aspidospermine. — Recherche, 258; — propriétés caractéristiques..... 325
Aspirateur à eau................. 161
Atropidine...................... 325
Atropine. — Recherche, 262, 274; — propriétés caractéristiques..... 325
Aubert et Lépine 290
Auréoles d'oxydation de l'antimoine et du plomb................... 7
Autoclave de Chamberland....... 433
Azotates. — Recherche par voie sèche, 4, 5; — recherche dans les eaux, 420; — recherche en présence des azotites, chlorates et perchlorates, 119; — réactions............. 113
— d'argent (réactif).... 466
— de bismuth (réactif).. 466
— de cobalt (réactif).... 466

Pages

Azotates mercureux (réactif) 467
— de plomb (réactif)........ 467
— de potassium (réactif)..... 9
Azote. — Recherche dans les mélanges gazeux, 169, 174; — dosage dans les eaux, 415; — recherche dans les fontes et les aciers...... 465
Azotites. — Réactions, 114; — recherche en présence des azotates, chlorates et perchlorates, 119; — recherche dans les eaux....... 422
— de potassium (réactif). 467

B

Babès (Étuve de)................ 440
Bacille d'Eberth (Recherche du)... 446
— du tétanos............... 445
Bacillus coli communis, 446; — B. erythrosporus; — B. fluorescens liquefaciens; — B. fluorescens putridus; — B. luteus; — B. mesentericus fuscus; — B. mesentericus vulgatus; — B. tremulus, 426. — B. muri septicus.................. 445
Backlish.................. 283, 287
Bactéries pathogènes............. 445
— zymogènes................ 445
Bacterium coli commune (Recherche du).............................. 446
Bœyer et Ador.................. 280
Bande de Stockes................ 210
Barral......................... 290
Baryte. — Recherche au chalumeau. 6
Baryum. — Coloration de la flamme, 11; — recherche par voie humide, 30; — réactions............ ... 52
Baudrimont (C.)................ 137
Bence (Jones) **et Dupré**.......... 276
Benzoates. — Réactions.......... 143
Berbérine, 247; — recherche, 255, 264; — propriétés caractéristiques. 328
Bergmann....................... 276
Bernard (Claude) 387
Bernatzik....................... 314
Berzélius....................... 98
Bessmer (Acier)................. 458
Bétaïne................... 289, 299
Bettink et Dissel (Réactif de)..... 295

Pages

Bichlorure d'étain (réactif)........ 467
— de mercure (réactif).... 467
Bichromate de potassium (réactif). 467
Billroth......................... 276
Bioxyde d'azote. — Recherche dans les mélanges gazeux........ 169, 174
Bismuth. — Recherche au chalumeau, 7, 8; — recherche par voie humide, 23; — réactions......... 52
Bisulfate de potassium (réactif).. 4
Black........................... 57
Bleu de Prusse.................. 67
— de Turnbull.............. 66
Blondlot et Dussart (Appareil et procédé de)..................... 230
Bobine de Ruhmkorff............ 198
Bochefontaine................... 315
Borates. — Recherche au chalumeau, 6; — réactions, 116; — recherche dans les eaux.................. 422
Borax (réactif).................. 8
Bore. — Coloration de la flamme, 11; — réactions, 116; — recherche dans les eaux.................. 422
Botulisme....................... 293
Bouchard........................ 289
Bouchardat (Réactif de).......... 246
Bouillons de bœuf, de veau, de poulet, de cobaye, de poissons, etc. (Préparation des)............... 430
Bourbonne-les-Bains (Eaux de), 57, 92, 197
Bourgoin................. 325, 350
Boussingault, 394, 396; — (méthode de)....................... 459
Bouteille de Leyde............... 199
Boutmy et Brouardel, 278; — (réactif de)....................... 194
Boutron et Boudet, 402, 404, 405, 406, 407, 408, 409
Braconnot....................... 293
Braun (C.-D.)................ 36, 115
Bréha (de).................... . 276
Brewster........................ 204
Brieger, 275, 278, 282, 283, 284, 286, 288, 295
Brin d'amiante.................. 10
Bromates. — Recherche au chalumeau, 5; — réactions........... 117
Brome. — Réactions, 117; — recherche dans les eaux........... 423

Pages

Bromures. — Recherche par voie sèche, 4; — séparation d'avec les chlorures et les iodures, 129; — réactions 117
Brouardel et Boutmy (Réactif de) 294
Brown-Séquard 292
Brucine, 247; — recherche, 263, 274; — propriétés caractéristiques 328
Bunsen, 57, 63, 96, 203; — (brûleur de) 10
Butylène. — Recherche dans les mélanges gazeux 170
Butyrates. — Réactions 144
Buxine. — Propriétés caractéristiques 331

C

Cacothéline 329
Cadavérine 283
Cadmium. — Recherche par voie sèche, 3, 4, 7, 9; — recherche par voie humide, 23; — réactions 53
Caféidine 333
Caféine. — Recherche, 254; — propriétés caractéristiques 332
Cahours 317
Calcium. — Coloration de la flamme, 11; — recherche par voie humide, 31; — dosage dans les eaux, 411; — réactions 54
Campêche (réactif) 470
Camphre. — Recherche 253
Cantharène 311
Cantharidine. — Propriétés chimiques et extraction, 310; — recherche 254
Capsicine. — Recherche 253
Carbonates. — Réactions 144
— d'ammonium (réactif). 15, 467
— de potassium (réactif). 467
— de sodium (réactif) 6, 9, 467
Carbone. — Dosage dans les fontes, les aciers et les fers 458
Cardol. — Recherche 253
Carnalite 57
Carnine 299
Caryophylline. — Recherche 254
Cassius (Pourpre de) 65, 84
Catalogue des raies caractéristiques des corps exprimées en longueurs d'ondes 180, 183
Caventou 336
Cérite 62, 72
Cérium. — Recherche par voie humide, 30; — réactions 55
Césium. — Recherche par voie sèche, 11; — réactions, 56; — recherche dans les eaux 424
Chalve 293
Chamberland 433, 434
Chantemesse et Widal 446, 448
Chapuis (A.) 275
Charbon de bois 5
Chardonnet (de) 203
Chautard 209
Chaux. — Recherche au chalumeau, 6; — dosage dans les eaux 411
Chevalier 386, 387
Chinoïdine animale 277
Chélidonine. — Recherche 257
Chlorates. — Recherche au chalumeau, 5; — séparation d'avec les azotates, les azotites et les perchlorates, 119; — réactions 118
Chlorhydrate d'hématine 211, 213
Chlorites. — Réactions 121
Chlorophylle, 206; — (spectre de la). 209
Chlorosmites. — Réactions 86
Chlore. — Recherche dans les mélanges gazeux, 168, 172; — dosage dans les eaux 411
Chlorures. — Recherche par voie sèche, 4; — séparation d'avec les bromures et les iodures, 129; — réactions 122
— d'ammonium (réactif), 467; — recherche par voie sèche 2
— de baryum (réactif). 467
— de bore. — Recherche dans les mélanges gazeux 167, 173
— de calcium (réactif). 467
— de cyanogène. — Recherche dans les mélanges gazeux. 167
— ferrique (réactif) 467

Pages
Chlorures lutéo-cobaltique (réactif). 467
— mercureux. — Recherche par voie sèche 2
— mercurique (réactif), 246; — recherche par voie sèche............... 2
— d'or (réactif)............ 467
— de palladium (réactif)... 467
— de platine (réactif). 246, 467
— stanneux (réactif)....... 467
Choline........................... 286
Chossat 396
Chromates. — Réactions.......... 59
— de strontium (réactif). 467
Chrome. — Recherche au chalumeau, 9; — Recherche par voie humide, 26; — dosage dans les fontes, les aciers et les fers, 463; — réactions. 57
Cicutine. — (*Voir* Conicine).
Cinchène 335
Cinchonicine. — Propriétés caractéristiques 334, 336
Cinchonidine. — Recherche, 264, 274; — propriétés caractéristiques. 334, 336
Cinchonine. — Recherche, 257, 262, 264, 274; — propriétés caractéristiques, 334; — dosage et séparation d'avec les autres alcaloïdes du quinquina......................... 374
Cinchotine. — Propriétés caractéristiques 334, 336
Cinnamates. — Réactions......... 145
Citrates. — Réactions............ 145
Clarck.......................... 402
Clandon et Morin................ 249
Clauss 71, 91
Cloez.......................... 291
Cobalt. — Recherche au chalumeau, 8; — recherche par voie humide et séparation d'avec le nickel, 25; — réactions 59
Cocaïne. — Recherche, 260, 274; — propriétés caractéristiques........ 337
Cochenille (réactif)............... 470
Codéine. — Recherche, 263, 273; — propriétés caractéristiques........ 340
Colchicéine. — Recherche........ 256
Colchicine, 252; — recherche, 259, 271; — propriétés caractéristiques. 341
Collidine........................ 280
Colocynthine. — Recherche.. 255, 259

Pages
Colombine. — Propriétés caractéristiques 343
Colorations de la flamme.......... 9
Conhydrine, 315; — recherche.... 259
Conicine (conine, coniine, cicutine). — Recherche, 261, 270; — propriétés caractéristiques.......... 313
Conté............................ 293
Convallamarine. — Recherche. 258, 265
Coppola.......................... 298
Coqueluchenx (Ptomaïne des urines de)............................. 291
Corona et Gianetti.............. 278
Cotarnine......................... 365
Créatine.......................... 303
Créatinine....................... 304
Crochet de platine............... 10
Croton tiglium (Principe toxique du) 268
Crusocréatinine 307
Cubébine. — Recherche, 254; — propriétés caractéristiques........ 343
Cuiller de platine............... 9
Cultures sur agar-agar 432
— par les ensemencem. fractionnés dans les liquides. 429
sur gélatine............... 431
— sur gelées de lichen et mucilages.................. 432
— sur pommes de terre...... 433
— présentant ou ne présentant
— pas la réaction de l'indol. 449
— sur les solides (cultures en
— plaques).............. 430
Cuivre. — Recherche au chalumeau, 7, 8; — recherche par voie humide, 23; — coloration de la flamme, 11; — réactions 60
Curarine. — Recherche.......... 265
Curcuma (réactif)............... 470
Cuve de Doyère.................. 164
— pour l'analyse spectacle. 207, 208
Cyamélide...................... 146
Cyanates. — Réactions............ 146
Cyanogène. — Recherche par voie sèche, 4; — recherche dans les mélanges gazeux................. 169
Cyanures. — Recherche chimico-légale. 232, 235; — réactions.......... 123
— de mercure. — Recherche chimico-légale........ 234

Pages
Cyanure de potassium (réactif)..... 6
Cymophane.................... 68
Czerniewski.................... 356

D

Damour.................... 73
Daturine.................... 325
Debray (H.).................... 198
Définition et caractères des eaux potables.................... 391
Delachanal et Mermet (Tube de).. 199
Delacroix.................... 387
Delore.................... 293
Delphine. — Recherche, 273; — propriétés caractéristiques.......... 344
Delphinoïdine. — Recherche, 263; — propriétés caractéristiques. 344, 345
Denigès (G.).................... 223, 231
Désagrégation et dissolution des corps.................... 12
Desplats et Gariel.................... 205
Destruction des matières organiques. 218
Dessaignes.................... 306
Didyme. — Recherche par voie humide, 30 ; — réactions, 62 ; — (spectre des sels de).................... 209
Digitaléine. — Recherche, 258 ; — propriétés caractéristiques... 345, 346
Digitaline, 247, 252 ; — recherche, 255, 271 ; — propriétés caractéristiques.................... 345
Digitalirétine.................... 347
Diméthylalloxane.................... 334
Diméthylnornarcotine.......... 365
Diphtéritiques (Ptomaïne des urines de).................... 290
Dissel et Bettink.................... 295
Dissolution et désagrégation des corps.................... 12
Distillation dans l'appareil de Mitscherlich.................... 227
Dithionates. — Réactions.......... 138
Donné (Lactoscope de).................... 207
Doyère (Pipette de).................... 164
Dragendorff, 313, 337, 358, 359, 373, 389 ; — (réactif de). 243 ; — (méthode de).................... 252
Drummond (Lumière de).......... 206
Dubieff.................... 448
Duboisine.................... 325
Duchesne.................... 386, 387
Dujardin.................... 387
Dujardin-Beaumetz.................... 392
Dupré et Jones Bence.......... 276
Duquesnel.................... 323
Durckeim (Eau de).................... 57
Dussart et Blondot (appareil et procédé de).................... 230

E

Eaux de baryte (réactif).......... 467
— bromée (réactif).......... 467
— de chaux (réactif).......... 468
— iodée (réactif).......... 468
— potables (définition et caractères), 391 ; — analyse hydrotimétrique, 402 ; — analyse chimique, 410 ; — examen micrographique, 425 ; — analyse bactériologique.......... 429
— régale (réactif).......... 468
Ecgonine.................... 337
Elatérine. — Recherche.......... 255
Ellébore (Principes de l'). — Recherche.................... 253
Elléboréine. — Propriétés caractéristiques.................... 348
Elléborésine.................... 349
Elléborétine.................... 348
Elléborine. — Recherche, 257, 258 ; — propriétés caractéristiques. 348, 349
Emeraude.................... 68
Emétine. — Recherche, 261, 273 ; — propriétés caractéristiques.......... 330
Emploi de l'étincelle électrique dans l'analyse spectrale.......... 198
Emploi de la méthode de Scherer dans la recherche du phosphore.. 226
Empreintes de Taylor.......... 215
Ems (Eaux d').................... 57
Emulsine.................... 377
Epileptiques (Leucomaïne des urines d').................... 309
Erbium. — Recherche par voie humide, 30 ; — réactions, 63 ; — spectre des sels.......... 209
Erdmann (O.), 57 ; — (réactif d')... 248
Ergotinine. — Propriétés caractéristiques.................... 351
Esculétine.................... 353

Pages

Esculine. — Recherche, 258 ; — propriétés caractéristiques........... 353
Esérine. — Recherche, 263 ; — propriétés caractéristiques........... 354
Essais avec le carbonate de sodium et l'azotate de potassium.. 9
— au chalumeau.............. 5
— préliminaires par voie sèche. 1
— des taches de sang par le procédé dit des « empreintes ». 215
— dans les tubes de verre...... 1
Etain. — Recherche au chalumeau, 7, 9 ; — recherche par voie humide, 21 ; — réactions........... 64
Etard.............. 278, 280, 281, 317
Etat de concentration des réactifs... 466
Ethylène. — Recherche dans les mélanges gazeux. 170
— monochloré. — Recherche dans les mélanges gazeux. 170
Ethylstrychnine................ 262
Ettling........................ 164
Etuve de Babès................ 440
— auto-régulatrice de d'Arsonval 438
Euclase........................ 68
Euxénite.................... 72, 82
Examen des dissolutions.......... 15
— micrographique des eaux.. 425
— spectroscopique du sang, 210 ; — dans les empoisonnements par l'acide cyanhydrique................ 236
Extraction des alcaloïdes (Méthodes d')................ 249, 252, 266

F

Faisthorn.................... 353
Falck........................ 343
Fassbender et Rörsch........... 277
Fauconnier.................... 208
Fer. — Recherche au chalumeau, 8 ; — recherche par voie humide, 27 ; — dosage dans les eaux, 413 ; — réactions..................... 66
Fergusonite.................... 82
Ferreira da Silva............. 247, 338
Ferricyanure de potassium (réactif), 468 ; — (réactions des ferricyanures). 123
Ferrocyanure de potassium (réactif), 468 ; — (réactions des ferrocyanures) 125
Fil de platine pour les colorations de la flamme..... 10
— pour l'analyse spectrale............ 194
Filtre en biscuit de porcelaine de M. A. Gautier.................... 433, 434
Finckus (Méthode de)............ 458
Fiole à jet.................... 19
Fischer.................... 91, 276
Flacon éprouvette.............. 251
— hydrotimétrique.......... 403
Flamme oxydante et réductrice..... 5
Flückiger.................... 324
Fluor. — Recherche dans les eaux. 423
Fluorescéine (réactif)............ 470
Fluorures. — Recherche par voie sèche, 4 ; — réactions............ 127
— de bore. — Recherche dans les mélanges gazeux. 167, 173
— de méthyle. — Recherche dans les mélanges gazeux. 170
— de silicium. — Recherche dans les mélanges gazeux.. 167, 172
Fontes (Analyse des)............ 457
Fordos........................ 292
Formiates. — Réactions.......... 147
Four de Kréchel et Adnet........ 14
Fraise........................ 5
Frauenhofer (Raies de)........... 203
Frémy.................. 96, 297, 305
Frésénius (R.), 103, 115 ; — (et Babo, méthode de), 218 ; — (et Neubauer, méthode de)................ 229
Fröhde (Réactif de)............... 247

G

Gadinine...................... 288
Gadinisme..................... 293
Gadolinite............... 68, 72, 110
Gaffky........................ 445
Gaignard...................... 382
Gallates. — Réactions............ 147

Pages

Gallium. — Réactions 67
Gamgée 107
Gariel et Desplats 205
Gautier (A.), 217, 275, 277, 278, 280, 281, 292, 295, 297, 298, 301, 302, 306, 415, 434
Gaspard et Stick 275
Gaz. — Analyse, 161 ; — recherche systématique, 166 ; — dosage dans les eaux 414
— ammoniac. — Recherche par voie sèche, 4 ; — recherche dans les mélanges gazeux 167, 173
— carbonique. — Recherche par voie sèche, 4 ; — recherche dans les mélanges gazeux. 168
— phosgène. — Recherche dans les mélanges gazeux 167
Gazomètre à eau 162
Geissospermine. — Recherche, 255 ; — propriétés caractéristiques 335
Gélatine nutritive 431
Gelder (Van) 278
Gelée nutritive de lichen 432
Gélose nutritive 432
Gelsémine. — Recherche, 261 ; — propriétés caractéristiques 357
Gelsémique (Acide). — Recherche .. 258
Gerichten 360
Gessard 203
Gessine. — (*Voir* Geissospermine.)
Gessler (Tubes de) 200
Gianetti et Corona 278
Giesel 338
Girard 387
Glause et Luchsinger 287
Glénard (A.) 350
Globules sanguins (mensuration des) 213
Glucine. — Recherche au chalumeau 6
Glucinium. — Recherche par voie humide, 29 ; — réactions 68
Glycocyamidine 291
Graduation du spectroscope en longueurs d'ondes 178
Graham 267
Grandeau 57, 92, 99
Grandval et Lajoux 115, 421
Graphite. — Dosage dans les fontes. 439
Greitther 338

Pages

Griess 116, 299
Griffitths 290, 298, 309
Grimaux 340
Guanine 300
Gubler 380

H

Haitinger 249
Hanriot 317, 383
Hansen 329, 330
Hartnack 288
Heintz 305
Hélianthine de Poirrier (réactif).. 470
Hélium 203
Helwig 382
Hématine, 211 ; — (recherche dans les urines) 212
— acide 211
— (Chlorhydrate d') ... 211, 213
— réduite 211
— (Spectre de l'), 211 et *planche V.*
Hématospectroscope de M. de Thierry 214
Hémine, 211 ; — (préparation des cristaux d') 213
Hemmer 276
Hémoglobine oxycarbonique 210
— oxygénée 210
— réduite 210
— (spectre de l'), 210, et *planche V.*
Hérapatite 377
Hermann 113
Hesse 99, 354
Hiffelshem 293
Hippurates. — Réactions, 148 ; — séparation d'avec l'acide urique et les autres acides organiques 150
Hoffmann 267, 314
Homolle et Quévenne 346
Hosway 116
Hugounenq (L.) 275, 360
Hunnefeld 275
Huseman 349, 350
Hydrastine. — Recherche, 257 ; — propriétés caractéristiques 358
Hydrocinchonine. — Propriétés caractéristiques 334, 336
Hydrocollidine 281

Pages
Hydrogène. — Recherche dans les mélanges gazeux 170
— antimonié. — Recherche dans les mélanges gazeux 170
— arsénié. — Recherche dans les mélanges gazeux. 170, 174
— phosphoré. — Recherche dans les mélanges gazeux, 170, 174; — recherche par voie sèche.......... 4
— silicié. — Recherche dans les mélanges gazeux......... 170
— sulfuré (réactif), 15, 468; — recherche dans les mélanges gazeux......... 169
Hydrosulfites. — Réactions....... 137
— de sodium (réactif). 468
Hydrotimètre.................... 403
Hydrotimétrie................... 402
Hydrure de butyle. — Recherche dans les mélanges gazeux............ 170, 174
— d'éthyle. — Recherche dans les mélanges gazeux. 170, 174
— de méthyle. — Recherche dans les mélanges gazeux........... 170, 174
— de propyle. — Recherche dans les mélanges gazeux........... 170, 174
Hyoscïamine. — Recherche, 262; — propriétés caractéristiques........ 325
Hypochloride. — Recherche dans les mélanges gazeux............... 168
Hypochlorites. — Réactions....... 121
— de calcium (réactif).......... 468
— de sodium (réactif).......... 468
Hypoiodite de sodium (réactif)... 31, 78
Hypophosphites. — Réactions.... 131
Hyposulfites. — Réactions........ 138
— de sodium (réactif). 468
Hypovanadates. — Réactions..... 108
Hypoxanthine.................... 303

I

Pages
Ichtyosisme...................... 293
Indium. — Recherche par voie humide, 30; — réactions......... 69
Indol (Réactions de l')............ 450
Iodates. — Recherche au chalumeau, 5; — réactions......... 128
Iode. — Recherche dans les eaux 423
Iodures. — Recherche par voie sèche, 4; — séparation d'avec les bromures et les chlorures, 129; — réactions........ 129
— de bismuth et de potassium (réactif).. 245
— de cadmium et de potassium (réactif)............. 245
— mercurique. — Recherche par voie sèche........... 2
— de potassium iodé (réactif)......... 246
Iridium. — Recherche au chalumeau, 9; — recherche par voie humide, 21; — réactions........ 70
Isocyanure de phényle............ 239
Isonitrile (Réaction de l')......... 239
Isopelletiérine. — Propriétés caractéristiques..................... 319
Isophotosantonine............... 379
Isotropine...................... 337

J

Jacquemin (Appareil de M.)........ 236
Janssen...................... 203, 204
Jatropha curcas (Principe toxique du)........................... 268
Jean (Ferdinand)................. 8
Jervine. — Propriétés caractéristiques......................... 359
Jobert.......................... 354
Jones Bence et Dupré........... 276
Justinus Kerner................. 275

K

Kairine. — Recherche............ 260
Kaolin......................... 451

Pages

Kerner (Justinus)................ 275
Kossler 139
Kilner.......................... 381
Kind et Zwinger................. 382
Kirchoff.................... 57, 203
Kitasato 449
Klebs...................... 290, 291
Kletzinski..................... 382
Kobel 53
Koch (Méthode de)............... 429
Kœmmerer 115
Koppe (R.)...................... 288
Kosman.......................... 347
Kossel...................... 298, 300
Krämer et Piner................. 249
Kréchel et Adnet (Four de)....... 14
Kuborne..................... 327, 338

L

Laborde......................... 97
Lactates. — Réactions........... 150
Lactoscope de Donné............. 207
Ladenburg............. 313, 325, 326
Lafont...................... 338, 347
Lajoux et Grandval.......... 115, 421
Lallemand, Perrin et Ducroy (Appareil de)........................ 237
Lamy 99
Landolt 153
Laussen......................... 121
Lanterne de Dubosq.............. 197
Lanthane. — Recherche par voie humide, 30 ; — réactions........ 72
Lanthanite...................... 62
Laspeyres....................... 57
Lecomte......................... 105
Lecoq de Boisbaudran... 68, 185, 195
Lefort 350
Legal 450
Lépidolithe.................. 57, 92
Lépine (R.)................. 289, 290
Leucomaïnes. 297, 299, 303, 308, 309
Lex 154
Leyde (Bouteille de)............. 199
Liebermann 278
Liébig 276, 297, 305
Liebreich 289, 299
Liqueur hydrotimétrique.......... 402
Liquide de Vibert................ 213
Lithium. — Recherche par voie sèche, 11 ; — recherche par voie humide, 32 ; — réactions, 73 ; — recherche dans les eaux 424
Lobéline, 241 ; — recherche, 261 ; — propriétés caractéristiques.... 316
Lockyear........................ 203
Lortet........................... 446
Luchsinger et Glause............ 287
Luck 119
Ludwig........................... 249
Lumière de Drummond.............. 206
Lunge........................... 116
Lustgarten (Réaction de)......... 239
Lyaconitine..................... 258
Lycaconitine.................... 264

M

Macé................ 441, 445, 446, 448
Magnésie. — Recherche au chalumeau, 6 ; — dosage dans les eaux. 411
Magnésium. — Recherche par voie humide, 31 ; — réactions 74
Malates. — Réactions............ 151
Mamès........................... 452
Mandelin (Réactif de)............ 247
Manganates — Réactions........... 76
Manganèse. — Recherche au chalumeau, 8, 9 ; — recherche par voie humide, 27 ; — réactions, 75 ; — dosage dans les fontes et les aciers, 460 ; — dosage dans les eaux..... 413
Manière d'observer les spectres d'absorption................ 200
— de produire les raies des métaux, de les observer et d'opérer les mesures.. 193
— de recueillir et de transvaser les gaz............. 161
Marcet........................... 207
Marmé, 349 ; — (réactif de)....... 245
Marignac......................... 98
Marsh (Appareil et méthode de).... 220
Matières organiques. — Dosage dans les eaux...................... 419
Maximovitch...................... 310
Mayer (Réactif de)............... 244
Méconates. — Réactions.......... 151
Méconine......................... 365
Mélaphyres....................... 57
Merk............................. 366

Pages

Mercure.— Recherche par voie sèche, 2; — recherche par voie humide, 18, 22; — réactions........ 77
Mermet et Delachanal (Tube de).. 199
Mertz 96
Métaux. — Alliages et leurs combinaisons sulfurées (mise en dissolution)......... 15
— précipitables de leurs dissolutions par l'acide chlorhydrique (groupe I).... 16
— précipitables par l'hydrogène sulfuré dans une liqueur légèrement acide (groupes II et III)...... 16
— précipitables par le sulfure ammonique dans une liqueur neutre ou légèrement alcaline (groupe IV). 16
— précipités par le carbonate d'ammonium (groupe V). 17
— précipités par le phosphate d'ammonium (groupe VI). 17
— non précipités par les réactifs de séparation (groupe VII).......... 17
Méthane. — Recherche dans les mélanges gazeux.................. 174
Méthodes d'analyses toxicologiques. 216
— et appareil de Marsh..... 220
— de Dragendorff.......... 232
— d'extraction des alcaloïdes....... 249, 252, 266
— de Scherer.............. 226
— de Stas................ 249
Méthylconicine. — Recherche.... 261
Méthylconine.................. 315
Méthylguanidine............... 291
Méthylnornarcotine. 365
Méthylpellétiérine.... 319
Méthylstrychnine.............. 262
Mica......................... 57
Microbe de la gangrène gazeuse.... 446
Micrococcus coronatus; M. cinnabareus; M. luteus; M. radiatus; M. ureæ, 426; — M. muri septicus. 445
Microspectroscope............. 190
Milieux de culture............ 430
— solides artificiels. 431
Migula........................ 426
Mine de platine.............. 90, 93

Pages

Miquel (Méthode de), 429; — (papiers nutritifs de)................... 442
Mitscherlich, 118; — (appareil et méthode de).................. 227
Mixture magnésienne (réactif)... 468
Molybdates, 18; — recherche systématique, 35; — réactions...... 79
Molybdène — recherche par voie humide, 21; - réactions........ 79
Monacite...................... 101
Monazite...................... 72
Monosulfures. — Recherche systématique...... 35
— de sodium (réactif)........... 468
Montgarni (Harmand de)......... 387
Morelle 298
Morin et Olandon.............. 249
Morphine. — Recherche, 264, 265, 275; — propriétés caractéristiques. 359
Mortier d'Abich............... 12
— d'agate 7
Mosso et Guareschi. 249, 278, 281, 297
Mourgues 298
Mucilages nutritifs........... 432
Müller 276
Murexide...................... 302
Murexoïne..................... 333
Muscarine animale............. 287
Mydaléine..................... 284
Myoctonine. — Recherche.... 258, 264

N

Napelline, 324; — recherche...... 264
Narcéine, 247; — recherche, 257, 264, 265; — propriétés caractéristiques...................... 363
Narcotine, 247; — recherche, 263, 273; — propriétés caractéristiques. 364
Nativelle...................... 346
Nécessaire de *Ranvier*......... 105
Nehaus 449
Nencki................... 278, 280
Népaline. — Recherche........... 260
Neubauer et Frésénius (Procédé de). 229
Neuridine..................... 282
Névrine putréfactive........... 286
Nicotine. — Recherche, 261, 271; — propriétés caractéristiques....... 316
Nickel.— Recherche au chalumeau, 8;

Pages

— recherche par voie humide et séparation d'avec le cobalt, 25; — réactions ... 81
Niobite ... 82
Niobium. — Recherche par voie humide, 29; — réactions ... 82
Nitroferricyanures (nitroprussiates). — Réactions ... 126
Nitroprussiates. — Réactions ... 126
— de sodium (réactif) ... 468
Nornarcotine ... 365
Numération des colonies microbiennes ... 441

O

Œchsner de Coninck. 249, 281, 282, 283, 329
Oléates. — Réactions ... 152
Omicholine ... 308
Opium (Considérations générales sur les empoisonnements par les préparations d'), 363; — (extraction de la morphine de l'opium) ... 359
Or. — Recherche au chalumeau, 7, 9; — recherche par voie humide, 21; — réactions ... 83
Orangé de diméthylaniline (réactif). 470
Orangite ... 101
Oreillons (Ptomaïne extraite des urines de malades atteints d') ... 290
Orthite ... 110
Oser ... 249, 276
Osmique (Anhydride) ... 24, 85
Osmium. — Recherche par voie humide, 24; — réactions ... 84
Osmiure d'iridium ... 70, 90, 93
Oxalates. — Réactions ... 152
— d'ammonium (réactif) .. 468
Oxyacanthine. — Recherche ... 261
Oxybétaïnes ... 289
Oxydes, sels et sulfures métalliques divers (mise en dissolution) ... 13
— d'antimoine. — Recherche par voie sèche ... 2, 6
— de carbone. — Recherche par voie sèche, 4; — recherche dans les mélanges gazeux ... 170, 174

Pages

Oxydes d'étain. — Recherche au chalumeau ... 6
— de zinc. — Recherche au chalumeau ... 6
Oxyhémoglobine ... 210
Oxygène. — Recherche par voie sèche, 4; — recherche dans les mélanges gazeux, 169, 174; — dosage dans les eaux ... 416

P

Palmitates. — Réactions ... 153
Palladium. — Recherche par voie humide, 24; — réactions ... 86
Panum ... 275
Papavéraldine ... 366
Papavérine. — Recherche, 257, 263, 264, 273; — propriétés caractéristiques ... 366
Papiers au cyanofer ... 441
— nutritifs de Miquel ... 442
— de Schœnbein ... 252
Paraoxyquinoléine ... 376
Pararéducine ... 308
Paratartrates. — Réactions ... 157
Parietti ... 447
Parmentier ... 422
Parvoline ... 280
Pasteur ... 445
Paterno ... 297
Paulet ... 99
Pelletiérine. — Recherche, 271; — propriétés caractéristiques ... 319
Pentathionates. — Réactions ... 139
Perchlorates. — Réactions, 119; — séparation d'avec les azotates, azotites et chlorates ... 119
Péreirine. — Recherche, 258; — propriétés caractéristiques ... 356
Perles de borax, tableau I.
— de sel de phosphore, tableau II.
Permanganates. — Réactions, 77; — (spectre du permanganate de potassium) ... 209
Personne ... 130
Pétalite ... 57, 92
Petersen ... 276
Pétrequin ... 293
Pettenkoffer ... 297, 303
Pflüge ... 154

Pages
Phénacétoline (réactif) 470
Phénacite 68
Phénates. — Réactions.......... 153
Phénol. — Recherche, 253; — réactions........................ 153
Phénylcarbylamine 239
Phosphates. — Recherche au chalumeau, 6; — réactions, 132; — séparation d'avec les méta et les pyrophosphates 133
— ammoniaco-magnésien 75, 132
— ammoniaco-molybdique........ 80, 132
— d'ammonium (réactif)............... 468
— de sodium (réactif). 15, 468
Phosphites. — Réactions 131
Phosphore. — Coloration de la flamme, 11, 230; — (spectre du), 231; — recherche chimico-légale, 224; — dosage dans les fontes, les aciers et les fers 463
Photosantonine 379
Phtaléine du phénol (réactif)...... 470
Physostigmine. — (*Voir* Esérine.)
Picrates. — Réactions............ 154
Picroaconitine 324
Picrotine....................... 368
Picrotoxine. — Recherche, 237, 272; — propriétés caractéristiques..... 367
Picrotoxinine.................. 368
Pilocarpine, 253; — propriétés caractéristiques 320
Piment (Principes du). — Recherche....................... 255, 261
Piner et Krämer............... 249
Pipette courbe 164
— de Doyère................ 164
— à ensemencements 437
Pipéridine...................... 369
Pipérine. — Recherche, 253; — propriétés caractéristiques.......... 369
Pipéronal 370
Pissette........................ 19
Plasmaïne....................... 309
Platine — Recherche au chalumeau, 8, 9; — recherche par voie humide, 21; — réactions........... 87

Pages
Plomb. — Recherche au chalumeau, 7, 8; — coloration de la flamme, 11; — recherche par voie humide, 18, 23; — réactions........ 88
Plücker......................... 201
Poehl 298, 310
Pollux (Atmosphère de)........... 204
Polysulfures. — Recherche systématique 35
— de sodium (réactif). 7
Pommes de terre pour la culture des bactéries 433
Populine. — Recherche, 255; — propriétés caractéristiques 370
Potasse caustique (réactif)........ 468
Potassium. — Coloration de la flamme, 11; — recherche par voie humide, 32; — dosage dans les eaux, 412; — réactions.......... 89
Pouchet (G.).... 278, 288, 289, 290, 292
Poumeo 313
Pourpre de Cassius.......... 65, 84
Priestley (John) 107
Prisme d'Hoffmann.............. 191
Procédé de A. Gautier............ 219
— de Dussart et Blondlot.... 230
— de Frésénius et Babo...... 218
— de Frésénius et Neubauer. 229
Projection des spectres......... 197
Propylène. — Recherche dans les mélanges gazeux................ 170
Propylglycocyamine 290
Protoxyde d'azote. — Recherche dans les mélanges gazeux.... 169, 174
Pseudo-aconitine............... 324
Pseudo-pelletiérine, 241; — propriétés caractéristiques 319
Pseudo-xanthine 302
Ptomaïnes, 275, 279, 285, 289; — dans les recherches médico-légales. 293
Putrescine 284
Pyocyanine 292
Pyoxanthose 293
Pyrites. — Recherche dans les argiles 456
Pyroantimoniate de potassium (réactif)..... 468
— de sodium.... 96
Pyrochlore................... 82, 101
Pyrophosphates. — Réactions; — séparation d'avec les phosphates et les métaphosphates................ 133

Q

Pages
Quassine. — Propriétés caractéristiques 371
Québrachine. — Recherche, 258; — propriétés caractéristiques..... 371
Quévenne et Homolle 346
Quinène 376
Quinidine. — Recherche, 262, 272; — propriétés caractéristiques, dosage et séparation des autres alcaloïdes du quinquina 374
Quinine. — Recherche, 260, 262, 272; — propriétés caractéristiques, 373; — dosage et séparation des autres alcaloïdes du quinquina 374
Quinoline. — Recherche 261
Quinquina (Séparation et dosage de tous les alcaloïdes du)............ 374

R

Rabuteau.............. 69, 73, 92, 105
Raies des métaux (manière de les produire et de les observer). 193
— telluriques..... 204
Rails français (Composition des).. 458
Raison (de) 276
Ranvier (Nécessaire de)........... 195
Raymond..................... 85
Raynal..................... 386, 337
Réactifs (État de concentration et préparation des)....... 466
— généraux des alcaloïdes.. 243
— de Bouchardat 246
— cupro-potassique 469
— de Dragendorff.......... 245
— d'Erdmann.............. 248
— de Fröhde 247
— indicateurs pour réactions colorimétriques 470
— de Mandelin 247
— de Marmé.............. 245
— de Mayer 244
— molybdique............. 469
— de Nessler.............. 469
— de Péligot (de Schweitzer). 469
— de Scheibler 244
— de Schlagdenhauffen 247
— de Schulze.............. 244
— de Sonnenschein 243, 248
— de Tanret.............. 469
— de Valser............... 244
Réactions de l'indol.............. 450
— des métaux et des métalloïdes 46
Recherche de l'acide cyanhydrique libre et de l'acide cyanhydrique des cyanures alcalins en présence des cyanures non toxiques............ 235
— des acides minéraux ... 33
— des acides organiques.. 43
— des acides et des bases. 12
— des alcaloïdes contenus dans une solution.... 269
— de l'arsenic dans les cas de chimie légale..... 216
— du chloroforme et du chloral 237
— des métaux, 15........ 18
— du phosphore.......... 224
Réducine....................... 308
Réglage du spectroscope 177
Régnault (J.)..................... 325
Reinsch....................... 133
Rhodium. — Recherche par voie humide, 25; — réactions........... 90
Riche 81
Ricine......................... 268
Ritter 381
Rochemure (de).................. 320
Rodet 443, 448
Roque et Weill.................. 290
Rörsch et Fassbender............. 277
Roschtschinin.................. 310
Roscoë 82
Rose (A.)....................... 94
— (E.)....................... 380
— (H.)....................... 116
Rouge de Magdala................ 206
Roussin.............. 318, 348, 363
Roux (G.).............. 441, 448
Rubéoliques (Ptomaïne des urines des)........................ 291
Rubidium. — Recherche par voie sèche, 11; — réactions, 92; — recherche dans les eaux............ 424
Ruhmkorff (Bobine de)............ 198
Ruthénium. — Recherche par voie humide, 24; — réactions........ 93

S

Pages

Sabadilline. — Recherche, 260, 263 ; — propriétés caractéristiques. 388, 390
Sabatrine. — Recherche, 263 ; — propriétés caractéristiques....... 388, 390
Saint-Alban (Eaux de)........... 397
Saint-Galmier (Eaux de).......... 397
Salicine. — Recherche, 265, 275, 371 ; — propriétés caractéristiques. 377
Salicylates. — Réactions.......... 155
Saligénine...................... 378
Salirétine...................... 371
Samandrine 292
Samarskite...................... 82
Sang (Spectre d'absorption du), 210 ;
— (recherche des taches de), 212 ; — (mensuration des globules du)............ 213
— cyanhydrique 237
Sanguinarine. — Recherche...... 258
Santonine. — Recherche, 254 ; — propriétés caractéristiques....... 379
Saponine. — Recherche...... 258, 265
Saprine........................ 283
Sarcine........................ 303
Sarracénine. — Recherche........ 261
Saussure (de).................. 394
Scarlatineux (Ptomaïne des urines des)......................... 290
Scheibler, 299 ; — (réactif de)...... 244
Schmiedeberg.............. 276, 288
Scherer, 297 ; — (méthode de)...... 226
Schichareff.................... 310
Schlagdenhauffen 31, 75, 247
Schmitz........................ 276
Schœnbein, 115 ; — (papier réactif de)......................... 232
Schraff........ 343
Schrötter................ 249, 360
Schulze (E.), 114 ; — (réactif de)... 244
Schutzenberger......... 137, 299, 303
Schwartz....................... 358
Schwaviert..................... 277
Schweninger.................... 276
Sédillot....................... 293
Sel de phosphore................ 8
Sels, oxydes et sulfures métalliques divers (mise en dissolution des)... 13
Séléniates. — Réactions.......... 135
Sélénites. — Réactions 134
Sélénium. — Recherche par voie sèche, 3 ; — coloration de la flamme, 11 ; — recherche par voie humide. 22
Séléniures. — Réactions.......... 134
Selmi 277, 318
Sénégine. — Recherche...... 258, 265
Sepsine........................ 276
Sertuerner..................... 359
Setterberg..................... 57
Silicates. — Recherche au chalumeau, 6 ; — recherche systématique, 35 ; — réactions........... 135
Silice. — Recherche au chalumeau, 6 ; — dosage dans les eaux....... 413
Silicium. — Dosage dans les fontes et les aciers.... 460
Smilacine. — Recherche, 257 ; — propriétés caractéristiques... 381, 383
Smith 359
Sirius (Atmosphère de).......... 204
Sodium. — Coloration de la flamme, 10 ; — recherche par voie humide, 32 ; — réactions, 96 ; — dosage dans les eaux 412
Sokoloff........................ 297
Solanidine. — Recherche, 257 ; — propriétés caractéristiques... 381, 383
Solanine, 247, 252 ; — Recherche, 265 ; — propriétés caractéristiques. 381
Sonnenschein, 277, 384 ; — (réactif de)............................ 248
Soret 206
Soude caustique (réactif)......... 469
Soufre. — Recherche par voie sèche, 2 ; — dosage dans les fontes, les fers et les aciers.................. 461
Spartéine. — Recherche, 261, 271 ; — propriétés caractéristiques..... 322
Spécimen d'une courbe des longueurs d'ondes. — *Planche III.*
Spectres d'absorption, 202, et *planche V.*
— cannelés................ 207
— d'émission, 192, et *planche IV.*
— des gaz colorés.......... 207
— des liquides et des solides. 207
— primaires............... 201
— secondaires............. 201
— de la vapeur d'eau....... 204
Spectroscopes de poche 190
— à prisme ordinaire.. 176
— à prismes multiples. 188
— à vision directe.... 189

Pages

Spermine........................ 310
Spica........................ 278, 297
Sprengel (H.)........................ 114
Staphysagrine. — Propriétés caractéristiques........................ 344, 345
Stas (Méthode de)........................ 249
Stenstone........................ 330
Stérilisation (Méthodes de)........................ 433
Stick et Gaspard........................ 275
Stillmarck........................ 268
Stookes (Bande de)........................ 210
Stolba........................ 116
Strecker........................ 286, 333
Strontiane. — Recherche au chalumeau, 6; — recherche dans les eaux........................ 424
Strontium. — Coloration de la flamme, 11; — recherche par voie humide, 31; — réactions, 96; — recherche dans les eaux........................ 424
Strychnine. — Recherche, 260, 262, 274; — propriétés caractéristiques. 383
Succinates. — Réactions........................ 155
— d'ammonium (réactif).. 469
Sulfates. — Réactions........................ 141
— d'aluminium (réactif).... 469
— de calcium (réactif)........ 469
Sulfates de cuivre (réactif)........ 469
de magnésium (réactif)... 469
Sulfites. — Réactions........................ 140
Sulfo-carbonates. — Réactions.... 127
Sulfocyanates. — Réactions........ 127
— de potassium (réactif)........ 470
Sulfo-molybdate de sodium (réactif). 247
Sulfo-sélénite d'ammonium (réactif) 247
Sulfo-vanadate d'ammonium (réactif)........................ 247
Sulfures. — Réactions, 136; — distinction des monosulfures, sulfhydrates de sulfures et polysulfures. 136
— d'ammonium (réactif). 15, 470
— d'arsenic. — Recherche par voie sèche...... 2
mercurique. — Recherche par voie sèche... 3
Supports pour l'analyse spectrale. 194, 207, 208
Syringine. — Recherche........... 259

T

Pages

Tableau I (perles obtenues avec le borax).
— II (perles obtenues avec le sel de phosphore).
— d'équivalents en poids de 1° hydrotimétique pour un litre d'eau........... 409
— hydrotimétrique des eaux de sources et de rivières. 406
— des longueurs d'ondes des principales raies de Frauenhofer........... 188
— des raies caractéristiques rangées par longueurs d'ondes........... 185
Taches de sang (Recherche des).... 212
Tannin. — Réactions, 148; — (réactif)........................ 246
Tantalates. — Réactions........... 93
Tantale. — Recherche par voie humide, 29; — réactions........... 97
Tantalique (Acide). — Recherche au chalumeau........................ 6
Tanret, 319, 346, 351; — (réactif de)........................ 469
Tarchanoff........................ 310
Tardieu........................ 348, 363, 385
Tartrates. — Réactions........... 156
Tavel........................ 449
Taxine. — Recherche, 263; — propriétés caractéristiques........... 386
Taylor (Empreintes de)........... 215
Tellurates. — Réactions........... 142
Tellure. — Recherche par voie sèche, 3; — recherche par voie humide, 22; — coloration de la flamme.... 11
Tellurites. — Réactions........... 141
Tellurures. — Réactions........... 141
Terbium. — Réactions........... 99
Terres alcalines. — Recherche au chalumeau........................ 6
Tétrathionates. — Réactions...... 139
Thalèn (tables de)........................ 179
Thalline. — Recherche........... 261
Thallium. — Recherche au chalumeau, 8; — recherche par voie humide, 18, 24, 28; — coloration de la flamme, 11; — réactions....... 99
Thébaïne, 252; — recherche, 263, 274; — propriétés caractéristiques. 387

Pages
Thébénine 387
Théine. — (*Voir* Caféine.)
Théobromine. — Recherche, 257 ; — propriétés caractéristiques 332
Thierry (de) 214, 275, 298
Thiosulfates. — Réactions 138
Thomas (Acier) 458
Thorite 101
Thorium 101
Tiriakan 315
Titane. — Recherche par voie humide, 29 ; — réactions, 102 ; — recherche dans les argiles, 455 ; — dosage dans les fontes, les aciers et les fers 464
Tournesol (réactif) 470
Toxines 293
Triméthylamine. — Recherche 261
Triméthylnarcotine 365
Triphylline 57, 92
Trithionates. — Réactions 138
Tropéines 329
Tubes Delachanal et Mermet 199
— de Gessler 200
Tudichum 308
Tungstates, 18 ; — recherche systématique, 35 ; — réactions, ... 104
Tungstène. — Recherche par voie humide, 22 ; — réactions, 103 ; — dosage dans les fontes, les aciers et les fers 464
Turbith minéral 77
— nitreux 77
Turnbull (Bleu de) 66, 125
Tyndall 205, 392
Tyrite 82

U

Unger 297
Uranium. — Recherche au chalumeau, 8 ; — recherche par voie humide, 27 ; — réactions 105
Urates. — Réactions 157
Urochrome 308
Uropittine 308
Urothéobromine 308

V

Pages
Valenciennes 297, 305
Valérates. — Réactions 160
Valmont (F.) 325
Valser (Réactif de) 244
Vanadates. — Réactions 109
Vanadium. — Recherche au chalumeau, 9 ; — recherche par voie humide, 22 ; — réactions, 106 ; — recherche dans les argiles, 456 ; — dosage dans les fontes, les aciers et les fers 464
Vapeurs de brome. — Recherche dans les mélanges gazeux. 168
— nitreuses. — Recherche dans les mélanges gazeux. 168
Vases à cultures et à dilutions 437
Vée 354
Vératrine, 247 ; — recherche, 261, 263, 272 ; — propriétés caractéristiques 388
Vibert (Liquide de) 213
Vibrion pyogène 445
Vichy (Eaux de) 57, 92, 197
Victoroff 310
Vincent 446
Vitali 327
Vohlard 304

W

Waage 281
Wartha 57, 102
Wanklyn 418
Weiber 276
Weidel 297, 299
Weidenbaum 276
Weiljaminoff 310
Weil et Roque 290
Widal et Chantemesse 446, 448
Wilm 336
Wittke 380
Wright 322, 324
Wurtz 131, 292, 298, 309, 350

X

Xanthine 301
Xanthocréatinine 306

Y

Pages

Ythotantalite.................... 110

Ytterbium. — Réactions.......... 109

Yttrium. — Recherche par voie humide, 30; — réactions.......... 110

Z

Pages

Zaleski.......................... 292

Zinc. — Recherche au chalumeau, 7, 9; — recherche par voie humide, 27; — réactions................. 111

Zircone. — Recherche au chalumeau. 6

Zirconium — Réactions.......... 112

Zuelger et Sonnenschein........ 277

Zwinger et Kind.................. 382

Tours. — Imprimerie Deslis frères.

ERRATA

Page 22, ligne 38, au lieu de : du mercure, lire : *de mercure.*
— 53, — 18, au lieu de : protoxyde de bismuth, lire : *sous-oxyde de bismuth.*
— 57, — 1, au lieu de : lépidolites et pétalite, lire : *lépidolithes et pétalithe.*
— 92, — 7, au lieu de : pétalite, lire : *pétalithe.*
— 130, — 30 et 31, au lieu de : chlorure de baryum, mettre : *acétate de baryum.*
— 134, — 2, au lieu de : ébulition, lire : *ébullition.*
— 146, — 1, supprimer *le* dans : (différence avec le l'acide tartrique).
— 148, — 33, au lieu de : benzoïle, lire : *benzoyle.*
— 180, — 29, au lieu de : très brillant, lire : *très brillantes.*
— 205, — 35, au lieu de : des bandes froides, lire : *de bandes froides.*
— 259, — 20, au lieu de : oxycaanthine, lire : *oxyacanthine.*
— 286, — 1, lire : $C^5H^{12}Az$ (OH).
— 289, — 6, au lieu de : la abse, lire : *la base.*
— 308, — 23, ajouter à : 0 gr. : 30.
— 309, — 29, lire : *elle forme un.*
— 312, — 4, ajouter après nickel : *en rose par l'azotate de cobalt, en jaune (précipité cristallin soyeux) par le chlorure de palladium.*
— id. — 5, au lieu de : avec elle, lire : *avec elles.*
— id. — 12, au lieu de : on les distille, mettre : *on les dessèche.*
— 317, — 20, ajouter au second membre de l'équation représentant les produits d'oxydation de la nicotine : $+ AzH^3$.
— 334, — 3, ajouter au premier membre de l'équation : $+ O^2$.
— id. — 26, pour la formule de la cinchonine : $C^{19}H^{22}Az^2O$.
— 335, — 5, au lieu de : $C^{10}H^7Az^2O$, lire : $C^{10}H^7AzO^2$.
— 337, — 30, ajouter : *Az*, à la formule de constitution de la cocaïne (le placer après C^6H^7).
— 345, — 31, pour la formule de la digitaline : $C^{27}H^{45}O^{15}$.
— 349, — 14, au lieu de : $2H^2O$, lire : $4H^2O$.
— 370, — 3, dans la formule de la pipéridine, au lieu de : A^5, mettre : H^5.
— id. — 22, à la formule de l'iodo-pipérine, ajoutez : I^2.
— 420, — 21, au lieu de : on chasse ainsi l'ammoniaque, mettre : *on chasse ainsi les gaz.*
— id. — 32, au lieu de : 50 centimètres cubes, lire : 5 *centimètres cubes.*
— 429, — 5, au lieu de : on la lave, lire : *on les lave.*
— 438, — 36, au lieu de : petit bourre d'ouate, lire : *petite bourre d'ouate.*
— 470, — 30, au lieu de : hélianline, lire : *hélianthine.*

Tours. — Imprimerie Deslis Frères.

www.ingramcontent.com/pod-product-compliance
Ingram Content Group UK Ltd.
Pitfield, Milton Keynes, MK11 3LW, UK
UKHW022321190726
13856UKWH00001B/136